U0238356

"十二五" "十三五" 国家重点图书出版规划项目

China South-to-North Water Diversion Project

中国南水北调工程

● 工程技术卷

《中国南水北调工程》编纂委员会　编著

中国水利水电出版社
www.waterpub.com.cn
·北京·

内 容 提 要

本书为《中国南水北调工程》丛书的第四卷，由国务院南水北调办系统负责技术管理、专家咨询的人员撰写。本书共九章，主要包括科技管理体制、科技项目管理、国家科技支撑计划项目研究管理、国务院南水北调办项目和项目法人科技项目研究管理、重大技术问题研究管理、专家技术咨询、专业技术标准体系建设、技术交流与培训、科技创新等，涵盖了南水北调工程建设管理技术工作的组织管理、科研、咨询、标准建设、交流与培训及创新等多方面的工作内容和科研成果。

本书内容丰富，体系完整，为社会公众了解南水北调技术管理工作提供全面、准确、翔实的技术研究管理参考和经验借鉴。

图书在版编目（CIP）数据

中国南水北调工程. 工程技术卷 ／《中国南水北调工程》编纂委员会编著. -- 北京：中国水利水电出版社，2018.9
ISBN 978-7-5170-6957-7

Ⅰ. ①中… Ⅱ. ①中… Ⅲ. ①南水北调－水利工程－工程技术 Ⅳ. ①TV68

中国版本图书馆CIP数据核字(2018)第232418号

书　　名	中国南水北调工程　工程技术卷 ZHONGGUO NANSHUIBEIDIAO GONGCHENG GONGCHENG JISHU JUAN
作　　者	《中国南水北调工程》编纂委员会　编著
出版发行	中国水利水电出版社 (北京市海淀区玉渊潭南路1号D座　100038) 网址: www.waterpub.com.cn E-mail: sales@waterpub.com.cn 电话: (010) 68367658 (营销中心)
经　　售	北京科水图书销售中心 (零售) 电话: (010) 88383994、63202643、68545874 全国各地新华书店和相关出版物销售网点
排　　版	中国水利水电出版社装帧出版部
印　　刷	北京中科印刷有限公司
规　　格	210mm×285mm　16开本　30印张　792千字　28插页
版　　次	2018年9月第1版　2018年9月第1次印刷
印　　数	0001—3000 册
定　　价	280.00 元

2016年5月25—27日，政研中心、中线建管局、东线公司在北京共同组织召开了调水工程建设与运行管理交流会

国务院南水北调办主任鄂竟平在2016年调水工程建设与运行管理交流会上作报告

2012年3月14—16日，国务院南水北调办副主任张野在南水北调工程膨胀土（岩）和高填方技术成果交流会上讲话

2012年，国务院南水北调办副主任于幼军调研丹江口大坝加高工程

2012 年，国务院南水北调办副主任于幼军调研湍河渡槽工程

2012 年 3 月 14—16 日，国务院南水北调办建设管理司司长李鹏程在南水北调工程膨胀土（岩）和高填方技术成果交流会上讲话

2012年7月31日至8月1日，国务院南水北调办、科技部在武汉联合组织开展"南水北调中线工程膨胀土和高填方渠道建设关键技术研究与示范"项目课题中间成果检查

2013年1月8—9日，国务院南水北调办会同科技部在武汉联合开展"南水北调中线工程膨胀土和高填方渠道建设关键技术研究与示范"项目2012年度课题执行情况检查

2015 年 6 月 26 日，由国务院南水北调办组织实施的"十二五"国家科技支撑计划"南水北调中线工程膨胀土和高填方渠道建设关键技术研究与示范"项目，在北京通过科技部组织的国家验收

2015 年 10 月 28 日，国务院南水北调办建设管理司在北京组织开展国家科技支撑计划"南水北调中东线工程运行管理关键技术及应用"项目课题检查

2015 年 12 月 3 日，国务院南水北调办建设管理司组织召开国家科技支撑计划"南水北调中东线工程运行管理关键技术及应用"项目中间成果检查会

2010 年 11 月，国务院南水北调工程建设委员会专家委员会组织召开南水北调中线工程冰期输水能力模式及冰害防治研究技术咨询会

2014年，国务院南水北调工程建设委员会专家委员会组织召开北京段PCCP管道技术咨询会

2011年5月20日，丹江口水库诱发地震监测系统建设实施方案设计专题审查会现场

2011年6月24日，丹江口大坝加高工程溢流堰面加高施工组织设计专题审查会现场

2011年5月，国务院南水北调工程建设委员会专家委员会组织专家就兴隆及引江济汉有关工程技术难题开展咨询

2016年4月，湖北省科技厅在武汉组织专家对南水北调中线汉江中下游水资源系统调控工程关键技术科技成果进行评审及鉴定

2009年12月21—24日，南水北调东线泵及泵站工程关键技术咨询会现场

2011 年 7 月 19—20 日，国务院南水北调办在河南省平顶山市组织召开南水北调中线干线工程预应力技术研讨会

2011 年 7 月 19—20 日，国务院南水北调办在河南省平顶山市组织召开南水北调中线干线工程预应力技术研讨会现场讨论

2012年3月14—16日，国务院南水北调办建设管理司在邯郸组织召开南水北调工程膨胀土（岩）和高填方技术成果交流会

国务院南水北调工程建设委员会专家委员会主任陈厚群院士在2016年调水工程建设与运行管理交流会上作报告

中国水利水电科学研究院王浩院士在 2016 年调水工程建设与运行管理交流会上作报告

长江委长江勘测规划设计研究院院长钮新强院士在 2016 年调水工程建设与运行管理交流会上作报告

广东粤港供水有限公司代表在 2016 年调水工程建设与运行管理交流会上作报告

2016年5月，调水工程建设与管理交流会代表参观南水北调工程展览室

2011年12月，国务院南水北调工程建设委员会专家委员会组织专家现场考察南水北调中线湍河渡槽设计施工情况

2011 年 11 月，国务院南水北调工程建设委员会专家委员会组织专家现场考察东线平原水库设计施工情况

2012 年 2 月，国务院南水北调工程建设委员会专家委员会组织专家现场观摩郑州大学堤坝试验场现场施工技术演示

2012年4月，国务院南水北调工程建设委员会专家委员会组织专家现场考察陶岔渠首枢纽工程

2012年7月，国务院南水北调工程建设委员会专家委员会组织专家现场考察东线治污情况

2012年12月，国务院南水北调工程建设委员会专家委员会组织专家现场考察丹江口大坝加高钢闸门及埋件修复现场情况

2013年9月，国务院南水北调工程建设委员会专家委员会组织专家现场考察南水北调中线黄河南段工程

2013 年 9 月，国务院南水北调工程建设委员会专家委员会组织专家现场考察南水北调中线黄河北段工程

2013 年 5 月，国务院南水北调工程建设委员会专家委员会组织专家现场考察南水北调东线梁济运河水质情况

2013 年 5 月，国务院南水北调工程建设委员会专家委员会组织专家现场考察济宁市污水处理厂

2013 年 7 月，国务院南水北调工程建设委员会专家委员会组织专家现场考察系杆拱桥施工技术

2014 年 6 月，国务院南水北调工程建设委员会专家委员会组织专家现场考察金结机电工程

2014 年 8 月，国务院南水北调工程建设委员会专家委员会组织专家现场考察 PCCP 管道工程

2008 年 7 月 25 日，丹江口大坝加高工程 500t 门机部分工程投入使用验收会现场

2008 年 11 月 19 日，专家们察勘丹江口水库左岸混凝土大坝施工现场

2010年9月27日，设计人员在现场观察灌浆效果

2011年8月11日，出席丹江口大坝安全鉴定专题会的专家在基础廊道检查

2009 年 7 月 21 日，参加南水北调中线汉江兴隆水利枢纽工程技术咨询会的有关专家实地查看汉江兴隆水利枢纽工程左岸施工现场，对防渗墙施工等有关技术难题进行了调研

2012 年 7 月，湖北省南水北调管理局在南京组织召开引江济汉工程拾桥河枢纽左岸节制闸闸门水力学及水弹性振动试验研究成果交流会

2003 年 10 月，南水北调工程宝应站工程应用新产品新技术推介会在南京召开

虹吸式出水流道模型优化试验

宝应站液压调节机构在日立公司进行出厂验收

2007年4月30日，丹江口大坝贴坡混凝土浇筑完成

2008 年 12 月 28 日，丹江口大坝加高工程右岸新建土石坝全线填筑至坝顶高程 176m

南阳膨胀土试验段施工现场

沙河渡槽首片钢筋吊装成功

中线干线沙河渡槽工程运用槽上运槽工艺架设槽身

中线干线沙河渡槽工程运用架槽机运送槽身

宝应站调节机构油缸安装现场

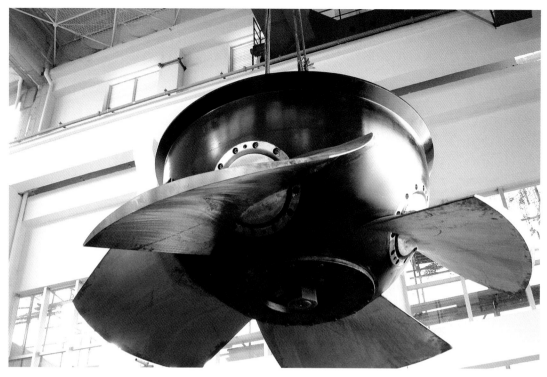

宝应站叶轮头安装现场

大型渠道机械化衬砌设备广泛应用到东中线渠道衬砌

研发的机械化衬砌设备出口到巴基斯坦

国内最大的 7.5m 内径输水圆涵埋管施工在东线穿黄河工程进行

陶岔渠首枢纽工程

午河渡槽

南水北调中线唯一穿越城市工程——焦作段工程

京石段渠道

通水的京石段渠道

西黑山节制闸及天津干线

南水北调中线干线唯一泵站——惠南庄泵站

团城湖明渠

漕河渡槽

建成后的兴隆水利枢纽

建成后的引江济汉拾桥河枢纽工程，巧妙实现了与交叉河流的"平立交结合"，兼顾泄洪、分水、撇洪等功能

建成后的引江济汉穿长湖工程，呈现"湖上渠"的独特景象

已建成的引江济汉拾桥河左岸节制闸，具有双向挡水功能的平面对开弧形闸门

建成后的引江济汉荆堤大闸工程，为长江干流上规模最大的引水与通航结合的穿堤建筑物

国内以永磁电机为大型灯泡灌流泵驱动力的水泵机组首次应用到韩庄泵站

往复式清污机应用在长沟泵站

移动抓斗式清污机应用在韩庄泵站

南水北调东线工程二级坝泵站

南水北调东线工程万年闸泵站

南水北调东线工程东湖水库

南水北调东线工程双王城水库

南水北调东线工程济平干渠

穿聊城市区的南水北调东线小运河段工程

滁州明光市雨山湖站

滁州明光市雨山湖站厂房内部

滁州明光市东西涧排灌站拆除重建项目

蚌埠市五河马拉沟新建排涝站

安徽五河站

◆《工程技术卷》编纂工作人员

主　　编：李鹏程

副 主 编：苏克敬　李　勇　井书光　袁文传　赵世新　马　黔　朱　涛

撰 稿 人：程德虎　白咸勇　罗　刚　张　晶　韦耀国　董永全　张俊胜

　　　　　李震东　杨　益　冯晓波　李纪雷　吴润玺　刘　芳　牛津剑

　　　　　管永宽　杨禄禧　杜　宇　王志翔　单晨晨　沈子恒　杨华洋

　　　　　韩　迪　梁　栋　方　锐　詹　力　赵　文　程林枫　姚　雄

　　　　　颜天佑　郑光俊　游万敏　上官江　吴德绪　陈志康　柳雅敏

　　　　　潘　江　汤元昌　王　立　胡雨新

审稿专家：汪易森　马毓淦　李雪萍　谢利华　李恒心　金城铭

照片提供：（按姓氏笔画排序）

　　　　　丁晓雪　于福春　马荣辉　白咸勇　冯晓波　朱文君　张存有

　　　　　陆轶群　郑　军　孟令广　胡雨新　胡桂全　姜志斌　姚　雄

　　　　　徐有前　焦璀玲　鲁　鹏　蔡思宇

水是生命之源、生产之要、生态之基。中国水资源时空分布不均，南多北少，与社会生产力布局不相匹配，已成为中国经济社会可持续发展的突出瓶颈。1952年10月，毛泽东同志提出"南方水多，北方水少，如有可能，借点水来也是可以的"伟大设想。自此以后，在党中央、国务院领导的关怀下，广大科技工作者经过长达半个世纪的反复比选和科学论证，形成了南水北调工程总体规划，并经国务院正式批复同意。

南水北调工程通过东线、中线、西线三条调水线路，与长江、黄河、淮河和海河四大江河，构成水资源"四横三纵、南北调配、东西互济"的总体布局。南水北调工程总体规划调水总规模为448亿 m^3，其中东线148亿 m^3、中线130亿 m^3、西线170亿 m^3。工程将根据实际情况分期实施，供水面积145万 km^2，受益人口4.38亿人。

南水北调工程是当今世界上最宏伟的跨流域调水工程，是解决中国北方地区水资源短缺，优化水资源配置，改善生态环境的重大战略举措，是保障中国经济社会和生态协调可持续发展的特大型基础设施。它的实施，对缓解中国北方水资源短缺局面，推动经济结构战略性调整，改善生态环境，提高人民生产生活水平，促进地区经济社会协调和可持续发展，不断增强综合国力，具有极为重要的作用。

2002年12月27日，南水北调工程开工建设，中华民族的跨世纪梦想终于付诸实施。来自全国各地1000多家参建单位铺展在长近3000km的工地现场，艰苦奋战，用智慧和汗水攻克一个又一个世界级难关。有关部门和沿线七省市干部群众全力保障工程推进，四十余万移民征迁群众舍家为国，为调水梦的实现，作出了卓越的贡献。

经过十几年的奋战，东、中线一期工程分别于2013年11月、2014年12月如期实现通水目标，造福于沿线人民，社会反响良好。为此，中共中央总书记、国家主席、中央军委主席习近平作出重要指示，强调南水北调工程是实现我国水资源优化配置、促进经济社会可持续发展、保障和改善民生的重大战略性基础设施。经过几十万建设大军的艰苦奋斗，南水北调工程实现了中线一期工程正式通水，标志着东、中线一期工程建设目标全面实现。这是我国改革开放和社会主义现代化建设的一件大事，成果来之不易。习近平对工程建设取得的成就表示祝贺，向全体建设者和为工程建设作出贡献的广大干部群众表示慰问。习近平指出，南水北调工程功在当代，利在千秋。希望继续坚持先节水后调水、先治污后通水、先环保后用水的原则，加强运行管理，深化水质保护，强抓节约用水，保障移民发展，做好后续工程筹划，使之不断造福民族、造福人民。

中共中央政治局常委、国务院总理李克强作出重要批示，指出南水北调是造福当代、泽被后人的民生民心工程。中线工程正式通水，是有关部门和沿线省市全力推进、二十余万建设大军艰苦奋战、四十余万移民舍家为国的成果。李克强向广大工程建设者、广大移民和沿线干部群众表示感谢，希望继续精心组织、科学管理，确保工程安全平稳运行，移民安稳致富。充分发挥工程综合效益，惠及亿万群众，为经济社会发展提供有力支撑。

中共中央政治局常委、国务院副总理、国务院南水北调工程建设委员会主任张高丽就贯彻落实习近平重要指示和李克强批示作出部署，要求有关部门和地方按照中央部署，扎实做好工程建设、管理、环保、节水、移民等各项工作，确保工程运行安全高效、水质稳定达标。

南水北调工程从提出设想到如期通水，凝聚了几代中央领导集体的心血，集中了几代科学家和工程技术人员的智慧，得益于中央各部门、沿线各级党委、政府和广大人民群众的理解和支持。

南水北调东、中线一期工程建成通水，取得了良好的社会效益、经济效益和生态效益，在规划设计、建设管理、征地移民、环保治污、文物保护等方面积累了很多成功经验，在工程管理体制、关键技术研究等方面取得了重要突破。这些成果不仅在国内被采用，对国外工程建设同样具有重要的借鉴作用。

为全面、系统、准确地反映南水北调工程建设全貌，国务院南水北调工程建设委员会办公室自2012年启动《中国南水北调工程》丛书的编纂工作。丛书以南水北调工程建设、技术、管理资料为依据，由相关司分工负责，组织项目法人、科研院校、参建单位的专家、学者、技术人员对资料进行收集、整理、加工和提炼，并补充完善相关的理论依据和实践成果，分门别类进行编纂，形成南水北调工程总结性全书，为中国工程建设乃至国际跨流域调水留下宝贵的参考资料和可借鉴的成果。

国务院南水北调工程建设委员会办公室高度重视《中国南水北调工程》丛书的编纂工作。自2012年正式启动以来，组成了以机关各司、相关部委司局、系统内各单位为成员单位的编纂委员会，确定了全书的编纂方案、实施方案，成立了专家组和分卷编纂机构，明确了相关工作要求。各卷参编单位攻坚克难，在完成日常业务工作的同时，克服重重困难，对丛书编纂工作给予支持。各卷编写人员和有关专家兢兢业业、无私奉献、埋头著述，保证了丛书的编纂质量和出版进度，并力求全面展现南水北调工程的成果和特点。编委会办公室和各卷编纂工作人员上下沟通，多方协调，充分发挥了桥梁和纽带作用。经中国水利水电出版社申请，丛书被列为国家"十二五""十三五"重点图书。

在全体编纂人员及审稿专家的共同努力下，经过多年的不懈努力，《中国南水北调工程》丛书终于得以面世。《中国南水北调工程》丛书是全面总结南水北调工程建设经验和成果的重要文献，其编纂是南水北调事业的一件大事，不仅对南水北调工程技术人员有阅读参考价值，而且有助于社会各界对南水北调工程的了解和研究。

希望《中国南水北调工程》丛书的编纂出版，为南水北调工程建设者和关心南水北调工程的读者提供全面、准确、权威的信息媒介，相信会对南水北调的建设、运行、生产、管理、科研等工作有所帮助。

南水北调工程是党中央、国务院决策兴建的旨在缓解我国北方地区水资源严重短缺，优化水资源跨区域配置，改善生态环境，实现经济社会可持续发展的战略性基础设施，为我国全面建成小康社会提供必要的水资源保障。

南水北调工程分别在长江下游、中游、上游规划了三个调水区，形成了东线、中线、西线三条调水线路。通过三条调水线路，联系长江、淮河、黄河、海河四大流域，构成我国中部地区水资源"四横三纵、南北调配、东西互济"的总体格局。

三条调水线路的调水总规模为448亿 m^3，其中东线148亿 m^3、中线130亿 m^3、西线170亿 m^3。根据实际情况，三条线路分期实施建设。

目前，实施完成的是东、中线一期工程。东线一期工程调水主干线全长1466.5km，其主要任务是从长江下游调水到山东半岛和鲁北地区，补充山东、江苏、安徽等输水沿线地区的城市生活、工业和环境用水，兼顾农业、航运和其他用水，多年平均抽江水量为87.66亿 m^3。中线一期工程输水干线全长1432.49km，其中总干渠（含北京段）1277.21km、天津干渠155.28km。其主要任务是向华北平原包括北京、天津在内的19个大中城市及100多个县（市）提供生活、工业用水，兼顾生态和农业用水，多年平均年调水量为95亿 m^3。

南水北调工程是迄今为止世界上最大的调水工程，为兼有公益性和经营性的超大型项目集群，工程建设和管理技术难度大，不仅涉及一般水利工程的水库，大坝，渠道，水闸，低扬程、大流量泵站，超长、超大洞径输水隧洞，压力输水管道，超大型渡槽、倒虹吸、暗涵（渠）、PCCP等，还涉及膨胀土渠段处理，超大型水泵站和输水隧洞设计施工，超长距离调水，无调蓄条件下多闸门联合调度，新老混凝土结合的重力坝加高，多层交叉负荷地下地上施工，复杂情况下的调度系统信息处理等，在设计、建设、运行等方面，面临诸多挑战，许多硬技术和软科学都是世界级的，是水利学科与多个边缘学科联合研究的前沿领域。

面对诸多工程技术和管理方面的严峻挑战，国务院南水北调办组织工程项目法人、运行管理单位、有关科研院所和高等院校等，开展了包括国家重大科研项目在内的多项目、多层次、多专业、多领域的科学研究和技术应用工作。例如：膨胀土地段渠道破坏机理及处理技术，膨胀土渠道边坡的处理措施、施工控制、关键技术；丹江口水库大坝加高过程中新老坝体结合处理技术，高水头作用下坝基帷幕灌浆技术；中线穿黄隧洞工程的隧洞结构、破坏机理及盾构施工技术、风险控制；渠道工程机械化施工技术；东线低扬程大流量水泵选型和制造技术；超大口径预应力钢筒混凝土管的制造、安装技术；北方地区冬季冰期输水安全以及长距离调水的自动化管理技术；梯级泵站（群）优化运行关键技术；河-渠-湖-库运行调控技术；苏鲁省际工程水量调控技术；水质差异的影响评价及应对措施；工程运行绩效管理技术；工程运行期维修养护新材料与新技术；工程运行预警和应急决策支持技术等。内容涉及水工结构、工程施工、水工材料、水力机械、水力学、水资源、管理、环境等诸多专业和领域。通过科技攻关和重大关键技术问题研究，及时解决了工程建设管理亟须解决的重大和典型工程建筑物的设计、结构、材料、施工技术与工艺、设备等技术难题，保证了工程建设的质量、安全和进度，提高了工程建设的技术和管理水平，助推了相关科学的新进展，充分发挥了综合效益。

为总结南水北调系统工程技术工作，记载南水北调工程技术研究、应用和管理工作成果，国务院南水北调办建设管理司组织长江勘测规划设计研究院和南水北调中线干线工程建设管理局编纂了《工程技术卷》初稿，几经修订和审核，经多年的不懈努力，终成此卷。本卷共分九章，主要包括科技管理体制、科技项目管理、国家科技支撑计划项目研究管理、国务院南水北调办项目和项目法人科技项目研究管理、重大技术问题研究管理、专家技术咨询、专业技术标准体系建设、技术交流与培训、科技创新，涵盖了南水北调工程技术工作的管理、科研、咨询、标准建设和技术交流与培训等多方面的工作内容和科研成果。

2012年12月，国务院南水北调办组织有关专家和人员开展《工程技术卷》的编纂工作并制定了编写目录。2013年7月，完成了初稿，其后根据科研工作开展情况，增加了"十二五"国家科技支撑计划的相关内容，并经多次目录调整、内容审查、修改和完善，最终形成本卷。在《工程技术卷》的编写过程中，得到了各省（直辖市）南水北调办和项目法人、工程管理单位的大力支持，他们提供了大量的宝贵资料和图片，为顺利完成本卷的编写提供了保障，在此一并表示感谢！

本卷编纂过程中，李鹏程、井书光、袁文传、马黔、朱涛、白咸勇、罗刚、张晶、张俊胜、李震东、刘芳、李纪雷、牛津剑、管永宽、王志翔、杨禄禧、杜宇、单晨晨等全程参与了本卷编写，冯晓波等完成了第六章编写，李恒心对本卷进行了全书统稿和编审，汪易森、马毓淦等进行了审稿，李鹏程全面主持本卷编写工作，井书光、袁文传、马黔、朱涛对本卷进行了编辑和审核。

在《工程技术卷》即将出版之际，谨向所有关怀、支持和参与编纂出版工作的领导、专家和同志们，表示诚恳的感谢，并祈望广大读者批评指正。

目录

第一章 科 技 管 理 体 制

第一节 管 理 体 系

南水北调工程建设管理体系的总体框架分为政府行政监管、工程建设管理和决策咨询三个层面。

政府行政监管层面，国务院成立了国务院南水北调工程建设委员会，作为工程建设高层次的决策机构，研究决定南水北调工程建设的重大方针、政策、措施和其他重大问题。

国务院南水北调工程建设委员会办公室（简称"国务院南水北调办"）作为建设委员会的办事机构，负责研究提出南水北调工程建设的有关政策和管理办法，起草有关法规草案；协调国务院有关部门加强节水、治污和生态环境保护；对南水北调主体工程建设实施政府行政管理。

工程沿线各省、直辖市成立南水北调工程建设委员会（领导小组），下设办事机构，贯彻落实国家有关南水北调工程建设的法律、法规、政策、措施和决定；负责组织协调征地拆迁、移民安置；参与协调省、直辖市有关部门实施节水治污及生态环境保护工作，检查监督治污工程建设；受国务院南水北调办委托，对委托由地方南水北调建设管理机构管理的主体工程实施部分政府管理职责，负责地方配套工程建设的组织协调，研究制定配套工程建设管理办法。

工程建设管理层面，南水北调工程建设的组织，以南水北调工程项目法人为主导，包括承担南水北调工程建设项目管理、勘测（包括勘察和测绘）设计、监理、施工、咨询等单位的合同管理及相互之间的协调和联系。其中，南水北调工程项目法人是工程建设和运营的责任主体。建设期间，主体工程的项目法人对主体工程建设的质量、安全、进度、筹资和资金使用负总责；负责组织编制单项工程初步设计；协调工程建设的外部关系。承担南水北调工程项目管理、勘测设计、监理、施工等业务的单位，通过竞争方式择优选用，实行合同管理。

决策咨询层面，成立国务院南水北调工程建设委员会专家委员会。主要任务是对南水北调工程建设中的重大技术、经济、管理及质量等问题进行咨询；对南水北调工程建设中的工程建设、生态环境、移民工作的质量进行检查、评价和指导；有针对性地开展重大专题的调查研究活动。

南水北调工程建立了与工程建设管理体系相适应的科技管理体系。

第二节 管 理 机 制

南水北调工程科技项目（以下简称"科技项目"）是指由国务院南水北调办归口管理的，围绕南水北调工程建设开展研究、开发、应用的项目。为加强对南水北调工程科技项目的管理，提高科技项目的推广应用效用，更好地服务于工程建设，根据国家相关规定，国务院南水北调办结合南水北调工程科技项目的实际，建立了科技项目层级化管理和程序化管理相结合的管理机制。

一、层级化管理方面

根据重要程度、影响范围等，将科技项目划分为三个层次，并明确各层次的组织单位。三个项目层次分别为国家项目、国务院南水北调办项目和项目法人项目。

（1）国家项目是指对南水北调工程建设有重大影响，难度高，涉及专业、范围广，需要通过国务院科技主管部门审定立项的科学研究与技术开发项目。

（2）国务院南水北调办项目是指为研究解决南水北调工程范围内普遍性的重要技术难题，需要通过国务院南水北调办审定立项的科学研究与技术开发项目。

（3）项目法人项目是指由南水北调工程各项目法人组织的科学研究与技术开发项目。

二、程序化管理方面

将科技项目划分为立项、实施、验收和成果归档等阶段，对科技项目的全过程进行监督与管理。

国务院南水北调办负责国家项目和国务院南水北调办项目的立项和实施过程中的行政监督管理，具体工作由国务院南水北调办科技主管部门负责。

国务院南水北调办有关业务主管部门（以下简称"项目组织单位"），负责与主管业务相关的科技项目的管理。

经项目组织单位确定的承担科技项目的单位（以下简称"项目承担单位"），按照项目立项的宗旨在项目组织单位指导下承担项目的组织实施工作。

经项目承担单位通过委托或招标择优选择的项目实施单位负责项目的具体实施。

第三节 管 理 制 度

国务院南水北调办先后下发了国家关于科技管理和科技经费管理的一系列规章制度，并结合南水北调工程科技项目特点颁布了关于科技管理的规章制度，形成了全面加强南水北调工程建设技术管理的制度体系，基本满足了规范工程建设技术管理的需要。

国务院南水北调办关于科技管理的主要规章制度如下：

（1）《国务院南水北调办关于加强南水北调工程科技项目管理工作的意见》（国务院南水北调办建管〔2005〕80号）。

（2）《关于加强"十二五"国家科技支撑计划"南水北调中线工程膨胀土和高填方渠道建设关键技术研究及示范"项目管理工作的通知》（综建管函〔2011〕468号）。

（3）《关于进一步加强"南水北调中线工程膨胀土和高填方渠道建设关键技术研究与示范"项目管理工作的通知》（综建管函〔2013〕19号）。

（4）《关于加强国家科技支撑计划"南水北调中东线工程运行管理关键技术及应用"项目管理工作的通知》（综建管函〔2015〕280号）。

第二章 科技项目管理

第一节 项目组织管理

一、科技项目立项

科技项目的选择要根据工程建设需要，按照服务工程、注重实用、鼓励创新和突出重点的原则进行。

国务院南水北调工程建设委员会要求开展的工程建设重大技术项目，列入南水北调办科技项目或国家项目。

项目组织单位可根据工程建设和所负责业务需要，组织提出科技项目安排建议；项目法人、省（直辖市）南水北调办事机构和南水北调办技术合作单位可以就南水北调工程建设重大技术等问题向国务院南水北调办提出科技项目安排建议。

国务院南水北调办在综合平衡有关方面提出的科技项目建议的基础上，以共性问题、重大控制性工程的关键技术问题及有重大社会影响问题为重点，组织有关部门和专家评审，提出南水北调办科技项目和申请国家项目的清单。

项目建议单位应当填写《南水北调办科技项目建议书》，并于每年 6 月 30 日前向国务院南水北调办申报下一年度科技项目。

列入申请国家和南水北调办的科技项目清单并经批准立项的项目，由项目组织单位根据有利于研究成果在南水北调工程建设中推广应用的原则确定项目承担单位。项目承担单位对项目实施的进度、质量和投资控制负责。

项目承担单位应编写《南水北调办科技项目可行性研究报告》，报项目组织单位评审。

项目承担单位根据经评审后的可行性研究报告和项目特点委托或招标选择项目实施单位。与工程设计关系密切的科技项目实施单位一般应有原设计单位参加。

通过审查的科技项目，由受国务院南水北调办委托的项目组织单位与项目承担单位签订《南水北调办科技项目协议》；由项目承担单位与项目实施单位签订《南水北调办科技项目实施合同》，明确科技项目各方的责任、权利、义务。

项目实施单位应当具备以下条件：

（1）具有与拟研究科技项目相适应的研究人员、设备和经费。

（2）具有相关专业领域科研经验与业绩。

（3）资信情况良好。

（4）法律法规规定的其他条件。

二、科技项目实施

科技项目实行年度计划管理。南水北调办科技项目年度计划，由国务院南水北调办科技主管部门商有关业务主管部门组织专家和有关单位评审后，报国务院南水北调办审定。

科技项目所需资金或配套资金，由国务院南水北调办根据实际情况统筹安排。国务院南水北调办积极拓宽经费渠道，增加经费投入，支持重大科技项目，鼓励项目承担单位自筹经费参加科技项目的研究和开发。

项目承担单位应加强对经费的使用管理，及时按项目实施进度拨付资金。

项目实施单位应加强对经费的使用管理，做到专款专用，不得自行扩大使用范围或挪作他用。

项目承担单位依据《南水北调办科技项目协议》和《南水北调办科技项目实施合同》全面负责科技项目的实施，协调并处理科技项目执行中出现的问题，并根据要求制定切实可行的工作计划，经项目组织单位同意后执行。

科技项目实施单位应当严格执行《南水北调办科技项目实施合同》，制定科技项目科研计划，经项目承担单位同意后实施。

科技项目实行年度执行情况报告制度，项目承担单位必须于每年6月10日前向项目组织单位报告项目进展情况。

项目承担单位对重大事项应当及时报告，对涉及合同中的目标、内容、负责人、关键技术方案、完成时间等进行调整或变更事项，须报经项目组织单位同意。未经同意，项目承担单位不得擅自变更《南水北调办科技项目协议》内容。项目实施单位同样要将科技项目执行及变更情况按照科技项目实施合同及时向项目承担单位报告。

科技项目执行过程中，有下列情况之一的，项目承担单位有权终止科技项目实施合同：

（1）科技项目执行不力，长期拖延或技术骨干发生重大变动，致使科技项目无法执行或科技成果难以及时应用于工程建设的。

（2）由于不可抗拒因素或其他因素造成科技项目无法按时完成的。

（3）经费使用出现严重违规或违纪的。

（4）法律法规规定的其他条件。

在科技项目执行过程中，对于不能按时报告科技项目执行情况或遇有重大问题没有报告的项目承担单位，国务院南水北调办将对其通报批评；对于没有正当理由，不能完成科技项目的实施单位，将对其通报批评，追缴部分或全部已拨经费，并视情节暂停其承担国务院南水北调办科技项目的资格并予以公布。

三、科技项目验收

科技项目完成后，必须进行验收。验收分为初步验收和项目（成果）验收，初步验收由项目承担单位组织，项目（成果）验收由项目组织单位组织。

初步验收由项目实施单位向项目承担单位提出《南水北调办科技项目验收材料》，并按规定提交有关文档（含电子文档）、资料。经审核符合验收条件的科技项目，由项目承担单位聘请包括相关南水北调工程项目法人在内的有关专家组成验收组进行验收。验收组的专家应当认真阅读科技项目验收资料，必要时应进行现场考察，收集相关方面意见，核实或复测相关数据，提出验收意见和结论。

项目（成果）验收由项目承担单位在初步验收完成后向项目组织单位提交项目（成果）验收申请报告，并按规定提交科技项目成果、初步验收意见和结论。项目组织单位组织专家和单位组成验收组进行验收。

验收组由熟悉和了解相关专业技术、经济、科技管理等方面的专家组成，验收组专家人数根据项目大小、特点决定，一般为 7 人以上单数。

科技项目验收以《南水北调办科技项目协议》《南水北调办科技项目实施合同》文本约定的内容和确定的考核目标为基本依据，主要对科技项目研究工作完成的情况、实施技术路线、关键技术及效果、科技成果应用和对工程建设的影响、科技项目实施的组织管理经验与教训、经费使用的合理性等作出客观的、实事求是的评价。

验收组应在验收意见中明确提出"通过验收"或"不通过验收"的结论，由验收组织单位审定后以书面形式下达《南水北调办科技项目验收意见通知书》。未通过项目验收的，项目承担单位或项目实施单位接到通知 3 个月之内，经整改或完善有关文件资料后，可再次提出验收申请。

存在下列情况之一的科技项目，不能通过验收：

（1）完成合同规定任务不到 85%。

（2）提供的验收文件、资料、数据不真实。

（3）擅自改变合同目标、研究内容。

两次以上未通过验收的科技项目，项目承担单位及项目实施单位须承担经济损失，国务院南水北调办将视情节暂停项目实施单位或项目主要负责人承担南水北调办科技项目的资格 1～3 年。

初步验收和项目（成果）验收的费用由项目承担单位在项目经费中列支。

四、其他

科技项目立项、招标、评估、检查、验收、鉴定（评审）、奖励等环节的实施过程中应组织专家进行咨询。咨询专家的组成应具有代表性和互补性，人数、年龄和知识构成应相对合理。有关专家咨询意见应形成文字，作为科技项目立项和管理的参考依据，并严格按照科技档案管理的要求进行管理。

项目组织单位、承担单位应按《科学技术研究课题档案管理规范》和有关科技项目数据管理规定要求，将科技项目实施所取得的实验报告、数据手稿、图纸、声像及其他形式的科学数据进行收集整理，建立档案。

科技项目验收后，项目组织单位应将验收结果及相关资料报南水北调办档案主管部门归档，并报告南水北调办科技主管部门履行登记手续。

科技项目的奖励按照《国家科学技术奖励条例》和科技部有关规定进行。

申请国家项目得到批准的，相应科技项目的实施和管理按照国家有关规定执行；未得到批准的，根据工程建设的实际需要和轻重缓急，纳入南水北调办科技项目。

第二节 科技项目管理

一、"十一五"国家科技支撑计划项目管理

（一）课题设置

"十一五"国家科技支撑计划项目结合南水北调工程实际，针对工程建设管理中急需解决的关键技术问题，在基础理论、工程应用及科学管理方面开展攻关，充分发挥科技支撑作用，确保南水北调工程的顺利实施。项目共设置16个课题，具体如下：

（1）丹江口大坝加高工程关键技术研究。

（2）大型渠道设计与施工新技术研究。

（3）大型贯流泵关键技术与泵站联合调度优化。

（4）超大口径 PCCP 管道结构安全与质量控制研究。

（5）大流量预应力渡槽设计和施工技术研究。

（6）西线超长隧洞 TBM 施工关键技术问题研究。

（7）南水北调中线水资源调度关键技术研究。

（8）西线工程对调水区生态环境影响评估及综合调控技术。

（9）南水北调运行风险管理关键技术问题研究。

（10）膨胀土地段渠道破坏机理及处理技术研究。

（11）复杂地质条件下穿黄隧洞工程关键技术研究。

（12）中线工程输水能力与冰害防治技术研究。

（13）工程建设与调度管理决策支持技术研究。

（14）丹江口水源区黄姜加工新工艺关键技术研究。

（15）东、中线一期工程沿线区域生态影响评估技术研究。

（16）南水北调水资源综合配置技术研究。

（二）项目组织管理措施

项目组织实施单位是国务院南水北调办和水利部。严格按照科学技术部、财政部印发的《国家科技支撑计划管理暂行办法》明确的职责执行。

在项目的组织管理中采取了如下措施：

（1）选择工程技术实力强、科技队伍水平高、与典型区域内地方政府协调配合能力强的单位来承担项目。鼓励地方政府、科研单位、大型设计院和大型环保企业联合承担项目任务。

（2）采用新的项目管理模式，充分依靠专家队伍，引进竞争机制，实施严格的中期评估制度和项目滚动管理方式。

（3）各工程项目法人积极参与，提供有效的调控能力，并在政策、资金等方面给予足够的支持及宏观引导作用。

（4）建立完善各类规章制度，对科技项目的全过程进行规范管理。

二、"十二五"国家科技支撑计划项目管理

（一）课题设置

"十二五"国家科技支撑计划项目共设置 7 个课题，并根据研究内容在课题下设置研究专题，具体如下：

（1）施工期膨胀土开挖渠坡稳定性预测技术。

（2）强膨胀土（岩）渠道处理技术。

（3）深挖方膨胀土渠道渠坡抗滑及渠基抗变形技术。

（4）膨胀土渠道防渗排水技术。

（5）膨胀土水泥改性处理施工技术。

（6）高填方渠道建设关键技术。

（7）膨胀土渠道及高填方渠道安全监测预警技术。

（二）项目组织管理措施

项目由国务院南水北调办组织实施，定期对各课题开展研究情况进行阶段性检查，包括对课题研究的进度、质量等情况的检查。

在项目的组织管理中采取了如下措施：

（1）课题组长负责制：课题研究实行课题第一负责人和主持单位负责制。

（2）任务合同制：由课题主持单位与参加单位以合同的形式落实任务分解，专题负责人负责安排和协调本专题所有工作，定期将本专题的工作开展情况及阶段成果以书面形式及时向课题负责人汇报，对课题负责人负责。专题之间的沟通与协调由专题负责人组织相关人员进行，并及时形成书面记录向课题负责人汇报。

（3）专家咨询制：成立课题专家顾问组，协助评估研究计划和技术大纲，以及研究过程中的技术咨询。

（4）过程监控评估制：课题负责人根据工作计划对各专题的进度进行检查，实行年度和中期研究进展监控和评估，健全日常交流制度，设立课题联系人，协助负责人进行技术协调，实现基于目标管理的全过程监控与评估。

（5）绩效考核与激励制：制定绩效考核与成果管理制度，保障各项考核指标的实现。

（6）日常交流机制：各课题组通过各种途径和手段建立课题骨干交流小组，保证课题组成员畅通的日常交流。

（7）专项研讨机制：即针对项目和课题实施过程中的专门技术和应用问题，实行专项研讨，必要时邀请课题顾问和专家参与咨询和研讨。

（8）重点集中机制：即针对特殊需要或是课题关键节点时期，采取集中突击的方式开展工作。

（9）产学研结合制：即由生产部门提出管理的实践需求，然后由研究单位负责提出解决的具体途径和技术方案，其中相关基础性科技问题则需要联合或委托业内权威的高校或是基础性科研院所开展，最后由生产部门进行应用。在这种产学研联合的模式中，充分考虑了不同单位的特点和专长，而且通过有效的组合，实现了"1＋1＞2"的效果，不仅发挥了各单位的潜能，而且激发了新的创造力，为圆满完成课题任务提供坚实的技术基础和保障。

三、国务院南水北调办项目管理

国务院南水北调办项目是指为研究解决南水北调工程范围内普遍性的重要技术难题，需要通过国务院南水北调办审定立项的科学研究与技术开发项目。

四、项目法人科技项目管理

项目法人项目是指由南水北调工程各项目法人组织的科学研究与技术开发项目。项目法人根据工程建设的实际需要，组织对所辖工程的重大技术问题进行分析研究，自主决定项目法人项目并组织实施，同时将其科技项目的安排情况及时报国务院南水北调办备案。

第三节　科技成果管理

科技成果系指科技项目在实施中所取得的阶段成果，包括新技术、新工艺、新材料、新产品、新设计、计算机软件以及专利等。科技项目研究成果及其形成的知识产权按照国家有关规定执行。

通过验收的科技项目成果必须按照科技部《科技成果登记办法》进行成果登记，项目承担单位应于验收后1个月内向国务院南水北调办科技主管部门履行登记手续。

项目组织单位应严格按照国家有关科技成果转化的规定，组织项目法人切实做好科技成果在南水北调工程建设中的推广和应用工作。项目法人应积极做好科技成果的推广应用工作。

科技项目成果鉴定（评审）由项目承担单位向项目组织单位申请，按照国家科技成果鉴定（评审）办法执行，成果鉴定（评审）的费用由项目承担单位在项目经费中列支。

科技项目成果涉及国家秘密的，按照《中华人民共和国保守国家秘密法》《科学技术保密规定》及相关规定执行，有关单位和人员应做好保密工作。

第四节　主　要　经　验

一、加强领导，为南水北调工程科技工作提供组织保障

国务院南水北调办党组历来高度重视科技工作，要求南水北调系统各单位和职工，努力发

挥科技进步与创新在南水北调工程建设中的支撑作用，加强前期工作及工程建设阶段的科研和开发，重点加强影响工程建设的重大关键技术研究，破解技术难题，加快工程建设进度，提高工程质量，降低工程成本，提高综合效益。

二、建立健全科技管理体制，调动各方面的积极性和作用

为规范和加强科技工作组织与管理，国务院南水北调办专门制定印发了《国务院南水北调办关于加强南水北调工程科技项目管理工作的意见》，建立了包含政府、项目法人、参建单位和社会四个层面的南水北调工程科技管理体制。国务院南水北调办负责组织重大科技项目攻关，制定推广应用科技成果的有关规定，组织研究解决工程建设的具有普遍性、前瞻性的重大科技问题，同时统筹协调其他各个层面的科技工作，充分发挥各方面作用，实现多种科技资源的优化配置。

三、周密制订计划，加大投入力度，开展重大关键技术研究

在工程建设之初，国务院南水北调办就研究制订了详细的科技工作计划，率先启动丹江口大坝加高、PCCP管道制造和安装、东线低扬程大流量水泵的设计和制造等一系列重大关键技术的研究。积极畅通科技创新渠道，努力加大科技投入，并将科技创新和工程建设紧密结合起来，结合工程建设开展研究工作。

四、结合南水北调工程特点，走产学研相结合的道路

南水北调工程科技工作以工程建设需求为导向，紧紧围绕工程建设项目需求，采用科研院所、大专院校与项目法人、设计、施工（工厂）单位密切配合的产学研结合模式，有效整合了多方面资源开展科技攻关，建立起产学研相结合的南水北调工程科技创新机制，激发了各单位的创新活力，既解决工程建设中的实际问题，又培养了人才，提升了自主创新能力和水平。

五、利用市场配置科技资源，开展群众性的技改活动

利用市场配置科技资源的优势，择优选择技术力量雄厚、经验丰富的科研机构承担南水北调工程科技项目研究。注重发挥基层单位在科技工作中的作用，开展群众性的技改活动，通过合理化建议、小发明小创造、技术攻关、QC小组活动等途径在全系统范围内广泛开展各种创新活动，进一步增强技术创新、管理创新的能力与水平。

六、加强技术交流，强化科技成果推广应用

以组织专题技术会议、技术论文交流等多种形式，构建南水北调工程科技信息资源共享平台，公布和交流有关科研成果、专用技术标准等科技资料，交流信息，交换成果，加强南水北调工程科技项目成果管理，加大科技成果推广应用力度。

七、加强技术合作，重视对引进技术的消化、吸收与再创新

积极开展多种形式的国际和国内的技术合作，借鉴国内外成功经验，促进技术创新、制度创新、管理创新。创造条件推动国内企业对大型渠道混凝土机械化衬砌成型设备、大型智能清

污设备、大型泵站装置等重大装备进行自主研究开发与制造，这些新设备在南水北调工程建设中发挥了重要作用，节约了建设成本，提高了工程建设效率和质量。

八、加强科技工作宣传，营造良好工作氛围

利用多种形式加强对科技工作的宣传，营造尊重知识、尊重人才、尊重科学的良好科技工作氛围，体现新世纪工程现代化建设和管理水平，反映时代进步的精神和风貌，树立一流工程的良好社会形象。

第三章 国家科技支撑计划项目研究管理

第一节 "十一五"国家科技支撑计划

"南水北调工程若干关键技术研究与应用"项目经过可行性论证、课题评审及预算评审评估等工作，2007 年科技部以《关于"十一五"国家科技支撑计划南水北调工程若干关键技术研究与应用项目的批复》（国科发计字〔2007〕204 号）批准列入"十一五"国家科技支撑计划组织实施。

一、项目概况

南水北调工程是一个非常复杂的超大型项目集群，工程横穿 4 个流域带，影响众多地区，线路长，涉及面广，其规模及难度国内外均无先例，建设管理十分复杂，存在一系列没有解决或者没有工程实例的技术难关和项目管理难题需通过科学研究解决。开展南水北调工程关键技术问题研究，对保证和促进工程的顺利实施十分必要和紧迫，具有重大的理论与现实意义。

"南水北调工程若干关键技术研究与应用"项目由 16 个课题组成。各课题承担单位均按照课题研究计划及任务书要求积极推动相关工作开展，课题各项指标完成情况与课题任务书计划匹配，实现了既定的阶段研究目标，执行情况良好。

二、立项背景

（一）项目意义

南水北调工程渠线长，包含的项目多，工程范围涉及长江、淮河、黄河、海河四大流域，东、中线一期工程涉及北京、天津、山东、江苏、河北、河南、湖北等五省二市，经济社会和管理关系十分复杂。工程建设既有一般工程的共性问题，也有在勘察、设计、施工、建设、管理和环境影响等层面的独特性、复杂性。工程面临的关键问题如下。

（1）丹江口水库大坝加高过程中新老坝体结合、高水头作用下坝基帷幕灌浆等技术难题。南水北调中线一期工程的水源为丹江口水库，为满足中线调水自流供水及水量的需要，要在保持现有工程功能正常运行的前提上，对原坝进行加高的改建工作。丹江口大坝加高是在初期工程运行使用条件下进行加高施工，其加高规模、大坝高度、技术难度在国内外均属少见，对于混凝土大坝加高工程国内尚缺少设计施工技术规范，并无成熟可供借鉴的经验，而且丹江口大坝加高期间必须继续承担初期工程的防洪、发电、灌溉等多项任务，所以大坝加高工程存在诸多需研究解决的关键技术问题。

（2）渠道工程在结构、机械化施工等方面存在技术难题，与国际上渠道工程设计、施工及运行管理的先进水平存在一定差距。南水北调工程以长线渠道输水为主要特点，渠道沿线穿越的地形、地质条件复杂，水文、气象以及运行条件差异变化很大，需要尽快研究边坡在不同工况下抗滑稳定允许最小安全系数及其配套的地质参数，提出合理的优化方案。在渠道边坡稳定控制，渠道衬砌结构、材料与施工质量控制，大型渠道自动化衬砌施工技术，渠道清污及生态环境修复技术，渠道土石方优化调配技术方面深入研究，对南水北调工程等长距离调水渠道工程建设技术水平的提高，技术标准的编制，我国大型渠道施工设备国产化和产业化都具有重大的现实意义。

（3）我国低扬程大流量水泵技术水平，尤其是灯泡贯流泵的技术水平与发达国家相比还相当落后，联合调度运用的经验和水平不高。南水北调东线工程采用 13 级低扬程大流量泵站提水，泵及泵站效率及优化调度是影响工程运营成本的关键因素。此外，我国低扬程大流量水泵技术水平，尤其是灯泡贯流泵的技术水平与发达国家相比还相当落后。南水北调东线工程淮阴三站、蔺家坝站以及泗阳站等采用灯泡贯流泵，在综合研究分析国内外灯泡贯流泵技术基础上，重点开展贯流泵结构关键技术研究，贯流泵装置水力性能优化研究、引进方式和大泵检测技术研究以及梯级泵群优化调度运行方法研究十分必要。

（4）预应力钢筒混凝土管（Prestressed Concrete Cylinder Pipe，PCCP）在我国生产与应用的时间还较短，存在着设计方法、结构可靠度、预应力损失、管芯和保护层的应变、管芯裂缝、耐久性等若干基本问题。我国多数工程设计和生产完全采用美国标准，而美国标准是基于其国内的原材料质量水平、试验方法、设计理念、生产水平等制定的，并引用了众多的相关美国标准，因此基于我国国情考虑要做到完全采用美国标准是不可能的，往往造成不同工程具有不同质量标准、同一工程不同人员对有关问题的理解不能完全统一，其结果是管道质量水平参差不齐，工程隐患难以避免。南水北调中线干线工程北京段为国内首次使用大口径 4m 直径 PCCP 的大型输水工程，对管道制造、安装等技术提出更高要求，在制造、安装上都缺乏相应技术和经验，针对我国预应力钢筒混凝土管道研究严重滞后的现实，开展管道制造、安装技术研究势在必行。

（5）大型渡槽槽身荷载及尺寸巨大，设计、施工等遇到了前所未有的困难。尽管我国目前已建渡槽数以万计，但多数为农业灌溉渡槽，尚无专门的水工渡槽设计规范。渡槽的结构设计采用传统计算方法，而南水北调渡槽流量大于 $150m^3/s$ 以上，荷载及尺寸巨大，很难采用传统的方法进行计算，若采用预应力结构，则计算更为复杂，因此需在结构、材料、施工工艺、抗震等方面开展针对性的研究。

（6）南水北调西线工程隧道具有超长、大埋深、地质条件复杂、施工环境恶劣等特点，还存在一系列没有解决或没有工程实例的技术问题。深埋长隧洞为南水北调西线工程的主要组成部分，而西线一期工程隧洞最大自然分段长度 72km，属于超长隧洞，高寒缺氧是工程区的基本地理特征。因此，隧洞施工，只能采用 TBM 施工为主、钻爆法为辅的施工方案。深埋长隧洞跨越的工程地质单元多，水文地质条件复杂，围岩安全稳定性要求严格，而且工程地质问题隐蔽、复杂。因此，南水北调西线工程的关键技术问题可以概括为三个关键：关键在于超长输水隧洞，超长隧洞的关键在于 TBM 施工，TBM 施工的关键在于围岩评价。而"快速、经济、安全"地完成掘进是各项工作的终极目标。

（7）南水北调中线工程涉及多个省市，流域间和地区间水事关系复杂，如何从国家宏观调度的层面上协调各地区各部门之间的水资源供求关系，进行科学、合理、高效、便捷的调度是一个关键性问题。南水北调中线工程贯通长江、淮河、黄河、海河四大流域，涉及多个省市，流域间和地区间水事关系复杂，调水与防洪、发电、航运、灌溉等存在矛盾，生产、生活、生态用水部门在利用北调水和本地水之间存在着竞争性和偏向性，水源区和受水区的来水和需水情势季节性变化大，存在着相互制约、相互影响的关系，其水资源调度是一个典型的涉及多流域、多地区、多部门的多目标复杂决策问题。对水资源进行科学、合理、高效、便捷的调度，是确保实现工程的规划目标、促进工程效益充分发挥，促进水资源在更高层次和更大范围上重新优化组合和平衡，以及经济效益、社会效益、生态环境效益统一的关键性问题。

（8）在全球气候变化和高强度人类活动的影响下，南水北调西线工程水源区的生态与环境发生了显著变化。为保证区域的和谐发展，在调水工程的建设与运行管理中，需要在系统揭示其所带来的生态与环境影响的基础上，通过综合生态水文调控以及非工程措施的建设，避免和最大限度地减少工程本身所带来的负面影响，改善区域的生态与环境状况。

（9）要保证庞大复杂的系统安全、可靠、高效、有序地调度运行，需对南水北调运行风险管理的关键技术问题开展攻关研究。南水北调工程是一个复杂的大型跨流域调水工程，其输水线路长，时空变化差异大，其运行管理涉及问题复杂，既有技术层面的问题，又有管理层面的问题。南水北调运行管理的科学合理性不仅直接关系到供水目标的实现和工程的安全运行，也关系到社会公共效益和市场效益的统一实现。因此需对南水北调运行管理的关键技术问题深入研究，确定南水北调工程开通后各种复杂情形下的实际运行管理规则，在此基础上进行输水系统可靠度及风险分析，研究控制风险的措施和对策，使得整个系统的综合风险最低，提高供水可靠性和安全性。

（10）在膨胀土渠坡处理措施、施工控制、处理效果等方面尚缺乏针对性的研究，设计方案有待优化。南水北调中线工程输水总干渠在南阳、沙河及邯郸等地带分布有膨胀土，约占总干渠总长的 27%。膨胀土具有吸水膨胀、失水收缩的工程特性，易造成地基隆起、基础开裂、边坡失稳等一系列工程问题或事故，对工程建设和长期运行造成严重后果和巨大的经济损失。如何消除膨胀土给工程带来的危害是南水北调工程的一个关键问题，它直接影响到工程的顺利建设和输水的安全。亟须开展膨胀土地质条件下渠道破坏机理及处理技术研究，选取典型渠段进行现场试验，提出切实可行和可靠的处理措施。

（11）中线穿黄隧洞工程从隧洞结构、破坏机理到盾构施工技术、风险控制等均有很大的技术难度。中线穿黄隧洞采用盾构掘进施工，在黄河下最小埋深 23m，一次性掘进 3.45km，黄河河床由于长期冲刷与淤积交替作用，地层条件十分复杂，砂土层交错分布，并可能存在孤石、枯树等不明障碍物，施工风险较大，而且出现风险时，对施工人员和机械的危害较大，防范与处理难度大。对隧洞施工期风险进行分析研究，并提出对应预案，对于工程的安全顺利施工是十分必要的。中线穿黄隧洞衬砌为双层结构，承受内水、外水压力。外层为管片，内层为预应力环锚，两层结构分别单独受力，中间还设有弹性垫层，这种衬砌结构此前在国内外还没有应用的先例。如何保证衬砌结构在复杂荷载条件下的稳定和安全运行，发现问题及时应对，需要深入研究。

（12）为达到中线工程输水"安全、可靠、实时、经济"的目标，亟待解决中线工程输水能力与冰害防治等技术问题。南水北调中线一期工程采用以明渠为主、局部管（箱）涵的方案，单线基本自流向北京、天津、河北、河南供水，总水头差不足 $100m$。为确保中线工程输水稳定性和可靠性，急需对总干渠系统输水过程的稳定性和可靠性、总干渠（含建筑物）水面线和超高问题、各控制闸工作时的相互影响、闸前常水位输水模式的实现方式，以及冬季冰期的输水能力和冰害防治等问题开展深入研究。

（13）南水北调属特大型工程项目群，包含众多项目类型，亟须采用系统的、全局的观点对工程项目管理、工程信息采集和分类、管理决策支持和项目应急处置等开展科技攻关。南水北调工程为多线路调水，属于带状项目，存在多项目同时施工的现实，面临众多社会关系需要协调，建设管理和调度十分复杂。因此，结合超大型工程项目管理面临的重大技术问题和南水北调工程直管、代建和委托管理的特点，从工程项目管理、工程信息采集和分类、管理决策支持和项目应急处置等方面进行专题研究，研制出一套较完善的、适合中国大型工程项目的管理理论、管理技术和技术标准，结合南水北调工程的特点，建立起南水北调工程建设和调度管理决策支持系统框架，提高系统的运作效率和管理水平。

（14）黄姜加工生产已成为南水北调中线水源区尚未有效控制的污染源。黄姜是南水北调中线水源区陕西、湖北及河南等地区农民脱贫致富的重要经济来源。但是由于此前黄姜加工业无实用处理技术，黄姜加工生产已成为南水北调中线水源区尚未有效控制的污染源。此前，我国对黄姜的加工利用是粗放型的，污水排放给当地水体保护带来了巨大压力，对生态造成了破坏，对中线水源地的安全产生潜在的影响。为了引导水源地农民走上环境与经济双赢的道路，必须引入新技术实现黄姜资源的高值开发及资源综合利用，改变黄姜的加工工艺现状，消除南水北调中线工程水源区这一重大安全隐患，保证南水北调中线水源区的水质安全。

（15）东、中线一期工程和区域经济社会可持续发展的关系、经济社会的可持续发展和生态环境的改善等问题须进一步研究。南水北调工程建设必将对水源区和受水区产业结构和资源配置产生巨大影响，加快产业结构调整形成新的经济增长点。根据《中国可持续发展水资源利用战略》报告对未来 30 年需水的预测，即使南水北调工程东、中线一期工程完成后，受水区水资源也不能从根本上得到解决，缺水形势依然严峻。"十一五"期间是我国社会主义现代化建设的关键时期，必须进一步研究南水北调东、中线一期工程和区域经济社会可持续发展的关系，依靠科技进步，保证经济社会的可持续发展和生态环境的改善。

（16）考虑到南水北调工程对我国整体水资源配置格局的调整，应进行工程调水和当地水源的合理配置，充分发挥工程的最大社会经济效益和生态环境效益。随着南水北调东、中线工程开工建设和相继建成，考虑工程对我国整体水资源配置格局的调整，如何进行工程调水和当地水源的合理配置、充分发挥工程的最大社会经济效益和生态环境效益，已成为亟待解决的重大科技问题之一。当前水资源调配研究大多针对特定地区和（或）特定流域来开展，对于涉及长江、黄河、淮河、海河四大流域的南水北调工程来说，其水量调配过程极其复杂，涉及众多水源、受水区及水利工程，急需研究其水量调配机制、理论、方法及评价，重点要研究调水与当地水资源之间以及水利工程之间的联合优化配置。

综上所述，亟须针对南水北调工程建设的若干关键技术开展研究，为南水北调工程建设提供技术支撑，确保工程建设顺利进行，提高工程建设的技术水平，规范工程建设管理和科学评价，提高工程管理效率，确保工程质量和安全，降低运营成本，建设一流工程。同时，本项目紧密结合国家重大基础建设工程中急需的关键技术问题开展研究，通过项目实施取得重要的科学技术成果。

（二）总体目标

项目从解决南水北调工程建设亟须解决的重大关键枢纽和典型工程建筑物的结构、材料、施工技术与工艺、质量控制、关键设备等难题出发，实现关键技术的突破，提高工程建设管理水平，优化设计，降低工程建设管理和调度成本，充分发挥工程的投资效益和社会效益，为保障工程建设高质量、高效率地有序推进和生态环境安全提供技术支撑。项目的总体目标如下：

（1）针对南水北调工程的建筑物结构若干重要问题，研究攻克丹江口大坝加高、穿黄隧洞、超大口径 PCCP 管道、大流量预应力渡槽、大型渠道、膨胀土地基渠段、大型贯流泵，西线超长隧洞的设计、制造、施工、材料、软件等关键技术，保证工程建设质量、安全和进度，为南水北调东、中线一期工程建设提供科技支撑。

（2）研究提出冰害防治技术，提出风险评价技术，研究制定若干应对工程建设中可能出现的异常和突发状况应急处置方案。

（3）开发南水北调东中线流域、区域水资源合理配置技术，建立"四横三纵"水网的综合调配技术体系，提出南水北调水资源整体配置方案，提出西线环境评价新技术，提出黄姜清洁化生产工艺，保障水质安全。

（三）项目验收

项目实施周期是 2006 年 12 月至 2009 年 12 月，后经向科技部申请，实施周期延长至 2010 年 12 月。2010 年 12 月至 2011 年 3 月，国务院南水北调办和水利部对项目所属 16 个课题组织了课题验收。验收专家组听取了各课题组的成果汇报，对递交的技术文档进行了认真的审阅，并就成果中有关技术问题进行了质疑，经过充分讨论，专家组认为各课题均完成了任务书规定的研究任务，一致同意全部通过验收。

（四）考核指标

项目的考核指标如下：

（1）攻克新老混凝土结合关键技术、大坝抗震安全评价、帷幕耐久性评价和高水头帷幕补强灌浆处理措施，保证丹江口大坝加高后的坝体安全；开发大型渠道混凝土衬砌质量的快速、无损检测技术，设备与数据处理技术，研制大型渠道自动化衬砌综合施工工艺与设备，开发大型渠道高效清污技术和大型自动化清污机。

（2）开发大型灯泡贯流泵结构关键技术和贯流泵水力模型，制定南水北调多级泵站科学调度与优化决策系统。

（3）开发预应力钢筒混凝土管管道（PCCP）结构分析有限元数学模型和结构分析程序，攻克超大口径 PCCP 双线安装和洞穿管施工关键技术。解决大流量预应力渡槽设计和施工中的温度荷载计算问题、抗震性能及减震措施、渡槽的新型结构型式及相应的设计理论和方法、巨型渡槽施工技术及施工设备、渡槽的破坏机理和破坏修补措施、外部裂缝预防和补救措施以及新型材料等关键技术和工艺设备问题。应用课题成果给出的技术体系，对现有的大流量预应力渡槽工程进行优化设计。

（4）开发深埋地质结构探测和综合勘察理论与方法，提出复杂地质环境下隧道的设计原理和支护技术，建立 TBM 施工的风险管理模型，攻克南水北调西线超长隧洞 TBM 施工关键技术。

（5）开发南水北调东、中线工程膨胀土（岩）渠坡处理关键技术与施工工艺，建立多媒体仿真系统。提出输水隧道抗震安全措施，攻克南水北调中线穿黄工程关键技术与工艺，建立施工期安全应急处理方案。

（6）建立南水北调中线工程输水模拟平台，提出总干渠冬季输水模式及冰害防治措施。开发南水北调工程建设与运行信息采集和风险识别技术，建立基于 WebGIS 的分级决策、信息流向和可视化决策系统，形成南水北调工程建设与运行应急处置支持平台。

（7）开发南水北调东中线流域、区域水资源合理配置技术，建立"四横三纵"水网的综合调配技术体系，提出南水北调水资源整体配置方案。开展东、中线一期工程典型区生态保育关键技术与工程措施研究及示范，提出受水区农业资源性节水的生产模式、节水型城市建设的激励机制及管理模式。

（8）构建开发气候-水文-生态模拟平台，定量评估变化环境下西线工程对各类影响区生态环境影响，科学核算基于区域生态与环境安全的径流控制标准；提出基于区域生态与环境安全的综合生态水文调控方案。

（9）开发黄姜皂素清洁生产与资源综合利用一体化技术与工艺，示范工程维持稳定运行，并取得良好经济效益。

（10）申请发明专利 15 项以上，形成南水北调工程专用技术标准及规程规范 20 项以上。

三、项目设置

项目设置符合《国家科技发展纲要》提出的优先资助领域及前沿领域中的目标要求，在引导带动设备设计制造技术和相关工艺水平的提高、实现水资源优化配置与综合开发利用以及新材料技术，先进制造技术等领域取得突破，实现工程建设目标。

"十一五"国家科技支撑计划列入了"南水北调工程若干关键技术研究与应用"共 16 个课题，具体如下。

（一）丹江口大坝加高工程关键技术研究

1. 研究目标

针对丹江口大坝加高工程中存在的新老混凝土结合问题、新老坝体联合工作条件下的大坝抗震安全问题、大坝基础帷幕耐久性评价及高水头作用下帷幕补强灌浆技术问题等关键技术难题，在总结前期设计研究成果的基础上，采用理论分析、数值模拟、室内实验、现场试验和原型观测等方法开展研究。课题研究的目标是提出切实可行的工程技术措施，解决丹江口大坝加高工程的技术难题，同时对研究成果进行全面系统的总结，提高我国大坝加高技术水平，指导今后复杂环境下的大坝加高工程设计和施工。

2. 研究任务

（1）新老混凝土结合状态与安全评价。考虑丹江口初期工程大坝中存在裂缝等缺陷前提下，仿真模拟不同坝段加高工程的实际施工进度、工程措施及运行情况，用非线性有限元计算方法，研究大坝存在裂缝、老化、缺陷条件下，在水压、温度场、加高附加荷载等作用下的初期受力和安全状态，分析新老坝体结合面开合随时间的变化过程及坝体的应力变化过程，研究不同的结合面状态对大坝应力状态的影响，明确结合面状态与加高后大坝安全度的相关性规律，提出满足大坝安全度要求的各项技术指标。

（2）改善新老混凝土结合状态工程措施研究。确定新老混凝土结合面的各项物理力学指标；研究结合面表面处理、温度控制、结构缝等各种可行的工程措施对结合面开合状态以及大坝整体性能的影响；对各种工程措施进行优选，提出满足大坝整体性、受力安全及抗震安全的工程措施。

（3）新老混凝土结合面灌浆措施研究。结合面开裂随时间的渐进过程和可能的结合面开裂状况，研究结合面开裂后可灌性、灌浆对未开裂部位的影响以及灌浆后结合面的稳定性；论证结合面灌浆的必要性、可行性；提出具体灌浆技术要求，包括灌浆时机、灌浆时水库水位限制、灌浆材料、灌浆部位、灌浆工艺等技术指标，避免结合面灌浆对大坝整体性带来不利影响，保证在实施结合面灌浆后新老混凝土的长期稳定性。

（4）大坝抗震安全问题研究。考虑丹江口大坝老坝体中存在裂缝等缺陷前提下，用非线性有限元方法对大坝加高后的不同坝段在地震荷载作用下进行应力分析，重点分析结合面不同结合状态对大坝抗震性能的影响，提出满足大坝抗震安全的技术指标。

（5）初期工程帷幕耐久性研究。根据丹江口大坝初期工程坝基渗控处理设计及施工情况，现场抽样检查和取样，对初期工程的灌浆质量、裂隙充填物成分进行室内试验研究，分析评价初期工程帷幕的耐久性是否满足加高工程要求。

（6）高水头大坝帷幕补强灌浆技术研究。通过同类工程的设计、施工总结，结合不同上游水位条件下大坝的坝基应力稳定分析、现场观测和相关工程经验，采用现场取样、室内试验、模拟分析、现场试验相结合的方法，研究高水头作用下初期工程局部帷幕补强加固、帷幕改造可灌性、灌浆方法，材料配方、灌浆压力控制和施工工艺等。

3. 考核指标

申请专利1～2项；制定相关技术标准或技术规定1～3个；出版专著1～2部，撰写论文20～30篇。

4. 技术创新点

（1）形成了一套对大坝加高工程新老混凝土结合面开合变化和受力状态的分析方法及安全评价方法，提出了满足安全要求的新老混凝土结合面技术指标。

（2）提出了保证新老混凝土结合质量和提高大坝整体性的成套技术，主要包括：新浇混凝土采取温度控制、保温措施，对结合面进行界面处理、设置三角形键槽、合理布置锚筋、预留结合面灌浆系统等措施。

（3）提出了新老混凝土结合面灌浆处理的成套技术，包括灌浆时机、灌浆区位、灌浆压力、灌浆材料及灌浆工艺等。

（4）研发了局部接触非线性问题的组合网格法分析程序，改进了传统的弥散裂缝模型及接触模型，研发了基于混凝土四参数等效动态损伤模型的计算程序，提出了生成时频非平稳人工地震动的新方法。

（5）首次开展了高水头坝基帷幕检测及耐久性研究，丙凝灌浆帷幕耐久性的定量研究在国内尚属首创，提出了防渗帷幕的防渗性能及耐久性评价方法。

（6）首次在大型水电工程高水头帷幕补强灌浆中开展水泥浆液扩散试验研究、涌水孔段不同待凝时间效果分析及快速施工工艺研究，提出了高水头下帷幕补强灌浆的成套技术，包括灌浆方法与工艺、灌浆材料及配比、灌浆压力等控制指标。

（二）大型渠道设计与施工新技术研究

1. 研究目标

开展渠道边坡稳定控制，渠道衬砌结构、材料与施工质量控制，大型渠道机械化衬砌施工技术，渠道清污及生态环境修复技术，渠线及土石方调配等方面研究，研制长斜坡大型渠道混凝土振动碾压成型成套设备、振捣滑模成型成套设备、渠道智能化的回转式清污设备及液压抓斗式清污设备；提出确定渠道边坡、渠道衬砌结构及施工质量控制的技术方法；建立基于虚拟现实的长距离渠线优化与土石方平衡系统，最终推出整套大型渠道设计施工新技术。

2. 研究任务

（1）渠道边坡优化技术。通过对不同设计条件、不同地质条件、不同施工方法、不同运行工况下渠道边坡稳定的优化理论研究和计算软件的开发，获得满足渠道边坡稳定条件下的经济合理的渠道边坡优化技术成果，并形成技术指导文件。

（2）高水头侧渗深挖渠段的边坡稳定及安全技术。根据工程地质、水文地质、输水工程运行特点、施工条件等，进行系统研究，解决现状地基渗流稳定性分析与评价、高水头侧渗深挖方渠道边坡稳定与安全技术研究等技术难题，并形成技术指导文件。

（3）渠道防渗漏、防冻胀、防扬压的新型材料和结构型式。结合南水北调工程特点和工程实际，以解决输水渠道的防渗漏、防冻胀、防扬压、防湿陷、防膨胀等为研究目标，实现南水北调输水渠道的安全高效运行。

（4）大型渠道机械化衬砌施工技术。建立渠道斜坡混凝土振动碾压和振捣滑模密实成型工艺理论体系；研制出具有智能控制的自动找正，自动导向，衬砌混凝土数据自动采集、处理、输出集成功能，整体为模块化结构的长斜坡振捣滑模衬砌机；具有坡面修整、混凝土垫层密实成型功能，整体为模块化结构的长斜坡振动碾压衬砌机；长斜坡衬砌混凝土切缝机和填缝机。满足南水北调渠道工程建设的需要。

（5）渠道混凝土衬砌无损检测技术。改进、研制基于探地雷达和声波探测技术的渠道混凝土衬砌质量检测专用设备；开发针对检测结果的数据处理、分析系统软件；编制渠道混凝土衬砌施工质量无损检测技术规范；研究探地雷达探测衬砌层剖面底部反射特征的确定，薄板混凝土层内电磁波波速测定，斜坡面高频信号的发射、接收及高频电磁振荡信号的压制等技术难题。

（6）高性能混凝土技术研究。研究复杂条件下混凝土的抗渗及抗裂问题、混凝土的抗冻融抗冲刷问题，以及特殊条件下特种混凝土的配制及施工等关键技术问题；主要研究解决高性能混凝土的耐久微观机理，抗裂、抗渗、耐久的配合比优化及施工工艺等技术难题。

（7）大型渠道清污技术及设备研制。研究清除调水工程中倒虹吸、泵站进口拦污栅和栅前区的各类污物的关键技术；解决原有各类清污设备存在的适应性和清污效果差、运行可靠性差、机械化程度不高，难以满足长距离渠道全天候运行及其冰凌期安全运行的要求等问题；研究回转式清污机耙齿装置和格栅抓斗移动式液压抓斗装置如何满足大跨度和适应清除各种污物的技术问题；研究自动化、智能化格栅抓斗移动式清污设备涉及的自动定位、控制液压抓斗开合油管收放技术实现问题；研制出大跨度的自动化、智能化大型回转式清污设备和大型格栅抓斗式移动清污设备。

（8）渠道沿线生态环境修复技术。从水力稳定与生态稳定的角度，提出适合南水北调工程特点的渠道非过水断面生态护坡的结构型式、材料、合理的布置方式以及堤岸带生态修复技术，为堤岸沿线生态保护带的规划、建设提供理论依据和施工标准。

（9）基于虚拟现实的长距离渠线优化与土石方平衡系统。建立渠道信息模型，建立全新的基于3D环境的渠道设计、土石方调配新方法，编制通用软件系统，可以替代渠道设计规划的传统方式方法，显著提高设计效率与精度，结合虚拟现实与GIS空间分析技术，实现大型渠道建设的挖填方基本平衡，减少弃土、借土工程量和土地（耕地）占压，达到节省工程投资和节约土地资源的目的。

3. 考核指标

提出大型渠道边坡稳定与优化技术及其相关设计方法，并形成技术指导文件；提出高水头侧渗深挖方渠道边坡稳定分析方法，形成技术指导文件；提出渠道新结构型式；渗漏量不大于 $0.04\text{m}^3/(\text{m}^2 \cdot \text{d})$，冻胀残余量小于允许法向位移值 0.5cm；确定高性能补偿收缩混凝土与微膨胀混凝土的适宜配比（补偿收缩混凝土达到 C30F200W12，微膨胀混凝土达到 C40F300W15）；提出大型渠道机械化衬砌的综合施工工艺，研制出大型渠道机械化衬砌系列成套设备 2～4 套并应用；提出大型渠道混凝土衬砌质量快速无损检测方法与技术标准以及专用探测设备及处理分析软件系统；提出大型渠道高效清污技术，研制智能化回转清污系列设备和智能化抓斗清污系列设备各 1 套；提出大型渠道非过水边坡生态环境修复技术 1 套；建立基于虚拟现实的长距离渠线优化与土石方平衡系统，并实现渠道三维可视可算；国内发明专利 6 项，实用新型专利 10 项。

4. 技术创新点

（1）首次分析了大板混凝土衬砌对大型输水渠道边坡的影响，揭示了大板混凝土衬砌对渠道边坡变形约束影响的规律，以及全断面大板混凝土衬砌对增加渠道边坡抗滑稳定性的影响。

（2）针对渠道选线存在的准确度不高、耗时长、方案比选少等问题，首次建立了三维渠道信息模型，完成了渠道三维土石方优化交互设计，实现了土石方实时优化计算。

（3）首次提出了基于双层规则化的渠道地面网格模型表示方法和土石方分段间相临段优先的优化策略，具有完全自主产权。

（三）大型贯流泵关键技术与泵站联合调度优化

1. 研究目标

研究大型贯流泵关键技术与泵站联合调度优化，开展大型贯流泵机组结构关键技术研究，大型贯流泵泵站结构抗振安全度评价及优化设计，泵站选型合理性评价体系研究，贯流泵装置水力性能优化理论与应用，灯泡式贯流泵引进方式和大泵检测技术，以及南水北调东线梯级泵站（群）优化调度方法研究。

2. 研究任务

（1）大型贯流泵机组结构关键技术研究。对灯泡式、轴伸式和竖井式等贯流泵机组结构型式进行分析比较，开展大型灯泡贯流泵机组结构关键技术的研究，解决灯泡体位置、最佳叶轮直径、流道型线优化、传动方式、流量调节方式和支撑型式等关键技术问题，提高机组稳定性、可靠性和泵装置效率。

（2）大型贯流泵泵站结构抗振安全度评价及优化设计。开发相应的分析软件，研究水力、机组和泵房结构振动特性，分析考虑水流、机组、泵房结构及地基相互作用下机组和泵房结构的振动响应，进行优化设计，保证泵站稳定、安全和可靠运行。

（3）泵站选型合理性评价体系研究。在建立泵装置能量特性、汽蚀特性、水力脉动特性和水力损失等参数数据库的基础上，建立多维数学模型，构建选型合理性评价体系。通过模糊综合评判等方法，对不同泵站选型合理性进行综合评价，指导大型泵站的设计选型。

（4）贯流泵装置水力性能优化理论与应用。通过研究贯流泵装置的参数化设计理论和造型技术，研究多目标、多工况和多约束的优化理论及组合优化策略，实现 CAD 和 CFD 技术的有机结合，从根本上提高贯流泵装置水力模型的设计水平和设计效率，实现不同泵站贯流泵装置的针对性设计。

（5）灯泡式贯流泵引进方式和大泵检测技术。以有利于促进和提高我国大型灯泡贯流泵研制水平为目标，分析灯泡式贯流泵引进方式，实现关键技术的引进；提出大泵流量在线监测方法；开发出大泵稳定性检测系统。

（6）南水北调东线梯级泵站（群）优化调度方法。开展南水北调东线梯级泵站（群）的联合调度研究，提出调水系统站间、站群、站间-站群-级间联合优化运行数学模型与通用解法；通过南水北调东线江苏境内典型工程的优化调度，总结实时优化调度准则、开发软件系统；使之提高水资源利用率，节省供水成本。

3. 考核指标

制定选型合理性分析原则，建立数据库和数学模型，对不同泵站选型合理性进行评价，指导大型泵站的设计选型；设计制造两种新型贯流泵机组，应用于南水北调东线工程，形成相关的泵机组制造、安装与检修技术。在现有水平上，贯流泵机组可靠性和耐久性得到提高；提出复杂体系下液固耦合振动效应的贯流泵泵站结构振动分析方法，开发相应的并行计算分析软件，使得对大型泵站的水力和机组振动进行仿真分析成为可能；建立基于"三多"优化设计理论的贯流泵装置模型针对性设计技术，开发 1 套贯流泵装置水力模型。通过分析流道对装置性能的影响，优化流道水力设计，要求贯流泵装置模型的最优工况点扬程在 2.0～3.0m，效率大于 73.5%，汽蚀比转数大于 1100；运行范围 1.0～5.0m，最大扬程力争达到 6.5m，在工作扬程 4.0m 左右时，泵装置效率提高到 76% 以上。开发出大型水泵稳定性在线和离线检测装置；提出适用于东线工程特点的梯级泵站复杂系统的站间、站群、站间-站群-级间联合运行数学模型与通用求解方法、优化操作准则；开发软件系统，应用至南水北调东线典型工程，与现状运行方案比较，节省供水成本 5%～8%。申请发明专利、实用新型专利 2 项以上；发表论文 50 篇以上，其中 EI 收录 10 篇以上。出版专著 1 本以上，国内软件著作权 3 项以上，获省部级及以上科技进步奖 2 项以上。

4. 技术创新点

创新地采用能量特性法分析泵机组的运行稳定性，建立包括能量特性（经济）、可靠性和稳定性三方面综合评判泵型选择合理性的评价指标体系，提出了泵型选择的评价方法。

（四）超大口径 PCCP 管道结构安全与质量控制研究

1. 研究目标

以南水北调工程建设及我国 PCCP 的设计、制造和安装标准的制定与完善为课题目标。根据国内外 PCCP 工程建设过程中曾经出现或暴露出的问题和国内专家所普遍关注的有关问题，结合南水北调工程建设实际，针对我国 PCCP 管研究滞后的现实，对超大口径 PCCP 管道结构安全、安装工艺及质量控制标准进行系统研究。

2. 研究任务

（1）室内原材料及混凝土、砂浆试验研究。包括 PCCP 管芯混凝土碱活性骨料应用试验研究、PCCP 混凝土和砂浆性能参数试验研究及 PCCP 接头砂浆开发。提出具体的、可操作的关于原材料质量控制、裂缝控制、提高混凝土和砂浆耐久性等技术措施，并在 PCCP 工程中得到应用。提出管芯混凝土总碱量的控制措施、骨料碱活性的抑制措施，以提高和改善管芯混凝土的耐久性。提出符合我国规范体系和材料标准的一整套 PCCP 设计参数。开发抗裂、高耐久性保护层砂浆，开发使用 ECC 的高韧性承插口灌注砂浆。

（2）结构计算方法研究与程序开发。研究 PCCP 结构计算方法、编制采用美国供水协会标准 C304 设计方法和满足我国现行设计规范的 PCCP 设计软件，以及用有限元法设计 PCCP 的软件。

（3）大型管道现场试验。开展 4m 超大口径 PCCP 管的制造工艺及质量控制试验、4m 直径 PCCP 运输方法和运输能力试验、4m 直径 PCCP 吊装和安装工艺及质量控制试验、4m 超大口径 PCCP 管道结构原型试验、PCCP 阴极保护现场试验、PCCP 外防腐涂层自动化喷涂工艺现场试验等。

（4）安装工艺及质量控制标准研究。结合南水北调 PCCP 工程建设，试验总结 PCCP 管道的沟槽安装工艺和洞内安装工艺，并提出相应的质量控制和验收标准。

（5）管道水力特性研究。获得我国 PCCP 管道的糙率值，利用适当的手段对其进行研究，并计算预测南水北调工程北京段 4m 直径 PCCP 管的沿程阻力系数（综合糙率系数 n），为南水北调 PCCP 管段设计及运行提供依据。

（6）管道防护、防腐蚀及安全性研究。包括阴极保护技术与混凝土表面防腐涂层研究、裂缝对 PCCP 结构安全的影响评价、钢丝预应力松弛对 PCCP 结构安全的影响评价。

3. 考核指标

提出具体的、可操作的关于原材料质量控制、裂缝控制、提高混凝土和砂浆耐久性等技措施并在 PCCP 工程中得到应用；提出管芯混凝土总碱量的控制措施、骨料碱活性的抑制措施；提出符合我国规范体系和材料标准的一整套 PCCP 设计参数；开发抗裂、高耐久性保护层砂浆，开发使用 ECC 的高韧性承插口灌注砂浆；建立适用于我国实际的 PCCP 管结构设计方法；编制出具有我国自主知识产权的、与国际标准接轨的最佳 PCCP 设计软件和采用有限元法设计的 PCCP 软件；制定出超大口径 PCCP 管的安装工艺及质量控制标准；取得反映 PCCP 管材料特性、壁面粗糙程度分布以及管道接头影响的综合糙率值；提出 PCCP 外防腐涂料机械化施工工艺和 PCCP 管阴极保护新技术和方法；提出《大型管道现场试验报告》；提出 PCCP 结构安全评估方法及裂缝对 PCCP 结构安全的影响评价方法、徐变和钢丝预应力松弛对 PCCP 结构安全影响的评价方法；提出《预应力钢筒混凝土管设计标准》的制定建议，提出《预应力钢筒混凝土管施工及验收标准》的制定建议，提出《PCCP 外防腐涂层检验标准》和《PCCP 外防腐涂层机械化施工工艺》，提出《PCCP 管阴极保护技术》。

申请专利 1～2 项；获得计算机软件著作权 2 项；出版专著 1～2 部，发表论文 10 篇以上。

4. 技术创新点

（1）配制出 PCCP 管芯用高强度、低总碱含量混凝土和 PCCP 接头 ECC 灌缝砂浆；取得一整套符合我国规范体系的 PCCP 设计参数。

（2）提出了 PCCP 预应力钢丝缠丝过程和刚度贡献的数值缠丝模型。

（3）在我国首次进行了 4m 超大口径 PCCP 管道的制造工艺试验、管道结构原型试验、现场运输试验、现场安装试验、管道防护和防腐试验等系列现场试验。

（4）提出了超大口径 PCCP 沟槽安装和洞内安装工法，解决了工程施工中的难题，满足了工期要求。

（五）大流量预应力渡槽设计和施工技术研究

1. 研究目标

（1）提出自重小、承载能力大的新型渡槽结构型式及设计计算方法，配制出高抗裂低渗透的高性能混凝土，设计研究一种新型渡槽伸缩缝止水结构与材料，提出具有高承载力减震支座的结构型式。

（2）确定最佳的渡槽上部结构减振方案，提出渡槽桩基的有效避震措施；提出软岩地基条件下大型渡槽基础的合理型式及计算方法。

（3）提出合理的施工技术方案及渡槽混凝土结构施工方法的"标准化"或"导则"性研究成果；在建筑材料强度、施工及温度控制、混凝土养护、预应力钢筋的张拉等方面提出合理的质量控制指标及控制方法。

（4）建立简单直观的开裂风险评估体系。基于风险评估，从材料、施工、设计、管理等方面系统地提出综合治理混凝土结构温度和收缩裂缝的控制成套技术，并对混凝土材料组成和结构型式进行优化，制定渡槽混凝土结构裂缝控制成套技术方案。

（5）提出不同环境条件下渡槽结构设计的耐久性指标，研制出耐久性好的高性能混凝土，提出提高渡槽结构耐久性的工程措施和施工工艺。提出基于可靠度理论的渡槽时变可靠性分析方法，提出灌注桩无损检测可靠性分析方法，建立含有缺陷的灌注桩可靠度分析模型。

（6）研究大型预应力渡槽可能的破坏模式及破坏机理，并针对不同的可能破坏模式提出合理有效的预防及补救措施。

（7）进行现场渡槽原型的观测研究，验证理论研究和室内试验成果的正确性，优化结构型式、完善施工工艺，为后续工程渡槽结构型式的选择提供科学依据。

2. 研究任务

（1）大型渡槽温度边界条件及荷载作用机理，结构新型式及优化设计，新材料，止水、支座等新结构研究，包括：①处于大气对流、日辐射、骤然温降等复杂环境中的渡槽温度边界条件和主要影响因素的确定，沿线水温模型的确定，时变温度应力计算的初始温度场的确定；②大型有限元通用软件进行多向预应力混凝土结构设计计算方法，包括有限元分析中施加预应力的方法、预应力损失的模拟、张拉顺序的优化以及预应力渡槽结构设计中的结构力学方法和弹性理论的有限元方法相结合的问题；③竖向荷载与水平荷载共同作用下的群桩-土-承台共同作用机理与设计计算方法，以及桩基的优化设计，群桩-土-承台的工作性状的数值模拟；④软岩嵌岩桩荷载传递机理的研究，以及嵌岩桩基承载力的设计计算方法；⑤混凝土开裂敏感性试验与评价方法，如何从材料配比与微结构优化方面提高高性能混凝土的抗渗、抗碳化与抗冻等问题。

（2）渡槽和槽墩支柱的抗震性能、减震措施研究，包括：①考虑土-渡槽结构相互作用的拟动力试验，模拟地震对渡槽结构的作用；②渡槽结构动力特性和动力响应原型试验条件的实现；③桩基-土动力相互作用的数值模拟；④桩基-土动力相互作用的室内模型试验技术和本构模型。

（3）渡槽施工技术及施工工艺研究，施工质量控制指标及控制方法研究，包括：①大型渡槽预应力混凝土叠合结构施工技术和施工工艺；②渡槽高性能混凝土的防裂施工技术和施工工艺；③预应力混凝土结构渡槽的施工质量控制方法及控制指标。

（4）渡槽外部裂缝预防及补救措施，以及与此相关的新型涂料开发，包括：①在模拟实际结构内部条件下养护的混凝土材料的力学、热学及宏观体积变化性能的测定方法；②基于混凝土水化硬化速率、结构型式及环境条件的混凝土结构内温度场和湿度场随混凝土浇筑龄期的变化规律；③混凝土结构内部与约束、温度、湿度相关联的应力分布随时间的变化模型及三维仿真计算方法；④渡槽结构的裂缝控制试验模型的制作和试验技术；⑤渡槽施工和运行期间的实时监测及评估；⑥混凝土结构开裂风险的表征，判据的建立，开裂风险评估分析程序的开发。

（5）大型渡槽的耐久性及可靠性研究，包括：①大型渡槽混凝土耐久性作用机理的研究；②大型渡槽混凝土耐久寿命预测模型的建立；③由于基于可靠度理论的渡槽可靠性计算结果的实用性和可靠性依赖于影响渡槽安全的主要参数的准确性，对于渡槽来说模型试验与实际情况有一定差异，如何充分利用类似工程的数据以及如何在小样本情况下确定渡槽安全分析主要参数的概率模型及其统计参数是渡槽可靠度分析中的技术难点；④如何建立合理的渡槽结构抗力衰减模型，在此基础上提出可行的渡槽时变可靠度分析方法；⑤如何确定渡槽下部灌注桩基础中缺陷的统计特性，在此基础上分析含有缺陷桩基础的可靠度。

（6）大型预应力渡槽失效的破坏模式、破坏机理及对渡槽造成的危害程度，以及相应的预防及补救措施研究。多因素作用下大型预应力渡槽失效模式的识别方法是综合研究地震破坏、预应力失效、混凝土结构裂缝、止水失效、基础失稳等导致大型预应力渡槽失效的模式、破坏机理及对渡槽造成危害程度的评价的主要技术难点。

3．考核指标

用课题成果给出的技术体系对现有的大流量预应力渡槽工程进行优化设计，预计可节约投资 10％～20％，渡槽单跨经济跨越能力可达 30～50m，减震效果可达 30％以上；开发水泥基渗透结晶型防水材料在槽身混凝土表面的防渗技术，提高混凝土抗渗透能力 30％以上；开发研制一种混凝土表面保温保湿防水抗裂材料：其导热系数不大于 0.1W/(m·K)，渗透系数不大于 $1×10^{-10}$m/s，与混凝土黏结强度不小于 0.2MPa；开发研制一种潮湿型混凝土裂缝灌浆材料：浆液黏度小于 350cP，固化后抗压强度 60MPa 以上，抗拉强度 12MPa 以上，与混凝土的黏结强度 4.0MPa 以上，混凝土抗拉破坏；高承载、抗震效果好的大流量预应力渡槽支座，单个支座承载力大于 4000T，减震系数大于 30％；申请发明专利：高抗裂高耐久的渡槽高性能混凝土配制与防裂成套技术、大流量预应力渡槽避震设施；国内外学术期刊上和专业性重要会议上发表论文 20 篇。

4．技术创新点

（1）制备了一种新型渡槽伸缩缝密封止水材料，它具有优良的耐久性、自流平性、自黏结性和抗位移变形能力的特点，能较好地满足大型渡槽伸缩缝密封止水材料性能要求。

（2）提出了一种新型渡槽伸缩缝复合止水结构型式，能较好地保证大型渡槽伸缩缝止水效果。

（3）研制了大型渡槽现场动力特性试验的仪器和设备，并在漕河渡槽进行了原型试验，并获得了大型渡槽的动力特性，在国内外属于首次。

（六）西线超长隧洞 TBM 施工关键技术问题研究

1．研究目标

采用综合集成的地质、地球物理探测、岩石力学性质室内外试验与测试、数值反分析、工程验证的研究方法，借助于现场勘探试验洞的扩挖和试验，进行基于 TBM 施工的围岩评价原理与技术研究、影响超长隧洞 TBM 施工技术的关键因素研究、复杂赋存环境下输水隧洞变形机制与长期稳定性研究，为南水北调西线工程深埋超长输水隧洞工程勘测、设计、施工与运行环境的安全，提出一种多学科综合的理论、方法与技术评价体系，为南水北调西线及其他水电工程、矿山的深埋长隧道的围岩评价、安全性分析、设计优化、TBM 施工参数确定、灾害预测预报和防治等提供关键的理论方法和技术支持。

2．研究任务

基于 TBM 施工的围岩评价原理与技术研究、影响超长隧洞 TBM 施工技术的关键因素研究和复杂赋存环境下输水隧洞变形机制与长期稳定性研究，为超长隧洞的 TBM 安全施工和长期稳定性评价提供关键的理论和技术支持。

3．考核指标

（1）形成适合于西线地质条件的 TBM 隧洞地质评价与勘察设计的岩体质量分级体系；提供一套对岩体结构及赋存环境多学科综合的理论、方法与技术评价体系；提出 TBM 施工的围岩分类建议标准，申报企业标准。

（2）开发一种与 TBM 施工方法相适应的以地球物理超前探测为主、多源信息综合集成（综合参数法）的地质超前预报技术体系。

（3）提出高原寒冷缺氧环境条件下隧洞施工通风计算方法；提出西线隧洞通风设备及通风管的技术参数和选型配套方法；开发超长隧洞 TBM 施工通风系统及效果模拟软件一套；提出超长隧洞 TBM 施工独头掘进 25km、独头通风长度 14km 的解决方案。研制新型风机一套。

（4）采用不确定性理论，分析西线工程深埋超长隧洞 TBM 施工风险发生的分布特征和规律；提出西线工程深埋超长隧洞 TBM 施工风险分析方法与评估模型，研究深埋超长隧洞 TBM 施工的风险接受准则及接受等级；提出南水北调西线工程深埋超长隧洞 TBM 施工风险分析、管理、评价、预警综合系统研究框架。

（5）选择西线深埋长隧洞 2～3 个典型区间进行全断面掘进数值分析，提出全断面掘进深埋长隧洞围岩开挖变形与应力演化规律、岩体结构影响规律；通过工程类比借鉴国内外同类工程相关成果，建立深埋长隧洞全断面掘进围岩开挖扰动损伤区预测理论与方法。

（6）根据工程西线的地质和地震特征，进行相关数值模拟和理论分析工作，定量分析非一致地震荷载情况下西线深埋长隧洞的变形破坏机制。

（7）进一步丰富深埋陡倾角层状裂隙岩体中长隧洞设计方法，通过深埋陡倾角层状裂隙岩体中长隧洞围岩稳定及衬砌结构受力分析，为不同赋存环境下西线隧洞工程设计提供依据。

（8）在国内外著名刊物上发表学术论文 70 篇以上。出版专著 5 部。

4．技术创新点

（1）首次提出了 TBM 施工围岩分类标准。

（2）对 TBM 施工中地下水超前预报技术进行了创新性的研究。

（3）首次引入颗粒流数值分析方法，研究隧洞突水、突泥机理。

（七）南水北调中线水资源调度关键技术研究

1．研究目标

在系统构建二元水循环模拟平台的基础上，研究中线水资源联合调度关键技术，确立中线水资源联合调度原则，并建立中线水资源调度决策支持系统。

2．研究任务

主要包括汉江流域及中线受水区二元水循环模拟技术研究、水源区水资源调度技术研究、受水区水资源调度技术研究、水源区与受水区联合调配技术研究和南水北调中线水资源调度决策支持系统研究等。

3．指标考核

建立基于二元水循环模拟理论框架的中线汉江流域和受水区水循环模拟平台；建立一整套模拟与优化相结合的，具备宏观总控、动态修正功能等特点的大型跨流域水资源调度模型体系技术；提出符合科学发展观的、政府调控与市场机制相结合的跨流域水资源调度机制和准则；提出汉江上游全口径水资源时空演变规律研究、丹江口水库汛限水位动态控制技术、汉江中下游用水结构优化方案、受水区生态用水和农业用水的相机补充调度机制；建立服务于中线水源、干线和受水区的，辅助进行水资源年度、月度（旬、周）调度方案制定的决策支持系统，实现成果的应用和推广。

出版学术专著 1 部以上，在国内外重要刊物和重要会议上公开发表高质量学术论文 20 篇以上，形成 1 项以上的软件著作权。

4. 技术创新点

（1）建立了汉江流域及中线受水区分布式二元水循环模拟平台，成功应用于汉江流域和中线受水区（北京市、河北省、天津市、河南省）的水循环模拟。

（2）考虑气象因素和上游水库调节因素，综合利用逐步回归模型、BP 神经网络模型、秩相关模型、多重转移概率模型、自相关模型等多种模型，完成了丹江口水库及其上游石泉水库、安康水库、黄龙滩水库和受水区主要水库的中长期径流预报模型的编制。

（八）西线工程对调水区生态环境影响评估及综合调控技术

1. 研究目标

以宜宾以上的长江流域为整体研究靶区，在系统识别西线工程对调水区生态与环境的影响类型及其作用范围的基础上，揭示区域生态与环境的演变规律及其安全控制性指标，并科学核算基于区域生态与环境安全的径流控制标准；在统一的气候-水文-生态耦合模拟平台上，客观、公正地就调水工程运行调度对调水区的生态与环境影响进行定量评估，提出基于区域生态与环境安全的综合生态水文调控方案。

2. 研究任务

以宜宾以上长江流域为整体研究靶区，在界定西线工程对调水区生态与环境影响范围及类型的基础上，建立区域生态与环境演变的表征指标体系，并进行生态与环境演变规律的揭示；确立西线工程调水区的生态与环境保护目标，并对其径流过程的需求进行评估。在气候-水文-生态耦合模拟平台上，分别对南水北调工程总体规划、西线工程前期项目建议书及其他规划修正方案中确立的调水规模情势下，西线工程运行调度对调水区的生态与环境影响进行定量评估，并提出维系区域生态与环境安全的综合生态水文调控对策。在对本课题研究成果进行整体凝练的基础上，编制《调水工程生态与环境影响定量评估技术导则》（草案）。

3. 指标考核

构建具有物理机制的统一气候-水文-生态耦合模拟评估平台。统一的气候-水文-生态模拟平台是进行西线工程对调水区生态环境影响公正、客观评估的核心；系统界定西线工程对调水区生态环境影响的范围与类型，建立分类体系，获得综合影响区域的电子地图。将长江宜宾以上流域作为西线工程对生态环境影响评估的靶区，从影响机制与时效的角度，建立西线工程对调水区生态环境影响的分类体系，在地学空间分析的基础上进行综合类型区划；确立各类影响区在不同水文情势下的生态与环境保护目标阈值及水文需求。建立西线工程调水区生态环境演变表征指标体系，确立诊断性指标；在定量诠释西线工程调水区生态与环境的演变规律及趋势的基础上，确立各类影响区的生态与环境保护阈值。在明晰需求主体（生态与环境保护目标）和需求机制的基础上，科学界定生态需水的水量及过程特征；定量评估西线工程对各类影响区域生态与环境影响，提出系统的生态水文调控方案。通过有无调水工程两类情景下各类影响区生态与环境状况的对比分析，定量评估西线工程对各类影响区域生态与环境的影响及其综合影响；重点针对坝址上下游区、干旱河谷、湿地及自然保护区等重点区域进行深入分析。结合各类影响区生态与环境演变规律和西线工程的影响，采用主客体协同方法，提出系统的生态水文调控方案；形成技术导则，出版研究论著。编制《调水工程生态与环境影响评估技术导则》；出版学术论著 2~3 部，编撰图集 1 册；发表学术论文 30 篇左右，其中 SCI/EI 论文 5~6 篇。

4. 技术创新点

（1）研发了大尺度区域具有物理机制的气候-水文-生态耦合模拟模型。

（2）提出区域生态环境的诊断指标，并确定安全阈值。

（3）提出基于生态水文作用机制和水生态服务功能的动态生态环境需水评价理论与方法。

（4）提出基于区域生态安全的调水区生态环境定量影响评价理论与方法。

（5）提出面向流域整体安全的递进式生态水文调控理论与方法。

（九）南水北调运行风险管理关键技术问题研究

1. 研究目标

通过识别、评价、预测南水北调中、东线的工程风险、水文风险、生态与环境风险、经济风险和社会风险等，研究提出南水北调工程完工后各种复杂情形下的调水运行风险分析方法，制定相应的运行风险管理和控制措施，建立风险管理预案，为南水北调工程高效安全运行提供科技支撑。

2. 研究任务

从南水北调工程运行可能发生的工程风险、水文风险、环境风险、经济风险和社会风险等方面着手，针对运行问题，系统地研究南水北调运行风险因子识别、评价和控制理论，提出风险控制措施和制定风险安全保障预案为聚焦点，开展南水北调运行的工程、水文、环境、经济和社会风险属性与特征研究，揭示南水北调运行的空间结构与时间演变的过程及其耦合作用，分析南水北调长距离调水情况下，风险发生、发展的变化机理，建立基于贝叶斯网络技术的综合风险分析模型，并对未来运行和管理中的风险进行预测，完善和提出风险控制理论和方法，提出大型调水工程的运行风险管理预案。

3. 考核指标

提出南水北调运行单一风险和综合风险因子识别方法；提出南水北调运行单一风险和综合风险的评估方法；提出南水北调风险控制标准；制定南水北调运行风险管理安全保障预案；提交南水北调运行风险调度预案1份；发表学术论文15篇，编写专著1部。

4. 技术创新点

（1）首次系统地对南水北调工程的运行风险管理进行研究。

（2）创新性地提出了适合南水北调工程运行特点的风险理论方法和框架。

（3）全面识别了南水北调工程运行综合风险因子并进行作用机理分析。

（4）综合构建了复杂调水工程多层次时空风险预测体系并进行了应用。

（5）开创性地建立了南水北调工程运行风险控制标准，解决了特大型调水工程运行风险评价与控制的关键难点。

（6）提出了南水北调工程运行风险控制措施，制定了南水北调工程运行安全保障预案。

（十）膨胀土地段渠道破坏机理及处理技术研究

1. 研究目标

优选提出膨胀土（岩）处理的关键技术，提出膨胀土（岩）渠边坡稳定分析方法，开展膨胀土（岩）渠坡处理现场原型试验，比较验证不同措施的处理效果，研究土工格栅、土工袋、纤维土在膨胀土渠坡处理中的应用，提出膨胀土（岩）渠坡处理设计原则和施工质量控制方法，促进膨胀土（岩）渠坡处理设计理论的完善。

2. 研究任务

（1）膨胀土（岩）体基本特性研究专题进行中线膨胀土地质结构的分带特征研究；膨胀土体的裂隙分布研究；地下水分布及影响研究；膨胀土的基本理化及胀缩特性研究；不同含水条件下的膨胀土体强度、变形特性研究；膨胀土体非饱和渗透特性研究；中线膨胀岩水文地质及工程地质特征研究；膨胀岩的基本特性研究；气候与地下水对膨胀岩体工程特性影响研究。

（2）膨胀土（岩）渠坡破坏机理及分析方法研究专题进行膨胀土渠坡破坏特征及破坏模式研究；膨胀土渠坡的破坏机理的试验研究；膨胀土渠坡稳定计算参数的合理取值；膨胀土渠坡破坏稳定分析方法；膨胀岩渠坡破坏特征及破坏模式研究；膨胀岩渠坡的破坏机理的试验研究；膨胀岩渠坡稳定计算参数的合理取值；膨胀岩渠坡破坏稳定分析方法。

（3）膨胀土（岩）处理技术研究专题进行膨胀土物理改性措施研究；膨胀土化学改性措施研究；膨胀土渠坡综合处理措施试验研究；膨胀土渠坡处理措施综合评价；膨胀岩的处理措施研究；膨胀岩渠坡处理措施现场验证试验研究；膨胀岩渠坡处理措施综合评价。

（4）膨胀土（岩）渠坡的设计与施工研究专题进行膨胀土现场鉴别方法研究；膨胀土渠坡的设计与施工研究；膨胀土渠坡施工控制指标及质量检测方法研究；膨胀岩现场鉴别方法研究；膨胀岩渠坡的设计与施工研究；膨胀岩渠坡施工控制指标及质量检测方法研究。

3. 考核指标

将土工格栅、土工袋等新技术用于大型膨胀土渠坡的加固处理，并形成2项专利和成套实用技术；系统提出膨胀土（岩）渠坡处理施工工艺、质量控制、设计和施工导则，填补国内外相关领域的空白；首次建立适合于膨胀土（岩）渠坡特点的稳定分析方法，可形成有自主知识产权的膨胀土边坡稳定分析软件系统；在国内外核心期刊上发表论文30篇以上，编写专著2部。

4. 技术创新点

（1）首次从工程应用角度提出了膨胀土（岩）裂隙垂直分带特征以及规模的分类标准。

（2）首次从对边坡稳定的控制的力学机制上把膨胀土（岩）裂隙分为随机分布的裂隙和具有优势方向的组合裂隙。

（3）首次建立了一个可在现场凭借地质人员进行膨胀土（岩）等级快速判别的定性和半定量方法。

（十一）复杂地质条件下穿黄隧洞工程关键技术研究

1. 研究目标

进一步研究完善穿黄隧洞衬砌结构型式，验证设计方案、提出优化措施，为技术创新，整体提升技术理论水平提供试验依据；为按预定目标优质、高效完成穿黄隧洞工程建设，节省工程投资、提升施工技术水平，确保工程安全顺利实施，提供技术保障。

2. 研究任务

穿黄隧洞衬砌破坏机理及风险预防，垫层排水可靠性研究；隧洞衬砌1:1仿真模型试验研究，验证设计，优化设计；穿黄隧洞抗震技术研究，回避风险方案；隧洞自动化监控系统可行性研究；盾构法施工关键技术及施工控制标准。

3. 考核指标

盾构法施工水工隧洞新型衬砌型式；软土地层水底水工隧洞抗震理论及应用；隧洞衬砌环锚预应力技术跨越；超深大型竖井设计与施工；复杂地质条件下泥水平衡盾构长距离施工；多套模板大型穿行式混凝土台车研究与应用；隧洞长距离安全自动化监控系统；穿黄输水隧洞施工控制标准（修编《南水北调中线一期穿黄工程输水隧洞施工技术规程》）；撰写论文 18～32 篇。

4. 技术创新点

（1）穿黄隧洞复合衬砌的外衬为拼装式管片环，由盾构掘进施工过程完成，内衬为预应力钢筋混凝土结构，此种结构型式在国内盾构隧洞中尚属首例，为创新型结构。

（2）穿黄隧洞衬砌 1∶1 仿真模型试验规模之大、仿真程度之高，为国内水利行业首例。

（3）针对盾构机加长，导致竖井内无法布置常规反力架，在不采用增设盲洞和扩大竖井直径条件下，设计了新型盾构出发反力座，成功地满足盾构机在竖井内组装与出发要求，节省了工程投资。

（十二）中线工程输水能力与冰害防治技术研究

1. 研究目标

针对南水北调中线工程的长距离复杂输水系统技术研究和工程实际需要确立：①建立中线工程输水模拟平台，检验总干渠的输水稳定性和可靠性及输水方式；②论证中线工程输水响应特性和稳定性，检验渠道设计参数和运行模式的合理性，校核退水闸的退水能力；③开发中线工程总干渠输水模拟模型，研究闸前常水位输水模式的实现方式；④应用非恒定流水力学模型校核并确定中线各渠段的设计超高，探索我国大规模输水工程的超高设计标准和规范；⑤建立中线工程冬季输水数学模型，研究工程的冰期输水能力及冰害防治技术；⑥探索中线工程冰期输水模式；⑦研究极端冰害条件和防冰措施，保证中线工程冬季输水安全。

2. 研究任务

（1）中线工程输水模拟平台专题进行输水模拟平台的场景模型研制；专用数据库建设；输水模拟平台集成研究。

（2）中线渠道输水系统的水力学数值仿真研究专题进行渠道输水过程的响应特性研究。研究不同运行工况下输水渠道的非恒定流响应特征，模拟渠道的输水响应过程，分析渠道内的水位及流量变化关系，确定渠道输水的响应时间和响应范围，分析分水口门、节制闸调节及退水闸退水时渠道系统的响应及扰动问题，研究输水系统的总体响应特征；渠道输水系统的稳定性研究；设计参数的检验及渠道运行模式的合理性研究；退水闸的退水能力校核研究；节制闸的调控方式的响应研究；闸门开度变化引起的水流波动相关性分析。

（3）闸前常水位输水模式实现方式的研究专题进行渠道输水运行模式研究。在现有的渠道设计框架内，对闸前常水位运行模式进行研究；节制闸开度控制方式研究，拟定供水过程中的节制闸开度调节过程，满足总干渠建筑物设计对闸前水位上升和下降幅度和速度的要求；总干渠运行总体控制模式研究；运行实时控制系统开发；应急措施研究；总干渠典型渠段物理模型试验。

（4）大型输水渠道工程的超高设计标准和规范的研究专题进行中线干渠各渠段的超高校核；大型输水工程渠道超高标准和规范的研究。

（5）冰期输水能力及冰害防治技术研究专题进行中线工程冰情预报专家系统研究；开发中线工程总干渠冰期输水过程数学模型；冰期输水能力变化研究；冰害防治措施研究；输冰能力、拦冰能力、排冰能力的实体模型试验研究。

（6）中线干渠冰期输水模式专题进行冰盖形成期输水模式研究；研究确定闸前目标水位；研究形成稳定冰盖输水模式；研究稳定冰盖期，水流对冰盖的影响；研究冰盖下最大输水能力；冰盖融化期输水模式研究；研究排冰需水量；研究冰盖融化期输水模式；冰期输水模式的实现方式；冰盖的稳定性试验研究。

（7）极端冰害条件和防冰措施研究专题进行极端冰害发生条件的研究；研究危害性冰坝发生的条件；研究其他极端冰害条件；冰盖对建筑物的作用以及破坏机理研究；漂移冰体对建筑物作用力的模型试验研究；极端冰害的应对措施和技术研究；研究不同类型渠道极端冰害下的工程应对措施。

3．考核指标

基于中线工程电子渠道的模拟平台，开发的中线渠道水力学模型与调度模型集成在模拟平台下；提出总干渠闸前常水位输水模式的实现方式和闸门的控制方式，提出突发事件的退水方式及调度应对措施；提出总干渠各段超高标准，分析输水工程的水流损益影响；提出冰期输水能力与冰害防治措施，冰期输水调度模式及管理方法，极端冰害条件应对措施和技术等系列成果；申请 3～4 项具有自主知识产权的发明专利或著作权；发表高质量的论文 40～45 篇以上，出版学术专著 1～2 部，提交相关研究报告 10～15 篇。

4．技术创新点

在大型、长距离、复杂调水工程的输水控制和冰害防治技术上有新的突破，提高了工程的输水效率和可靠性。

（十三）工程建设与调度管理决策支持技术研究

1．研究目标

以南水北调工程为原型，制定适用于大型水利工程建设的项目群管理方法和信息标准，提出适合南水北调工程的项目群规划、管理技术及其实施方案，在分析南水北调工程建设与运营风险的基础上设计突发状况应急处置方案和应急管理技术；设计群决策支持系统原型系统，建立统一的信息分类和编码体系，制定数据采集、处理和仿真机制，设计工程施工形象进度可视化仿真原型系统；提供数据建模、分析方法、挖掘技术和数据挖掘分析算法，设计工程建设与调度管理数据挖掘原型系统；提出南水北调工程建设信息采集技术，建立基于 Web 技术分级决策信息流向和可视化决策系统，形成应急处置支持平台。

2．研究任务

开展工程建设与调度管理总体框架研究；工程建设管理的理论与方法研究；工程建设与调度的管理技术研究；工程运营初期的管理技术研究；工程建设与运营初期的管理实践研究；工程建设与调度管理群决策支持系统体系结构与集成技术研究；工程建设与调度管理信息采集、处理与仿真技术研究；工程建设与调度管理数据挖掘技术研究。

3. 考核指标

完成南水北调工程建设与调度管理信息数据手册（规范），南水北调工程建设项目管理技术、准则与手册；南水北调工程建设与调度管理决策数据库设计报告；南水北调工程建设与调度管理决策的组织与流程规范设计报告；南水北调工程建设与调度决策、优化、控制方案设计报告；南水北调工程建设与调度风险管理及应急处置方案设计报告；南水北调工程建设与调度管理技术标准与技术体系规范；南水北调工程运营初期调度决策与优化控制方案设计报告；南水北调工程运营初期调度框架；南水北调工程东线工程建设与运营初期的决策、优化、控制方案设计报告；南水北调工程东线工程建设与调度风险管理与应急处置方案设计报告；南水北调工程建设与调度管理的群决策支持系统设计报告；南水北调工程建设与调度管理的群决策支持系统试验原型系统（软件），基于三维的南水北调工程建设形象进度仿真软件，基于 WebGIS 的南水北调工程建设和调度管理信息采集技术与软件，基于 SAS 平台的南水北调工程建设与调度管理数据挖掘软件，基于时间序列的南水北调工程建设与调度管理数据仓库，基于 Web 技术分级决策信息流向和可视化决策系统；应急处置支持平台，南水北调工程建设和调度管理决策支持系统设计报告；南水北调工程建设和调度管理决策支持系统使用报告，南水北调工程建设和调度管理决策支持系统源程序；在国内外核心期刊发表学术论文 50～60 篇，获国内发明专利 2～3 个、软件著作权 2～3 个，建立研发基地。

4. 技术创新点

提出工程建设与调度管理数据挖掘、数据建模、分析算法和知识挖掘方面的创新理论与方法，以及基于时间序列的调水工程建设与调度管理数据挖掘算法。

（十四）丹江口水源区黄姜加工新工艺关键技术研究

1. 研究目标

基于循环经济理念，利用高效资源化生产技术提取黄姜中具有药用价值的皂素，实现资源的高值化综合利用。同时结合物理-生物-化学法，对黄姜的纤维、淀粉或副产物糖液充分利用，减少生产中的污染负荷。进一步采用以生物技术为主体、多种技术集成的工艺，处理黄姜皂素生产废水，保证废水达标排放。通过黄姜资源高效综合利用及废水处理集成生产工艺，确保南水北调中线水源区水质安全，促进黄姜产业的可持续发展，实现经济和环境效益的同步增长。

2. 研究任务

采用北京大学、中国地质大学（武汉）和郧阳师范高等专科学校研发的黄姜资源高效利用及废水处理一体化技术、基于 SMRH 工艺的循环经济生产系统关键技术以及基于直接分离法黄姜清洁生产工艺关键技术等多种技术研究，改变现有黄姜加工工艺现状，提高黄姜资源高值开发及资源综合利用程度，解决黄姜加工污染问题。

3. 考核指标

形成自主知识产权的黄姜资源高效综合利用及废水高效处理一体化集成技术；形成黄姜皂素清洁生产工艺，污染物负荷减少 90% 以上；与传统工艺相比皂素提取率提高 10% 以上；资源综合利用率达 90%；提出黄姜加工废水的高效处理工艺；一体化工艺出水水质出水指标达到国家皂素行业水污染物排放标准，其中主控指标 $COD_{Cr} \leqslant 300mg/L$，$NH_4^+ - N \leqslant 15mg/L$；每生产

1t皂素的废水处理运行成本控制在3000元以下；形成年产50t皂素的黄姜加工、糖液生产酒精生产线及与之配套的废水处理系统，并设计年产200t皂素规模的黄姜加工循环经济示范工程；申请发明专利10项以上，撰写专著2部，发表论文20篇以上。

4. 技术创新点

（1）开发了"催化-溶剂法"黄姜皂素清洁生产新工艺，提高皂素产量并降低溶剂用量。

（2）开发了兼有脱硫功能的两相厌氧和基于固定化微生物-曝气生物滤池好氧工艺的黄姜加工废水高效处理集成技术。

（3）开发了基于SMRH工艺的循环经济生产系统关键技术。

（4）开发了基于直接分离法黄姜清洁生产工艺关键技术。

（十五）东、中线一期工程沿线区域生态影响评估技术研究

1. 研究目标

提出东、中线一期工程受水区农业资源性节水模式，探索受水区节水型城市建设激励机制与管理模式，分析论证合理控制地下水开采的水资源合理配置模式，科学示范典型区生态水文效应与关键调控技术，综合集成调水工程对区域生态影响评估技术。

2. 研究任务

进行东、中线一期工程受水区农业资源性节水模式研究，受水区节水型城市建设的激励机制及管理模式研究，受水区地下水调控与经济、社会发展和生态环境修复的合理配置模式研究，河流及湖泊、沼泽湿地水文调控技术及其生态效应示范，典型区域生态影响仿真示范，一期工程沿线区域生态影响评估技术研究。

3. 考核指标

提出有关调水对区域生态效应评价的理论框架，通过节水合理性分析、地下水调控与区域生态环境修复关系分析、生态-水文响应分析，研究建立城市节水模型、外调水-本地水联合调配模型、生态-水文响应模型等3个主要分析计算模型；开展湿地水文效应与调控技术原型示范，进行典型地段生态景观效应数字模型示范；在国内外重要刊物和重要会议上公开发表高质量学术论文20篇以上，其中SCI、EI、ISTP收录论文5篇以上；出版学术专著1部以上。

4. 技术创新点

（1）系统建立了调水、节水、治污、控制地下水超采和受水区用水新秩序等对生态影响的综合评估技术，包括水量调控技术、水质调控技术、工程生态景观构建技术、水文与生态相互关系搭建技术和生态效益评估技术。

（2）在调查研究6个典型县农业用水与节水状况基础上，进行工程、农艺、管理三大措施配套，分析农业资源性节水措施的经济性和可行性，南水北调工程为农业供水与农业节水的经济合理性以及农业资源性节水对生态环境的影响。

（3）在建立受水区38个城市供水、用水与社会经济数据库基础上，择定天津、邯郸、淮安3个典型城市建立并运用城市节水SD模型，定量研究了产业结构调整、提高水价、降低用水定额和非常规水源利用等四种调控方式的节水量与节水效益；研究提出了经济社会发展与水资源利用的驱动-响应分析以及不同类型城市的节水水平和效益分析评价技术，提出了受水区

城市节水的激励机制和管理模式，在理论和实践上均有一定的创新性。

（4）建立了海河流域受水区水资源合理配置模型和 Modflow 地下水模拟模型，实现了不同规划水平年水资源合理配置到分布式地下水模型过程式仿真计算；采用外调水与当地水补偿式联合配置方法，提出了基于受水区地下水调控与生态环境修复的水资源合理配置模式，首次提出了一期工程对海河流域生态环境影响的定量成果。

（5）围绕人工湿地公园的水力环境、底质、植物和微生物四大环境要素，开展了人工湿地公园构建技术的试验和示范研究，提出了人工湿地公园构建的关键技术。

（6）利用虚拟 GIS 技术展示中线邯郸段区域地理特征、自然生态环境、历史人文景观、城市建设状态等，开展了景观、生态环境仿真系统的设计与开发，构建了中线一期工程邯郸段区域复合生态廊道三维模型，在结合调水工程研究复合生态廊道及其生态效应的三维可视化展示技术方面具有创新性。

（7）提出了东、中线一期工程地表生态系统中人工水土保持林、城市绿地、湿地、河流等，地下生态系统中控制地下水降落漏斗和地面沉降等受水区生态环境效益评估方法，并首次提出了与调水相关的受水区生态效益定量评估结果。

（十六）南水北调水资源综合配置技术研究

1. 研究目标和任务

一是在知识创新层面，形成超大泛流域水资源综合配置理论方法和模型工具。二是在支撑发展层面，要提出南水北调东、中线一期工程通水后，黄淮海三大流域之间、流域生态与经济之间、流域内区域之间、区域内城市与农村之间的全口径水资源整体科学配置方案。三是在工程规划层面，要在黄淮海流域水资源整体配置的基础上，提出不同规划水平年适宜的调水规模参数，并回答东、中线二期工程和西线工程规划的关键问题。

2. 考核指标

形成跨流域水资源配置理论方法与模型技术，提出黄淮海流域水资源综合配置成果；提出东、中线二期工程主要调水规模参数与水平年；提出西线工程合理供水目标、供水范围、调水规模以及配置建议方案；出版相关理论、方法与模型技术专著 1 部以上，发表高质量论文 20 篇以上。

3. 技术创新点

（1）提出了全口径缺水定量识别技术。

（2）黄淮海流域现状缺水定量识别，包括对生活、工业、农业和生态分项缺水量及其空间分布进行了系统识别。

（3）黄淮海泛流域水资源整体配置，提出了二级区地市的基本口径对黄淮海泛流域 2015年、2020 年和 2030 年水资源配置方案和供需平衡分析结果。

（4）东中线受水区重点地区水资源配置成果，提出了包括北京、天津和河北缺水形势和解决途径，对中线二期工程的必要性进行了论证。

四、技术路线

国务院南水北调办组织实施的 11 个课题研究项目技术路线如下。

（一）丹江口大坝加高工程关键技术研究

运用非线性有限元仿真分析方法，根据丹江口大坝加高典型坝段实际状况建立有限元模型，模拟丹江口大坝混凝土实际浇筑过程、温控措施和蓄水过程，考虑材料热力学参数随时间的变化过程，研究新老坝体结合面开裂变化情况和应力变化情况。采用水容重超载法分析大坝典型坝段在结合面实际结合状态下的安全度，分析不同结合面开合状态对大坝安全的影响，从而提出满足大坝安全度要求的各项技术指标。

采用三维有限元非线性仿真计算方法，结合现场实际施工安排，考虑新老混凝土结合面不同的计算参数、灌浆压力、灌浆时机等因素，研究不同灌浆时间对结合面接触状态的影响、不同灌浆压力对结合面接触状态的影响、不同水库水位灌浆对结合面接触状态的影响、灌浆措施对新老混凝土结合面及坝踵应力的影响、缝面接触灌浆对坝踵应力的影响等问题。通过这些研究，分析结合面开裂后的可灌性、灌浆对未开裂部位的影响以及灌浆后结合面的稳定性，论证结合面灌浆的必要性、可行性，提出具体灌浆技术要求。

（二）大型渠道设计与施工新技术研究

研究与南水北调渠道工程建设密切配合，边试验研究、边验证分析、边示范推广。紧密结合南水北调工程设计与施工实践，在对工程地质、水文地质和输水工程运行特点、施工条件等进行综合分析的基础上，通过对工程现场详细勘查，进行有针对性的试验研究，对渠道设计技术的研究结合南水北调工程的规划设计实际开展现场试验，取得实际观测资料，采取多方案对比、模型试验和计算机模拟相结合的方法，优化设计技术和工程方案。对相关软件系统的研究开发全部采用面向对象方法，并基于先进的通信和计算机网络技术，对设计与施工技术进行综合研究。相关设备的研制以自主研发和引进、消化、再创新相结合，以自主创新为主。以国内著名科研、设计单位为技术依托，以设备生产厂家为研发基地，实行产学研结合，研究、制造和推广应用紧密结合。

（三）大型贯流泵关键技术与泵站联合调度优化

1. 大型贯流泵机组结构关键技术研究

收集贯流泵机组结构型式资料，对已有贯流泵装置进行结构、可靠性和水力性能比较；收集贯流泵机组运行及维修资料，对已有贯流泵机组进行综合比较分析，研究工况调节方式定量比较选用方法；提出机组传动方式的选用原则与方法；研究大型贯流泵机组关键部件、灯泡体位置与支撑方式；研究贯流泵机组密封技术；研究电机的通风散热方式优化设计选用；考虑可靠性和经济性，对待建典型泵站灯泡贯流泵机组总体结构和功能设计选择；撰写研究报告与相关学术论文，提交相关研究成果，项目验收。

2. 大型贯流泵泵站结构抗振安全度评价及优化设计

贯流泵流道内水流流态按紊流考虑，考虑站内流体与泵房结构、结构与上下游水体、结构与饱和地基之间相互作用，同时采用黏弹性阻尼器合理模拟截断边界处地基的辐射阻尼效应。采用随机振动分析和动力时程分析两种方法进行基于实测振动参数的大型贯流泵结构应力变形分析。利用自行开发的软件分别研究水力振动特性、考虑机组结构与水体相互作用的机组结构自振特性和考虑结构与地基及上下游水体相互作用的泵站结构的自振特性。针对淮阴三站和蔺家坝等灯泡贯流泵站工程，进行泵站机组和泵房结构自振特性分析及优化设计。运用自主开发的分析软件，研究考虑流固耦合振动的水流脉动压力、机组和结构振动响应，并与现场实测结果相比较，对相关计算参数进行反演，验证计算模型的正确性。

3. 泵型选择合理性评价体系

首先逐一分析影响泵型选择合理性的主要因素，包括经济性（性能）、可靠性和稳定性等，然后采用综合的方法进行多维度的模糊综合分析，形成综合评判的原则。在具体手段上首先分析国内外泵型选择及其合理性评价取得的成果及其发展趋势，然后采用数学分析与计算机编程相结合的方法进行数据库的建立和评价模型的构建，紧密结合泵站的泵型选择开展工作，并及时将评判结果反馈给工程设计单位，指导其开展泵型选择工作。

4. 贯流泵装置水力性能优化理论与应用

以全流道贯流泵装置为对象，通过广泛的 CFD 分析和一定的内、外特性测试，揭示贯流泵装置内部流动机理及其对外特性的影响，掌握进水流道、叶轮、导叶和出水流道之间相互影响的规律，确定影响贯流泵装置水力性能的主要几何参数；为了满足不同工况的运行要求，建立可靠的"三多"优化设计理论与方法；优化过程以 CAD 和 CFD 为核心，采用遗传算法、试验设计、序列二次规划、响应曲面模型等的组合优化策略；通过美国 Engineous Software 公司的多学科优化软件 iSIGHT 实现 CAD 和 CFD 的有机结合，实现优化过程的自动化；结合具体泵站，完成 2 套贯流泵装置水力模型的针对性优化设计；在高精度水力机械试验台上测试贯流泵装置的能量特性、空化特性及飞逸特性；采用动态测试技术，测量关键点的水流压力脉动；采用五孔探针、PIV 和 LDV 测量关键断面的流速及压力分布；揭示贯流泵装置内部流动机理，验证和完善优化理论和方法。

5. 灯泡式贯流泵引进方式和大泵检测技术

在深入分析东线一期工程淮阴三站等贯流泵站建设中设备招标、引进工作经验的基础上，提出急需引进并能够引进的关键技术，实现其引进消化吸收。在实验室对大型水泵模型装置进行电磁流量计、内置式超声波流量计精度比较，对差压测流法进行差压系数率定，研究确定最优的测压孔位置；在依托工程真机上进行内置式超声波流量计与差压测流法的比测以及差压系数、测压孔位置原、模型校对，研究测压孔位置对流量测试误差的影响，论证大型水泵在线差压流量监测的可行性以及精度、误差量级。

（四）超大口径 PCCP 管道结构安全与质量控制研究

1. 室内原材料及混凝土、砂浆试验研究

（1）碱活性骨料应用研究。分析管芯混凝土采用的各类原材料中碱含量的来源与控制因素，结合国内类似工程混凝土降低总碱量的技术措施以及国内已有的骨料碱活性抑制研究成果，通过室内试验分析论证不同研究成果用于 PCCP 的可行性，提出中线 PCCP 工程科学可行的混凝土总碱量控制和骨料碱活性抑制等技术措施。

（2）混凝土和砂浆性能参数试验研究。针对南水北调 PCCP 工程采用的施工配合比，对混凝土和砂浆的力学性能、变形性能和耐久性能展开研究；以室内试验为主，通过对比我国规范体系配制的混凝土与美国标准配制的混凝土各项性能的相关性，提出一整套符合我国规范体系

及原材料现状的、采用 ANSI/AWWA C304 标准设计的 PCCP 结构设计参数。

（3）PCCP 高性能混凝土及砂浆的开发。围绕降低和解决管芯混凝土和保护层砂浆开裂这一问题，通过室内模拟试验和室外现场观测试验，分析影响裂缝发生的主要原因，对比生产工艺和管道铺设工艺，分析和评估裂缝对 PCCP 管材可用性的影响。

2. 高性能 PCCP 接头灌注砂浆研究

通过试验研究矿物掺和料、减水剂、增稠剂、纤维、膨胀剂、阻锈剂、内养护材料等改性组分对灌缝砂浆的影响规律，研究不同组分对灌缝砂浆的工作性、抗裂性和耐久性的影响。结合试验结果为工程提供高工作性、抗裂性好及耐久性优良的灌缝砂浆配合比。

3. 预应力钢筒混凝土管道设计系统（PCCP‑CDP）

进行软件需求调查分析，研究分析国外同类软件的功能；进行软件整体设计，完成软件原型；根据软件原型征求用户意见，根据反馈信息完善软件设计；编制软件详细设计说明和技术条件；根据详细设计和技术条件，进行软件开发；开展软件测试，对软件计算结果的正确性进行验证；编制软件帮助文档资料。

（五）大流量预应力渡槽设计和施工技术研究

采用综合调查，模型及材料实验，数值模拟、理论分析和仿真分析相结合的综合手段进行。在收集整理国内外有关大中型渡槽工程技术现状和已进行的南水北调工程可研、初设阶段有关渡槽的设计成果及所提出问题的基础上，对大流量预应力渡槽设计中的关键问题进行分析、计算、实验、验证，并结合典型工程进行研究，提出设计优化和持续改进的具体建议。

1. 大型渡槽温度边界条件及荷载作用机理，结构新型式及优化设计，新材料，止水、支座等新结构研究

采用一维热力学‑水动力学数学模型并结合沿线气温条件确定渡槽全线的温度边界条件。采用热力学理论对渡槽的温度边界进行计算分析，采用瞬态温度场理论对施工期和运行期温度场和应力场进行计算分析。将计算结果与人工气候模拟环境实验室实测资料和现场实测资料进行比较分析，采用预应力和高性能混凝土技术提高混凝土的抗裂性能。结合施工方法、施工技术和施工工艺研究经济合理的槽身结构型式。采用三维有限元对提出的结构型式进行分析计算，合理配筋；采用理论分析、计算建模和设计方法多方面互相渗透和结合，现场试验与数值模拟相结合，从不同的角度、不同的方法进行试验和分析，成果相互印证。根据不同水文与地质条件，进行跨河渡槽基础类型的合理型式的选定和设计、超大承载力桩及桩群承载力计算方法及优化设计的研究。结合现场试验，对软岩嵌固桩基础的承载力及其可靠性进行研究；通过资料收集和调研国内外典型工程混凝土设计资料，结合建筑行业高性能混凝土的设计理论及现场条件分析，进行渡槽高性能混凝土设计研究，找出高抗裂和高耐久混凝土抗裂性能的主导因素。将结构动力分析与振动台试验相结合，进行减震支座的减震性能研究，确定合理可行的减震措施及减震支座结构。

2. 渡槽和槽墩支柱的抗震性能及减震措施研究

采用 ANSYS 进行渡槽结构静动力、流固耦合和相互作用分析。考虑不同水位对渡槽动力特性的影响，利用时程分析法、反应谱法分析渡槽在选定的地震波作用下的动力响应。除进行支座等局部构件的振动台动力试验外，进行大比尺的渡槽‑基础‑土模型和渡槽的重点部位拟动

力试验研究，确定渡槽整个结构体系的抗震性能。

3. 渡槽外部裂缝预防和补救措施，以及与此相关的新型涂料开发

从材料、荷载、施工和结构等不同方面开展外部裂缝产生成因分析，采用通用程序和自编程序相结合的方法，对混凝土结构的温度场、应力场和开裂全过程进行仿真分析，确定结构容易开裂的部位。考虑环境和结构型式的影响，从混凝土原材料、配合比、纤维掺入料和保温措施等方面提出改善混凝土抗裂性能的具体措施。对裂缝修补材料、混凝土表面保温和防渗材料进行比较分析，寻求或研制适合渡槽工作环境的相应材料。

4. 大型渡槽的耐久性及可靠性研究

从材料的耐久性及钢筋混凝土结构老化机理等方面进行大流量预应力渡槽耐久性的研究，提出耐久性的控制指标。根据钢筋混凝土老化机理建立不同损伤形式下的损伤函数，提出渡槽承载能力随时间变化的计算模型。在此基础上采用系统可靠性理论来分析渡槽整体可靠性。采用室内离心机试验和数值模拟方法分析桩的承载力，采用全概率理论分析桩的失效概率，提出定量考察桩基承载力的方法。

5. 大流量预应力渡槽的原型观测试验

根据水工结构安全监测及温度、应力、应变、位移的监测要求，采取重点位置观测和一般位置校核相结合的方法，在渡槽中埋设无应力计、应变计、钢筋计、温度传感器等观测渡槽的温度场和应力场分布；采用精密水准法观测渡槽的沉降和挠度；采用脉动法或外部激励法观测渡槽在不同水位下的动力特性。

（六）膨胀土地段渠道破坏机理及处理技术研究

研究中线膨胀土、膨胀岩的胀缩特性及强度特性，建立胀缩模型及裂隙性膨胀土的强度试验方法。通过大型物理模型实验、土工离心模型、现场原型实验及数值分析研究膨胀土（岩）渠道破坏模式及破坏机理。针对膨胀土的特点和渠道破坏模式及机理，开发针对性的稳定性分析方法，并进行模型和现场试验验证和参数取值的分析。土工模型试验和现场原型试验研究处理技术包括覆盖压重、膨胀土改性和柔性支挡等，通过现场模拟运行工况结合观测结果，评价各种措施的技术可靠性，最后从施工方便性、经济合理性角度进行综合评价，并推荐出因地制宜的膨胀土（岩）渠坡处理方案。通过现场试验对各种处理措施的施工工艺、质量控制、设计要点等进行系统研究，并整理参数和工艺等质量评定标准；指导编制监理实施细则，在此基础上，开展对渠道设计和处理措施施工的总结性研究及标准设计。

（七）复杂地质条件下穿黄隧洞工程关键技术研究

1. 穿黄隧洞工作条件与建筑物型式

穿黄隧洞地质条件复杂，为优化过河建筑物型式，基于对地下建筑物的工作条件深入研究，对可能的过河建筑物型式进行专门论证，以便从技术上、施工上、工程投资、工程运用上优选过河建筑物型式。拟对三种建筑物型式作进一步研究：第一种为在基岩中穿行的深埋隧洞过河方案；第二种为在河床覆盖层中穿行的盾构隧洞过河方案，又分两种型式：外衬为拼装式管片环，内衬为预应力结构双层衬砌结构型式；外衬为拼装式管片环，内衬为钢板结构双层衬砌结构型式。

2. 穿黄河隧洞双层衬砌结构受力与变形研究

穿黄河隧洞设计上与常规的水工隧洞和盾构法施工的交通隧道均有所不同，采用双层复合衬砌，属于创新型结构，需要结合其工作特点对双层复合结构受力与变形特性进行研究，并就各种可能的结构方案进行比较，以便指导穿黄河隧洞衬砌设计，提升隧洞结构技术水平。

3. 穿黄河隧洞大型盾构工作竖井结构特性研究

穿黄河隧洞采用盾构法施工。盾构机自北岸向南岸掘进，北岸竖井为盾构机出发井，南岸为中继竖井，均位于黄河低漫滩，处高地下水位中，地质条件复杂，曾就沉井和地下连续墙两种结构型式比较，推荐采用地下连续墙围护方案，其中北岸竖井地下连续墙深76.6m，基坑深50.1m，属超深基坑。施工的规模、技术难度均为水利行业的前列。为确保工程安全，减小施工风险，确保工程进度，有必要通过对竖井合理的结构型式、竖井结构特性、防渗方案、加固措施、变形控制等作进一步的深入研究。

4. 穿黄河隧洞抗震技术研究

穿黄河隧洞工程位于地震区，通过分析地震作用下隧洞的地震响应，分析地震引起的不均匀沉陷对隧洞纵向变形的影响，隧洞和竖井连接部位在地震时可能发生的破坏形式，评价其安全性，并提出相应的工程措施和建议。

5. 穿黄河隧洞衬砌1：1仿真试验研究

试验分准备性试验和地下模型试验两阶段进行，通过在地面建立的三个1：1仿真模型和在地下建立的较真实反映隧洞工作性态的1：1仿真模型，真实地模拟隧洞的外部水土压力和内部水压条件；按设计要求进行安全监测布置；通过试验全面了解内、外衬结构受力与变形情况、内、外衬防排水情况、预应力结构特性、张拉锚固工艺等，以实现试验关于验证设计理论，优化设计，完善施工工艺的总体目标。

（八）中线工程输水能力与冰害防治技术研究

1. 中线工程输水模拟平台框架设计

中线工程输水模拟平台包括信息采集与存储、信息服务、支撑应用和用户应用等几个方面的内容，因此平台由数据层、基础平台层和专业应用层组成。各层之间采用标准化的协议与接口将平台构造成一个有机的整体。系统为分层结构型式，具有良好的开放性和可靠性，不同层之间，如服务层次、构件层次和信息资源层次间协同工作，以实现信息交换和共享，避免重复开发，降低维护和建设费用。

2. 中线渠道输水系统的水力学数值仿真研究

采用面向对象仿真、图形化建模、自适应建模、实时可视化等技术，开发一个具有自主知识产权的、适用于输水系统的、能完成图形化建模和灵活地进行仿真模型调试、仿真研究和实时调控的工作平台。

3. 中线工程冰期输水特性研究

利用构建的南水北调中线工程的一期冰期输水数学模拟平台，对中线工程黄河以北干渠在不同的气温典型年、不同输水流量和闸前控制水位等条件下的冬季输水过程进行数值仿真，模拟冰期渠道的水深、流量等水力参数的变化过程，渠道断面平均水温、流冰量的变化过程，及渠道沿线的冰盖推进和演变过程。

4. 极端冰害条件及防冰措施研究

采用理论分析和实验研究的手段深入分析了极端冰害发生条件、冰盖对建筑物的作用力、漂移冰体对建筑物的作用力、冰的力学特性等问题，提出极端冰害的应对措施。

（九）工程建设与调度管理决策支持技术研究

1. 工程建设与调度管理总体框架研究

通过对南水北调工程建设管理与运营管理的管理框架和决策需求的分析，确定研究范畴，明确研究的目标和需要解决的关键问题。提出以工程建设的多项目管理和水资源调度的供应链管理为指导的决策支持技术开发思路，对工程建设期和运营初期具有基础价值和重要意义的若干管理决策关键支持技术重点进行研究。

2. 工程建设管理的理论与方法研究

针对南水北调是一典型的由众多项目组成的大型复杂工程，其建设期的管理体系内部管理层次和接口多、建设过程的管理协调和风险控制都已超越了现行的项目管理理论范畴等特点，探讨南水北调工程建设管理的结构与特征，研究并提出南水北调工程多项目管理、项目群管理和项目组合管理的内涵、对象以及相互关系，建立项目群和项目组合的理论模型，构建项目群和项目组合的生命周期，揭示多项目管理的一般管理流程，并对管理技术与方法进行研究，从而建立大型工程多项目管理的理论方法体系。在此基础上，对多项目管理的理论方法在南水北调工程中的应用进行研究，系统地构建南水北调工程建设期的管理目标体系，揭示南水北调工程多项目的生命周期，构建南水北调工程多项目管理流程，提出南水北调中线干线工程建设管理局（简称"中线建管局"）和南水北调东线江苏水源有限责任公司（简称"江苏水源公司"）多项目管理业务流程优化方案，分析基于项目群和项目组合管理理论的南水北调工程模块化管理问题，分析并提出基于多项目管理的南水北调工程组织优化方案。

3. 工程建设与调度的管理技术研究

重点构建南水北调工程建设与调度的管理技术，深入研究和完善多项目管理的相关技术。从管理信息流程再造技术、管理链技术、项目组合技术、基于多资源约束的多项目进度管理技术、应急管理技术、基于案例推理技术的工程索赔管理技术等方面研究南水北调工程多项目管理技术体系，并提出这些技术应用于南水北调工程的多项目管理准则。

4. 工程运营初期的管理技术研究

南水北调运营管理就是要利用先进的管理方法和技术手段，以实现优化配置水资源，满足受水区用水需求，调水活动的社会与经济综合效益最大化的目标。根据东线工程运营管理的要求，结合东线工程的实际，在人水和谐思想的指导下，构建合理的东线跨流域调水运营机制和管理体制，研究和建立运营调度决策技术和方法。

5. 工程建设与运营初期的管理研究

在已完成的南水北调中线、东线工程建设与调度的管理理论和管理技术研究的基础上，围绕东线运营初期管理实践，给出东线运营初期的合理运营与管理模式，进而研究运营初期调度管理的优化、控制方案及决策支持系统。针对东线工程运营初期存在的风险问题，研究东线运营初期风险管理问题，包括风险识别、风险分类、风险度量、应急处置技术和应急方案设计等。

6. 工程建设与调度管理信息采集、处理与仿真技术研究

针对工程建设管理是一种动态的管理，需要及时地对大量的动态信息进行快速处理和直观表示，对点线面一体化业务流程通用模型和业务系统架构、轻量级单点登录策略和门户架构、面向信息共享的管理实体自动编码及其更新技术在南水北调建设与调度管理的应用进行研究。

（十）丹江口水源区黄姜加工新工艺关键技术研究

1. 黄姜资源高值产品开发和中间产物利用技术研究

围绕黄姜皂素清洁生产和污染减排这一目标，开展基于物理、生物方法的高值产品开发和中间产物利用的研究工作，获得物理分离纤维和淀粉的控制参数，获得生物结合酸法酸水解优化条件，筛选出适于生物水解法制取皂甙元的复合酶，获得淀粉生物转化葡萄糖和酒精的优化条件，探索淀粉和水溶性皂苷的药用途径。

2. "催化-溶剂法"黄姜皂素清洁生产工艺中试研究

中试采用与小试基本相同的技术路线，在小试的基础上利用多功能提取设备，放大 300 倍进行中试，以期在较大生产规模条件下达到与小试相同的技术经济指标。中试研究旨在验证该工艺的可行性，并确定工艺及设备参数，保证稳定运行。中试研究分为间歇式中试和连续式中试两部分。

3. "催化-溶剂法"黄姜加工废水处理研究

开发以兼有脱硫功能的两相厌氧和以"固定化微生物-曝气生物滤池（G－BAF）"为主的好氧处理工艺（TPAD－GBAF，即"中和/沉淀-水解酸化-脱硫-甲烷发酵－G－BAF"），于 2005 年 7—12 月在实验室处理传统黄姜加工废水获得成功。为了实现"催化-溶剂法"黄姜皂素清洁生产和废水处理技术的全线贯通，采用两相厌氧和固定化曝气生物滤池集成技术（TPAD－GBAF）对"催化-溶剂法"黄姜皂素清洁生产废水进行了 2 个多月的小试研究。

（十一）东、中线一期工程沿线区域生态影响评估技术研究

南水北调工程受水区生态修复应建立在节水、治污、控制地下水超采和建立受水区用水新秩序框架下，单纯针对生态系统的评估不能反映调水工程的真实影响。南水北调工程生态影响评估技术由水循环调控技术、水质调控技术和生态系统评估技术三大部分组成。南水北调来水后将引起受水区的城市供水、再生水量、入湖（库）水量、入海水量以及回补地下水量的转换关系的改变，在对这种关系进行评估的基础上完成生态效益评估。

五、研究成果

项目研究成果与项目实施前国内、国际同类技术水平相比较，全面提升了我国在调水工程设计、施工、机械设备、管理等多方面的技术水平，填补了多项国内空白，形成具有中国特色的调水工程技术体系，进一步推动了水利行业相关科学的新发展，使行业共性技术、关键技术研究及应用达到新水平。研究成果的应用节约了工程投资，改善了生态环境，为南水北调工程建设的顺利进行提供了有利支撑。

项目的各课题取得的成果已经广泛应用于南水北调工程设计、施工和管理，如丹江口大坝加高技术、大型渠道设计与施工新技术、大型贯流泵关键技术与泵站联合调度优化、穿黄隧洞

设计和施工技术、PCCP 管道安装工艺及质量控制、大流量预应力渡槽设计和施工技术等，解决了南水北调工程设计、施工、管理中的诸多重大技术问题，促进了南水北调工程的建设，保障了南水北调工程质量和进度，同时部分成果在其他水利工程建设中也得到了广泛应用。

部分研究成果，如"大型渠道机械化施工技术"专题针对南水北调工程急需解决的关键技术开展研究。南水北调工程有近 1500km 的渠道需要衬砌，需要长斜坡渠道衬砌成型设备约 50 套。此外，全国 450 余座大型灌区工程和平原水库坝坡护砌工程以及其他远距离调水工程的衬砌长度有 15000km 之多，需要衬砌设备约 200 套。同时，第三世界国家纷纷兴修调水与灌溉工程，对此类设备也有大量需求。该专题的研究成果填补了我国在大型渠道机械化成型技术装备的设计、制造、施工工艺和工程技术方面的空白，保障了南水北调工程的顺利实施，全面提升了我国大型渠道机械化成型技术水平，推进了我国水利和工程机械行业的科技进步和发展。该专题研制的大型渠道机械化衬砌设备已实现了系列化、国产化（国产化率 90%）、产业化。这些设备在南水北调工程的渠道、平原水库、灌溉渠道等工程建设中得到了全面推广，并销售到巴基斯坦和委内瑞拉等国。共计新增产值 6660 万元，新增利润 1665 万元，税金 1132 万元；与购买国外同类设备相比，节约设备购置费 2.22 亿元。已有多个国家与项目组取得联系，确立了购置设备意向。而且产品出口国外，从而打破了国际市场上欧美发达国家在大型渠道机械化衬砌技术与设备的垄断地位，形成了我国大型渠道衬砌设备在国际市场上的竞争力。

"十一五"期间，共在国内外发表科技论文 705 篇，其中向国外发表 143 篇；出版科技著作 35 部，共 1104.8 万字；申请国内专利 100 项，其中申请发明专利 50 项，获得国内专利授权 56 项，其中获得国内发明专利授权 10 项；登记计算机软件著作权 23 项；完成制定国家标准 1 项，行业标准 4 项，南水北调工程专用技术标准 23 项，制定行业标准 2 项。

项目研究共研制新产品、新材料、新工艺、新装置等 58 项，如大型渠道机械化衬砌设备、大流量预应力渡槽架槽机设备、大流量预应力渡槽造槽机设备、PCCP 新型承插口构造、PCCP 阴极保护测试探头、杠杆式拉伸徐变仪、水泥基材料早期热膨胀系数试验装置、膨胀土（岩）膨胀等级快速判别技术、膨胀岩渠坡快速防护材料等。项目取得的技术成果大部分已经应用到南水北调工程和其他工程中，为已建和在建工程提供了系统的技术支撑，保证了南水北调工程建设高质量、高效率地有序推进，取得了良好的经济、社会、生态效益。

通过项目实施培养了一批能够组织和承担国家级科技项目的人才，形成了多个工程建设与调度的管理技术的创新研究团队及人才培育基地。培养了年轻骨干人员 375 名，培养博士研究生 99 人，硕士研究生 193 人。

项目开展过程中，共建立了 27 个试验基地、中试线、生产线，同时通过项目示范、技术培训、技术咨询、技术转让等多种形式，进行科技成果的推广和转化，使一批推广价值好、见效快的科技成果迅速得到了推广应用，取得了良好的效果，有力地促进了南水北调工程建设质量和进度，带动了相关产业的发展，培育出一批优势企业。

（一）丹江口大坝加高工程关键技术研究

研究成果已运用于目前国内最大规模的大坝加高工程——丹江口混凝土大坝加高工程的设计与施工，部分研究成果为国内首创，主要成果如下。

1. 解决的关键技术问题

（1）新老混凝土结合状态与安全评价：研究了丹江口大坝加高新老混凝土结合面开合变化

规律，掌握了不同新老混凝土结合状态下坝体的静动力特性及安全状况，提出了满足安全要求的结合面技术指标。研究成果表明，在坝段缺陷经过设计提出的处理措施后，其运行安全性均可满足要求。

（2）改善新老混凝土结合状态工程措施研究：研究了不同处理措施对新老混凝土结合面结合状态的影响效果，提出直接贴坡浇筑方式，简化了施工程序；提出采用高强度等级、微膨胀性能的混凝土进行浇筑，并提出了混凝土温度控制标准、初期通水降温和施工期保温等温控措施；提出了贴坡混凝土施工期限制水位为 152m 的控制条件；提出了结合面凿毛、砂浆界面剂、增设三角形键槽、设置锚杆、预留结合面灌浆系统等综合处理措施。

（3）新老混凝土结合面灌浆措施研究：研究了结合面开裂随时间的渐进过程和可能的结合面开裂状况，结合面开裂后可灌性、灌浆对未开裂部位的影响以及灌浆后结合面的稳定性；提出了灌浆技术要求，包括灌浆时机，灌浆时水库水位限制、灌浆材料，灌浆工艺等技术指标。

（4）大坝抗震安全问题研究：针对典型坝段采用材料力学法和有限单元法进行大坝静动分析研究，评价大坝抗震安全，成果表明大坝满足抗震安全要求；研发了局部接触非线性组合网格法的动力分析程序和大坝混凝土动态损伤分析程序，进行了超设计地震荷载时大坝头部稳定性分析和评价；提出了时频非平稳地震动合成的新方法，对丹江口典型坝段进行设计地震作用下及地震超载条件下的损伤破坏计算分析，揭示了大坝的抗震薄弱部位；提出了余震生成的原则和方法及主-余震作用的组合模式，分析余震对丹江口大坝非线性地震反应的影响；提出了大坝抗震工程措施。

（5）初期工程帷幕耐久性研究：通过资料收集与分析、现场钻孔检查、现场测试、室内试验、耐久性分析研究，评价了初期工程防渗帷幕的防渗效果；综合室内试验结果，推算水泥灌浆帷幕和丙凝灌浆帷幕的服役年限；综合分析帷幕防渗性能和耐久性，最终确定防渗帷幕需补强的部位、范围及所需工程量。

（6）高水头大坝帷幕补强灌浆技术研究：通过高水头帷幕补强灌浆的调研、分析和现场灌浆试验研究，提出了丹江口大坝高水头帷幕补强灌浆的灌浆方法、灌浆材料、灌浆压力、施工工艺和控制指标等。

2．取得专利、标准及专著等成果

取得专利 3 项，分别是发明专利"混凝土表面保护材料及其制备方法"、实用新型专利"嵌入式测缝计"、实用新型专利"步进电机驱动化学灌浆泵"。制定行业标准和技术规定 3 项，分别是《水工混凝土外保温聚苯板施工技术规范》（CECS 268：2010）、《丙烯酸盐灌浆材料》（JC/T 2037—2010）、《丹江口加高工程初期大坝上游面裂缝处理技术规定》。出版了专著 1 部，撰写了论文 28 篇。

（二）大型渠道设计与施工新技术研究

已解决的关键技术和取得的重大科技成果如下。

1．渠道边坡优化技术

（1）首次建立了完整的大型渠道边坡稳定评价体系和边坡优化技术体系，并形成技术指导文件。

（2）提出了通过控制渠坡抗滑稳定安全系数富余度水平及避免抗剪强度指标过于保守可以

优化渠道边坡的观点，提出了基于边坡稳定和费用最小的梯形渠道综合优化设计方法。

（3）首次分析了大板混凝土衬砌对大型输水渠道边坡的影响，揭示了大板混凝土衬砌对渠道边坡变形约束影响的规律，以及全断面大板混凝土衬砌对增加渠道边坡的抗滑稳定性的影响。

（4）引入改进的粒子群仿生智能优化法对位移反分析目标函数进行优化，提出了改进粒子群算法的反分析模型，用于反演渠道边坡稳定变形的土体力学参数。

（5）提出了基于小波变换模极大值原理的监测数据预处理分析方法，恢复了原有监测信号。利用边坡变形分析的非线性智能数学模型和物元关系建立了评价边坡安全状态的物元评价模型，开发了"大型渠道土质边坡变形监测与失稳预报软件"。

（6）根据边坡最大水平位移和边坡整体运动特征相似的规律，提出了以最大水平位移作为有限元强度折减法边坡失稳判据，根据最大水平位移（最大沉降）和强度折减系数关系曲线特征确定抗滑稳定安全系数的方法。

（7）针对常用邓肯系列模型在模拟土体复杂应力状态下不同方向加卸载变形规律存在的局限性，根据复杂应力状态下考虑不同方向加卸载土体柔度矩阵的规律，建立了能反映应力不同方向加卸载的修正邓肯模型，通过试验确定了模型参数。

2. 高水头侧渗深挖方渠段的边坡稳定及安全技术

（1）提出渠道边坡渗透变形分析模型、计算理论及控制措施的成套技术，提出了高水头侧渗条件下渠坡的渗流控制原则。

（2）建立了有垂直截渗措施的高水头侧渗条件下渠坡土体的二维饱和土稳定流模型及非饱和土非稳定流模型，可逼真模拟汛期渠坡的渗流状态，结合实例分析了不同截渗方案的截渗效果。

（3）建立了考虑渗流场与应力场耦合的渠坡变形数值分析模型，结合实例分析了高水头侧渗条件下截渗墙方案渠坡及截渗墙的应力场及变形分布特征。

（4）建立了考虑渗流场与应力场耦合的渠坡稳定性评价模型，分析了高水头侧渗及地下水位升降对渠坡稳定性的影响。

（5）初步建立了搅拌桩截渗墙失效概率分析的模糊事故树法的理论框架。

（6）针对采用暗管内排＋盲沟排水方式预防扬压力破坏的大型衬砌渠道，通过现场试验和理论分析，总结了衬砌渠道扬压力动态分布的规律和计算模型，提出了防扬压、保安全的控制运用方案。

（7）编写了《高水头侧渗深挖方渠段的边坡稳定及安全技术》指导文件。

3. 渠道防渗漏、防冻胀、防扬压的新型材料和结构型式

（1）采用自行研发的新型混凝土防渗材料作为混凝土添加剂，制备了具有裂缝自愈合功能的高性能防渗抗裂渠道混凝土，显著提高了渠道混凝土的防渗性能。

（2）采用挤塑聚苯乙烯保温板（XPS）作为渠道保温材料，明显提高了渠道防冻胀能力，并通过在保温板表面成型抗滑层，满足了渠道机械化衬砌施工的要求。

（3）提出的防淤堵逆止式排水防扬压新措施，不仅能明显降低渠道地区地下水位，减少地下水对混凝土衬砌的破坏，而且可避免渠内泥沙进入出水室内淤堵逆止阀。

（4）采用暗管井排无扬压运行控制技术，将地下水降至坡面和渠底的临界处，既可避免扬

压力对衬砌板的破坏，又达到经济运行的目的。

（5）结合防渗漏、防冻胀新材料和防扬压新装置的研究成果，提出了多种输水渠道的结构型式，以满足不同工程地质、水文地质和气候条件输水渠道的结构型式设计要求。

4. 大型渠道机械化衬砌施工技术

（1）创新研制了具有自主知识产权的自动控制振捣滑模、振动碾压成型两类长斜坡渠道机械化衬砌成套设备，研发了 SM 和 LSM 系列长斜坡大型渠道振捣滑模衬砌成套设备，CM 系列长斜坡大型渠道振捣滑模衬砌成套设备以及与这两大类设备配套的 CDM 长斜坡布料机，CLM 长斜坡混凝土切缝机。

（2）创新研制了高频电动振捣装置及利用该装置密实提浆成型的振捣滑模衬砌成型机、自动行走振动碾压成型车和坡长 36m 斜坡的振动碾压成型机，以及带有振动振捣密实平料功能的长斜坡混凝土布料机。

（3）编制了《渠道混凝土衬砌机械化施工技术规程》（NSBD5—2006）、《渠道混凝土衬砌机械化施工质量评定验收标准（试行）》（NSBD8—2007）。

5. 渠道混凝土衬砌无损检测技术

（1）以两种典型配比的渠道混凝土为研究对象，研究了渠道混凝土介电特征及控制因素，建立介电模型，进而确定了基于混凝土组分快速确定电磁波速的模型估算法，实现了衬砌层厚度 GPR 检测剖面的快速解译。

（2）系统分析了保温板和砂砾垫层两种典型渠道衬砌结构及衬砌缺陷探地雷达检测剖面图谱特征，给出了用于信号判定的典型异常特征。

（3）研制了 1.5G 屏蔽天线，改进了采集软件系统，集成普通的 LTD 雷达主机形成具有实时处理、解译功能的专用渠道衬砌检测雷达系统，该系统可实现 5～20cm 衬砌混凝土厚度及缺陷检测，厚度检测分辨率大于 1cm。

（4）研究实现了渠道衬砌质量探地雷达检测剖面的高分辨率处理、反射界面追踪和异常自动判定等关键技术，并基于这些成果利用 VC＋＋编制了数据处理软件，构建了检测数据处理分析及检测报告自动生成的软件平台。

（5）编制了涵盖探地雷达及超声波两种无损检测技术的渠道混凝土衬砌质量无损检测规程，包括一般规定、现场检测、数据处理与解译、检测质量分析等内容，规范了相关检测工作，为该技术进一步推广奠定了基础。

6. 高性能混凝土技术研究

（1）针对 C30 和 C40 两种强度等级混凝土的设计要求，进行了 3 种粉煤灰掺量的粉煤灰高性能混凝土，以及 8％、10％和 12％三种膨胀剂掺量的补偿收缩高性能混凝土和微膨胀高性能混凝土的对比试验。根据试验结果，分别提出了满足设计要求的混凝土配合比及其性能试验结果。

（2）试验证明石粉含量高的机制砂混凝土物理力学性能、抗冻性能、变形性能均有下降。针对南水北调穿黄工程的混凝土具有较高的抗裂和抗冻要求的特点，提出了严格控制细骨料（机制砂）中的石粉含量的混凝土配置方案。

（3）研制的可控温湿度风速条件混凝土抗裂试验装置，能够进行特定温湿度和风速条件下的混凝土开裂试验，对混凝土抗裂性进行评价，也能对比不同温湿度和风速条件下混凝土开裂的差别，获得该混凝土开裂的气候敏感因子，以评估混凝土开裂的气候影响因素，继而指导混凝土的施工养护工作。

（4）干燥养护条件下平板开裂和圆环开裂试验表明，掺加膨胀剂的混凝土反而更易开裂。因此，补偿收缩高性能混凝土必须保证充分的潮湿养护。

（5）研究成果在东线穿黄工程中成功应用，混凝土的各项技术指标符合设计要求，节约了大量维护费用，具有显著的环境生态效益。

7. 大型渠道清污技术及设备研制

（1）采用计算流体动力学（CFD）模拟仿真技术和水工模型试验，首次研究了清污机栅体（拦污栅）流线型结构，并建立了理论基础和参考模式。

（2）针对回转式清污机研究的液压马达驱动技术、链条液压自动张紧机构，克服了电机驱动方式经常发生的链条或剪切销机械破坏故障，解决了两侧链条传动的张紧及磨损偏差，具有保持恒定张紧力和磨损自动补偿张紧功能，延长了链条的使用寿命；采用有限元分析方法优化的新型整体式齿耙结构，实现了回转式清污机的大跨度，有效地解决了卸污不彻底的难题，避免了二次污染。

（3）在总结各类清污技术优缺点和设备运行经验教训的基础上，研制了往复式清污机，为大型渠道等工程提供了一种清污机新机型，具有更为明显的技术优势。

（4）对移动抓斗式清污机进行了引进、消化、吸收和改进，可根据用户需求采用多种控制方式进行工作模式选择。移动抓斗式清污机已经在南水北调东线二级坝泵站和万年闸泵站得到应用，效果良好。

8. 渠道沿线生态环境修复技术

（1）研究得出了不同植物配置条件下大型输水渠道水土流失规律、污染物迁移消减规律。

（2）建立了渠岸带污染物迁移数值模拟模型，提出了考虑植物根系对溶质吸收的HYDRUS-2D新方法。

（3）提出了不同断面类型、不同边界条件下渠岸带植物防护体系，包括草种选择与组合以及生态修复乔灌草优化配置方式。

（4）系统提出了大型渠道非过水断面边坡生态修复工程治理模式，设计了非过水断面内坡截渗除污系统。

（5）分析提出了输水渠道沿线缓冲带适宜宽度、布置类型和建植方式。

（6）研究提出了大型输水渠道生态修复主要技术参数，为相关工程建设和管理提供了技术依据。

9. 基于虚拟现实的长距离渠线优化与土石方平衡系统

（1）针对渠道选线存在的准确度不高、耗时长、方案比选少等问题，首次建立了三维渠道信息模型，完成了渠道三维土石方优化交互设计，实现了土石方实时优化计算，可快速、准确地进行多方案、多因素、长距离渠道设计。

（2）提出了具有双网格地形划分模式，加快地形数据的处理，更加适用于渠道设计这种不规则带状地形的应用、相临分段优先的土石方优化策略；具有真实感的三维显示、视图和数据实时联合演示、渠道数字模型的交互式设计、水力学计算和三维虚拟整合展示，支持不同方案的对比，提供了多种类型的数据输出和接口等研究成果。

（3）研制的系统具有灵活高效的用户接口设计能力、可视化交互功能，快速设计和多方案比选等特点，可较好实现图形和数据的实时处理，图形平台独立开发具有完全自主知识版权。

（4）成果获得了"基于双层规则化的渠道地面网格系统"和"基于三维数学模型的渠道线型优化设计系统"国家软件著作权，并提出了基于双层规则化的渠道地面网格模型表示方法和土石方分段间相临段优先的优化策略，为国内外首创，具有完全自主产权。

获国家科技进步奖二等奖两项，分别是"大型渠道混凝土机械化衬砌成型技术与设备""南水北调东线济平干渠工程设计施工技术研究"；获山东省科技进步奖一等奖一项，即"大型渠道衬砌高性能混凝土研究与应用"；形成标准2项，分别是《渠道混凝土衬砌机械化施工技术规程》（NSBD5—2006），《渠道混凝土衬砌机械化施工质量评定验收标准（试行）》（NSBD8—2007）；获得国家实用新型专利授权10项，分别为"振捣滑模衬砌机""渠道成型机自动平衡控制装置""衬砌机""渠道成型机""一种用于清污机前的破冰装置""一种回转式清污机""回转式清污机用新型耙齿结构""一种回转式清污机链条自动张紧装置""一种拦污栅或清污机用栅体""一种清污机智能电控柜"；获得的计算机软件著作权3项，分别为"基于双层规则化的渠道地面网格系统""基于三维数学模型的渠道线型优化设计系统""渠道混凝土衬砌无损检测数据处理系统软件"；获得国家重点新产品1项，即"大型渠道混凝土机械化衬砌成型技术与设备"。

山东省南水北调建管局与山东省水利勘测设计院联合建成了试验研究与产业开发基地——山东省水利科技产业园，设有水工材料、岩土工程、水土保持、水力学与水环境等专业试验室，配备有多台套大型仪器设备，建有混凝土外加剂、保温板、土工布（膜）等生产车间，具有研发与生产相结合的优越条件，能够使科研成果尽快转化为生产力。

依靠山东水总机械工程有限公司建成了水利机械设备生产基地。通过课题的实施，研制开发大型渠道机械化衬砌成套设备、大型渠道清污机械设备，在山东水利工程机械总厂形成了批量规模生产能力。衬砌机生产能力达到20台（套），清污设备生产能力达到30台（套）。

山东省调水工程技术研究中心（山东省水业发展研究院）因承担了课题研究工作，于2008年12月被批准为高新技术企业。

自主创新研制的振捣滑膜、振动碾压机械化混凝土成型设备，实现了大型渠道混凝土衬砌机械化，大大提高了工作效率和混凝土内在质量。

制定了《渠道混凝土衬砌机械化施工技术规程》（NSBD5—2006）、《渠道混凝土衬砌机械化施工质量评定验收标准（试行）》（NSBD8—2007），实现了大型渠道混凝土衬砌标准化。

开发的基于虚拟现实的长距离渠线优化与土石方平衡系统为渠道设计人员在初期选线提供了更多的优化选择，优选方案可以大大节省将来施工中的占地、土石方等费用。系统能够支持100km超长的渠道设计，对我国南水北调的设计和发展具有创新性意义。

（三）大型贯流泵关键技术与泵站联合调度优化

（1）重点对灯泡式机组的总体结构型式、工况调节方式、机组传动方式、部件支撑型式、密封技术、电机通风方式、机组加工工艺进行了研究，得到了实用新型的灯泡贯流泵机组结构型式，提出了灯泡贯流泵机组传动方式选用原则和方法、机组工况调节方式定量选择方法、机组电机过滤清洁通风方式和电机通风方式优化设计方法。研究成果已应用于金湖泵站和泗洪泵站的工程设计。

（2）以淮阴三站工程为依托，对大型灯泡贯流泵站结构设计及振动安全度评价进行了系统研究，开发了具有自主知识产权的大型灯泡贯流泵站静动力及流固耦合有限元分析软件，提出了定性与定量相结合预测泵站振动响应和振动安全度评价方法。针对大型灯泡贯流泵站的结构特点，提出了具有自主知识产权的橡胶垫减振设计方法和控制措施。

（3）建立了标准化的泵模型特性选型数据库，提出了泵型选择的装置特性 3D 表示方法；分析影响大型泵机组可靠性的主要因素，提出可靠性指标计算的方法；创新地采用能量特性法分析泵机组的运行稳定性；建立包括能量特性（经济）、可靠性和稳定性三方面综合评判泵型选择合理性的评价指标体系，提出了泵型选择的评价方法。

（4）研究开发了四套灯泡贯流泵装置（GL－2008－01、02、03 和 04），根据同台试验结果，贯流泵装置水力模型最优工况点效率分别达到 79.4％、81.9％、82.02％和 80.22％，空化比转速均达到 1100 以上，水力性能先进。叶片出口采用非线性环量分布及 CFD 技术分析，提出了降低贯流泵内部阻力、改进流道型线等优化设计措施。提出了贯流泵装置多工况设计方法与贯流泵装置自动优化技术。

（5）提出了大型贯流泵的合作引进方式及引进重点内容的建议；研究了内置式超声波流量计与进水流道差压测流法两种大泵流量测试方法；以 NI 公司 CRIO 数据采集模块和 LabVIEW 软件为开发平台，应用 FPGA 编程，研制了适用于水泵机组运行状态监测的装置，可进行水泵及泵站运行稳定性评价、故障诊断和状态检修。

（6）综合考虑叶片及变频变速调节方式、峰谷电价、潮汐等复杂因素，首次系统地提出了单机组及多机组、串并联泵站（群）优化运行数学模型及优化理论方法；针对东线源头泵站，考虑峰谷电价和潮汐影响，研究提出了最优开机时刻的分布规律；开展了南水北调东线工程大型泵站变频变速优化运行模式的适应性研究，从能耗角度分析得到了叶片全调节与变频变速的适用范围，提出了在不同扬程和调水量变化条件下典型单站、站群的优化运行方案。

发表论文 98 篇，取得软件著作权 5 项，获得发明专利 3 项、实用新型专利 9 项。

（四）超大口径 PCCP 管道结构安全与质量控制研究

1. 室内原材料及混凝土、砂浆试验研究

（1）通过原材料优选、采用聚羧酸系新型低碱高性能减水剂、优化混凝土配合比和掺粉煤灰等综合技术措施，配置出强度等级为 C60 总碱量小于 2.5kg/m³ 的 PCCP 管芯高强混凝土。确定了分别用于夏季（编号 2）和春秋季（编号 1）的 PCCP 管芯混凝土配合比。

（2）采用中美两国标准，分别对管芯高强混凝土的力学性能、热学性能、变形性能、混凝土的应力-应变关系等进行了系列对比试验，取得南水北调工程所用 PCCP 管芯混凝土材料的圆柱体试件与立方体试件抗压强度的换算系数为 0.85，提出了符合我国规范体系和材料标准的一整套 PCCP 建议设计参数，为我国 PCCP 设计规范的制定提供了依据。

（3）复合掺加矿物掺和料、减水剂、增稠剂、纤维、膨胀剂、阻锈剂、内养护材料等原材料，首次开发出了高工作性、高抗裂性与高耐久性的 PCCP 接头 ECC 灌缝砂浆，并在南水北调中线 PCCP 管道工程做了示范应用。

2. 结构计算方法研究与程序开发

（1）通过研究国内外 PCCP 的相关标准，推导出了 PCCP 弯矩重分布的计算公式，丰富和

完善了PCCP结构计算理论。

（2）从合理考虑钢丝刚度贡献与承载作用及其行为特性的基本思想出发，首次提出了PCCP考虑预应力钢丝缠丝过程和刚度贡献的数值缠丝模型。基于现场试验提出了预应力钢丝失锚长度的概念和计算公式，并建立了PCCP预应力损失模拟分析的断丝模型。

（3）研发出了预应力钢筒混凝土压力管设计软件（PCCP-CDP），取得计算机软件著作权，该软件比国内外类似软件具有更强大的设计功能，具有预应力钢筒混凝土压力管（PCCP）的设计计算、检验计算、荷载计算及工程量统计等功能。

（4）研发出了预应力钢筒混凝土管（PCCP）仿真分析系统（PCCP-FEM），取得计算机软件著作权。主要用于PCCP在各计算工况下的结构受载响应分析，是首次开发的一款专门针对PCCP的受载响应进行分析的有限元软件，弥补了结构力学计算方法中采用极限状态设计方法的不足，可给出管道结构在各种外荷载作用下的各阶段的受力性态及其发展规律，揭示管道结构应力变形的分布过程。

3. 大型管道现场试验

（1）4m超大口径PCCP管的制造工艺及质量控制试验。在4m超大口径PCCP的研制过程中，通过一系列现场试验，研发了4m直径PCCP新型承插口，确定了承插口配合间隙范围、接口椭圆度控制标准、无溶剂环氧煤沥青（煤焦油）涂层质量检验方法及标准，研制改进了补偿平衡式缠丝机、砂浆同步刮平装置、无动力倾管机、伸缩式气动吊具等超大口径PCCP管道生产专用设备，研制成功的PCCP外防腐涂层自动化喷涂工艺，可在保护层砂浆上立即喷涂无溶剂环氧煤焦油涂层，既提高生产效率，又确保保护层砂浆不开裂，提高PCCP管道的耐久性。生产出高质量的PCCP管道，与国外产品相比，在覆土深度、工作压力、管壁厚度等方面均有许多技术上的突破。

（2）4m超大口径PCCP运输方法和运输能力试验。结合南水北调工程PCCP管运输方式和施工实践，对工程所采用的凹心平板车和专用驮管车等运输设备，进行4m直径PCCP管道运输工艺试验和效益试验分析，研究PCCP管运输方式，提出了管道安全运输的防护措施与控制方法，确定了相关运输标准；研究超大口径PCCP管运输对道路、环境的要求，确定了大口径PCCP管设备运输效率。

（3）4m直径PCCP吊装和安装工艺及质量控制试验。结合南水北调4m直径PCCP管的现场安装，进行现场生产性试验，总结工程施工经验，进行不同设备安装方法、密封胶圈安装方法和防扭曲措施、接口打压指标、接头填缝工艺、回填分区及碾压标准等一系列现场试验，提出了适合我国国情的大口径PCCP管工法及其安装安全操作规程、安装质量控制要点和技术参数。

（4）4m超大口径PCCP管道的结构安全原型试验。对南水北调PCCP工程所使用的4m直径合格PCCP管道、长期放置PCCP管、管芯裂缝PCCP管及断丝管道进行内水压试验、三点法荷载试验等一系列现场原型试验，取得丰富的试验数据。

（5）PCCP阴极保护现场试验。结合南水北调工程4m直径PCCP管道制造、铺设安装、阴极保护布置在工程建设管线中选取了1km试验管道段，进行了外加电流阴极保护方式与现场对比试验、锌合金牺牲阳极材料与锌带阳极PCCP管道阴极保护对比试验。

（6）PCCP外壁防腐涂层机械化自动喷涂工艺试验。通过PCCP外壁防腐涂装工艺的一系列室内及现场试验研究，在国内首次实现了与 PCCP 喷浆机结合的 PCCP 外壁防腐涂层机械化自动喷涂工艺，该工艺所使用的涂料具有高的绝缘特性和抗腐蚀介质渗透功能，可在粗糙的水泥砂浆和混凝土表面一次涂装形成所需厚度且涂层厚度均匀；涂层与水泥砂浆和混凝土有很好的附着力，可直接在初凝的水泥砂浆和混凝土表面涂装，见图 3-1-1。

图 3-1-1　在初凝的砂浆层表面涂装防腐层

（7）长距离分段静水压试验。因工程建设区无水源、工期紧，为验证新建 PCCP 管线的工程质量，在全部管线建成后进行了长距离分段静水压试验。通过长距离分段水压试验，采集、整理、分析水压试验期各安全监测设备检测数据，对南水北调 PCCP 输水管道工程中的管道、接头、管件、各种阀件及镇墩、连通、分水口等附属建筑物的设计、施工、安装阶段进行综合验证。

4. 安装工艺及质量控制标准研究

（1）超大口径 PCCP 管线沟槽安装技术。南水北调 4m 直径 PCCP 管线沟槽安装采用了龙门起重机安装 PCCP 管配合人工内拉法或外拉法实现管道对接。该方法具有经济性，使用设备常规化、通用性强。

（2）超大口径 PCCP 管线洞内安装技术。南水北调超大口径 PCCP 管线洞内安装采用隧洞驮管车可完成穿管、驮管、运管、调管和装管等一系列工序，实现了对 PCCP 的快速起重、安全运输、精确调整对中、成功安装，缩短了施工工期。隧洞管道驮管车应用技术有效解决了在隧洞内狭小空间中铺设超大口径隧洞管的技术难题。

（3）质量控制标准研究。结合工程建设实践经验和试验研究成果，综合编制超大口径 PCCP 安装及验收标准制定建议、超大口径 PCCP 制造标准制定建议、超大口径 PCCP 生产工艺技术规程制定建议、超大口径 PCCP 质量检验规程制定建议、PCCP 管外表面防腐涂层通用技术条件制定建议、PCCP 管外表面防腐质量检验技术规范制定建议、PCCP 外防腐涂层无溶剂环氧煤焦油防腐蚀涂料施工工艺规范制定建议、PCCP 设计规范制定建议。

5. 管道水力特性研究

提出了一种通过粗糙度直接测量而获得沿程阻力系数或糙率 n 计算的新方法，该方法解决了对超大口径管道无法直接进行室内水力学试验操作的难题。给出了由壁面绝对粗糙度转化为管道当量粗糙度的修正系数，借此可直接利用理论公式进行水力学计算。给出了一套适用的 $\lambda-Re$ 图表，可为国内 PCCP 管道的水力设计提供参考。

6. 管道防护、防腐蚀及安全性研究

（1）PCCP 阴极保护技术。提出了新建 PCCP 工程阴极保护防护参数、保护电位准则和布置方式，PCCP 阴极保护测试探头的测试方法，超大口径 PCCP 牺牲阳极轴向布置条件下保护电位分布的数值计算方法。

（2）混凝土表面防腐涂层研究。通过试验，选用的无溶剂环氧煤焦油重防腐涂料技术指标达到国外同类产品技术水平；无溶剂环氧煤焦油重防腐蚀涂料可以通过机械喷涂方式直接涂装在干态、湿态的混凝土表面，且一次成膜厚度达到设计要求；涂装于湿态混凝土表面的涂层经过蒸汽养护后，与混凝土具有良好的附着强度，涂层坚硬、完好；其附着强度与干喷的附着强度基本一致，满足防腐技术要求；旋转喷浆机上干喷、湿喷涂装工艺流程合理可行，涂装一根直径 4m 的 PCCP 管用时约 15 分钟，可以适应规模工业化生产要求。

（3）裂缝对 PCCP 结构安全的影响评价。选取工程中出现典型管芯纵向裂缝的 PCCP 进行承载力外压试验，再通过数值模拟裂缝对 PCCP 承载力的影响，试验表明 PCCP 现场试验值超过设计值，而数值计算结果与试验值相近。

（4）断丝根数对 PCCP 结构安全的影响评价。模拟了工程中可能出现的断丝现象，通过对 PCCP 断丝的数值模拟得出：随着断丝数的增多，各极限状态所允许施加的内水压逐渐减小；断丝区混凝土最容易出现裂缝，随着内水压的增大，断丝区的钢筒也更容易屈服，离断丝区越近，钢丝应力越大，屈服得也越早；在断丝数不超过 25 根的情况时，PCCP 管的整体工作性能仍然良好，在内压、外部土荷载、水体和管自重作用下仍处于安全状态，发生爆管的可能性不高；当断丝数超过 25 根时，仅有外部土荷载、管和流体自重作用而无内水压作用时，混凝土就已经开裂，当有内水压作用时，水容易沿着裂缝流至钢筒或钢丝层，造成腐蚀，从而影响 PCCP 的耐久性。在这种情况下，虽然在达到弹性极限状态（钢筒屈服）之前 PCCP 仍能承担一定的内水压，但随着时间的推移，钢筒或钢丝的锈蚀以及混凝土的劣化会增加爆管的风险。

（5）钢丝预应力松弛对 PCCP 结构安全的影响评价。针对可能出现的预应力钢丝松弛现象，对放置时间达到 360 天的 PCCP 管进行内水压承载试验，得出了内水压情况下 PCCP 的破坏特征。

7. 已形成标准、专利情况及发表论文情况

在 PCCP 原材料、结构安全和耐久性研究的基础上，形成超大口径 PCCP 制造标准、超大口径 PCCP 工艺技术规程、超大口径 PCCP 检验规程、PCCP 管外表面防腐涂层通用技术条件、PCCP 管外表面防腐涂层质量检验技术标准、无溶剂环氧煤焦油重防腐蚀涂料施工工艺标准、超大口径 PCCP 安装及施工验收标准等 8 个规范、规程编制建议。

获得专利授权 7 项，其中发明专利 2 项。取得计算机软件著作权 2 项。发表论文 23 篇，出版专著 1 本。

8. 已建成的试验基地、中试线、生产线等情况

通过南水北调工程初步建成了一个科技试验基地。基地能够生产直径 1.8～4m 的 PCCP，年产量（按直径 4m 计）达 60km。在南水北调京石段评比活动中该基地获 2006 年度南水北调中线干线工程"优秀建设单位"，2007 年被评为"中线干线工程施工单位综合考核第一名"和南水北调工程"文明工地"。

（五）大流量预应力渡槽设计和施工技术研究

1. 大型渡槽温度边界条件及荷载作用机理，结构新型式及优化设计，新材料、止水、支座等新结构研究

（1）提出了施工期和运行期各种复杂气候条件下大型渡槽温度边界条件和温度场的计算方法。

（2）完成了温度荷载作用机理及对渡槽结构的影响研究。

（3）提出了适用于南水北调中线大流量渡槽的新型多厢梁式渡槽结构及相应结构分析设计方法。

（4）提出了大型有限元通用软件进行多向预应力混凝土结构设计计算方法。

（5）提出了特大型渡槽的平面问题和空间问题相结合的分析方法。

（6）提出了提高软岩嵌固桩基础承载力的工程措施及不等高基岩面长短桩设计与优化方法。

（7）基于渡槽高性能混凝土的抗裂和耐久性要求，提出了渡槽高性能混凝土的原材料质量控制指标、混凝土配制方案、混凝土辅助防裂材料、混凝土耐久性设计控制指标及混凝土防裂施工的技术要求。

（8）从材料配比与微结构优化方面，提高了渡槽高性能混凝土的防裂、抗渗、抗碳化与抗冻等耐久性。

（9）通过抗裂性能、水化热、力学性能等综合评价，聚丙烯纤维、纤维素纤维、水化热降低剂、粉煤灰、矿粉、缓凝型聚羧酸盐减水剂等可作为混凝土减缩、降温、阻裂或增韧的防裂技术措施。

（10）建立了温度-应力试验机结合平板法塑性收缩开裂试验和绝热温升试验综合评价预应力渡槽混凝土抗裂性能的评价方法，提出了相应的评价指标。

（11）采用多种微观测试方法系统测试分析了掺粉煤灰对渡槽混凝土高性能形成的作用机理，并分析了聚丙烯纤维、纤维素纤维的阻裂与水化热降低剂的作用机理。

（12）制备了一种新型渡槽伸缩缝密封止水材料，它具有优良的耐久性、自流平性、自黏结性和抗位移变形能力的特点，能较好地满足大型渡槽伸缩缝密封止水材料性能要求；提出了一种新型渡槽伸缩缝复合止水结构型式，能较好地保证大型渡槽伸缩缝止水效果，满足南水北调工程的需求。

2. 渡槽和槽墩支柱的抗震性能研究

（1）研究了渡槽结构的自振特性，获得了在槽体内不同水位和采用减震措施时渡槽结构自振特性的规律，建立了相应的计算分析方法。

（2）研究了渡槽内水体和结构的液固耦合的机理和提出了相应的计算方法。

（3）建立了适合于渡槽结构实际情况的地震动力响应的分析方法，包括拟静力法、反应谱方法和时程分析方法，提出了渡槽地震响应的简化分析方法。

（4）建立了不同桩土作用模型的减震动力分析方法，并进行了计算研究，获得了具有工程意义的研究成果。

（5）建立了桩-土相互作用的试验方法，并进行了试验研究，获得了桩在不同深度的应力和位移分布状况。进行了抗震型盆式支座性能试验，获得了盆式支座性能的具体参数。

（6）对于渡槽高矮墩试验模型进行了计算比较分析，建立了渡槽模型的简化方法，建立了桩-土-结构-流体相互作用的渡槽拟动力试验的数值模拟方法。

（7）制作了桩-土-结构-流体相互作用条件下的渡槽结构拟动力试验模型，建立了渡槽结构拟动力试验研究方法。

（8）对于拟动力试验结果和数值模拟结果进行了比较分析和研究，进一步完善了渡槽结构的抗震计算方法。

（9）提出了桩基-土动力相互作用的数值模拟方法，建立地基土体和桩土接触面的非线性动力本构模型，分级加载的应力历史影响进行桩基和场地的动力反应特性分析。

（10）提出了长短桩和等长桩方案的基桩动力反应和优化设计方法。

3. 渡槽施工技术及施工工艺研究，施工质量控制指标及控制方法研究

（1）完成了大吨位的造槽机和架槽机成套技术研究，填补了国内水利行业无大型渡槽施工成套装备的空白，开创了大型渡槽预制吊装架设和移动模架现浇的新型施工方法。

（2）完成了大吨位预制渡槽施工吊装架设研究，解决了预制架设施工中的关键技术难题，填补了国内大型预制渡槽施工装备的空白，开创了大型渡槽预制吊装架设的新型施工方法。

（3）提出了改进型的内贴 U 形复合式伸缩止水装置，包括止水带厚度与变形部分断面型式、止水带与底部混凝土间黏结 GB 胶板、止水压块、固定方式、预留槽设置等，更好地适应了渡槽间伸缩止水三向变形的需要。

（4）完成了渡槽大吨位支座选型，推荐采用新型减震球形钢支座来满足减震、抗震和耐久性要求。

（5）提出了大型渡槽混凝土施工裂缝控制方法的建议、混凝土养护方法的建议、预应力施工及张拉顺序的建议。

（6）完成了《南水北调中线一期工程总干渠初步设计梁式渡槽土建工程设计技术规定》修编。

4. 渡槽外部裂缝预防和补救措施以及与此相关的新型涂料开发

（1）研究了渡槽混凝土热膨胀系数、导温导热系数、强度和弹性模型等热学、力学和变形参数的测试方法和相应的变化规律。

（2）开发了渡槽混凝土温度场和应力场的仿真分析程序。

（3）完善了渡槽温度模型试验技术，并浇筑了相应的模型开展了温度场和应力场变化规律研究。

（4）基于渡槽模型和仿真分析，获得了施工期和运行期混凝土内部温度场和湿度场变化规律。探明了内部温度场的分布规律，并基于温度场分布规律进行渡槽抗裂性能评价。

（5）基于渡槽模型和仿真分析，获得了施工期和运行期混凝土内部应力场的发展规律。探明了内部应力场的分布规律，并基于应力场分布规律进行渡槽抗裂性能评价。

（6）提出了渡槽施工期和运行期温度场、湿度场和应力场的测控方案，并根据监控结果评价渡槽的抗裂性能。

（7）基于温度场和应力场分析，探明了渡槽混凝土的开裂机理。

（8）提出了大流量预应力渡槽裂缝控制成套技术方案。

（9）自行研制的液态水泥基渗透结晶型防渗涂料，可显著提高混凝土的抗渗性。该材料施工简单，可直接涂刷在混凝土表面。

（10）制备了保温性能优、黏结性能和抗压抗折强度高、吸水率小、耐久性好的渡槽保温材料。

5. 大型渡槽的耐久性及可靠性研究

（1）提出了影响钢筋混凝土渡槽耐久性的主要因素，建立了碳化、冻融双因素耦合作用下的寿命预测模型。

（2）针对灌注桩完整性检测可靠性定量评估的问题，提出了评估声波透射法检测可靠性的方法；定义了遇到缺陷概率和检测到缺陷概率两个指标，为现场试验结果给出了理论解释；提出了基于贝叶斯理论的桩基缺陷统计参数估计方法，从而为准确估计桩基缺陷参数提供了新思路；提出了一种分析桩底含有沉渣的灌注桩可靠度的方法。

6. 大流量预应力渡槽的原型观测试验

（1）在混凝土理论配合比基础上，确定了渡槽 C50 高性能混凝土的配合比，并进行了混凝土耐久性试验，建立了 C50 高性能混凝土配合比耐久性与孔结构特征的联系，提出了基于混合料热相容性的原材料优选思路。

（2）研制了大型渡槽现场动力特性试验的仪器和设备，并在漕河渡槽进行了原型试验，并获得了大型渡槽的动力特性，在国内外属于首次。

7. 取得的相关成果

（1）取得的专利：获得国家发明专利 1 项，获得国家实用新型专利 8 项。

（2）取得的新产品及新装置：大型渡槽槽身伸缩缝高可靠性止水材料及复合止水结构型式；配制出了具有抗裂、低渗透、体积稳定性好的 C50 级预应力渡槽高性能混凝土材料；研制了大流量预应力渡槽架槽机设备；研制了大流量预应力渡槽造槽机设备；制备了满足渡槽要求的保温材料；研制了一种液态渗透结晶型防渗材料。

（3）形成的标准：《南水北调中线大型梁式渡槽结构设计和施工指南》《南水北调中线一期工程总干渠初步设计梁式渡槽土建工程设计技术规定》《南水北调中线一期工程总干渠初步设计涵洞槽土建工程设计技术规定》。

（六）膨胀土地段渠道破坏机理及处理技术研究

1. 在膨胀土（岩）裂隙性认识方面取得进展

裂隙性是膨胀土（岩）的典型结构特征，多裂隙构成的裂隙结构体及软弱结构面，产生了复杂的物理力学效应，裂隙问题是膨胀土边坡稳定的关键问题之一。经过膨胀土（岩）现场试验，对膨胀土（岩）的裂隙分布、分类和对边坡稳定的控制机制方面获得了新的认识。

首次从工程应用角度提出了膨胀土（岩）裂隙垂直分带特征以及规模的分类标准，发现膨胀土长大裂隙以中缓倾角为主，裂隙产状与地貌关系密切，发现膨胀土长大裂隙发育密度平面上与膨胀性和地貌有关，垂向上具有明显的分带规律，裂隙面是膨胀土内部最薄弱的部位，现场试验揭示了膨胀土裂隙在一定范围内具有优势方向并对渠坡稳定起着主要控制作用。因此，大裂隙与长大裂隙的发育规律对预测渠道开挖后的危险地段具有标志性意义。

首次从对边坡稳定的控制的力学机制上把膨胀土（岩）裂隙分为随机分布的裂隙和具有优势方向的组合裂隙，膨胀土（岩）中存在的具有优势方向的裂隙组合，其倾向性与边坡坡向的关系决定了边坡的稳定性，也影响膨胀土土体强度参数的选取，研究给出了裂隙膨胀土渠坡强度参数的取值原则。

2. 提出了膨胀土渠坡破坏的两种模式及对应的力学机制

通过现场原型试验、室内大型静力模型试验和数值分析，揭示了膨胀土（岩）裂隙性和膨胀性对渠坡破坏的作用机理。系统分析了现场和室内试验所揭示的膨胀土（岩）渠坡的破坏特征，研究了膨胀土（岩）地质条件、物质成分、气候环境等多种因素对渠坡稳定的影响，结合室内膨胀土渠坡滑坡的机理性试验和数值分析，首次从膨胀土渠坡失稳的力学机制出发，明确提出了膨胀土（岩）渠坡两种破坏模式：膨胀性控制的边坡失稳（主要表现为浅层滑动）和裂隙强度控制的边坡失稳（既有浅层，也有深层滑动，取决于裂隙的分布位置和倾向性）。

3. 建立了符合膨胀土渠坡特点的稳定性分析方法

根据膨胀土（岩）渠坡破坏模式和机理，提出了膨胀土（岩）渠坡稳定包含裂隙强度控制下的稳定和膨胀作用下的浅层稳定新观点，并建立了膨胀土（岩）渠坡稳定分析方法，解决了膨胀土（岩）渠坡设计中的关键问题，在膨胀土（岩）渠坡稳定分析理论上取得了突破。

4. 建立了膨胀土强度和变形参数确定方法

系统研究了膨胀土的强度理论，通过试验揭示了膨胀土强度的非线性特性，提出了在进行膨胀土强度试验时应根据可能滑动面上实际应力状态，合理确定固结试验应力，对于膨胀土边坡的浅层破坏，应选择 $\sigma_n < 60\mathrm{kPa}$ 条件下相应的强度参数。

提出了裂隙面强度三轴试验新方法，首次将计算机 X 射线断层扫描技术（CT 技术）引入裂隙面的强度试验，通过测量裂隙面真实产状，准确分析裂隙面上的破坏应力；提出了裂隙面强度参数的整理方法，克服了以往利用直剪试验难以保证完全按照裂隙面剪切的缺点。

针对膨胀土的膨胀特性，通过对膨胀土膨胀变形的试验研究了膨胀土膨胀规律，综合提出了考虑不同起始含水率的膨胀土膨胀本构关系。

鉴于膨胀土中存在倾向性的组合裂隙，裂隙组合的倾向性与边坡的关系决定了边坡的稳定性，提出了以土块强度和裂隙面强度为控制指标结合裂隙的空间分布特征来确定膨胀土（岩）体强度参数的选取方法，即裂隙倾向呈顺坡向时，土体强度取裂隙面强度参数；裂隙倾向呈逆坡向时，边坡土体强度取土块强度。

5. 提出了膨胀土（岩）渠坡处理技术及作用机理

针对膨胀作用下的浅层滑坡，重点研究了就地回填利用开挖膨胀土（岩）的措施。研究和验证了防护-压重的综合措施，在总结已有膨胀土（岩）渠坡处理方法优缺点的基础上，结合大型渠道工程特点，采用物理力学特性试验、模型试验及数值分析等方法，系统研究了土工格栅加筋、土工袋、纤维土、土工膜封闭覆盖、水泥改性土、粉煤灰改性及活性酶、CondorSS溶液等处理方法的作用机理和适用性，提出了土工格栅加筋、土工袋、土工膜封闭覆盖、水泥改性土等四种处理方法的优化参数。

针对膨胀土和膨胀岩渠坡，分别在南阳和新乡开展了大规模现场原型试验，经过各种工况模拟，验证了换填非膨胀黏性土、土工格栅加筋回填膨胀土、土工袋、水泥改性土及土工膜封闭覆盖等方法的处理效果和适用性，结合观测成果分析，论证了以上几种处理方法的优缺点，综合分析了处理效果、施工工艺及投资，并推荐了膨胀土（岩）渠坡的处理方案；研究提出了膨胀土回填压实控制的双密度标准；研究提出了水泥改性膨胀土、土工格栅加筋膨胀土、土工袋技术等成套的施工工艺和质量控制标准，在现场施工性试验基础上提出了膨胀土岩地段渠道设计和施工的技术要求。

6. 提出了符合膨胀土（岩）渠坡破坏机理的设计新理念

根据膨胀土（岩）宏观分带和裂隙分布特征及渠坡破坏模式的深入研究，渠坡稳定性归纳为膨胀作用下的浅层破坏和裂隙强度控制下的重力整体失稳两种模式。这两种模式的失稳机制不同，其处理方法也必然不同：针对膨胀作用下的浅层破坏，提出应采用压重防护措施进行处理；针对裂隙强度控制下的重力整体失稳，提出应采用支挡措施进行处理。要保证渠坡的稳定性，必须采取不同措施，同时满足以上两方面的稳定性。

7. 解决了膨胀作用下浅层失稳的渠道设计和施工关键问题

从膨胀土渠道开挖技术、处理填筑技术、处理方案、处理效果试验、施工工艺、处理措施经济指标等方面对膨胀土渠坡的设计与施工进行了系统研究，提出了不同条件下的渠坡设计方案及相应的施工技术标准。通过两个试验段的大型原型试验，对不同处理措施从设计、施工工艺、施工检测标准、质量控制、投资分析等方面进行综合评价，提出了系统完整的膨胀土（岩）渠坡处理技术，包括渠坡稳定和变形复核、设计坡比、处理方案选择等，并给出了处理层厚度、压实度等的确定方法；研究提出了水泥改性膨胀土、土工格栅加筋膨胀土、土工袋技术等成套的施工工艺和质量控制标准，在现场施工性试验基础上提出了膨胀土岩地段渠道设计和施工的技术要求，填补了同等规模膨胀土处理设计与施工的空白。在全面分析室内研究和现场试验成果的基础上，提出了一般膨胀土（岩）渠道边坡的处理方案和设计参数，研究成果为南水北调中线工程膨胀岩（土）渠坡处理措施的可靠性、经济合理性以及施工工艺控制等方面提供了有力依据和技术指导，对于指导其他工程和提高膨胀土（岩）处理水平都有重要的参考价值和意义。

8. 提出了膨胀土（岩）现场快速判别技术

针对膨胀土（岩）渠道开挖特点和先期勘探的代表性不足，研究提出了宏观地质描述和土膏电导率测定相结合的膨胀等级快速判别方法，供大开挖中快速判别膨胀土（岩）等级，进而复核渠道处理方案。

经过膨胀土（岩）现场原型试验中的工程开挖和地质编录，结合室内专项实验，分析研究了膨胀土的地质时代、地貌特征、岩性、裂隙特征、颜色特征、钙质结核特征等与膨胀土形成环境及膨胀性密切相关的宏观特征指标及其与土体膨胀性的关联性，由它们构成的鉴别指标可以准确地判别膨胀土的膨胀等级；根据膨胀土（岩）黏土矿物的自由电荷使黏土矿物具有一系列化学、物理特性的原理，利用电荷数量与膨胀土（岩）的膨胀性之间具有的相关性，提出了简便快捷的电导率仪现场鉴别方法。把这两种方法相结合，建立了可在现场凭借地质人员进行膨胀土（岩）等级快速判别的定性和半定量方法。在地质综合判断基础上，采用电阻率仪测定土体电阻率，可进一步确定同一类膨胀土体膨胀性的差异。

获得实用新型专利 7 项，发明专利 1 项。

研发了膨胀土（岩）边坡的非线性有限元计算方法及软件和膨胀土（岩）边坡的非连续变形分析方法及软件，共 2 套。

建成了潞王坟膨胀岩试验段及南阳膨胀土试验段 2 个示范工程。

"南水北调中线工程膨胀岩膨胀特性研究"获得了"河南省水利科技进步一等奖"。

发表学术论文 46 篇，其中国外期刊或会议发表 13 篇，编写专著 3 部。

（七）复杂地质条件下穿黄隧洞工程关键技术研究

（1）通过对隧洞双层复合衬砌结构特性研究和穿黄隧洞衬砌 1∶1 仿真模型试验研究，论证了内衬与外衬之间加设垫层方案与采取一定措施的无垫层的复合衬砌方案均是技术上可行的方案。

（2）隧洞外衬由七块管片拼接而成，为模拟管片环接头的工作特性，建立拼装式管片结构接头计算模型，并通过分析外衬与柔性土之间的关系，建立外部土体与外衬的相互作用模型，已用于穿黄隧洞衬砌结构设计。

（3）针对盾构机加长，导致竖井内无法布置常规反力架，在不采用增设盲洞和扩大竖井直径条件下，设计了新型盾构始发反力座，成功地满足了盾构机在竖井内组装与出发的要求，节省了工程投资。

（4）此前地下连续墙与满堂内衬一般采用单独受力的结构型式，本工程针对竖井超深，外部水土压力大的特点，通过研究，提出了地下连续墙墙面凿毛、加设插筋，与满堂内衬联合受力方案，并在工程中成功应用。

（5）南岸竖井位于邙山坡脚，通过优化竖井内衬布置，进行结构加固，解决了邙山边坡对竖井的偏压问题。

（6）通过对穿黄隧洞取样、试验，得到各项地基土动力特性参数，并按此计算了地基土体的地震残余变形，论证了地基震陷、液化深度以及隧洞管段间最大残余变形差均在设计允许范围之内，隧洞与周围地基土层间未发生脱开现象，并通过对典型的过河洞段、邙山洞段和北岸出口竖井段分别进行三维地震反应分析，证实在设计地震动作用下，隧洞结构安全。

（7）为确保信息长距离传输的准确，进行接线方式的研究与优化，完善了洞内接线技术、电缆牵引就位技术，并为监测内衬环锚预应力研制了薄壁环锚矩形测力器，取得了国家知识产权局实用新型技术专利。

（8）穿黄隧洞衬砌 1:1 仿真模型试验研究为隧洞双层复合衬砌结构特性、偏薄内衬大吨位锚索成功张拉、预应力衬砌结构计算模型提供了试验依据。

（9）穿黄隧洞衬砌 1:1 仿真模型试验揭示了双层复合衬砌有垫层方案应重视由于排水不畅，对外衬安全的不利影响，必须加以防范；并认为，对于长达 4.25km 的长大隧洞，其中任何一个衬砌段垫层的施工如未能达到设计要求，均有可能留下隐患，因此对垫层的施工质量应特别重视。

（10）对于修建在高地下水位的北岸工作竖井，通过采用铣槽机等先进机具，行之有效的地基加固、防渗措施等施工技术，建造了墙深 76.6m、内径 18m、外径 20.8m 的地下连续墙，并采用逆作法建造了深 50.1m、厚 0.8m 的满堂内衬，满足盾构机在竖井内组装、始发与掘进施工要求。

（11）在深达 50.5m 的超深基坑中，采取地基加固、防水密封和冷冻技术等综合措施，克服了高地下水、粉细砂带来的困难，始发成功；采取气囊密封防水新技术，顺利到达南岸竖井。

（12）在穿黄隧洞长距离施工中，在高水头、地质条件复杂条件下，解决了高压舱换刀和古树、孤石处理等难题，采用泥水盾构机，完成了盾构机长距离 4250m 单头掘进，贯通误差仅为 2.5cm。

（13）穿黄工程于 2005 年 9 月 27 日开工，开工后立即进行穿黄隧洞施工。为指导穿黄隧洞施工与验收，在南水北调工程建设监管中心组织下，由长江水利委员会长江勘测规划设计研究院（简称"长江设计院"）主编了《南水北调中线一期穿黄工程输水隧洞施工技术规程》

（NSBD4—2006），并由国务院南水北调办于 2006 年 7 月 27 日发布执行，在穿黄隧洞施工和全线贯通发挥了正确指导作用。穿黄隧洞工程开工后，长江设计院通过总结施工经验以及穿黄隧洞衬砌 1∶1 仿真试验研究成果，有关技术要求进一步纳入穿黄输水隧洞施工控制标准，使其在穿黄隧洞工程获得更大的工程效益，并在此基础上，进一步发挥其社会效益。

（14）取得专利 1 项，制定行业标准 1 项，发表论文 3 篇。

（八）工程输水能力与冰害防治技术研究

（1）采用地理信息系统、遥感、数据库、虚拟现实、网络、系统集成等技术开发了南水北调中线工程三维仿真平台、二维模拟平台和 WebGIS 信息发布平台，在该平台上可深入分析中线工程的水力特性、运行控制方式、冰期输水能力和冰期控制方式等，实现信息的查询和共享。

（2）利用面向对象建模和模块化建模思想实现了复杂输水系统的自适应建模的数值仿真平台，可实现中线工程各种工况的建模与计算，分析了中线工程的水力特性，论证了中线工程的输水能力。

（3）提出了闸前常水位分布式集中控制模式，基于"下游控制"概念，提出了"前馈＋反馈＋解耦"的控制系统组成方案。研究了变闸前水位的控制方式，控制算法与闸前常水位控制算法相互协调，可实现中线工程"安全、可靠、适时、适量"的输水目标。

（4）分析了闸前常水位等多种运行方式的适用性以及应用条件，重点比较了控制容积运行方式；分析了模糊推理的自适应 PID 控制方法，提高了系统的控制效果。

（5）利用神经网络理论开发了沿线气温稳定转负日期的预报模型。试验研究了冰盖的力学特性，分析了拦冰索的拦冰性能，并对拦冰索的结构型式进行了优化。

（6）深入分析了中线工程冰期输水的最大输水能力，结合中线工程冬季运行期间的冰期特性，提出了中线工程冰期运行的控制方式。中线工程冰期输水期间应采用闸前常水位方式运行，在运行期间，应采用反馈和解耦控制算法，以保证冰盖的稳定性。采用本研究提出的运行控制方式，可避免冰害的发生，从而实现冰期的安全、可靠输水。

（7）在综合分析国内外研究成果和利用数值模拟分析南水北调中线工程运行特性的基础上，提出了大型输水渠道超高设计公式和方法。

（8）开发了长距离明渠输水渠道控制模型，试验验证了研究提出的控制算法，深入分析了长距离输水渠道的水力性能。

（9）在国内外学术刊物和学术会议上发表科技论文 47 篇，撰写专著 1 部；获得计算机软件著作权 4 项，申请国内专利 6 项。

（九）建设与调度管理决策支持技术研究

（1）从项目群管理角度为南水北调工程建设与调度管理提出了新的研究思路，完善了多项目管理和项目群管理理论。

（2）提出了南水北调工程项目群划分标准，提出建立了项目群规划的一般方法。

（3）提出了南水北调运营初期的决策框架，并初步建立了适用大规模调水工程的初期运营理论。

（4）从信息系统建设、决策管理、优化与控制、风险分析和应急处置管理四个角度构建了南水北调工程建设与调度管理的管理技术系统。

（5）构建了支持工程建设与调度管理的多主体群决策支持系统的体系结构模型、设计多主体群决策环境下工程建设与调度管理海量空间信息的共享系统和仿真大型结构物的施工进度实时动态的建模方法。

（6）提出了工程建设与调度管理数据挖掘、数据建模、分析算法和知识挖掘方面的创新理论与方法和基于时间序列的调水工程建设与调度管理数据挖掘算法。

（7）形成了南水北调工程中线和东线工程实验研究基地。各项目申请单位多年参与南水北调工程的建设，通过大量的前期研究工作，收集了大量数据资料，积累了一定的经验，奠定了较好的理论和实践研究基础。建立了南水北调东、中线工程建设与调度管理决策支持系统，形成大型水利工程建设与管理决策支持系统示范基地。

（8）在国内外核心期刊上发表了 59 篇学术论文，取得国内发明专利 6 项，软件著作权 8 项。

（十）丹江口水源区黄姜加工新工艺关键技术研究

（1）开发了"催化-溶剂法"黄姜皂素清洁生产新工艺，工艺核心是通过添加催化剂/助剂，破坏纤维和淀粉对皂甙的包裹并抑制纤维和淀粉过度膨胀，从而提高皂素产量并降低溶剂用量。小试和中试研究数据证明，新工艺较传统工艺生产周期缩短 88%；皂素得率与传统工艺持平（2.6%～2.8%），且纯度较高；新工艺可回收约 80% 的纤维和淀粉；进入酸水解物料量为传统工艺的 1/5，酸用量较传统工艺减少 70%；COD 排放量和氨氮排放量较传统工艺分别削减 80% 和 84%。

（2）开发了兼有脱硫功能的两相厌氧和基于固定化微生物-曝气生物滤池好氧工艺的黄姜加工废水高效处理集成技术。消减了硫化物对产甲烷菌的抑制作用，固定化微生物-曝气生物滤池系统中固定了高效脱氮微生物，提高了有机物和氨氮的去除效率。经历时两年的系统小试、中试研究和三个月工程规模（240m³/d）实际运行，表明该工艺是可行的，生产每吨皂素产生的废水处理运行费用小于 3000 元。研发的处理工艺可为规模为每年 200t 皂素的示范工程提供技术支撑。

（3）开发了基于 SMRH 工艺的循环经济生产系统关键技术。开发了糖化醪三级分离技术和新型组合脱酸技术，与传统工艺相比，该工艺黄姜皂素收率提高 11.5%，污染负荷削减 85%，并实现了工业化生产。开发了黄姜副产糖液生产酒精技术，并将纤维素制成有型燃料，黄姜资源综合利用率大于 90%。

（4）开发了基于直接分离法黄姜清洁生产工艺关键技术。采用直接分离法黄姜皂素生产新技术，皂素收率较传统工艺提高 11% 以上，并形成了年产 100t 皂素的生产能力，经过生产实践，工艺和设备运行稳定，达到了工业应用水平。新工艺实现了黄姜淀粉与纤维回收利用，资源利用率达到 95%，污染负荷削减 92.8%。

（5）建成了湖北百科皂素有限公司示范点、河北廊坊黄姜清洁生产中试系统、竹溪创艺皂素有限公司示范点、十堰市秦岭中地公司示范点。

（6）发表学术论文 32 篇，其中 SCI 收录 20 篇。

（十一）东、中线一期工程沿线区域生态影响评估技术研究

主要技术成果可概括为"一个理论体系框架，两类模式示范，三类生态水文响应分析模型，四类评价结论"。

（1）在理论层面提出了由水循环调控技术、水质安全与调控技术和水生态效应评估技术三大部分组成（见图3-1-2）的调水对受水区生态环境影响的评估技术体系框架。

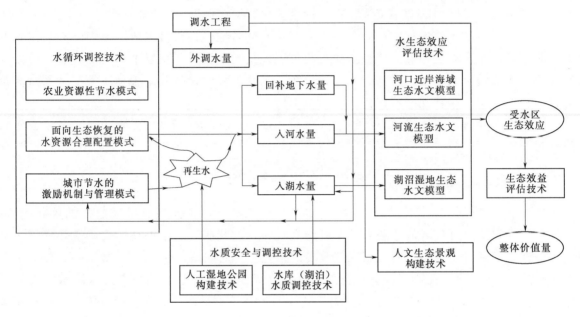

图3-1-2 评估技术体系框架

1）水循环调控技术。一期工程通水后，以外调水置换当地供水量，增加地表水量，控制地下水超采，恢复地下水位是水域生态系统恢复的关键。可置换出的水量与受水区节水方式和力度、水资源合理配置模式等密切相关，故本次水循环调控技术重点研究并提出了城市节水的激励机制与管理模式、农业资源性节水模式和地下水调控与生态环境修复水资源合理配置模式三方面内容。

2）水质安全与调控技术。包括两部分，一是针对河流环境容量低，污水处理厂达标排水仍满足不了水功能区水质要求等问题，研究构建并示范了中水湿地公园水深度处理技术，主要包括湿地二维水动力学模拟、水质模拟、水生植物引种、曝气风车、绕流坝、生态坝、水景观三维立体演示等技术；二是针对水库（包括作为调节水库的湖泊）库区的污染物情况或突发污染事件，研究和提出了以三维水动力水质耦合数学模型和水库水质安全与生态恢复模拟技术为主的水库水质调控技术，保障供水安全同时改善湖泊生态。

3）水生态效应评估技术。从生态系统的结构和功能评价河流、湖沼湿地、河口-近岸海域等自然生态系统：①在区域水循环调控技术和水质调控技术共同作用的基础上，通过构建河流、湖沼湿地、河口-近岸海域生态与水文模型进行生态效应定量评价，研究区域入河水量、入湖水量和回补地下水量的动态变化过程；②从实物量和价值量上进行南水北调工程的生态与环境作用的生态效益评估；③研究构建调水工程复合生态廊道，利用虚拟GIS技术对典型地段的区域地理特征、自然生态环境、历史人文景观、城市建设状态等进行展示，直观表现南水北

调工程对研究区域的潜在生态影响。

（2）在方法层面取得了三类八项模型成果。

通过节水合理性分析、地下水调控与区域生态环境修复关系分析、生态-水文响应分析，研究建立了以下模型：

1）天津、邯郸、淮安三个典型城市的节水模型。

2）海河流域外调水-当地水联合调配模型，海河流域平原区地下水模型和邯郸地区分布式流域水循环模型。

3）王庆坨水库、北大港水库三维水动力水质耦合数学模型，北大港湿地的生态水文模型，玉符河生态水文模型，漳卫新河河口近岸海域生态水文模型（水动力模型）等三类八项生态水文响应分析计算模型。

（3）在示范层面开展了原型和模拟两类示范。从物理模型和计算机实体仿真两方面提出对调水工程直接生态效应的有效分析模式，一是开展湿地水文效应与调控技术原型示范，二是利用虚拟 GIS 技术进行典型地段生态景观效应数字模型示范。

（4）在实践层面提出了四类技术模式及一期工程对受水区生态环境影响的定量评估结果。研究提出有助于生态环境恢复的"南水北调工程受水区农业资源性节水模式""受水区城市节水的激励机制及管理模式""受水区地下水调控与生态环境修复合理配置模式"和"南水北调工程生态恢复技术模式"。应用研究的评估技术方法，首次提出了南水北调东、中线一期工程对受水区生态环境影响的定量评估系列结果。

在国内外期刊上发表科技论文 23 篇（其中 SCI 论文 2 篇，EI 论文 5 篇），出版专著 1 部。

在山东省平阴县污水处理厂西侧，南水北调胶东输水干线与入黄中水输送工程的交汇处，利用 500 亩鱼塘，研究、设计并建成中水湿地公园一处，将人工湿地的降污作用与公园的景观效果相结合，深度净化污水处理厂出水。

第二节 "十二五"国家科技支撑计划

一、项目概况

"南水北调中线工程膨胀土和高填方渠道建设关键技术研究与示范"项目经过可行性论证、课题评审及预算评审评估等工作，2012 年科技部以《关于国家科技支撑计划"南水北调中线工程膨胀土和高填方渠道建设关键技术研究与示范"项目立项的通知》（国科发计〔2012〕63 号）批准列入"十二五"国家科技支撑计划组织实施。

"南水北调中线工程膨胀土和高填方渠道建设关键技术研究与示范"项目针对南水北调中线工程建设亟待解决的关键技术设置 7 个课题。

项目累计到位经费总额 6894 万元，其中国拨经费 3294 万元，自筹经费 3600 万元。各课题承担单位均按照课题研究计划及任务书要求积极推动相关工作开展，课题各项指标完成情况与课题任务书计划匹配，实现了既定的研究目标，执行情况良好。

二、立项背景

(一)项目意义

南水北调中线工程是解决华北水资源短缺的重大基础设施,输水距离超过 1400km,以明渠输水为主,全线涉及 387km 的膨胀土(岩)渠段和 620km 填方渠道(其中填方高度大于 6m 的渠道为高填方渠道)。国务院南水北调工程建设委员会确定中线工程 2014 年通水,保障渠道顺利建设和安全运行是工程需解决的主要问题。

中线工程膨胀土渠段与高填方渠段处理方案在初步设计阶段已经初步确定,但膨胀土(岩)渠道和高填方渠道的安全问题非常复杂,仍存在很多不确定性的风险,面临诸多复杂的技术难题亟须研究解决。随着施工开挖对膨胀土地质条件的揭露,还需对膨胀土特性及变形破坏机理作进一步认识和研究,对渠道处理方案作进一步优化完善,对高填方渠道穿渠建筑物结合部位的填筑技术及填方渠道的施工质量控制等也需要深化研究。工程建设既有一般工程的共性问题,也有在勘察、设计、施工、建设、管理和环境影响等层面的独特性、复杂性。项目通过研究南水北调工程膨胀土和填方渠道设计、施工、运行中存在的关键问题,优化设计和施工方案,提出加强安全监测与应急处理的技术方案,为保障工程建设质量、安全和进度提供有力的技术支持。工程面临的关键问题如下。

1. 施工期膨胀土施工地质、开挖边坡稳定性预报等技术难题

膨胀土地质条件复杂,岩性、膨胀性、裂隙发育特征以及水文地质条件等变化频繁,渠道开挖后的地质条件可能出现较大的变化,特别是中—强膨胀土夹层、长大裂隙分布规律尚不清楚,在开挖前难以查清,给渠道处理设计带来困难、给工程运行安全带来不确定性。因此需要在渠道开挖过程中,根据土体膨胀性、裂隙及夹层发育特征、地下水情况等的变化情况,及时对渠坡的稳定性进行分析判断,并据此对设计方案进行优化调整。国务院南水北调工程建设委员会专家委员会在对膨胀土渠道有关问题进行咨询、讨论时,多次强调这一工作的重要性。但是,此前国内外针对自然边坡和人工开挖边坡稳定性预测研究工作多局限于岩质边坡和滑坡变形趋势的预测,膨胀土开挖边坡的稳定性预报尚未进行过深入的研究。为了实现中线工程膨胀土渠坡处理的动态设计,亟待通过"十二五"课题研究,建立可供全线使用的膨胀土渠坡稳定性预报方法(包括预报因子、预报模型、判定标准等)。从"十一五"膨胀土渠坡破坏机理研究成果看,膨胀土渠坡稳定性与土体膨胀等级、长大裂隙及软弱夹层发育程度、渠坡高度、施工方法等有关。所以,要建立膨胀土渠坡稳定性预报方法,首先需研究提出膨胀土施工地质技术规范、开发提出膨胀土开挖边坡裂隙快速编录技术及研究建立适用于全线的土体膨胀性快速鉴别技术,规范施工地质工作,准确快速地判定现场地质条件,为渠坡稳定性预报提供依据。

2. 强膨胀土渠道变形破坏特点及处理技术

"十一五"期间对中、弱膨胀土(岩)渠道的变形破坏机理和处理技术进行了现场试验研究。强膨胀土(岩)由于膨胀性更强,在同样气候环境下,裂隙可能更发育,膨胀变形更突出,其渠坡的稳定问题和渠基的膨胀变形问题可能更加复杂。南阳盆地在桩号 13+450～13+765、92+040～99+350、105+600～107+350、213+711～216+461 等地分布有强膨胀土或强膨胀岩,邯郸桩号 ZG38+865～40+056 段强膨胀土(岩)渠坡高度可达 14m 左右。工程初

步设计方案中，强膨胀土（岩）渠段基本参照中膨胀土的处理方案，只是适当增加了换填处理层的厚度。这样的处理是否符合强膨胀土（岩）实际，能否达到预期的稳定渠坡的目的，尚没有实际研究支撑，需要研究强膨胀土渠坡破坏和膨胀变形规律，进一步优化处理方案。

3. 深挖方膨胀土渠道渠坡深层滑动机理及抗滑处理技术、渠基抬升变形机理及抗变形技术

在"十一五"课题立项时，大家普遍认为，膨胀土的边坡失稳型式主要为受大气影响控制的浅表层破坏。因此，在该课题的研究内容中，处理措施主要针对膨胀土的"浅层"破坏问题。通过"十一五"课题研究发现，随着渠道开挖深度加大，膨胀土边坡不仅在受水增湿条件下会产生浅表层膨胀变形破坏，而且存在受裂隙面和夹层控制的较为深层的结构面滑动破坏。南阳膨胀土 2km 试验段渠坡先后发生 10 处沿结构面的滑动滑坡，潞王坟膨胀岩试验段渠坡也发生了类似滑坡，我国已建的引丹干渠、刁南干渠、漕史杭灌渠在建成后半年、数年，乃至 30 年后仍发生了大量的结构面滑动破坏。对于受裂隙控制的渠坡稳定问题尚缺乏深入研究和针对性的措施方案，采取何种抗滑措施、措施如何布置、何时实施等问题，认识尚不统一，是南水北调中线工程迫切需要解决的问题之一。深挖方膨胀土渠道的另一个复杂问题就是渠基抬升变形，南阳试验段 15m 挖深时的中膨胀土渠底变形达到 $80 \sim 100mm$，预计抬升变形量会随挖深增大、土体膨胀性增强而增大。在"十一五"课题立项之初，人们还没有认识到这一问题的严重性，因而也没有设置专门针对这一问题的研究方案，在研究过程中发现这一问题后也未能对它的机理和处理措施开展深入研究。因此，此类变形的控制技术亟待通过"十二五"科研提供技术支撑。

4. 膨胀土渠防渗与排水处理技术

膨胀土和地下水是南水北调中线工程渠坡稳定的两大不利因素，膨胀土地区水文地质条件复杂、渠道坡体水文地质结构类型和地下水类型多，不同介质地下水对渠坡稳定的影响不同，特别是在一些地段，膨胀土与含水层相伴出现在渠坡或渠底，加上渠道本身存在一定的渗漏水，使得渠坡稳定问题更加复杂。水对膨胀土渠坡的不利影响是多方面的：一是雨水或地表水入渗引起土体含水量升高、土体强度下降；二是入渗水进入土体裂隙，导致裂隙面软化和扩展，反复作用可使裂隙面逐步贯通；三是地下水在坡体内形成静水压力、对衬砌结构形成扬压力，引发土体滑动或衬砌隆起开裂。如何针对不同的渠道水文地质结构、合理布置防渗排水措施使坡体含水量不发生显著的变化，减少不利影响，是实现渠道安全运行必须考虑的问题。面对南水北调中线工程膨胀土渠段复杂的水文地质条件，缺少可供工程防渗设计指导的渠坡结构水文地质分类、防渗排水原则、防渗排水设计标准，急需通过研究提出膨胀土防渗排水技术。

5. 膨胀土水泥改性处理施工工艺、质量控制和检测标准

以往在水利、交通等部门进行膨胀土改性时多采用石灰处理，水泥改性尽管有过零星小规模试验，但没有工程大规模应用实践经验，且没有就施工工艺开展过专门研究。"十一五"课题经过对多种渠坡防护方案试验比较后推荐水泥改性作为坡面防护方案，但当时的研究重点是水泥改性土处理的效果，对施工工艺和质量控制等方面只进行了探索性研究。这一方案已经被南水北调中线工程设计采纳，中线工程初步设计审定的方案将对膨胀土（岩）渠道进行水泥改性土换填处理。由于膨胀土水泥改性处理施工技术含量高，施工工艺复杂，国内施工队伍缺少现场改性施工的实践经验，而且，我国此前还没有专门的膨胀土水泥改性施工技术标准和质量检测方法。水泥改性处理及填筑技术要求高，中间任何一个环节控制不好都可能影响改性效果

和渠坡处理效果。因此，中线工程膨胀土改性处理施工面临缺少标准和技术的局面，急需在"十一五"科研成果基础上，通过"十二五"专门研究，对施工工艺、土料粒径控制、掺灰剂量检测标准、填筑质量控制等提出明确的技术指标或要求，以指导现场膨胀土改性处理施工。

6. 高填方渠道建设关键技术

南水北调中线工程半挖半填渠道长 553.9km，全填方渠道长 66.3km，最大填方高度 23m，工程与数量众多的河流、公路、铁路立体交叉，加上渠道本身需要的控制建筑物，沿线平均不到 1km 就有一座穿渠建筑物，破坏了渠道的整体性，且穿渠建筑物、桥墩附近难以使用重型机械碾压密实回填土，差异沉降加上结合部位施工难，使得建筑物与渠道结合部位易形成渗水通道，是工程质量控制的难点；高填方渠道工程属于典型的线性工程，沿线分布范围广，同时开展的施工面多，工期紧，管理方式复杂，给整个工程的施工质量管理和控制带来了挑战。此前，国内外对渠道高填方工程缺乏系统的研究，大多的研究课题主要是结合土石坝、公路、铁路的高路堤、堤防等方面的工程开展研究，研究的内容大多以大面积施工提供施工参数和质量检验数据为目的，主要涉及高填方的软基加固处理、高填方地基变形与稳定性数值计算、离心模型试验、原位监测和监测结果的分析运用等，缺乏对填方渠道系统深入的研究。因此，在工程建设过程中如何远程、移动、高效、及时、便捷地进行高填方碾压施工质量的监督、管理与控制，如何在工程现场及时采集高填方碾压施工过程中的质量监测信息，如何实现高填方碾压施工过程中的庞大信息量的高效集成、可视化管理与分析，并建立有效的安全预警机制及应急预案措施，以辅助工程高质量施工、安全运行与管理决策，是事关整个南水北调高填方渠道工程建设能否按期、安全、高质量实施的关键性技术问题。

7. 膨胀土渠道及高填方渠道安全监测预警技术

在对渠道采取综合处理措施后，发生渠坡失稳的可能性大大降低，但由于膨胀土问题的复杂性、设计和施工等方面的因素、高填方渠道潜在的风险性，需要针对膨胀土和高填方渠道特点，开展安全监测预警，揭示膨胀土渠道变形机理，反馈设计，制定针对性的工程措施；检验所采取的工程措施对控制渠道变形的效果；时刻掌握渠道的安全状态，当渠道出现安全风险时能及时发现问题的部位、问题的性质和发展趋势，为应急处理赢得时间。然而，膨胀土及高填方渠道监测技术尚无现成的经验可供借鉴，此前主要参照土石坝和一般边坡的监测方法，"十一五"南阳膨胀土试验段研究表明，采用上述方法监测时存在明显的缺陷，不能很好地揭示膨胀土渠道稳定性变化规律，一些特别关心的指标（如渠坡变形范围、渠底变形过程、渠坡平面变形特征等）无法获取，不能很好地分析膨胀土渠坡变形破坏机理、及早确定滑坡的边界和剪出口位置、监控渠坡稳定性变化，难以及时全面反映工程的安全状况。因此，需要开发研究变位式分层变形监测技术，引进消化可进行平面变形监测的三维激光扫描技术，应用可视化技术提高监测数据分析和决策能力，建立适合膨胀土特点的监测方案和预警技术。

（二）总体目标

项目的总体目标，一方面立足于当前施工中面临的亟须解决的技术难题，为工程顺利建设提供技术支撑，重点是结合不同地段的地质条件、施工特点，以及工程施工进展情况，开展有针对性的技术攻关，提出解决问题的具体技术措施和方案，保证工程顺利建设，确保按期完成通水目标；另一方面还要为解决国内同类问题做一定的技术储备和借鉴，同时全面提升我国膨胀土和高填方渠道工程建设水平。

（1）针对南水北调中线工程膨胀土渠道施工期开挖边坡稳定性预测问题，研究制定膨胀土渠道施工地质技术标准，研究提出膨胀土边坡裂隙编录技术、膨胀土快速鉴别技术和开挖边坡稳定性预测技术，为膨胀土渠道"快速开挖、快速覆盖"及动态设计提供科技支撑。

（2）针对膨胀土渠道设计与施工中亟待解决的若干重要问题，研究攻克强膨胀土渠道处理设计、深挖方膨胀土渠道变形破坏机理及工程处理、膨胀土地下水渗控、水泥改性施工等关键技术，保证工程建设质量、安全和进度，为膨胀土渠道建设提供技术保障。

（3）针对高填方渠道施工建设若干重要问题，研究攻克穿渠建筑物部位渠道填筑技术、填方渠道质量控制措施、填方渠道风险分析及应急预案等关键技术，为填方渠道施工质量及风险控制提供技术支持。

（4）为及时掌握膨胀土及高填方渠道工作状态及其安全性，研究攻克分层沉降监测、三维激光扫描监测、光纤监测渗漏、监测预警及管理可视化等关键技术，为渠道安全监控提供有效手段，为工程处理效果评估提供科学依据。

（三）实施计划

项目实施周期是 2011 年 8 月至 2014 年 12 月。2015 年 5—6 月，国务院南水北调办对项目所属 7 个课题组织了课题验收。验收专家组听取了各课题组的成果汇报，对递交的技术文档进行了认真的审阅，并就成果中有关技术问题进行了质疑，经过充分讨论，专家组认为各课题均完成了任务书规定的研究任务，一致同意全部通过验收。

（四）考核指标

项目的主要考核指标如下：

（1）提出拥有自主知识产权的膨胀土渠道施工地质技术、膨胀土边坡裂隙编录技术、膨胀土快速鉴别技术、膨胀土渠坡稳定性预测技术和《膨胀土渠道施工地质技术指南》，大幅提高膨胀土边坡裂隙编录、渠道开挖时的膨胀等级复核判别工作效率，减少开挖边坡的暴露时间。

（2）提出南阳和邯郸区强膨胀土（岩）的工程特性指标、中线工程沿线膨胀土工程特性指标的差异性及其与渠坡稳定性的关系。提出强膨胀土（岩）渠坡的变形破坏模式和强膨胀土（岩）处理技术，分别对渠坡和渠底的膨胀土、膨胀岩处理措施提出优化建议，提出《南水北调中线工程渠道设计技术规定》相应内容的修订意见。

（3）提出卸荷及降水因素对深挖方渠道渠坡稳定的作用规律，包括影响范围、影响程度、作用机制；揭示渠底抬升变形机理，以及抬升变形的控制因素、演变规律、空间分布特点，并根据其形成机理提出控制措施。提出裂隙控制型渠坡稳定抗滑措施建议，包括确定抗滑型式、布置、结构、施工时机，为中线工程深挖方膨胀土渠道抗滑处理提供示范，提出《南水北调中线工程渠道设计技术规定》相应内容的修订意见。

（4）提出南水北调中线工程膨胀土地区工程建设前后地下水分类方法，以及具体的分段分类成果。提出膨胀土地区地下水和土体含水量控制技术及其适用条件、膨胀土边坡及渠道防渗排水技术设计导则。提出膨胀土地区排水体单向水流控制装置和应用技术、饱和膨胀土堤基上渠道工程快速施工技术。

（5）提出改性标准及改性土料控制要求，结合大规模施工特点提出合适的土料粒径、含水量控制指标。提出掺灰剂量检测方法，提出改性土填筑质量控制方法。编制膨胀土水泥改性施工技术指南，指导中线工程膨胀土渠道大规模水泥改性施工。

（6）研究穿渠建筑物部位渠道填筑技术、质量控制措施，提出穿渠建筑物与渠道之间差异沉降的规律和控制要素，并提出防止差异沉降和控制结合部位填筑质量的设计与施工措施；提出填筑施工的实时监控技术，实现对填筑碾压参数进行精细化、在线实时监控。研究提出填方渠道的潜在风险源及危害性，提出应急措施，建立应急预案。

（7）研制变位式分层沉降系统，开发基于三维激光扫描的渠坡面动态变形监测系统软件；建立膨胀土渠道安全监测示范工程；建立膨胀土渠道安全监控模型；大幅提高渠道坡面动态变形监测综合精度。研制开发基于光纤光栅技术的渗漏监测系统，建立高填方渠道安全监测示范工程；建立渠道交叉建筑物不均匀沉降监控模型及渠道渗漏监控模型。依据研究成果，对南水北调中线工程安全监测系统设计提出优化建议。

（8）预期申请专利 6 项，发表学术论文 40 篇。

三、项目课题设置

项目根据南水北调中线工程膨胀土及高填方渠道建设亟待解决的关键技术问题共设置 7 个课题。

（一）施工期膨胀土开挖边坡稳定性预报技术

1. 研究目标

建立适合于中线工程的膨胀土渠道施工地质技术标准，统一要求，规范施工地质工作，提高工作效率；提出适合中线工程不同地区膨胀土的膨胀等级快速鉴别技术，鉴别时间由室内试验方法的 8 小时缩短到半小时以内；研究开发膨胀土边坡裂隙快速编录技术，在提高编录精度的同时，比人工编录提高工作效率 3～5 倍，及时为渠坡稳定性预测提供依据；提出膨胀土开挖边坡稳定性预测方法，为实现渠道动态设计创造条件。

2. 研究任务

（1）膨胀土渠道开挖施工地质方法研究。根据膨胀土渠道的特点，统一膨胀土渠道施工地质工作的程序，研究确定施工地质工作内容、方法和技术要求。除了遵循一般的施工地质工作要求外，主要从渠道开挖揭示的众多地质现象中，筛选出对渠坡稳定、渠道变形等问题关系密切的地质信息，如膨胀等级、裂隙发育程度、地下水等；围绕上述信息，确定膨胀土渠道施工地质工作内容，如膨胀性复核、岩性分区、土体结构分带分区、裂隙编录、地下水活动情况编录、含水介质特征复核、变形（裂缝）发展情况编录、滑坡编录、天气信息收集、施工信息（施工降排水措施、开挖面收缩开裂现象、基坑积水、坡面临时防护时间及方法等）收集、资料分析判断（边坡变形原因分析、深部变形与渠道开挖关系分析等）、渠坡稳定性预报、处理措施建议的提出等。在此基础上，研究确定开展每一项工作的方法和技术要求，形成膨胀土开挖渠道施工地质技术标准。

（2）膨胀土开挖渠坡裂隙快速编录技术研究。根据我国边坡裂隙编录技术现状和膨胀土裂隙的特点，拟对摄影成像＋计算机图像处理提取裂隙信息的编录技术进行研究。为了适应施工现场快速高效的要求，主要从三个方面开展研究：一是研发快捷的图像测量控制技术；二是研究完善裂隙提取技术，通过图像增强技术、自动识别和人工干预相结合的技术，提高信息获取效率，以满足施工现场快速编录、快速预报的要求；三是探索裂隙产状计算机自动计算技术。采用人工编录时，裂隙产状依靠人工逐条量测来获取，不仅劳动强度极大，而且效率低。采用摄影编录时的最大难点就在于难以获取裂隙产状数据，这已经成为国内外这一技术推广应用的瓶颈。探索一种以计算机图像处理为主、人工量测为辅的新方法，通过建立坡面和裂隙组的平面方程，对裂隙进行归类，赋以每一条产状数据，并通过人工检验控制处理误差。

（3）不同地区土体膨胀性快速鉴别技术研究。在以南阳膨胀土为背景而建立起来的土体膨胀性快速鉴别技术的基础上，针对中线工程沿线不同地区膨胀土的特点，分别建立具有地区特点的土体膨胀性快速鉴别技术，以指导工程建设。第一，将建立南阳、黄河南、黄河北、邯郸、邢台等五地不同膨胀等级、不同时代膨胀土的宏观特征数据，通过室内试验分别建立各类土体对应的膨胀等级指标参数，形成标准术语及标准色谱；第二，按照上述对应关系，对各宏观指标的重要性进行排序，确定主要指标和辅助指标；第三，研究确定快速鉴别工作程序，建立初判和复判标准；第四，建立五地各自的快速鉴别技术，并探索半定量判别方法和模型。

（4）渠坡稳定性预测技术研究。根据膨胀土渠道开挖过程中所揭示的土体结构、裂隙发育分布特征、地下水情况，结合坡顶坡面保护措施、施工程序、施工方法、气候因素、边坡高度因素，对渠道开挖边坡的稳定性进行预测判断，研究确定预测因子，建立渠坡稳定性等别，通过评价因子快速确定渠段边坡稳定性归属。

3. 考核指标

（1）提出拥有自主知识产权的膨胀土渠道施工地质技术、膨胀土边坡裂隙编录技术、膨胀土快速鉴别技术、膨胀土渠坡稳定性预测技术。

（2）提出膨胀土渠道施工地质技术指南，为南水北调中线工程全线膨胀土渠道施工地质提供技术标准。

（3）研究提出的膨胀土边坡裂隙编录技术工作效率比人工编录提高 3～5 倍。

（4）发表论文 5 篇，撰写专著 1 部，申请专利 2 项。

（5）课题研究成果将满足南水北调中线工程膨胀土渠道开挖边坡稳定性预测的要求。

4. 技术创新点

（1）首次提出膨胀土渠道施工地质技术，填补膨胀土施工地质技术规定空白。

（2）研究提出膨胀土渠道边坡裂隙快速编录技术。

（3）建立适用于南水北调中线工程的膨胀土快速鉴别技术。

（4）提出膨胀土开挖渠坡稳定性预测技术。

（二）强膨胀土（岩）渠道处理技术

1. 研究目标

项目紧紧围绕中线工程设计面临的强膨胀土（岩）渠道处理方案缺少研究支撑这一问题开展，通过对工程沿线强膨胀土（岩）的地质结构特征、工程特性等方面的研究，形成对中线工程膨胀土（岩）的完整认识。在此基础上，通过现场和室内研究，分析强膨胀土（岩）渠道变形破坏特性、规律，确定其破坏机理和膨胀变形的控制因素，提出有针对性的渠坡、渠底处理方案建议。通过现场处理试验，分析比较不同处理方法的效果和适用性，为工程设计方案的确定提供技术支撑，完善中线工程膨胀土渠道的处理技术，为其他工程膨胀土（岩）处理做技术储备。

2. 研究任务

（1）强膨胀土（岩）工程特性及地质结构研究。通过现场和室内试验研究工作，研究强膨胀土（岩）的地质结构及垂直分带性、裂隙特征及其分布规律、地下水对土体强度和边坡稳定性的影响、膨胀土（岩）的理化及胀缩特性、膨胀土（岩）的强度与变形特性、强膨胀土（岩）的渗透特征等。比较不同类型强膨胀土（岩）间、强膨胀土（岩）与中膨胀土（岩）的工程特性及其差异。初拟对 TS13 段（渠坡膨胀土）、TS95 段（渠底膨胀土）、TS106 段（渠底膨胀岩）、TS216 段（渠坡膨胀岩）等处强膨胀土（岩）进行典型研究，各段选择 200～500m 开展重点研究，并对其他强膨胀土段进行面上分析研究。

（2）强膨胀土渠坡滑动破坏和膨胀变形规律研究。研究强膨胀土渠坡变形、滑动、破坏的发生、发展机制，研究不同条件下变形、滑动、破坏的变化规律与影响因素。结合渠道开挖施工、变形观测和室内分析计算，重点对 4 个典型渠段渠坡、渠底的变形破坏模式、规模、位置、时机、频度、机理及控制因素（如土体膨胀等级、坡比、坡高、地下水、气候、施工条件等）、渠坡破坏动态特征等开展研究，同时对其他强膨胀土（岩）分布渠段的变形及滑动破坏资料进行分析。通过上述工作，揭示强膨胀土渠道存在的主要问题及其对工程的影响程度，为强膨胀土（岩）渠坡、渠底处理措施研究提供依据。

（3）强膨胀土处理技术研究。首先研究适合强膨胀土渠道的渠坡抗滑和渠基抗变形技术，结合已审定的强膨胀土（岩）边坡加固处理方案，对渠坡处理技术进行优化。其次，在南阳盆地开展强膨胀土（岩）处理技术的现场试验研究，对强膨胀土（岩）分布段的渠坡、渠底进行处理，比较各种膨胀土（岩）处理方案的加固效果和作用，最终提出强膨胀土（岩）处理技术。

3. 考核指标

（1）提出南阳和邯郸区强膨胀土（岩）的工程特性指标、中线工程沿线膨胀土工程特性指标的差异性及其与渠坡稳定性的关系，从而为确定膨胀土渠道处理措施提供宏观上的指导。

（2）提出强膨胀土（岩）渠坡的变形破坏模式，为渠道分类处理设计提供依据。

（3）提出强膨胀土（岩）处理技术，再对已有设计方案的优化的基础上，分别对渠坡和渠底的膨胀土、膨胀岩提出处理措施建议，提出《南水北调中线工程渠道设计技术规定》修订意见。

（4）发表论文 10 篇。

4. 技术创新点

提出强膨胀性土（岩）渠道变形破坏规律及处理技术。

（三）深挖方膨胀土渠道渠坡抗滑及渠基抗变形技术

1. 研究目标

通过现场研究和室内模拟，对引起深挖方膨胀土渠道滑坡和渠基变形问题的因素和规律性开展研究，提出控制渠坡稳定的抗滑思路和针对渠基抬升变形的应对措施。

选择渠段现场开展抗滑处理和抗抬升变形试验研究，结合监测评估处理措施的效果和可靠性。在此基础上，提出南水北调中线工程深挖方膨胀土渠道稳定控制方案建议，包括抗滑型式、布置、结构、施工时机、处理层厚度确定原则等。

2. 研究任务

（1）深挖方膨胀土渠道渠坡稳定性控制因素及机理研究。从渠道开挖到渠道建成及其后一段时间，对卸荷（时间）、降水等可能因素及其表现出的变形随时间的关系、变形随降水的关系、地下水位（压力）随降水的关系，以及变形随施工进程的关系等进行分析，找出控制因素及其在渠坡变形发展中的重要程度。在 TS95 重点研究受裂隙控制的边坡稳定问题，在 TS12 重点研究受岩性界面控制的边坡稳定问题，研究不同类型裂隙（包括结构面）对边坡稳定性的影响，研究开挖卸荷（时间）、降雨等与渠坡变形的相互关系，研究分析裂隙性膨胀土渐进性破坏机理。

（2）深挖方渠道渠坡稳定性试验研究分析。针对渠坡稳定和渠基抬升变形进行监测设计和设备埋设，开展超固结膨胀土卸荷试验。根据监测数据分析渠坡及渠基的稳定性，分析外部环境（如降水、渠道积水）对渠道变形的影响程度、影响范围，分析渠道处理措施的工作状态和有效性。开展渠基抬升变形机理及控制因素研究，提出抗变形处理方案并在试验段予以实施，在试验段建成监测系统。选择 TS11＋250～12＋000（挖深 49m）、TS42（挖深 20m）、TS94＋750～95＋250（挖深 20～26m）三个典型地段，开展渠道变形专门监测研究，跟踪变形发展随时间及环境量的变化，对渠基膨胀土物性参数进行跟踪观测，结合室内超固结土体卸荷特性试验、膨胀土有荷饱水膨胀试验，分析渠基变形发展规律及其与膨胀土卸荷松弛、吸湿膨胀、土体物理参数等之间的相关性。在 TS95 渠段，观测研究处理措施的效果及作用机制，为完善渠道设计提供依据。

（3）深挖方膨胀土渠道渠坡抗滑措施作用机理分析。针对深挖方渠坡稳定性的作用机理和控制因素，结合膨胀土渠坡变形滑动特点，研究柔性处理方案（土工袋和土工格栅等）、抗滑桩、挡墙等不同抗滑措施遏制裂隙发展的作用机制与效果，并结合渠坡破坏机理、抗滑措施的抗滑机制和现场施工条件，比较研究确定抗滑措施的实施时机。

（4）深挖方膨胀土渠道渠坡抗滑措施方案研究。在深挖方膨胀土渠道渠坡抗滑措施作用机制研究成果的基础上，结合南水北调中线工程渠道渠坡现场的实际情况，对不同的处理方案进行分析，提出合适的处理方案。

（5）深挖方膨胀土渠道渠坡抗滑措施现场试验及措施效果评价分析。在桩号 TS95 部位进行抗滑处理试验，根据 TS95 部位渠坡的工程地质、地下水位等情况，提出合适的处理方案。在坡体裂隙对卸荷及降水的响应机制研究成果基础上，开展膨胀土分级荷载饱水试验，通过对试验成果进行分析，综合评价所采取的抗滑措施的作用效果，并优化设计方案。

（6）深挖方膨胀土渠基抬升变形机理研究分析。拟通过现场变形观测和室内模拟试验，重点研究卸荷、土体膨胀等因素的可能性，确定抬升变形的机理和主要控制因素，研究渠基膨胀土变形范围及变形空间变化规律。

（7）深挖方膨胀土渠基抬升变形控制措施研究。针对抬升变形的机理，从增加压重、设置缓冲层、防止渠水入渗、防止毛管水积聚、衬砌结构优化、提高边坡稳定性等角度，研究提出合适的控制措施，并根据 TS95 渠段的试验监测成果，对控制措施的作用效果进行反馈分析，为完善渠道设计提供依据。

3. 考核指标

（1）提出《南水北调中线工程渠道设计技术规定》修订意见。

（2）发表论文7篇，培养硕士研究生1名。

（3）形成深挖方膨胀土渠道处理示范。

4. 技术创新点

（1）首次提出膨胀土渠道裂隙扩展贯通机制和规律，填补这一领域的空白。

（2）研究提出裂隙控制型渠坡稳定控制技术，填补国内空白。

（3）研究提出渠基抬升变形机制和规律，并提出应对处理技术。

（4）通过变形破坏机制和规律研究，进行渠道处理对比试验，并建立完备的监测体系，形成南水北调中线工程深挖方膨胀土渠道处理示范。

（四）膨胀土渠道防渗排水技术

1. 研究目标

进一步识别和归纳膨胀土渠段的水文地质条件，以及渠道建设对于水文地质条件的改造作用，相应地建立膨胀土地区总干渠的分段分类方法，以指导防渗排水技术的研究和工程设计；针对膨胀土渠段，研究提出较系统的渠道和渠坡防渗排水技术，针对已有设计方案提出必要的完善建议，针对需要重点改进的渠段提出防渗排水综合渗流控制措施，研发排水口单向水流控制技术，以达到有效控制渠坡地下水位及渠坡土体含水量的变化范围、促进渠坡及其衬砌层结构稳定的目的；针对膨胀土地基和开挖边坡高含水量条件下难以开展填方和防护层施工的难题，研究提出快速施工技术，为保障工程质量和工期提供有效途径。

2. 研究任务

（1）膨胀土渠道地下水类型及特征研究。基于水文地质研究和地下水监测，根据不同渠段地层结构、地下水动态、地表水文条件和气象特征，研究建立天然地下水条件分类方法，概化出天然状态下膨胀土水文地质结构类型，并据此对膨胀土地区渠道进行具体分段，为防渗排水措施的模型试验和数值模拟提供必要的水文地质模型；通过地质结构分析和监测手段，研究渠道施工对膨胀土天然水文地质结构的影响，概化水文地质模型，以指导渠道的防渗排水设计。

（2）膨胀土渠坡地下水和含水率控制方案研究。研究建立复杂气象、水文、地质和工程运行条件下的饱和非饱和渗流模型，研究和完善有限元模拟计算方法，通过理论分析和监测资料验证模拟方法的可靠性；通过非饱和渗流场模拟、物理模型试验和现场勘测，研究雨水入渗、渠道渗漏或者坡体地下水活动过程中，膨胀土与排水体界面附近的含水量分布与变化规律，以密度、膨胀性、力学强度为表征的膨胀土软化响应规律，为膨胀土渠段排水方案论证及渠坡防护层结构稳定性研究提供依据；对比研究膨胀土地区渠道建设前后地下水及渠坡土体含水量变化的差异，提出防渗、排水方案的适应条件，以及运行调度建议。

（3）膨胀土渠段防渗排水关键技术研究。对不同坡顶防护方案条件下的渗流场进行对比分析，研究坡顶防渗效果的影响规律，结合不同渠段当地土料、地形地质和水文气象条件，综合考虑施工和成本因素，研究提出坡顶防护方案设计原则，并针对典型断面，提出坡顶防护范围和具体结构设计方案；研究提出新型综合渗流控制方案，针对典型渠段研究确定防渗体和排水体的厚度、渗透性等指标，以及排水层材料的级配和密度要求等；研发排水系统单向水流控制技术，研究逆止阀起止水压力、排水量与逆止阀布置方案，以及相应的反滤设计方案；针对膨胀土饱和条件下施工排水速度慢、影响工程质量和工期的难题，研究先设置过渡层，再进行填筑的快速施工方案，研究膨胀土过渡层的材料及其配比、厚度和施工要求，形成饱和膨胀土地基条件下的防护层快速施工技术。

3. 考核指标

提出南水北调中线工程膨胀土地区工程建设前后地下水分类方法，以及具体的分段分类成果；提出膨胀土地区地下水和土体含水量控制技术及其适用条件，膨胀土边坡及渠道防渗排水技术设计导则；研发膨胀土地区排水体出口单向水流控制装置和应用技术、饱和膨胀土堤基上的渠道工程快速施工技术。申请专利1～2项；发表论文5篇，出版专著1部。

4. 技术创新点

（1）针对膨胀土地区渠道工程建设前后的水文地质条件和地下水活动类型，进行全面、系统的分段分类。

（2）运用综合渗流控制概念，研究提出膨胀土地区大型输水渠道防渗排水方案适用条件，提出防渗排水设计导则。

（3）针对膨胀土渠道工程，为排水系统提出全新的单向水流控制技术和装置。

（4）针对饱和膨胀土地基，提出快速施工技术。

（五）膨胀土水泥改性处理施工技术

1. 研究目标

（1）结合渠道施工和水泥改性试验，提出膨胀土团粒尺寸控制技术、土团尺寸要求及检测技术。

（2）研究提出水泥改性土填筑质量控制技术，包括填筑时间控制、碾压质量控制。

（3）研究提出掺灰剂量检测标准，包括改性土取样要求、含水率对检测指标的修正关系、含灰量检测的龄期控制指标。

（4）编制膨胀土水泥改性处理施工技术指南，为南水北调中线工程现场施工提供技术标准。

2. 研究任务

在"十一五"科研成果基础上，开展深入系统的膨胀土水泥改性处理施工技术研究，重点研究膨胀土水泥改性处理的施工工艺、拌和土料颗粒级配要求及检测、碾压质量控制指标、掺灰剂量检测标准等，并结合"十一五"期间的研究成果，提出适用于南水北调中线工程膨胀土水泥改性施工的技术指南，以供工程大规模施工使用，为保障工程建设进度、质量和安全提供有力的技术支撑。

3. 考核指标

（1）提出改性标准及改性土料控制要求，结合大规模施工特点提出合适的土团尺寸、含水量控制指标。

（2）提出掺灰剂量检测方法。

（3）提出改性土填筑质量控制方法。

（4）编制膨胀土水泥改性施工技术指南，指导中线工程膨胀土渠道大规模水泥改性施工。

（5）发表论文 5 篇，申请专利 1 项以上。

4. 技术创新点

（1）开展水泥改性土改性标准及土料控制技术研究，提出膨胀土水泥改性效果的主要评价指标。

（2）研究并提出满足水泥掺拌均匀性要求的膨胀土料"土团尺寸"阈值，解决水泥掺拌均匀性的定量问题，为水泥改性土施工提供依据。

（3）开展改性土掺灰剂量检测标准研究，分析提出水泥掺量的检测方法。

（4）开展水泥改性土填筑质量及施工技术研究，形成膨胀土水泥改性处理施工成套技术。

（六）高填方渠道建设关键技术

1. 研究目标

提出穿渠建筑物差异沉降控制措施、穿渠建筑物与渠道结合部位设计与施工技术，从设计、施工、实时监控等方面提出填方渠道质量控制技术，确定填方渠道的风险源和潜在危害，提出填方渠道应急预案，为南水北调中线高填方工程施工质量和安全运行提供技术保障，并可在其他高填方渠道工程中进行推广应用。

2. 研究任务

（1）穿渠建筑物对渠道安全的影响分析及设计施工控制要素研究。穿（跨）渠建筑物与渠坡土体之间结构和材料的差异且接触区填土难以压实，两者之间的接触带和结合部位往往成为薄弱环节，易产生不均匀变形和渗透破坏，成为渠道渗流通道。为此，重点针对穿渠建筑物与渠堤结合部位和河渠交叉建筑物与两侧填方渠道结合部位，开展以下两方面内容研究：

1）穿渠建筑物及刚性基础与渠堤之间的差异沉降、渗流破坏及变形协调研究。随着填方高度加大，沉降规律、沉降周期、不均匀沉降等都可能发生由量到质的变化，差异沉降和渗流破坏是影响渠道稳定的主要因素。结合南水北调中线工程典型地段交叉建筑工程和预留施工缺口实际情况，开展渠道差异沉降、刚性基础与渠坡填筑体变形协调性、结合部位稳定性研究。

2）穿渠建筑物与渠堤结合部位的设计与施工控制要素研究。针对穿渠建筑物与渠堤结合部位和河渠交叉建筑物与两侧填方渠道结合部位进行分析，拟通过填筑材料、结构处理等措施，控制差异沉降和渗透变形。采用不同铺填厚度、不同碾压机具，研究结合部位压实效果。

（2）填方渠道质量控制措施研究。结合河南湍河两岸填方渠道，从地基处理、填筑材料选择、渠堤结构、碾压质量等方面研究填方渠道的地基、堤身、施工缺口的质量控制技术，包括以下三方面内容：

1）填方渠道变形与质量控制技术研究。运用数值模拟分析和现场观测等手段，研究填方渠道施工期变形与施工后沉降问题，提出填方渠道变形与质量控制技术。

2）填方渠道施工缺口变形与质量控制技术研究。通过含水量、铺土厚度等主要因素对填方渠道施工质量的影响分析，研究施工缺口预留形式和结合面处理措施对控制后期差异沉降的效果。

3）高填方填筑碾压质量实时监控研究。针对高填方施工质量控制的特点，研究高填方填筑碾压质量实时监控方法，实现施工过程中碾压质量参数的实时监测和分析。对碾压过程信息，包括碾压机械的动态位置坐标、速度、激振力输出状态和碾压遍数等，开展自动实时采集方法研究，并进行数据采集装置的研制。研究保证实时监控系统数据传输的有线、无线通信组网方案，包括碾压机流动站无线数据传输网络、基准站无线电差分网络、监控中心通信网络。研究应用计算机图形技术进行碾压参数计算、分析及显示的方法，包括碾压参数的计算流程、碾压轨迹与条带的显示、任意位置的碾压遍数与厚度的计算与显示。

（3）填方渠道风险分析及应急预案研究。由于填方渠道失稳带来的后果比挖方渠道更为严重，因此需要分析各种潜在的风险源，并根据风险类型及其危害性制定应急预案，消除风险或减缓风险带来的损失，具体包括：高填方渠道风险分析与评估研究，以某典型填方渠道为对象，结合南水北调中线高填方渠道工程施工特点及渠道运行调度原则，确定高填方渠道工程风险指标，研究风险指标确定方法，构建高填方渠道工程风险分析指标体系，重点研究渠水漫顶情形下渠堤溃决的可能性，并确定影响渠堤安全的关键影响因素。结合几种可能出现的溃决情况，通过三维数值模拟对其溃堤过程进行洪水演进模拟及可视化分析，在此基础上进行损失评估，从而进行溃堤风险及其损失综合评估；高填方渠道应急预案研究，针对可能引起高填方渠道垮塌乃至溃决的潜在风险，结合工程周围地区安全风险水平与可容忍程度，研究针对不同区域的应急预案，实现风险和损失最小化。

3. 考核指标

（1）主要技术指标。穿渠建筑物部位渠道填筑技术，提出穿渠建筑物与渠道之间差异沉降的规律和控制要素，并提出防止差异沉降和控制结合部位填筑质量的设计与施工措施。填方渠道质量控制措施，提出地基处理和渠堤填筑的技术要求，提出填筑施工的实时监控技术，实现填筑碾压参数的全天候、精细化、在线实时监控，为有效保证高填方施工质量提供技术支持。填方渠道应急预案，提出填方渠道的潜在风险源及其危害性，建立各类风险的应急预案，提出应急措施预案。发表论文 10 篇，申请专利 2 项。

（2）对高填方渠道建设关键技术进行研究，并结合南水北调湍河渠道、焦作渠道等典型工程开展示范研究，发挥示范作用。

（3）人才队伍建设。培养掌握高填方渠道工程建设关键技术中青年优秀工程技术人员 10 名以上，促进科研成果在南水北调高填方渠道工程建设中的转化和应用，提高高填方渠道工程安全保障体系建设水平。

4. 技术创新点

（1）提出南水北调高填方穿渠建筑物差异沉降控制关键技术。

（2）提出穿渠建筑物与渠道结合部位设计与施工关键技术。

（3）提出填方渠道质量控制关键技术。

（4）提出高填方渠道施工质量实时监控关键技术。

（5）提出适合于高填方渠道的风险评价关键技术以及应急处理预案。

（七）膨胀土渠道及高填方渠道安全监测预警技术

1. 研究目标

（1）在监测技术方面，研制出变位式分层沉降系统、基于三维激光扫描的渠坡面动态变形监测系统、光纤光栅渗漏监测系统等满足膨胀土及高填方监测要求的仪器设备，运用这些技术开发成果，结合其他方法与技术，建立膨胀土及高填方渠道安全监测技术方案，并对现有监测方案提出优化建议。

（2）在示范工程方面，根据制定的技术方案，建立起膨胀土及高填方渠道可视化监测示范工程。经过整个施工期及运行初期长时间的监测，第一次以自动化方式取得渠道施工期及运行期全过程高精度的安全监测资料。

（3）在机理研究方面，定量分析膨胀土及高填方在不同大气条件下采取不同工程处理措施后的变形范围、变形过程、变形分布及变形规律，进而检验不同工程处理措施的有效性，制定科学的渠道施工方案及后期维护方案。

（4）在预警技术方面，根据基于现场实例的机理研究成果，提出膨胀土及高填方渠道的预警指标与标准体系，并建立相应的预警预报模型。

2. 研究任务

（1）膨胀土渠道安全监测技术方案研究。开发研制变位式分层沉降仪，研究渠坡三维变形监测技术，开展膨胀土渠道安全监测技术方案、膨胀土渠道变形规律研究。

（2）填方渠道安全监测技术方案研究。开展渠道渗漏监测技术研究、填方渠道安全监测技术方案研究、填方渠道安全性分析。

（3）渠道安全预测预警技术研究。开展渠道预测预警基本技术研究、渠道监测数据可靠性识别技术研究、渠道预警指标体系研究、渠道安全预测预警模型研究。

（4）渠道安全监测信息集成及可视化安全监测预警系统研究。开展监测数据实时通信传输技术以及数据管理技术研究，监测数据与整个南水北调中线工程自动化管理系统数据库的兼容性研究；膨胀土渠道安全监测可视化系统开发研究；自动化安全监测系统、安全监测综合数据库管理系统和三维漫游系统的连接技术研究。

3. 考核指标

（1）研制变位式分层沉降系统，开发基于三维激光扫描的渠坡面动态变形监测系统软件；建立膨胀土渠道安全监测示范工程，取得示范区渠道变形边界以及边界范围内不同深度的变形分布监测资料；建立膨胀土渠道安全监控模型；渠坡面动态变形监测综合精度在 5mm 以内，其他内部变形监测综合精度在 1mm 以内。

（2）研制开发基于光线光栅渗漏监测系统，建立高填方渠道安全监测示范工程；建立渠道交叉建筑物不均匀沉降监控模型及渠道渗漏监控模型。

（3）依据研究成果，对南水北调中线干线现有安全监测系统设计提出优化建议。

（4）申请专利 2 项。

（5）发表论文 8 篇。

（6）结合本项目第三课题建立实时监测预警系统示范基地。

（7）形成一个结构合理、富有创新潜质的研究群体，培养硕士研究生 3 名。

4. 技术创新点

（1）创新性研制变位式分层沉降监测系统，填补国内外分层沉降自动化监测的空白。

（2）创新性开发基于三维激光扫描的动态变形监测系统，拓展三维激光扫描仪的应用。

（3）引进吸收消化美国高精度测量控制单元，提高安全监测自动化的可靠性。

（4）开发研制光纤光栅渗漏监测系统，填补分布式无源渗漏监测的空白。

（5）首次开发国内外渠道安全监测可视化系统。

（6）建立膨胀土及高填方渠道安全预警系统示范，属于集成创新。

四、技术路线

（一）施工期膨胀土渠道开挖边坡稳定性预报技术

膨胀土开挖边坡稳定性预测需要 5 个方面的信息支持：渠坡地质结构、土体膨胀等级、裂隙发育情况、地下水和其他信息。通过施工地质技术标准的建立，规范施工地质工作，提高获取施工地质资料的效率和资料的准确性；通过渠坡裂隙快速编录技术、土体膨胀性快速鉴别技术的实施进一步提高获取信息的能力。在此基础上，拟通过土体膨胀性、长大裂隙数据进行渠坡稳定性初判，通过地下水、渠坡高度、施工过程信息等进行辅助性判别，结合两者进行稳定性综合判别。最终根据渠坡地质结构，对渠坡稳定性等级、潜在失稳部位、规模等进行预报，其技术路线见图 3-2-1。

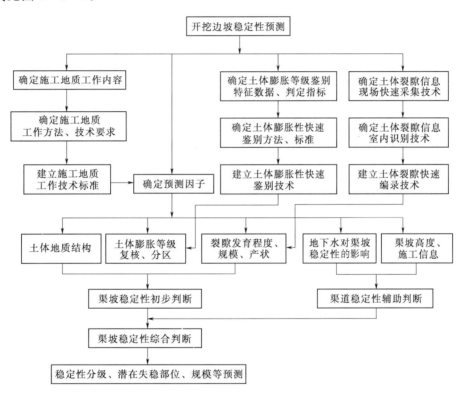

图 3-2-1 施工期开挖边坡稳定性预测研究技术路线

以现行的《水利水电工程施工地质勘察规程》（SL 313）为基础，结合膨胀土（岩）的工程地质和水文地质特性、渠道施工的特点、中线工程勘察工作的现状，以渠坡稳定性和渠基膨胀变形分析预报为目标，确定膨胀土（岩）渠道施工地质的工作内容；根据沿线勘察单位施工地质工作的开展情况，确定各项工作的方法、技术要求；通过现场实际工作对所确定的工作内容、方法和技术要求进一步进行检验，并按照技术标准的要求，最终确定膨胀土渠道开挖施工地质技术标准。

针对现有地质编录技术中测量控制方面存在的不足，开发研究新型的测量控制技术，在室内试验研究的基础上进行实地检验，评价其效率和测量精度；对三维数字裂隙图像处理技术进行完善，提高信息提取的精度和效率；探索以计算机自动识别为主、人工量测为辅的裂隙产状确定方法，通过数个场次的试验，对这一方法的可行性、误差进行评估，研究提出提高精度的措施；在上述研究基础上，对开挖渠坡进行实地编录，并提出膨胀土裂隙快速编录工作手册。

以南阳盆地膨胀土快速鉴别技术为基础，针对中线工程沿线各地膨胀土（岩）的差异，研究膨胀土宏观特征与土体膨胀性之间的相关性，建立与不同地区、不同类型膨胀土（岩）膨胀等级相适应的宏观特征数据、标准术语及标准色谱、主要判定指标和辅助判定指标、鉴别工作程序，初判和复判标准等，最终建立各地膨胀性快速鉴别技术。

在上述工作的基础上，从渠道开挖过程揭示的众多因素中，研究确定预测因子，建立渠坡稳定性等别标准；建立渠道边坡稳定性定性-定量预测模型，对渠坡稳定性进行预测判定；通过室内试验和现场对比分析，检验预测模型的可靠性和适用性，完善和优化预测模型；确定渠坡稳定性预测的工作方法。

（二）强膨胀土（岩）渠道处理技术

项目组首先调研类似工程的处理与施工资料，全面调查分析强膨胀土（岩）渠道开挖施工过程中的主要问题，结合中线工程强膨胀土（岩）的分布情况和施工进展情况，确定典型研究段，细化和完善课题的研究方案。

项目采用重点研究与普遍调查相结合的方式，通过室内试验，研究强膨胀土（岩）基本工程特性；通过现场试验和观测手段，研究大气环境、地下水环境和应力状态变化对强膨胀土（岩）渠坡应力、变形和强度的影响，总结膨胀土（岩）渠坡的破坏和变形规律，提出强膨胀土（岩）的处理技术；开展试点工程现场试验，综合评价各种强膨胀土（岩）渠道处理技术的可靠性、施工方便性和经济合理性等，为中线工程相关渠段设计提供技术支撑。其技术路线见图 3-2-2。

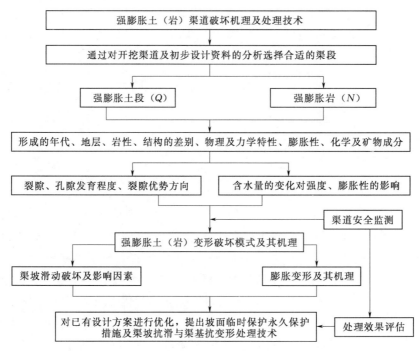

图 3-2-2　强膨胀土（岩）渠道处理技术路线

（三）深挖方膨胀土渠道渠坡抗滑及渠基抗变形技术

开展卸荷变形、渠底抬升变形、渠坡岩性界面滑动稳定性研究；通过渠道开挖期、处理填筑期、建成后渠道变形的系统监测，分析卸荷、降水作用的特点、影响范围、表现形式，分析卸荷作用对裂隙贯通的作用方式，分析渠底抬升变形的机理和控制因素；采用数值模型研究不同方案抗滑处理效果，在研究区进行渠坡抗滑处理和抗渠底抬升变形处理，结合变形监测，评估处理措施的效果。其技术路线见图 3-2-3。

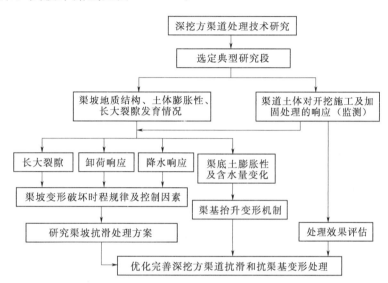

图 3-2-3 深挖方膨胀土渠道处理技术研究技术路线

1. 引起裂隙扩展的卸荷及降水效应研究

在南水北调中线工程三个现场试验段预先布设分层垂向位移观测仪、钻孔倾斜仪、水平向分层位移观测仪，研究渠道周缘土体对渠道开挖和降水的响应，确定影响范围，研究卸荷效应和降水作用的表现形式，评估卸荷和降水作用对渠坡稳定的影响。开展渠道开挖的数学模拟，并与观测数据进行对比研究。由于膨胀土具有很强的结构性，土体现场特性与室内扰动土或重塑土之间表现出截然不同的特性和破坏规律，因此渠坡变形破坏控制因素研究和坡体内裂隙发展演变研究以现场研究为主，室内仅对开挖渠坡的应力场分布特点、特定裂隙分布条件下的裂隙扩展模式和力学机制进行研究，对现场观测、试验进行补充和验证。

2. 抗滑措施研究

研究试验段开挖渠坡土体的膨胀性、结构、长大裂隙或结构面分布、地下水分布，对渠坡稳定性进行评估和分区。根据上述稳定性分区，进行坡面防护处理和抗滑处理研究，并按照拟定的处理方案分区进行不同抗滑措施处理。课题根据渠坡土体地质结构、土体膨胀性、裂隙发育分布情况，研究制定抗滑处理方案，并在试验段分别按初步设计审定的处理设计方案和研究提出的优化处理方案实施渠坡处理。

3. 渠坡稳定性动态变化研究

通过地面、地下监测，了解渠道变形分布、范围深度、随时间的变化，研究坡体内裂隙面或结构面的状态、处理措施的有效性，根据渠坡面变形分布分析研究坡体内应力分布及衬砌受力条件。以现场三个试验段为渠坡稳定性动态变化研究重点，在渠道开挖过程中针对坡体稳定性及坡体内裂隙对开挖卸荷和降水的响应与发展，来研究外部因素对渠坡稳定和裂隙扩展的影响程度和作用机制、研究裂隙的受力特点发展模式；根据试验段渠坡抗滑措施实施前后坡体变形、应力分布、裂隙发展变化，研究抗滑措施对坡体应力分布的改变、对裂隙发展的约束作用，研究抗滑结构体和裂隙部位的应力水平，评估抗滑形式、布置形式的合理性，并据此研究确定抗滑处理最佳的实施时机。

4. 抗抬升变形措施研究

开展超固结膨胀土卸荷试验和有荷饱水试验，结合现场变形观测，研究渠底抬升变形的机制、变形范围、控制条件，分析抬升变形对地基土强度、衬砌结构的影响，确定抑制抬升变形的措施，评估措施的有效性。通过监测，完整记录渠基土体在开挖期间的卸荷变形、开挖完成后抬升变形的发展、处理层施工后的发展变化，研究不同处理层厚度对抬升变形的影响，研究保湿处理对减少后期变形的效果。根据现场不同处理方案试验对比，结合分级荷载下的饱水试验，研究提出渠基膨胀土开挖减载条件下吸水膨胀的作用规律、提出这一变形的控制原则。

（四）膨胀土渠道防渗排水技术

1. 膨胀土渠道地下水类型及特征研究

分析南水北调中线工程勘察成果，收集其他行业在膨胀土渠段所在地区为其他目的取得的水文地质勘察成果，结合工程实际施工揭露情况，通过现场调查、分析归纳和必要的补充试验与监测工作，进一步研究膨胀土渠段天然条件下的地下水分布、补给、排泄、存储方式，结合总干渠工程的结构型式，分析工程建设与运行后水文地质条件的变化趋势，提出渠道沿线膨胀土地区天然地下水条件分类方法，渠道建设对膨胀土地区地下水条件改造作用，并对膨胀土渠段进行相应的具体分段分类。

2. 膨胀土渠坡地下水和含水率控制方案研究

通过渗流场数值模拟，结合室内模型和现场实际条件分析，研究膨胀土渠段地下水及土体含水率控制的总体方案。选取典型渠段，研究建立复杂气象、水文、地质和工程运行条件下的饱和非饱和渗流模型，研究和完善有限元模拟计算方法，补充研究膨胀土和防护层材料的饱和非饱和水力特性参数，模拟理想模型及典型渠段实际模型，通过理论分析和监测数据分析，论证模拟方法的可靠性。采用渗流场模拟、物理模型试验和现场监测等手段，研究雨水入渗、渠道渗漏或者坡体地下水活动过程中，膨胀土与排水体界面附近的含水量分布与变化规律，以密度、膨胀性、力学强度为表征的膨胀土软化响应规律。计划开展膨胀土与排水体界面模型试验6组。针对不同渠段的复杂渗流场进行数值模拟，对比研究膨胀土地区渠道建设前后地下水及渠坡土体含水量变化的差异；分析已有设计方案中防渗排水措施对渠道运行期膨胀土渠坡饱和非饱和水流运动及水分分布的影响，根据需要提出完善防渗、排水方案及其运行调度的建议。

3. 膨胀土渠段防渗排水关键技术研究

根据不同渠段当地土料、地形地质和水文气象条件，综合考虑施工和成本因素，采用监测和渗流场数值模拟方法，开展坡顶不同防护方案的对比分析，研究坡顶防渗效果的影响规律，研究提出坡顶防护方案设计原则，并针对典型断面提出坡顶防护范围和具体结构设计方案。开展室内防渗排水模型试验、现场原位防渗排水综合措施试验。针对现有防渗排水设计方案需要重点改进的渠段，研究包含排水层的新型综合渗流控制方案，研究确定防渗体和排水体的厚度、渗透性等指标，以及排水层材料的级配和密度要求等。通过模型试验和渗流场的数值模拟分析，研究膨胀土渠段逆止阀启闭的水压力，提出排水系统单向水流控制技术研发必须满足的条件。通过实验室设计、试制和试验论证，提出新型的逆止阀设计方案，并联合制造企业制作出可以推广应用的产品样本。通过渗流场数值模拟，研究提出新型逆止阀布置方案和相应需满足的排水能力；通过室内试验，研究新型逆止阀可能面临的淤堵问题，研究提出相应的反滤设计方案。通过室内过渡层材料配比试验，现场生产性试验，研究饱和膨胀土地基条件下的填方和防护层施工方案，提出饱和膨胀土地基防护层施工技术要求。

（五）膨胀土水泥改性处理施工技术

课题立足于解决膨胀土水泥改性处理施工技术问题，针对水泥改性土的改性效果、改性控制标准、改性土的时效性等问题，通过在室内进行不同水泥掺量的改性土掺拌试验，测试改性土样在不同级配、不同起始含水率条件下的胀缩特性、强度特性以及掺拌均匀性等，研究水泥改性土的改性标准以及土料控制技术；针对改性土水泥掺量检测问题，调研国内外现有检测方法，结合工程实际选择切实可行的改性土水泥掺量检测技术，并深入研究影响检测成果的各种因素，提出满足工程实用的检测方法；针对水泥改性土填筑施工及质量控制问题，采用现场试验与室内试验相结合的方法，开展现场碎土工艺、含水率调整工艺以及现场碾压施工工艺研究，以设计指标为依据，提出改性土料土团尺寸要求、土团粒尺寸控制技术、水泥改性土填筑时间控制技术，以及碾压工艺和质量控制等。最终根据室内研究和现场实践，提出针对大规模渠道水泥改性土施工的、合理可行的施工技术，指导南水北调中线工程总干渠水泥改性土大面积施工。

（六）高填方渠道建设关键技术

紧紧围绕南水北调中线工程高填方工程施工质量和安全运行关键问题，以高填方渠道高质量安全建设为主线，通过资料收集、数据采集和综合研究手段，旨在解决南水北调中线工程高填方渠道建设和运行中的关键技术问题，以确保高填方渠道高标准建设及安全稳定运行，为渠道的安全管理提供理论支持。

开展大型物理模型试验、渗流破坏验证试验和离心模型试验，研究跨渠建筑物桩基的变形、桩周渠坡土体的沉降对桩土结合部位的非协调变形、不均匀沉降的影响，提出桩土结合部位的渗漏影响因素，并进行大型穿渠建筑物与渠堤非协调变形的数值模拟，提出大型跨渠建筑物对渠坡安全稳定的影响因素。对穿渠建筑物工程与渠堤结合部位关键要素进行相关分析，考虑渠道结合部位因素复杂的形式，提出穿渠建筑物与渠堤结合部位质量控制措施。

针对结合部位施工难，使得建筑物与渠道结合部位工程质量难以控制的特点，建立高填方渠道的沉降预测分析模型，对影响渠堤沉降的关键因素进行计算分析，提出控制渠道变形的措施，研究填方渠道施工缺口变形机理，开展现场观测分析、施工缺口变形数值模拟，提出质量控制性措施和穿渠建筑物基坑回填施工技术要求。针对此前高填方碾压施工质量的控制和管理主要是依靠现场管理人员和操作人员人工完成，缺乏全面针对高填方碾压施工质量实时监控方面的研究，建立高填方渠道碾压质量实时监控技术体系，实现填筑碾压参数的全天候、精细化、在线实时监控，提高施工管理水平，保证高填方渠道施工质量。

针对填方渠道运行风险分析集中于定性研究，缺乏对风险后果的定量分析，以典型高填方渠段为例，开展高填方渠道风险分析与应急预案研究，研究填方渠道的潜在风险源及其危害性，提出各类风险的应急预案和工程措施建议。其技术路线见图3-2-4。

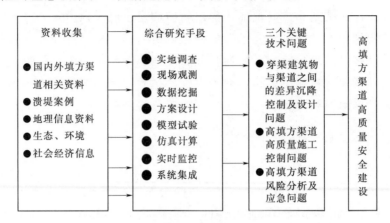

图3-2-4 高填方渠道建设关键技术路线

（七）膨胀土渠道及高填方渠道安全监测预警技术

1. 渠道安全监测技术方案研究

研究开发针对膨胀土渠道和填方渠道的新型监测技术，包括光纤监测技术、三维激光扫描技术、变位式分层位移监测仪，分析研究适用于南水北调工程膨胀土渠道变形监测的应用技术方案。对取得的数据进行处理方法的研究，同时研究不同监测手段联合运用与数据融合问题。在室内开展线性工程模拟，人为改变模型安全状态，研究获得可行的监测布置方式，配合其他标定手段，分析光纤测试精度和可靠性，进行现场验证。结合南水北调中线工程膨胀土渠道及高填方渠道工况，建立多种手段联合运用的完整技术方案。其技术路线见图3-2-5。

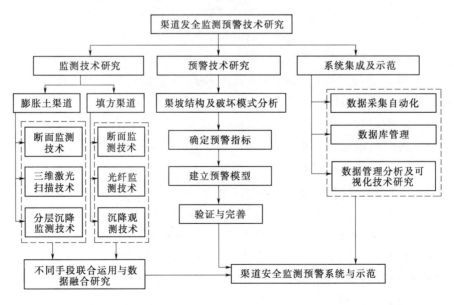

图3-2-5 膨胀土渠道及高填方渠道安全监测预警技术研究技术路线

2. 预警技术研究

在深入研究渠坡土体的膨胀性、结构、长大裂隙或结构面分布、地下水分布、施工程序等基础上，结合膨胀土渠坡和填方渠坡的破坏机理，建立渠坡变形的分析预测模型、建立不同预警指标的安全阈值，并在现场监测过程中实时验证和修正。

3. 系统集成及安全预警系统示范工程

通过系统集成，建立安全预警系统示范工程。在现场示范点，由于电源接入困难，前期拟以太阳能及蓄电池供电。在管理系统方面，引进测量控制单元并加以吸收消化，开发基于SQLServe数据库的交互式漫游的内部三维可视化系统。集成监测数据的实时通信传输技术以及数据管理技术、膨胀土渠道安全监测可视化技术、三维漫游技术，集成一套完整的膨胀土安全监测埋设、采集、传输、处理、分析和预报的实时监测技术。

五、研究成果

针对南水北调中线工程膨胀土及高填方渠道建设中的关键技术难题，研究攻克了膨胀土开挖边坡稳定性预测、强膨胀土（岩）渠道处理、深挖方膨胀土渠道处理、膨胀土地下水渗控、水泥改性土施工、高填方渠道施工、膨胀土及高填方渠道监测等方面的关键技术，并全面应用于工程建设中。

项目研究成果与项目实施前国内、国际同类技术水平相比较，全面提升了我国在调水工程设计、施工、管理等多方面的技术水平，填补了多项国内空白，形成具有中国特色的调水工程技术体系，进一步推动水利行业相关科学的新发展，使行业共性技术、关键技术研究及应用达到新水平。研究成果的应用提高了工程安全性，节约了工程投资，缩短了建设工期，改善了生态环境，为南水北调工程建设的顺利进行提供了有利支撑。

项目提出了满足膨胀土渠道"快速开挖、快速覆盖"和动态设计要求的裂隙编录技术、膨胀土快速鉴别技术和开挖边坡稳定性预测技术；分析了强膨胀土（岩）工程特性及与渠坡稳定性的关系，阐明了不同类型强膨胀土渠坡变形机理与破坏模式，提出了强膨胀土（岩）渠坡处理技术；提出了深挖方膨胀土渠坡较深-深层滑动破坏形式、稳定分析方法及针对性抗滑措施，确定了渠基抬升变形的主要机理和控制因素，为渠基抬升变形治理提供了指导；提出了膨胀土地区渠道地下水分类方法和渠坡防渗排水方案及适用条件，提出了膨胀土饱和条件下渠道工程快速施工技术；系统研究了膨胀土水泥改性效果、评价标准和检测方法，提出了影响改性土均匀性的土团阈值，提出了水泥掺量EDTA滴定检测方法和水泥改性土现场施工技术；研究了穿渠建筑物与渠道结合部位及施工缺口差异沉降的变形规律，提出了变形控制措施，实现了基于高填方渠道碾压质量实时监控技术体系在线实时监控，提出了各类风险的应急预案及工程措施建议；研制了变位式分层沉降、光纤光栅渗流监测技术，开发了三维激光扫描监测软件，研发了安全监测预警软件系统，对中线工程安全监测系统设计提出了优化建议。

上述成果的应用，为南水北调中线工程顺利建设、质量控制、工期保证、长期安全性提供了有力保障，提高了工程建设水平和运行管理能力，为中线工程2013年主体工程竣工、2014年通水运行提供了强有力的技术支持。

"十二五"期间，在国内外发表科技论文71篇，其中向国外发表9篇；出版科技著作4部，约144万字；申请国内专利27项，其中申请发明专利14项，获得国内专利授权11项，其中获得国内发明专利授权5项；登记计算机软件著作权2项；完成制定南水北调工程专用技术标准5项，其中《南水北调中线一期工程总干渠膨胀土（岩）渠段工程施工地质技术规定》（Q/NSBDZX J012—2014）、《南水北调中线一期工程总干渠渠道水泥改性土施工技术规定》（NSBD-ZGJ-1-37）已正式发布实行。

项目研究共研制新装置、计算机软件共5项，如水利水电工程开挖边坡地质编录系统软件、基于关键滑动面的边坡稳定性分析软件、压差控制式高精度逆止阀设备、变位式分层沉降监测系统、渠道高精度实时监测系统，并已经全面应用到南水北调中线膨胀土及高填方渠道建设中，取得了巨大的经济效益、社会效益、生态效益。

通过项目的实施培养了一批能够组织和承担国家级科技项目的人才，形成了多个具有膨胀土及高填方渠道设计施工技术的创新研究团队及人才培育基地。造就了一批有较高理论水平和丰富工程经验的膨胀土防治工程技术人才，培养博士研究生4人，硕士研究生18人。

项目开展过程中，共建立了7个示范点，同时通过项目示范、技术培训、技术咨询等多种形式，进行科技成果的推广和应用，使一批推广价值好、见效快的科技成果迅速得到了推广应用，取得了良好的社会效益和经济效益。

项目取得的研究成果除了在南水北调中线工程膨胀土及高填方渠道设计与施工建设中全面应用外，部分成果还在引江济汉膨胀土渠道工程建设、引江济淮工程勘测设计中得到推广应用。

（一）施工期膨胀土开挖边坡稳定性预报技术

研究成果包括已经颁布实施的《南水北调中线一期工程膨胀土渠道施工地质技术规定》、膨胀土边坡裂隙编录技术、膨胀土快速鉴别技术、施工期膨胀土开挖边坡稳定性预测技术。研究成果已全面应用于膨胀土渠道施工建设过程，为渠道动态设计和长期安全提供技术支持。

1. 解决的关键技术问题

（1）建立了国内首个膨胀岩土地区渠道工程施工地质技术标准《南水北调中线一期工程总干渠膨胀土（岩）渠段工程施工地质技术规定》（Q/NSBDZX J012—2014），对膨胀土渠道施工地质工作内容、工作方法、工作深度作了统一规定，提出了膨胀土渠道工程地质分段标准，明确了施工地质成果编写要求。针对线性工程特点，提出了"面上编录"和"点上编录"相结合的地质编录方法，以及采用"面上编录"加"超前探坑"获取的地质数据开展开挖边坡稳定性预测技术。为南水北调中线工程施工地质提供了工作依据，统一工作要求和深度，保证了施工地质工作质量，为工程建设提供可靠地质资料打下了坚实的基础。

（2）开发了工程边坡三维数字地质编录系统，取得了软件著作权1项（水利水电工程开挖边坡地质编录系统软件V1.0），编录系统具有三个显著的创新：①安全创新，三维数字实时地质编录技术，采用非接触（或少接触）的数据采集方式，极大地降低了野外编录工作的危险性；②效率创新，采用三维数字采集和高度自动化的数据处理流程，大幅度提高编录速度，相对于传统编录提高效率3~5倍以上；③数字化创新，从数据采集、处理到成果输出，整个系统都在数字化状态，避免了人为误差，准确率高。整个处理软件拥有完全的自主知识产权。与传统数字编录技术相比，取得三个突破：一是系统硬件首次采用一台计算机同时控制两台数码相机获取三维数字图像，大幅度提高了图像精度和图像采集效率；二是软件系统拥有完全自主知识产权，摆脱了进口产品对国外技术的依赖，可维护性和升级功能更优越；三是系统在裂隙产状自动计算技术方面取得进展，为突破数字编录技术瓶颈迈出了坚实一步。该项技术在淅川、镇平、南阳等多个标段应用，系统稳定性好、可靠性高、信息丰富。

（3）采用"微观研究、宏观判别"的创新思路，建立了真正具有工程实用价值的膨胀土现场快速鉴别技术，效率高、综合性强、准确性好，摆脱了传统的取样和土工测试束缚，不但使岩土膨胀性复核鉴别变得快速高效，而且大大减少了施工地质对渠道施工的干扰，为膨胀土渠道"快速开挖、快速处理"提供了保障。课题不但针对中线工程特点提出了鉴别标准，也为其他地区膨胀土快速鉴别提供了技术思路和借鉴，并填补了膨胀土综合快速鉴别技术的空白。南水北调中线工程膨胀土渠道建设过程中，大量采用了这一判别技术，不但大幅度提高了工作效率、直接降低了工作成本，还为确定设计方案和施工尽快处理赢得了宝贵时间。

（4）在对大量野外边坡案例研究的基础上，科学提出了膨胀土边坡破坏形式分类、破坏机理及控制因素，为渠坡分类治理明确了方向。通过内在和外在关键因素分析，提出了膨胀土开挖边坡稳定性预测技术，不仅为中线工程膨胀土边坡动态设计提供了技术支撑，也为评价膨胀土边坡长期稳定性、制定膨胀土边坡工程处理措施提供了理论依据。开挖边坡稳定性预测成为中线工程膨胀土渠道建设过程的重要一环，根据预测结果，淅川标段普遍设置了1～3排抗滑桩，镇平、南阳、方城标段普遍设置了1排、局部2～3排抗滑桩，黄河两岸及邯邢段膨胀岩渠道局部设置了1～2排抗滑桩。通过预测和设计优化，减少了施工期滑坡处理工程量、提高了渠道运行的长期安全性。

2. 取得专利、标准及专著等成果

（1）取得实用新型专利1项。

（2）获得软件著作权1项，水利水电工程开挖边坡地质编录系统软件V1.0（软著登字第0715365号）。

（3）制定技术标准1项，《南水北调中线一期工程总干渠膨胀土（岩）渠段工程施工地质技术规定》（Q/NSBDZX J012—2014）。

（4）出版专著2部，《膨胀土边坡工程地质研究》《膨胀土开挖边坡稳定性预测研究》。

（5）发表论文9篇。

（二）强膨胀土（岩）渠道处理技术

1. 解决的关键技术问题

（1）研究了强膨胀土（岩）的成因、物质来源及物理力学性质、裂隙的成因类型及分布情况、裂隙发生发展规律及裂隙强度、强膨胀土（岩）的微观结构及宏观结构，以及强膨胀土（岩）在反复胀缩条件下及不同含水率条件下抗剪强度的衰减规律，阐明了各项胀缩性指标及与物理性指标之间的关系，提出了强膨胀土（岩）的物理、力学指标推荐值，以及充填灰绿色黏土的裂隙面抗剪强度推荐值，提出了强膨胀土（岩）体的抗剪强度的尺寸效应系数；阐明了弱、中、强膨胀土（岩）工程特性的差异，形成了对南水北调中线一期工程沿线膨胀土（岩）的全面认识。

（2）揭示了强膨胀土（岩）渠道的失稳特征，找到了渠道滑坡的成因及渠坡稳定性的控制因素，揭示了强膨胀土渠道边坡深层滑动失稳模式，强膨胀土渠道边坡深层滑动同时受坡脚缓倾裂隙及地表垂直裂隙控制；阐明了强膨胀土渠坡浅层破坏机理为强膨胀土体吸水产生湿胀效应，导致斜坡内部产生较大的剪应力和应力的不平衡，进而促成渠坡失稳的发生。

（3）针对强膨胀土渠坡浅层破坏模式，基于渗流场、应力应变场分算，建立了温-湿度场变形等效理论模型，采用以温度等效含水率，热应力等效膨胀力的计算模式，提出了考虑湿胀软化效应的膨胀土边坡卸荷-等效分析方法；针对强膨胀土渠坡深层破坏模式，研制了含夹层三轴试验制样装置，提出了试验方法，得到了裂隙面强度，并将现场勘测得到的典型控制性裂隙的空间信息（高程、倾角、厚度、长度）纳入模型，建立了膨胀土裂隙边坡地质模型，提出了一种考虑裂隙空间分布及裂隙面强度的边坡稳定性分析方法。

（4）通过强膨胀土（岩）渠坡综合监测，揭示了强膨胀土（岩）渠坡变形和膨胀变形规律；利用灰色系统理论关联分析模型，分析了强膨胀土（岩）渠坡和渠基回弹与影响因素间关联关系，建立了强膨胀土（岩）渠坡变形和渠基回弹模型。

（5）研究了防治浅层失稳的处理措施，从防渗效果、平衡膨胀力、提高渠坡稳定性三个方面论证了强膨胀土（岩）渠道水泥改性土换填厚度；建立了抗滑桩＋坡面梁结构计算模型，提出了抗滑桩＋坡面梁框架式支护体系结构的计算方法；结合现场渠道坡比、坡高、强膨胀土（岩）分布的高程范围、施工现状等实际情况，在原有设计的基础上，对渠道原有处理方案进行了完善，提出了有针对性的强膨胀土渠道处理方案。

2. 取得专利、标准及专著等成果

取得专利 6 项，其中发明专利 1 项，实用新型专利 5 项：一种含夹层三轴试验试样制样方法及装置（201210376955.8）、一种含夹层三轴试验试样制样装置（201220510344.3）、一种低通量滴淋式模拟降雨装置（201320447780.5）、膨胀土安全自动化综合监测系统（20130602915.0）、一种膨胀土边坡吸湿变形模型试验装置（201420175300.9）、一种检测黏性土抗剪强度的现场大型直剪试验装置（201420390132.5）。

发表论文 19 篇，其中 EI 收录 8 篇，向国外发表论文 3 篇。

培养博士研究生 1 名，硕士研究生 3 名。

（三）深挖方膨胀土渠道渠坡抗滑及渠基抗变形技术

1. 解决的关键技术问题

课题依托南水北调中线一期总干渠工程，采用现场研究、室内试验、仿真分析以及现场试验和监测跟踪等方法，从结构与变形破坏理论、稳定分析方法及综合治理技术等方面对引起深挖方膨胀土渠道滑坡和渠基变形问题的因素和规律性开展研究，提出了深挖方膨胀土渠道综合治理的系列创新性成果，解决了工程建设中膨胀土治理关键技术难题。

（1）根据中线膨胀土渠道工程的地质条件、边坡变形破坏机理及滑坡资料统计分析，提出挖深大于 10m 作为确定中线工程膨胀土渠段深挖方的参考标准。

（2）提出了浅表层胀缩带蠕动变形和较深-深层结构面控制型折线滑动为深挖方膨胀土渠坡的两种主要破坏模式（图 3-2-6），膨胀土长大裂隙决定了膨胀土边坡的较深-深层滑动型式。提出了开挖卸荷及降水因素对深挖方渠道渠坡稳定的作用规律。

（3）基于膨胀土宏观结构的地质模型概化、物理力学参数取值及最危险折线型滑动面搜索方法，提出了膨胀土边坡稳定分析方法（图 3-2-7）。

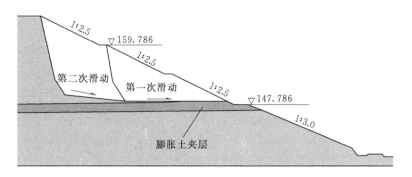

图3-2-6 较深-深层结构面控制型折线滑动破坏（高程单位：m）

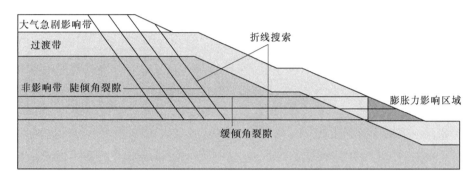

图3-2-7 结构面控制型渠坡稳定分析模型

（4）在深挖方膨胀土渠道边坡破坏类型及机理研究的基础上，研究了多种抗滑措施的作用机理，提出了深挖方膨胀土渠道浅层变形和较深-深层结构面滑动的针对性抗滑措施，包括抗滑型式、布置、结构及施工时机等。浅层滑坡处理措施主要有：水泥改性土换填保护、外隔内排处理（见图3-2-8）、柔性支护等方案；较深-深层结构面滑坡加固措施主要有抗滑桩＋坡面梁综合支护（图3-2-9）、预支护多排微型桩支护等方案。

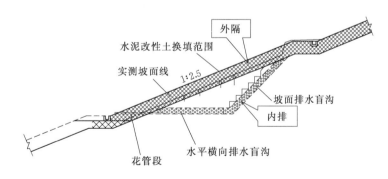

图3-2-8 "外隔内排"处理技术方案示意图

（5）通过室内模拟试验、数值计算和现场观测，确定了深挖方膨胀土渠基抬升变形的主要机理和控制因素，为深挖方膨胀土渠基抬升变形治理提供了指导。

（6）结合南水北调中线实际工程，建立了淅川二标TS11、淅川六标TS42及南阳2标TS95三个深挖方膨胀土渠处理试验示范，对深挖方膨胀土边坡的加固措施效果和边坡运行状态进行了监测，为边坡加固措施效果评价提供了支撑，同时为南水北调中线工程深挖方膨胀土

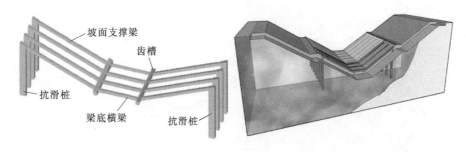

图 3-2-9　M 形结构支护体系

渠道后期安全运行提供了监控数据。

2. 取得专利、标准及专著等成果

获得专利授权 2 项，获得软件著作权 1 项。获得发明专利授权 2 项：一种路基深渗沟的变截面结构及其施工方法（201210004238.2），一种膨胀土路基压实方法（201410389146.X）。软件著作权 1 项：基于关键滑动面的边坡稳定性分析软件（登记号：2013SR057495）。发表论文 9 篇。

（四）膨胀土渠道防渗排水技术

1. 解决的关键技术问题

（1）分析研究南水北调中线一期工程膨胀土渠道地层结构及其地下水分布特征，提出了膨胀土渠道地下水条件的分类及工程运行期地下水条件的分类（图 3-2-10）。

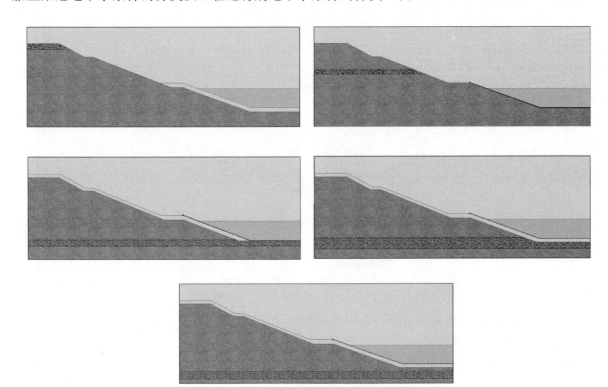

图 3-2-10　地下水条件的典型分类

（2）开展了膨胀土渠道复杂渗流场数值模拟方法（图3-2-11）、膨胀土与排水体界面的工程特性、膨胀土渠段防渗排水作用效果研究，提出了膨胀土渠坡地下水和含水率的控制方案及适用条件。

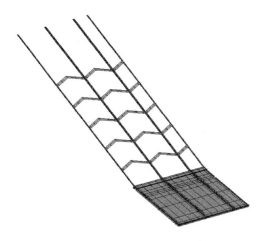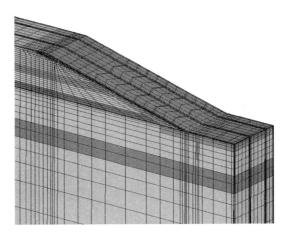

图3-2-11　膨胀土地下水数值模拟

（3）编制了《南水北调中线一期工程总干渠膨胀土渠道防渗排水设计导则》。

（4）研制了压差放大式高精度逆止阀设备（图3-2-12），并在现场进行了应用。

（5）提出了膨胀土饱和条件下渠道工程快速施工技术要求。

2. 取得专利、标准和专著等成果

申请发明专利2项：压差控制式高精度逆止阀设备及应用方法（201210006418.4）、一种砂土接触面试样的制样装置、制样方法以及渗透系数测定方法（201510115566.3）；申请实用新型专利3项：压差放大式逆止阀设备（201320580669.3）、压差控制式高精度逆止阀设备（201220009536.6）、伸缩溢流式恒压试验供水装置（201420823380.4）。

发表论文6篇，出版《水利水电工程复杂渗流场的有限元分析及应用》一书。

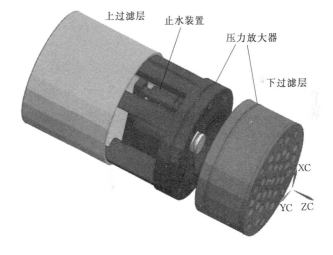

图3-2-12　压差放大式高精度逆止阀设备

（五）膨胀土水泥改性处理施工技术

研究成果已运用于膨胀土渠道水泥改性土施工过程，为渠道工程施工和工程质量检测提供技术支持，部分研究成果为国内首创。

1. 解决的关键技术问题

（1）改性标准。通过开展水泥改性土的膨胀性、变形与强度等试验研究，明确了不同水泥掺量条件下改性土的改性效果。研究了以塑性指数、膨胀与收缩变形以及强度等为判别标准的改性控制指标，提出以自由膨胀率作为膨胀土水泥改性效果的主要评价指标。

（2）膨胀土水泥改性机理。采用微观分析、化学分析相结合的试验方法，从物质成分、化学结构等方面研究提出了水泥改性土的改性机理。

（3）改性土土料控制技术。采用室内和现场试验相结合的研究方法，首次研究并提出了满足水泥掺拌均匀性要求的膨胀土料"土团尺寸"阈值、土团级配和含水率的控制指标，解决了水泥掺拌均匀性的定量问题，为水泥改性土施工提供了依据。

（4）改性土耐久性（时效性）。研究了水泥改性土膨胀性、强度随时间的演化规律，初步证明随着时间的增长，改性土的改性效果持续稳定。

（5）水泥掺量检测标准。分析提出了以 EDTA 滴定法进行水泥掺量的检测方法，研究分析了 EDTA 滴定检测的影响因素，分析了标定曲线的制备、样品含水率、检测龄期等对检测成果的影响，明确提出了水泥掺量 EDTA 检测取样要求、试剂控制标准和检测控制流程，提出了滴定检测时间要求和超时检测的校正方法。形成了适用于南水北调中线工程的膨胀土水泥改性的水泥掺量检测的方法和标准，填补了水利行业水泥改性土检测规范空白。同时，该检测标准还可以推广到公路、铁路等其他行业使用，为这些行业的工程质量检测提供检测依据。

（6）水泥改性土填筑质量控制技术。分析了开挖料土团破碎多种施工工艺及其破碎效果，提出了开挖料土团破碎的组合工法，提高了改性土大规模施工效率。研究了水泥改性土施工时间与压实度、改性效果的时效性问题，明确提出了水泥改性土施工时间、土料团径、含水率等控制要求和施工工序。针对施工中水泥改性土超填削坡余料的利用问题，研究提出了削坡余料的利用原则。

针对渠道工程膨胀土水泥改性现场搅拌施工，形成了膨胀土水泥改性处理施工成套技术，完成了《南水北调中线工程膨胀土水泥改性施工技术指南》的编制，为膨胀土水泥改性技术的大规模推广和应用奠定了基础。

2. 取得专利、标准及专著等成果

申报"膨胀土水泥改性及填筑施工施工方法"（201410148202.0）发明专利一项。

制定《南水北调中线工程膨胀土水泥改性施工技术指南》《南水北调中线一期工程总干渠渠道水泥改性土施工技术规定（试行）》。

在国内外期刊发表论文 8 篇，编写专著《膨胀土边坡》。

（六）高填方渠道建设关键技术

研究成果已运用于高填方渠道施工建设过程，为保证渠道的施工质量和长期安全运行提供技术支持，部分研究成果为国内首创。

1. 解决的关键技术问题

（1）提出了穿渠建筑物与渠道结合部位设计施工控制要素。结合物理模型试验、离心模型试验和渗透试验，分析了穿渠建筑物与渠道结合部位差异沉降的变形规律和控制要素，并提出了穿渠建筑物与渠堤结合部位加强质量控制的措施。

（2）提出了填方渠道与施工缺口的变形和质量控制技术。建立了高填方渠道的沉降预测分析模型，开展了现场观测分析和施工缺口变形数值模拟，提出了控制渠道和施工缺口变形的措施，并提出了穿渠建筑物基坑回填施工技术要求。

（3）提出了高填方渠道碾压质量实时监控技术。研发了相应的"监测—分析—反馈—处理"的质量监控系统（图3-2-13），实现了填筑碾压参数的全天候、精细化、在线实时监控，成功应用于南水北调中线一期工程施工现场，提高了施工管理水平，保证了高填方渠道施工质量。

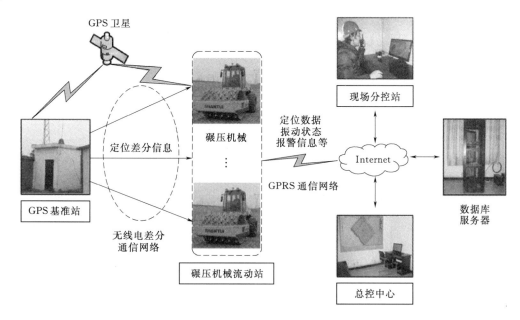

图3-2-13　高填方碾压施工质量实时监控系统结构图

（4）提出了填方渠道风险应急预案和工程措施建议。以典型高填方渠段为例，研究了填方渠道的潜在风险源及其危害性，提出了各类风险的应急预案和工程措施建议。

2. 取得专利、标准及专著等成果

取得专利2项，其中国家发明专利1项：复杂淹没区域风暴潮洪水演进三维动态全过程仿真方法（201210053104.X）；国家实用新型专利1项；固定端P型锚具（201320487675.4）。

研制技术规定1项：《南水北调中线一期工程总干渠渠道穿渠建筑物基坑填筑施工技术规定》。发表论文13篇。

（七）膨胀土渠道及高填方渠道安全监测预警技术

1. 解决的关键技术问题

（1）研制了变形式分层沉降系统和水平三向变形监测系统，实现了变位式、大量程及自动化观测，填补了软质线体在土体沉降监测中的应用空白。室内外测试应用表明监测系统可靠，监测精度满足1mm的要求。

（2）开发了三维激光扫描数据处理软件，重点研究了渠坡特征点的提取理论和方法，为应对点云数据噪声大、数据缺失等问题，编写了具有高稳健型和高精度的特征点提取算法。对三维激光扫描的监测精度进行了对比分析，完全可满足渠坡形变监测综合精度5mm的要求。在多特征点、特征线、三角网等数据的基础上，通过建立时间轴，研究中间时间点"关键帧"的计算方法，实现动态模拟渠坡面的三维变形演变。

（3）研究了分布式光纤的安装埋设技术，建立了光纤光栅监测填方渠道渗漏技术。

（4）根据膨胀土特点，进行了膨胀土挖方渠道和填方渠道安全监测方案研究。确定了膨胀土渠道安全监测要求、监测项目选择、监测断面和测点布置原则及膨胀土渠道安全监测方法选择，并完成了试验段膨胀土渠道安全监测方案总体设计。

（5）提出了渠道边坡稳定性和滑面深度的监测预警方法。针对变形、渗漏、滑动等不同破坏模式，采用现场监测数据，运用 BP 神经网络、多因子分析方法，开展了挖方、填方、变形、降雨、孔压、水位等不同条件下的渠道安全监测预警模型研究，并结合安全监测成果，验证了模型的可靠性和准确性。

（6）创造性地运用了通信技术、软件工程、数据库技术以及 GIS 三维表达等多种技术手段，首次将 GIS 三维可视化技术引入到膨胀土渠道安全监测，自主研发了三维 GIS 平台。构建了膨胀土渠道安全监测信息综合管理系统，将三维可视化系统、安全监测自动化系统、安全监测数据库管理系统进行高度集成，使各系统之间相互耦合、提高膨胀土渠道安全监测的实时性、可靠性、直观性以及实用性。

（7）建立膨胀土渠道的安全监测示范工程，在示范工程上，进行长期的观测与成果整理分析，提出中线干线工程自动化安全监控的支撑技术与建议方案。

2.取得专利、标准及专著等成果

（1）在国内外期刊或会议上发表科技论文 7 篇。

（2）取得 3 项实用新型专利：拉线式观测柜（201420715978.1）、变位式土体分层沉降变形监测系统（201420715885.9）、水平式双向变形监测系统（201420717019.3）。

（3）培养研究生 4 人，其中博士研究生 1 人。

第三节　主要技术研究成果的推广应用

一、膨胀土技术研究

南水北调中线工程膨胀土和高填方渠道建设关键技术研究与示范项目关键技术设置的 7 个课题，所取得的研究成果，已部分应用于南水北调中线工程初步设计、招标设计阶段的设计工作以及施工中，对南水北调中线膨胀土（岩）渠道边坡的优化设计具有重要作用。同时，该成果对于推动膨胀土理论的发展，解决工程设计和建设中的膨胀土（岩）问题具有重要的指导意义。现场快速判别技术已在全线膨胀土（岩）地段渠道工程的施工中应用，已写入南水北调中线干线工程建设管理局印发的《南水北调中线一期工程总干渠渠道膨胀土处理施工技术要求》和《南水北调中线一期工程总干渠渠道膨胀岩处理施工技术要求》。

（一）南水北调中线工程全线推广应用

以南水北调中线工程为背景开展相关研究，研究取得的成果具有极强的针对性和应用价值，可直接应用于南水北调中线工程全线的设计和施工中。部分成果已经进行成功应用，并取得较好的效果。例如：水泥改性土已作为膨胀土渠坡浅层失稳处理的主要设计方案；膨胀土（岩）等级的快速鉴别方法已作为指导全线大面积施工复核的主要方法，并编写了施工技术要求。

（二）其他工程的推广应用

对膨胀土（岩）问题的创新性研究成果包括地质勘探、土性试验、稳定性分析计算、渠坡处理技术、渠坡设计和施工等方面，掌握了膨胀土（岩）问题的实质，基本解决膨胀土（岩）边坡治理各个环节中的关键问题，可应用于解决公路、铁路、机场、港口、工民建等行业相关的膨胀土（岩）问题，具有良好的应用前景。

（三）效益分析

1. 经济效益

通过课题实施，首次提出的地质结构力学强度分带特性及其对边坡稳定的影响，消除了以往在膨胀土（岩）边坡稳定认识上的误区和处理中的隐患；研究并首次明确提出膨胀性对边坡破坏的作用和机理，从根本上回答了处理措施的作用机理和针对性；大大保障了工程的安全，减少或节约了工程运行期间的处理费用，经济效益显著。

据不完全统计，我国有 3 亿以上人口生活在膨胀土（岩）分布地区，每年因膨胀土（岩）造成的经济损失达百亿元；全世界每年因膨胀土造成的损失至少在 50 亿美元以上；研究成果的推广应用，将带来显著的经济效益。

2. 社会效益

研究成果对南水北调中线膨胀土（岩）渠坡的优化设计具有重要作用，为保障南水北调中线工程安全提供了支撑和依据；同时，该成果对于推动膨胀土理论的发展，解决工程设计和建设中的膨胀土（岩）问题，减少膨胀土（岩）产生的灾害，具有重要的指导意义，社会效益显著。

3. 环境效益

研究并提出了利用开挖弃料的水泥改性土、土工格栅加筋、土工袋的全套处理技术，可直接替代换填非膨胀黏性土的处理措施，大大减少了取料大量占用耕地的环境影响，降低了工程对环境保护、水土流失等多方面的影响，环境效益显著。

二、丹江口大坝加高工程关键技术研究

（一）推广应用

课题提出的新老混凝土结合面的开合变化、受力状态的分析方法及安全评价方法，提出的防止结合面开裂的工程措施，以及新老混凝土结合面灌浆的可灌性、灌浆技术指标等，形成了一套保证混凝土大坝加高工程中新老混凝土结合质量的研究成果，已成功应用于丹江口大坝加高工程中，并取得了巨大的社会、经济和工程效益，具有较高的推广价值。

课题研发的局部接触非线性问题的组合网格法分析程序，研发的基于混凝土四参数等效动态损伤模型的计算程序，提出的生成时频非平稳人工地震动的新方法，均可在同类工程中推广运用。

课题研究所取得的关于高水头下坝基帷幕检测方法与手段、帷幕灌浆材料、复合灌浆方法、灌浆压力及快速施工工艺等成果，达到了节省投资、加快施工进度的目的，进一步推动了

防渗帷幕检测和高水头帷幕灌浆领域的技术发展。

（二）效益分析

1. 经济效益

丹江口大坝加高工程建设过程中，根据研究成果进行了大量的设计优化工作，节省工程投资约 2000 万元。其中：大坝贴坡混凝土结合面锚筋布置优化节省工程投资近 1200 万元；贴坡混凝土浇筑经方式优选，采用直接贴坡浇筑方式，简化了施工，节省工程投资约 300 万元；对河床坝段坝基防渗帷幕补强灌浆方案进行了优化，节省工程投资约 500 万元。

另外，根据课题取得的研究成果采取有效的新老混凝土结合工程措施和施工方案，贴坡混凝土施工时可将最高库水位维持在 152m，保证了大坝加高施工期间丹江电厂的发电效益。

2. 社会效益

课题中的研究成果已运用于丹江口大坝加高工程，采取了有效的新老混凝土结合工程措施和施工方案，如直接贴坡浇筑混凝土方案及减少锚筋布置等措施，简化了施工，缩短了工期，确保了混凝土大坝加高工程按期达到设计高程，有效地配合了枢纽工程度汛工作。2010 年入汛以来，汉江流域持续性的强降雨，丹江口水库超汛限运行，有效拦蓄上游洪水，极大地缓解了汉江中下游地区的防汛压力，避免了杜家台分洪，为确保汉江中下游平安度汛发挥了巨大的社会效益。

总之，课题研究成果已成功运用于丹江口大坝加高工程的设计与施工，保证了施工质量，确保了施工进度，保障了枢纽工程防洪度汛，产生了巨大的社会、经济和工程效益。针对丹江口大坝加高工程取得的关键技术研究成果，在同类工程中既有一般性也有特殊性，具有示范作用和推广价值。

三、复杂地质条件下穿黄隧洞工程关键技术研究

（一）推广应用

本课题研究成果均已成功运用于南水北调中线穿黄隧洞工程，也可供同类工程参考、应用：

（1）盾构隧洞拼装式管片环与预应力内衬组合为新型复合结构，为压力水工隧洞衬砌设计开辟了新途径。

（2）穿黄隧洞采用的薄衬砌、大吨位后张法预应力技术在 1：1 仿真模型试验成功验证，发展了隧洞预应力技术，可供同类工程预应力设计参考、应用。

（3）穿黄隧洞衬砌 1：1 仿真模型试验，其规模之大、仿真程度之高为水利行业首例，其模型设计、仿真技术、安全监测技术均可供同类工程参考、应用。

（4）新型盾构始发反力座和盾构到达气囊密封新技术可供同类工程参考、应用。

（5）已获国家专利局实用新型专利的"薄壁式矩形环锚测力计"，可供同类工程参考、应用。

（6）穿黄隧洞盾构始发井位于砂土地层，地下水位高，井深 50.1m，地下连续墙深 76.6m，为超深竖井，已成功建成。所提出的地下连续墙围护、满堂内衬加固和井底高喷加固

等技术措施，以及防渗灰浆墙、降水井、墙脚帷幕灌浆、地下连续墙接缝防渗等一整套防水措施；以及成功建成的先进施工技术与施工经验，可供同类工程参考、应用。

（7）盾构机在黄河河床覆盖层中，高水头、穿过全砂层、上砂下土层、砾石层、泥砾层、全黏土层等不同地层，长距离掘进 4250m，解决了高压舱换刀和古树、孤石处理等难题，完成了盾构机长距离单头掘进，贯通误差仅为 2.5cm。其先进的施工技术与成功的施工经验，可供同类工程参考、应用。

（8）基于穿黄隧洞工程施工实践和穿黄隧洞衬砌 1:1 仿真试验成果，经补充完善的《南水北调中线一期穿黄工程输水隧洞施工技术规程》（NSBD4—2006）可供同类工程参考、应用。

（二）效益分析

（1）南水北调中线一期穿黄工程为Ⅰ等工程，穿黄隧洞为 1 级建筑物，双线布置，单洞长 4250m，采用新型复合衬砌，外衬为拼装式管片环，内径为 7.90m，管片厚度 40cm，在盾构掘进过程形成；内衬为后张法预应力钢筋混凝土结构，内径为 7.0m，衬厚 45cm，标准分段长 9.6m。预应力通过张拉锚索形成，初步设计阶段审定单束锚索由 12 根 ϕ15.2 的钢绞线集束而成，锚索间距为 40cm，每个标准衬砌段共布置 24 束。通过穿黄隧洞衬砌 1:1 仿真模型试验研究，将锚索间距优化为 45cm，相应每个标准衬砌段只需布置 21 束锚索，约节省 1/8 预应力工程量，可节省工程直接投资约 2500 万元。

（2）在盾构机加长，无法布置常规反力架情况下，提出盾构始发反力座方案。即由环形支承墩、反力基座组成，并与竖井内衬、地下连续墙组成联合结构，共同为盾构始发提供反力的方案。由于所占空间小，满足了盾构机在竖井内安装、安全出发和正常掘进施工需要。避免了由于盾构机加长 2.5m 而造成竖井规模扩大、投资增加、合同变更等一系列问题，节省工程直接投资约 800 万元。避免了工期延误，为 2007 年竖井建成，穿黄隧洞下游线、上游线盾构先后成功提供了保障。此项研究成果可供同类工程参考应用，具有社会效益。

（3）针对隧洞环锚预应力长期观测需要，研制了薄壁式矩形环锚测力计，已获得国家专利局实用新型专利，并在穿黄隧洞安全监测中得到应用。

（4）盾构在 50.5m 的深基坑中，采取加固、防水综合措施，克服了高地下水、粉细砂带来的困难，始发成功；采取气囊密封防水新技术，顺利到达南岸竖井。

（5）《南水北调中线一期穿黄工程输水隧洞施工技术规程》（NSBD4—2006）经国务院南水北调办审查，批准为南水北调工程建设专用技术标准。穿黄工程开工后，通过穿黄隧洞施工成熟经验，以及穿黄隧洞衬砌 1:1 仿真试验研究成果，对规程的内容作了补充和完善，该标准对穿黄隧洞施工和全线贯通发挥了正确指导作用。

四、大流量预应力渡槽设计和施工关键技术研究

渡槽是南水北调中线工程的主要建筑物之一，其建设成败直接影响南水北调中线工程建设的成功与否。本课题研究成果系统地解决了南水北调中线工程上的大流量预应力渡槽设计和施工中的关键技术难题，并成功地应用于渡槽的设计和施工实践中，为渡槽工程的建设及安全运行提供了科技支撑和技术保障。同时，也确保了南水北调中线工程的顺利建设和安全运行，具有重要的科学意义以及显著的社会效益和经济效益。

（一）推广应用

课题研究成果已全面应用于南水北调中线工程大流量梁式渡槽工程设计及施工。

（1）编写的《南水北调中线大型梁式渡槽结构设计与施工指南》印发到相关设计、施工及管理单位，为大型渡槽的设计和施工提供参考和指导作用。完成了《南水北调中线一期工程总干渠初步设计梁式渡槽土建工程设计技术规定（试行）》（NSBD－ZGJ－1－25）修编，对统一技术标准和指导工程设计具有重要作用。针对湍河渡槽、沙河渡槽、双洎河渡槽及洺河渡槽等典型渡槽工程，开展了具体的研究及计算工作。课题研究成果为大型渡槽工程的设计和施工提供了新的结构型式、新的设计理论和新的施工技术、方法；对南水北调大型渡槽工程的设计和施工起着一定的指导作用；可优化渡槽结构型式及尺寸，节省工程投资；提高渡槽的设计和施工质量，增加渡槽结构的可靠性。

（2）"大型渡槽温度边界条件及荷载作用机理及对结构的影响研究""高承载、大跨度渡槽结构新型式及优化设计研究"研究成果已应用到设计和施工中。例如，对沙河、湍河和双洎河渡槽开展了温度荷载的分析计算，并提出了相应的预防温度荷载的可行措施；提出的多厢梁式渡槽新型结构及设计计算方法在南水北调中线大型渡槽工程设计中广泛应用；U 型槽身结构在湍河渡槽和沙河渡槽设计中应用；大型渡槽温度边界条件及温度应力计算方法、大型渡槽桩基优化方案及承载力计算方法已在中线大型渡槽示范工程湍河、沙河及洺河等渡槽设计计算中应用。

（3）"大型渡槽新材料，止水、支座等新结构研究"研究成果已应用到南水北调沙河、湍河大型渡槽工程中，可以提高渡槽在设计年限内的安全可靠性，降低运行管理与维修成本，具有显著的经济社会效益。部分新材料已实现产业化，研究成果在其他大型渡槽均可应用，推广应用前景广阔。

（4）"渡槽和槽墩支柱的抗震性能研究"提出的渡槽结构抗震新的计算模型和计算方法可为相关工程的设计提供参考，同时通过典型工程的计算，为相关典型工程的设计提供了相关有益的建议，如"渡槽中段的边墙下部位置拉应力相对比较大，应该注意在这些部位采取加强配筋"。同时，结合典型工程，对洺河渡槽的桩基设计，应用本项目组提出的成果对桩基布置方案进行优化设计。"减震措施研究"提出的减震支座已在渡槽的设计中得到运用。

（5）"渡槽施工技术及施工工艺研究，施工质量控制指标及控制方法研究"提出的渡槽结构设计方案和施工技术，已在南水北调中线工程渡槽设计和施工中得到全面应用。以南水北调中线工程总干渠大型渡槽湍河渡槽、沙河渡槽为研究的示范工程，结合其渡槽结构设计开展研究工作。湍河渡槽采用 40m 跨 U 型渡槽结构，采用造桥机式移动模架现浇施工工艺；沙河渡槽采用 30m 跨 U 型渡槽结构，采用预制架设施工工艺。

（6）"渡槽外部裂缝预防及补救措施，以及与此相关的新型涂料开发"研究成果，大流量预应力渡槽裂缝控制成套技术方案和保温及防渗材料可供南水北调渡槽工程设计、施工和运行管理参考。在设计方面，研究成果可用以探明容易开裂的部位和开裂风险，可直接供设计部门参考，优化设计；提出的开裂风险评估方法供设计部门在设计阶段评估设计方案，相关的成果在沙河渡槽和湍河渡槽的设计中得到了应用；在施工方面，提出的原材料选择方案、配合比优化方案和施工工艺可供施工单位直接采用，提出的温度场、湿度场和应力场的监控方案可供施工单位进行安全监控时采用，相关的成果已向渡槽施工单位推广；在运行管理方面，提出的空槽和通水运行期的开裂风险和预防措施，可供渡槽运行管理时参考。开发的保温和防渗材料均已实现了产业化，将其应用到南水北调大型渡槽工程中，可以提高渡槽在设计年限内的安全可靠性，降低运行管理与维修成本，具有显著的经济社会效益。

（7）"大型渡槽的耐久性及可靠性研究"成果适用于南水北调大型渡槽等工程中，可以提高渡槽在设计年限内的安全可靠性，降低运行管理与维修成本。

（8）"大型预应力渡槽失效的破坏模式、破坏机理及对渡槽造成的危害程度，以及相应的预防及补救措施研究"的研究成果已在沙河渡槽设计中得到充分的运用。同时，所提出的关于预应力失效的预防措施和渡槽基础失效的预防措施可为南水北调中线工程特大型预应力混凝土渡槽设计和施工参考；体外预应力加固方法和钻孔后张有黏结预应力加固方法可作为部分预应力筋失效后的加固补救措施。

课题成果所获得的设计理论、新材料、新技术同样可应用于其他调、引水工程，以及其他工程中的大型渡槽设计和施工中。温度边界计算理论、动力计算方法、桩基计算方法、裂缝控制技术、保温及防渗新材料等也可应用于其他建筑物的设计和施工，课题成果具有广阔的应用前景。

（二）效益分析

课题成果给出的理论和技术体系，解决了南水北调中线大流量预应力渡槽工程设计和施工中遇到的重大技术问题，可优化渡槽工程设计，节约工程投资，消除工程隐患、保证了工期，为大流量预应力渡槽工程的建设及安全可靠运行提供了技术支撑，确保了南水北调中线工程的顺利建设和安全运行。课题成果具有显著的社会效益和潜在的经济效益。

五、大型渠道设计与施工新技术研究

（一）推广应用

课题的实施开创了一种全新的长距离调水工程规划、设计、施工新模式，研究成果已经广泛应用于南水北调东、中线工程建设中，发挥了重大社会、经济及生态效益，缩短了我国与国外在大型渠道设计施工技术领域的差距，填补了我国在大型渠道机械化成型技术装备设计制造、施工工艺和工程技术方面的空白，有力推进了我国水利科学技术进步。具体分述如下：

（1）"渠道边坡优化技术"研究成果，解决了大型渠道边坡稳定分析和边坡优化设计的关键技术难题，为大型渠道边坡优化设计提供了依据，可应用于大型渠道边坡稳定计算和边坡设计中。大型渠道边坡稳定分析方法和边坡优化技术的基本思想在南水北调东线济南至引黄济青段、鲁北段、两湖段等大型渠道边坡稳定计算和边坡优化设计中得到体现，为渠道边坡设计提供了重要的借鉴作用。

（2）"高水头侧渗深挖方渠段的边坡稳定及安全技术"研究专题提出的高侧渗条件下大型渠道边坡渗透变形控制技术，成功地解决了渠道高侧渗条件下施工和安全运行的关键技术难题，保证了渠道的安全运行，为大型渠道边坡设计提供了设计依据，可用于指导类似环境条件下高侧渗渠道边坡的工程设计、施工和运行管理。

（3）"渠道防渗漏、防冻胀、防扬压的新型材料和结构型式"研究专题成果已在穿黄河南干渠工程中得到了应用。

（4）"大型渠道机械化施工技术"研究专题研制的大型渠道机械化衬砌设备已实现了系列化、国产化（国产化率90％）、产业化。已在国内南水北调渠道、平原水库、灌溉渠道等工程建设中全面推广，并销售到巴基斯坦和委内瑞拉等国。

（5）"渠道混凝土衬砌无损检测技术"专题成果提升了我国渠道衬砌检测技术，保障了工程质量，填补了我国在该方面的技术空白。该技术还可以广泛应用于水利及其他工程的衬砌等质量检测、缺陷定位，消除工程隐患。南水北调工程建设规划东线全长近1800km、中线工程干渠全长1420km，是迄今为止世界上最长的调水工程，其中所需衬砌渠道就有1500多km。专题研究成果已在南水北调东线穿黄输水涵管、小清河输水涵管等多处区段衬砌施工质量检测中得到应用并取得良好的效果。

（6）"高性能混凝土技术研究"专题成果在东线穿黄工程中成功应用，混凝土的各项技术指标符合设计要求。

（7）"大型渠道清污技术及设备研制"专题成果已在南水北调东线一期工程和山东省胶东调水工程中应用。

（8）"渠道沿线生态环境修复技术"研究专题成果已在济平干渠工程中得到应用，渠道沿线大多数坡面实施了恢复和保护，重点区域的水土保持效果明显增强，水土流失强度普遍降低，水土流失量显著减少；污染严重区域水环境质量明显改善。

（9）"基于虚拟现实的长距离渠线优化与土石方平衡系统"专题成果已应用到南水北调东线山东段部分渠道工程设计中。

（二）效益分析

（1）提出的大型渠道边坡稳定分析方法在南水北调东线穿黄河南干渠工程中得到应用，南干渠长2.404km，渠道边坡1∶2，同初设阶段1∶2.5的渠道边坡相比，节省占地约42亩，节省土地费用124万元。

（2）"渠道防渗漏、防冻胀、防扬压的新型材料和结构型式"研究专题成果：

1）采用新型防渗、防冻胀材料以及新型防扬压措施设计的渠道结构型式，能够实现渠道机械化衬砌施工，提高混凝土衬砌效率40％～60％，并保证了渠道衬砌质量，为施工企业带来明显的经济效益。

2）采用XPS保温板作为渠道防冻胀保温材料，成本仅为8～10元/m²，而采用加筋EPS保温板作为防冻胀材料时，成本为15～20元/m²，采用XPS作渠道防冻胀材料，成本大大降低。

3）在渠道施工中采用新型防渗、防冻胀材料以及新型防扬压措施，渠道的使用寿命可大大延长，并可显著减少维修费用，确保输水渠道安全高效运行。

（3）"大型渠道机械化施工技术"研究专题研制的大型渠道机械化衬砌设备推广销售新增产值6660万元，新增利润1665万元，税金1132万元；与购买国外同类设备相比，节约设备购置费2.22亿元。目前第三世界国家纷纷兴修调水与灌溉工程，对该设备也有大量需求，有多个国家与项目组联系，确立了购置设备意向。该专题成果不仅填补了我国在大型渠道机械化成型技术装备的设计制造、施工工艺和工程技术方面的空白，保障了南水北调工程的顺利实施，全面提升我国大型渠道机械化成型技术水平，推进了我国水利和工程机械行业的科技进步和发展，而且产品出口国外，从而打破了国际市场上欧美发达国家在大型渠道机械化衬砌技术与设备垄断地位，形成了我国大型渠道衬砌设备在国际市场上的竞争力。

（4）"渠道混凝土衬砌无损检测技术"可以对渠道混凝土衬砌质量全面快速无损检测，该技术是消除渠道混凝土衬砌质量隐患的重要保证。

（5）"高性能混凝土技术研究"专题研究成果指导优化了穿黄工程 15 万 m³ 混凝土的配合比方案，为工程节约水泥约 7500t，改善了混凝土质量。以每吨水泥 300 元估算，降低工程造价约 225 万元。采用高耐久的高性能混凝土可以延长混凝土结构的服役期，减少后期维护费用。通过本项目研究，验证了机制砂在大型渠道工程中应用的可行性，仅在穿黄工程中就减少天然河砂采挖量约 9 万 t，具有显著的环境生态效益。

（6）"大型渠道清污技术及设备研制"专题研制的大跨度往复式清污机，有效地降低了土建工程和设备投资。经测算，18～20m 往复式清污机可比 4m 的同类清污机土建工程投资节省 25%～45%，设备投资节省约 40%～50%；16m 往复式清污机可比 4m 的同类清污机土建工程投资节省约 25%～38%，设备投资节省约 40%；12m 往复式清污机可比 4m 的同类清污机土建工程投资节省约 18%～30%，设备投资节省约 32%。往复式清污机既适用于倾斜安装也可垂直安装，设备安装最大限度地满足了工程总体布置的需要，同时缩短了闸墩长度。垂直安装与倾斜 70°安装相比，安装长度减少 36%，以高度 13m、洞口宽度 5m、闸墩宽度为 0.8m 计算，可缩短长度 4.68m，减少钢筋混凝土约 64m³，每孔工程造价降低 54400 元。

大型渠道清污技术及设备的研究、推广应用提高了我国大型清污设备的技术经济水平，推动了水工金属结构设计和制造行业技术水平的迅速发展，为大型水利水电工程、环保工程的兴建和安全运行提供了技术保障，为合理利用水利资源、节约能源、保护环境和生态平衡发挥积极的作用，产生显著的社会效益。

（7）"渠道沿线生态环境修复技术"研究专题成果的应用，对于渠岸增加植被覆盖度、改善水环境、绿化美化渠道沿线环境和改变区域小气候等方面将发挥显著的效益。生态渠岸带的构建改变了输水渠道沿线的水循环途径，可有效减少水土流失，其经济效益主要包括：渠岸带种植优质牧草、经济林等经济类植物增加的收入；植物措施对面源污染的净化、吸收作用而减少的土壤环境和水环境治理费用；渠岸带水土保持效应而削减的渠道清淤费用和岸坡维护费用；开发渠岸带旅游资源所获得的效益等。干根网沿防洪堤坡已形成了一道茂密的防护林带，不但固土护坡效果显著，且适宜粗放管理，防护成本低；生态渠岸带已成为景观长廊、绿色走廊和清水长廊，生态效益十分显著。另外渠岸带经济林和牧草效益也十分明显。以渠岸带白蜡为例，按 10m 宽度计算，20 年后每 100m 白蜡林可收入 12 万元左右；以紫花苜蓿为例，按照苜蓿干草 1.2 元/kg 计算，每亩可增加收入 480～876 元。

（8）"基于虚拟现实的长距离渠线优化与土石方平衡系统"专题开发的低层的图形平台，打破了传统类似系统需要基于 AutoCAD 等图形平台进行二次开发的模式，使得系统拥有完全自主权，使得设计可以直接在系统低层进行，提高了系统的设计效率。该系统的设计思想和关键技术可以应用到类似的图形交互设计系统中，提高我国的可视化开发的能力和水平。

六、大型贯流泵关键技术与泵站联合调度优化

（一）推广应用

课题部分研究成果已应用于南水北调东线工程淮阴三站、台儿庄泵站、金湖站、泗洪站等泵站工程前期工作和建设，并在江苏省通榆河北延等其他水利工程中得到推广。具体如下：

（1）课题研究成果推荐的大型贯流泵机组结构型式已经用于南水北调东线工程金湖泵站和泗洪泵站的水泵机组初步设计选型和招标设计方案中。

（2）开发了具有自主知识产权的大型灯泡贯流泵站静动力及流固耦合有限元分析软件申报软件著作权两项［南水北调泵站有限元分析软件（PumpFEM V1.0）、水力机械流激振动有限元分析软件（FIVAHMFEM V1.0）］，已在南水北调东线淮阴三站、金湖站等的结构受力分析设计、抗振安全度评价中得到具体应用，为设计人员的结构设计提供直接的数据支持，同时还在其他类似的泵闸工程中得到推广应用。所申请的发明专利"大型灯泡贯流泵房减振方法"，依托南水北调东线淮阴三站，进行了大型灯泡贯流泵房减振措施设计探索。

（3）水泵选型合理性评价体系的研究成果已经运用于指导南水北调东线工程泵型选择设计。例如，徐州市水利建筑设计研究院在开展睢宁二站水泵选型、结构型式的确定时参照本评价建议选择合适的水力模型、叶片调节方式及轴承结构型式等；淮安市水利勘测设计研究院有限公司在进行淮阴三站调配贯流泵选型设计过程中，参照本评价结论重新选择水力模型，工况调节方式、传动方式和轴承的结构型式，最终采用变频调速、直接连接的传动方式，改滑动轴承为滚动轴承，为与变频调速相适应调整了电动机的配套功率，2009年12月的试运行结果表明，该泵站运行稳定、机组效率高。

（4）开发的装置模型已用于南水北调工程金湖站和泗洪站初步设计及招标设计水力模型选择及装置设计。水泵装置模型GL-2008-01已用于江苏省通榆河北延送水工程建设（8台直径2000mm的贯流泵）；水泵装置模型GL-2010-03已用于江苏淮安楚州防洪控制工程里运河泵站的设计与模型试验。

（5）在国际招标采购水泵机组设备中，根据研究成果采取国外厂商与国内厂家合作方式，有利于引进设备的国产化和技术的消化吸收。该引进方式已应用于南水北调东线灯泡式贯流泵机组招标采购中。内置式超声波流量计和进水流道差压测流法是两种可行的低扬程大泵流量测试方法，已用于南水北调东线泵站水力监测系统设计。大泵稳定性检测装置已在山西大禹渡泵站二级站的2号机组和11号机组进行应用，并将继续应用于南水北调东线泵站稳定性与故障的在线或离线检测。

（二）效益分析

（1）本课题是紧密围绕南水北调东线工程泵站建设中亟待解决的问题开展研究工作，所取得的成果在南水北调工程中取得显著的效益。南水北调工程泵站年运行都在5000～8000h，通过灯泡贯流泵结构优化、高性能贯流泵水力模型的开发和流道型式优选及水力设计优化，能够提高泵站平均效率5%以上，每座泵站按照装机容量8000kW、年平均运行6000h计算，年节省电能2400MW·h。

（2）通过优化灯泡贯流泵结构，提高机组的运行可靠性，能够提高供水的保证率，降低检修维护费用。

（3）将不同水平年沿线供水区用水户水资源优化配置方法、梯级泵站复杂系统的站内、站群、站内-站群-级间联合运行优化方法（包括实时优化操作准则、软件系统），应用至南水北调东线工程，可为工程全面开展水资源优化配置与科学调度提供技术支撑。

七、超大口径 PCCP 管道结构安全与质量控制研究

（一）推广应用

课题取得的研究成果全面成功运用于南水北调工程。在南水北调 PCCP 工程中使用了超大口径 PCCP 专用新型承插口、PCCP 阴极保护测试探头和 PCCP 阴极保护与钢丝锚固一体组件等新产品；高柔韧性、高抗裂性与高耐久性的承插口接头砂浆和 PCCP 管芯用高性能、超低总碱含量混凝土等新材料；PCCP 外壁防腐涂层机械化自动喷涂工艺、自装卸管道运输车就位、小龙门起重机对接的超大口径 PCCP 管线沟槽安装工艺和隧洞驮管车运输安装、PCCP 管壁做模具、自密实钢筋回填的超大口径 PCCP 管线洞内安装工法等新工艺。课题取得的研究成果全面成功运用于南水北调工程设计、建设和试运行中，对我国 PCCP 相关规范的制定具有指导意义，对 PCCP 在我国的应用起到推导作用。

课题取得的研究成果是南水北调 PCCP 工程的技术支撑，提出的有关超大口径 PCCP 设计、制造、安装及验收等规程标准对建设过程质量控制起到了技术支撑作用，有效保证了工程建设质量；对管芯裂缝、预应力松弛和预应力钢丝断丝进行的承载力影响评价，为指导本工程中采用的管芯裂缝管、露天放置 360 天成品管道及所有管道在运行期的维护、监测提供了科学依据；课题提出的适用于 PCCP 的牺牲阳极阴极保护的成套技术，不仅证明采用的设计方案对 PCCP 管线起到全面保护，还可监测管线在运行期的腐蚀情况；根据取得的糙率系数 n 值，可优化调度方案；进行了超大口径 PCCP 管现场原型试验、PCCP 管线阴极保护现场试验、超大口径 PCCP 制造、运输、安装、吊装现场试验和 PCCP 原材料、混凝土、砂浆室内试验，这些试验所取得的试验数据，对深入研究和推广应用 PCCP 有极高价值。

（二）效益分析

本课题依托于南水北调 PCCP 工程建设，研究成果通过主设计单位直接转化为设计文件，应用于工程建设，为工程建设按计划实施，保证工程建设质量及施工进度要求，提供了强有力的保障。该工程于 2008 年 4 月通过临时通水验收，6 月充水，2008 年 8 月至 2009 年 9 月正式向北京市区应急供水 3.33 亿 m³，极大缓解了首都北京的供水紧张形势，其政治意义及社会效益极为重大。

研究成果应用于南水北调工程建设，取得了明显的技术经济效益。南水北调 PCCP 工程采用了国际招标的方式，前来投标的美国著名 AMERON 公司的投标价为 31 亿元人民币，而中国河山、山东电力、新疆国统三家公司的中标价格仅为 12.5 亿元人民币。采用国内制管厂家，自主研发工艺及设备制造 4m 超大口径 PCCP，节约投资 18.5 亿元人民币。通过试验确定和使用的龙门起重机安装超大口径 PCCP 管沟槽安装法比国际通行的大型履带吊车安装工法节省设

备费用约 2 亿元，安装工作面成倍增加，对确保工期起到关键作用。

PCCP 作为一种性能优良的管材，在水利、电力、城市给排水方面有着多种用途，在国外发达国家已得到长期广泛的应用，我国的应用时间短，但发展迅速。随着我国城市供水、工业用水、农田水利建设的快速发展，以及输水安全的考虑、对环境和土地资源的保护等，长距离、大流量有压输水中必将成为发展的主流，PCCP 将得到更为广泛的运用。南水北调中线工程北京段 4m 直径 PCCP 的研制和应用，拉开了超大口径 PCCP 在我国应用的序幕，大力推动了我国 PCCP 的发展。4m 超大口径 PCCP 的研制并成功地在南水北调工程中应用，证明我国的混凝土压力管制造水平已进入国际先进行列，大大地增加了国内制管企业在该领域里的竞争能力，为国内制管企业承接海外工程创造了有利条件。

第四章　国务院南水北调办项目和
项目法人科技项目研究管理

第一节　国务院南水北调办项目

一、南水北调工程项目管理技术研究及应用

（一）项目目标及任务

1. 南水北调工程专用技术评价标准研究及应用

（1）目标。对南水北调工程技术评价标准总体框架进行分析、研究，提出南水北调工程技术评价的总体思路和构想，在时间、空间及环节上对工程技术评价标准提出规划。

（2）任务。根据南水北调工程技术评价总体规划，结合工程建设管理实际，编制具有适应南水北调工程建设特点和需要的专用工程技术评价标准和办法，作为南水北调工程技术评价标准体系的基础性、政策性文件。针对南水北调工程的具体特点和要求，对建设中的一些专项工程，如长线调水渠道、倒虹吸、渡槽、泵站工程等，进行技术评价标准的研究，编制南水北调专项工程技术评价标准及方法。

2. 南水北调工程管理技术研究及应用

（1）目标。为规范南水北调工程的建设管理体系，理顺建设管理机制，控制工程建设目标，需要在南水北调工程中进行或引进先进管理技术方面的研究。通过先进管理技术（如Partnering管理方式等）的引进，尽可能地协调各方面的关系和利益，使各方相互信任、互相理解彼此的期望和价值以及对共同目标的贡献，通力协作，达到多赢。通过研究先进的工程建设进度控制技术，将南水北调工程建设进度进行数字化监控，采用延期分析和识别技术，正确处理各种不同的延期事件和责任划分，采用工期优化技术，进一步改善对建设工期的分析和控制。

（2）任务。南水北调工程建设管理体系已经确立，并在工程建设中采用项目法人直接管

理、委托制和代建制三种建设管理模式，其中涉及中央和地方、调水区和受水区、参建各方的关系和利益，整个建设管理系统是一个巨大系统。南水北调工程建设工期紧、任务极其繁重。由于建设体系的革新性和复杂性，在工程建设过程中难免会出现各方面的利益冲突和管理矛盾，从而增加项目管理协调难度，影响工程建设进程。南水北调工程为一个整体的效益性工程，任何一个控制性项目不能按期完工都会直接影响工程整体调水效益的实现，其影响不同于一般性工程项目目标控制；而每个工程项目又是由项目法人、设计、监理、施工、设备采购供应单位，以及地方有关方面的参与下进行，管理工作各个环节的延误都会对工程总体目标带来不利影响。

（二）项目研究主要内容

1. 南水北调工程专用技术评价标准研究及应用

（1）《南水北调工程验收管理规定》编制和研究。在水利水电行业现行《水利水电基本建设工程单元工程质量等级评定标准》的基础上，根据国家有关部门对验收类技术标准改革的总体要求，结合南水北调工程的特点并吸收其他行业相关技术标准的先进经验，编制渠道工程、水工建筑工程（含倒虹吸）、水工隧洞工程、泵站工程、金属结构工程、机电设备工程、自动化监测及控制工程、管理设施工程、水土保持工程等质量检查与验收技术导则。

（2）《南水北调工程渠道混凝土衬砌机械化施工技术规程》编制。其主要内容是：制定切合实际的渠道混凝土机械化成型施工技术规程，在南水北调工程建设中推广应用，为其他行业混凝土成型施工提供借鉴。规程对渠床压实整平、排水减压系统、防冻保温、防渗膜料、砂砾石等垫层和混凝土配比设计、原材料技术要求、混凝土防渗摊铺机械施工技术、质量管理及验收标准、安全生产等问题作出规定，使建设、设计、施工、科研、监督、监理单位有章可循，确保我国渠道混凝土衬砌建设质量稳步提高。

（3）《南水北调工程建设验收安全评价规则》编制。根据国家有关规定，对于工程安全风险较大的建设项目在验收前应当进行验收安全评价。编制《南水北调工程建设验收安全评价规则》主要用于南水北调工程中风险性较大的工程项目（水库、隧洞、倒虹吸、高边坡开挖、高填方等）验收前安全评价。

（4）《南水北调工程建设验收遗留问题处理规则》编制。该规则将作为南水北调工程验收管理规章制度的纲领性文件。内容包括：总则、施工合同验收遗留问题处理、专项验收遗留问题处理、工程项目完工验收遗留问题处理、竣工验收遗留问题处理、附则等。

（5）《南水北调工程建设验收程序及规范性文件导则》编制。其主要内容是对《南水北调工程建设验收管理办法》进行技术性的细化，从技术管理层面上规范验收行为以及行为结果，保证验收工作的质量。

（6）《南水北调工程建设质量监督导则》编制，其主要内容是为了加强工程建设质量的管理，特别是加强质量监督管理，明确和规范政府质量监督行为，确保工程质量，急需根据南水北调工程建设管理特点，建立一套建设行为质量监督、工程质量评价及监督技术资料收集整理等监督项目的指标体系。施工质量监督管理是工程建设项目质量管理工作的重要组成部分之一。项目的任务为根据国家有关质量监督法规和现行质量监督规章制度，结合南水北调工程管理特点和要求，编制一套科学、合理、实用的质量监督的项目，规范和指导各级质量监督站、质量监督项目站和巡回抽查组质量监督工作，作为南水北调工程质量监督管理的措施和依据。根据国家有关质量监督法律法规规章和现行的工程质量监督管理有关规定，以及《南水北调工程建设管理若干意见》和《南水北调工程质量监督管理办法》，从南水北调工程建设特点和工程质量监督管理的要求出发，在广泛调查、搜集大量有关资料的基础上，分析、研究、设计出一套科学、合理、实用的南水北调工程建设质量监督项目体系，为南水北调主体工程质量监督管理和规范质量监督行为提供参考，并为工程完工后的工程质量评价工作提供支撑。

（7）《南水北调工程施工质量检查管理规定》研究编写。为了加强工程建设质量的管理，特别是加强施工质量检查管理，明确质量检验和评定方法，规范责任主体质量管理行为，确保工程质量，急需根据南水北调工程建设管理特点，建立一套涉及建筑市场准入条件、施工质量保证措施、建设实施各环节的质量检验、质量评定及工程验收、施工技术资料收集整理等内容的施工管理规定。

施工质量检查管理是工程建设项目质量管理工作的重要组成部分，是一项技术基础工作。项目的任务就是根据国家有关质量法规和现行质量规章制度，结合南水北调工程管理特点和要求，编制一套科学、合理、实用的施工质量检查管理办法，作为南水北调工程质量管理的依据和措施。

2. 南水北调工程管理技术研究及应用

（1）南水北调工程中引进先进管理方式的研究及应用。项目管理需要解决的问题分析、项目引入先进管理方式的预期效用和价值分析、研究适合我国法律法规框架的实施先进管理方式的承包商选择模式，以及从先进的管理方式视角研究现行南水北调工程建设施工合同条件的风险与合作机制。

（2）南水北调工程建设进度控制技术研究及应用。南水北调工程进度数字化管理系统研究及应用和南水北调工程工期延误及工期优化分析处理技术。

（3）南水北调工程建设程序化管理研究及应用。南水北调工程项目建设特点、组织管理和建立程序管理体系的需求分析，大型建设工程项目程序化管理经验调研，提出南水北调工程程序管理体系的思路，建立其框架结构，研究确立南水北调工程以程序为依据的程序化管理体系，通过一整套不断改进完善的程序来规范建设管理活动。

（4）南水北调工程质量监督管理的分析研究。主要是结合我国工程质量监督工作现状及存在的问题，建立适合南水北调工程建设特点的质量监督管理体系和制度：充分体现工程建设管理方面的改革和发展要求，研究出能理顺良好建设管理秩序、让各主体依法独立开展工作、保证工程质量的创新思想；体现南水北调工程的具体特点和操作要求；明确质量监督的具体方式和工作内容。

（三）项目研究取得的主要成果

1. 南水北调工程验收管理规定编制

编制完成南水北调工程验收管理规定，内容包括：总则，施工合同验收，专项验收与安全评估，设计单元工程完工验收，部分工程完工（通水）验收，验收责任，工程移交，附则。

2. 渠道混凝土衬砌机械化施工技术规程编制

编制完成了渠道混凝土衬砌机械化施工技术规程，内容包括：总则，术语，施工准备（编制施工技术方案、混凝土拌和系统设置、混凝土运输配置、工地试验室），衬砌机械化施工设备（设备选型与配置、设备安装调试与检查验收、设备运行操作与保养维修），衬砌基面处理（永久排水设施、削坡、垫层、防渗层及保温层铺设），衬砌机械化施工（工艺流程、基准线设置、原材料与混凝土配合比选择、混凝土拌和混凝土运输、生产性施工检验、振动滑模衬砌机坡面施工、振动碾压衬砌机坡面施工、渠底混凝土施工、抹面压光、特殊气候施工），混凝土养护，混凝土伸缩缝施工，安全文明生产，混凝土芯样强度试验（资料性附录），混凝土拌和物水胶比分析试验（资料性附录），混凝土强度评定标准（资料性附录），规程用词说明，条文说明。

3. 南水北调工程建设验收安全评价规则编制

编写了南水北调工程建设验收安全评价规则，内容包括：总则，一般规定，安全评估的组织，工程形象面貌评估，工程防洪安全性评估，工程地质条件评估，土建工程安全性评估，金属结构与机电设备安全性评估，安全监测有效性评估，工程总体安全性评估，安全评估工作大纲格式，安全评估自检报告格式，安全评估报告格式，安全评估所需资料目录，附加说明。

4. 南水北调工程建设验收遗留问题处理规则编制

编写了南水北调工程建设验收遗留问题处理规则，内容包括：总则，工程验收遗留问题确定原则，工程验收遗留问题处理原则，附则。

5. 南水北调工程建设验收程序及规范性文件导则编制

编写了南水北调工程建设验收程序及规范性文件导则，内容包括：总则，施工合同验收（一般规定、验收程序的基本要求、分部工程验收、单位工程验收、合同项目完成验收），阶段验收［一般规定、泵站机组启动验收、水库（水闸）工程蓄水验收、工程通水验收］，专项验收与安全评估，设计单元工程完工验收（一般规定、技术性初步验收、完工验收、工程质量抽检），工程移交与工程完工证书（工程移交、申请工程完工证书），监督与管理，补充部分。

6. 南水北调工程质量监督导则编制

编写了南水北调工程质量监督导则，内容包括：总则，质量监督机构的职责，质量监督的内容，质量体系与行为的监督，工程实体质量的监督抽查，工程验收的质量监督，质量监督检查结果的处理，质量监督信息，质量监督资料的管理及附录。附录包括：质量监督（巡回抽查）计划编写大纲、质量监督工作常用表格格式、质量监督报告编写大纲、质量监督巡回抽查报告编写大纲、质量监督简报编写的主要内容及编制要求、质量监督资料分类、标准用词说明。

7. 南水北调工程施工质量检查验收规定编制

编写了南水北调工程施工质量检查验收规定，内容包括：总则，施工质量检查的基本规定，施工质量行为检查，工程实体质量检查，施工质量文件及资料检查，附则等。

8. 南水北调工程建设引进先进管理方式——合作管理（Partnering）应用研究

为南水北调工程提出了 Partnering 管理方式工作流程，并制定具体的实施方案；拟定了南水北调工程代建项目建设管理合同范本；建立了南水北调工程代建制管理评价体系；通过问卷调查分别识别出的南水北调工程延期和工程超支的主要影响因素，绘制了南水北调工程延期和工程超支的主要影响因素鱼刺图。

9. 南水北调东线一期工程大运河历史文化环境保护与建设研究

编制了综合报告、总报告、分报告及本成果展示系统软件，其中分报告主要内容包括：文化景观保护与发展研究、水系统与水环境研究、聊城大运河历史文化环境的保护与发展、GIS技术支持系统研究报告、防洪规划决策支持系统研究、案例分析和成果展示系统介绍。

（四）研究应用与推广

（1）在"《南水北调工程验收管理规定》编制和研究"子课题基础上，2006年3月28日，国务院南水北调办印发《南水北调工程验收管理规定》（国调办建管〔2006〕13号），将其发布实施。

（2）在"《南水北调工程渠道混凝土衬砌机械化施工技术规程》编制"子课题基础上，2006年10月13日以《关于发布〈渠道混凝土衬砌机械化施工技术规程〉（NSBD5—2006）的通知》（国调办建管〔2006〕104号）将其发布实施。

（3）在"《南水北调工程建设验收安全评价规则》编制"子课题基础上，国务院南水北调办以《南水北调工程验收安全评估导则》（NSBD9—2007）将其发布实施。

（4）在"《南水北调工程建设验收遗留问题处理规则》编制"子课题以及"《南水北调工程建设验收程序及规范性文件导则》编制"子课题基础上，2007年11月27日，国务院南水北调办以《关于发布〈南水北调工程验收工作导则〉（NSBD10—2007）的通知》（国调办建管〔2007〕149号）将其发布实施。

（5）在"《南水北调工程建设质量监督导则》研究编写"子课题以及"《南水北调工程施工质量检查管理规定》研究编写"子课题基础上，2010年3月，国务院南水北调办以《关于发布〈南水北调工程质量监督导则〉的通知》（国调办建管〔2010〕20号）将其发布实施。

二、南水北调中线一期工程长距离调水水力调配与运行控制技术研究及应用

（一）项目目标与任务

1. 目标

研究和优化中线长距离调水工程的调水能力和水力调配，保证输水系统的最优化。

2. 任务

（1）开展总干渠设计水头与输水能力问题研究，做好渠线纵坡及平面布置的优化设计，保证渠道达到设计的输水能力，能够按时按量供水，必须对渠道糙率系数和设计水头，以及沿线交叉建筑物的局部水头损失，作进一步研究论证。正确预测渠道的水力特性，特别是水头损失，这不仅是优化渠道设计和提高供水可靠性的前提，而且可以为干渠输水的自动监测和水量的调度提供定量依据。

（2）开展总干渠沿线的非恒定流特性与输水过程稳定性研究，在供水发生变化时，从渠首泄放出的水流应尽可能在短的时间内达到各用户的取水口，这要求总干渠的响应时间越短越好，而这一系列控制动作是与渠道水力学响应密切相关的，必须通过对渠道的非恒定水流运动过程进行水动力学模拟，检验在渠道系统设计工况下以及调度运行中流量实时调度问题，控制建筑物的合理开启次序和开启程度，合理控制水流的波动范围，保证整个渠道系统的安全和稳定运行。

（3）开展冬季冰期的输水安全和冰害防治问题研究，以实现冰盖下输水。但能否通过流量和流速调控形成连续的冰盖，如何保护好已形成的冰盖，以及冰盖消融期出现的流冰可能引起的凌汛灾害，均是值得进一步研究的冰期输水安全问题。

（4）开展调水工程的优化运行问题研究，保证这样一个复杂的系统安全可靠地运行，在水量的优化调度方案确定之后，能够正确地实施该方案，做到供水及时，调蓄有序，无弃水或少弃水，并使整个系统运行稳定是成功输水的重要体现。中线调水规模大，沿线虽有一些水库可供调蓄，但缺乏在线的足够的调蓄工程。采用先进的渠道自动运行控制方式，充分利用渠道自身的可利用调蓄容积，是解决中线实时运行调蓄问题的有效途径。

（二）研究的主要内容

1. 南水北调中线工程电子渠道

主要目的是建立一个中线南水北调工程电子渠道，作为研究输水系统水力过程的基础平台，与其他仿真系统的最大区别，是本电子渠道在一般三维仿真场景的基础上，以表现和模拟渠系水流的运动和传输过程为目标，在真实再现水流运动过程的基础上，研究不同设计参数和运行方案对水流过程的影响，在借助可视化手段直观表述和再现问题本质的基础上，研究中线工程长距离调水量和水力过程中的风险表现形式和对策。

2. 典型渠段和控制工程实体模型试验

由于南水北调中线工程输水渠道规模庞大，水流的运动和传输过程极为复杂性，存在诸多理论上尚未解决的影响渠道调水量和水力调配的水力学问题，需要利用实体比尺模型开展专门的研究。

3. 各渠段输水能力及设计水头校核

主要目的是基于上述试验研究结果，在已知各水力参数和运行条件之下，校核总干渠各渠段和整个输水系统的设计水头。通过研究渠道糙率系数和沿线交叉建筑物局部水头损失的可能变化及其对渠道水力特性的影响，分析各渠段是否能够有足够的水头，以保证渠道能达到设计的输水能力。

4. 输水过程的响应与稳定性分析

通过对中线输水系统的水流运动与传输过程的研究，分析水流在传播过程中对各种控制的响应时间和水流波动范围，分析总干渠对水流的调蓄作用，检验渠道设计参数和运行模式的合理性，以便保证整个渠道输水系统的高效和稳定运行。

5. 总干渠冬季输水安全与风险分析

分析总干渠冬季输水的冰情产生、发展变化规律，以及可能发生的冰害对输水工程的安全和输水能力的影响。研究内容包括如下几个部分：国内外冰期输水渠道冰情原型观测资料分析、干渠冬季冰期输水过程的数学模拟、干渠冬季冰期输水的风险分析、冬季输水冰凌及冰坝威胁的防范措施。

6. 全线水头的优化分配与水流过程的调控

针对不同的设计输水与分水方案，分析不同渠段和控制建筑物的水力参数，比较输水系统对设计要求的满足程度，研究不同渠段水头分配和渠道断面参数调整的可能性，探讨全线水头的最优分配方案和水流调控措施，使输水系统在达到按时按量输水目的的同时，系统的稳定性和可控性达到最优。

（三）研究取得的主要成果

利用 TGIS 平台建立了南水北调中线一期工程信息数据库，完成了长距离输水渠道阻力试验、穿黄隧洞试验、西黑山分水口试验和惠南庄泵站水力特性试验等 4 个水工模型试验，进行了输水能力及水面线校核，进行了输水过程的响应分析，进行了冬季冰期输水研究，进行了优化调控措施研究，提出了关于渠道沿程糙率取值论证及对保证渠道糙率的施工要求，提出了穿黄工程设计施工及运行的建议，提出了惠南庄泵站的模型试验成果应用的建议，提出了关于输水能力及水面线复核成果应用的建议，提出了关于渠道非恒定流响应参数对后期运行的建议，提出了关于冰期输水安全与风险分析成果应用建议，提出电子渠道成果应用的建议。

（四）研究应用与推广

在"南水北调中线一期工程长距离调水水力调配与运行控制技术研究及应用"课题研究成果基础上，国务院南水北调办以《关于应用"南水北调中线一起工程长距离调水水力调配与运行控制技术研究及应用"课题成果的通知》（国调办建管〔2008〕5 号）将该成果转发中线建管局后，中线建管局又以《关于应用"南水北调中线一期工程长距离调水水力调配与运行控制技术研究及应用"研究成果的函》（中线局技函〔2008〕18 号）将成果转发长江水利委员会长江勘测规划设计研究院，应用到南水北调工程设计中。

三、南水北调东线一期工程低扬程、大流量水泵机组技术研究及应用

（一）研究目标与任务

1. 目标

水泵运行情况对调水经济效益产生直接及深远影响，必须对水泵的考核指标（包括性能指标和可靠性指标）进行深入研究，过高的指标不符合国情及科学实际，过低的指标不能保证机组的安全高效、运行，通过对国内外的泵站及水泵技术现状进行充分地调研和分析，必须进行试验研究，以科学合理地确定考核指标，提出相应对策和措施，提高南水北调工程运行效益。

2. 任务

进行低扬程、大流量水泵机组设备及制造技术的引进与开发，重在积极引进消化吸收国外先进的加工工艺，严格加工制造过程的技术监督与管理，做到精益求精。通过对南水北调东线泵站工程几百台大型水泵的加工制造，使得我国水泵行业的制造能力与水平从整体上得到较大提高。提高泵站群的整体技术经济性，保证工程质量，对南水北调水泵采购、监造、安装、验收工作提出指导性意见。

（二）研究的主要内容

南水北调东线一期工程低扬程、大流量水泵机组技术研究及应用主要内容有：研究编写《南水北调水泵工程采购、监造、安装、验收指导意见》、研究南水北调工程低扬程、大流量水泵技术经济考核指标和水泵机组设备及制造技术的引进与开发方面的研究。根据泵站的布置形

式及水泵特征，通过试验、测试验证，确定水泵的考核指标。

（三）研究取得的主要成果

1. 《南水北调泵站工程水泵采购、监造、安装、验收指导意见》的编制

编制了《南水北调泵站工程水泵采购、监造、安装、验收指导意见》，内容包括：总则，水泵采购，采购方式和范围，标段划分，招标文件，评标，水泵监造，水泵安装，水泵验收，附则等。

2. 南水北调东线一期工程低扬程大流量水泵机组技术研究及应用

提出了南水北调东线一期泵站工程有必要进行大型灯泡贯流泵机组设备及技术引进、采用国内生产厂家与国外生产厂家组成联营体投标的招标方式，水力设计、结构设计国外厂家承担，关键部件包括水泵叶轮（包括叶片及密封、轮毂）、叶片调节机构、变频调速装置（功率大于 2500kW）、水泵导轴承和密封件、减速齿轮箱的建议；提出原型水泵机组装置性能评价；提出南水北调东线一期立式轴流泵站与贯流泵站原型水泵及机组装置效率指标；提出南水北调东线一期泵站工程原型水泵机组振动、噪声评价指标（额定转速、正常工况）；提出水泵流量测试方法优先采用内置式超声波流量计；提出水泵机组装置性能评价工作要求做到客观公正性与科学准确性；提出南水北调东线一期工程泵站现场测量精度和测试误差要求。

3. 南水北调东线一期工程低扬程大流量水泵装置水力特性、模型开发及试验研究

完成了 2 套贯流泵装置（4 个水力模型）模型开发；建立了基于简化三维流动模型及面元法平面叶栅造型方法设计轴流泵叶轮，进一步提高了设计的质量和准确性，完善了低扬程水泵设计理论和方法；通过开发灯泡段参数化实体造型软件，结合 CFD 分析，基本实现了贯流泵装置的多工况自动优化设计；通过设计厚度和拱度分布规律适合水力机械特点的翼型，叶片在轮毂侧前伸、在轮缘侧后掠，提高了效率和抗汽蚀性能，扩大了高效稳定运行范围；考虑轴流泵进口预旋、轮毂、轮缘对流动的影响，叶片出口采用非线性环量分布，减小了径向流动，改善了小流量区域的不稳定性；利用 CFD 对贯流泵及其装置内部流动进行了数值模拟；开发的灯泡段参数化实体造型软件可运用到贯流泵设计中，也可应用于其他类型泵站如竖井贯流泵、开敞式轴流泵的优化设计中。

（四）研究应用与推广

在"《南水北调泵站工程水泵采购、监造、安装、验收指导意见》的编制"子课题基础上，2005 年 4 日，国务院南水北调办印发《关于发布〈南水北调泵站工程水泵采购、监造、安装、验收指导意见〉（NSBD1—2005）的通知》（国调办建管〔2007〕149 号）将其发布。

四、南水北调工程高性能混凝土抗裂技术研究与应用

（一）研究目标与任务

1. 目标

结合南水北调工程特点，研究开发水工高性能混凝土防裂新技术，研究高性能混凝土的抗裂、抗渗、抗冻、抗碳化、抗有害离子侵蚀等技术问题，结合典型工程研究水工混凝土的劣化

成因并进行寿命预测。

2. 任务

开展实验性研究，提出高性能混凝土配合比，在大幅度提高常规混凝土性能的基础上，采用现代技术，优化混凝土原材料及其配合比，科学施工使耐久性、工作性、各种力学性能、适用性、体积稳定性以及经济合理性得到保证。

（二）研究的主要内容

1. 水工高性能混凝土配制技术研究

对南水北调典型工程的混凝土原材料进行调研和分析，依据就地取材、就近取材的原则，通过混凝土新拌物的工作性能，以及硬化混凝土的物理性能、力学性能、变形性能、热学性能、耐久性能（包括抗渗、抗冻、抗环境介质侵蚀）等试验，提出水工高性能混凝土的配制技术。

2. 南水北调工程主要原材料控制指标研究

研究水泥、掺和料（粉煤灰、磨细矿渣粉、石粉等）、外加剂等主要参数对水工高性能混凝土工作性、抗裂性和耐久性的影响，并对主要影响因素进行分析和控制。以提高混凝土的工作性、抗裂性能和耐久性能为原则，确定水泥、掺和料、外加剂等材料的品种和掺量范围。

3. 高性能混凝土特种防裂技术研究

研究水工高性能混凝土的减少收缩技术及其作用机理，研究其工程应用的安全性和可靠性，提高水工混凝土的抗裂能力。用对比试验的方法，研究纤维种类及掺量对混凝土抗裂及其他性能的影响。

4. 高性能混凝土劣化机理研究及输水安全评估

采用微观和亚微观等现代测试分析手段，研究水工高性能混凝土与水相互作用的劣化机理（如溶蚀等），对输水安全进行评估分析。

5. 南水北调工程高性能混凝土标准化

结合南水北调典型工程应用情况，不断进行技术改进和创新。对取得的室内外试验研究和工程应用成果进行总结和提高，形成专用技术文件或相关规程规范。

（三）研究所取得的主要成果

1. 南水北调工程高性能混凝土抗裂技术研究及应用

从南水北调典型工程混凝土原材料品质角度出发提出了适合于南水北调工程高性能混凝土原材料的品质控制指标；结合南水北调典型工程混凝土的技术要求，提出了推荐的配合比及配合比参数，包括水胶比、掺和料品种及掺量、水泥用量、用水量等主要参数；采用抗弯试验、干缩湿胀试验、平板抗裂试验和圆环抗裂试验来评价混凝土的抗裂能力，试验结果表明，粉煤灰混凝土的自修复能力较强，抗裂性较优，采用自行设计的养护水温度控制系统可以保证混凝土表面不会因养护水冷激而造成开裂；针对水北沟渡槽、坟庄河倒虹吸和漕河土渠三个典型工程建筑物的结构特点、工程所在地气候条件和不同混凝土浇筑时段的情况，进行有限单元法的数值防裂仿真计算分析，提出了相应的分析结论和施工建议；研究了高性能混凝土及其组成材料中 Cd、Cr、Pb、Cu、Zn、Se 等重金属离子的溶出机理及对水质的影响；提出了南水北调工程高性能混凝土系列专用技术文件，包括渡槽混凝土、倒虹吸混凝土和土渠衬砌混凝土，有利于高性能混凝土技术在南水北调工程中的推广应用。

2. 南水北调工程超高韧性绿色 ECC 新型材料研究及应用

开展了水工超高韧性水泥基复合材料研制；超高韧性水泥基复合材料与普通混凝土黏结性能研究；超高韧性水泥基复合材料与钢筋黏结性能研究；钢筋增强超高韧性水泥基复合材料受弯构件设计理论和实验研究；超高韧性水泥基复合材料耐久性试验研究；提出南水北调工程超高韧性水泥基复合材料技术标准化；开展了自密实超高韧性水泥基复合材料新拌和物的工作性能、抗压性能和弯曲性能研究；开展了超高韧性水泥基复合材料与钢筋黏结性能研究；开展了超高韧性水泥基复合材料耐久特性实验研究；开展了钢筋增强超高韧性水泥基复合材料大跨度受弯构件的实验研究；建议了超高韧性水泥基复合材料直接拉伸试验规程；完成了超高韧性水泥基复合材料的研制；研制出了自密实超高韧性水泥基复合材料；通过超高韧性水泥基复合材料与钢筋之间的黏结性能的三种不同试验方法的实验研究和理论分析，研究了钢筋与超高韧性水泥基复合材料之间黏结滑移本构关系，给出了最小锚固长度；开展了超高韧性水泥基复合材料在南水北调工程环境条件下耐久性的试验研究。

（四）研究应用与推广

在"南水北调工程高性能混凝土抗裂技术研究及应用"子课题和"南水北调工程超高韧性绿色 ECC 新型材料研究及应用"子课题研究成果基础上，国务院南水北调办以《关于应用"南水北调工程高性能混凝土抗裂技术研究与应用"课题成果的通知》（国调办建管〔2008〕75 号）将该成果印发中线建管局、南水北调中线水源有限责任公司（简称"中线水源公司"）、江苏水源公司、南水北调东线山东干线有限责任公司（简称"山东干线公司"）后，项目法人都进行了转发，其中中线建管局以《关于转发〈关于应用"南水北调工程高性能混凝土抗裂技术研究与应用"课题成果的通知〉》（中线局技〔2008〕24 号）将成果转发到河南省南水北调建管局、河北省南水北调建管局、北京市南水北调工程建设管理中心等管理单位和长江水利委员会长江勘测规划设计研究院、黄河勘测规划设计有限公司、河南省水利勘测设计研究有限公司、河北省水利水电第二勘测设计研究院、河北省水利水电勘测设计研究院、天津市水利勘测设计院、中水北方勘测设计研究有限责任公司、中水东北勘测设计研究有限责任公司等 8 个设计单位，已用于南水北调工程设计。

五、大型渡槽结构优化设计及动力分析

（一）研究目标与任务

1. 目标

针对南水北调中线渡槽跨度大、自重及水荷载均巨大以及作用输水渡槽的水头损失偏紧等特点，开展了深入的研究，在结构选型、计算方法、动力分析等方面提出新的思路和方法，以保证设计的质量和工程的技术经济合理。

2. 任务

开展渡槽的结构型式和尺寸问题研究。

（1）通过优化结构设计来解决槽身跨度的选取问题。

（2）做好水力设计，通过槽身断面尺寸的优化以尽可能减少进出口的水头损失。

（3）开展槽体和槽内水体间的流固动态耦合、槽墩间不均匀地震输入影响，以及包括三维预应力薄壳渡槽在内的不同类型渡槽抗震性能的比较等研究，解决渡槽工程抗震问题。

（二）研究的主要内容

1. 渡槽温度荷载研究

通过计算分析探索确定水工渡槽温度边界条件的方法，并通过试验进行验证。在此基础上，进行不同渡槽上部结构型式的温度应力比较研究，并提出针对性的对策措施，防止渡槽结构由于温度荷载作用引起混凝土的开裂。

2. 大型渡槽的地震动力分析

渡槽结构与槽内水体的流固耦合、桩基-土动力相互作用研究：着重研究渡槽槽内水体与槽身的动力耦合对渡槽结构的自振频率和振型的影响，研究钢筋混凝土桩体和周围砂土的非线性接触边界，以及在地震荷载作用下，二者之间的动态相互作用，为考虑流固耦合和桩基-土动力相互作用的大型渡槽动力特性计算分析奠定基础。

3. 渡槽水力设计优化研究

研究提出渡槽进出口体型优化设计准则，做好进出口以及槽身水力优化设计，合理选定各项局部水头损失，以使分配给渡槽槽身的水头损失尽可能大，从而减少渡槽造成的输水水头损失。

4. 高承载、大跨度、新型渡槽上部结构型式及优化设计研究

进行三向预应力钢筋混凝土渡槽结构及其设计计算理论研究，确定自重轻、承载能力高、跨度大的新型渡槽上部结构型式，通过计算分析合理确定巨大荷载作用下渡槽的跨度与底板的宽度，研究分析薄壁槽身结构的稳定。开展施工工艺研究，包括现浇与装配式施工的比较，预应力混凝土结构施工程序研究。

5. 大型渡槽下部结构型式及优化设计研究

开展超大承载力桩及桩群承载力计算方法及优化设计研究，针对南水北调工程中渡槽结构基础的实际，开展软岩嵌固桩基础的承载力及其可靠性研究。

6. 大型渡槽新材料、新结构研究

包括符合预应力结构要求的高性能混凝土的应用研究，高承载力支座结构研究，以及满足渡槽在地震等荷载作用下具有高可靠性的止水结构研究。

7. 大型渡槽整体设计优化研究

进行影响渡槽结构整体优化设计的诸因素的相关性分析，利用层次分析法进行渡槽结构整体设计优化。

（三）研究所取得的主要成果

1. 大型渡槽结构优化设计及动力分析

开展了南水北调中线工程大型渡槽温度荷载、冰荷载作用机理及对结构的影响研究；中线工程大型渡槽结构的地震动力反应分析及减震、隔震措施研究；中线工程高承载、大跨度、大型渡槽上部结构新型式及优化设计研究；中线工程大型渡槽桩基－土动力相互作用与渡槽下部结构型式及优化设计研究；中线工程大型渡槽新材料，止水、支座等新结构研究。

2. 大型渡槽结构施工和运营期动态跟踪、温度荷载及动力分析

提出了矩形和 U 型渡槽优化设计原则；开展了施工期与运营期全程跟踪分析，温度和温度应力分析，动力特性分析和动力响应分析，渡槽稳定性分析，渡槽结构优化设计，施工期与运营期全程动态跟踪结构分析，大型渡槽温度荷载的影响，大型渡槽地震动力反应分析，以及大型渡槽稳定性分析。

3. 大型渡槽结构优化、动力特性及响应性分析、温度荷载及冰荷载作用影响研究

开展了槽身横断面结构复核研究，渡槽跨度复核研究，渡槽的纵向支承方式复核研究；提出了槽身结构的设计方法原则，预应力钢筋的施工程序，二期混凝土的防水施工措施，槽身结构的动力特性及响应性分析，冰荷载对渡槽结构的影响曲线，温度荷载对渡槽结构的影响曲线，下部桩基础曲线，渡槽槽身结构的设计方法应采用结构力学平面力系理论与有限元分析理论相结合的方法；提出整体结构内力计算可以结构力学计算为主，局部断面内力根据三维有限元理论计算予以加强；建议采用过水断面与支撑结构结合的槽壁为梁式支承结构较为合适；针对牤牛河南支渡槽或同等规模的渡槽，可以适当增加纵向跨度以减少槽墩个数；提出渡槽槽身预应力施加的优化程序；渡槽槽身二期混凝土的施工材料除采用膨胀性水泥外，浇筑完二期混凝土后，在内外槽壁施工缝的周圈范围内再涂抹适量的水泥基渗透结晶型防水材料，以达到永久性防水和保护钢筋的效果；建议槽身结构应力的增加不仅涉及冰盖厚度，还涉及结冰后温升速率、渡槽具体结构型式等诸多因素，对不同渡槽应特定研究；建议设计时应对日照温升和气温骤降引起的温度荷载所造成的结构应力变化予以重视；建议在大型渡槽施工前或在施工过程中应按规范规定要求选取有其代表性的桩基进行静压桩荷载试验来作为桩基设计修正的依据。

（四）研究应用与推广

在"大型渡槽结构优化设计及动力分析"子课题、"大型渡槽结构施工和运营期动态跟踪、温度荷载及动力分析"子课题、"大型渡槽结构结构优化、动力特性及响应性分析、温度荷载及冰荷载作用影响研究"子课题的研究成果基础上，国务院南水北调办以《关于应用"大型渡槽结果优化与动力分析"课题成果的通知》（综建管〔2008〕15 号）将该成果印发中线建管局后，中线建管局以《关于应用"大型渡槽结果优化与动力分析"研究成果的函》（中线局技函〔2008〕33 号）将该成果转发给长江水利委员会长江勘测规划设计研究院、河南省水利勘测设计研究有限公司、河北省水利水电第二勘测设计研究院、武汉大学等单位。有关设计单位已经将该成果运用于工程设计。

六、土袋技术在膨胀土地基处理中的应用研究

（一）研究目标与任务

1. 目标

用土袋处理膨胀土，在我国属于一个新的技术课题，需作进一步的试验研究，探索出一套能够解决南水北调中线工程膨胀土地基处理的实用技术。而且如果有可能，还可以将土袋技术

用于其他一些基础处理工程。

2. 任务

膨胀土的最基本特性是吸水膨胀，失水收缩。在这种地区建设工程往往会带来一系列的工程问题或事故，如地基隆起、路基开裂、边坡失稳等，从而造成严重后果和巨大的经济损失。要解决膨胀土地基问题，一方面要完善防渗和排水的设计；另一方面，要深入研究抑制或消除膨胀土危害的工程技术措施。本研究用土袋技术来处理中线工程的膨胀土问题。

（二）研究的主要内容

1. 现场浸水膨胀试验

了解在水位变化过程中，膨胀土本身与装有膨胀土的土袋的变形特性。

2. 斜坡堆载试验

验证土袋在斜坡上施工的可行性，验证土袋处理膨胀土斜坡的效果，确立土袋处理膨胀土斜坡的设计方法及取得相应的设计参数。

3. 斜坡上土袋的拉拔试验

研究土袋层与层之间的摩擦，选定几个高程（底部，1/3坡高，2/3坡高），用油压千斤顶水平向坡外张拉土袋，记录水平拉拔力，用于设计中的水平抗滑稳定验算。

（三）研究所取得的主要成果

对土工织物耐久性进行了研究；对土袋装土量进行了研究，建议直接装入土袋中，且应尽可能多的装入土袋，以充分发挥土袋张力的约束作用；对袋装膨胀土浸水变形特性进行了研究。建议厚度取 2～3m；对袋装膨胀土渗透特性进行了研究，建议土袋铺设时，土袋与土袋间应留有适当的间隙（3～5cm），使进入土袋层的外界水能顺畅地排走，不进入土袋及其后的膨胀土层；对袋装膨胀土摩擦特性的研究成果，建议土袋铺设时应尽可能错位（纵、横向），以增大土袋层间摩擦，保证土袋加固体的稳定性；提出了土袋处理边坡稳定计算公式。

七、穿黄隧洞工程抗震安全及施工关键技术研究

（一）研究目标与任务

1. 穿黄隧洞工程抗震安全技术研究

（1）目标。穿黄隧洞在河床段交替穿越粉质黏土和砂层，特别在北岸滩地段土层的空间分布和土性上变化较大，易产生不均匀地震响应和不均匀的地震残余变形。为确保穿黄隧洞在遭遇地震情况下的安全运行，须对其抗震安全问题进行进一步深入研究。

（2）任务。在穿黄工程预可研阶段，有关单位曾对隧洞的典型横断面采用简化模型进行了初步分析研究，对沿隧洞轴线的变形按均匀地基假定条件采用近似公式进行了估算，未计入土体的不均匀性及地震引起的沉陷等因素。在深入研究中有必要将各种复杂因素在分析模型中进行更详细地模拟。

2. 穿黄隧洞工程盾构法施工关键技术研究

（1）目标。穿黄隧洞工程的特殊性和复杂性，又无经验可循，因此施工前期细致的准备工

作非常重要，对盾构法施工关键技术进行了研究，确保盾构工程的顺利开展。

（2）任务。通过研究，在盾构机的施工程序、施工进度、盾构工作井施工技术、进出洞段加固技术、壁后注浆技术、工作面稳定措施、管片制作、隧洞二次衬砌、泥水处理、高耐磨性开挖刀具和遭遇孤石、树根的对应处理措施，轴承、盾尾密封系统和壁后注浆系统、掘进姿态控制与纠偏系统灵敏等方面取得系统的成果。

（二）研究的主要内容

1. 穿黄隧洞工程抗震安全技术研究

（1）地基土层材料的动力工程特性试验研究。为进行非线性地震反应分析和变形稳定性评价，需要测定土体的动力变形特性、动强度特性以及土体的残余剪应变和残余体应变特性。为此，对代表性黏土和砂土，通过室内动三轴和共振柱试验，进行了动力特性研究。

（2）穿黄隧洞段地基的地震反应及地震残余变形分析。在土砂料试验基础上，采用非线性动力本构模型，对地基进行三维非线性有效应力地震反应分析，计算地基的加速度、动应力反应。计算模型范围根据实际地质条件适当选取，包括主要地质条件不均匀区域。在计算中，不仅考虑地震作用下振动孔隙水压力的产生，而且分时段计算孔压的消散和扩散，得到地震作用下地基的振动孔压分布情况，并可进行地基的液化可能性评价。在此基础上采用基于理论推导和试验研究得出的残余变形模式来计算地震残余变形。所算出的残余变形中不仅包括残余剪应变引起的残余变形，而且包含残余体应变引起的残余变形，并着重研究残余变形分布的不均匀性。通过计算分析，一方面研究沿隧洞纵向和横向由地震产生的竖向残余变形的大小和分布情况，即研究地基的不均匀沉陷情况；另一方面研究沿隧洞纵向由地震产生的水平残余变形的大小和分布情况，以便全面评价不均匀地震残余变形对隧洞安全性的影响。

（3）隧洞结构的地震响应分析。采用三维有限元模型对典型区段分析计算隧洞结构沿隧洞轴线的地震响应。计算模型考虑隧洞结构的纵向分缝、结构与土间的动力相互作用、土体非线性、隧洞内水体影响等主要因素。计算对象分别为北岸出口向南约 1.5km 范围地质变化显著段和南岸穿越邙山约 1km 范围地形显著变化段。

（4）安全性评价及建议。综合室内土动力试验及数值动力分析结果，对地基在设计地震条件下的稳定性，如液化可能性、永久变形等，穿黄隧洞结构在地震波作用及基础地震时变形作用影响下的应力及变形反应，进行全面评价，检验各项安全控制指标是否满足相关设计要求，并对提高隧洞结构抗震性能提出改进措施和建议。

2. 穿黄隧洞工程盾构法施工关键技术研究

（1）高外水压力下盾构法施工防渗技术研究。开展盾尾密封装置的选择、施工维护技术和管片拼接中防错台及开裂等施工技术的研究。选择科学盾尾密封装置的型式，使得最后装起的环和盾尾之间的防水可靠。研究盾构机的施工维护技术，包括盾构机构件器具的更换、主轴密封的维修等，确保盾构机能尽快走出困境。开展由于超挖或砂土松动，及壁后注浆压力等引起的管片拼接中错台及开裂等问题的研究，提出科学的施工技术保证管片拼接的紧密和稳定，确保管片的止水性能。

（2）穿黄隧洞盾构法施工开挖面稳定技术研究。开展综合利用泥浆检查与测试、出土量测试、开挖面超声波探测、大刀盘土压测试和大刀盘偏压测试等结果判断盾构掘进过程中开挖面土体的稳定状态，以及相应的泥浆压力和性能指标的调整研究。

（3）穿黄隧洞工程壁后注浆技术研究。开展有关注浆材料、注浆时间、注浆压力等的试验研究。通过试验研究选择穿黄隧洞工程地质条件下，具有可灌性好、凝胶时间短、在凝胶初期呈塑性凝胶体，不受地下水稀释等优点的注浆材料；选择适当的注浆时间，以有效控制地表沉降，保持隧洞真圆性和管片衬砌的拼装精度，确保施工的良好性能，并可实现自动控制；选择合理的注浆压力（如压力过大则可能损坏管片），建立管片的变形与注浆压力调整之间的关系，确保壁后注浆的效果。

3. 穿黄工程盾构隧洞衬砌施工关键技术研究与应用

（1）二次衬砌施工方案研究。通过研究，确定最佳的衬砌顺序、台车和模板数量，达到满足工程质量、进度和安全要求，节约工程成本的目的。

（2）二次衬砌施工工艺研究。针对确定的施工方案，研究衬砌工艺流程及准备流程、各工序的施工工艺、与相邻工序的衔接、标准循环的进度控制等内容。

（3）穿行式模板台车设计研究。根据确定的施工方案和工艺流程并结合现场需求特点，确定台车的设计思路、结构特点，研究台车的结构型式、组成及分部、技术参数和性能指标，设计出可靠度高的台车，并提高台车的通用和可重复使用性，使台车可用在后续的工程中。

（三）研究所取得的主要成果

1. 南水北调中线一期穿黄隧洞工程抗震安全技术研究

开展了地基土层材料的动力特性试验；确定了分析研究的地震动输入；地基的地震反应及地震残余变形分析；隧洞结构的地震响应分析；地基土层材料的静力特性试验；建议设置安全监测系统对临近竖井段隧洞内外衬接缝部位常时及遭遇地震时的张开与错动进行监测；建议 7 种砂土和 2 种黏土的地震总应力抗剪强度曲线，以及 7 种砂土和 2 种黏土在破坏震动周次 8 次和 12 次时的动剪应力比和地震总应力抗剪强度的数值，可用于穿黄隧洞工程设计、施工；建议 7 种砂土和 2 种黏土的动孔压比 $\Delta U/\sigma_c'$ 随震动次数 N 的增加而增长的试验曲线和数值，可用于穿黄隧洞工程设计、施工中；开展了穿黄隧洞工程地基土 6 种砂土和 2 种黏土的动力残余体积应变和动力残余轴向应变与动剪应力的关系以及试验；开展了穿黄隧洞工程地基土在地震反应分析和变形稳定性评价以及砂层液化可能性研究；提出的适用于穿黄隧洞段地基的三维非线性地震反应分析和评价方法可为类似工程的地震反应分析和评价提供有效的分析方法和手段；建议加速度反应、动应力反应、孔压分布和液化判别等分析结果可为穿黄隧洞的设计复核和工程建设提供技术支持；建议经完善的地震残余变形的计算方法，可为穿黄隧洞段地基及类似工程的地震残余变形计算提供可靠的计算方法；建议基于初应变思想的沈珠江模型残余变形计算方法中关于穿黄隧洞段地基残余变形的分析结果，可作为穿黄隧洞结构抗震安全评价、结构设计及工程措施的基础技术依据。

2. 南水北调中线一期穿黄隧洞工程抗震安全技术研究配合工作

完成了现场钻探和土料的现场试验。按 10 个孔位计，初步估算大约需要 600m 进尺。标明现场取料的钻孔位置、高程分布、绘制柱状图，测定土样的密度、级配、标贯击数等，提供了动力试验所需土料。

3. 南水北调中线一期穿黄隧洞工程盾构法施工关键技术研究

开展了泥水加压式盾构泥浆配制技术研究，泥水加压式盾构施工开挖面控制压力与开挖面稳定研究，穿黄隧洞壁后注浆体技术研究，高外水压力条件下盾构施工防渗技术研究，长距离掘进刀盘、刀具选择及布置方案研究，盾构掘进姿态控制研究，盾构机选型研究，端头地层加固研究，盾构始发研究，穿黄隧洞盾构长距离掘进，泥水长距离输送研究，邙山隧洞段盾构大坡度掘进研究，泥浆配比研究，掘削面稳定性研究，壁后注浆研究，高外水压下防渗技术，刀盘刀具的选择与布置，姿态控制等研究，并提交了各专题报告。

（四）研究与应用

穿黄工程盾构隧洞衬砌施工关键技术研究与应用，开展了二次衬砌施工方案、二次衬砌施工工艺、穿行式模板台车设计、模板台车研究，防、排水垫层铺设技术、免装饰混凝土施工技术、衬砌台车的特点等研究，提出了专题研究报告，研制了一台衬砌模板台车及防、排水垫层铺布机样机；提出了二次衬砌实施方案、混凝土浇筑工艺等；提出采用隧洞内复合土工布铺布机进行穿黄隧洞内防、排水垫层铺设，更能保证防、排水垫层铺设的质量和进度；通过对自密实混凝土和常规泵送混凝土的碱活性、表观质量、施工方法等综合分析，推荐采用泵送混凝土；提出采用底板与边顶拱分开浇筑、浇筑方向由竖井底部沿隧洞方向向南的施工方案是适合穿黄工程的；推荐采用混凝土二次振捣（复振）工艺能够更好地保证穿黄工程混凝土质量；提出施工作业面方向调整为由中间向两边更适合穿黄工程的实际情况。

八、丹江口大坝加高工程关键技术研究

（一）研究目标与任务

1. 目标

丹江口大坝加高工程的质量和安全直接影响中线一期工程效益的发挥，事关重大，而工程工期又相当紧迫，针对大坝加高工程老坝体应力问题和接合面开裂问题进行关键技术的研究，以保证工程质量，缩短施工工期。

2. 任务

（1）开展坝体应力恶化问题研究，采用合理的措施和工艺，使老坝体应力不致恶化甚至略有改善。

（2）开展新老混凝土结合问题研究，消除气温年变化对接合面法向拉应力的影响。

（二）研究的主要内容

1. 新老混凝土结合面应力超标问题研究

导致接合面开裂的外因是沿结合面的法向拉应力或切向剪应力超标，新坝面沿坝轴方向的收缩和新老混凝土的温度差值引起结合面法向拉应力，新老混凝土沿坝坡方向的非同步变形引起切向剪应力。

2. 全年施工和缩短工期的可能性

在中线工程的整个工期中，丹江口大坝加高工程将起到关键作用。传统上，夏天施工会加剧坝体应力恶化和结合面开裂的可能性，通过研究合理的温控、结构及施工措施，有可能在保证质量的前提下做到全年施工，从而达到缩短工期的目的。

（三）研究所取得的主要成果

开展了加高过程中大坝应力恶化问题、新老混凝土结合面开裂问题、大坝加高工程全年施工的可行性及相应的技术措施等研究；提出了大坝加高工程推荐方案；提出了在新混凝土中进行横向分缝，对减少新老混凝土结合面裂开具有显著作用，而且施工方便，用5cm厚聚苯乙烯泡沫板对下游坝面进行永久保温，对减少结合面裂开也有显著作用的建议；进行了理论分析和仿真分析，大坝加高工程中，建议新混凝土可以全年施工，5—9月不必停工，但要受到库水位不超过152m的制约，可根据具体情况适当掌握；夏季长期停工，由于热量倒灌，10月复工前，虽然气温已降至年平均温度，但混凝土内部温度仍然很高，复工前一周左右应开始进行第二次冷却；计算的7号坝段宽17m，有的坝段宽度超过17m，建议当坝段宽度超过20m时，在新混凝土中留2条横缝；提出了新浇混凝土横向分缝措施；建议温度缝构造采用的方式；建议下游面设永久保温措施；建议热天（5—9月）施工的技术措施。

（四）应用与推广

（1）提出的新老混凝土结合面的开合变化、受力状态的分析方法及安全评价方法，提出的防止结合面开裂的工程措施，以及新老混凝土结合面灌浆的可灌性、灌浆技术指标等，形成了一套保证混凝土大坝加高工程中新老混凝土结合质量的研究成果，该成果已成功应用于工程中，并取得了巨大的社会、经济和工程效益，具有较高的推广价值。

（2）研发的局部接触非线性问题的组合网格法分析程序，研发的基于混凝土四参数等效动态损伤模型的计算程序，提出的生成时频非平稳人工地震动的新方法，均可在同类工程中推广运用。

（3）研究所取得的关于高水头下坝基帷幕检测方法与手段、帷幕灌浆材料、复合灌浆方法、灌浆压力及快速施工工艺等成果，达到了节省投资、加快施工进度的目的，进一步推动了防渗帷幕检测和高水头帷幕灌浆领域的技术发展。

九、南水北调中线一期工程渠道边坡设计研究

（一）研究目标与任务

1. 目标

研究论证南水北调中线工程渠坡设计的合理性，使渠坡设计既能满足工程安全要求又做到经济合理。

2. 任务

针对中线总干渠挖方和半挖半填渠道等地质结构复杂的问题，开展物理力学参数研究，提出渠道的边坡稳定安全系数取值范围。

（二）研究的主要内容

1. 边坡稳定安全系数研究

在收集、整理、分析设计采用安全系数的基础上，参考国内外有关规程、规范的规定及工

程实例，分别分析论证总干渠和引江济汉工程渠道边坡正常运用和非常运用工况下的允许安全系数选取的合理性，建议安全系数裕度范围。

2. 边坡稳定计算方法研究

参照国内外有关规程、规范和科研成果，分析设计采用的一般土质渠段、膨胀岩土段和岩渠段边坡失稳机理、稳定计算方法的合理性，特别是膨胀岩土段的表层滑动、浅层滑动、深层滑动的破坏机理一般不符合常规的圆弧滑动法计算假定，宜研究采用其他计算方法验证边坡稳定性。同时，需要注意抗剪强度指标的采用要与不同计算方法相适应。

3. 渠道边坡设计研究

根据中线一期工程调度运用方式，对计算工况的合理性进行分析；综合分析安全系数较大渠段地层结构、强度指标和所在渠段位置的情况下，提出安全系数裕度控制范围、边坡设计优化的途径和条件。

（三）研究所取得的主要成果

针对南水北调中线一期工程地质条件及工程设计具体情况，研究提出渠道地质参数取值原则；提出地质参数取值是一项综合性的工作，绝不是靠某种统计方法或简单确定一个折减系数所能解决的建议；提出地质参数只是影响边坡系数的因素之一，其直接影响的稳定计算结果是确定边坡系数的条件之一，不是唯一条件，在优化渠道边坡时宜客观地对待地质参数的作用的建议；提出强度参数选取的建议；提出对膨胀土可研阶段不考虑具体情况都取残余强度，明显偏低，不符合实际情况和对膨胀土的认识水平的建议；提出初步设计阶段强度参数应有一定的优化余地的建议；经对渠道地质参数对南水北调中线工程的重要性以及在参数试验、取值方面存在的一些问题，为规范渠道地质参数试验、统一取值原则。

（四）研究应用与推广

国务院南水北调办以《关于推广使用〈南水北调中线一期工程渠道边坡设计专题研究报告〉等2项研究成果的通知》（综投计〔2007〕56号）将该成果印发中线建管局和湖北省南水北调工程建设管理局，其中，中线建管局以《关于推广使用〈南水北调中线一期工程渠道边坡设计专题研究报告〉和〈南水北调中线一期工程渠道地质参数专题研究报告〉2项研究成果的函》将该成果转发长江水利委员会长江勘测规划设计研究院、黄河勘测规划设计有限公司、河南省水利勘测设计研究有限公司、河北省水利水电第二勘测设计研究院、河北省水利水电勘测设计研究院、天津市水利勘测设计院、中水北方勘测设计研究有限责任公司、中水东北勘测设计研究有限责任公司等8个设计单位。经初步了解，有关设计单位已经将该成果运用到工程设计。

十、南水北调中线一期工程渠道地质参数研究

（一）研究目标与任务

1. 目标

针对地质参数的选取规律难题，开展适合南水北调中线工程的地质参数选取研究。

2. 任务

针对南水北调中线工程勘察的实际工作中，沿线渠道岩土体以直剪试验为主，三轴剪切试验较少的特点，开展岩土体的物理力学指标的研究，对地质参数的选取规律提出建议。

（二）研究的主要内容

1. 相关规程规范的规定及分析

通过对《水利水电工程地质勘察规范》（GB 50287）、《碾压式土石坝设计规范》（SL 274—2001）、《建筑边坡工程技术规范》（GB 50330—2002）、《岩土工程勘察规范》（GB 50021）、《土工试验方法标准》（GB/T 50123—1999）等规程规范中地质参数取值方法对比与分析，提出适用于南水北调中线工程的取值方法。

2. 已建类似工程地质参数选取分析

通过对已建成的新疆某总干渠工程、陕西宝鸡峡引渭灌溉工程、南水北调东线鲁北输水工程的渠道地质参数的选取进行研究，提出适用于南水北调中线工程渠道地质参数的选取方法。

3. 总体可研阶段地质参数评价

通过分析中线总干渠及天津干渠、引江济汉工程的地质参数取值要求及现状，对典型段地质参数取值进行初步分析，对存在问题进行分析评价。

4. 膨胀岩土段地质参数取值初步研究

通过分析中线总干渠膨胀土的分布特点和膨胀土的矿物及化学成分、粒度成分、结构特征、胀缩特性、抗剪强度特征等工程性质，研究膨胀土渠坡的主要失稳方式，分析南水北调中线工程膨胀土取值现状和考虑的主要因素，提出膨胀岩土强度参数取值建议原则。

5. 地质参数取值原则研究

对南水北调中线工程渠道地质参数的试验方法、试验成果整理方法、取值原则等进行研究总结，提出合理建议。

（三）研究所取得的主要成果

针对南水北调工程为Ⅰ等工程，中线总干渠渠道和引江济汉渠道为1级建筑物，经综合分析，提出渠道边坡应按1级边坡设计的建议；提出在初设阶段对膨胀土段属于浅层滑动等不规则滑裂面的渠段，采用摩根斯顿-普赖斯法或传递系数法作为基本方法，与其他计算方法所得的成果进行分析比较后，合理确定边坡坡比的建议；提出首先判断可能失稳模式，进行失稳模式分类后，提出边坡稳定分析计算方法的建议；提出结合调度运行方式的研究，进一步完善计算工况，加大水位和冰期输水列为正常运用工况的建议；提出安全系数余度可按15%～20%控制的建议；对初设阶段对设计原则作出10条调整；确定了土质渠道设计边坡坡比可陡于1:2的条件；提出加强施工地质工作和地下水位预测工作，根据开挖揭示的地质条件，及时调整边坡布置和边坡设计的建议。

（四）研究应用和推广

在"南水北调中线一期工程渠道地质参数研究项目"课题的研究成果基础上，国务院南水北调办以《关于推广使用〈南水北调中线一期工程渠道边坡设计专题研究报告〉等2项研究成果的通知》（综投计〔2007〕56号）将该成果印发中线建管局和湖北省南水北调工程建设管理局，其中，中线建管局以《关于推广使用〈南水北调中线一期工程渠道边坡设计专题研究报告〉和〈南水北调中线一期工程渠道地质参数专题研究报告〉2项研究成果的函》将该成果转发南水北调工程8个设计单位。

十一、南水北调中线一期工程渠岸超高研究

（一）研究目标与任务

1. 目标

研究论证南水北调中线工程渠岸超高的合理性，使渠道设计既能满足工程安全要求又做到经济合理。

2. 任务

南水北调中线总干渠的渠顶高程的确定是影响工程量的一个重要因素，备受各方关注。合理确定渠岸超高不仅是控制工程量的一个重要方面，也时保证渠道安全运行的重要因素。论证长江水利委员会编制的总干渠渠道初设大纲提出的标准控制，确定取值方法是否在安全上可行、经济上是否合理。

（二）研究的主要内容

（1）分析国内外渠岸超高计算方法、有关渠岸超高的设计规范和技术标准，已建成的工程实例、研究国内外渠道设计中渠岸超高设计的成果，比较论证各种计算方法的优缺点和针对南水北调中线工程的适用性。

（2）针对南水北调中线工程沿线渠道型式、不同流量水面线变化和风浪及地震影响等，对挖方、半挖半填渠道安全加高标准进行研究。预测渠岸超高优化的可行性和对工程量的影响，提出对渠岸超高优化设计的建议。

（三）研究取得的主要成果

对渠岸超高标准进行了研究，预测渠岸超高优化的可行性和对工程量的影响，提出对渠岸超高设计的评价；作为供水渠道的南水北调总干渠也应按照续灌渠道的概念，通过计算，在加大水位以上加渠岸超高来提出岸顶高程；提出在初步设计阶段对全线加大水面线作进一步复核，为优化设计提供可靠的依据的建议。

提出渠岸超高应适当留有余地，以保证调度运用的灵活性、适应性和安全性的建议；提出在初设阶段，对总干渠各段的渠岸超高分别论证，以便做到经济合理的建议。

十二、丹江口库区黄姜生产对水源区水质影响分析及减少污染措施研究

（一）项目研究背景、必要性

黄姜种植及加工生产是南水北调中线水源地丹江口库区农民脱贫致富的重要手段和经济来源之一。然而，现行的黄姜加工工艺存在着资源浪费、污染严重等弊端，黄姜加工生产已成为

水源区最为严重的污染问题之一，对南水北调中线工程的水质安全构成了潜在威胁。

（二）项目研究目标和任务

通过研究，提出解决黄姜加工生产污染问题的战略思路和技术措施，努力实现黄姜加工污染减排目标；进一步寻求有效解决黄姜加工过程中所面临的经济发展与环境保护间矛盾的途径；为改善水源区水环境质量、确保中线工程调水安全提供强有力的政策保障和技术支撑，以此推进水源区水污染防治工作的进程。

（三）项目研究主要内容

对丹江口库区黄姜产业布局、黄姜加工工艺情况进行调查，分析总结黄姜产业布局和加工工艺变化对黄姜污染排放的影响；调查了解近几年黄姜污染情况变化情况，分析黄姜污染物排放对丹江口水源水质的影响；针对丹江口水源区已开展的黄姜清洁化生产情况，分析其对改善水质和生态环境产生的社会、经济和环境影响；根据确保丹江口库区生态环境和南水北调水源地水质安全的要求，分析提出黄姜产业布局和控制黄姜污染排放的有关政策建议。

（四）项目研究取得的主要成果

对丹江口库区黄姜种植、加工、污染防治的发展过程和相应政策进行了分析，总结了现行的黄姜产业发展政策执行效果与不足。从清洁生产工艺、资源综合利用、末端废水治理三个方面，重点对国家"十一五"科技支撑课题承担单位北京大学、中国地质大学（武汉）和湖北省郧阳师范高等专科学校分别研发的黄姜资源高效利用及废水高效处理一体化集成技术、糖化-膜分离回用-水解技术（SMRH）和直接分离法的主要特点、废水治理效果和主要经济指标进行了分析，并跟踪这些技术的研发进展。此外，也对其他黄姜加工新工艺的技术研发进行了调研，提出了丹江口库区黄姜产业应走清洁生产、达标排放、规范有序、健康发展的方向建议。

（五）项目研究应用和推广情况

项目反映了黄姜加工新工艺关键技术科技攻关的情况，为有关部门了解黄姜加工技术发展情况，研究黄姜产业发展政策和南水北调中线水源保护政策提供了较好的参考依据。

十三、南水北调中线沿线劣质地下水渗透对输水水质的影响研究

（一）项目研究背景、必要性

南水北调中线工程的水质状况关系京津冀豫等省市缺水城市居民的用水安全，关系到国家近千亿元投资的效益，国务院南水北调工程建设委员会第二次全体会议强调：要把水污染防治作为重中之重，使南水北调工程成为"清水走廊""绿色走廊"，努力把南水北调工程建设成为一流的水利工程。

根据有关资料初步分析，南水北调中线总干渠沿线地下水位高于渠底的地段约长 470km，主要分布在河南省境内。由于受自然条件与人类活动影响，我国的地下水污染已经成为一个十分严峻的问题，在南水北调中线输水过程中，特别是在输水渠道经过地下水位较高的区域时，

中线工程的水质是否会受到已被污染的地下水的渗透影响，从而影响中线工程的输水水质安全，已经引起有关专家的担心。

（二）项目研究目标和任务

在中线总干渠沿线地下水水位动态变化规律、地下水水质和中线渠道防渗调查研究的基础上，找出劣质地下水进入渠道的可能地段；对存在潜在影响的典型渠道，通过分析评价地下水与渠道水体相互转化关系，论证地下水污染渠道水体的可能性以及污染负荷；结合以上研究结果，提出地下水污染渠道水体的综合风险度及降低风险的工程和非工程措施，为中线工程设计和工程运行管理提供强有力的技术、信息和政策支撑。

（三）项目研究主要内容

收集中线工程沿线水文地质资料，结合中线干线工程初设情况，确定劣质地下水污染风险区；开展渠道水与地下水相互作用关系的机理研究，选择典型风险区建立分析模型、分析南水北调中线总干渠沿线地下水水位的动态变化规律、地下水水质特征、防渗情况等，确定可能受污染的风险区渠段；完善风险区水质分析模型，选择典型风险区进行模拟分析；对潜在的可能受到劣质地下水威胁的典型渠段进行综合风险分析和评价；根据风险评价结果，提出降低风险的对策和措施。

（四）项目研究取得的主要成果

收集了中线沿线（河北段、河南段）的水文地质、环境地质等资料，初步查明了沿线水文地质、环境地质条件。在此基础上，结合中线干线工程设计情况，分析研究了中线沿线劣质地下水渗透对干渠水质的影响，编制了相关图件。

综合分析了地下水渗透可能进入渠道的必要条件，逐级筛选、确定了沿线劣质地下水渗透可能影响渠道水质的区段，对影响程度进行了分级。研究认为：总体上，有劣质地下水的区段，地下水渗透对输水水质基本没有影响；其中河南镇平、宝丰、焦作共有三段16.58km，河北邯郸、内丘、石家庄南、易县共有四段10.47km，存在潜在影响。

十四、南水北调东线湖泊岛屿内经济活动对东线水质的影响研究

（一）项目研究背景、必要性

南四湖是南水北调东线调水线路中最大的调蓄湖泊，其水质好坏直接影响东线的水质安全。微山岛位于微山湖中，是南四湖上最大的岛屿。为体现"三先三后"原则，保证东线调水水质安全，对东线水源地和沿线蓄水湖水质的调查分析，研究沿途人类活动对蓄水湖水质的影响，确定水质污染物的主要来源及影响因素，提出相应的治理措施和政策措施是非常必要。同时，该项目实施对调整微山岛产业结构，保护微山岛自然环境，促进微山岛旅游业的发展也具有重要的意义。

（二）项目研究目标和任务

通过实地调研南水北调东线湖泊水生植物、围网养殖、湖泊水体水质等的基本情况以及微

山岛农民生产生活排污、社会经济发展、环境容量等情况，分析水生种植养殖业对东线湖泊水质的影响和微山岛农民生产生活对南四湖水质的影响，提出可行性政策措施，以保障东线水质安全。

（三）项目研究的主要内容

项目在对微山岛自然条件、社会经济现状及环境资料的收集和调查基础上，分析微山岛主要污染源及污染量，分析微山岛人类活动对南四湖水质的影响，提出解决微山岛人类活动对南四湖水质影响的主要措施。主要研究内容有：收集和调研获取微山岛的自然状况和社会经济等基础资料；明确微山岛上主要污染源、污染物类型、污染物的排放量及强度；估算微山岛人类经济活动产生的污染物排入南四湖的量；确定微山岛人类经济活动对南四湖水质的影响；通过研究制定相应措施减少微山岛人类活动对南水北调水质安全的影响。

（四）项目研究取得的主要成果

项目了解的人类活动对微山湖的影响情况是：总体上看，微山岛的入湖污染物对排入南四湖污染物的贡献很小，说明微山岛人类活动对南四湖水质的变化不起决定性作用，微山岛畜禽养殖业是微山岛入湖污染物的主要贡献者，其次是水产养殖业和旅游业；综合环境效益、经济效益和社会效益分析，确定生态岛屿建设方案更适合微山岛的发展。

十五、南水北调中线水源区面源污染控制管理模式研究

（一）项目研究背景、必要性

南水北调中线水源区水质保护关系着调水成败，长期以来受到党中央、国务院的高度重视。为确保中线水源区水质长期稳定达标，开展水源区面源污染问题研究，探讨面源污染控制管理的有效模式，消除威胁水源区水质安全的潜在因素十分必要。

（二）项目研究目标和任务

根据南水北调中线水源地水质保护的要求，通过对中线水源区水体面污染源的现状调查，分析其形成原因、传输途径和对水体的污染负荷贡献，在统筹考虑促进当地社会经济发展的条件下，全面分析适合水源区面源污染治理的关键技术，提出南水北调中线水源区面源污染治理对策。

（三）项目研究的主要内容

收集整理国内外有关面源污染控制的资料信息，了解面源污染治理的技术进展情况，掌握国内外面源污染治理的成功经验；调查了解水源区已开展的面源污染研究及控制面源污染的探索示范工作；针对农村生活污染和农业面源污染的实际情况，结合水源区已经开展的控制面源污染探索、示范工作，选取若干典型面源污染控制模式进行深入研究，如建立沼气池，人、畜粪便集中处理模式，山地耕作模式，消落地保护利用的有效模式等；在已有资料成果的基础上，开展必要的典型调研和监测，全面分析这些模式的生态效益、经济效益、社会效益；总结

典型面源污染控制模式的实施经验和存在问题，充分考虑水源区的自然、社会、经济现状，分析这些模式在水源区推广应用的可行性，提出水源区面源污染治理对策，以及相关的配套政策措施建议。

（四）项目研究取得的主要成果

通过对水源区面污染源状况进一步调查，识别出水源区面源污染的形成原因及构成；通过数据分析，对水源区面污染源进行评价，估算了进入水体面源污染负荷及主要面污染源负荷百分比；在全面掌握水源区已开展的面源污染技术措施的基础上，提出了两种水源区面源污染控制的典型管理模式，并且在研究工作基础上，针对性地提出了典型模式推广应用中存在的问题与建议。

十六、南水北调中线沿线地下水动态监测及地下水位变化对工程的影响研究

（一）项目研究背景、必要性

南水北调中线工程从丹江口水库陶岔渠首引水，经过伏牛山、太行山山前的一系列冲洪积扇。根据现有地下水监测资料分析，中线工程沿线多数地段地下水埋藏较深，但沿线仍有部分地区地下水埋深较浅，存在地下水位高于渠道水位或渠底高程的渠段，且地下水丰枯变化也会造成地下水位的波动。根据潜层地下水埋深等值线及埋深图分析，中线工程明渠段沿线分布的高地下水水位渠段累计长度约 405km，其中地下水位高于渠底高程的渠段累计长度约337.5km，约占总干渠明渠段全长的 28.2%；地下水位高于渠道设计水位的渠段累计长度约67.5km，约占总干渠明渠段全长的 5.6%。因此，中线干渠沿线地下水位变化对中线工程渠道安全的影响是客观存在的问题。

中线干线沿线地质条件变化较大，水文地质条件较为复杂，随着工程建设的进展，调查沿线地下水位情况，分析变化趋势，对研究处置对策，保证工程安全具有重要意义。

（二）项目研究目标和任务

通过开展南水北调中线干渠沿线专门的地下水监测，掌握中线干渠沿线地下水水位动态变化规律；了解中线干渠各渠段不同类别的工程地质条件，进一步分析研究总干渠沿线地下水位变化可能带来工程地质问题，为中线工程设计和工程运行管理提供有力的技术、信息和政策支撑，确保南水北调中线干渠的稳定和安全。

（三）项目研究主要内容

收集有关区域地质、水文地质资料，了解中线沿线区域地下水位现状，结合补充调查，分析沿线地下水位变化的一般规律；根据工程进展以及工程水文地质情况，分析地下水位与工程影响，选择典型渠段作为监测对象，如南阳膨胀土段、安阳段、京石段内的部分渠段；对选定的典型渠段，分别开展地下水位调查，了解近期地下水位变化情况；结合有关研究成果，以及地下水位调查情况，对有关渠段地下水位变化趋势进行分析。

（四）项目研究取得的主要成果

项目在收集整理总干渠沿线工程地质、水文地质等相关资料的基础上，重点对黄河以南渠段开展了地下水位调查工作，结合沿线国家级地下水位长期监测资料，分析了地下水位多年变幅，进行了同期水位对比，总结了沿线地下水位近3年的年际、年内变化规律，初步分析了沿线地下水位的变化趋势。根据地下水位调查结果，分析筛选了沿线受地下水位变化影响较大的风险渠段，并对其安全影响进行了分析。对沿线国家级地下水位监测点布设情况进行了梳理分析，初步提出了中线沿线地下水监测网布设的原则和布设建议。

十七、南水北调东线工程血吸虫病监测研究

（一）项目研究背景、必要性

东线工程水源区及江苏段的主要输水河道（如京杭大运河、三阳河、金宝航道等）经过原血吸虫病流行区。因此南水北调东线工程是否能导致血吸虫病扩散及北移的问题一直受到国内外有关方面的高度关注。2013年东线通水以来，未发现有血吸虫病随调水北移的现象。但东线工程宝应以南地区是江苏省原血吸虫病流行区，调水源头的钉螺在一定时期内也难以消除，因此血吸虫随调水北移的风险依旧存在。

为了保证东线工程建设和输水安全、科学评价东线工程造成钉螺北移扩散的可能性、保证东线受水区人民的用水安全，回应通水后社会上有关血吸虫北移和扩散问题的关切，做好东线工程血吸虫监测和研究工作极为必要。

（二）项目研究目标和任务

按照东线血吸虫病监测体系要求开展年度监测工作，掌握在通水条件下东线钉螺的动态分布及变化情况，根据行业规范要求和近些年来的研究成果，结合东线血防工程实施效果和东线输水特点，评估东线血吸虫病扩散北移的可能性，提出有关对策建议，确保东线输水水质安全。

（三）项目研究主要内容

按照东线钉螺监测体系要求，开展年度东线水源区钉螺分布情况监测，结合调水加大监测频次，查明各监测点段钉螺的分布情况；根据东线水流情况，分析调水期与非调水期东线与周边河流、湖泊的水力联系；根据相关水利血防技术规范和东线工程及输水特点，分析东线血防工程的布置要求以及实施后的防螺效果，分析大型水利血防工程的技术特点；对输水河道沿线滩地进行调查，评估其对钉螺孳生和扩散的影响，提出控制措施；总结研究工作取得的研究成果，分析东线渠道在设计流量条件下钉螺北移的可能性，进一步分析研究防止钉螺北移扩散风险的措施；根据实际调水情况，评价东线钉螺北移扩散的可能性。

（四）项目研究取得的主要成果

在实地调查和监测的基础上，研究建立了东线工程血吸虫病监测预警体系，并连续开展了

年度监测工作，掌握了东线工程沿线钉螺分布及变化情况。在了解全国血防形势及防治目标要求基础上，对东线调水后血吸虫北移扩散的可能性进行了评价，认为钉螺北移扩散可能性很小，各项防螺措施是有效的，东线工程加大了阻滞钉螺北移的能力，进一步减少了钉螺北移扩散的风险。

十八、南水北调中线水源区水污染防治情况跟踪调查研究

（一）项目研究背景、必要性

丹江口库区及上游地区经济社会处于快速发展阶段，跟踪调查中线水源区水污染防治进展情况及防治效果，有针对性地提出水源区水质改善措施建议，对保证中线水源水质长期稳定达标具有十分重要的意义。

（二）项目研究目标和任务

跟踪调查中线水源区水污染防治项目的运行情况、实施效果，了解水源区的农村污染结构变化情况，了解面源污染控制的主要技术措施，了解库区近些年为保证水源水质所做的工作，分析主要河流断面水质变化，分析库区面源污染的变化，提出保证中线水源水质长期稳定达标的对策和建议。

（三）项目研究的主要内容

在水源区开展农业化肥面源污染控制技术措施的试验研究和示范工作；进一步了解并分析南水北调中线水源区影响化肥面源污染控制新技术推广应用的问题；分析已经研究出的化肥面源污染控制技术措施，通过实地开展适宜化肥面源污染控制新技术推广应用示范研究，对已经提出的快速健康推广应用的建议进行试验、验证和完善；根据水源区的社会经济和自然条件特点，研究提出促进化肥面源污染控制新技术推广应用的机制和对策措施；调查了解中线水源区（十堰）水污染防治和水土保持"十二五"规划工程进展情况以及十堰市五条不达标河流水污染治理情况。

（四）项目研究取得的主要成果

项目开展了中线水源区化肥面源污染控制新技术推广应用示范研究，进一步完善了化肥面源污染控制技术，分析了适合水源区的化肥面源污染控制新技术规模化推广应用机制，提出了推广应用的措施建议。课题还调查了解了十堰市水污染防治和水土保持"十二五"规划工程进展情况，以及五条不达标河流水污染治理情况，分析了水源区水污染防治措施的效果，提出了水源区水污染治理对策和建议。

（五）项目研究应用和推广情况

项目在十堰茅箭区建立了拥有 39 个综合观测小区的化肥面源污染控制试验研究基地，研究出既让用户增收且操作方法简便，又能有效控制面源污染的经济作物和旱地粮油作物化肥面源污染控制方法。通过了解南水北调中线水源区农业面源污染现状，分析了农业面源污染防治

技术的适用性和推广前景，提出了减少水源区农业面源污染的对策和建议。

十九、南四湖流域截污导流工程联合调度系统运行管理研究

（一）项目研究背景、必要性

南四湖是南水北调东线工程主要的调蓄湖泊，规划建设的截污导流工程对保证水质达标具有重要作用。东线一期工程规划山东省境内实施截污导流工程共有 21 项，南四湖流域项目就达 16 项。至 2011 年年底，截污导流工程全部建成并投入使用。如何科学有效地调度运行这些截污导流工程，使其充分发挥纳污减污效果就显得尤为迫切和重要。因此，开展南四湖流域截污导流工程水量、水质联合调度系统运行管理研究，为截污导流工程合理运行提供决策支持平台十分必要。

由于南四湖区域是东线一期工程治污重点，截污导流工程完工后具备了对入湖河流一定的截蓄导流能力和调度空间。调度系统以入湖河流作为一个整体，根据入湖水质目标与污染物排放总量控制目标合理调度截污导流工程，制定出相应的调度规则，对水量和水质进行联合调度，提高中水工业回用或农田灌溉量，在调水期使中水不进入或少进入输水干线，减少调水期入湖河流对南四湖水质的不利影响。

（二）项目研究目标和任务

开发了南四湖流域截污导流工程入湖河流水量联合调度信息系统平台，完善南四湖流域截污导流工程入湖河流水量联合调度信息系统，调试应用于实际调度运行，检验其功能和效果，并指导当地有关部门掌握联合调度信息系统的应用。

（三）项目研究的主要内容

收集南四湖流域和截污导流工程基础资料，分析入湖水系特征，研究控制单元调度模型、调度规则制定等工作；开发南四湖流域截污导流工程入湖河流水量联合调度信息系统平台；在南四湖流域选取若干建设截污导流工程的河流，将建立的调度信息系统应用于工程实际运行管理，通过调试运行，使开发的调度系统能够作为南四湖流域截污导流工程的调度管理平台在实际中得到应用。

（四）项目研究取得的主要成果

项目完成了南四湖入湖河流水量水质联合调度系统的开发，实现了各控制子单元水质、水量、库容等实时观测数据的在线显示和监控功能，并结合用户的需求对调度系统做了进一步优化调试，完善了各截污导流工程的调度方案和调度原则，提高了系统的有效性和实用性。

（五）项目研究应用和推广

项目开发出了"南四湖入湖河流水量水质联合调度系统"，并选择了菏泽东鱼河截污导流工程为案例，检验了建立的水量水质联合调度系统对提升截污导流工程水质保障能力以及对南四湖水质安全保障的效果。结果表明，确定的水量水质联合调度思路科学可行，建立的水量水

质联合调度系统能够有力辅助截污导流工程运行管理单位开展日常管理以及动态运行调度管理，研究确定的运行调度原则是正确的和必要的。同时，根据优化调度的结果，对截污导流工程调度运行管理提出了很好的建议。

二十、南水北调与海水淡化的比较优势研究项目

（一）项目研究背景、必要性

在南水北调一期工程即将建成通水之际，国内主张利用海水淡化的呼声渐起，甚至有人提出"要南水北调还是要海水淡化"的疑问，在一定程度上干扰了南水北调工程建设。为辨析海水淡化与南水北调的工程性质、应用范围、应用方向、成本构成等，客观地分析它的优劣主次和发展前景，保证国家水资源战略的顺利实施，有必要对二者的比较优势进行研究。

（二）项目研究目标和任务

通过分析南水北调与海水淡化的工程性质、适用范围、环境影响、经济合理性，研究南水北调与海水淡化的比较优势，为国家制定相关政策提供参考。

（三）项目研究主要内容

收集整理国内外海水淡化的有关基础资料，了解国内海水淡化的应用区域、发展过程、现状规模及发展规划；调研有关海水淡化企业，了解海水淡化技术、建设规模、供水对象、投资效益、成本构成等情况及相关问题；分析海水淡化与南水北调的工程性质、供水目标、制水过程、输水、供水规模、环境影响等方面的差异性；选择典型城市，研究分析利用南水北调与海水淡化作为供水水源的经济合理性；综合判断海水淡化与南水北调的比较优势，提出有关建议。

（四）项目研究取得的主要成果

项目介绍了国内外海水淡化产业的发展利用情况，重点分析了我国典型区域和典型企业的海水淡化现状，研究了不同海水淡化技术的能耗、成本、环境影响等技术指标情况，分析了天津市海水淡化企业的技术特点和在实际供水过程中存在的问题，并从供水方式、范围、价格、水质安全等方面与南水北调相关情况进行了比较，客观分析了海水淡化与南水北调工程的发展定位及服务对象。

二十一、南水北调西线工程前期工作成果分析研究

（一）项目研究背景、必要性

2011年中央一号文件明确提出"适时开展南水北调西线工程前期研究"，国务院在工作分工中，要求国务院南水北调办牵头负责南水北调西线工程前期研究。党和国家领导人多次在重要讲话和批示中，都明确要求做好南水北调后续工程筹划。为落实中央要求，跟踪了解西线水源区水资源和生态环境研究进展情况，以及受水区有关省区的需水和节水情况，分析研究工程

的实施对水源区、受水区经济、社会及生态环境的影响，对推动西线前期工作开展十分必要。

南水北调西线工程前期研究工作从 20 世纪 50 年代开始以来，进行了长达 50 多年的研究论证，积累了大量宝贵的基础研究资料。2002 年，国务院正式批复《南水北调工程总体规划》，将西线工程纳入我国"四横三纵"调水工程体系。规划从长江上游的通天河、支流雅砻江和大渡河调水 170 亿 m³ 入黄河，主要解决青、甘、宁、蒙、陕、晋 6 省（自治区）黄河上中游地区和渭河关中平原的缺水问题。同年年底，水利部启动了西线一期工程项目建议书阶段工作。

（二）项目研究目标和任务

项目对南水北调西线工程前期工作成果进行系统的梳理总结，掌握研究工作的最新进展，了解调水对水源区水资源、生态环境影响情况；了解受水区 6 省（自治区）的需水及节水情况以及调水对受水区经济社会发展的影响，从国家宏观战略的高度对工程建设的必要性、紧迫性等方面进行分析，为领导决策和有关部门推进南水北调西线工程前期工作提供参考，推动西线前期工作进展。

（三）项目研究的主要内容

项目对已开展的南水北调西线前期工作情况、主要研究成果进行搜集整理；根据工作需要开展实地调研；对主要研究成果进行梳理、归纳和提炼，结合我国经济社会发展和区域发展规划，以及未来水资源供需形势分析等，从国家发展战略和西北地区经济社会可持续发展的高度，对西线工程的必要性、紧迫性和可行性等方面进行分析论证；了解西线受水区水资源情况，分析节水水平及节水潜力，包括农业、工业、城市生活等现有的节水水平及节水潜力，并重点分析典型区域的节水挖潜空间与能力。

（四）项目研究取得的主要成果

项目了解了南水北调西线前期工作最新进展情况，根据长系列水文观测等资料，分析了调水河流的径流特性、各引水坝址径流量、调水河流的水资源开发利用现状和需求、河道内生态环境需水量及其过程，研究了调水对各水源河流的生态影响，以及西线调水工程对水源区经济、社会和生态环境等方面的影响。

二十二、南水北调中线沿线地下水库调蓄容量调查研究项目

（一）项目研究背景、必要性

中线一期工程干线缺乏足够的调蓄库容。在工程运行初期，中线干线供水能力远大于沿线配套工程的接纳能力，在一定条件下可向沿线地下水库补水。研究制定地下水库调蓄方案对保障中线供水安全、改善受水区生态环境、充分发挥中线工程的综合效益具有重要意义。

南水北调中线工程沿太行山东麓、京广铁路以西向华北平原输水。中线工程利用地下水库进行调蓄具有良好的工程条件和储水条件，而且水量充足、水质优良。

（二）项目研究目标和任务

在调查了解中线一期工程受水区利用地下水库调蓄北调来水有关情况的基础上，研究制定利用地下水库调蓄北调来水方案，对地下水回灌过程及其影响进行监测与评价，为提高南水北调中线工程供水保证率，遏制地下水超采和地面沉降，恢复水生态环境，充分发挥调水效益提供服务。

（三）项目研究主要内容

继续开展沿线地下水库调蓄容量调查，查明沿线主要地下水库的调蓄空间；了解受水区有关省市在中线通水初期北调水的利用方案以及向地下水库补水的规划情况；调查了解有关省市地下水库调蓄工程的实施及进展情况，对地下水回灌过程及影响进行监测，了解地下水位回升及水质变化情况；确定调蓄地下水库与中线补水线路，研究制定利用地下水库调蓄北调来水方案；评述利用地下水库调蓄对保障城市供水和恢复生态所起到的作用。

（四）项目研究取得的主要成果

项目综合分析了中线沿线水文地质条件及沿线可能的地下水库分布情况，初步计算了北京和河北平原区浅层和深层地下水库的调蓄能力，并选择典型地下水库分析了存储、回补和开采条件。调查了河北省及北京市地下水库调蓄工程的实施及进展情况，调查了北京市利用北调水回补潮白河流域地下水的实施方案并对回补过程进行了监测，通过分析近期区域地下水位变化情况，初步评价了地下水的回补效益，研究提出了利用地下水库调蓄北调来水的方案和政策措施建议。

二十三、南水北调东线调蓄湖泊藻类调查及预防蓝藻暴发措施研究

（一）项目研究背景、必要性

南水北调东线工程的成败在于治污，保证东线水质长期稳定达标是一项艰巨的任务。东线工程通水后，长江水和混合后的北调水将进入沿线各调蓄湖泊，使得湖泊内的水生态环境发生较大变化。对通水后四个调蓄湖泊的富营养化状态和藻类情况开展跟踪调查和监测分析，研究其暴发蓝藻的可能性并提出相应的预防措施，对保障东线水质安全是十分必要的。

富营养化水体在水温、气温、流速、光照等适合的外界条件下，可能形成并暴发蓝藻水华。我国由水体环境富营养化引起的蓝藻水华问题已日趋严重。不仅大型淡水湖泊如滇池、太湖、巢湖每年夏秋季都会暴发蓝藻水华，华东、华中、西南、华南等地许多中小型湖泊、供水型水库、观赏娱乐型湖泊也相继发生了不同程度的蓝藻水华。作为南水北调东线工程重要调蓄湖泊的洪泽湖、骆马湖、南四湖、东平湖，也是输水线路的组成部分，承担着接受来水和向北方调水的双重使命。调蓄湖泊在江苏和山东境内各有两个，受周边及上游影响，湖泊水质在东线治污工程实施前数个断面不能达标，水体富营养化趋势明显，局部湖湾处有水华现象发生。

东线运行初期，调入各调蓄湖泊的水量有限，对湖泊水生态环境未造成明显影响。为了预防蓝藻暴发，保障东线水质安全，需要长期持续监测通水后调蓄湖泊的水质、水生态环境及藻

类种群变化，才能在丰富的数据基础上，揭示浮游藻类对调水引起的水生态环境变化的响应机制，并制定蓝藻水华的有效防控措施。

（二）项目研究目标和任务

在东线调水过程中，跟踪调查水量对主要调蓄湖泊水质和水生态环境的影响，通过实地取样监测分析，评价各湖泊的营养状态，分析各湖泊优势藻类种群，研究调水调蓄湖泊对藻类种群构成和时空分布变化规律的影响，分析蓝藻暴发的影响及限制因素，提出预防蓝藻暴发的对策措施。

（三）项目研究的主要内容

了解四个调蓄湖泊水质富营养化状况及原因，调查东线入湖水量情况，分析湖泊水质和水生态环境的变化；继续开展东线四个调蓄湖泊水质及浮游藻类调查取样及分析工作，鉴定藻类门属及种类，探明各湖泊藻类的种群构成以及时空分布，并判定各湖泊的优势藻类种群；在关键节点、敏感区域增加采样监测点、监测频次，对比分析调水前后、调水期间水质及浮游藻类种类、群落结构及优势种群变化情况，分析各调蓄湖泊蓝藻暴发的可能性；借鉴国内外河湖蓝藻治理的经验，提出通水后预防蓝藻暴发措施的建议。

（四）项目研究取得的主要成果

项目开展了洪泽湖、骆马湖、南四湖和东平湖水质和藻类现场取样调查监测工作，在了解调蓄湖泊调入水量及通水前后水质变化情况的基础上，对比分析了通水前后藻类种群分布特征变化，以及调水之后蓝藻暴发的可能性，提出调蓄湖泊发生大规模蓝藻水华的可能性较小，但局部区域仍存在暴发风险，并提出了防控应急预案。

二十四、南水北调东线工程文化旅游产业带规划纲要研究

（一）项目研究背景、必要性

由于东线工程与京杭大运河空间交叉重叠，存在调水工程运行、工程景观以及生态文化旅游开发与全国文物保护单位乃至未来世界文化遗产之间协调的问题，存在着与交通运输部门内河航运之间协调的问题，也存在与环境保护部门关于沿线水质污染防治的协调问题。因此，开展南水北调东线工程与京杭大运河保护与利用的研究，是十分必要和迫切的。

（二）项目研究目标和任务

在实地调查和利用空间信息技术的基础上，梳理东线工程和京杭大运河的空间关系，研究通水后二者在航运、生态环保、工程运行、文物保护、文化旅游开发等方面的相互影响关系和结合点，提出促进东线工程和京杭大运河保护与利用的措施建议。

（三）项目研究的主要内容

搜集东线工程与京杭大运河申遗有关规划、设计等技术资料，摸清东线工程沿线及周边历

史文化遗存家底；基于现代空间信息技术开展东线工程设施（河道、泵站、水源等）与京杭大运河的空间分析和评估，梳理二者在空间、经济社会、航运、文化、旅游等方面的关系和联系；结合东线工程治污规划和有关工作，对大运河申遗区段进行生态环境协同整治研究；提出促进东线工程和京杭大运河保护与利用的措施建议，编写研究报告。

（四）项目研究取得的主要成果

项目调研东线工程沿线及周边历史文化遗存和旅游资源，了解了大运河申遗进展及国内外主要水利工程开展文化旅游的情况，确定了东线工程中有代表性的景观节点，提出了各景观节点的规划要点，分析了东线工程与京杭大运河的空间关系，研究了东线工程景观节点与周边文化旅游资源如何融合并形成精品旅游线路的方案，并提出了编制东线工程文化旅游产业带规划纲要的主要思路。

二十五、南水北调中线丹江口水库蓄水后消落区保护与管理研究项目

（一）项目研究背景、必要性

消落区的保护和管理将直接影响中线水源水质。丹江口大坝加高形成了约 45 万亩的消落区，其中近一半是原来的耕地。了解消落区环境变化情况，开展消落区土地利用试验研究，对保障中线水源水质安全具有重要意义。

丹江口水库消落区的土地是特殊的土地资源，特别是在人多地少、耕地匮乏的丹江口库区，耕地资源十分有限，人均耕地不足 1 亩，消落区土地具有重要的经济价值，当地对其进行开发利用的愿望很强。但是，由于消落区具有保护水质的功能，利用消落区土地存在很大的环境风险，其利用的结构、程度、方式等对丹江口水库的有效库容、水质安全以及库区的生态环境稳定等有着至关重要的影响。因此，必须高度重视丹江口水库消落区土地的保护与管理。

（二）项目研究目标和任务

调查了解丹江口水库蓄水后消落区变化情况，筛选适宜的作物开展植物篱技术试验研究，评价试验的生态效益和经济效益，提出丹江口水库消落区生态修复植物配置模式，探索有利于消落区保护的土地利用模式，提出加强消落区管理的措施和建议，为保护库区水质提供参考。

（三）项目研究主要内容

调查了解丹江口水库蓄水后消落区的环境变化及保护利用情况；开展林木作物种植试验研究，分析蓄水对作物生长及耐水性情况的影响；在消落区内选择典型区域开展植物篱技术试验研究，探索有利于消落区保护的土地利用模式；根据水源区水质保护要求，提出加强消落区保护与管理的措施和建议。

（四）项目研究取得的主要成果

在了解丹江口水库消落区基本特点的基础上，分析了适宜消落区生长的林木种类。在丹江口库区丹江口市凉水河镇、郧县杨溪铺镇分别选择了 10 亩消落区土地作为试验研究地，开展

了竹柳、饲料桑、水杉等作物种植试验；选择并提供了金银花、千屈菜、黄花菜、金娃娃萱草、木瓜、蓝莓、丰花月季、马蔺等作物种苗进行了植物篱技术试验，初步分析验证了适合库区消落带生长的作物类别。

二十六、南水北调东线水污染治理效果跟踪调查研究

（一）项目研究背景、必要性

南水北调东线工程的成败在于治污，保证东线水质长期稳定达标是一项艰巨的任务。东线工程已成功实现通水，沿线水质初步达到预期目标。因此，从工程技术和法律、体制、机制、政策、管理等方面对东线工程十多年的治污经验进行全面总结和梳理，提炼出东线治污的成功模式，对于保障东线调水安全具有重要意义。

（二）项目研究目标和任务

跟踪了解东线水质与治污工程运行情况，及时掌握影响水质的主要因素。总结梳理山东省十多年的治污经验，提炼出治污的成功模式，并提出保障东线水质安全的长效机制、管理及运行维护技术模式等措施建议。

（三）项目研究的主要内容

跟踪了解通水后东线治污工程的运行管理情况和治污效果，了解主要监测断面水质变化情况，分析影响水质变化的主要原因；总结山东省采取的工程技术措施治污经验及效果，截污导流、污水处理设施、人工湿地等；总结山东省采取的非工程技术措施治污经验及效果，创新治污理念、调整经济结构、制定相关法规等；调查分析南四湖流域典型区域面源污染的来源、构成、特性及治理措施；总结治污经验，提炼出东线治污的成功模式，提出保障东线水质安全的长效机制、管理及运行维护技术模式等措施建议。

（四）项目研究取得的主要成果

项目收集整理了国内外跨流域水污染治理模式研究等有关情况，跟踪了解通水后东线治污工程的运行管理情况和治污效果。结合山东省南水北调流域治污的技术体系创新以及流域综合监管策略等水污染治理措施及成效，分析了山东省东线治污的体制机制与综合措施，总结治污经验，提炼出治污的成功模式，提出了山东省南水北调东线水污染治理是以属地治理为主，流域治理为辅，政府主导、市场化运作、鼓励公众参与的利益相关者共治模式（GMPS）。

第二节　南水北调中线水源工程

一、混凝土坝后续施工进度专题研究

（1）丹江口大坝加高工程经过两个枯水期的施工，混凝土坝贴坡混凝土已基本浇筑完成，

加高混凝土施工即将全面展开，施工进度较招标文件要求有所滞后，若按原程序进行，则工期将拖后一年，因此，需调整后续施工项目的施工程序，加大施工投入。

（2）应加强施工组织与管理，针对大坝施工通道少、坝顶施工场地狭窄现实情况，合理安排缺陷处理工作，尽量减少其对大坝加高施工的影响。

（3）在综合比较了四个备选的后续施工方案后，推荐了将原设计的溢流坝段分三批施工的方案调整为分两批施工。

（4）由于裂缝检查与处理总体方案尚未报批，其不确定因素较多，建议暂缓开始溢流坝段的加高施工。

（5）两岸土石坝宜按招标文件进度要求施工，但右岸土石坝下游马道应作为混凝土坝加高的运输通道，在 2007 年年底前填筑至高程 162m。

二、老混凝土碳化深度检测研究

（1）丹江口大坝经过多年运行后，大坝混凝土的碳化程度没有根本的变化，碳化发展趋势较缓。

（2）整个大坝混凝土，平均碳化深度一般在 2～23mm，局部碳化深度较大，超过 30mm，但从总体而言，大坝混凝土大多数碳化深度在 30mm 以下。

（3）检测结果可作为大坝新老混凝土结合面上老混凝土碳化层凿除深度的依据。

三、裂缝碳化深度检测研究

（1）坝顶裂缝。各坝段裂缝较宽，芯样表面较密实，内部有少量气孔。18 坝段裂缝宽度和芯样沿裂缝碳化深度范围分别为 1.0～5.0mm 和 7～10mm；25 坝段裂缝宽度和芯样沿碳化深度范围分别为 1.0～2.5mm 和 3～4mm；27 坝段裂缝宽度范围为 1.0～2.0mm，裂缝碳化严重，碳化深度超过 180mm。

（2）廊道内部裂缝。除 33 坝段 33L156－2 和 35 坝段 35L156－1 裂缝宽度分别为 1.3mm 和 0.71mm 外，其余裂缝宽度均在 0.10～0.27mm 之间。

（3）裂缝碳化示意图。各条裂缝的碳化示意图均为梯形分布。垂直缝面碳化深度在廊道碳化层最底部开始随着缝深增加而逐渐减少，在缝面碳化深度最大值处为零。

（4）廊道内裂缝内。干燥裂缝的沿缝面碳化深度平均值在 4.0～4.9mm 之间，垂直缝面最大碳化深度平均值在 1.2～1.7mm 之间；析钙裂缝的沿缝面碳化深度范围在 3.1～7.6mm 之间，垂直缝面最大碳化深度平均值在 1.1～2.3mm 之间；38 坝段 38L156－1 潮湿裂缝碳化严重，沿缝面碳化深度平均值达到 22.1mm，垂直缝面最大碳化深度平均值为 3.6mm；其余两条潮湿裂缝 10 坝段基础 10L－1 裂缝和 29 坝段 29L101－2 裂缝沿缝面碳化深度平均值分别为 2.7mm、3.1mm，垂直缝面最大碳化深度平均值分别为 2.6mm、2.0mm。

四、大坝加高工程混凝土坝贴坡混凝土浇筑层厚专题研究

（1）分别对贴坡混凝土全部采用 2m 浇筑层厚（方案一）、全部采用 3m 浇筑层厚（方案二）和 10—11 月及 4 月采用 2m 浇筑层厚，其余月份采用 3m 浇筑层厚（方案三）3 个计算方案分别进行了温度计算分析。从温度仿真计算结果可以看出，采取相应温控措施后，方案一和

方案三基本能满足大坝坝体设计允许最高温度。方案二采取一定的温控措施后，除 $R_{90}250$ 号部位的混凝土 4 月和 10 月混凝土早期最高温度超过设计允许的最高温度外，其他月份及 $R_{90}200$ 号基本满足设计允许最高温度标准。$R_{90}250$ 号部位的混凝土 3 月和 11 月浇筑温度采用 14℃，混凝土早期最高温度接近设计允许的 27℃，为保证温度控制有一定的裕度，建议 $R_{90}250$ 号部位的混凝土 3 月和 11 月采用预冷混凝土（浇筑温度控制在 12℃）浇筑。

（2）$R_{90}250$ 号部位的混凝土 4 月和 10 月 3m 层厚采用加密冷却水管的温控措施，混凝土早期最高温度有所降低，但是短间歇（7～9 天）混凝土早期最高温度还是超过设计允许的最高温度。

（3）采用 2.5m 浇筑层厚比 3m 层厚混凝土早期最高温度约低 0.2～0.8℃，除 $R_{90}250$ 号区域混凝土 4 月和 10 月短间歇混凝土早期最高温度到达了 28.6℃，略微超过设计允许的最高温度要求外，其他月份和 $R_{90}200$ 号区域混凝土都满足设计允许最高温度要求。如施工进度允许，建议 4 月和 10 月尽量采用 2～2.5m 浇筑层厚。

（4）胶凝材料增加 10％后 3m 层厚 $R_{90}250$ 号部位的混凝土早期最高温度都超过设计允许的最高温度；$R_{90}200$ 号部位的混凝土水管布置形式采用 1.5m×2.0m，通 8～10℃水冷却也超过设计允许的最高温度，水管布置形式采用 1.5m×1.5m、通 8～10℃水冷却 11 月至次年 2 月基本满足设计允许的最高温度，其他月份均超过设计允许的最高温度。建议在施工中做好混凝土配合比的优化，控制混凝土胶凝材料用量。

（5）从施工工艺上，采用 3m 层厚平铺法施工要求混凝土入仓强度最大为 56m³/h，台阶法施工混凝土入仓强度最大为 75 m³/h，对于左右连接坝段很大部分需要两台机械联合浇筑，施工干扰大。从减少温控措施、水管铺设难度和施工干扰等方面，尽量采用平铺法施工，如采用台阶法，宜控制浇筑层厚在 2～2.5m。

（6）在 12 月下旬至 4 月贴坡混凝土施工期间，初期通 10℃ 以下的库水。10—12 月中旬，库水温都高于 10℃，如 10—12 月中旬初期通水也采用库水（60m 深处库水温为 10～14℃），则 $R_{90}250$ 号混凝土 10 月早期最高温度超过设计允许最高温度 28℃，$R_{90}200$ 号混凝土 10 月短间歇期也超过设计允许的 28℃，建议此段时间必须通 8～10℃制冷水，其他时段可以通低温库水。

（7）在 4 月、10 月及 11 月（或环境平均温度在 16.9℃ 以内），浇筑温度控制在 12℃，并作好混凝土表面保温，且避开正午高温时段太阳辐射的条件下可以浇筑 3m 层厚。建议在埋有混凝土温度观测仪器的坝段加强观测，在没有埋设仪器的坝段选取几个典型坝段埋设测温管观测混凝土温度，以便及时调整温控措施。

（8）采用 3m 层厚浇筑须采取相应的温控措施如下：

1）12 月至次年 2 月混凝土浇筑方式采用自然入仓，3 月和 11 月浇筑温度控制 12℃，4 月和 10 月浇筑温度控制在 14℃。

2）水管布置形式：水管布置形式采用 1.5m×1.5m，对于 $R_{90}200$ 号部位的混凝土，除 4 月和 10 月外，水管布置形式可以采用 2.0m×1.5m。

3）初期通水：12 月下旬至次年 4 月通水库低温库水，10—12 月中旬通 8～10℃制冷水，12 月至次年 2 月通水时间约为 10～20 天，其他月份采用连续通水和间歇通水均可，通水时间为 20～30 天，单根水管通水流量不小于 20～25L/min。

五、丹江口初期大坝上游面防护材料比选试验研究

在综合考虑表面防护材料的防水性、耐久性及施工便利等因素，根据现场试验和室内试验成果确定：大坝上游面高程 149.0m 以下至现水库低水位以增强防渗为主，兼顾Ⅰ、Ⅱ类裂缝的修复，选用具有一定渗透深度的"水泥基渗透结晶型"防护材料进行坝面表面防护处理；大坝上游面高程 149.0～162.0m 范围、下游面高程 88.3～107.0m 范围选用增强混凝土抗碳化能力的"聚脲类"防护材料；闸墩表面选用具有抗冲磨型防护材料。

六、新老混凝土结合面界面剂性能试验研究

根据新老混凝土结合面界面剂性能试验成果和断面状况，结合材料耐久性和环境保护等综合分析，认为应采用无机质类界面剂，使用葛洲坝试验检测公司生产的 HTC-Ⅰ型或武大巨成 IAC 无机质界面剂是合适的。工程施工中选用葛洲坝试验检测公司生产的 HTC-Ⅰ型界面剂。

七、丹江口大坝加高工程土石坝反滤料研究优化及体型调整研究

（1）在丹江口土石坝设置单层宽级配混合砂砾石反滤料是可行和安全的。

（2）反滤料采用宽级配混合砂砾石料单层布置，剔除 40mm 以上粒径的卵石后的混合料，其中粒径 5mm 以下的含量下游侧控制 35%～45%、上游侧控制 30%～40%，干密度控制在 2.00～2.15g/cm³。

（3）反滤料厚度按原施工设计图厚度执行，并根据右岸土石坝填筑材料开采实际情况，对右岸土石坝断面进行了调整：将上下游坝坡在高程 155m 马道以下将原坝坡坡比减缓 0.25，下游挡墙范围内（桩号 0+000～0+097）下游坝坡坡比不变，但需在坝坡表层 6m 厚范围内填筑 A 类料（含砂率 20%～30%，连续级配，$C_u \geqslant 8$，$C_c = 1～3.5$），桩号（桩号 0+000～0+153）为下游坝坡渐变区。

八、闸门及埋件检查和缺陷处理问题研究

丹江口大坝加高工程部分闸门及门槽埋件经修复后将继续使用。由于这些金属结构设备经过 30 多年的运行，闸门及门槽埋件等存在不同程度的尺寸变形和金属腐蚀，部分尺寸当年制造时无规范可循，按现行的规范验收有超差现象，如闸门的高度、厚度、宽度、门叶对角线、面板局部平面度、埋件相对于门槽中心及孔口中心的距离等尺寸差，难以进行校正修复。按设计要求进行修复后，强度和刚度能满足现行规范，能继续安全运行，但按现行规范和质量评定标准，部分项目超标，验收和质量评定的标准需进一步研究。2013 年，《南水北调中线工程丹江口大坝加高钢闸门及埋件加固修复技术规定》提请国务院南水北调建委会专家委员会咨询，并报国务院南水北调办审定后，于 2013 年 4 月 18 日发布实施《南水北调中线工程丹江口大坝加高钢闸门及埋件加固修复技术规定》（NSBD-ZXSY—2013）。

九、老坝缺陷处理问题研究

（1）大坝加高施工进度调整。

1）施工计划调整，在贴坡混凝土浇筑施工阶段，延长施工时间。在增大混凝土施工温控

方面投入的前提下，浇筑时间从每年的 4 月 30 日延长到 5 月 20 日。右岸标段施工由原 1 个工作面增加到 2 个工作面。左岸标段 2007 年 11 月中旬开始溢流坝段闸墩及堰面混凝土施工等。金属结构设备及安装进度与土建施工同步，水轮发电机组安装进度按照原计划不变。

2）节点进度调整，调整后的进度计划较原计划主要变化是：溢流坝段三枯先进行 19～24 坝段 6 个坝段的闸墩加高，溢流面"三枯"暂不加高，闸墩之间增加支撑。利用"四枯"一个枯水期完成其余溢流坝段闸墩的加高、18 坝段加高。

（2）增加临时工程设施与施工措施。

1）裂缝处理新增临时工程设施，主要是右联转弯坝段高程 142.4m 水平裂缝处理承重平台，右联 3～7 坝段裂缝检查与处理施工承重平台，18、25 坝段迎水面水上裂缝检查与处理施工承重平台，厂房坝段拦污栅及坝面检查工作承重平台。

2）增加温控措施，由于受裂缝检查与处理影响土期，部分贴坡混凝土推迟到 5 月浇筑的制冷混凝土的温控措施，相应增加的冷却水管、初、后期通水和制冷混凝土工程量。

3）新增施工道路，为使右 9～右 4 坝段加高混凝土施工工作面展开，在右联右 12～右 3 坝段下游侧填筑了一条长 150m 的施工路道。

4）新增大坝加高混凝土垂直运输手段。

5）增加 26、18 坝段施工栈桥。

（3）施工度汛方案调整，结合现场实际情况，2007—2011 年每年编制度汛技术要求。

（4）丹江口大坝混凝土缺陷检查与处理对发电影响及措施，厂房 25～32 坝段和 24、7～9 坝段水下裂缝检查与处理时，由于受潜水业影响，需本坝段及相邻坝段机组停机进行配合，造成汉江集团电厂发电损失。采取将 6 号机接入 110kV 系统的技术措施，提高 110kV 系统的供电能力，保证系统安全。对汉江集团造成的直接发电损失给予合理的补偿。

第三节　南水北调中线干线工程

一、中线一期工程总干渠全线供水调度方案研究及编制

中线总干渠输水距离长超过 1400km，控制节点多，沿线均无调节水库，只能利用有限的渠道调蓄能力，水力条件非常复杂，且运行过程中的水位壅高对工程安全存在潜在的风险，也需要制定切实可行的运行控制策略和规则。中线工程安阳以北渠段，存在冬季渠道结冰的问题，冬季输水时间长达两个月。总干渠冰期输水，如运行控制不当，可能造成冰塞、冰坝事故，威胁总干渠的安全。因此，中线工程必须进行冰期输水运行调度方案及控制策略研究，减小冰期输水对供水计划的影响，并保证总干渠运行安全。

《南水北调中线一期工程可行性研究总报告》将中线工程运行调度列为下阶段要开展的重点研究课题。南水北调中线一期工程总干渠全线供水调度方案研究及编制项目的主要工作内容为针对中线工程运行期间可能出现的各种情况，提出一套实用的水资源分配方法，并在满足总干渠安全运行前提下实现供水计划的总干渠调度运行方案，研究内容总体上分为供水方案、输水调度、应急预案等，该项目研究内容分解为以下 10 个子课题。

（1）京石段应急供水调度方案。

（2）水源区不同频率水文年可供水量模型。

（3）受水区不同频率水文年需调水量模型。

（4）供水计划生成模型。

（5）总干渠水力学模型及软件开发。

（6）冰期输水调度方案。

（7）输水调度闸门控制模式及指令生成软件开发。

（8）应急预案分解及对策。

（9）供水调度软件集成与调试。

（10）中线工程输水调度规程。

2008年8月，项目承担单位以供水调度方案研究项目初步研究成果为基础，将开发的水力学模拟模型等应用于京石段的实际运行中，直接参与了水量调度、充水、试运行、正常调度、紧急情况调度的全过程控制，并对关键的软件、参数进行了大量的修订与率定。2012—2013年临时通水期间，项目开发的水力学模型、调度控制模型以及京石段水量调度系统分别参与了京石段临时供水调度，提高了京石段临时供水调度期间的渠道运行安全和运行调度的灵活性、准确性。在京石段水量调度系统的基础上，已经完成了南水北调中线水量调度系统的搭建工作，并进行系统内部调试和与其他系统进行在线联合调试。南水北调中线水量调度系统是中线自动控制系统的核心，对中线工程运行安全和运行效率，以及中线工程建设目标的实现具有决定性影响。

二、天津干线水力仿真与控制优化研究

南水北调中线天津干线工程为长距离、多用户、多建筑物、结构复杂的大型跨流域调水工程，它采用无压接有压输水、分段减压、保水的工程方案，综合了无压输水和有压输水的特点，输水系统过渡过程中的水压、流量及水流衔接处的水力现象具有明显的动态特性，水力控制复杂、难度较大。这些因素将直接影响到整个输水系统的设计及工程建成后的实时监测、项目管理、安全输水等问题。为了满足适时、适量、安全输水的要求，更好地做到按需供水，项目通过对输水系统仿真分别就恒定流工况、流量调节工况、检修工况、不对称输水工况、事故工况和充水工况进行了分析，预测其输水系统的压力、水位、流速和流量等水力参数的变化规律，对输水工程设计的合理性和安全性进行评价，并寻找可靠合理的输水运行控制方案，为工程建设和运行管理、安全监控提供科学依据。本项目的主要研究结论如下：

（1）恒定流工况。对正常应用工况的各种流量进行计算，计算结果表明：当输水流量21.44m³/s，终点水位0.0m，糙率0.0135，有压段1孔运行工况，10＋679调节池处水位28.30m，无压段出口出现了封顶情况，不宜采用该工况输水；其余工况下10＋679调节池处水位最高为26.13m，洞顶余幅达1.90m，无压段沿线均满足20%的净空要求，适宜输水。

（2）流量调节工况。

1）对各种正常流量调节工况进行了计算。以有压流段不脱空、无压流段不淹没为原则，计算出全线各控制建筑物的水位、流量值；推出进口闸最优操作程序；且基本满足无压段的水位波动情况采用20%净空的要求。

2）分析了管道内的水力共振现象。在增设无压段减振面积的情况下，计算出保水堰分段水力波动的固有频率。得出输水系统下游相邻保水堰自由水面的固有振荡频率彼此相错，因此全线不会发生水力共振现象，并通过相应的流量调节工况数值仿真计算予以了证明。

3）对西黑山进口闸紧急关闭工况进行了数值模拟，并推荐首闸关闭程序为：两边孔以 0.1m/min 的速度匀速关闭一半，然后暂停 2000s，然后以 0.1m/min 的速度关闭；暂停 3000s，然后以 0.1m/min 关闭中孔。整个关闭过程所需时间约 6600s，外环河泵站和西河泵站滞后 11000s 开始关闭，关闭时间为 1500s。

（3）有压箱涵段糙率的增加，对无压箱涵段基本不造成影响。但有压段水头压力整体增大，同时，在流量调节过程中，水位的波动幅度也随糙率的增大而增大，继而有压段水位稳定时间将会延长。有压段水头压力的增加，有利于工程的运行控制，但同时水位波动幅度的增大，稳定时间的延长却又是运行控制的不利因素。

（4）检修工况。建立了南水北调中线天津干线输水系统单孔检修的非恒定流数学模型，对检修时的过渡过程进行模拟，通过优化运行措施以及采取工程措施，对检修时的过渡过程进行了有效的控制。针对南水北调中线天津干线工程的实际条件，提出了一种补水的控制方法，对检修引发的过渡过程进行了控制。通过在检修箱涵的首尾设置补水孔，利用非检修箱涵向检修箱涵补水，对长距离并联输水箱涵单孔检修所造成的闸后检修箱涵脱空进行了有效控制，并在水力仿真的基础上对补水孔的面积以及检修井的面积进行了优化。

（5）不对称输水工况。

1）通过建立数学模型对并联无压箱涵的不对称输水过程进行了模拟。无压段不对称输水对于下游有压箱涵的影响程度，主要由衔接无压与有压的调节池的出口流量变化速率来判断。大流量输水的流量调节时，由无压段对称输水与不对称输水这两种调节方式得到的调节池出口处的流量变化情况基本相同，所以调节池下游有压段的波动情况也基本一致；小流量输水的流量调节时，不对称输水的情况下出调节池的流量变化速率较对称输水时要大，下游有压箱涵的水位波动剧烈程度明显高于对称输水方式，但由于无压段的调蓄作用，其水位波动仍在控制高程内，满足管道安全运行的要求。出于输水稳定方面的考虑，无压段在小流量流量调节时应尽量避免不对称输水的方式。

2）建立了并联有压箱涵的不对称输水的数学模型，对输水系统一条管线退出运行的连续关闸过程和重新投入运行的连续开闸过程进行了模拟，确定了水力波动最小的闸门最佳操作序列。在连续关闸时，采用由下游向上游顺序关闸的操作顺序，而在连续开闸时，应采用由上游向下游顺序开闸的操作顺序。对于关闸操作时，闸门后接箱涵出现剧烈水力波动，局部出现脱空的情况，则采用在关闸输水单元的首尾设置补水孔，通过相邻输水单元进行补水的方法来进行水力控制。相对于连续关闸而言，连续开闸带来的水力波动要小得多，沿线均在设计范围之内。

（6）事故工况。建立了事故工况的数学模型，对输水系统有压段在各种水力条件下的事故壅水过程进行了模拟，确定了需要开闸泄水的工况以及开始泄水的分流井水位、闸门开度，为输水工程的事故安全运行提供了科学依据。

（7）充水工况。通过编制南水北调天津干线有压系统充水计算程序，模拟有压系统的充水过程，通过计算结果分析，得出全线三孔充水时充水流量以 12m³/s 为宜，单孔全线充水采用

$4m^3/s$，也可以采用较大的 $5m^3/s$。在保证安全输水的同时，也保证了输水时间上最短。

（8）结合输水工程建立其中一段管道的渗漏水力瞬变模型，分析其水力特性。并将该模型曲线用于基于负压波法的模式识别法中，进行渗漏检测；用压力梯度法进行渗漏定位。

三、穿黄工程南岸渠道高边坡渗控措施及边坡稳定性研究

南水北调中线穿黄工程南岸渠道为深挖方土质边坡，土体为黄土状粉质壤土（渗透系数较小），渠道边坡最大坡高超过 $50m$。地下水位较高，大部分高出渠底近 $30m$ 左右。在中线穿黄南岸渠道的施工期，因边坡黄土渗透系数较小，由施工需要的深井降水和开挖形成的临空面降水，在较长的时间之后，才能将边坡土体的含水率降至"疏干"状态并使得土体固结。土体在较长的时间内处于含水率不断变化的非饱和状态，而不同饱和度下土体的抗剪强度指标变化也较大，对边坡的稳定性影响也较大，需要分析不同施工方案所采取的降排水措施的边坡渗流状况，及边坡土体不同含水率（饱和度）的抗剪强度指标，进一步分析边坡稳定性，为确定合理的施工开挖和降排水措施提供依据。在施工完建期和运行期，在施工期降水井停止运行之后，边坡土体的含水率可能随着地下水和降雨的补给而增加，需要对运行期不同工况和不同降排水方案进行渗流分析，依据渗流分析的成果进行边坡稳定分析，据此提出运行期降水方案和支护措施建议。

项目在前期工作的基础上，主要分析了前期各设计阶段的试验成果，开展了南岸渠道边坡土体的物理力学参数和渗流参数的现场和室内试验，对土层的渗透参数进行了反演分析，开展了不同施工运行工况、不同降排水措施情况下的渗流计算，进行了非饱和土边坡稳定计算方法和边坡稳定的可靠度的计算方法的研究，开发了相应的计算程序和软件，采用非饱和土力学和可靠度理论对边坡的稳定进行了分析，最后对不同施工和运行阶段的边坡降排水方案进行了优化研究。

四、补偿收缩混凝土在超长大体积混凝土结构中的应用

惠南庄泵站位于北京市房山区大石窝镇惠南庄村东，与河北省涿州市相邻，距北京市区约 $60km$，距总干渠终点——颐和园团城湖约 $78km$，是南水北调中线干线工程总干渠上唯一一座大型加压泵站，是北京段实现小流量自流、大流量加压输水的关键性建筑物，也是南水北调中线干线工程的标志性建筑物。泵站前池与主、副厂房的边墙和底板混凝土结构属超长的混凝土结构，设计采用补偿收缩混凝土。一方面由于大体积混凝土结构产生裂缝具有其必然性；另一方面，惠南庄泵站项目的大体积混凝土结构部分永久缝间距接近或超过了规范限值，温度控制及裂缝防止要求更为严格，设计采用了补偿收缩混凝土技术来防止裂缝产生，同时实现超长大体积混凝土结构连续无缝施工。但是由于现有规范和实际应用的局限，设计经验和施工工艺均略显不足。因此，非常有必要针对惠南庄泵站特殊的混凝土结构型式，对补偿收缩混凝土在超长大体积混凝土结构中的应用进行研究，以便指导设计和施工，达到减少施工步骤，缩短施工工期，节约工程投资等目的。

项目主要研究任务和内容是通过混凝土常规和特殊性能试验，结合三维瞬态有限元仿真计算方法，对混凝土结构温控进行设计计算、优化计算、反馈计算和反演分析，动态仿真计算各种可能的不利影响因素；进行温度场仿真和反馈计算及分析，对已完成的部分混凝土进行分析

和论证，为已浇筑的混凝土在冬季的应力状况进行预测，并为未浇筑的进水池和厂房段混凝土提出温控建议；提出有效防止与控制裂缝的技术，直接运用于后续工程的建设，对混凝土施工进行指导；通过本工程的技术实践，对其他类似工程的建设有借鉴和直接参考意义。

主要研究成果及结论如下：

（1）根据混凝土试验给出了混凝土的各向性能指标，包括混凝土的强度、弹模、绝热温升、自身体积变形、抗裂性能等，并对试验龄期以外的混凝土性能做出了相关预测。

（2）在不考虑任何温控措施的条件下，对浇筑块进行了温度场仿真，分析了混凝土的时间和空间温度分布规律。通过对典型底板浇筑块 6 月施工工况的施工期应力场的仿真分析，分别给出了混凝土温度应力、体积变形应力以及综合应力。

（3）通过综合分析，保温条件下混凝土的表面温度应力可以降低 0.6MPa，能够有效降低表面混凝土开裂风险。而混凝土自身体积变形的效果主要体现在降低对于内部 0.2m 以下部分混凝土的后期拉应力，从而防止混凝土的贯穿裂缝。

（4）对于厂房底板混凝土，以低温季节的 11 月浇筑为例，分析了浇筑块的温度应力。以副厂房底板为例详细分析了膨胀带混凝土由于自身体积变形产生的应力的分布规律。

（5）本工程的膨胀混凝土能够起到补偿混凝土收缩应力的效果，可以有效防止内部裂缝的产生。但局部表面早期或低温季节有可能产生较大应力。对于推荐温控措施，从混凝土的温度控制、材料性能、施工等方面提出了具体的要求。

五、京石段应急供水工程漕河渡槽槽身动态仿真及结构性态研究

漕河渡槽作为京石段应急供水工程中，国内首次设计、首次施工的大型渡槽，其技术难度大、科技含量高。渡槽采用三槽一联多侧墙结构型式，预应力钢绞线布置由单向（初设阶段）改为三向（施工图阶段），使得结构刚度变化较大，结构型式较为复杂，此类结构型式国内外均无成功的工程经验和理论方法可供借鉴。渡槽槽身由单向预应力改为三向预应力，结构的实际受力状态，变形情况，以及纵梁的预应力效果等是否满足设计要求，将直接影响渡槽的安全运行。对于渡槽结构，结构性荷载及非结构性荷载共同作用可能引起渡槽的开裂，从而影响渡槽的正常应用。项目利用漕河渡槽现场开展高强度、大跨度预应力渡槽的原位试验研究，可更加全面和深入地掌握渡槽结构受力特征和变形规律等资料，确保漕河渡槽安全可靠运行，以及指导施工和运行期管理维护。通过对槽身全面和深入地研究，分析和掌握渡槽结构受力特征和变形规律等资料，研究渡槽混凝土抗裂特性、裂缝机理、裂缝扩展过程和控制措施等，指导施工和运行期管理维护，确保漕河渡槽安全可靠运行。

项目通过现场原位试验监测研究得出如下成果：支座在不同荷载作用下的位移状况、支座在不同荷载作用下的反力大小和荷载-变形的协调性；预应力钢绞线的应力、应变和随时间变化的松弛特征；在预应力钢绞线有效应力变化过程中，预应力筋的摩阻损失系数 k 值、μ 值的测定；预应力施工期、槽身在加载试验时混凝土应力、应变情况，纵梁挠度变化等；混凝土施工过程中、预应力施工期、槽身在加载试验时不同加载阶段墩身内部动态应力-应变特征；水平施工缝止水效果；槽身混凝土的裂缝及渗漏情况；混凝土内外壁温度梯度，以及墩身基础施工过程中的温度梯度变化情况；主要设计的施工建议，包括张拉顺序、张拉分级的建议；混凝土浇筑过程中的温控措施的建议，裂缝控制措施等。

通过结构性态仿真分析研究，得到如下成果：结合漕河渡槽现场试验监测成果，提出渡槽混凝土施工期应力和变形变化规律，对施工技术和方法提供参考和技术支持；确定在不同荷载工况下钢绞线及混凝土应力应变变化过程，以提高预应力效果，避免不良预应力状态；对渡槽运营过程中，其受力变形规律进行预测。

通过渡槽试验段温度仿真计算研究，得到如下成果：通过对渡槽施工全过程仿真分析研究，揭示渡槽在各种工况下结构和预应力钢绞线的受力、变形规律，以检验结构设计的合理性和可靠性；仿真计算成果可以起到反馈设计的作用，并对渡槽安全监测设计仪器埋设也有重要参考价值；结合现场监测实测资料，动态调整仿真模型，并通过动态反馈仿真分析，提出工程控制措施以保证工程质量。

六、京石段应急供水工程漕河渡槽高性能泵送混凝土裂缝机理和施工防裂方法研究

漕河渡槽为一座特大型输水渡槽，属水工薄壁混凝土结构，据以往同类工程的经验，主梁和上部墙体等结构部分容易在早期温升和温降阶段产生温度和收缩裂缝，特别是结构长度方向的中间部位易出现"上不着顶、下不着底""中间宽、两端尖"的"枣核形"竖直型斜缝，甚至有时会出现多条裂缝，成为工程建设前特别关注的问题，也是科技人员特别热衷于研究和致力解决的问题之一。尽管造成这种裂缝的机理已被大家所熟悉，但是由于混凝土为非均质复合材料，其热学和力学特性随水化反应的变化过程十分复杂，目前国内通用的线性温度和应力理论与方法并不全面。此外工程现场影响混凝土温度和温度应力的因素特别多，仅凭人的直观无法弄清和掌握具体工程情况和具体建设环境因素在工程建设的各个阶段中的具体影响程度，无法较有把握地解决混凝土裂缝出现的问题。为此，通过专门的试验研究混凝土温度与应力仿真计算的关键参数，尤其是各种物盖条件和风速条件下的混凝土表面热交换系数，对准确确定混凝土温度计算边界和水化放热特性，提高温度与应力仿真计算结果的可靠性，具有十分重要的意义。在实际施工过程中，对于先期浇筑的混凝土结构，由于缺乏现场观测资料可供参考，基于室内试验或经验的计算参数与工程实际存在一定差异，在施工过程中可能会出现混凝土开裂的问题。对此，有必要在反演分析的基础上，针对实际施工过程，采用更为先进的基于水化度的混凝土温度与应力计算理论与方法，进行结构混凝土温度与应力的反馈研究，分析裂缝成因和机理，并针对性地进一步提出切实有效的防裂方法，以确保后续施工的混凝土不裂。

本项目的研究采用室内试验、现场观测、理论分析和数值计算相结合的方法，根据项目组提出的一种基于室内混凝土非绝热温升试验、有限元数值仿真计算和数学优化算法于一体的方法，确定不同物盖条件和风速对混凝土表面放热系数的影响；根据不同材质水管冷却温度场的温度观测资料，采用项目组提出的水管冷却严密数值模拟方法，确定在混凝土中埋设铁管和塑料管的水管冷却效果；根据现场实际温度观测资料，采用先进的反演分析方法，获得更为准确可靠的温度计算参数；根据反分析结果，采用基于水化度的混凝土温度与应力计算理论与方法，进行混凝土温度与应力的反馈研究，提高本项目温控防裂的研究水平，加强对工程施工的指导。项目研究提出了渡槽混凝土表面保温方法、冷却水管型式和布置形式、水管冷却方法、主梁次梁及底板的冷却控制指标、上层墙体的冷却控制指标、拆模及预应力施加建议等。

七、漕河渡槽段槽身混凝土温控防裂计算分析

从理论上而言，渡槽结构中混凝土的裂缝总是可以防止和控制的，但是由于问题的复杂性，在工程实践中出现不同程度的裂缝现象往往是不可避免的，有些裂缝是允许的，如表面裂缝，有些裂缝是不允许的，如贯穿性结构裂缝。混凝土裂缝形成的原因十分复杂，特别是在施工阶段，还掺杂有人为因素，总的来说影响混凝土裂缝的主要因素有混凝土温差或收缩、线膨胀系数、弹性模量、混凝土的徐变度、基础对混凝土或老混凝土对新混凝土的约束、浇筑块的长度和厚度、极限拉伸率、表面放热性能、养护措施以及结构分缝分块情况和施工分层情况等，而且这些因素都与时间有关。混凝土裂缝问题不是单纯的结构问题，而是由结构设计、材料的热学和力学性能、施工方法与工艺以及各种工程控制措施等多专业组成的综合性课题。项目通过室内试验、理论分析和数值计算相结合的方法，有针对性地提出漕河渡槽槽身混凝土温控防裂措施与方法，以及具体的温控指标。主要结论和建议如下：

（1）在施工现场对漕河渡槽混凝土热学参数进行了室内非绝热温升试验，并运用遗传算法进行反演分析，获得甚为满意的多个特征参数反演结果，并用反演所得的这些参数反馈计算试验中试块的温度场。

（2）混凝土表面裂缝的发生、发展，不仅和混凝土浇筑块的温度、混凝土的强度与浇筑质量、混凝土的龄期、外界气温、结构型式和混凝土块尺寸大小等有关，也和混凝土块在施工过程中所处的位置、拆模时间等也有密切的关系。混凝土表面裂缝多数发生在浇筑初期，表面裂缝向纵深发展有可能发展成贯穿性裂缝或深层裂缝。因此，施工期要特别重视混凝土表面裂缝的出现，防裂首先要设法防止表面裂缝，特别是主梁、底板、侧墙、次梁结构部位和其他拉应力集中的部位。

（3）从温度等值线分布结果可以看出，温度场的分布由表及里温度逐渐增大，靠外表面的温度梯度大，内部的温度梯度小，早期温度拉应力主要发生在结构的表面。因此，施工期特别是早期应加强混凝土表面保温工作，在漕河渡槽结构混凝土施工中采用 1.5cm 厚聚苯乙烯泡沫塑料保温板外贴钢模板进行早期保温是合理的，也是十分必要的。

（4）上部混凝土必须浇筑在下部"老"混凝土上，它们的初始条件不同，物理力学性能也不同，混凝土之间变形不一致，相互约束，产生温度应力。本工程中混凝土是分层浇筑的，分层高度在距底板上表面 0.75m 的侧墙处，这对减少下部先浇"老"混凝土对上部后浇"新"混凝土的约束是十分有利的，因此，本工程混凝土的浇筑方案是合理的。

（5）渡槽主梁混凝土相对较厚，整个渡槽结构的最高温度就出现在这个部分，达到最高温度后温降速度也相对较慢，而外部环境温度相对较低，从而形成了较大的内外温差，同时又有混凝土的自生体积变形，加上该部位顺水流方向长达 30m，自身约束也比较大，因此，该部位出现了较大的拉应力。主梁混凝土表面早期拉应力值相对较大，可能会出现早期表面裂缝，其后会在缝端应力集中的影响下扩展成深层次裂缝；后期由于混凝土早期温升幅度大，其后期降温幅度也相应很大，导致后期主梁内部混凝土的拉应力也较大，因此，主梁混凝土是整个渡槽混凝土结构中的重点防裂对象之一。

（6）渡槽底板混凝土浇筑后，由于水泥水化热的作用，底板温度会急剧上升，但是底板相对较薄，厚度只有 0.5m，而且和外界接触的临空散热面面积又较大，底板的最高温度不会很

高。由于底板基本临空于空中，外界对底板混凝土的变形约束较小，底板中的拉应力主要来源于底板混凝土内外温差及由此形成的内外变形差。底板早期拉应力较大，但采用相应的早期保温措施后，未超过当时混凝土的允许抗拉强度；而底板混凝土后期基本不会出现较大的拉应力，底板一般不会出现裂缝。

（7）渡槽侧墙中心部位早期一般表现为压应力，由于侧墙顺水流方向长达 30m，侧墙混凝土受下部先浇"老"混凝土约束较大，同时混凝土自身约束能力也大，因此，后期混凝土产生拉应力较大，但控制混凝土的浇筑温度后，后期混凝土的拉应力并未超过混凝土的允许抗拉强度。侧墙表面早期拉应力值相对较大，而且早期混凝土抗拉强度小，故侧墙表面会有可能出现早期表面裂缝。因此，应注意侧墙中间近底部部位早期混凝土的保温，防止裂缝的出现。

（8）渡槽次梁厚度较小，只有 0.5m，最高温度较低，内外温差相对小，但是由于混凝土自生体积变形的影响，且次梁受底板和主梁混凝土结构的双边约束，早期表面会出现比较大的拉应力，一定要做好早期的保温工作，否则在次梁和底板交接处可能会出现表面裂缝，进而有可能扩展到底板，形成贯穿性裂缝。后期由于次梁混凝土的降温速度比较快，会产生一定的拉应力，但没有超过混凝土的允许抗拉强度。

（9）施工期的混凝土结构采用水管通水进行冷却，可以很大程度的降低混凝土的最高温度，进而降低早期混凝土结构的内外温差和后期混凝土结构的温降幅度，使得混凝土结构的应力状态得到很大的改善；同时，采用水管通水冷却的经济成本远远小于采用降低浇筑温度达到同样温控效果的经济成本，因此建议本渡槽混凝土结构施工时采用水管通水冷却的温控防裂措施。

（10）施工质量是影响混凝土裂缝的关键一环，尤其是在结构形状复杂的部位，要注意振捣密实，以免混凝土内部出现蜂窝，因为这也是会形成各种荷载裂缝的起点。应注意混凝土初期养护，以免混凝土表面急剧干燥，使得混凝土与大气接触的表面出现不规则的干缩裂缝。

八、总干渠跨渠建筑物桩基与渠坡的非协调变形特性对渠坡的影响及其防治措施研究

南水北调中线总干渠跨渠桥梁约 1300 座，桥梁穿过渠道时多采用简支梁结构型式，支承结构处在两侧渠坡之上，荷载通过桥墩柱传到渠坡上的桩基础上，桩基在一定的深度范围内产生桩土分离、不均匀沉降等非协调变形，可能拉裂基础与渠坡结构层的结合，影响渠坡的防渗效果。项目采用理论分析、物理模拟和数值计算相结合的手段，研究了桩基与渠坡的非协调变形机理，揭示了桩基与渠坡的非协调变形的基本特性和规律，提出了适应跨渠建筑物桩基与渠坡非协调变形的工程技术措施，推荐了桩与渠道结合部位防渗层的构造形式，并验证了其防渗效果。针对可能出现的渗漏情况，建议了相应的应急工程措施。在项目研究成果报告基础上组织编制了《总干渠跨渠建筑物桩基与渠坡的非协调变形特性对渠坡的影响及其防治措施研究成果应用指南》，并印发给设计和建管单位，保证了总干渠跨渠建筑物桩基与渠坡结合部的设计与施工质量。研究的主要结论如下：

（1）所建立的数值计算模型，较好地模拟了桩土非协调变形的发展过程。数值模拟分析结果表明：随着水平荷载的增大，裂隙深度逐渐加深，且呈增大趋势，极限荷载时裂隙开展深度可达到地表以下 1/2 桩长处。在竖向荷载作用下，荷载较小时，桩土间未产生滑移变形，当荷

载进一步增大时，桩体的沉降量逐渐增大由线性段向非线性段转化，而桩侧相邻土体的沉降量随着荷载基本上呈线性增加。在水平荷载作用下，与竖向荷载作用情况不同的是荷载较小时桩土间也会产生分离变形，当荷载进一步增大时，桩体的水平位移逐渐增大，而桩侧相邻土体的水平位移（回弹位移）随着荷载基本上呈线性增加。

（2）物理模型试验基本反映了桩土相互作用机理。试验结果表明：桩基处在平面土体上时，桩身弯矩最大值出现位置比处在渠坡上的要高；桩基处在渠坡上抗变形能力要比处在平面土体上弱，即桩基承受水平荷载时处在渠坡上比在平面土体上要危险。水平荷载是产生桩土分离的主要因素。在相同水平荷载条件下，挖方断面所产生的弯矩较大，而半挖半填断面和填方断面相差不大，渠坡上层土体对桩体承受水平荷载能力影响较大。

（3）浅层土体是提供侧向阻抗的主要来源，要适应减少桩基的水平位移（增大水平承载能力）就得从改善浅层桩周土体的受力特性着手。根据物理模拟及数值模拟结果分析，推荐以下三种措施：①在桩周一定范围内适当增加衬砌厚度，以提高对桩头的嵌固效果，减小桩头水平位移；②在桩周一定范围内用黏土回填及沥青混凝土衬砌，以适应桩头水平变位；③对桩周一定范围内的土体进行水泥浆（或固化剂）灌注，以提高对桩头的嵌固效果，减小桩头的水平位移。

（4）理论分析与数值计算表明将桩基与渠道结合部位渗漏简化为注水井计算，作为桩基与渠道结合部位渗漏规律的研究是合适的。

（5）典型渠段渗漏规律研究表明强透水渠段通过桩基与渠道结合部位渗漏量较大，会严重影响渠道渠系水利用系数，需要采取一定的防渗措施。

（6）桩基与渠道结合部位防渗结构型式推荐采用土工膜＋高塑性黏土（塑性混凝土），土工膜与桩体连接采用胶结＋夹具；结合部位渗漏应急封堵材料推荐采用黏土、膨润土、GCL以及水泥。

（7）桩体与土工膜的连接建议采用胶结＋机械连接方式，土工膜与渠道衬砌的连接建议采用机械连接＋混凝土裹头方式，土工膜与塑性混凝土的连接建议采用机械连接＋塑性混凝土裹头的方式。

九、南水北调中线干线工程供水成本及供水价格形成机制专题研究

南水北调中线一期干线工程主要解决京津华北地区的缺水问题，并以解决沿线城市用水为主，兼顾其他用水。为了保证工程的正常运行，充分发挥调水工程的功能和效益，提高用水效率，必须研究在国家宏观调控下利用市场经济手段促使水资源优化配置。价格是反映成本和供求关系最重要的市场信号，成本是否全面、真实、合理，决定了价格水平的高低及合理性，而不同水平的价格对稀缺的水资源会有不同的配置效果，进而影响到供水企业的损益情况和用水户的消费水平。跨流域调水的成本通常要高于当地水源供水成本，由成本决定的水价直接影响外调水能否在受水区得到合理配置，因此，分析研究南水北调中线一期干线工程供水成本和价格的形成机制，可为南水北调中线一期干线工程运营单位提供决策参考。

本项目研究的总体目标是通过对南水北调中线一期干线工程供水成本的构成、各项成本费用分摊方式、水价形成机制进行研究，以及各受水区的经济发展水平和承受能力分析，给出南水北调中线一期干线工程建成通水后的水价核算方法和调整补偿机制，为南水北调中线干线工

程通水后的运行和管理提供技术支持和决策依据，主要研究内容包括干线口门供水成本组成、口门水价形成机制及核算模型、供水价格方案设计及计算、供水价格敏感性分析、水价调整与补偿机制等方面。对南水北调中线一期干线工程供水成本及供水价格专题研究，按照"政府宏观调控、市场机制运作"的原则和全成本核算方式取得的主要成果如下。

（1）供水成本组成和影响因素。遵循现行相关法规，将干线工程口门供水成本分为原水费、工资福利费、折旧费、摊销费、工程维护费、管理费、动力费、利息净支出和其他费用等。成本费用的主要影响因素包括：投资规模、投资结构、贷款利率、成本费用分摊方法、固定资产折旧方法与折旧年限、无形及递延资产摊销与摊销年限、还款方案、还款期等。

中线一期干线工程全线口门多，考虑到口门水价管理的可行性，针对干线关键工程单元，结合行政区，成本和水价核算可分为八段进行，即八个水价区段：河南省境内三段，分别是陶岔—沙河段、沙河—黄河段、黄河—漳河段；河北省境内三段，分别是漳河—古运河段、古运河—西黑山段、西黑山—北拒马河段；北京市段和天津市段。

（2）供水成本分摊方法和口门成本模型。南水北调中线一期干线工程投资大，运行费用多，根据九项供水成本费用的特点，将其归为资产投资成本和工程运行成本两类。资产投资成本包括固定资产折旧费、无形及递延资产摊销费、长期贷款利息净支出；工程运行成本包括原水费、工资福利费、工程维护费、管理费、动力费、短期贷款利息净支出和其他费用。构建了各项成本的计算模型和口门总成本计算模型，用成本模型核算了各分区控制口门的分项成本。建议固定资产投资成本在各口门的分摊方式选择逐段分摊法；工程运行成本中的原水费为各口门的专用工程，建议由各口门独自承担，其他需要分摊的工程运行成本选择水量距离法。

（3）水价机制及口门水价模型。按照现行《水利工程供水价格管理办法》的规定，根据《南水北调工程总体规划》的要求，结合南水北调中线一期干线工程供水量受水文随机性影响大、输水距离长等特点，干线工程口门水价选用基本水价与计量水价相结合的两部制水价计收方式。基本水价主要反映固定资产投资成本，用以弥补工程建设的投资，适当补偿基本运行成本，计算基本水价时，选择中线一期干线工程供水口门的年设计取水量。计量水价主要反映工程运行成本，用以补偿工程运行期间的部分基本运行成本和其他开支，选择中线一期干线工程供水口门的实际取水量。在此基础上，构建了南水北调中线一期干线工程口门两部制水价模型。

（4）推荐方案。根据资本金投资形成的资产成本是否回收、水费偿还贷款本息的比例及基本运行成本计入基本水费的比例，设计了20种水价方案。用成本和水价模型，对各水价区的不同方案的成本费用、单一水价和两部制水价进行了核算，通过详细的对比分析，选择方案17作为推荐方案，即工程回收全部资本金资产成本，水费偿还100%的还贷款本息，基本水费补偿20%的基本运行费。

（5）口门水价主要影响因素。选择运行费用、供水量、税金、资本金回收比例、水费偿还贷款比例等因素进行水价的敏感性分析。结果表明：对于单一水价，影响作用由大到小的敏感性因素分别为：供水量、运行费用、资本金回收比例及水费偿还贷款本息比例变化；对于基本水价，影响作用由大到小的敏感性因素分别为：供水量、资本金回收比例、水费偿还贷款本息比例及运行费用变化；对于计量水价，影响作用由大到小的敏感性因素分别为：供水量、运行费用变化，而资本金回收比例变化、水费偿还贷款本息比例变化对计量水价不产生影响。此外，是否征收营业税对单一水价、计量水价有较大的影响，对基本水价无影响。

（6）水价调整。根据现行的水价调整政策依据，确定的水价调整原则有：全成本原则，可承受原则，动态调整原则，用户参与原则。初步给出了供水价格调整的条件和方法，探讨了基于中线干线工程良性运行的补偿原则和渠道，为建立南水北调中线一期干线工程运营管理的宏观调控机制提出了政策建议。

十、南水北调中线一期穿黄工程穿黄隧洞衬砌 1∶1 仿真试验研究

穿黄隧洞为大型水工隧洞，内径 7m，外径 8.7m，除需承受外部水、土荷载外，还要承受大于 0.5MPa 的内水压力。经多方案比较选用双层复合衬砌结构，外衬为拼装式钢筋混凝土管片环，厚度 40cm，内衬为现浇预应力混凝土结构，厚度 45cm。关于内衬与外衬的接触方式，从防范内水外渗引起围土渗透破坏，确保隧洞安全考虑，初步设计阶段确定内衬、外衬由防、排水弹性垫层分隔，而为使内衬、外衬的渗漏水各行其道，还要求垫层中的 PE 膜具有完好的隔水功能。到工程实施阶段，施工单位认为垫层分隔的方式不利于施工，提出内衬施工存在施工工艺和施工安全等多方面的困难。无论是加设垫层或无垫层直浇方案，此种隧洞复合衬砌结构型式在盾构隧洞工程中均属首次应用，结构创新、工艺复杂，备受专家们关注。为验证设计、优化设计、完善施工工艺，有必要开展隧洞衬砌 1∶1 仿真试验研究，较真实地模拟隧洞内、外的水土环境、受力条件和施工条件，并通过监测，揭示隧洞工作性态；同时，施工中通过实际操作，完善施工工艺，为新技术成功应用，确保工程安全顺利实施，提供试验依据。地下模型设有两个试验段，分别编为第 1 试验段和第 2 试验段。其中第 1 试验段安排为内衬、外衬之间设置垫层（单独受力）的试验段，第 2 试验段安排为内衬、外衬之间无垫层（联合受力）的试验段，两个试验段同时展开试验。地下模型试验前还进行了准备性试验。试验主要结论如下：

（1）预应力器材及防排水垫层。在准备性试验阶段中，按有黏结预应力系统推荐采用的钢绞线、环锚锚具等器材和格栅型防、排水垫层材料，在地下模型试验中，进一步得到了检验，确认可以用于工程。

（2）锚索张拉锚固性能。

1）两个试验段在内衬混凝土不密实、低强，导致少数锚索张拉过程在预留槽端壁和角缘处有局部破损情况下，全部锚索仍张拉到设计张拉力，预应力设计的合理性得到验证。

2）孔道摩阻系数：基于地面张拉模型试验，推荐锚索与钢质波纹管孔道摩阻系数为 $\mu=0.20$，通过地下模型 42 束锚索的张拉试验，进一步确认钢质波纹管在不发生锈蚀情况下，孔道摩阻系数可以按低于规范值（$\mu=0.25$），取 $\mu=0.20$ 用于穿黄工程设计。仅此一项穿黄隧洞工程可以节省 1/8 的预应力工程量。

3）理论分析表明，由于反向摩阻存在，锚索锚固回缩范围只限于紧邻张拉端的索段，在回缩段内锚索应力递减，回缩范围以外索段应力不变。由于回缩段主要发生在弯入预留槽的第 1 曲线段内，该索段曲率半径较小，应力适当递减使锚索对第 1 曲线段混凝土的挤压力均匀化，有利于改善预留槽四周的应力状态。

4）锚索锚固后 15～20 天，拉力趋于稳定，各项损失不超过锚固时拉力的 1%，其后主要随温度变化，预应力措施可靠，预应力效果有保障。

5）试验对锚索采取两序张拉方案，并采取单根预紧，集束张拉的工艺，较好地控制张拉过程混凝土纵向应力。实测表明，锚索张拉过程，第1试验段（单独受力）纵向拉应力增量最大为1.3MPa，小于内衬混凝土抗拉强度，可确保锚索张拉过程内衬结构安全。此项张拉工艺适用于穿黄隧洞内衬施工。

6）试验段两端预留槽边壁厚度较薄，锚索张拉阶段环向应力最高为－14.79MPa，锚索张拉施工中应予加强监控。

（3）第1试验段（单独受力）结构特性。

1）内衬结构特性。试验表明：张拉工况和内水压设计工况下，实现了全截面受压；此外通过补充内水压超载工况试验，实测内衬仍处于受压应力状态，表明内衬采取预应力措施后，能够满足设计要求，而且具有一定的超载能力。

2）外衬结构特性。外衬按普通钢筋混凝土结构设计，由于内、外衬为防排水垫层分隔，在张拉工况和洞内充水工况中，外衬均无明显的应力增量，显示其单独受力的结构特性；模型建造期间外衬有程度不同的施工缺陷，经处理后，各工作阶段均正常工作，特别是在实测地下水位偏低，土压力偏高的不利条件下，试验安全正常进行，表明外衬作为普通钢筋混凝土结构承载，满足设计要求，而且具有较好的超载能力。

（4）第2试验段（联合受力）结构特性。

1）内衬结构特性。试验表明：张拉工况和设计内水压工况下，实现了全截面受压；而从预压应力值较小于单独受力的第1试验段，反映出承载面积加大，显示了结构联合受力特性；此外通过补充内水压超载工况的试验，实测内衬仍处于受压应力状态，表明联合受力后，能够满足设计要求，而且还具有一定的超载能力。

2）外衬结构特性。外衬均按普通钢筋混凝土结构设计，但由于与内衬联合受力，在张拉工况、设计内水压工况中，外衬分别平均产生－1.39MPa和1.64MPa的应力增量，显示其与内衬联合受力的结构特性；同样在实测地下水位偏低，土压力偏高的不利条件下，试验安全正常进行。表明外衬与内衬联合受力后，不仅满足设计的承载要求，而且具有较好的超载能力。

（5）垫层排水性能对结构的影响。试验期间第1试验段垫层两侧排水层的通畅性与实验室试验结果相当，排水层渗透压力也较低；但当模拟垫层排水不畅时，排水层渗透压力将迅速上升，对分居垫层两侧的内衬和外衬混凝土应力条件均有明显的影响。

1）垫层排水性能对内衬的影响。试验表明，对于设计内水压工况，当格栅排水层排水通畅时，渗压水头为4.32～5.50m，内衬拉应力增量平均为3.91MPa；当模拟格栅排水层不通畅时，渗压水头将迅速升高，达到30.14～30.32m，内衬拉应力增量平均减为2.02MPa，表明渗压水头对内水压力起反向平衡作用，对内衬是有利的。

2）垫层排水性能对外衬的影响。试验表明，对于设计内水压工况，当格栅排水层排水通畅时，外侧排水层渗压水头为6.69～7.28m，低于外压水头；但当模拟格栅排水层排水不通畅时，实测渗压水头高达32.29～32.16m，高于外压水头，对外衬安全不利。

3）对工程的启示。排水不畅对外衬安全有不利影响，必须加以防范。对于长达4.25km的长大隧洞，其中任何一个衬砌段垫层的施工如未能达到设计要求，均有可能留下隐患，因此对垫层的施工质量应特别重视。

十一、南水北调中线一期穿黄工程穿黄隧洞钢板内衬方案设计研究

穿黄隧洞钢板内衬方案是在穿黄隧洞已完成外衬条件下修建的钢板内衬方案，并与已审定的预应力内衬方案进行综合比较，提出比较意见。穿黄隧洞外衬由管片环拼装而成，为普通钢筋混凝土结构，顺流向环宽 1.6m，每环含 7 块管片，管片厚 40cm，同环各块管片由 4 根 $\phi 28$ 螺栓连接，各环之间由 28 根 $\phi 228$ 螺栓连接，在盾构机推进过程中拼装形成。

钢板内衬布置方案有两类：第一类为钢板钢筋混凝土方案，钢板在内圈，钢板与外衬之间充填混凝土，并在混凝土内布置适量的钢筋；第二类为明钢管方案，钢管与外衬分离，钢管支承在支墩或连续管座上，并将其结构自重和其上荷载传递到外衬管片环上，此类方案从布置特点上亦称为外衬内置明钢管方案，或简称为明钢管方案。两类方案中，第二类方案在布置上钢板外侧无检修、巡查通道，不能在运行过程中实地巡查渗漏情况；从结构上，钢衬与外包混凝土联合受力，难以适应因黄河冲淤变化引起的纵向变形，而且工程量较大；故本研究工作以外衬内置明钢管方案作为基本方案进行研究。主要研究结论如下：

（1）隧洞外衬内置明钢管方案的运行条件能满足安全运行要求，但运行管理条件差，施工条件困难，工程投资大，特别是工期较长，不能按原定工期完工，并存在索赔问题。预应力内衬方案经过多方、多次审查，确认可以满足工程安全运行要求，投资较省，工期有保证，故认为仍以采用预应力内衬方案为宜。

（2）关于内水外渗问题。通过调研，经隧洞衬砌结构对纵向沉降的适应性计算与分析、穿黄隧洞内水外渗地基渗流研究，认为预应力内衬方案能够满足隧洞安全运用要求，不存在内水外渗引起渗透破坏问题，而且投资较省。

十二、穿黄隧洞无黏结预应力衬砌试验研究

中线建管局组织开展了穿黄隧洞衬砌 1∶1 仿真试验，根据"下阶段试验中对无黏结预应力钢绞线施工也选择合适管段进行试验"的评审意见组织开展了穿黄隧洞仿真试验无黏结预应力衬砌试验研究工作。

（一）主要内容

（1）无黏结钢绞线物理力学性能试验研究。
（2）无黏结钢绞线专门防腐油脂检验。
（3）无黏结钢绞线专用锚具组装件静载试验研究。
（4）隧洞内衬 1∶1 无黏结预应力环张拉锚固模型试验研究。
（5）地面张拉模型三维有限元结构计算。

（二）试验研究主要结论

（1）无黏结钢绞线性能。参试的钢绞线原材物理力学指标均达到 GB/T 5224—2003 标准，满足设计要求。而参试的钢绞线防腐油脂性能测试表明，送检的Ⅰ类油脂有 2 项指标未达到规范规定的防腐标准；送检的Ⅱ类油脂达到规范规定的防腐指标，但钢绞线与孔道的摩阻系数平均为 0.1264，大于规范推荐值。

（2）锚具组装件静载试验。OVM公司提供的HM15-12型、HM15-6型工作锚板分别与天津鑫坤泰集团和新华金属制品有限公司提供的无黏结钢绞线组合为组装件后，试验实测各组装件锚具效率系数大于或等于95%，总应变大于2%，满足规范要求。

（3）隧洞内衬1∶1无黏结预应力环张拉锚固模型试验。

1）张拉试验全过程，模型混凝土完好，表明所模拟的隧洞内衬结构具有足够的承载能力。

2）反演孔道摩阻系数：充填Ⅱ类脂的锚索，油脂的黏度较大，孔道摩阻系数平均为0.1264，大于规范推荐值；充填Ⅰ类脂的锚索，油脂的黏度较小，孔道摩阻系数平均为0.0714，小于规范推荐值。

3）对各参试的锚索采用伸长反演孔道摩阻系数，总平均为0.0989，与《无黏结预应力混凝土结构技术规程》（JGJ 92—2004）的推荐值相符。

4）监测仪器完好率为100%，试验实测混凝土应力与计算应力分布规律相同，数值相近，达到了检验设计的目的；内衬预应力平均形成8～11MPa的压应力，可以满足安全充水运行的要求。

5）通过对模型相同部位测点的预压应力比较可知，单圈环绕的B区预应力效果总体上较双圈环绕的A区为好。

6）模型拱顶和底部平台之间实测相对变形最大为2.85mm，与计算的最大相对变形2.1mm相近，属于正常变形。

7）无黏结与有黏结预应力效果比较：无黏结锚索具有孔道摩阻系数较有黏结锚索为小的优点，对于双圈环绕的无黏结锚索，曲线孔道包角为单圈环绕的有黏结锚索的2倍，弱化了孔道摩阻系数较小的优点，相比之下，无黏结预应力效果略优（两者相差仅0.34MPa），效果并不明显。

（三）主要建议

（1）试验表明，无黏结钢绞线孔道摩阻系数与规范推荐值相当，对于双圈环绕的无黏结锚索的预应力效果与有黏结锚索相比，优势并不明显。而无黏结预应力结构关键在于防腐，为防止因防腐失败造成预应力丧失，规范要求配置较多的普通钢筋，将增加工程费用。

（2）对油脂抽样试验表明，所提供检测的Ⅰ类脂，有两项未能达到规范要求，反映出油脂质量不够稳定，在实际施工中，难于监控；无黏结钢绞线依靠油脂防腐，穿黄隧洞长期在水中带压工作，易在高压水作用下进气、进水，一旦防腐失败，预应力丧失，将影响隧洞工程安全。

（3）若穿黄隧洞采用无黏结预应力系统，有可能埋下漏油污染源水的隐患。

（4）穿黄隧洞为长大隧洞，按倒虹吸布置，在深水中运行，若因漏油检修，需大量排水清空隧洞进行处理。除影响正常输水运用外，还将大大增加运行管理费用。

（5）有黏结预应力结构的钢绞线置于波纹管中，通过孔道灌浆，包裹在碱性的水泥浆中，加上隔绝空气，防腐环境良好，不存在漏油污染环境问题，有利于长期使用和环境保护；钢绞线与混凝土黏结为一整体，不存在全部丧失预应力的危险，不需要增加额外的普通钢筋去防范连锁性破坏，而且预应力锚索可以如同普通钢筋一样发挥承载作用，强度利用率高，普通钢筋用量小；采用常态混凝土浇筑有成功的工程经验可资借鉴；结构安全性与经济性均好。

维持初步设计阶段审定的双层衬砌,内衬为有黏结预应力结构的衬砌型式,采用常态混凝土浇筑的方案。

十三、新型直剪试验法在南水北调中线渠道工程中的应用研究

南水北调中线一期工程总干渠沿线膨胀土广泛分布,与一般黏性土抗剪强度相比,膨胀土抗剪强度具有层次性、动态性和随时间衰减性,如何确定能够真实反映这些特性的膨胀土体强度参数是中线工程建设中的一个关键技术问题,直接关系到渠道的边坡设计,对工程量、占地及投资等方面的影响较大。新型直剪试验法原理简单、操作方便、省时省力,特别在试验方法上较好解决了常规直剪试验方法由于剪切盒内壁摩擦影响而无法精确测定剪切面垂直应力的问题,而且能现场进行较大尺寸的原位试验。国务院南水北调专家委员会于 2008 年 10 月召开了"新型直剪试验法在岩土工程中的应用"技术研讨会,认为该试验法可用于南水北调中线渠道工程快速复核开挖暴露岩土体的强度参数,特别是能够真实反映膨胀土裂隙对膨胀土抗剪强度的影响,将为膨胀土抗剪强度参数研究提供新的方法和途径。新型直剪试验法在国内应用较少,特别是缺少与国内常规土工试验方法的对比。本项目在对比分析新型张拉式直剪试验法与常规试验法结果的基础上,研究新型张拉式直剪试验法在南水北调中线渠道工程的技术可行性,尤其是利用该试验法快速复核开挖暴露岩土体强度参数的可行性,并提出技术性建议。主要结论如下:

(1)进行了室内干砂试样和室内重塑南阳中膨胀土样新型张拉式直剪试验法和改良型常规直剪试验、三轴压缩试验的对比试验。试验结果表明:新型张拉式直剪试验法所测得的抗剪强度指标与常规试验测得的结果基本一致,在不同垂直压力下峰值强度前应力比 τ/σ 与位移增量比($-\mathrm{d}h/\mathrm{d}D$)的关系基本位于一条直线上,符合一般岩土体的应力变形规律,从而验证了新型张拉式直剪试验结果的可靠性。

(2)项目选取中线工程沿线 6 个典型渠段进行了张拉式现场直剪试验,并与室内试验结果进行了对比分析。试验研究表明:张拉式现场直剪试验法受力明确、操作简单,方便快速,成果规律性较好,与常规室内试验结果具有较好的可比性,对不同岩土样都具有较好的适应性。

(3)渠道的破坏形式大多是边坡的表层滑动,表层滑坡意味着滑动面上的正应力较小,而新型直剪试验法能够精确测定低应力下岩土体的强度,在测定斜坡抗剪强度方面有着特别的优势。

(4)南阳膨胀土、新乡膨胀岩和邯郸强膨胀土的试验结果表明,在一定含水率范围内,随着含水率的增加,膨胀岩土的强度降低;黏聚力、内摩擦角随含水率基本呈线性变化。与常规试验法得到的膨胀岩土随含水量的变化规律基本相同。

十四、南水北调中线总干渠衬砌分缝及嵌缝材料选择研究

按照《南水北调中线一期工程总干渠初步设计明渠土建工程设计技术规定(试行)》(NSBD-ZGJ-1-21)要求,为满足总干渠输水需要,中线一期工程总干渠全线采用全断面混凝土衬砌。现浇混凝土衬砌板一般间隔4m设一道纵、横伸缩缝,缝宽为1~2cm,缝上部2cm为聚硫密封胶嵌缝,下部为闭孔泡沫板填缝。其中,总干渠陶岔渠首—北拒马河中支段渠道需聚硫密封胶超过 2 万 t,按 2005 年调查的价格(单价达 6 万元/t)总投资超过 10 亿元。聚硫密

封胶是建筑行业使用较多的一种高分子防水材料，具有防水性能可靠、便于施工、耐久性好等优点，近年来在水利工程中也开始应用。由于南水北调中线工程总干渠设计中，采用聚硫密封胶只是作为渠道伸缩缝表面的嵌缝材料，主要用于满足混凝土板温度、沉降变形及辅助防渗等要求。为结合嵌缝材料的功能要求，对总干渠衬砌分缝及嵌缝材料的选择进行研究，论证所采用的聚硫密封胶的经济合理性，寻找可能替代聚硫密封胶的其他嵌缝材料，以节约工程投资。

项目在进行了大量的文献资料搜集、工程实例调研及计算分析工作的基础上，从衬砌混凝土板分缝间距和缝宽设计、衬砌混凝土板嵌缝材料选择两方面开展工作，通过理论分析、计算等，研究在不同水文、地质条件下衬砌混凝土板的变形特性及各种变形对嵌缝材料性能、质量和耐久性要求；结合工程类比和技术经济比较等，对南水北调中线工程总干渠嵌缝材料采用聚硫密封胶的合理性进行分析论证，研究采用其他嵌缝材料替代聚硫密封胶的可行性和合理性。

十五、南水北调中线高地下水位渠段渠道结构优化设计研究

中线总干渠沿线穿越高地下水渠段（即地下水高于渠底高程）约有470km，其中地下水位高于渠道设计水位的渠段约160km。高地下水位影响是总干渠设计面临的重要技术问题之一。由于地下水位对渠道的边坡、衬砌和排水结构设计影响较大，如何把握高地下水位渠段的设计原则、标准和措施，对工程安全、工程量和投资影响较大，措施不当会给渠道安全带来隐患或造成投资浪费。

项目通过收集高地下水位渠段工程地质资料和地下水位分布情况，分析地下水位选取的合理性；收集国内高地下水位渠道工程实例和相关规范资料，分析高地下水对渠道的破坏类型和一般对策措施；收集中线沿线各设计单位初步设计阶段高下水位渠段排水设计成果，包括设计原则、排水措施、衬砌结构设计等，结合南水北调工程的实际情况和国内外工程实例，提出了高地下水位条件下工程处理的设计标准、设计原则和安全控制措施，为总干渠技施设计提供技术依据，并对总干渠高地下水位渠段的工程处理措施提出了优化建议。

十六、南水北调中线典型水污染事故特征及对策措施研究

南水北调中线一期工程是一个横跨长江、淮河、黄河和海河四大流域的大型长距离调水工程，是包含水源区、中线干线及受水区的复杂输水网络系统，其中输水干线输水水质最容易受到交通事故和人为投毒等因素影响，而且不易及时发现和处置，容易影响受水区的水质。南水北调中线工程自身特点和污染源特征复杂性决定了其突发性水污染风险高、社会危害大、事故应急反应要求高等特点。因此，针对南水北调中线工程的特点，研究南水北调中线干线突发水污染迁移过程特征及应对措施是非常必要的，为南水北调中线工程发挥最大社会、经济和环境效益提供有力保障。

项目结合南水北调中线工程特点，通过模型试验和有限元数值模拟等方法对中线突发典型水污染事故特征和应对措施进行研究，分析了中线总干渠可能的突发污染类型和模式，通过输水渠道污染物运移模型试验和有限元数值模拟的方法，研究分析了典型污染物在南水北调输水总干渠中的运移扩散特性。数值模拟与模型试验结果表明，一维数值方法在南水北调输水总干渠污染运移问题中具有较好的适用性。针对不同典型污染物特点，搜集、整理了各种可能污染事故的处置技术。在此基础上，根据不同的漂浮颗粒、油脂等的漂浮污染运移规律，研发了适

用于南水北调中线工程长距离调水渠道的漂浮污染物收集器。项目研究分析了长距离输水渠道突发污染预警响应机制，提出了报警时间、报警调查、报警响应和关键预警特征等预警概念和应急处置措施，并以南水北调中线邢石界至古运河南渠段为例进行了数值模拟和响应分析。研究分析成果对于南水北调中线工程突发污染事故运行管理有重要的参考作用。

十七、南水北调中线干线穿黄工程盾构掘进关键技术研究

穿黄工程采用泥水盾构施工，盾构直径大（盾构外径 9m），隧洞埋深 23～35m，高地下水位下掘进，掘进距离长（过河隧洞段长 3450m），主要穿越地层有高透水性砂层、上砂下土、上土下砂及单一黏土层等变化地层，且夹杂有孤石、孤树、钙质结核，对刀盘磨损大，施工中存在较大的风险和困难。所以盾构穿越黄河可谓是一项既具有重要历史意义又具有技术挑战的工程。为更好地建设穿黄工程，指导下一步施工，保证隧洞掘进安全顺利的完成，并促进先进技术的推广应用，组织开展了穿黄工程盾构施工的关键技术研究。

（一）研究的主要内容

（1）穿黄工程盾构始发技术研究。
（2）管片优化改造措施研究。
（3）刀盘优化维修及刀具选用技术研究。
（4）常压进舱下的地基加固措施研究。
（5）复合地层条件下超长距离隧洞的安全施工监测研究。

（二）研究的主要成果

（1）改进了地下连续墙施工工艺，分析了开挖过程中竖井与地下连续墙的稳定性，实现了穿黄工程北岸竖井超深地下连续墙的快速、安全施工，确保了成槽精度，其施工难度国内外罕见。不仅为国家重点工程的顺利完工创造了条件，并进一步提高了我国超深地下连续墙施工技术水平。通过研究与总结形成一套完整的超深地下连续墙施工工法，为将来类似的工程提供技术储备。

（2）北岸盾构始发处于深达 43.5m（盾构底部深度）的高透水性砂层中，水压高达 0.4MPa，盾构出洞施工难度极大，风险系数高。通过研究封门设计及封门外土体加固稳定的方法、采用双高压三重管高压旋喷对出洞土体进行加固、出洞加固土体与地下连续墙间隙处采用冷冻封水措施、洞门密封设置三道钢丝刷和两道止水帘布、在盾尾脱出洞门密封装置后对两道帘布之间采取双液注浆等措施，成功实现不稳定地层中对直径为 9.4m 的始发洞门范围内的地连墙进行凿除，成功实现盾构始发，为国内外类似的盾构始发难题提供了可参考的借鉴。

（3）隧洞试掘进期间，已提前生产了 1500 环管片（以下称第一套管片），在人机尚未良好磨合，盾构机拼装时，因未能达到预期精度，造成管片局部破损，实测拼装初始缝隙较大。在此不利施工条件下，实测的最大错台值 17mm，与理论计算值十分接近，经对多项技术措施研究和比较后，提出了管片拼装限位销方案。针对现有工艺条件的不足，在封闭块两侧纵缝的缝面上加设一道钢销，用以带动邻接块尽快与封闭块贴合，发挥管片环自锁能力，以弥补工艺的不足。该方案经在生产性试验段试用后，一举获得成功，随即为工程正式采用，该技术方案对

国内外类似的大直径、高水压泥水盾构工程的管片设计与施工具有参考意义。

（4）在盾构机刀盘刀具损坏无法继续掘进的情况下，大胆创新，实行科技攻关，成功实现了常压下刀盘的修复和刀具的改造，保证了穿黄工程的顺利进行，在复杂地质条件下大埋深盾构机常压开仓技术方面取得较大的技术突破，同时也为复杂地层中超深三轴搅拌桩施工技术研究提供了宝贵的经验。

十八、U型渡槽模型试验及抗裂设计研究

"十一五"科技支撑计划重大项目课题"大流量预应力渡槽设计和施工技术研究"研究课题开展了矩形渡槽温度模型试验及矩形渡槽混凝土结构裂缝控制成套技术方案研究。南水北调中线沙河、湍河等大型河渠交叉建筑物最终设计均采用U型渡槽结构型式，有必要利用人工气候环境模拟试验室对U型渡槽施工、养护及运行期的温湿度控制、应力场分布等开展模型试验研究，并分析渡槽开裂机理，提出抗裂建议。项目主要研究内容包括：U型渡槽整体模型人工模拟环境试验研究；U型渡槽整体模型混凝土早期热、力学特性试验研究及分析；U型渡槽整体模型仿真分析；U型渡槽原型分析；U型渡槽抗裂设计建议。

项目以沙河U型渡槽实际采用的设计、施工资料为基础，取用现场原材料根据温度相似原则选择模型比尺，通过模型试验和仿真分析相结合的方法进行了南水北调U型渡槽温度模型试验及抗裂研究。项目首先对依托工程混凝土的热学、力学和变形性能进行了试验研究和分析，获取了混凝土早期热膨胀系数、导温和导热系数、弹性模量、强度、收缩和徐变等性能的变化规律，并对材料的抗裂性能进行了综合分析，为工程仿真计算提供了技术依据。通过对U型渡槽模型采用蒸汽养护，在人工气候模拟环境试验室进行了温度变形及应力模拟试验，实测了模型温度场、湿度场和应变场，通过温差、温度梯度等，分析了渡槽开裂风险并提出了应对措施。项目对渡槽模型和原型在施工及养护期的温度场及应力场进行仿真分析，考虑了空槽、通水的影响以及夏季稳态、夏季瞬态、冬季稳态和冬季瞬态等工况，对渡槽模型在施工和运行期的抗裂性能进行了分析和评价，并进行了影响因素的敏感性分析，提出了蒸汽养护关键控制指标和渡槽温控设计建议。在U型渡槽模型施工期和运行期温度场和混凝土早期热、力学试验的基础上，结合渡槽原型仿真分析和工程现场实际，提出了U型渡槽抗裂对策及建议。

十九、南水北调中线一期工程总干渠邯邢渠段泥砾开挖料填筑利用试验研究

南水北调一期工程总干渠邯邢段广泛分布第四系下更新统（Q_1）及中更新统（Q_2）泥砾层，涉及渠线长度约36km，主要分布在磁县段和临城段，开挖量大，而同时又需要大量开采回填渠堤土料，两者均需占压较多的土地和农田。如使用开挖泥砾渣料回填渠堤，少占土地，即符合国家土地政策，又节约投资和工期，社会和经济效益显著。为此，中线建管局组织开展了邯邢渠段泥砾开挖料填筑利用试验研究，针对磁县段和临城段泥砾料的不同情况，选取典型地段，取样进行试验室物理力学性质试验，以及现场碾压试验、大型直剪试验、渗透及渗透变形试验、级配试验及击实试验等，获取了泥砾开挖料和上覆壤土层的典型级配、液限、塑限、塑性、机质含量、易溶盐含量、pH值、分散性、膨胀性、膨胀力、击实最优含水量与最大干密度、碾压沉降量、原位密度、渗透系数、临界坡降、破坏坡降和多种工况下的抗剪强度等20

余项参数相关试验数据，为评价、掌握泥砾开挖料的工程性能提供了较全面的基础数据。

项目采用先后衔接、层层递进的研究序列，依次实施典型级配、掺土级配的敏感性及优化碾压试验，首先解决了极端级配的开挖弃料问题，进而完善了极端级配改良方案，为工程优化设计扩展了空间，同时，为工程施工提供了参考工艺与质控基准。开展工程应用研究的过程中，在试验研究方法上进行了尝试，建立粗粒组和细粒组对应含水率关系，避免了全样去水、反复称重带来的累计量测误差；采用细粒组的击实数据，结合全料试样最大干密度共同衡量碾压效果；设计、应用大型剪力试验系统，获取原位抗剪强度指标，辅以室内试验模拟多种工况，延伸原位试验数据的解读空间，为工程设计复核计算丰富了参考数据。总干渠邢台渠段根据试验成果充分利用泥砾开挖料筑堤，保证了工程质量和进度，节省了工程投资和占地。

二十、南水北调中线冰凌观测预报及应急措施关键技术研究

南水北调中线工程总干渠全长 1432km，由南往北跨越北纬 33°～40°，水流由暖温带流向半寒冷地区。在冬季运行时，黄河以北 700km 渠道中的水流由于受寒冷气温的影响，将有不同程度的冰凌产生，总干渠将处于无冰输水，流冰输水，冰盖输水多种状况组合的复杂运行状态，存在发生冰塞、冰坝的风险，特别是安阳以北的倒虹吸管、闸门、渡槽下游、曲率半径较小的弯道（靠近村庄）等局部水工建筑物。如何解决冰期输水的运行安全，满足各种状况下水位流量控制要求，对保障南水北调中线工程的安全高效运行具有重要工程意义。"十一五"国家科技支撑计划下开展了"南水北调中线工程冰害防治技术研究"的模型试验和理论研究，但是由于冰凌现象的复杂性，在冰塞和冰坝形成发展机理方面的研究并不成熟，同时很多关键数据必须通过原型观测获得，如冰盖糙率、防止冰塞的控制性条件等。因此，通过引进国外先进科学技术，开展南水北调中线工程的冰凌原型观测和冰情预测预报，提出防凌减灾的应急措施，具有十分重要的科学意义和实用价值。

本项目由三个专题组成，各专题不仅相互独立，而且互有联系。专题1是建立适用于中线工程冰期输水的冰凌原型观测技术平台，专题2是中线冰情原型观测及冰期安全调度，专题3是中线工程渠道冰凌过程预报及应急措施研究。项目通过在中线工程开展 2011—2015 年度 4 个冬季的冰凌原型观测和冰情预测预报研究，较系统地取得了 4 个冬季气象、水力和冰情演变等实测数据，分析研究了总干渠冰情演变的基本规律和时空分布特点，提出了中线冰情原型观测技术平台设计方案，开发了总干渠二维冰水动力学数学预报模型，提出了冰期安全运行调度建议及防冰害减灾应急措施，取得的成果可作为总干渠冬季输水调度运行管理的重要参考。

二十一、南水北调中线高填方渠道工程填筑碾压质量实时监控试验研究

中线工程填方渠道土石方填筑工程量巨大，工程的质量一直受到广泛的关注，一旦出现渗水等质量问题，将直接影响沿线居民的生命财产安全，有效地控制高填方碾压施工质量是确保工程安全的关键。如何对高填方碾压施工过程的质量进行精细化、全天候的实时监控，同时，如何把高填方工程建设过程中的质量监测、安全监测与地质、进度等信息，进行动态高效地集成管理和分析，以辅助工程高质量施工、安全运行与管理决策是工程建设管理需要考虑的重要问题。

高填方碾压施工质量实时监控技术及工程应用项目结合淅川段工程实际，研制开发了淅川

段高填方碾压施工质量实时监控系统。系统通过在碾压机械上安装碾压机械施工信息采集仪器，对渠道填筑碾压施工过程进行实时自动监测，以达到监控渠道填筑碾压施工参数的目的。系统自启动运行以来，淅川段高填方碾压施工质量实时监控系统实现了对渠道填筑碾压施工质量进行实时监测和反馈控制，为保证渠道填筑施工过程始终处于受控状态提供了技术支持，实现了建管单位和监理对工程建设质量的深度参与，精细管理。通过系统的自动化监控，不仅保证工程质量，而且可实现对工程建设质量控制的快速反应；同时，系统的使用有效地提升了工程建设的管理水平，实现工程建设的创新化管理，为打造优质精品工程提供强有力的技术保障。

二十二、南水北调中线工程典型渠段和建筑物冰期输水物理模型试验研究

南水北调中线总干渠工程由南向北跨越北纬 $33°\sim40°$，冬季将面临比较严峻的冰期输水问题，其冰期输水能力和冰害防治控制措施是中线总干渠运行期需要解决的关键技术问题之一。项目利用天津大学的冰力学和冰工程实验室，采用冻结模型冰开展"南水北调中线工程典型渠段和建筑物冰期输水物理模型试验研究"，结合原型观测和理论分析，揭示冰凌冰盖形成机理、条件和发展规律及典型渠段和建筑物冰塞、冰坝的形成条件，提出是有效的拦冰设施和合理的调度控制方式。主要研究内容包括冰凌、冰盖形成机理、条件和发展规律的室内模型试验研究；冰灾害形成机理及预防控制技术研究；冰期输水能力研究；冰期运行控制方式的深化研究；现场观测资料对比分析研究等。

项目针对中线总干渠的实际情况，研究建立了改进的冰厚预测的辐射冰冻度日法经验公式、冰盖物理模型的重力相似准则，通过模型试验研究了冰块下潜的判别准则、冰盖糙率和渗流对输水能力的影响、冰盖的稳定性和控制方法，提出了双缆网式拦冰索及其拦冰效果的衡量指标、布置间距等建议。该项目研究工作采用理论分析、物模试验和数值计算相结合的多种手段，对输水工程冰害机理及其防治控制措施和冰期输水能力开展了大量的试验研究工作，研究成果可作为中线总干渠工程结冰期的调度运用方案编制的重要参考，并为拦冰索设计提供了基本依据。

二十三、南水北调中线一期工程湍河渡槽 1：1 仿真试验研究

南水北调中线一期工程总干渠湍河渡槽工程是南水北调中线一期工程总干渠关键控制性工程之一。渡槽上部采用 U 型槽双向预应力简支结构、单槽跨度 40m、三线三槽布置，槽体结构新颖，受力复杂，结构尺寸居国内同类工程之首，通过渡槽 1：1 仿真试验可对设计内容进行验证并优化设计，选择合理控制标准，完善施工工艺，合理安排施工进度，促进大型渡槽设计及施工技术进步。为此，湍河渡槽初步设计中考虑了渡槽 1：1 仿真试验项目，试验内容主要分为准备性试验、1：1 仿真结构试验和工艺试验三个部分，包括构建渡槽 1：1 仿真营造渡槽在施工期、建成无水期、运行期的工作环境，通过系统监测槽体的混凝土、钢筋、预应力束应力和槽体内外温差变化对结构应力的影响以及可能发生的裂缝，比较理论计算与渡槽实际工作状况的差异，验证渡槽结构设计分析方法和结构应力控制标准选择的合理性；根据施工设计的方案，落实槽体高性能混凝土的配合比和浇捣施工工艺，通过检测槽体内部和表面温度的变化情况研究渡槽混凝土配合比、入仓温度、环境温度与槽体温度场的关系，确定不同环境温度下

渡槽施工的温控措施和控制标准，细化施工技术要求；研究槽体纵横向锚具系统的工作性能及局部受压承载力；落实纵横向预应力钢绞线的张拉施工工艺、损失情况和纵向预应力孔道的灌浆施工工艺等；了解槽体细部构造设计的工作性能，完善和细化施工技术要求；通过试验评价槽体的安全性。

项目"准备性试验研究"完成了仪器及张拉设备率定、钢绞线物理力学性能试验和高性能混凝土配合比等试验内容，并重点研究了锚具组装件静载试验和试验环向张拉试验。"仿真结构试验研究"研究了槽体预应力张拉工序、预应力参数、构造设计、工作性态、施工期温控措施、温度荷载和结构优化方案，通过对比理论计算结果，验证了槽体结构设计合理性，并对预应力布置和参数进行了优化。"工艺试验研究"进行了渡槽制作工艺试验研究，主要包括钢筋制安、模板工程、混凝土浇捣、温控措施、支座安装施工工艺、止水安装施工工艺、纵横向钢绞线张拉施工工艺、预应力封锚、波纹管灌浆施工工艺等，完善和细化了槽体施工工艺和施工技术要求。

二十四、南水北调渠道混凝土衬砌裂缝预防控制研究

南水北调中线一期工程总干渠除北京、天津段外，以明渠输水为主。渠道全线长约1190km，均采用素混凝土衬砌。衬砌范围为过水断面的渠底和边坡，填方渠段边坡衬砌至堤顶，挖方渠段衬砌至一级马道，衬砌板厚度一般为8～10cm，特殊渠段适当加厚。总干渠渠道属于大面积薄板素混凝土结构，混凝土浇筑在野外露天采用机械化施工，施工环境及地质条件复杂、多变，衬砌混凝土在硬化过程及后期使用中受混凝土特性、切缝时机、养护方法、地基变形以至天气变化等多方面因素的影响，易产生裂缝，混凝土衬砌板出现裂缝或是破坏等问题，不仅会影响渠道外观、造成渠道糙率加大、降低过流能力，使得建筑物的使用功能和耐久性变差，影响到整个渠道的寿命及结构安全。

为指导大规模衬砌混凝土施工，减少新施工混凝土衬砌板裂缝的发生，对建设期间出现的裂缝提出合适的修补措施，组织开展了渠道混凝土衬砌裂缝预防措施研究。根据课题研究内容，本项目分为4个子题：渠道混凝土衬砌裂缝原因分析；减少混凝土衬砌裂缝工程措施研究；纤维混凝土在渠道衬砌混凝土中应用研究；混凝土衬砌裂缝修补方案研究。项目通过收集京石应急段等已施工渠段及其他典型输水工程的混凝土衬砌发生裂缝的相关资料，分析总结渠道混凝土衬砌裂缝成因，利用室内和现场试验及数值仿真计算，研究了减少产生衬砌裂缝的预防措施及修补技术，并根据项目研究成果编制并印发了《南水北调中线干线工程渠道混凝土衬砌施工防裂技术规定》。

二十五、等能量等变形夯扩挤密碎石桩在南水北调工程中的应用研究

南水北调中线一期工程总干渠及天津干线存在饱和砂土液化问题的区段共有19段，长度70.625km。因此，对于处理砂土液化的措施进行优化意义重大。为了消除地基的液化态势，我国常用的方法有强夯法、振冲法、围封法、深层爆炸法和沉管挤密法。以上常规方法都存在一定的局限性，探讨经济、环保、实用的工艺方法来消除砂土液化措施就迫在眉睫。随着我国基本建设的发展，岩土技术日新月异，等能量等变形夯扩挤密碎石桩属于干法作业，施工过程中不需要清水，也不产生泥浆，等能量等变形夯扩挤密碎石桩的加固效果好，成桩速度快，噪音

低、无污染。采用这一技术的桩比常规桩型节约造价 20％～30％。南水北调沿线穿越的各城市建设正飞速发展，尤其是河北省三年大变样工程建设，拆迁产生的大量建筑垃圾及渠道沿线开挖产生的大量泥砾弃料均可以作为"等能量等变形夯扩挤密碎石桩"的原材料，实现变废为宝、降低工程造价，符合我国建设资源节约型和环境友好型社会的基本要求。

项目研究利用现有的载体桩机及夯扩桩技术应用于南水北调中线干线工程振动液化区和软土地基处理，研究内容主要包括：研发等能量等变形夯扩挤密碎石桩施工技术和施工设备选择；研究不同地基条件下和不同填料条件下的施工参数，如桩径、填料、夯击能量等，分析不同参数对处理效果的影响；研究适用于不同地基条件下等能量等变形夯扩挤密碎石桩的设计方法；研究夯扩桩施工时对周围环境的影响。项目采用现场测试、室内试验及数值模拟分析相结合的方法对地基土动静力特性进行研究，评价场地液化总体安全性，分析夯扩桩的处理效果，初步提出了等能量等变形夯扩挤密碎石桩设计方法、施工工艺及质量控制要求，并进行技术经济比较和分析，总干渠漳河北岸河漫滩段地层岩性为砂壤土、粉砂、细砂、中砂，下卧卵石，砂土存在液化可能，且此段总干渠为填方渠道，项目选取此段作为试验段，试验成果显示地基处理效果明显。通过对多种液化地基处理措施进行了技术和经济对比，表明夯扩挤密碎石桩液化地基处理效果显著，且造价较低。项目研究分析了夯扩挤密碎石桩施工时对周围环境的影响，测试数据表明等能量等变形夯扩挤密碎石桩在正常的施工过程中（重锤 3.5t，落距 6.0m），噪声影响范围的半径为 50.4m，可满足施工环境要求。

二十六、南水北调中线干线工程总干渠填方渠段沉降问题研究

南水北调中线干线一期工程总干渠主要由全填、半挖半填和全挖土质渠道组成，由于总干渠有众多的跨渠和穿渠建筑物，同时在工程施工阶段划分了较多的施工段，为了满足跨渠道路通行、附近村镇临时跨渠排水、施工临时排水、施工道路通行等的要求，在渠道填筑施工时预留了较多填方缺口，原要求填方沉降期为 6 个月且经过一个雨季。为确保中线工程总干渠顺利实现总体建设目标和通水目标，保证缺口处填筑质量及衬砌质量，进一步规范总干渠填方渠道缺口沉降期的要求，明确缩短沉降期所采取的工程措施及相关要求，基于南水北调中线一期工程总干渠预留缺口渠段成为控制工期的关键部位这一现实问题，通过对选取的 5～6 处代表性高填方渠段的研究，分析高填方渠段缩短衬砌施工预留渠堤沉降期的可行性，提出缩短衬砌施工预留渠堤沉降期的技术措施以供相关部门决策参考，为总干渠顺利实现总体建设目标和通水目标创造条件。

项目选取双洎河渡槽进口段预留缺口、焦作 1 段 3 标段李河渠倒虹退水闸预留缺口和焦作 2 段 1 标段预留缺口，以及陶岔至沙河南淅川 3 标、淅川 4 标和淅川 5 标预留缺口作为本项目研究的典型性渠段，进行了室内试验及数值模拟计算分析，提出了缩短填方渠道衬砌施工预留沉降期的不同工程措施，并对各种措施进行了分析评价。针对填方渠道预留缺口填筑的沉降期无法达到技术规定要求时间的问题，项目研究成果表明，在采取一定的工程措施后，预留沉降期可适当缩短至 2～3 个月。研究表明优化预留缺口填筑体施工进度、填筑完毕后堆载预压、掺加 5％水泥的土料作填筑料、提高填料压实度等不同工程措施对于缩短后续衬砌施工预留沉降期均具有一定效果。计算分析表明采用较小的衬砌面板分缝间距，可使缺口先填筑与后填筑结合部位差异沉降产生的面板拉应力减小，应力分布变均匀。为适应差异沉降变形，可适当缩

小衬砌结构的分缝间距。结合项目研究成果编制并印发了《南水北调中线一期工程总干渠填方渠道缺口填筑施工技术规定》，可用于指导总干渠填方渠道预留缺口填筑工程设计和施工。

二十七、大跨度薄壁 U 型渡槽造槽机在混凝土浇筑过程中的内外模变形问题的研究

南水北调中线湍河渡槽为目前国内跨度最大、技术难度最高的 U 型薄壁渡槽结构，施工难度大，混凝土质量要求高。槽身为相互独立的 3 槽预应力混凝土 U 型结构，单跨 40m，共 18 跨，单槽内空尺寸 7.23m×9.0m（高×宽）。设计流量为 350m³/s，加大流量为 420m³/s。渡槽槽身采用特殊设备（造槽机）进行机械化施工，不受河滩软弱地基或跨越河流等复杂地形、地貌的影响，可以节约大量的支撑排架和下部基础处理的时间，节省大量的人力、物力，同时也促使大跨度渡槽施工技术迈向机械化、规范化，具有显著的技术、经济效益。

本项目是在湍河渡槽首榀工程槽槽身浇筑后，研究解决自重达 1350t 的 U 型槽造槽机在槽身混凝土现浇过程中出现的造槽机内、外模出现变形不同步、不协调，受内、外模的有害变形影响导致的槽身内壁外观质量缺陷，及由此缺陷引起的对混凝土预应力筋和结构受力的影响等问题。研究内容包括以下几个方面：研究造槽机工作状态下的变形规律，分析混凝土浇筑缺陷产生的机理；提出消除浇筑缺陷的可行方案并现场试验验证；改进造槽机设备，优化施工方案，形成标准施工作业流程。主要结论与建议如下：

（1）内外模沉降监测结果，在不采取措施的条件下，内外模沉降变形差值最大约 19～21mm，且主要发生在浇筑后 12 小时内。开始浇筑 20 小时后，沉降差基本不再发展。

（2）根据理论研究结果，采用吊杆预提升内模与放低 1 号支腿共同作用可以达到预留内模沉降补偿的效果。

（3）对造槽机进行改进并调整和优化槽身施工工艺后，通过在现场对内外模变形量进行监测，经过对槽身现场浇筑效果进行验证，表明当内模、外模变形差值控制在 1mm 以内时，槽身混凝土浇筑时不会产生挂帘现象。因此，建议内模、外模变形不同步差值的容许值宜控制在 1mm。

（4）现场试验结果显示，通过本项目的研究并根据研究成果对造槽机进行改造，优化混凝土浇筑施工工艺后，内外模沉降变形不同步问题已得到解决，槽身浇筑质量满足相关设计规范的要求。

（5）取得了超大 U 型薄壁渡槽采用造槽机施工中、满足工程设计要求的施工工艺和技术标准，完成了对大型渡槽施工设备的优化和改造，提升了类似设备的结构设计技术水平，有效解决了造槽机内外模变形不同步的问题，提高了槽身混凝土施工质量，有效缩短了单槽施工周期，单槽施工时间已缩减至 35 天。

（6）建议在造槽机设计时适当加大外梁、外模的刚度，保证结构施工时，造槽机外模、外梁受力后不会发生较大的沉降变形，从而保证结构尺寸正确，设备使用安全。

（7）建议在外主梁和内主梁之间增加液压或者钢结构连接装置，在结构施工过程中，使外模所承受的荷载能通过外梁传递至内梁，确保内模、外模变形时达到同步。

（8）建议可在内模与外模上设置拉杆或撑杆，以保证在结构施工过程中，内外模之间距离相对固定，确保结构尺寸正确。造槽机内模与内主梁之间设置的撑杆宜增加锁定装置，待内模

调整到设计位置后，立即锁定，防止撑杆与内模之间接触点在混凝土浇筑过程中受扰动而出现松动，导致内模所受浮力无法传递至内梁而产生内模上浮的问题。

（9）建议优化工程混凝土配合比设计，在确保混凝土质量满足要求的情况下，尽量优化混凝土拌和物的和易性，选择坍落度较小的配比，以减少混凝土浇筑时对内模的上浮力。

二十八、南水北调中线总干渠高填方渠段洪水影响评价

南水北调中线 1432km 长的总干渠中填方高度大于 6m 的渠段超过 137.1km，全填方渠段长约 70.6km。在现代技术条件下，满足工程设计、施工质量要求，并且在正常运行管理情况下，渠道堤防溃决通常是不会发生的。但是，考虑到不良地质条件、穿堤建筑物等薄弱环节、地震影响和可能存在的施工缺陷等因素，高填方渠段堤防溃决的可能性还是存在的。

南水北调中线总干渠高填方渠段洪水影响评价项目利用二维水动力学数学模型等分析工具，重点研究了南水北调工程中线总干渠高填方段发生溃决事件时的洪水淹没情况，包括洪水演进过程及淹没特征参数（洪水淹没范围、最大水深分布、洪水到达时间、洪水流速），在洪水淹没分析的基础上利用电子地图、遥感影像、社会经济统计等资料，基于地理信息系统，对洪水造成的影响进行了评价，为总干渠渠道工程设计、建设、运行和应急管理提供了依据及支持。

二十九、结合施工开展的大型预应力 U 型预制槽 1∶1 原型试验和预应力张拉试验研究

沙河渡槽作为南水北调中线总干渠控制性工程之一，其安全、质量、工期关系到整个中线工程能否如期通水，十分关键。沙河梁式渡槽槽身采用双向预应力混凝土 U 型槽结构，预制架槽机施工，双线 4 槽，跨径 30m，单槽直径 8m，壁厚 0.35m。大跨度薄壁深梁三维预应力 U 型结构，各部位应力分布与施工工艺复杂，如此超大断面结构国内无已建工程实例；同时槽身双向预应力结构，尤其是环向每孔 5 根扁锚钢束施工张拉控制，已建工程成熟经验较少，张拉控制尤为关键。因此，为验证并优化结构设计、完善施工工艺，结合渡槽施工，开展渡槽 1∶1 原型试验研究以及现场预应力张拉试验研究十分必要。

该项目主要研究内容包括：1∶1 原型槽槽身充水以及吊装、架设过程中结构分析研究；1∶1 原型槽止水试验研究；现场预应力张拉试验及张拉工艺优化研究；现场锚索测力计的研发改造及整个预应力测试系统（限位板等）的研究；结合现场施工对沙河 U 型槽进行结构安全复核和布筋优化，针对如何消除渡槽端部迎水面局部小片拉应力进行研究。通过试验研究要达到以下目的：分析大断面预应力 U 型预制槽空间应力分布规律，评价大型渡槽结构安全性及抗裂性能，验证结构承载能力与超载能力，确保工程安全、质量；通过现场止水试验确定大断面 U 型预制槽可靠的止水型式、材料和止水施工工艺；通过预应力张拉试验研究，为设计和施工提供可靠的技术支持，完善现场预应力张拉施工技术、施工工艺，确保预应力施工质量；解决大型渡槽保温问题；通过试验研究验证并优化设计；解决南水北调中线大型渡槽工程设计施工中存在的实际问题，为中线工程大型渡槽的实施提供理论及技术保障，推进我国大型渡槽设计、施工及管理水平的提高。

三十、南水北调中线一期工程全线水面线复核

南水北调中线一期工程输水总干渠明渠段自陶岔枢纽至北京团城湖全长1277km，输水线路横跨长江流域、淮河流域、黄河流域、海河流域。中线干线工程布置各类建筑物共计2385座，包括：输水建筑物159座，其中渡槽27座、倒虹吸102座、暗渠17座、隧洞12座、泵站1座；穿总干渠河渠交叉建筑物31座；左排建筑物476座；渠渠交叉建筑物128座；控制建筑物303座；铁路交叉建筑物51座；公路交叉建筑物1237座。其中，对水面线有影响的建筑物约占70%。可研阶段在《南水北调中线一期工程可行性研究总干渠调度及水力学专题研究报告》中对总干渠水面线进行过复核计算，根据当时的计算结果，在总体可研阶段总干渠设计条件下，总干渠各段水面线基本上在设计水面线之下，但富余较小，随着沿线桥梁的增加，对水面线存在一定影响。

总体可研完成并审查通过后，总干渠先后分段进行了初步设计、招标设计、施工图设计及开工建设，其中京石段已建成并将河北大型水库的水向北京成功供水。与总体可研成果相比，总干渠各段均存在大小不一的设计变更：沿线增加了较多的公路、生产桥座数；部分渠段过水断面发生变化；分水口门进行了调整（增加数量、移动位置、增大或减小规模）。因此，总干渠各渠段的实际过水能力、桥墩阻水、渠堤超高等均需要通过全线水面线复核进行验证。通过全线水面线复核，可为今后施工阶段或总干渠建成后各渠段新增公路桥、生产桥、左排渡槽等阻水建筑物是否影响总干渠过水能力提供决策依据，也为今后调度运行提供可靠的依据。为充分发挥总干渠建成后的输水效益及保障总干渠输水运行的安全，中线建管局组织开展了总干渠供水调度方案研究，调度方案的研究侧重的是调度的过程，而水面线复核则是调度的目标，如不对全线水面线进行复核（目标不准确），则调度方案过程再准确，得到仍然是个不准确的结果。另外，通过全线水面线的复核，可以对全线渠道糙率、局部水损系数进行率定，使调度方案的非恒定流计算模型参数更准确，从而更好的反应调度过程中各渠段的实时状态。此外，南水北调中线工程线路长，由多家设计院共同承担设计。而中线总干渠是一个完整的输水系统，因此各设计单位所承担的分段设计应能够相互衔接，共同满足总体设计的水头及水力学要求，以保证总干渠运行调度的有效和输水顺畅，达到设计的输水能力。应对总干渠全线的水面线进行复核，检验分段设计成果是否与总体设计的要求一致，全线输水能力能否满足设计要求，渠堤超高以及调度相关的分水闸、节制闸设计是否合理等。南水北调中线总干渠全线水面线复核的主要任务是：检验总干渠分段设计成果是否与总干渠总体设计的要求一致；全线输水能力是否满足设计要求，渠堤超高及调度相关的分水闸、节制闸设计是否合理；为今后施工阶段或总干渠建成后各渠段新增公路桥、生产桥、左排渡槽等跨渠阻水建筑物是否影响总干渠过水能力提供决策依据；为供水调度方案确定准确的调度目标并为非恒定流调度模型水力参数（糙率、建筑物局损系数等）的选取提供依据；为全线竣工验收提供翔实数据，也为今后调度运行提供可靠的依据。

项目系统收集整理了中线总干渠全线渠道及建筑物设计资料、相关研究资料和原型观测资料，采用分解计算法和综合糙率计算法对中线总干渠的水面线进行了复核计算及相关影响分析，建立了中线总干渠水面线复核数据库和复核计算平台。通过对中线总干渠的糙率取值范围和倒虹吸、渡槽、暗涵等各类过水建筑物局部水头损失进行了深入分析，确定了糙率和局部水头损失系数的计算方法。结合三维数值模拟技术对桥梁壅水计算公式的适用性进行分析，确定

了不同阻水比条件下的桥墩壅水效应计算方法。采用综合糙率法和分解计算法对中线干渠的设计流量水面线和加大流量水面线进行复核，并利用总干渠各类建筑物的实测数据进行了再次复核。对桥墩的阻水影响、渠道渐变段的壅水效应和渠道糙率的敏感性进行了分析。复核分析表明，考虑沿线新增加的桥梁和排水渡槽对有关渠池的影响后，沿线 62 个渠池的输水能力均能满足设计要求；加大流量条件下，部分渠段水位超出范围，但对安全超高的影响很小。

三十一、穿黄工程三维数字实景模型及应用研究

南水北调中线干线穿黄工程是中线总干渠穿越黄河的关键性工程，穿黄隧洞包括过黄河隧洞和邙山隧洞，为双洞平行布置，采用盾构法施工，双层衬砌结构型式，结构创新、工艺复杂。隧洞内径 7m，外径 8.7m，外部作用水、土荷载，洞内作用大于 0.5MPa 的内水压力，并需考虑地震的不利影响。隧洞过黄河段为典型的游荡性河段，地质条件复杂，双层衬砌结构在水工隧洞中属首次应用。隧洞通水前后洞壁应力变化、隧洞内水外渗以及隧洞上部黄河汛期和枯水期压力变化，若带来隧洞的较大形变，将会对供水安全造成严重影响，因此对隧洞形变的有效监控是穿黄工程安全运行的重要工作。该项研究分别选取隧洞建成、通水及检修等时间点，以高精度隧洞内控制测量为基础通过高精度三维激光扫描技术获取隧洞数字化形态，进行对比分析，为工程通水运行提供监测依据。并作为隧洞运行期监测、有效分析研究隧洞整体位移及局部变形、查找工程安全隐患点的基础资料，及南水北调穿黄隧洞的综合管理重要的测绘基准及基础性技术资料，更好地服务于工程建设和运行管理。项目主要包括三方面研究内容，穿黄隧洞工程高精度激光数据采集研究；基于激光点云数据的穿黄隧洞变形检测；穿黄隧洞安全监测三维数字实景管理系统研究。

项目通过对穿黄隧洞的三期激光点云数据采用断面及整体分析，综合得出了形变检测的总体情况。总体上，未检测到穿黄隧洞有超出误差限值的明显变化。通过对高精度的穿黄隧洞点云数据进行配准、过滤、抽稀及优化处理，完成高精度的三维隧洞重建。并基于三维 GIS、虚拟仿真、数据库及安全监测等高新技术，研发生成了南水北调穿黄隧洞安全监测三维可视化系统，实现了穿黄工程安全监测信息的实时、动态和直观展示。在南水北调中线干线施工测量控制网的基础上，建立高精度洞内测量控制系统，高精度、高效率获取隧洞的点云数据和数码影像等三维立体信息。提出了一套有效的基于三维激光点云数据的穿黄隧洞变形检测方法，并研发了"隧道变形监测系统"软件，可对隧洞点云数据进行精确分析，确定隧洞的形变情况。完成了基于激光数据的"穿黄隧洞三维数字实景管理系统"的开发。在三维实景仿真系统中实现内外一体化漫游，在穿黄隧洞安全监测数据库的基础上，实现监测成果，直观展现、查询和分析。

第四节 兴隆水利枢纽

一、兴隆枢纽泄水闸下游消能防冲问题研究及应用

（一）研究目标及内容

兴隆水利枢纽采用枯水期挡水，洪水期水闸敞泄，同时漫滩过流的桥闸式布置方案。泄

水闸采用开敞式平底闸型式，泄水闸孔数为 56 孔。泄水闸各部位建基面均为深厚粉细砂层，一般厚达 20m，其下依次为深厚砂砾（卵）石层，覆盖层总厚度超过 50m。泄水闸闸下采用底流消能、下挖式消力池后接钢筋混凝土海漫和柔性混凝土沉排海漫及防冲槽等水平防冲设施。

鉴于应用《水闸设计规范》（SL 265—2001）经验公式和其他经验公式计算得到的下游冲刷深度比模型试验成果大得多，特别是 2010 年汛期导流明渠过流时实际冲刷远大于模型试验冲刷深度的实际情况，为进一步增加泄水闸的防冲安全性，设计单位提出了两个加固方案，并采取模型试验进行比选。

方案 1：在刚性混凝土海漫末端设置垂直防冲墙，防冲墙采用混凝土强度为 C30 的钢筋混凝土地连墙，墙厚 60cm，墙深 12m，墙顶高程 27m，墙底高程 15m。地连墙面积 1.23 万 m^2。

方案 2：在柔性海漫下游端设置水泥土搅拌桩垂直防冲墙，墙体由三排直径 60cm 的搅拌桩相互套接 15cm，墙厚 120cm，墙深 13m，墙顶高程 25.5m，墙底高程 12.5m，增加搅拌桩 86670m。

（二）成果及应用

对于两种加固方案，设计单位委托长江科学院再次进行了水工断面模型试验验证，试验模拟了柔性海漫出现缺陷时的冲刷情况，结果显示，设置垂直防冲墙对于提高工程的安全性起到十分重要的作用。根据试验成果，工程实施采用了第一种加固方案。

二、兴隆水利枢纽厂房水泥搅拌桩复合地基现场试验研究

（一）目标及任务

电站厂房地基为全新统下段细砂层，承载力较低，沉降变形大，并且饱和砂土存在震动液化问题，采用水泥搅拌桩复合地基加固处理方案。

国内修建在软岩上厂房为数不多，而在粉细砂地基上采用高置换率的水泥搅拌桩复合地基的柔性加固处理，作为水电站厂房的承载地基几乎没有。在水利工程中，基础应力小于 300kPa 时，也有较多采用水泥搅拌桩复合地基处理的成功实例，但均为水闸、泵站等工程。对于基础应力较大水电站厂房，采用高置换率的水泥搅拌桩复合地基进行加固处理，没有相关水电站工程或相似水利工程设计依据和经验可借鉴。因此，有必要在兴隆水利枢纽工地内选择于电站厂房实际搅拌桩复合地基工程条件相似部位进行水泥搅拌桩复合地基现场试验研究，为拟定高置换率复合地基相关设计参数，及相关施工技术要求提供更为科学的依据，并在确保工程安全的前提下，研究降低置换率的可能性，降低施工难度，以加快施工进度。

（二）研究主要内容

水泥搅拌桩复合地基现场试验主要进行水泥搅拌桩室内材料配比及强度参数研究、水泥搅拌桩及复合地基施工参数和桩体强度研究、水泥搅拌桩复合地基现场载荷试验研究、水泥搅拌桩复合地基强度变形的计算分析与试验对照、水泥搅拌桩及复合地基与混凝土滑动研究等 5 个方面研究工作。

（1）水泥搅拌桩室内材料配比及强度参数研究。

1）试验材料及水泥配合比。采用实际工程相同的试验材料、选取固化剂及外加剂并进行多种水泥土配合比比较。

2）试验方法。分别进行不同成型条件下、不同水力条件相同水泥渗量、不同外加剂及相同外加剂不同水泥渗量的试样来进行试验，对水泥土的配合比进行优化，为设计提供优化的参数选择。

（2）水泥搅拌桩及复合地基施工参数和桩体强度研究。

1）施工参数及桩体强度研究。根据室内试验确定的最佳水泥渗量，在选定的场地进行现场成桩工艺试验，寻求各种施工参数；对试桩桩体抽芯取样，进行强度变形及钻孔压水试验，确定实际强度、变形、抗渗指标，并建立与室内相应指标的关系。

2）施工工艺及施工技术研究。结合室内试验研究成果，通过现场试验选择适用的配合比、施工机械、施工工艺，以及垂直度控制措施和不同桩间间歇时间，为拟定相关设计参数，编制相关施工技术要求提供科学依据。

（3）水泥搅拌桩复合地基现场载荷试验研究。对承受垂直荷载的水泥搅拌桩，静力荷载试验是最可靠的质量检验方法。针对兴隆枢纽坝址地基拟采用的格子状深层混合处理方法，本试验桩型采用"群桩"，试验加载采用重物堆载的方式。通过荷载试验，验算复合地基的承载力。

（4）水泥搅拌桩复合地基强度变形计算分析与试验对照。对桩土材料均采用莫尔-库仑理想弹塑性模型，桩土界面采用接触单元模拟，计算分析分级加载下桩土的应力及变形分布，以及在超载状态下的基础破坏形态，研究水泥搅拌桩及复合地基的工作原理。

（5）水泥搅拌桩及复合地基与混凝土间滑动研究。

（三）研究成果及应用

在水泥搅拌桩复合地基上现场浇筑混凝土立方试块，通过反力装置对试块施加水平和垂直荷载，来进行水泥搅拌桩及复合地基与混凝土之间的摩擦试验。

通过室内和现场试验研究，证明水泥土搅拌桩适宜于处理兴隆电站粉细砂地基，为最终采用水泥土搅拌桩方案提供了设计依据和有关设计参数。

第五节　引江济汉工程

一、引江济汉工程渠坡膨胀土分级评价量化模型研究及应用

（一）目标及任务

项目重点以南水北调中线引江济汉工程第5标部分段（31+575～31+775）、第3标部分段（15+800～16+000）及第9标部分段（48+000～48+200）为对象，开展膨胀土渠坡现场及室内试验研究。目的是通过建立本试验渠段内膨胀土样多指标综合评价数学方法，膨胀土野外快速判定多因子权重专家打分系统，以及渠道断面膨胀土膨胀潜势等级概率统计判定模型，为后

续开挖渠道段膨胀土分类及判别提供定量化理论依据。

（二）研究主要内容

项目组对南水北调中线引江济汉工程段膨胀土分布段进行了现场调查勘测，重点选取 5 标、3 标与 9 标开挖断面进行了取样和室内试验，并结合其他标段开展了以下几个方面的研究工作。

1. 研究区膨胀土的工程特性

对研究区膨胀土的颜色、颗粒及矿物组成特征、裂隙性、结核物等进行描述，并针对研究区膨胀土的原生裂隙及次生裂隙进行重点观察，从颜色、结构、矿物成分和化学成分等几个方面对原生裂隙的成因进行初步分析。

2. 膨胀潜势分级的多指标数学方法

选取了自由膨胀率、颗粒分析、界限含水量、黏土矿物成分以及吸湿含水率等五大指标对土样进行了室内试验，并对各类指标进行分层统计分析。

从测试结果中选取了液限、塑形指数、小于 0.002mm 胶粒含量和自由膨胀率为分类指标，结合前人成果，给出了渠坡膨胀土分类判别标准，并尝试应用 Fisher 判别分析法与粗糙集理论对土样进行分类，建立膨胀潜势分级判别的多指标综合数学分析方法，以实现对膨胀潜势的快速准确定量判定。

3. 膨胀土的膨胀潜势野外快速判别方法

根据现场勘察试验段膨胀土工程地质特性表现，选取了颜色、裂隙结构特征、黏着程度与结核物 4 个野外判别因子，并根据单一样品分级评价结果，反分析了各因子的分级敏感度与权重，由此建立了膨胀土野外快速判定多因子权重评价系统。

4. 渠道断面膨胀土膨胀潜势等级综合划分方法

根据本工程渠坡膨胀土以不同膨胀等级呈"层状"分布的实际情况，提出厚度分层分析法，按照不同膨胀等级土体实际分层体积比，选取代表性"厚度比样本集"，对样本集内单个土样测定的分级指标进行概率统计分析，确定关键分级指标的"最几"概率发生值范围，基于单一土样分级多指标数学方法，对整体断面进行分级判定，并与"三分点"分等方法进行比较，综合判定渠道断面膨胀土膨胀潜势等级。

（三）研究应用

引江济汉工程技施阶段膨胀土边坡膨胀潜势的现场判定采用了试验成果，在渠道边坡开挖至保护层地质素描时即可进行野外快速判别，对提高施工进度起到了关键作用。

二、引江济汉工程膨胀土改性路拌法生产性试验研究项目

（一）目标及任务

水泥改性土路拌法施工存在水泥集中、均匀性上较差，膨胀土的块体粒径大小等不易控制等缺点。若水泥土拌和不到位，土体的膨胀性得不到有效制约，影响工程安全；若水泥土过度拌和，则生产成本较高。只有通过试验才能确定在满足设计指标的前提下最经济的工艺流程。

通过路拌法生产性试验，探索经济合理的工艺流程，指导引江济汉工程水泥改性土生产，达到的最终目的就是要求改性土改性后水泥含量均匀，水泥改性土达到压实度不小于 0.96 和土料改性后自由膨胀率不大于 40% 的技术指标，并通过本次生产性试验取得试验数据后指导后续施工。

（二）研究主要内容

（1）选定经济合理的施工工艺，包括碎土工艺、拌制工艺、铺土方式、碾压方式、压实遍数等。

（2）检验路拌法改性土拌和设备工作性能，包括生产能力、改性土水泥含量及含水率。

（3）研究和完善改性土填筑施工工艺和措施，确定改性土填筑施工压实细则和技术要求。

（4）确定有关质量控制的要求和方法，为现场施工提供依据。

通过试验明确了膨胀土改性路拌法可以生产出满足设计要求的水泥改性土，并确定了相关的工艺流程和参数。

（三）研究应用

引江济汉工程膨胀土渠段边坡换填水泥改性土，除少部分采用厂拌法外，绝大部分均按照生产性试验研究确定的施工工艺和参数指导施工，提高了施工效率，降低了工程投资，处理后的边坡稳定性良好。

三、引江济汉工程拾桥河枢纽左岸节制闸闸门水力学及水弹性振动试验研究

（一）目标及任务

引江济汉工程拾桥河枢纽左岸节制闸闸孔总净宽 60m，闸门采用平面弧形双开门结构型式，水利参数变化较大，水流流态复杂。水流对闸门结构动力作用复杂多变，闸门振动和支臂动力稳定性问题突出，为确保工程设计及运行安全，针对以上问题进行专题研究是十分必要的。

（二）研究主要内容

1. 闸门水力学及流激振动研究

（1）闸门水动力荷载试验。提供闸门开启过程中闸门底缘及上下游面上的动水压力分布，提出合理的闸门底缘形状。

（2）闸门结构流固耦合振动特性研究。通过模型试验，研究闸门结构的流固耦合特性，分析水流对闸门结构特性的影响；判断闸门结构的共振或强振条件；通过流固耦合振动特性试验，取得闸门结构的振动模态参数，包括固有频率、振型、质量、刚度、阻尼等参数。

（3）三维空间有限元数值计算。通过有限元模型分析计算闸门结构静动力特性，并与模型试验结构进行对照。根据试验模型及计算分析成果，论证闸门运行的可靠性及适宜的运行条件。

（4）闸门水弹性振动试验。水闸运行时，闸门结构在水动力作用下产生振动，为真实地测取闸门振动的加速度、动位移及动应力等参数，采用全水弹性相似模型，研究闸门在不同运行水位、不同开度条件下的流激振动特性，尤其在水动力荷载作用下的动力响应。取得不同水位、泄流量、开度组合条件下的振动加速度、动位移及其动应力等参数，给出诸振动参数的数字特征及其功率谱密度，明确振动类型、性质及其量级等，把握水动力荷载作用下闸门振动程度及其危害性、分析振动的性质、强度及其危害性。

（5）闸门支臂静动力稳定性研究。本工程闸门采用长支臂结构型式，其运行过程中的支臂静动力稳定性问题比较突出。因此需通过模型试验研究论证支臂的受力特性及稳定性，采取有效措施确保其安全。

（6）闸门结构的动态优化设计。通过闸门水动力荷载试验，取得作用于闸门的时均动水压力，水流脉动压力荷载的量级及其能量在频域的分布特征；通过结构弹性模型试验取得闸门结构的模态参数；通过闸门水弹性振动研究，取得闸门结构的振动量级及性质，根据上述成果综合分析，找出造成闸门有害振动的原因。通过 CADA 技术，对闸门结构进行针对性动态修改和动态优化设计。考查闸门结构动特性参数的灵敏度，以最小的代价，取得最佳抗振效果及动态优化方案。

（7）弧形工作闸门运行操作规程的制定。通过系统试验研究，确定水闸弧形闸门运行的可靠性和适宜的局开开度，并制定保证闸门平稳运行的操作规程，提出闸门结构运行安全性评价意见，确保闸门运行安全。

2．水闸消能防冲和闸墩结构受力分析

（1）闸下消能防冲研究。本工程具有双向挡泄水功能。闸下出流和消能防冲问题需要关注，包括下游河道的流速分布，压力分布和流态特征等。通过模型试验，提出合理的设计方案和确保河道抗冲稳定方法和措施。

（2）闸墩结构受力特性分析。

（三）研究应用

通过三位有限元模型，分析研究闸墩结构的应力分布和受力特征，为闸墩结构的设计提供依据。拾桥河左岸节制闸闸门型式和孔口尺寸处于国际领先水平，闸门的设计和制作均建立在水力学及水弹性振动试验研究成果的基础上，试验成果与闸门安装调试后的运行工况吻合良好。

第六节　南水北调东线江苏段工程

一、泵及泵装置项目

（一）灯泡贯流泵装置研究开发

项目研究目标和任务是建立贯流泵装置"三多"（多工况、多目标、多约束）设计理论和组合优化策略，实现不同贯流泵装置的针对性设计，使装置效率比现有先进水平提高 2%～

3%。开发研制 2 组高性能、适用于贯流泵站的新型水利模型。

1. 研究内容

项目研究主要内容为：

（1）在金湖站、泗洪站、邳州站初步设计的基础上，通过对传动方式、叶片调节及流量调节方式、密封技术、灯泡体前置、后置及其支撑方式的合理性评价，提出贯流泵装置的控制尺寸。

（2）金湖站、泗洪站、邳州站的平均扬程低，而扬程变幅却很大，属于典型的"三多"设计。为了满足不同工况的运行要求，首先要建立可靠的"三多"优化设计理论与方法，形成贯流泵水力模型的 CAD 软件。

（3）通过三维定常紊流数值计算，分析比较前置灯泡贯流泵装置和后置灯泡贯流泵装置的水力性能，总结各自的优缺点。

（4）在高精度水力机械试验台完成课题研究所需的贯流泵装置的能量性能、空化性能，关键点的水力脉动、部分断面的流速及压力分布的测试。

2. 研究成果

项目研究取得的主要成果为：

（1）根据金湖站、泗洪站、邳州站的技术参数，完成了贯流泵装置选型分析，提出灯泡贯流泵装置研究开发的要求和贯流泵装置的控制尺寸。

（2）建立灯泡贯流泵装置优化设计理论和组合优化策略。

（3）设计制作了两套灯泡贯流泵水力模型。

（4）通过灯泡贯流泵装置三维紊流数值计算和模型试验，分析总结灯泡贯流泵装置的水力特性。

（二）高比转速混流泵装置研究开发

南水北调东线工程规划建设的 51 座泵站，设计扬程均在 9m 以下，需要数百台大型水泵，按传统选型方法，几乎可以全部采用轴流泵。但是轴流泵存在高效范围窄、适应扬程变化范围小、抗汽蚀性能较差、小流量区域不稳定等不可忽略的缺点，导致在很多泵站实际选型中，现有国内外的轴流泵模型很难满足泵站要求运行的全部工况点（最高净扬程、设计净扬程、平均净扬程、最低净扬程）。

本项目结合南水北调工程，总结现有高比转速混流泵的成果，给出一种高比转速混流泵新设计方法，开发一套具有自主知识产权的三维叶片设计软件；设计比转速范围在 $n_s = 700 \sim 1000$，$3 \sim 5$ 个高比转速混流泵水力模型，具体指标如下：

模型直径：$300 \sim 320 \text{mm}$，转速 1450r/min。

模型流量：$0.38 \sim 0.45 \text{m}^3/\text{s}$。

模型扬程：$5.5 \sim 10 \text{m}$。

模型效率：$80\% \sim 85\%$。

汽蚀比转速：$900 \sim 1100$。

综合性能指标达到国际先进（领先）水平。

研制的模型供南水北调东线睢宁站、洪泽站等选用。

（三）大型竖井式贯流泵装置研究与应用

本项目的目标是在保持竖井式贯流泵装置结构较简单、安装维护较方便、投资较少等优点的条件下，对大型竖井式贯流泵装置进行优化水力设计和工程应用研究，力争较大幅度的提高低扬程泵装置的水利性能。项目研究主要内容包括：大型竖井式贯流泵装置的优化水力设计方法研究；竖井式贯流泵装置透明进、出水流道水力性能模型试验平台研发；竖井式贯流泵装置模型试验研究；大型竖井式贯流泵装置研究成果的工程应用研究。

本项目紧随计算机和计算流体动力学（CFD）技术的最新发展，建立了基于三维湍流流动理论的高性能大型井式贯流泵装置优化水力设计方法，通过模型试验的方法检验优化水力设计的结果，经过优化的竖井式贯流泵装置获得了优异的水力性能，成功应用于南水北调东线一期工程邳州站、宿迁井头泵站、浙江余姚四门泵站、宁波市铜盆浦泵站和甬新闸泵站。

（四）高比转速斜流泵装置研究开发

南水北调东线一期工程，共需新建泵站21座，江苏境内14座。其中洪泽站和睢宁站扬程较高，特别是结合排涝时的扬程更高，但平均扬程又不是特别高。在这种扬程条件下选用轴流泵水力模型则有缺陷，要想满足平均扬程时在水泵高效区运行，就有可能兼顾不到最大扬程，尤其是排涝最大扬程时有可能进入马鞍区，而使水泵不能正常运行。而高比转速斜流泵水力模型由于高效区范围宽，扬程变化范围大，则更能适应这种泵站的使用要求。

近年来，随着斜流泵研究、设计技术的发展，斜流泵的应用范围逐步向低扬程区延伸发展，与轴流泵的使用重叠区越来越大，高比转速斜流泵与相同使用扬程范围的轴流泵相比具有高效区范围宽、汽蚀性能好等优点。国内对高比转速斜流泵的研究开发工作尚处于起步阶段，远不能满足工程设计和建设的需要，在水力模型方面，参加天津同台试验的30个水力模型中，只有2个斜流泵的水力模型（TJ04-HLD-01、TJ04-HLD-02），而且这两个水力模型在最优工况点的扬程都在8.5m以上，根据泵型比选设计，不适合洪泽站和睢宁站的使用。鉴于洪泽站、睢宁站等泵站工程的设计和建设需要，组织开展高比转速斜流泵科研、试验、开发工作十分必要。

本项目研究主要内容为：

（1）斜流泵水力模型设计理论和方法研究，结合具体泵站，完成2～3套斜流泵模型的优化设计。

（2）开展后导叶设计研究工作，研究后导叶与叶轮的适配性，后导叶出口环量对装置性能影响。

（3）泵装置模型试验：进出水流道加工，斜流泵模型加工，特别是叶轮叶片和导叶叶片的数控加工技术。在高精度水力机械试验台完成课题研究所需的斜流泵泵段及装置的能量性能、汽蚀性能以及飞逸特性，模型试验按规程要求进行。

本项目开发了3套高比转速斜流泵水力模型，开发了一套斜流泵叶轮和导叶三维模型设计软件。

（五）大型贯流泵机组结构关键技术研究

本项目对灯泡式、轴伸式和竖井式等贯流泵机组结构型式进行分析比较，开展大型灯泡贯流泵机组结构关键技术的研究，解决灯泡体位置和支撑形式、叶轮直径、传动方式、工况调节方式等关键技术，提高机组可靠性和泵装置效率。

项目研究主要内容有：贯流泵装置型式的比较分析；传动方式选择；工况调解方式的选择（叶片调解方式，变速调节时变频设备的选择）；贯流泵密封技术研究；灯泡贯流泵装置结构优化。

本项目针对泵站不同运行条件和要求，以水泵机组整体可靠性和水力性能优化为目标，在考虑机组的可靠性、耐久性与维修性的前提下，提出了灯泡贯流泵机组较优的结构型式、传动方式及工况调解方式。

技术成果可推广应用于大、中型灯泡贯流泵站，高性能水力模型并可应用于竖井贯流泵站及开敞式轴流泵站。

（六）大型水泵液压调节关键技术研究与应用

江苏省宝应泵站是南水北调东线一期工程第一批开工项目。针对宝应泵站水泵具有流量大、年运行时间长（不少于 5000 小时）、技术要求高（可用率不低于 99.5％）、叶片调节力大（最大调节力达 70t 级）、要求水泵不能对水质产生二次污染等特点，江苏省南水北调三阳河潼河宝应站工程建设局提出了《引进国际先进水利科学技术项目"环保型大型水泵液压调节关键技术"可行性研究报告》。水利部"948"项目管理办公室于 2004 年 6 月 16 日以"〔2004〕科推引字第 32 号"文对该项目进行了批复，认为该项目符合"948"计划的原则，技术线路可行，同意该项目正式立项。2004 年 3 月签订了《引进国际先进水利科学技术项目合同书（国内）》（项目名称：大型水泵液压调节关键技术，合同编号：200421）。在项目实施过程中，进一步开展了相关研究工作。

本项目针对目前国内液压调节机构存在接力器密封要求高、易发生密封漏油造成水质污染，漏油后使操作系统油压降低导致叶片调节困难，且调节角度不准确，机组可靠性降低等缺点，通过引进国外环保型组合式调节系统，并进一步消化吸收和创新。解决压力操作油泄漏、水中旋转设备漏油、叶片角度指示不够精准等问题，既保证系统可靠，又保证水质无污染，并更适应了自动化控制的要求。

本项目采用先进的混流泵水力模型，通过优化进、出水流道，在设计扬程 7.6m 时水泵装置模型效率达 81.4％；在引进了中置式液压调节动力油缸的基础上，进一步下移了动力油缸位置，并采用无油润滑的叶片枢轴密封结构，解决了压力操作油泄漏对水体的污染问题，同时降低了设备制造、安装和维护成本；采用比例阀数字式控制的受油器使调节精度更加准确；对油压装置蓄能器进行改进优化，使油泵运行方式由连续运行改进为以间断运行为主，更加节能，且能提供持续稳定的压力油。

本成果主要应用于大型叶片液压全调节的水泵机组和水轮机组。

（七）南水北调工程大型高效泵装置优化水力设计理论与应用研究

大型泵站工程设计的主要任务就是要实现泵装置的安全、高效运行。泵站对国计民生的影响愈大、泵站年运行的时数愈长，这个要求就愈为突出。在科学技术水平突飞猛进的今天，提高大型泵站的建设水平是 21 世纪泵站泵装置的高效运行，更是大势所趋。本项目研究主要内容如下：

  （1）低扬程立式泵装置的水力性能优化及与灯泡贯流泵装置的比较研究。

  （2）南水北调东线工程泗阳站进出水流道优化水力设计水力设计研究。

  （3）南水北调东线工程邳州站低扬程泵装置优化水力设计、方案比较及应用研究。

  本项目研究成果已成功用于南水北调工程的 21 座泵站，其中新建泵站 15 座、改造泵站 1 座、由国外引进设备与技术的贯流泵站 2 座、影响工程的泵站 3 座。南水北调东线工程 15 座新建泵站的主要工况的平均泵装置效率达到 77%，在南水北调工程正式开工前我国大型低扬程装置效率总体水平 70% 的基础上提高了 7%。这 15 座新建泵站的总装机容量为 17.8 万 kW，按年运行时间 5000 小时计算，每年可节电 8092.7 万 kW·h。

  此外，本项研究成果还成功应用于湖南、新疆、吉林、黑龙江、安徽、广东、河北和江苏的共 19 座大型泵站。

二、泵站结构及岩土工程项目

（一）地下连续墙与压力分散型锚杆组合式挡土结构研究与工程应用

  南水北调东线第一期工程——淮安四站泵站工程采用土层锚固技术和地下连续墙技术组合，共同形成挡土结构体系，承担侧向土压力的作用。为确保该支护结构的先进性、创新性和安全性，在支护结构的两项主要工序上，采用了目前岩土工程领域中最为先进的施工工艺技术，即地下混凝土连续墙采用液压抓斗式地下成墙技术，土层锚杆采用压缩分散型预应力锚杆技术。

  项目研究基坑上游挡土结构侧，通过对实际受力状态下数据的观测、分析，与设计计算的理论设计值的对比，积累设计经验，为以后的工程设计提供指导依据。实测挡土结构实际应力随土方开挖的变化过程及变化机理，分析主要影响因素，提出相关对比规律参数。

  1. 研究内容

  项目研究主要内容如下：

  （1）结合淮安四站工程，对多种挡土结构型式进行研究、对比，重点对组合式方案的科学性、合理性、经济性进行研究，确定满足工程安全、经济的最佳组合方案。

  （2）研究组合式方案的结构设计参数，研究支护结构随土方开挖进度，其内部应力变化情况，进行支护结构参数设计。

  （3）在支护结构内部，预埋各类观测、监测仪器，采集支护结构实际受力数据，与理论计算受力数据进行对比分析，对科学、合理、优化类似工程设计提供依据。

  （4）研究组合式支护结构的施工工艺，优化施工工序。

  2. 研究成果

  项目研究取得的主要成果如下：

  （1）本次采用混凝土地下连续墙与压力分散型锚杆组合式挡土结构，在江苏水利大型基坑工程中属首次成功运用，取得了较好的经济和社会效益。经教育部科技查新工作站对本组合式挡土结构查新结果，地连墙与压力分散型锚杆组合式挡土结构在国内公开发表的中文文献中未见报道，该组合式挡土结构技术属国内先进技术，该组合式挡土结构型式可以在同类工程中推广应用。

（2）本次混凝土地下连续墙与压力分散型锚杆组合式挡土结构，在本次基坑工程中，能有效控制地连墙墙顶位移，在墙前土体垂直开挖至设计高程后，无须对墙后土体进行开挖卸荷，满足工程设计需要。

（3）为掌握支护结构在基坑开挖过程及基坑形成后挡土结构物的受力情况，在支护结构内埋各类应力计等监测仪器，通过对过程监测数据的收集、分析，及时、准确掌握支护结构的受力状态，实现了信息化、科学化施工，再将实测数据值与理论计算值相对比，寻找差异，分析原因，为同类的工程积累和丰富了设计经验，提供了科学指导依据。

（4）地下连续墙施工采用国内先进的液压抓斗式工艺，工序控制中采用钢制波纹式锁口管接头工艺，配以优质钠基膨润土复合泥浆进行槽孔护壁，墙体质量可靠，满足设计要求。

（5）支护结构采用国内先进的压力分散型锚杆工艺，选用无黏结钢绞线预应力锚索作为拉筋，根据土层条件和设计拉力要求，分段设置两个锚固段，结构科学、合理，抗拔力满足设计要求。

本成果在江苏省南水北调东线淮安四站工程中应用，综合性能良好，可以在水利、交通、港口等基坑工程中运用，具有良好的推广应用价值。

（二）高地震烈度区泵站地基抗液化和防渗措施研究

南水北调东线睢宁站、邳州站所在场地动峰加速度 0.3g 相应的地震烈度达到Ⅷ度，地层中含有饱和砂壤土，且埋层较浅，地下水位高。在运行过程中，存在地震液化风险和泵站房屋结构抗震稳定问题。根据有关设计规范和南水北调东线第一期工程可行性研究总报告审查技术委员会意见，需要对泵站区地基液化可能性进行分析，并对泵站建筑物进行有限元抗震分析。此外，高烈度地基上建造泵站建筑物不仅需要考虑抗震稳定问题，泵站本身也有防渗的要求，如何耦合考虑抗液化和防渗的工程措施是一个岩土工程前沿研究课题。既经济有效又安全可靠的满足抗震和防渗的要求，对保证南水北调工程的正常运营、减轻地震灾害具有重大现实意义。

本项目以南水北调东线睢宁站、邳州站为工程依托，通过室内试验、数值分析、现场试验、现场测试等研究手段，提出能同时满足高地震烈度区泵站建筑物地基抗液化和防渗要求的方法。从理论上分析所提出方法的抗液化和防渗机理；从工程应用角度出发，给出设计方法和参数确定方法。

1. 研究内容

项目研究主要内容如下：

（1）地基土的基本物理力学性质和静力非线性变形特性。

（2）地基土的动力参数。

（3）可液化地基动力反应分析。

（4）泵站建筑物抗震分析。

（5）可液化地基的加固处理措施。

（6）泵站地基防渗措施。

（7）施工期地基处理的质量控制体系和现场检测。

2．研究成果

项目研究取得的主要成果如下：

（1）提出满足高地震烈度区泵站建筑物抗液化和防渗双重要求的工法。

（2）提出泵站建筑物地基抗液化和防渗工法的设计方法。

（3）分析侧向约束抗液化机理。

本课题的研究成果可以为单独抗液化或者同时需要考虑抗液化和防渗的地基和上部结构物抗震设计服务。

（三）堆场淤泥固化周转使用技术及工程应用研究

河道整治工程中土地成本的增加已经成为制约河道工程发展的一个重要因素；河道疏浚产生的疏浚泥和堤防加固用土是引起河道整治工程占地的主要因素；堆场淤泥固化周转使用是减小堆场面积、快速还原堆场用地的有效办法；淤泥固化处理后用作围堰建设和堤防加固用土是淤泥处理与工程用土的完美结合；堆场淤泥固化周转使用技术的研究和工程应用将为解决南水北调工程的征地问题提供技术支撑。

本项目形成周转式堆场技术理念变革传统河道清淤工程方法；形成适合周转处理的固化技术配方、工艺和设计方法；明确不同浓度、不同性质淤泥固化后的工程性质；形成较大规模的淤泥固化筑堰、筑堤示范工程。

项目研究主要内容为：不同浓度淤泥固化技术及工艺研究；固化土筑堰技术研究；淤泥固化土筑堤技术研究。

项目研究取得的主要成果：

（1）形成针对不同浓度淤泥的固化方法和配方。

（2）固化土的无侧限抗压强度大于 $100kPa$，透水系数小于 $1 \times 10^{-6} cm/s$。

（3）形成不同施工条件下的固化处理施工工艺、施工参数和施工方案。

（4）实施较大规模的淤泥固化筑堰示范工程。

（四）膨胀土改良技术研究与工程应用

本项目通过膨胀土的基本物理力学特性及其对建筑物和挡土结构的影响，研究膨胀土的胀缩性和天然地基改良方法及改良地基的承载力。项目研究的主要内容如下。

1．泵站地基

主要研究膨胀土的胀缩性和天然地基改良方法及改良地基的承载力。改良地基的承载力从以下几个方面研究：①通过室内试验研究改良剂的剂量与改良土强度之间的关系，同时考虑改良后地基土的胀缩性，在同时满足胀缩性和承载力要求的条件下，得到合理的改良剂剂量；②研究改良地基土在地下水位以下的条件下长期强度变化规律；③研究改良土地基处理合理深度。

2．挡墙后回填土

研究天然土的基本物理力学性质、自由膨胀率、膨胀力、有压膨胀率、胀缩总率与含水量的关系。

当天然土不能作为回填土时，研究改良土回填的合理性。改良土主要通过室内试验研究回填土的石灰或水泥作为改良剂的改良效果，研究不同剂量下改良后膨胀土的物理力学性质、自由膨胀率、膨胀力、有压膨胀率、胀缩总率变化情况，从而提出工程中合理的石灰（水泥）剂量。在室内得到合理的石灰（水泥）剂量的基础上，通过现场试验提出适合现场施工的施工工艺。

3. 土体改良对土体微观结构的影响

通过室内试验，研究土体改良前后微观结构的变化，掺灰改良对膨胀土的内部黏土矿物和土体结构特性的影响。

4. 膨胀土地基运行过程中膨胀变形预测

采用数值模拟和现场试验的方法，分析膨胀土地基和改良土地基运行过程中的变形规律，确定地基土的改良效果和土质改良对地基变形的作用。

5. 施工过程中边坡稳定监测和建筑物基础变形观测

在施工过程中，观测边坡的坡顶、坡面、坡脚处的竖向和水平向位移，坡面裂缝和地下水位等，通过观测结果分析边坡的稳定性。

建筑物基础变形观测主要观测施工过程中和运行初期基础的竖向变形，分析膨胀土地基上的建筑物的运行状态和土体胀缩变形对建筑物的影响。

项目研究取得的主要成果为：①提出膨胀土改良技术和设计方法；②提出膨胀土改良施工工艺；③从微观结构角度探讨膨胀土改良机理和 K 期力学性状，提出改良膨胀土的施工质量控制标准。

（五）南水北调东线河道疏浚淤泥堆场综合处置技术

针对河道疏浚淤泥占地面积大、占地时间长、淤泥难以利用、堆场难以复耕等问题，考虑我国疏浚行业施工特点和淤泥堆场设计现状，并结合国家建设资源循环型、节约型和环境友好型社会的大政方针，本着节约土地和减小堆场征地时间的目的和废弃淤泥资源化的思想，开发研究一整套节约土地资源的疏浚淤泥处理技术。首先在堆场内实现快速泥水分离，通过快速泥水分离方法加速疏浚淤泥沉积并排除表面水，可以减小淤泥的体积和增大堆场的容量；然后进行疏浚淤泥材料化处理和堆场淤泥快速固结技术研究，为后续的土壤化处理提供施工条件。

项目研究取得的主要成果：减少堆场占地面积 20%～30%，占地时间缩短一半以上；材料化技术可解决南水北调东线工程沿线工程用土土资源缺乏的问题。

三、泵站混凝土质量控制项目

（一）异形结构混凝土透水模板施工技术与应用研究

睢宁二站作为东线独立的单元工程，其主体泵站结构混凝土根据不同使用部位如流道出口、边墩、空箱背水面侧墙等，应满足抗冲磨、表观平整美观、抗裂抗冻等长期耐久性要求。上述结构部位混凝土设计强度等级不高（一般为 C25 或 C30），因而混凝土拌和物的胶凝含量相对较少，水胶比大。由于水工混凝土施工过程中影响因素众多，容易导致浇筑成形表面往往不同程度地存在气泡、孔洞、色斑等质量缺陷，且几乎成为混凝土成形质量通病，克服比较困难。为避免睢宁二站工程的肘形流道、边墩和翼墙空箱结构施工中出现类似问题，保证结构表面密实光滑和耐久性能，改进施工中常规模板工艺成为混凝土施工技术控制重点和难点。

项目研究主要内容如下：

（1）模板布基本物理力学性能测试分析。

（2）模板布选择耐久性试验及效果分析。

（3）细观作用机理研究。

（4）研究总结施工工艺操作流程。

研究结果认为采用透水模板布不但能显著改善混凝土表观，同时还可以增强混凝土耐久性，在常见水利工程中达到低等级混凝土高性能化成型效果，为此类工程的施工领域技术创新开辟出一条有效途径。该项成果在睢宁二站的肘型流道、边墩和翼墙空箱结构施工中使用。

（二）大型泵站肘形流道改造混凝土浇筑施工技术研究与应用

江都三站自建成以来，经过 40 余年工程运行，机组老化、建筑物病害重，有关部门决定对江都三站进行改造。江都三站进水流道原设计为钟形进水流道，后改为半肘形流道，但改造后水流条件差，以致汽蚀情况严重，泵站效率低。

本次进水流道改造需将现流道改造成弯肘形流道，由于空间狭小、结构变化大且呈流线型渐变、钢筋密集，现场浇筑时施工人员无法进行浇筑，特别是：①三站进水流道改造顶板浇筑面积从检修门槽到喉管处约 4.8m×3.5m、浇筑厚度 0.1～0.3m，肘形部位底部 2.2m×（3.5～4.5）m、浇筑厚度 0.1～0.3m；②除了顶板开洞口附近外，大部分侧面混凝土以及进水流道分水隔墩混凝土浇筑也不易振捣密实；③肘形部位侧墙加固混凝土、进水流道分水隔墩混凝土因沉降和塑性收缩，其与顶板接触部位易产生结合裂缝。

通过调查研究，提出确保立模质量的技术措施，研究采用具有自流平、自密实、无收缩高性能混凝土。

主要研究成果为：

（1）研究出了模板立模技术，包括防止模板变形的技术措施、各块模板拼接保证解决平整度的技术措施。

（2）通过选用优质水泥、优质骨料以及在混凝土中掺入高性能矿物掺和料、膨胀剂、高效塑化剂等措施研究出自流平、自密实、无收缩的高性能混凝土。

（三）大型肘形进水流道泵站泵送混凝土温控防裂方法和应用研究

针对混凝土裂缝机理、影响因素、防裂方法、仿真计算、施工反馈研究、工程应用等问题，主要内容有以下 9 方面：

（1）建立基于水化度理论的同时描述混凝土成熟度、温度历程、自身温度和龄期对混凝土热学和力学特性参数（绝热温升、导热系数、弹模、泵送系数、强度、自生体和变形等）影响的理论模型和算法，及相应非线性温度场新理论和仿真计算方法。

（2）提出水管冷却混凝土温度和应力精细迭代计算方法，彻底解决了多年来一直没有彻底解决的对工程应用具有重大意义和价值的算法问题，显著地提高了混凝土温度和应力数值仿真计算精度，对实际工程混凝土施工有把握地科学地提出有效可靠的防裂方法奠定了理论和算法依据。该算法能够准确考虑影响水管冷却热学效应的主要因素——管质、管径、水温、开始通水时间、通水历时、流量、流向、管距、层距等。

（3）提出经济简单的大尺寸施工全级配混凝土块室内非绝热温升试验方法，确定混凝土表面不同物盖保温条件时的散热特性和计算参数，确保了仿真计算时主要热学边界条件得到精细准确模拟。

（4）研发和完善创新特色明显的有限单元法数值仿真计算程序。

（5）对底板和墙体等典型结构混凝土施工期裂缝成因、裂缝起裂位置、起裂时间、扩裂过程、裂缝型式和表面保温、内部降温、浇筑温度等防裂方法进行了深入研究。

（6）对研究工作的依托工程东线宝应站和淮安第四等泵站工程，经过多方案的仿真计算分析，提出大型肘形进水流道泵站工程低温和高温不同施工阶段各典型部位结构泵送混凝土裂缝机理、主要影响因素、可能开裂部位与时间、裂缝型式和具体防裂方法与防裂力度，对依托工程的底板、进水流道、出水流道、流道上部框架及翼墙等结构提出具体科学、可靠、易行、经济、快捷的防裂方法和技术措施。工程建成经过一个低温冬季没有出现裂缝。

（7）进行施工现场混凝土温度场的跟踪观测，进行动态跟踪的混凝土防裂方法的反演分析和施工反馈研究，实现动态准实时性施工反馈研究工法，工程应用效果好。

（8）详细研究和提出了肘形进水流道泵站各典型结构表面保温方法和冷却水管布置型式和冷却方法，包括保温部位、方法与力度，以及优选管距、层距、管径、管质、水温、流量、流向、通水时间、允许水管内外温差、水管停水标准等。并提出每根水管独立配置专用流量控制阀，这大大灵活了水管冷却的运行过程和冷却质量，能够精细地满足水管冷却方法、过程和效果的最优要求。

（9）研究和提出了泵站泵送混凝土高温施工期的施工现场防裂方法与施工和控制施工质量的温控防裂指标，包括放宽了的允许浇筑温度、内外温差、基础温差、管内外温差、拆模时间、拆模内外温差、水管冷却停水条件等。

除了各类泵站工程外，本项目所获得的成果无论在理论方法上还是在混凝土施工时的具体防裂方法工程措施上都还可以在今后厂房、水闸、地涵、渡槽、船闸、隧道、桥梁、市政建设等薄壁混凝土结构工程建设中直接得到应用，甚至对大体积混凝土大坝的建设也同样具有直接指导意义。

（四）泵站工程混凝土配合比优化研究与应用

泵站是南水北调工程在江苏境内最主要建筑物之一，各地区泵站混凝土原材料选用情况复杂，配合比多样，质量参差不齐，难以控制。国务院南水北调工程建设委员会专家委员会对南水北调东线一期工程质量进行检查并形成报告，针对报告中提出的问题、在建及待建泵站混凝土工程现状，认为需进一步完善泵站混凝土质量，有必要进一步优化泵站混凝土原材料及配合比，以使工程达到更安全、更经济和更耐久的目的。

本项目研究主要成果如下：

（1）对工程混凝土用原材料进行系统调研，多方面研究后提出原材料控制指标。

（2）在现有混凝土配合比基础上，提出混凝土配合比的优化方案，采取措施提高掺和料用量，节省水泥用量，同时改善混凝土施工性能。

（3）引入抗冻性指标，提高混凝土耐久性。

（4）优化选择混凝土外加剂，提高抗裂性。

（5）形成泵站混凝土技术文件，指导工程实施。

（五）低等级混凝土高性能化模板工艺新技术研究

水工建筑物裸露混凝土结构外表的美观整洁、致密耐久，一直以来是水利工程项目追求的理想目标。水工结构混凝土一般强度等级不高，因而拌和物的胶凝含量相对较少，水胶比大。由于施工过程影响因素众多，导致浇筑成形表面往往不同程度地存在气泡、孔洞、色斑等质量缺陷，几乎成为混凝土成形质量通病，克服比较困难。项目提出的透水型模板工艺改善混凝土成形质量应用新技术，重点围绕混凝土配比影响、模板布参数性能、模板配制使用工艺以及成形混凝土效果等主要环节，优化混凝土浇筑养护方案，深入探讨其作用机理、应用效果和标准工艺实施方法。

项目研究取得的主要成果如下：

（1）揭示了透水模板布工作机理和透水模板提供混凝土耐久性的细观形成机制，系统论证了透水模板对改善混凝土耐久性和表观质量的重要作用。

（2）首次提出了《透水模板布实施工艺指南》。

目前，国内外透水模板的应用技术还处于初级即摸索阶段。随着水利、交通、土木等行业对混凝土质量要求的不断提高，许多重点工程正逐步开始接受和使用透水模板布。项目所提出的《透水模板布实施工艺指南》操作指导性强，对保证模板布铺贴效果、进而确保透水模板成形混凝土质量提供了可靠的技术保障措施，其良好示范效果有助于该技术的进一步推广。

四、工程管理项目

（一）江苏省南水北调投资控制措施研究

项目研究目标和任务为：以控制工程成本、提高建设投资效益为原则，统筹协调工程建设质量、安全、进度目标，以及工程运行管理、发展要求，采取完善项目管理组织、设置招标设计、合理构建招标/评标模型，加强工程变更管理等措施，严格控制设计单元工程实际静态投资在批准的初步设计概算静态投资范围内；严格控制工程实施过程中发生的动态投资；最终控制江苏境内所有设计单元工程建设总投资在国家批准的总体可研相应总投资规模范围内。

1. 研究内容

项目研究主要内容如下：

（1）根据南水北调工程建设管理新的体制机制要求，研究建立投资控制管理体系。

（2）研究工程初步设计、招标设计、施工图设计等各阶段投资控制管理措施。

（3）研究工程招标及合同管理过程中投资控制的策略措施。

（4）研究工程实施过程中变更事项管理措施。主要包括设计变更界定标准研究，设计变更报批程序研究，设计变更审查程序研究，设计变更审批权限研究，设计变更投资变化处理预案研究。

2. 研究成果

项目研究取得的主要成果如下：

（1）完善工程项目管理基本内容，包括组织、制度等是有效控制工程投资的基础。

（2）设置招标设计环节，促进工程细化和优化，是控制工程投资的有效措施之一。

（3）构建科学合理的工程招标/评标模型，有待进一步积极探索和实践。

（4）加强工程变更管理，是控制工程投资又一重要措施。

（二）南水北调东线一期江苏境内工程管理功能规划

南水北调东线江苏境内工程是在现有工程基础上扩大规模而成，新老工程的联合调度运行，存量资产和新增资产的结合，以及流域防洪除涝、调水、航运等方面的管理交织在一起，外地水与当地水资源的管理和配置相互交错，工程管理及调度运行非常复杂。为做好南水北调东线一期工程管理及南水北调东线一期工程调度运行管理系统初步设计工作，同时为《南水北调东线一期工程江苏段建筑与环境总体规划》提供技术支撑，加强全线管理功能统一区划，管理资源优化配置，需尽快编制工程管理功能规划。

工程管理功能规划的任务与内容有以下几方面：

（1）管理功能需求分析。从公司的管理范围、对象和要实现的管理目标，分析公司整体的管理功能需求。

（2）管理功能区划。从合理配置资源、提高管理效率、实现供水目标和有利于公司发展角度，提出二级机构设置的初步方案和各级机构的功能布局。

（3）调查和分析江水北调工程和南水北调新增工程的管理资源，按功能区划，对管理资源进行合理配置，提出系统及管理所设施安排意见。

（三）基于市场需求的江苏水源公司运行调度管理研究

江苏水源公司作为南水北调东线工程江苏段的管理单位，在运行调度中遇到两部制水价的实施、调度目标和职权的转变等许多新的问题。在运行调度管理方面，需要做到：按合同供水，而不是按原来的水资源配置供水；做好长期、中期、短期需水预测，为制定供水计划、签订合同作准备；实行滚动计划，包括季滚动、月滚动、旬滚动；调度全过程成本控制。为此，进行本项目的研究。

本项目研究目标和任务为：进行江苏水源公司调度管理关键技术研究；构建基于市场需求的江苏水源公司运行调度管理系统框架；对南水北调东线运营初期风险进行识别与评估，进行南水北调东线运营初期水质风险的预警与应急研究。

项目研究主要内容如下：

（1）在分析江水北调工程运营现状和南水北调工程运营管理研究现状的基础上，总结东线运行管理面临的问题，进行基于市场需求的江苏水源公司运行管理理论研究，包括东线基于市场需求的调度模式、调度流程研究、调度计划体系研究、调度计划制定程序研究。

（2）江苏水源公司调度管理关键技术研究，包括南水北调东线新老工程调度决策研究、构建江苏水源公司中长期调度模型、构建江苏水源公司实时调度模型。

（3）构建基于市场需求的江苏水源公司运行调度管理系统框架，给出系统总体结构，构建系统应用支撑平台，构建中长期调度计划系统框架，构建实时调度管理系统框架。

本项目针对水源公司运营管理面临的问题，从市场需求的角度对水源公司运行调度管理进行研究，为南水北调工程运行管理提出新的研究思路；提出的南水北调东线新老工程运行调度决策模型、江苏水源公司中长期调度模型、实时调度模型、水质风险管理，为东线水资源的高效配置和调度提供方案借鉴。

（四）南水北调东线江苏段建筑与环境保护发展研究

本项目研究目标和任务：供水功能、生态功能、景观效应有机结合，自然景观、历史文化、人工景观与地域文化底蕴及沿线社会经济发展紧密结合，实现水与自然、水与社会和谐。把东线江苏段建设为区域生命之线、生态之线、文化之线、振兴之线、和谐之线。

项目研究主要内容：在对南水北调东线工程调水线路、工程特点、自然条件、历史人文等进行系统研究分析的基础上，提出建筑与环境保护与发展的总体理念，并按照工程点、线、面三个层次提出规划纲要和管理控制方法。

（五）基于电网峰谷特性的南水北调东线工程水量优化调度

2006年9月至2007年6月，江苏省南水北调办公室组织开展了《基于电网峰谷特性的南水北调东线工程水量优化调度》的课题研究，主要研究内容包括：多渠道分时电价补偿机制；丰枯电价下的中长期水量优化调度；峰谷电价下的短期水量优化调度；现状调度规则及其他经济调度；水量优化调度模型评价与决策支持等。

（六）南水北调东线工程江苏段水质安全预警研究

2006年8月至2007年7月，江苏省南水北调办组织开展了"南水北调东线工程江苏段水质安全预警研究"的课题研究，主要研究内容包括：对南水北调东线工程江苏段污染源进行调查，在此基础上，对江苏段水质安全进行综合评价；针对江苏水质系统特点，运用修正的压力（Pressure）-状态（State）-响应（Response）概念模型，从社会、经济及环境等多角度，构筑南水北调东线工程江苏段水质安全预警的层次指标体系；确定水质安全预警等级；提出水质安全应急保障对策等。

（七）南水北调东线工程对江苏经济社会发展的影响研究

2006年9月至2007年5月，江苏省南水北调办组织开展了"南水北调东线工程对江苏经济社会发展的影响"的课题研究，主要研究内容包括：对南水北调东线工程对供水能力、防洪排涝、水环境、水利行业体制改革、苏北地区农业生产、生态环境等的影响进行了研究，并分析了南水北调工程对苏北地区运河航运、工业和旅游业等带来的积极影响。

第七节　南水北调东线山东干线工程

一、山东地区护坡混凝土预制块生产技术研发与应用项目

山东南水北调一期工程三座平原水库（东湖、双王城和大屯水库）迎水坡护砌采用了开孔

垂直连锁混凝土预制块，其特点是：开孔可排水防止扬压力，减小波浪爬高，垂直连锁整体性好，可适应不均匀沉降。但是由于国内针对该种新型护坡技术的理论分析和试验研究尚不多见，还没有系统成熟的经验可供借鉴；另外国家和行业均未制定出水工混凝土预制块生产检验标准，缺乏质量检验标准依据，在试验、生产、施工中如何进行质量检验控制，尚未解决；尤其对采用干硬性混凝土挤压成型工艺，并要求抗冻等级达到 F150 的混凝土预制块生产，目前国内还没有这方面的成功先例。因此急需对垂直链锁干硬性抗冻混凝土预制块护坡技术进行深入研究。

项目依托南水北调已建设的平原水库工程，通过室内试验、现场检测及数值模拟等综合分析手段，研究山东地区适宜的典型性护坡混凝土预制块外观设计方案；研究气候环境变化下、挤压成型混凝土砌块在特定的干湿交替、温度、融胀破坏次数等要求下的配合比；研究预制块生产工艺以及质量控制技术，形成山东地区护坡用混凝土预制块生产技术体系。为三座平原水库混凝土预制块护坡的安全检测和维护提供技术支撑，保障正常运行，也为今后国内外建造同类工程提供有价值的参考。

（一）项目研究的主要内容

1. 研究确定地区适宜性典型护坡混凝土预制块结构参数

在综合分析国内外护坡技术研究与应用的基础上，对常用传统护坡与新型护坡的结构型式、优缺点、适用条件和功效指标等进行分析，并从抗冻性、稳定性、渗透性等方面，在满足波浪壅高计算前提下，提出山东地区主要水工建筑物适宜典型护坡混凝土预制块的外观设计方案。

2. 多种材料混凝土预制块配合比及性能试验研究

山东地区对护坡用混凝土砌块的抗冻性能要求较高，制作难度大，为保证抗冻性混凝土预制块的质量，对传统和新型典型混凝土原材料进行预制块混凝土的配合比及性能试验，研究适于振动挤压成型工艺的干硬性混凝土配合比与设计指标的实现方法，并提供预制混凝土块的参考配合比以及相关性能试验结果，包括原材料性能、混凝土拌和物性能、抗压强度、抗冻、表观密度等，为混凝土预制块的生产与质量控制提供理论依据。

3. 典型混凝土预制块生产与质量控制技术研究

连锁混凝土预制块护坡是在预制场预制新型混凝土构件，在护坡工程现场将单个块连锁而成的新型护坡结构。该混凝土预制块采用干硬性混凝土振动挤压成型工艺制作，预制块抗冻性与形状尺寸的精确度要求均较高。现有的设备包括利用国外先进混凝土砌块生产设备及其生产工艺不能满足该种新型预制块的生产要求。因此，针对山东地区的气候和工程水文等特点，对典型预制垂直连锁混凝土块生产工艺与质量控制技术进行研究，包括生产过程中的质量控制、生产模具设计、设备改造、养护条件，提出各流程、各环节质量控制方案，形成垂直连锁混凝土预制块生产工艺与质量控制技术体系。

（二）项目研究取得的主要成果

对常用传统护坡与新型护坡结构型式的适用条件、优缺点等指标进行了分析，研究提出了适合应用于山东省平原水库的护坡型式；对部分现有垂直连锁护坡砌块形式进行改进，设计了一种更便于施工工艺生产且能提高生产效率的新型开孔垂直连锁混凝土预制块结构型式；针对垂直连锁护坡预制块进行混凝土的配合比及性能试验，确定了满足山东省平原水库护坡功能要求的混凝土配合比；提出了新型开孔垂直连锁混凝土预制块的生产工艺与质量控制技术体系；提出了垂直连锁抗冻混凝土预制块铺装施工技术及质量控制技术标准体系；对该护坡的冻胀进行了监测和分析，并对其经济效益、生态效益等进行了分析评价；提出了垂直连锁混凝土预制块护坡运行维护管理与替换修补方案；形成了北方地区平原水库垂直连锁预制混凝土护坡的技术体系。

成果已经成功应用于南水北调山东段三座平原水库迎水坡护坡，及配套平原水库建设中，铺砌效果良好。该项目获得了 3 项实用新型专利，完成论文 3 篇。

二、水价研究相关项目

针对南水北调山东段水价先后开展了"南水北调东线一期工程水价研究""南水北调东线一期工程山东境内水价政策与方案研究""南水北调一期山东干线工程运行初期供水价格执行方案"等研究工作。

南水北调东线一期工程全线正式通水后，山东受水区将形成地表水、地下水、黄河水和南水北调水多水源供水格局。由于客观上南水北调水价成本远远高于其他水源水价，受水区如将流域外调水作为备用水源，那么必然导致一方面受水区过度利用当地水源而出现地下水超采或水生态环境持续恶化问题；另一方面调水工程多年达不到工程设计供水量，出现不能有效发挥调水工程综合效益的局面。受水区如何合理配置包括外调水在内的多种水源，是值得研究与亟待解决的重大问题。水价作为水资源市场供需的基本信号和水资源配置的重要手段，在区域水资源管理过程中起着关键的作用，合理的水价是确保调水工程良性运行的基本条件，两部制水价政策则是兼顾调水工程供需双方公平负担、风险共担的基本原则，通过科学设置南水北调水价制度必将有力地促进区域水资源的优化配置。同时，南水北调东线通水后，受水区多水源综合水源水价的研究更为迫切，且具有重要的现实意义。

项目结合南水北调东线工程实际，应用系统工程学的相关理论与方法，研究南水北调东线一期工程水价理论与山东受水区实践课题。分析了南水北调东线一期工程水价测算基本理论、成本费用构成、水价测算模型、两部制价格理论与实践和山东段工程水价实践与执行、区域综合水价、社会承受能力、水价执行与水费征管机制等内容，建立了一整套"测算理论—实践设计—执行建议"方案。

项目研究取得的主要成果：

（1）南水北调东线一期工程水价理论研究。研究了干线工程口门水价成本测算基本理论、水价模型和两部制水价构成等内容，并测算了干线工程口门理论水价和两部制水价成果。为南水北调东线一期工程山东境内水价研究提供了基本理论支撑。

（2）南水北调东线一期工程山东境内水价政策研究。分析有关单位（部门）研究成果的基础上，系统的研究了水价政策层面的定价方式、成本费用构成、两部制价格理论与模式设计、水价承受能力、区域综合水价、南水北调水与当地水衔接办法等内容。并进一步分析了水价核算中成本参数、功能系数、水价模型和两部制水价具体方案设计的理论成因、构成方法及实践问题。选取典型市地，给出了山东受水区区域水利工程综合水价定量成果。

（3）南水北调东线一期工程山东境内干线工程运行初期执行水价研究。结合南水北调山东境内干线工程运行初期管理体制机制，核算干线工程口门执行水价和两部制执行水价，提出了水价推行途径、水价运行及保障机制、山东南水北调工程立法、地下水压采等配套政策。

本研究相关成果，在南水北调东线工程水价测算、协调和执行不同阶段起到作用，增强了山东省发改、物价、水利、南水北调等单位和部门参与南水北调工程水价工作的软实力，支撑着山东南水北调系统参与南水北调东线工程水价相关工作。特别是水价模型、两部制价格制度理论与实践等内容，对一般意义的长距输水工程水价测算模型具有普遍适用性，具有很广泛的应用前景和推广价值。项目获得山东省水利科技进步一等奖，完成论文5篇。

三、南水北调东线穿黄河工程相关技术研究项目

结合南水北调穿黄河工程相关技术问题，先后开展了"南水北调东线穿黄隧洞工程建设关键技术研究与安全评价""南水北调东线穿黄河工程建设综合技术研究"等相关研究。

（一）穿黄河工程设计与优化关键技术

（1）滩地埋管优化设计。采用 PYTHON 语言建立了滩地埋管参数化流固耦合模型，进行流固耦合分析及滩地埋管受力性能分析。主要对滩地埋管的计算载荷及计算工况分别做了详细的分析说明，并对8种工况下的滩地埋管模型进行了流固耦合分析。

建立了滩地埋管流固耦合结构的多目标优化数学模型，采用 NSGA-Ⅱ算法进行优化求解，在多学科优化集成平台 ISIGHT 将 PYTHON、ABAQUS、MATLAB 与优化算法集成起来，通过对 NSGA-Ⅱ算法的设置以及其他组件的配合工作，完成对滩地埋管多目标优化设计的自动化。

（2）结合极限平衡法和有限元法的优点，对渠道边坡的各种工况进行稳定性分析和安全系数的计算：

1）渗流分析（得到实际孔隙水压力）＋基于刚体极限平衡法的安全系数。

2）流固耦合分析（得到实际应力和孔隙水压力）＋基于"应力水平"的安全系数。

3）流固耦合分析（得到实际孔隙水压力）＋基于刚体极限平衡法的安全系数。

4）渗流分析（得到实际孔隙水压力）＋非耦合应力分析＋非线性动力分析，计算基于地震作用下实际应力状态的边坡稳定安全系数。

研究表明，借助于有限元对边坡进行弹塑性流固耦合分析，根据等效塑性应变确定边坡最危险滑面的位置，并计算滑面上分布的正应力与切应力，计算基于"应力水平"的安全系数。该法能够真实反映应力状态，克服了极限平衡方法的缺点，适用于任意复杂的边界条件。利用有限元法进行非饱和稳态渗流、非饱和瞬态渗流分析，考虑了基质吸力与渗透系数之间的非线性关系，考虑了基质吸力对土体抗剪强度的影响，得到边坡真实的孔隙水压力分布。

（3）总结了穿黄工程规划与设计的基本内容和设计方案，采用方案比选法、多目标遗传算法的优化设计理论进行优化设计的过程，以及穿黄河工程干渠、隧洞、水闸结构设计和工程地基液化判别与处理。

（二）南水北调东线穿黄河工程建设风险管理研究

构建全过程风险管理体系。采用模糊数学综合评判法、层次分析法等建立风险因素多准

则、多层次的全过程风险评价模型；研究工程安全风险发生概率等级；研究业主成本控制、招标和合同、规划阶段、设计阶段、施工阶段、运营阶段各建筑物的风险评估流程、风险评价、风险分析、风险控制方法以及风险规避策略；研究工程保险在穿黄河工程建设全过程中的应用。

针对穿黄河工程地质环境复杂、风险隐患点多以及历史形成的建设管理模式等因素，首次在山东水利工程建设引入了风险管理理念，从建管模式与风险管控体系与组织、风险分析评估、风险控制等方面进行了深入探讨。实践证明通过风险管理，工程效益明显、技术和工艺可控、质量优良，按期实现了安全通水运行。

（三）南水北调东线穿黄河滩地埋管基坑开挖、混凝土施工过程仿真分析

（1）采用有限元程序 Plaxis 程序对滩地埋管边坡开挖过程的围土体位移以及降水计算进行二维仿真分析，验算满足施工降水深度所需的降水井单井流量，计算拟定分层开挖深度引起的基坑回弹量，然后采用强度折减法计算边坡的稳定性，从而为施工提供指导。

（2）对滩地埋管混凝土浇筑时的温度和应力仿真分析，发现有可能会因为较大的拉应力使埋管内部测点附近混凝土开裂部位，以采取相应的温度控制措施来防止开裂。

（四）南水北调东线穿黄河工程关键施工技术与新材料及相关专利总结与研究

研究包括：施工总布置和要求、施工组织技术管理、机制砂高性能混凝土、黄河滩地深坑降水、滩地埋管施工模板工艺、混凝土布料及大体积混凝土防裂控制技术、渠道机械自动化衬砌混凝土技术、穿引黄埋涵施工工艺工法、隧洞开挖、堵水与支护等。

穿黄隧洞、埋涵以及先后穿越东平湖大堤和黄河南北大堤所涉及的场地地质条件、施工工序复杂，且受岩土力学理论、技术和经济条件限制，通过全过程的安全监测，为设计、施工和运行及时反馈信息提供有用参数，可科学指导工程全过程建设与安全运行。

南水北调东线穿黄河工程建设理论及实践的系统集成、深化研究已有的主要科研和技术成果。

四、南水北调八里湾泵站深基坑工程降水及止水帷幕关键技术研究

八里湾泵站深基坑施工过程中，遇到临湖水位高、地质条件复杂等技术难题，为了解决八里湾工程施工降止水难题，确保工程的正常顺利开展及安全，开展此项研究。

该项目结合八里湾泵站工程，开展了深基坑降水方案的优化、止水帷幕的结构选型、参数确定和设计及施工优化、止水帷幕对渗流场影响分析、深基坑降水、喷射防渗帷幕施工技术等方面内容进行了研究。

（一）项目研究的主要内容

围绕八里湾枢纽深基坑工程，采用理论分析、数值模拟及现场试验的综合手段开展临湖（河）深基坑工程降水及止水帷幕关键技术展开研究工作。

1. 深基坑降水方案优化

在分析八里湾泵站枢纽场地水文地质和工程地质条件的基础上，结合渗流理论提出降水方

案及具体的施工参数。

2. 止水帷幕的结构选型、参数确定和设计及施工优化

结合八里湾泵站枢纽水文地质和工程地质条件，通过土力学基本理论分析，并针对各影响因素进行多工况比较计算，然后对比现行相关规程规范，提出保证降水帷幕发挥作用的施工参数。

3. 止水帷幕对渗流场影响分析

考虑土体复杂变形特性，结合工程实践，在有限元法理论的基础上，描绘出基坑渗流场的特性，分析止水帷幕的插入深度与水头降深的相互关系，定量评价止水帷幕对降水效果的影响，揭示基坑渗流规律。

4. 深基坑降水、喷射防渗帷幕施工技术研究

通过对不同结构型式的止水帷幕进行分析，提出竖向防渗帷幕最佳结构型式、施工技术参数、施工工艺、质量检验方法。

（二）项目研究取得的主要成果

（1）项目采用渗流理论和有限元方法，确定了降水方案及施工参数，得到基坑渗流场的特性，分析了止水帷幕深度与地下水位的相互关系，揭示出基坑渗流规律，定量评价了止水帷幕对降水效果的影响，提出了优化降水方案，节约了工程造价。

（2）针对临近河湖深基坑止水帷幕的特点，采用柔性防渗帷幕。分析了不同帷幕弹性模量、厚度，不同边坡、内测水位降深、开挖深度，以及不同帷幕与基坑间距对帷幕的影响。

（3）对不同结构型式止水帷幕的承载能力、安全、工程造价以及施工等多方面分析，得到了竖向止水帷幕最佳结构型式，给出了保证止水帷幕功能的施工参数及重点部位的施工措施。

五、韩庄运河段梯级泵站调水水力学模拟与运行调度方案优化研究

（一）项目背景

由于梯级泵站输水工程的复杂性，其在运行过程中将面临多项技术难题，实际运行中往往会因为决策不当，造成水量、电力浪费，无法实现经济运行目标。但目前，我国梯级泵站的运行中主要存在以下问题：

（1）部分泵站运行中开、停机次数频繁。对于机组不可调节泵站，在运行过程中，由于各级泵站流量匹配偏差或输水工况改变，梯级间水位处于变化中，造成机组被迫频繁开、停以保持级间水位满足相关要求。此外，机组的频繁开、停会加速设备损耗，间接增加运行成本。

（2）部分泵站运行效率低。即使机组具有工况调节功能，由于输水过程中的运行工况的动态变化，泵站调度决策不能根据实时流量、扬程变化对机组运行方案进行调节，致使其偏离高效区，造成泵站运行效率偏低、输水水成本升高。为解决南水北调山东段梯级泵站运行中存在的问题，提高运行效率，南水北调东线山东干线有限责任公司于 2010 年 12 月委托山东大学开展韩庄运河段梯级泵站调水水力模拟与运行调度方案优化课题研究。

课题以南水北调东线山东段韩庄运河梯级泵站输水工程为研究对象，寻求系统的安全、经济调度策略，为工程调度运行提供技术支撑。即以水力学仿真为手段，开展基于动态平衡的优化运行及控制理论和应用研究，提出系统优化运行及控制方案（包括泵站各机组运行方案，级间水力控制方案等）。研究结果表明：该成果可有效提高梯级泵站输水系统效率和经济效益，降低输水成本。

（二）项目研究的主要内容

（1）提出基于动态平衡梯级泵站输水系统优化运行和控制理论，以主动控制为主线，将运行控制分为运行和控制两个相互独立且关联的部分，并分别提出了运行优化和控制优化的理论和方法。其核心内容为：通过静态优化确定系统的目标运行状态，通过主动流量、水位控制实现其在动态平衡中的经济优化运行。以水力学仿真为手段，建立了基于两部分相互耦合的运行及控制优化模型，并对模型各部分进行了详细说明。建立输水任务、目标—运行优化—控制优化—水力仿真—优化评估—最终决策的滚动向前模型协调及耦合模式，分别得出优化运行及控制方案，从而实现梯级调水泵站实时运行及控制优化。

（2）在对梯级泵站输水系统进行全面系统分析的基础上，将梯级泵站输水系统分为泵站子系统和输水子系统两个相互关联的系统，在此基础上提出泵站子系统效率、输水子系统效率和梯级泵站输水系统运行效率的概念及公式，为梯级泵站输水系统运行优化提供理论支撑。

（3）复杂泵站系统抽水装置效率计算理论研究。根据现有水泵模型装置试验数据，建立快速、可靠求解抽水装置性能的算法，获取高精度的泵站抽水装置性能曲面，为泵站内经济优化提供基础数据。

（4）梯级泵站输水系统水力学模拟及特性分析。建立梯级间复杂输水系统水力学数值仿真模型，对输水过程中的恒定流和非恒定流下状态下的特性进行分析计算。分析梯级泵站间恒定流运行状态下的流量—水位—蓄量关系；对泵站流量调节、泵站事故等工况引起的水力过渡过程进行数值分析和仿真研究，预测输水系统在各种输水工况下，水位、流速、流量等水力参数的变化规律。同时建立的模型可为运行及控制方案提供仿真模拟平台，验证运行和控制方案的可行性，为梯级泵站优化运行及控制方案的制定提供依据。

（5）基于静态平衡的梯级泵站输水系统优化运行理论及模型研究。建立基于水力静态平衡的梯级泵站输水系统效率和时段经济运行优化模型（近，中、长期经济运行优化模型），在满足各泵站进、出水池和级间输水渠道的安全水位等约束条件下，采用基于离散区间的动态规划算法进行求解计算，分析梯级泵站输水系统运行节能理论空间，以效率最优和时段经济效益最优为目标，分别求解对应的梯级泵站间水力优化方案（各泵站的进、出水池水位和抽水流量等）和泵站内优化运行方案［各机组的运行方案（转速、叶片角度等）］。

（6）基于控制蓄量的梯级泵站输水系统控制技术研究。在对梯级泵站输水控制系统分析的基础上，提出适合梯级泵站输水系统的控制蓄量模式，建立相应控制算法和模型，并对控制过程进行仿真模拟，最终确定优化控制方案，实现了级间水位、流量的实时自动、精确控制，保证了输水安全，同时为实现梯级泵站输水系统的优化运行提供了前提条件。

（三）项目研究取得的主要成果

研究获得的结论和取得的主要成果如下：

（1）提出了基于动态平衡梯级泵站输水系统优化运行和控制理论，以主动控制为主线，将运行控制分为运行和控制两个相互独立且关联的部分，分别提出了运行优化和控制优化的理论和方法。

（2）对梯级泵站输水系统进行了全面系统分析，将梯级泵站输水系统分为泵站子系统和输水子系统两个相互关联的子系统，在此基础上提出了泵站子系统效率、输水子系统效率和梯级泵站输水系统运行效率的概念及表达式，为梯级泵站输水系统运行优化建立了理论计算基础。

（3）根据现有水泵模型装置试验数据，建立了快速、可靠求解抽水装置性能的算法，获取高精度的泵站抽水装置性能曲面，为泵站内经济优化提供了基础数据。

（4）建立了复杂梯级泵站输水系统水力学数值仿真模型，对输水过程中的恒定流和非恒定流下状态下的特性进行了模拟计算。分析梯级泵站间恒定流运行状态的流量—水位—蓄量关系；对泵站流量调节、泵站事故等工况引起的水力过渡过程进行了数值分析和仿真研究，预测了输水系统在各种输水工况下，水位、流速、流量等水力参数的变化规律。

（5）建立了基于水力静态平衡的梯级泵站输水系统效率和时段经济运行优化模型（近期，中、长期），在满足各泵站进、出水池和梯级间输水渠道的安全水位等约束条件下，采用基于离散区间的动态规划算法进行求解计算，分析梯级泵站输水系统运行节能理论空间，以效率最优和时段经济效益最优为目标，分别求解对应的梯级间水力优化方案（各泵站的进、出水池水位和抽水流量等）和泵站内优化运行方案〔各机组的运行方案（转速、叶片角度等）〕。

（6）提出了适合梯级泵站输水系统的控制蓄量模式，建立了相应控制算法和模型，并对控制过程进行仿真模拟，最终确定了优化控制方案，实现了梯级间水位、流量的实时自动、精确控制，保证了输水安全，同时为实现梯级泵站输水系统的优化运行提供了前提条件。

六、长距离输水系统结构物冰害分析及防护研究项目

南水北调东线工程山东段由多段长距离输水系统组成，沿线主要建筑物有泵站、进水闸、引水渠、拦污闸、出水渠、防洪闸、挡土墙、护岸、桥墩等。总干渠采用明渠自流为主的输水方式，局部采用泵站加压管道输水组合方案。山东地处北方地区，冬季气温较低，若遇寒流入侵，最低气温可达到－15℃以下，且冬季持续时间较长。冬季输水主要采用冰盖下输水的方式。另外，南水北调东线总干渠由南向北，在冬季运行时，据现场观测，东平湖以南渠段不常见有冰凌，而东平湖以北与之相连的引黄济青渠道将会出现不同程度的冰情，且结冰和解冻是自北向南逐渐变化的，往往出现南北冻融情况不同的复杂状态。尤其在融冰期，纬度较低渠段的冰盖将首先破碎形成冰凌，与此同时纬度较高渠段的冰盖强度可能仍然较高。冰凌随水流向纬度较高的渠段运动，引发冰塞、冰坝等极端冰害的可能性很大。

（一）研究的主要内容

项目结合南水北调工程，采用现场调研、理论分析、实验室和现场试验、数值模拟等综合技术手段，深入研究了冰作用下长距离输水系统结构物安全性，提出有效的调控和防灾措施，主要研究内容包括以下几点：

（1）极端冰害发生条件研究。建立室外冰冻实验池，研究冰厚随着气温的变化规律，研究气温对冰层内温度场分布的影响，研究冰厚随着气温变化的规律，根据热力学原理，建立冰厚

–气温模型，并校核冰厚的冰冻度日法计算公式。

（2）冰盖温度膨胀力作用机理及渠道静冰压力研究。利用室内模型试验，研究不同厚度的冰盖在不同最终冰温下对不同尺寸结构物的胀压力分布；同时采用不同尺寸的冰试件进行试验，分析实验室冰力试验的"尺寸效应"问题。结合理论分析，建立冰盖膨胀力及静冰压力的计算模型，研究渠道护坡在静冰作用下的变形及应力特征，分析结构物的破坏模式，为防冰措施提供依据。

（3）流冰体对结构物作用研究。根据实际工程，建立不同形状结构物上动冰作用的研究模型。研究不同尺度、不同速度、不同厚度的流冰块对结构物的撞击力及动力效应，分析结构物的动冰响应，为结构物安全评价提供依据。

（4）渠道混凝土冻融破坏研究。通过实验室混凝土冻融试验，研究不同冻融循环次数下混凝土力学性能衰退规律，建立冻融损伤混凝土的本构关系及破坏准则。

（5）输水安全冰灾风险评价体系研究。分析了影响输水安全的冰灾发生的因素，确定主要影响因素，运用模糊数学理论，采用多层次分析方法，建立影响输水安全冰灾风险评价体系。

（6）输水系统结构物冰灾预警机制的研究。根据冰灾风险等级，建立相应的预警机制，并分别对影响输水安全和结构物破坏的冰灾提出相应的预防、调控措施。

（二）取得的主要成果

项目取得成果如下：

（1）根据室外冰冻试验，研究了气温对冰层内温度场的影响规律，分析了冰厚随气温变化的趋势，拟合了冰厚随气温变化的数学模型，为类似工程计算分析提供了理论基础。

（2）开展了室内冰温度膨胀力试验，研究了冰温度膨胀力作用机理及影响因素；研究了渠道护坡在静冰作用下的变形及应力特征，分析了结构物的破坏模式，可较好的指导工程设计及运行管理。

（3）采用数值模拟方法，开展了动冰体对结构物撞击作用机理分析，建立了长距离输水系统冰激响应模型，分析了结构物在动冰作用下的安全性，为类似工程设计提供了理论基础，对运行管理也有较大的借鉴意义。

（4）采用模糊数学原理，建立了多层次冰灾风险评价体系，提出了适用的冰灾风险等级确定方法，确定了不同冰灾风险等级输水系统预警机制及防护措施。

项目研究成果已应用于南水北调东线济平干渠工程，达到了预期效果，保证了输水效率和工程安全。该项目获山东省水利科技进步二等奖。

七、围坝填筑压实质量强度快速检测法的开发与应用项目

与通常的山区水库相比，平原水库具有坝轴线长，围坝填筑材料差的特点。为保证坝体运行期渗流、变形以及强度的稳定，工程中对围坝填筑压实质量提出了十分高的要求。目前，传统的土石方填筑压实质量检测指标采用压实度或相对密度，但这两个指标通常反映的是土石料的物理性质，是一种间接的填筑质量控制指标。实际上，土工结构物的稳定主要取决于土石料的力学性质指标大小，而并非物理指标。与此同时，土石料的力学指标与单一的物理指标并不

具有完全的对应关系。研究表明：某些具有相同密实度的土石料，在力学强度方面有很大的差异，例如，在同样的干密度下，粒径大的土石材料的强度比粒径小的土石材料的强度要小。此外，传统的检测方法还需事先做室内击实试验及在现场测定填料的含水量，这就存在室内试验条件（击实功的大小、土的类型、成分、颗粒级配等）与现场条件不一定相符及检测时间过长（每组击实试验至少需要 2～3 天的时间，含水量测定至少需要半天以上的时间）的问题。因此，常规检测方法不仅无法精确反映现场土石料的实际压实情况，而且在诸如平原水库之类的大面积、大范围围坝填筑工程中对施工进度造成了影响。为确保工程质量的同时又不延误工期，开发一种能够准确快速检测坝体填筑过程中土石料压实质量的技术对此类工程而言具有重大的现实意义。直剪试验作为工程中广泛应用的一种土石料强度检测手段，具有原理简单、便于操作的特点，但常规的直剪试验通常在室内操作，这就要求从现场取样后才能进行测试，而取样过程中的扰动将不可避免地引起试验结果与工程实际情况之间存在较大误差，对土质较差的压实粉土而言愈加明显。同时，常规的直剪试验还存在一些问题影响试验的精度，如试验过程中应力与应变的不均匀性，正应力的不稳定性，实际剪切面与理想剪切面的不一致性，试验过程不能严格控制排水条件，剪切速率及试样两端选用介质的影响。因此，为准确快速地确定现场碾压施工条件下土石料的抗剪强度，本项目提出了一种新型的直剪试验方法，研制了成套的试验设备，结合山东南水北调东线引黄济青段东湖水库围坝填筑工程进行了坝体压实料的现场新型直剪试验。

（一）项目研究的主要内容

（1）新型现场直剪试验仪的开发与研制。为快速检测围坝的碾压施工质量，结合南水北调东线山东段东湖水库围坝碾压工程围坝长，填筑料以砂壤土为主的特点，开发研制了两套新型现场直剪试验设备，其中一套为便携式张拉直剪仪，以轻便、灵巧为特点；另一套为剪切框尺寸等于 31.6cm×31.6cm 的张拉式直剪仪（又称 XZJ-1000 型张拉式直剪仪），其优点是通过较大的剪切框能够较合理地反映实际土体的情况。

（2）新型现场直剪试验结果与常规试验结果的对比分析。为进一步验证新型直剪试验法的可靠性，采用东线山东段东湖水库的围坝土料，分别进行相同条件情况下的新型直剪试验、室内直剪试验及三轴压缩试验（试样直径101mm），对试验结果进行对比分析。

（3）建立土石料填筑压实后的抗剪强度指标与压实度的相关关系。目前规范中规定的填筑施工质量控制指标为压实度与含水量，有必要进行不同压实度与含水量条件下的直剪试验，研究土体抗剪强度与现有施工质量检测指标的差异性，说明土体强度能够更加全面地反映土石料的压实质量。

（4）现场新型直剪试验研究。采用新型直剪试验法在现场测定东湖水库围坝填筑压实后土石料的抗剪强度指标，并与常规检测的压实度指标建立相关关系，研究了影响抗剪强度的主要因素（如含水率和级配），验证了用强度检测法替代传统压实度检测法的可行性。

（5）新型张拉式直剪试验法用于南水北调工程围坝碾压质量快速检测的可行性研究。用抗剪强度进行填筑质量控制和评价在一定程度上解决了现行采用压实度控制存在的问题，即目前质量控制的方法和着眼点与实际稳定复核参数选择之间存在的脱节问题。通过研究可提出一种土石料填筑质量控制和评价的新思路和方法，具有较大的研究前景和应用空间。

（二）研究得出的主要结论

项目研究报告详细介绍了新型张拉式现场直剪试验法的原理及其特点，在室内进行了与常规试验方法的对比试验，对南水北调东湖水库围坝填筑压实质量进行了现场快速检测试验，并与常规检测项目（压实度进行了对比），得出的主要结论如下。

（1）项目针对现场试验的复杂性研制开发了便携式新型现场直剪仪，使其能够更加快速、简便地应用于现场土料填筑压实质量检测。

（2）对取自东湖水库的土料进行了室内重塑样的新型张拉式直剪试验法和改良型常规直剪试验、三轴压缩试验的对比试验。试验结果表明：新型张拉式直剪试验法所测得的抗剪强度指标与常规试验测得的结果基本一致，从而验证了新型张拉式直剪试验结果的可靠性。

（3）项目选取东湖水库进行了张拉式现场直剪试验，并与室内试验结果进行了对比分析。试验研究表明：张拉式现场直剪试验法受力明确、操作简单、方便快速，成果规律性较好，与常规室内试验结果具有较好的可比性。

（4）对现场试验测出的抗剪强度结果与压实度的检测结果进行回归分析，建立两者之间的相关关系，指出了抗剪强度除与压实度有一定关系外，还可能受到其他因素的影响。说明抗剪强度作为一个力学性质指标和压实度这样一个物理指标，两者之间并不具有完全对应的关系，采用压实度控制土石料填筑压实质量其实并不能准确反映土石料填筑压实后的力学性质。

（5）对东湖填筑土料的试验结果表明，在相同压实度的条件下，土体抗剪强度随着含水率和不均匀系数的增加而降低，黏聚力、内摩擦角与含水率和不均匀系数之间均基本呈线性变化。

（6）以东湖土石料填筑压实抗剪强度为因变量，土石料的压实度、含水率和不均匀系数为自变量，进行多元线性回归分析，建立的多元线性回归方程的显著性满足要求。证明了土石料填筑压实后抗剪强度并不仅仅受压实度影响，还受其他因素的影响，如含水率和级配，是各因素的综合体现。指出采用压实度不能完全反映填筑土石料的抗剪强度，因此采用抗剪强度作为质量检测指标能更加全面地考虑各种综合因素。

（7）基于本项目的研究成果，建议现场直剪试验法用于快速检测南水北调东线工程中土石料填筑压实质量。

用抗剪强度进行填筑质量控制和评价在一定程度上解决了现行的用压实度进行填筑质量控制及评价方法中存在的问题，即当前质量控制的方法和质量控制的着眼点与实际稳定复核参数选择之间存在的脱节问题。该研究成果提出了一种土石料填筑质量控制和评价的新思路和方法，具有较大的研究和应用空间。该项目获山东省水利科技进步二等奖。

八、双王城水库软基筑坝施工监控及防渗墙成槽工艺研究

双王城水库位于寿光市北部的羊口镇寇家坞村北，是南水北调东线山东段的一个十分重要的调蓄水库。双王城水库是一座围坝型平原水库，围坝最高达12.5m，属于山东省平原水库中的高坝。

双王城水库围坝坝基中均存在多层软土层和粉细砂层，库区地下水位埋深较浅，一般为1.30～2.30m；库区地下水以氯化钠型水为主，属极硬咸水-卤水，水质差，对普通混凝土具结

晶类硫酸盐型强腐蚀，对抗硫酸盐水泥具结晶类硫酸盐型弱-中等腐蚀。

（一）设计与施工中存在的问题

双王城水库围坝设计与施工中存在以下问题：

（1）软土层上筑坝速率的快慢影响施工安全。双王城水库围坝坝基中存在多层软弱土层，软弱土层承载能力和抗剪强度较低，不仅会使坝基产生较大的沉降，还会引发围坝失稳；同时，由于软黏土渗透性低，施工中产生的超静孔隙水压力消散速度较慢，如果施工速率高于超静孔隙水压力的消散速度，超静孔隙水压力会降低软黏土的有效抗剪强度，从而使坝基因软黏土抗剪强度不足导致失稳。因此，进行平原水库围坝施工过程中坝基空隙水压力、坝基应力和变形监测，了解施工过程中坝基软黏土中孔隙水压力增长消散的状况、坝基附加应力的水平和坝基变形情况、趋势，及时评价施工过程中围坝边坡的稳定性和控制围坝填筑的速度，对于保证围坝安全施工具有重要现实意义。

（2）由于填筑围坝从库内取土，需要进行坝基塑性防渗墙质检验收等多种原因，施工单位在安排围坝填筑进度时，将围坝内坡（即上游坝坡）压重平台的施工填筑顺序放在围坝填筑完成、围坝内坡防渗层铺设完成后进行。而围坝内坡压重平台对完工期围坝内坡抗滑稳定影响较大，而且又存在坝基多层软弱土层，也可能产生超静孔隙水压力。因此，在没有围坝内坡压重平台情况下，施工过程中围坝内坡抗滑稳定是否满足规范要求，围坝内坡是否存在坝坡失稳的可能，是一个十分重要的安全问题。因此需要评价没有施工内坡压重平台情况下，在围坝施工过程中围坝坝基内软土中超静孔隙水压力对内坡抗滑稳定的影响，以及施工过程中围坝内坡抗滑稳定的问题。

（3）坝基塑性防渗墙施工中存在槽孔严重坍塌的问题。由于坝基存在多层粉细砂层和砂壤土底层，地下水为极硬咸水-卤水，在双王城水库坝基塑性防渗墙施工过程中，出现了大量的槽孔坍塌，以及过高的防渗墙混凝土浇筑充盈系数，严重影响了施工进度。

（二）研究的主要内容

针对双王城书库围坝设计施工中存在的主要问题，从软基筑坝施工速率监控、卤水地区泥浆配比试验和防渗墙槽孔坍塌治理措施等方面，进行了系统的试验研究和理论研究，形成软基筑坝施工速率监控和卤水地区防止槽孔坍塌的综合技术。项目研究主要内容：

（1）开发双王城水库典型标段软基筑坝施工安全监控方案，研究典型标段施工期安全监控标准，分析双王城水库典型断面软基筑坝施工安全监控资料，提供典型标段典型断面筑坝施工安全监控预警服务。

（2）进行井点降水法防渗墙成槽工艺开发，研制防渗墙成槽泥浆配比，优化防渗墙成槽工艺。

（三）取得的主要成果

项目通过分析影响平原水库软基筑坝施工速率的主要因素，建立了考虑施工期超静孔隙水压力和围坝抗滑安全富余程度的软基筑坝动态监控模型，提出了施工期不同坝高的的监控方法和监控预案；通过分析影响沿海卤水、粉砂砂壤土地层上防渗墙槽孔稳定的主要因素，研制了适应于沿海卤水地层的防渗墙槽孔泥浆配比，提出了通过井点降水降低防渗墙槽孔周围地下水位以增强槽孔稳定防止槽孔坍塌的方法，从而保证沿海卤水、粉砂砂壤土地层上防渗墙的顺利施工。

（1）建立了一套考虑施工期超静孔隙水压力、围坝抗滑安全系数富余程度的软基筑坝动态监控技术，该技术通过监控影响软基围坝失稳的关键内因，对施工期不同围坝坝高建立不同的监控模型，分别差异化施工监控方案。

（2）研制一种卤水泥浆配比，为沿海卤水区防渗墙槽孔施工提供了一种经济实用的泥浆配比。

（3）发明了一种降水增强槽孔稳定的工法，即利用浅层轻型井点降水法，降低槽孔周围地下水位，从而增强槽孔的稳定控制技术，适用于粉砂砂壤土地层上防渗墙槽孔的施工。

（4）针对地下水为卤水且为多层粉细砂、砂壤土地层的防渗墙施工，提出了防止防渗墙槽孔坍塌的综合措施，即采用推荐卤水泥浆配比、抬高防渗墙导槽高度、减少施工对土体扰动等方法进行防渗墙槽孔施工，对于坍塌严重的槽段，在此基础上又提出利用轻型井点降低地下水的降水增强槽孔稳定法，从而保证防渗墙的顺利施工。

该项目获得山东省水利科技进步三等奖。

九、采煤对二级坝泵站枢纽工程安全影响研究相关项目

针对采煤对二级坝泵站工程安全影响，开展了"二级坝泵站枢纽工程场地采动灾害效应评价""二级坝泵站枢纽工程煤炭压覆资源量评价"等研究。

二级坝泵站是南水北调东线工程的第十级抽水梯级泵站，是将水从南四湖下级湖提至上级湖，实现南水北调东线工程梯级调水目标。二级坝泵站厂区平台位于二级坝工程管理范围内，南侧紧邻枣矿集团高庄煤矿西十一3煤（3上、3下）采区，煤层开采的采动地表变形可能对二级坝泵站工程安全产生影响。国务院南水北调办和山东省南水北调建管局领导对此问题高度重视，多位领导专门批示要求确保二级坝泵站工程的绝对安全，并作为重大课题立项研究。

项目研究重点是高庄煤矿井下开采对泵站枢纽的采动影响问题，分析、预测高庄煤矿临近泵站采区开采引起的覆岩移动规律、地表采动变形程度及其时空演化特征，并分析评价采动地表变形对泵站工程场地的影响特点及程度。通过研究高庄煤矿邻近泵站采区回采引发的地质灾害（地面沉陷、开裂变形等）对泵站枢纽场地的危险性程度、特点，可为制定规划泵站枢纽场地安全保障方案提供可靠的技术依据。

项目进行了采煤影响二级坝泵站工程安全问题的综合研究，主要研究内容包括三部分：一是对涉及二级坝泵站安全问题的枣矿集团高庄煤矿和微山崔庄煤矿进行了调研，结合工程设计布置了煤炭塌陷沉降观测网，并进行了现场观测分析和评价；二是进行了二级坝泵站场地采动灾害效应评价；三是从工程设计的角度分析了采煤塌陷对工程安全运行的影响。

本项目研究取得了以下创新点成果：

（1）在考虑采煤地表变形和建筑物地基压缩变形综合影响的基础上，结合建筑物整体结构适应变形能力分析和现场变形监测，首次进行了大型水工建筑物采煤影响工程安全问题的综合研究。

（2）基于概率积分法计算理论，项目研究开发了能够充分反映地表采动变形时空演化特征的采动地面变形数学计算模型，并用其对邻近采区逼近泵战场地分层开采条件下的地面采动沉降变形规律进行分析研究，获得了深部采煤引起的泵站场地变形的程度和范围的第一手量化评

价数据。

（3）对采动垮落介质的固结过程的相似模拟实验，根据压密变形规律从理论上探讨垮落介质固结的力学模型，揭示了垮落介质固结的力学模型符合岩石蠕变开尔文模型的非线形本质；为进一步理论研究奠定了基础，同时建立残余变形的理论预测方法。

（4）为揭示时间影响参数的采动地表变形的非线形规律，建立了基于时间影响参数的概率积分预测模型，并对泵站场地残余变形进行预测。预测模型从地质工程研究角度，综合考虑了地质、工程、时间、采矿等条件，弥补了传统概率积分模型的不足，提高了残余变形预测的科学性、准确性。

（5）通过实验研究、实测验证、数值建模分析和理论计算等方法，对采动影响工程场地变形时空规律进行多角度关联论证，形成了比较科学且与实际拟合较好的采动地表变形预测评价方法和指标体系。

项目研究成果为深部煤层开采对大型水利工程场地的安全影响评价提供了重要的工程范例。关于二级坝泵站引水渠、导流渠、泵站厂房采动影响的研究成果，已作为制定二级坝泵站枢纽安全运行措施的主要技术参考依据。关于煤矿临近泵站采区开采引起的覆岩移动规律、地表采动变形程度及其时空演化特征的量化分析方法和建立的预测评价指标体系，可用于其他类似采动区评价采煤影响工程安全的问题，具有重要的推广应用前景。该项目获得山东省水利科技进步二等奖。

第八节　南水北调东线苏鲁省际工程

一、台儿庄泵站

（一）水泵装置模型试验研究

为检验台儿庄泵站水泵装置的能量性能、汽蚀性能、飞逸特性等水力性能的优越性和运行可靠性，确保泵站安全、高效的运行，满足南水北调工程的要求，委托扬州大学水利科学与工程学院进行水泵装置模型试验研究工作。

（二）采取的方式和解决措施

委托扬州大学水利科学与工程学院进行了台儿庄泵站的水泵装置模型试验研究工作，采用数学和物理模型相结合的方法对进出水流道进行了进一步优化，对优化结果进行了水泵装置模型试验，试验结果符合工程设计的要求。

1. 进出水流道优化

进出水流道的优化设计是在初步设计批复的水泵叶轮中心安装高程等主要控制性尺寸不变的基础上完成的。

进水流道优化时，在进水流道底板高程、流道长度、流道进水口高度和宽度等尺寸保持不变的基础上对其型线进行了优化。

出水流道优化时，在出水流道顶板高程、流道长度等尺寸保持不变的基础上进行了优化，优化后流道出口底高程由初步设计的 19.450m 调至 19.750m，流道宽度由初步设计的 6.000m 调至 7.000m。

2. 主机组参数的优化

初步设计阶段，水泵选用 ZM6.0-85 水力模型，根据该水力模型计算初步确定的主机组参数：水泵叶轮直径 3000mm，转速为 136.4r/min，单泵配套电动机功率为 2400kW；工程实施阶段，中标单位采用《南水北调工程水泵模型同台测试成果报告》中的 TJ04-ZL-19 号水力模型，并根据优化后的进出水流道进行了水泵装置模型试验。

根据装置模型试验成果计算确定的主机组参数为：水泵叶轮直径 2950mm，转速为 136.4r/min，单泵配套电动机功率为 2400kW。

水泵装置模型试验结果表明：在满足水泵设计流量时，平均净扬程（3.73m）工况的水泵装置效率为 71.7%，设计净扬程（4.53m）工况的水泵装置效率为 74.7%。

3. 机组轴长的优化

初步设计阶段电机层地面高程为 30.70m，水泵叶轮中心线高程为 16.00m，电机层地面至水泵叶轮中心线距离为 14.70m。工程实施阶段，中标单位考虑机组轴系运行的安全稳定性并借鉴国内已建类似大型泵站的经验，建议优化机组轴长。经优化设计，电机层高程调至 29.50m，较初步设计降低了 1.20m。

（三）取得成果

台儿庄水泵装置模型试验结论为：在设计净扬程（$H=4.53$m）、设计流量（$Q=0.323$m³/s）工况下的装置效率为 74.7%；在平均净扬程（$H=3.73$m）、设计流量（$Q=0.323$m³/s）工况下的装置效率为 71.7%，达到了国内领先、国际先进水平。

成果 2006 年获淮委科技一等奖，2007 年获安徽省科技三等奖。

二、蔺家坝泵站

（一）灯泡贯流泵水泵模型试验

蔺家坝泵站的主要特点是扬程低，单机流量大，年运行时间长，为实现泵站运行的可靠性和经济性，泵站采用了灯泡贯流泵机组。由于大型灯泡式贯流泵机组在国内运用不多，且技术上还不是很成熟。

为保证蔺家坝泵站贯流泵机组的技术先进，效率及抗汽蚀等性能优越性和运行可靠性，建设单位在招标阶段对贯流泵机组制作、效率等一系列问题进行了认真研究，在招标时在技术条款中对主机组各部件主要参数和技术性能提出了明确要求，对设计、制造、工厂组装和试验等各个环节作出了详细规定，同时专门规定了主机组关键部件水泵转轮、调节机构及齿轮箱必须由国外分包商生产制造，并要求国外厂商负责机组结构设计和水力设计以及模型装置试验。

（二）采取的方式和解决措施

在工程实施阶段由水泵机组设备中标单位日立泵（无锡）有限公司进行了 CFD（计算流体

动力学法）对机组过流部件（含进、出水流道）进行流动仿真计算，并在此基础上进行了水泵装置模型试验。水泵装置模型试验主要的试验项目有：不同叶片角度的能量试验（流量—扬程、流量—效率、汽蚀性能等）、飞逸试验、压力脉动试验及流道模型的水力损失等试验。水泵装置试验由日立土浦产品部门研究所于 2006 年试验完成，各项内容满足招标文件的技术要求，水泵装置模型综合性能曲线及原型水泵综合特性曲线分别见图 4-8-1 和图 4-8-2。

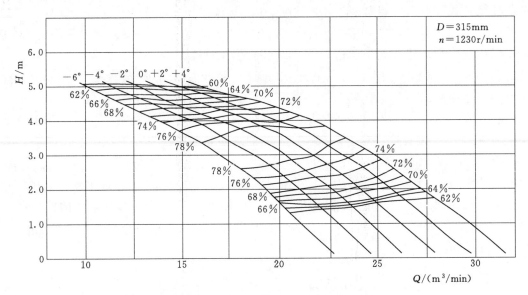

图 4-8-1　模型水泵装置综合特性曲线图

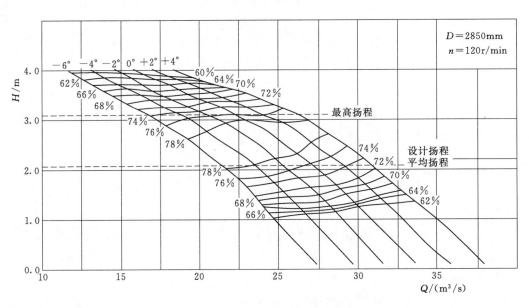

图 4-8-2　原型水泵装置综合特性曲线图

　　在施工图设计及项目实施过程中，采用三维设计和先进技术对机组的整体布置、灯泡型体及体内设备布置、叶片调节机构型式与布置、灯泡体支撑结构及其体内的散热和通风方式、机组传动方式、轴承型式、主轴密封装置等进行了全面系统的研究，使齿联灯泡贯流泵机组总体布置合理紧凑、水力性能优良，且便于安装、检修和维护；采用CFD数值分析方法对过流部件进行数值模拟分析、优化流道型线，消除不良流态，尽可能降低水力损失，通过装置试验测试出水泵装置的综合特性，并取得了《大型齿联灯泡贯流泵的研制与应用》和《南水北调东线第一期工程蔺家坝泵站工程模型水泵试验最终结果报告》两项重要研究成果。

（三）取得成果

蔺家坝泵站水泵模型试验结果为：水泵模型装置效率在平均扬程下为 74.9%，设计扬程下为 76.4%，达到了国内领先、国际先进水平。该研究成果应用于蔺家坝泵站，试运行结果良好。

蔺家坝泵站水泵模型装置效率、抗汽蚀等性能优越，运行可靠，达国内领先、国际先进水平。这项技术研究创新荣获淮委科技二等奖。

第五章　重大技术问题研究管理

第一节　膨　胀　土

　　膨胀土（岩）是具有胀缩性、裂隙性和超固结性的黏性土（岩），其工程性质非常特殊。膨胀土（岩）对水分状态的变化十分敏感，这种敏感性会引起体积和强度的变化，往往造成工程建筑物的破坏。膨胀土（岩）体内裂隙发育，具有一定的定向特征，且裂隙面强度很低，往往会引起边坡失稳。膨胀土（岩）的工程危害具有多次反复性和长期潜伏性，在世界各地频繁发生，是当今岩土工程界的全球性技术难题，被称之为"工程中的癌症"。

　　全球迄今已经发现存在的膨胀土（岩）的国家达 40 多个，遍布五大洲。据统计，美国每年因膨胀土（岩）问题引起的损失达 90 亿美元；我国有 3 亿以上人口生活在膨胀土（岩）分布地区。

　　南水北调中线工程总干渠长 1432.49km，其中，总干渠渠坡或渠底涉及膨胀土（岩）的渠段累计约 340km，约占明渠段的 1/3。膨胀土（岩）主要分布在陶岔（渠首）—北汝河段、辉县—新乡段、邯郸—邢台段，此外，颍河及小南河两岸、淇河—洪河南、南士旺—洪河、石家庄、高邑等地也有零星分布。渠道通过膨胀土（岩）地区多为挖方，极少数为填方。挖方深度一般为 7～25m，局部为 25～49m。

　　南水北调中线一期工程总干渠担负自丹江口至北京、天津常年输水的任务，具有过水断面尺寸大、高水头运行、沿线膨胀土（岩）地区工程地质和水文地质条件复杂等特点。由于中线总干渠工程为串联输水工程，局部的边坡失稳极有可能影响全线输水运行，安全性要求高。这些特点决定了其膨胀土（岩）边坡稳定及处理问题不同于公路、铁路、机场等工程，膨胀土（岩）渠道边坡的处理更加复杂困难。

　　（1）渠道高水头运行。南水北调中线工程采用了全线基本自流的输水方式，沿线膨胀土渠段地下水位一般高于渠底板 7m 左右，两侧渠坡常年受此水位的影响，渠道防渗结构很难保证不产生渗漏。由于膨胀土（岩）对水分非常敏感，在渠道渗水的作用下，易产生隆起变形，甚至导致边坡失稳。

（2）过水断面尺寸大，渠道边坡长。南水北调中线一期工程设计年均调水量为 95 亿 m^3，调水规模巨大，其过水断面尺寸庞大，渠道边坡较高。过水渠道坡高一般大于 10m，在高挖方渠段，边坡高近 50m，受力条件复杂。

（3）工程地质及地下水条件复杂。中线一期工程总干渠涉及不同等级的膨胀土（岩），以中、弱膨胀为主。渗透差异性很大，从微透水至中强透水性，中膨胀土体内长大裂隙发育，裂隙强度很低，且具有优势方向，当与渠坡呈顺坡向时，对渠坡稳定非常不利。

因此，针对膨胀土（岩）问题，中线工程开展了国家"十一五"科技支撑计划课题"膨胀土（岩）地段渠道破坏机理及处理技术研究"及现场试验和其他相关研究工作，对南水北调中线工程膨胀土（岩）地段渠道的工程技术问题进行了研究。

一、膨胀土（岩）体特性研究

针对中线工程沿线的南阳膨胀土、新乡泥灰岩、黏土岩和邯郸强膨胀岩进行了系统的物理性质和矿化试验，主要结论如下：

（1）以自由膨胀率为判别准则，邯郸膨胀岩、南阳黏土岩（N）均为强膨胀，南阳 Q_2 粉质黏土为中、弱膨胀土，新乡黏土岩、南阳 dlQ 粉质黏土均为中、弱膨胀土，新乡泥灰岩为弱膨胀性。膨胀岩中膨胀性的大小依次为邯郸膨胀岩＞新乡黏土岩＞新乡泥灰岩，自由膨胀率越高，其液限、塑性指数基本呈增大趋势。

（2）从矿物成分、阳离子交换量容量、比表面积等指标来看，邯郸膨胀岩的黏土矿物基本由蒙脱石组成，蒙脱石含量很高是其具有强膨胀特性的主要原因。新乡黏土岩、泥灰岩和南阳中弱膨胀土黏土矿物含量和蒙脱石含量相差不大，基本处于相同的水平，但表现出来的膨胀性却有较大差异。主要是由于膨胀岩碳酸盐尤其是碳酸钙的含量较高，岩土体胶结较好。

（3）随着阳离子交换容量和比表面积的增大，膨胀性越强；随着塑性指数的增大，膨胀性越强。膨胀土（岩）的氧化硅和倍半氧化物的比值也与膨胀性有一定关系，当比值越大时，膨胀性越小。但会受到其他氧化物的影响，当其他氧化物所占比例很高时，上述规律不是十分明显。

（一）膨胀土（岩）的裂隙性

通过两个现场试验段开挖观测发现，膨胀土（岩）的裂隙性是十分复杂的：既有随机分布的无方向性的裂隙，也有的具有一定组合性和优势方向的裂隙；既有肉眼看不到的微裂隙，也有十余米的长大裂隙；既有表层分布的裂隙，也有浅层和深层分布的裂隙。它们对膨胀土（岩）边坡稳定性的影响是不一样的，受它们影响，膨胀土（岩）边坡的破坏模式、机理和处理技术不一样。其中，3～10m 深度内具有一定组合倾向性的组合裂隙对边坡稳定起到控制作用。因此，在渠道工程地质勘探、取样试验以及边坡设计中强度参数取值均应该根据具体情况进行针对性研究。本课题除了对膨胀土（岩）裂隙的类型、规模及成因进行探讨外，重点对具有优势方向的裂隙的强度确定和参数取值进行研究。

1. 膨胀土（岩）裂隙类型

以往的研究按照裂隙的成因，把膨胀土中的裂隙分为原生裂隙和次生裂隙两种。本课题研究中，提出了膨胀土裂隙的新分类，根据裂隙的延伸（规模）长度划分为微裂隙、小裂隙、大裂隙和长大裂隙等4类。具体划分为：微裂隙，延伸长度小于1cm；小裂隙，延伸长度为1～50cm；大裂隙，延伸长度为0.5～2.0m；长大裂隙，延伸长度大于2.0m，最长近百米。

中强膨胀土中大裂隙较发育，弱膨胀土则大裂隙不发育，特别是浅层土体大裂隙中多充填灰绿色黏土，形成软弱结构面，在不利裂隙组合下，边坡易产生小规模塌滑现象。浅层土体长大裂隙多充填灰绿色黏土层，裂隙面强度力学指标很低，对边坡稳定起控制作用。

2. 膨胀土（岩）裂隙特征

（1）南阳试验段裂隙特征。膨胀土体裂隙极其发育，规模形态差异极大。裂隙规模越大，数量越少；裂隙规模越小，数量呈几何数量增长。另外，膨胀土中还发育有大量肉眼不易分辨观察的微裂隙，土体往往被其分解切割呈细小土粒状，其数量极其庞大，不易统计。微小裂隙是膨胀土易于遇水崩解的主要内在因素。

根据南阳膨胀土试验段长大裂隙的统计分析，裂隙在垂向上变化规律主要为：埋深约0～3.0m土体长大裂隙不发育，多无充填，局部少量青灰色充填，呈散体结构；埋深约3.0～7.0m土体长大裂隙明显增加，多有充填物，以青灰色充填增加较明显，其次为铁锰质充填，土体结构呈次块状；埋深7.0m以下土体基本不受外界环境影响，土体中的长大裂隙数量相对较少，铁锰质充填和无充填裂隙增多，青灰色充填裂隙减少，土体结构多呈块状结构特征。

南阳膨胀土试验段的长大裂隙发育至少都有2组以上优势方向，裂隙总倾向的优势方向倾向东北，其次为倾向东南，以缓倾角为主，陡倾角次之。土体裂隙产状的统计分析显示，试验段土体裂隙以缓倾角和中倾角裂隙为主。同时，裂隙的倾角与其延伸规模有相关性，裂隙的延伸长度越长，缓倾角裂隙的比例越高；裂隙的延伸长度越短中倾角裂隙的比例越高，陡倾角裂隙数量随延伸长度的减小也显著增多。根据取样点的位置分析，裂隙面倾向渠道内坡方向，即渠道左侧裂隙面为顺坡向，这正是南阳中膨胀土试验段大多为左岸滑坡的原因。

膨胀土体裂隙充填物以灰绿色黏土为主，接近总数量的一半，铁锰质充填较少，极少量钙质充填，还有约1/3裂隙无充填。其中钙质充填裂隙多为规模不大的陡倾角裂隙，裂隙面起伏粗糙。试验段膨胀土裂隙面以较平直光滑为主，其次为起伏光滑和平直光滑的裂隙面。这类裂隙通常在地层中是闭合的，一旦渠坡的应力状态发生改变（如开挖卸荷等），土体便会沿这类裂隙面发生破坏。裂隙的不同充填特征与地下水的长期活动有关，一般地下水活动较强裂隙以灰绿色黏土充填为主，伴随局部钙质充填裂隙发育，地下水活动弱裂隙多无充填或充填铁锰质膜。

（2）新乡膨胀岩裂隙特征。通过新乡潞王坟试验段现场开挖揭示，膨胀岩体内发育有不同类型的破裂结构面，包括原生和次生结构面两类。原生结构面主要为岩体内层面和成岩过程中形成的收缩裂隙；次生结构面为构造裂隙和表层岩体在大气环境影响下因胀缩作用形成的裂隙，且呈规律性的展布。

棕红色黏土岩中可见清晰层面，且为非常光滑的镜面，面上附有灰绿色亲水性黏土矿物和黑色薄膜，亦是膨胀岩体的一个力学软弱结构面。同时，膨胀岩体分布有近垂直的裂隙，反映在平面上往往围绕盆地中心向边缘逐渐增多，裂隙规模也逐渐增大，呈不规则的近环状或近弧形展布。膨胀岩体既有层面蠕滑裂隙，又有与层面近垂直的收缩裂隙，都是同一收缩应力场作用下的产物。黏土岩和成岩较差的泥灰岩相变较快，多呈渐变状，层面高低不平，无统一层面，局部呈薄层或透镜体状分布。

3. 膨胀土（岩）裂隙工程分类

南水北调中线工程存在大量的膨胀土边坡工程，裂隙是膨胀土边坡稳定的控制性因素。本课题根据裂隙对膨胀土边坡稳定性的影响机理和控制作用，从工程应用角度把裂隙分为两大类，即随机分布的无方向性的裂隙和具有优势倾向的组合裂隙。

（1）随机分布的无方向性的裂隙：包括随机分布的微裂隙和小裂隙，主要分布在表层的大气影响带，浅层的过渡带也有不同程度的分布，其对膨胀土（岩）边坡稳定性影响主要体现在裂隙土（岩）体强度的降低。

（2）具有优势倾向的组合裂隙：由具有一定方向性的大裂隙和（或）长大裂隙构成的裂隙组合，主要分布在浅层的过渡带，深部非影响带也有不同程度的分布，这类裂隙的裂隙面光滑或者裂隙被填充，导致其抗剪强度低，构成了岩土体中的软弱结构面，是影响膨胀土（岩）边坡工程的主要因素。特别是长大缓倾角裂隙（延伸长度数十米至近百米）的优势倾向和膨胀土（岩）边坡坡向组合式控制着膨胀土（岩）边坡的稳定性。

（二）膨胀土（岩）的强度特性

根据非饱和土试验，土的饱和度在 $65\%\sim75\%$ 范围变化时，引起的强度变化是明显的，当饱和度大于 75% 时，土中吸力对抗剪强度的作用是有限的。从安全考虑，可采用土的饱和强度进行膨胀土边坡设计。对于膨胀土（岩），室内试验宜采用有压抽气饱和，其试验成果可能更能反映实际情况。

膨胀土的强度在低应力状态下具有明显的非线性特征，即在低围压和高围压条件下的黏聚力和内摩擦角拟合值存在明显差异。对于膨胀土边坡的浅层滑动，应采用低围压条件下的黏聚力和内摩擦角拟合值。

干湿循环主要破坏土的结构性，而干湿循环后压实膨胀土 c、φ 值的降低，主要反映干湿循环引起土体的密度变化从而引起的强度变化。多次干湿循环对原状膨胀土 c、φ 值衰减幅度约为 72% 和 14%，干湿循环后膨胀土的强度仍然较高，不低于同样密度重塑样的强度。

裂隙面强度试验宜采用三轴试验方法。试验中只要保证裂隙面倾角在 $45°+\varphi/2\pm10°$ 以内，试验得到的强度便是裂隙面强度。

对于工程膨胀土（岩）边坡，根据研究成果，强度取值如下：

（1）对于已经经受干湿循环，或可能经受干湿循环的大气影响深度范围内的土体，采用干湿循环后强度作为其强度，可直接根据试验确定其土体强度。

（2）对于大气影响深度以下的土体，若不存在裂隙或少量短小裂隙，可直接采用土块强度作为土体强度，直接根据试验确定其土体强度。

（3）对于大气影响深度以下的土体，若分布有一定数量的"组合定向型"裂隙，应分别试验测定土块强度和裂隙强度，裂隙强度建议采用室内三轴试验测定。

（4）对于填筑膨胀土体可采用压实土室内试验测定其抗剪强度。

（三）膨胀土（岩）的胀缩特性

1. 膨胀特性

为了研究膨胀土（岩）经压实后的膨胀特性，对膨胀土（岩）的击实样进行了不同起始含水率、不同压实度、不同压力下的膨胀率试验，由试验成果表明以下内容：

（1）压实度越大，膨胀率越大；随起始含水率增大，膨胀率减小；相同起始含水率和压实度下，膨胀土（岩）的膨胀率随上覆压力增大而减小。

（2）在较小压力作用下，其膨胀率相对无荷条件下而言急剧下降，表明较小的上覆荷载对膨胀土（岩）吸水膨胀即具有明显的抑制作用，但随着荷载的增大，这种抑制作用逐渐减弱。

2. 收缩特性

为了研究膨胀土（岩）的收缩特性，针对泥灰岩、黏土岩进行了 $\phi 101.8mm \times 43mm$ 的大尺寸收缩试验，试验结果表明：

（1）在相同压实度下，起始含水率低于塑限值时，起始含水率变化对线缩率的影响都很小，随起始含水率增大，线缩率开始呈较平缓的线性增大。当起始含水率达到塑限值附近后，起始含水率变化对线缩率的影响开始显著增强。收缩系数规律与线缩率规律基本一致，而体缩率随起始含水率的增加呈较好的线性增长关系。

（2）在相同起始含水率下，起始含水率低于塑限值（19.1%）时，压实度对线缩率的影响很小，随压实度增大，线缩率呈较好的线性递减关系。当起始含水率达到塑限值附近后，压实度对线缩率的影响略微增强。收缩系数、体缩率规律与线缩率规律基本一致。

（3）相对而言，线缩率随压实度变化的幅度很小，而线缩率随起始含水率变化的幅度较大，可认为线缩率主要受起始含水率的影响。收缩系数、体缩率规律与线缩率规律基本一致。

3. 膨胀土（岩）原状样与重塑样膨胀特性比较

对新乡黏土岩、南阳中膨胀土、邯郸强膨胀岩进行了原状样与重塑样膨胀特性的对比试验，保证重塑样的干密度和含水率与原状样一致。试验结果表明：

（1）原状样与重塑样的膨胀率、线膨胀系数均随上覆荷载的增大而减小，膨胀率、线膨胀系数均随压力的变化率随着压力的增大逐渐减小。

（2）在相同荷载条件下，重塑样的膨胀率、线膨胀系数（即膨胀率与含水率变化量的比值）始终大于原状样。由此可见，由于膨胀土（岩）重塑后土体微结构发生破坏，在较大程度上提高了膨胀土（岩）的膨胀潜势。

4. 膨胀土（岩）膨胀本构模型探索

现有的膨胀土（岩）膨胀模型均未能充分考虑膨胀土（岩）的两个非常重要特性，即膨胀土的膨胀变形与状态含水率及应力状态是密切相关的。本课题通过改良试样进水控制系统、提高测试精度、控制试验环境等措施，实现了 K_0 应力状态膨胀性试验与三轴应力状态膨胀性试验，研究充分吸湿引起的体积膨胀率与应力状态之间的规律关系，建立了不同应力状态的膨胀模型统一表达式，并建立了 K_0 应力状态与三轴应力状态膨胀模型参数的相关性，为非线性有限元法计算膨胀土渠坡稳定性提供了依据。

（四）膨胀土（岩）的压实性及渗透性

1. 压实性

膨胀土（岩）开挖回填料的压实度应根据击实试验、强度试验、渗透试验和胀缩性试验等综合确定。膨胀土（岩）开挖回填料的后期膨胀性能及强度，与压实度大小关系密切。压实度越大，强度越高，但膨胀潜势也大；而压实度越小，膨胀潜势越小，但强度也越低。因此，膨胀土（岩）开挖回填料的压实度既要达到最低要求，又不能过高。

根据两个试验段的研究和实践，建议膨胀土（岩）开挖回填料的压实度采用双限范围进行控制。对于膨胀土采用轻型击实标准，压实度控制为 $92\%\sim97\%$；对于膨胀岩采用重型击实标准，压实度控制为 $88\%\sim93\%$，具体参数可按照实际工程情况进一步复核和优化。

2. 渗透性

（1）膨胀岩击实样的室内渗透试验表明：在含水率一定的条件下，泥灰岩、黏土岩击实样的渗透系数与干密度在半对数坐标中具有很好的线性关系。泥灰岩拟合曲线的斜率小于黏土岩，即泥灰岩渗透系数随着干密度的增大而减小的速率小于黏土岩。

（2）干湿循环条件下膨胀土饱和渗透试验表明：裂隙在饱和愈合的情况下，对土体结构性的破坏作用仍然对土体的饱和渗透特性有较大影响。膨胀土击实样的饱和渗透系数随着干湿循环次数的增加而增加，在第三个干湿循环以后渗透系数趋于稳定，干湿循环后击实样的渗透系数与原位试验得到的渗透系数较为接近。

（3）根据非饱和土土力学理论得到的膨胀土非饱和渗透系数仅能代表裂隙间土块的非饱和渗透系数，不能作为裂隙性膨胀土体的非饱和渗透系数。究其原因，主要是非饱和理论中的渗透系数是基于各向均质土体的，没有考虑含水量降低时膨胀土裂隙的开展对渗透特性的影响。

（4）不同含水量的膨胀土非饱和渗透试验表明：下渗强度是土体吸水能力与水分在裂隙内渗流的综合体现，裂隙性膨胀土的初始下渗强度随着含水量的增大而减小。

（5）干湿循环条件下的膨胀土非饱和渗透试验表明：裂隙性膨胀土的初始下渗强度会随着干湿循环次数的增加而增加，影响非饱和膨胀土体的初始下渗强度的关键因素是试样中贯通渗径的裂隙长度。

（6）现场双环试验结果表明：泥灰岩和土袋处理场地的渗透系数一般在 $n\times10^{-5}\,\mathrm{cm/s}$ 左右，黏土岩和格栅加筋处理场地的渗透系数较小，约为 $n\times10^{-6}\,\mathrm{cm/s}$。格栅加筋场地的渗透系数和入渗深度均为各场地中最小，土工格栅加筋可作为一种有效的膨胀岩渠坡处理措施。

（7）Guelph 仪渗透试验结果表明：由于受岩体本身的结构和裂隙性及场地的空间变异性的影响，Guelph 仪渗透试验成果离散性较大，但泥灰岩场地的平均稳态渗透系数仍大于黏土岩。

（8）原位渗透试验应综合考虑场地的尺寸、空间变异性以及时间效应的影响，选取合适的渗透试验方法以真实、全面、快速地揭示膨胀岩（土）体的渗透性状。

二、膨胀土（岩）边坡破坏模式及机理研究

在本课题的研究过程中，通过调查南水北调中线工程有关的膨胀土（岩）渠坡破坏现象，同时，开展南阳和新乡两个试验段的现场试验，重点对渠道边坡的初次滑动问题进行了深入的探索，提出了南水北调中线膨胀土（岩）渠段渠坡破坏机理。

膨胀土（岩）渠坡的破坏特征按其破坏机理归纳为：裂隙强度控制下的渠坡破坏和膨胀作用下的渠坡破坏两类。通过对大量现场破坏现象的分析，结合地质勘察成果，认为膨胀土（岩）地层中的裂隙面（结构面）是控制边坡稳定的重要因素，裂隙的密度、数量和倾向、走向均对边坡的稳定有着重要影响，一旦地质条件具备，加之开挖卸荷、大气降雨等外部条件的变化，膨胀土（岩）边坡就可能发生失稳。

此外，通过大型物理模型试验以及部分现场观测成果，揭示了膨胀变形对渠坡稳定的影

响。研究表明：膨胀土（岩）的渠坡破坏除了裂隙面的控制作用外，膨胀变形的作用也是重要因素之一，对于此种破坏模式，常规的边坡稳定分析方法不能反映渠坡的真实稳定状态，需采用考虑膨胀变形的稳定分析方法。

综上分析，将膨胀土（岩）的破坏模式归纳为以下两类：

破坏模式一：裂隙强度控制下的渠坡滑动。这类破坏以沿裂隙面或结构面的滑动为主，多表现为重力式滑动。南阳试验段目前的破坏现象大多属于此类滑动。

破坏模式二：膨胀作用下的渠坡滑动。这类滑动以膨胀变形为驱动力，多表现为浅表层膨胀变形后的牵引式滑动。这类滑动以新乡试验段裸坡试验区、试验 3 区一级马道以上等滑坡为代表，在南阳膨胀土试验段中Ⅵ区右岸一级马道以上滑坡也属于此类滑动。此外，室内模型的边坡失稳也是这类破坏模式的典型代表。

膨胀土（岩）渠坡的稳定往往是多因素共同作用下的问题，如当开挖断面揭露的原生裂隙埋深较浅时，则首先发生沿裂隙面的渠坡失稳。以后，在膨胀变形的作用下，还会继续破坏，这也正是大部分膨胀土渠坡会一再滑坡的原因所在。

三、膨胀土（岩）边坡稳定性分析方法研究

膨胀土（岩）渠坡的破坏失稳多表现为牵引式、渐进性、浅层滑动破坏，与一般土体的圆弧形滑动有所区别，对膨胀土（岩）渠坡进行稳定性分析应正确模拟膨胀土（岩）的工程特性及其影响因素。多数学者在膨胀土（岩）渠坡稳定分析中采用极限平衡法，并在计算过程中采用强度折减，人为降低土体的强度，没有针对膨胀土（岩）的破坏模式建立相应的稳定分析方法，使计算结果往往与实际不符。

本课题的研究成果表明，膨胀土（岩）渠坡的稳定性既有裂隙强度控制的稳定问题，也有膨胀作用下的稳定问题，两种破坏模式有着不同的破坏机理。因此，在渠坡稳定分析中应结合渠坡的破坏模式，选用不同的分析理论。对于裂隙强度控制的渠坡稳定性，可采用考虑裂隙空间分布特性的裂隙性膨胀土稳定分析方法；而对于膨胀作用下的渠坡稳定，则应采用考虑膨胀变形的有限元分析方法。具体方法如下。

（一）考虑裂隙空间分布的极限平衡分析方法

首先，在勘察阶段要调查边坡一定范围内裂隙的倾向、密度和贯通程度，粗略地勾画出影响工程稳定范围内裂隙的分布状态，将土的强度分为土块强度和裂隙面强度，不同膨胀土的土块强度和裂隙面强度分别采用合适的试验方法进行测定。在边坡稳定分析中，对分析断面的简化方式进行作必要改进，以正确反映裂隙的分布范围、分布密度、倾斜度、排列方向等空间分布因素。在计算分析中，对土层参数的取值，当滑动面经过裂隙时取裂隙强度，当滑动面经过土块时取土块强度。

（二）考虑膨胀变形的有限元分析方法

（1）首先建立浅层范围内天然含水量条件下土体膨胀本构模型，膨胀模型可计算不同应力状态、不同初始含水率条件下吸水完全饱和引起的体变。

（2）浅层土体的模量可根据与浅层土体应力状态相对应条件下的三轴剪切应力应变曲线，

由达到峰值应变时的邓肯非线性弹性割线模量公式来确定。强度可取饱和强度参数。

（3）计算分两步，首先计算自重应力场，其次在自重应力条件下将膨胀应变以温度荷载的方式加载到有限元节点上，模拟含水率的变化造成渠坡一定深度内的土体发生非均匀膨胀变形，进行膨胀岩土边坡膨胀变形计算。

（4）土体发生非均匀膨胀变形会改变渠坡的应力状态，由于坡脚处存在应力集中，导致坡脚处土体的剪应力会首先越过峰值强度而破坏，引起临近区域相继越过其峰值强度，破坏区逐渐扩大。

（5）在计算中要逐步观察土体的等效塑性应变（剪切带）扩展范围与程度，仔细追踪土体剪切带的形成过程，在计算中可将等效塑性应变（剪切带）从坡脚到坡面某一范围完全贯通作为渠坡失稳的标志。

此外，结合现场的处理措施，研究提出了土工膜、土工袋和土工格栅等处理措施的稳定分析方法，对于换填处理措施，从变形与稳定两个角度探讨了不同处理层厚度对膨胀岩土膨胀的抑制作用。

四、膨胀土（岩）渠坡处理措施研究

针对膨胀作用下的浅层滑坡，重点研究了就地回填利用开挖膨胀土（岩）的措施。研究和验证了防护-压重的综合措施，并重点研究了就地回填利用开挖膨胀土的措施，在总结已有膨胀土（岩）渠坡处理方法优缺点的基础上，结合大型渠道工程特点，采用物理力学特性试验、模型试验及数值分析等方法，系统研究了土工格栅加筋、土工袋、纤维土、土工膜封闭覆盖、水泥改性土、粉煤灰改性及活性酶、Condor SS溶液等的处理方法作用机理和适用性，提出了土工格栅加筋、土工袋、土工膜封闭覆盖、水泥改性土等四种处理方法的优化参数。

针对膨胀土和膨胀岩渠坡，分别在南阳和新乡开展了大规模现场原型试验，经过各种工况模拟，验证了换填非膨胀黏性土、土工格栅加筋回填膨胀土、土工袋、水泥改性土及土工膜封闭覆盖等方法的处理效果和适用性，结合观测成果分析，论证了以上几种处理方法的优缺点，综合分析了处理效果、施工工艺及投资，并推荐了膨胀土（岩）渠坡的处理方案。情况如下。

（一）处理效果

换填非膨胀黏性土、水泥改性土、土工格栅加筋、土工袋均属换填压重的方法，可以解决膨胀作用下的浅层失稳问题。复合土工膜方案主要作用是防止含水量变化，没有压重效果。

（二）施工工艺

从施工便捷性而言，换填非膨胀黏性土最简单，其次是水泥改性土方案，土工格栅加筋工艺稍复杂，而土工袋机械化程度低且存在碾压质量控制问题。

（三）环境影响评价

水泥改性、土工格栅加筋及土工袋方案，均利用开挖弃料作为填筑料，减少了弃料，对环境影响小。非膨胀土换填方案，不仅需要大量的非膨胀土料源，同时产生较多的弃料，占用大量农田，对环境影响较大。

（四）经济评价

单纯从投资成本控制的角度来讲，换填非膨胀黏性土方案是最经济的，水泥改性土次之，土工格栅处理措施第三，土工袋处理措施施工成本最高。但当非膨胀黏性土料缺乏时，随着土料运距的增加，换填非膨胀黏性土方案成本上升，达一定运距后，其成本优势将不再存在。

（五）建议处理措施

对于膨胀作用下的渠坡浅层稳定的处理措施，首选换填非膨胀黏性土或水泥改性土；其次在工程投资允许的情况下也可采用土工格栅加筋、土工袋的处理方案，土工袋的处理方案应注意处理层与原坡面的排水问题。复合土工膜处理措施可用于地下水位低、无侧向补给的一级马道以上渠坡。

对于裂隙发育且顺坡向时，应采用锚固支挡的方法处理，换填压重的方法只能用于防止膨胀作用下的滑动，对裂隙强度控制的抗滑稳定作用非常有限。

五、膨胀土（岩）渠道设计和施工中的若干问题研究

（一）膨胀土（岩）膨胀性的现场快速判别研究

南水北调中线工程在分析国内外有关膨胀岩判别分类方法的基础上，开展了有关膨胀土（岩）快速判别方法研究，提出如下两种快速判别方法。

1. 根据地质编录的宏观判别

系统地分析研究了膨胀土的地质时代、地貌特征、岩性、裂隙特征、颜色特征、钙质结核特征等与膨胀土形成环境及膨胀性密切相关的宏观特征指标及其与土体膨胀性的关联性，对于不同等级的膨胀土，它们在外观上也有一些鲜明的特征，并且其中一些特征直接影响渠坡的滑动稳定和变形，由它们构成的鉴别指标可以准确地判别膨胀土的膨胀等级。经过筛选，选择了现场判别膨胀土的关键因素，在膨胀土试验段和渠线其他地段选择了具代表性的试样对土体的自由膨胀率进行了室内试验，建立了膨胀性与岩性、土体结构、标准色谱等之间的关系。

2. 通过测试膨胀岩土土膏电导阻率来定量判别岩土膨胀性

研究表明，土壤导电性与土壤中黏土矿物成分、可交换阳离子的种类和数量等密切相关，而这些因素同样也影响着黏性土膨胀性的大小。因此，在特定条件下，可以以电导率的大小来反映土壤可交换阳离子的数量，并通过建立电导率与自由膨胀率的关系来推测土壤的膨胀等级。

依据上述理论，首先在室内开展标准试样的电导率和自由膨胀率的相关关系试验研究。在试验基础上，选择南水北调中线工程典型渠段的膨胀土、岩以及其他地区的膨胀土、一般黏性土进行了电导率和自由膨胀率测试。成果显示，试样的电导率与自由膨胀率具有很好的线性相关关系。因此，运用电导率和自由膨胀率的关系可以实现对膨胀土膨胀等级的快速判别。

（二）膨胀土渠坡处理措施设计

1. 开挖过程中的防护设计

膨胀土渠道开挖过程中，应注重防雨保湿工作，预留保护层，并做好防水、排水及保湿措

施。渠道开挖过程中，存在两个最薄弱的部位需要作重点保护：一是坡顶，渠道开挖时坡体一定范围产生卸荷，坡顶容易产生拉裂，且膨胀土垂直渗透性较强，雨水容易通过坡顶渗入坡体内，进而引发边坡变形破坏；二是开挖坡面，晴朗干旱天气开挖时坡面容易失水干裂，雨天则因雨水渗入裂隙而产生滑坡。所以，旱季施工要预留保护层，并采取保湿措施；雨季施工要采取防水覆盖措施。

2. 膨胀变形作用下的渠坡稳定处理措施

本课题从试验段处理效果、施工便捷、环境友好性、经济性等综合考虑，推荐中、强膨胀土渠道及弱膨胀土一级马道以下渠坡采用水泥改性土换填处理方案。换填处理厚度应根据土体膨胀性、渠道挖深确定，可在0.6～3.0m之间选择。

根据室内试验成果，弱膨胀土水泥掺量3%、中膨胀土掺量约6%即可达到改性膨胀土的需求。实际工程中，应根据不同的地段膨胀土的物理、膨胀特性，通过室内配比和现场掺拌试验确定合适的水泥掺量。

3. 裂隙强度控制下的渠坡稳定处理措施

对于裂隙强度控制下的渠坡稳定问题，应结合坡面防护和压重措施，局部采用支挡结构或抗滑桩、锚杆等渠坡加固措施进行处理，抗滑桩和锚杆应深入长大裂隙面以下。具体设计方案应根据实际地质条件确定。

（三）膨胀土（岩）渠坡施工控制指标及质量检测方法

根据现场研究成果，对膨胀土（岩）渠坡施工控制指标和质量检测方法提出具体施工控制要求如下。

1. 膨胀土渠坡施工控制指标

施工参数建议值见表5-1-1。

表5-1-1　　　　　　　　　施 工 参 数 建 议 值

工程项目		最大干密度/(g/m³)	设计压实度	最优含水率/%	铺土厚度/cm	最佳含水率/%	碾压机械	碾压遍数/遍
非膨胀土填筑	渠堤非膨胀土	1.68	≥0.98	20.5	30	20.0～21.0	20t凸块振动碾	9～10
	换填非膨胀土	1.68	0.96～1.0	20.5	30	20.0～21.0	20t凸块振动碾	10
弱膨胀土填堤		1.65	≥0.98	21.4	30	23.0～24.0	20t凸块振动碾	9～10
土工格栅填筑	弱膨胀土	1.65	0.93～0.96	21.4	32～33	20.5～23.5	20t振动平碾	8～10
	中膨胀土	1.58	0.92～0.95	24.5	32～33	22.5～25.0	20t振动平碾	5～6
土工袋填筑（中膨胀土）		1.58	0.90～0.95	24.5	单层	22.5～25.0	20t振动平碾	2
水泥改性土填筑	弱膨胀土	1.67	一级马道以下0.96～1.0，以上≥0.98	20.0	30	20.0～22.0	20t凸块振动碾	12～14
	中膨胀土	1.61		21.8	30	20.8～22.8	20t凸块振动碾	5～6

2. 水泥改性土水泥含量检测方法

在水泥改性土拌和前，应选用现场有代表性的弱膨胀土、中膨胀土做室内 EDTA 滴定试验，测绘水泥含量标准曲线，以便检测水泥改性土水泥含量。

3. 填筑压实干密度及含水率检测方法

换填黏性土以及土工袋袋装开挖料回填的密度检测采用环刀法，土工格栅＋开挖料回填可采用环刀法（膨胀土）或灌水（砂）法（膨胀岩）。处理层含水率检测，根据《土工试验规程》（SL 237—1999）的有关规定进行。

六、膨胀土改良技术研究与工程应用

天然状态下，膨胀土强度高，压缩性较低，在地面以下一定深度取样时难以发现宏观裂纹。但一旦在大气中暴露，含水率发生变化时，很快出现大大小小的裂纹，土体结构迅速崩解，透水性不断增加，强度迅速减小直至为零。

在新建泵站工程中，根据已有勘探资料，泗洪站、邳州站、刘老涧二站等三座泵站位于膨胀土地区。将面临下列问题：

（1）膨胀土地基问题。泗洪站⑥层黏土为膨胀土，可能位于泵站底板下（三岔河站址），也可能直接与泵站基础接触（新河站址）。膨胀土层⑥下伏⑦层中存在承压水层，承压水位12.9m。该承压水易透过⑥层土中的礓石裂隙突涌。当建筑物基础直接与膨胀土层接触时，若基础建基面位于地下水位以上，由于水位的季节性变化，土体体积和强度不断发生变化，建筑物发生反复升降变形甚至开裂。当建筑物基础位于地下水位以下时，膨胀土地基的影响主要在施工期，表现为裂隙渗水和土体结构破坏的泥浆化，影响施工。

（2）使用膨胀土作为填土的问题。邳州站场地主要是存在用膨胀土作为回填土的改良问题。膨胀土素土作为回填土时，因其干密度与含水率关系非常密切，压实很困难，压实质量很难控制。在运行过程中，含水率增加时，土体极易产生膨胀变形，含水率降低时，土体中会产生干缩裂隙，使土体渗透性发生变化，若外界有水，极易进入。干缩裂隙的扩展，对堤防防渗结构的连续性破坏极大。

（3）膨胀土边坡稳定问题。刘老涧二站场地普遍分布有中～弱膨胀性老黏土，对施工控制带来影响，泵站上、下游引河河底开挖涉及①、②、③层土，②层土位于河水冲刷线上下，具有弱膨胀性，对边坡防护提出挑战。

通过对南水北调东线刘老涧第二抽水站厂区膨胀土进行系统的室内模拟试验和现场验证性和工艺性试验，获得了能够对江苏地区膨胀土进行改良利用的完整成果，并提出了施工工艺和质量验收标准。取得了如下创新成果：

（1）提出了掺灰降低膨胀土黏性，使其"砂化"的工艺，该工艺是膨胀土进一步采取石灰、水泥或其他固化剂改良而提高强度的基础。

（2）提出了在我国水利行业采用石灰与水泥一起综合改良膨胀土的方法，通过室内模拟试验和现场大型试验论证了综合改良膨胀土方法的先进性，在此基础上提出了施工工艺。

（3）开发了一种有机中性膨胀土化学改良剂，通过系统的物理力学性质试验和模拟试验论证了开发的改良剂的有效性，提出了现场施工工艺，申请并获得了国家发明专利。

（4）第一次采用现场大型试验方法，研究了含礓石的原级配膨胀土的物理力学性质、膨胀特性和改良效果，以及现场膨胀土改良工艺试验和现场改良土的膨胀性与力学性能试验。

第二节　渡　　槽

　　南水北调中线总干渠沿线与众多大小河流立体交叉，渡槽是其中的一种交叉方式。中线总干渠布置有数十座渡槽，流量大、规模巨大，一般采用预应力结构型式。尽管我国目前已建渡槽数以万计，技术水平也处于世界前列，但对于南水北调工程这样具有流量大、荷载大、结构尺寸大的超大型渡槽结构，既无先例可循，也无规范可依，也无如此规模的渡槽施工先例。因此，南水北调中线工程有针对性地进行了特大型渡槽的结构型式、结构应力状态、预应力张拉、裂缝控制和施工工艺等方面的研究工作，并结合部分工程进行了现场试验。

一、渡槽结构

（一）渡槽结构新型式及优化设计

1. 上部结构型式

专题研究以南水北调中线河南省湍河渡槽和沙河渡槽为依据，在初步设计确定的方案基础上进行，采用三维有限元手段进行结构分析，对渡槽上部结构体系、渡槽断面型式、支撑跨度和预应力筋的布置进行了研究。主要结论如下：

（1）中线渡槽荷载大，尤其是水荷载与槽身自重的比值大，要求结构变形小，槽身抗裂，普通钢筋混凝土结构很难满足要求，在渡槽设计中应采用预应力结构方案。

（2）中线渡槽体型特殊，不宜完全依赖将其简化为一个细长的杆件用目前国内习惯用的梁理论方法进行计算，建议采用平面杆系结构与空间问题相结合的分析方法。

（3）矩形方案应力分布较复杂，即使施加预应力，也难以避免在个别地方出现拉应力。U型方案相对来说，应力分布均匀，在施加预应力后，可以很好地控制使其主体部分受水面完全不出现拉应力。

（4）对于叠合式渡槽，建议中墙和边墙预制构件取 $h_1 = 5.5\text{m}$。

2. 下部结构型式

本项目从理论分析、计算建模和设计方法多方面进行，将现场试验与数值模拟相结合，进行了跨河渡槽基础类型的合理型式的选定和设计、超大承载力桩及桩群承载力计算方法及优化设计、软岩嵌固桩基础的承载力及其可靠性的研究，并提出计算模式与方法和优化设计。

经过以上研究，可以得出如下结论：

（1）嵌岩桩单桩竖向承载力应该由桩周土总侧阻、嵌岩段总侧阻和总端阻三部分组成。在对现行桩基设计规范进行全面分析的基础上，推荐大型渡槽桩基承载力采用《公路桥涵地基与基础设计规范》（JTJ 024—85）计算，按摩擦桩进行设计。

（2）在风化层很厚的情况下，嵌岩很深，工程量大，嵌岩深度可考虑包括中风化层。

（3）尽管一般情况下嵌岩桩明显地表现为摩擦桩的工作性状，但由于嵌岩段侧阻持力层强度较高，群桩效应并不明显。在大直径桩时，有可能适当减小桩的中距，以减小承台面积。

（4）针对中线工程桩基持力层为软岩、基岩起伏变化较大的桩基渡槽，可以进行长短桩方案与等长桩方案的比较。

（5）由于工程规模很大，而且重要，现场试桩是必不可少的。

（6）软岩的蠕变以及软化是值得注意的问题，后灌浆技术一定程度上可以缓解或消除这方面的不利影响，但具体的情况还有赖于对试桩结果的研究。断层需进行必要处理，如果结合桩的后灌浆技术施工，尚需现场试验等手段进行评估，或运用地质物探的先进技术予以检验。

（二）大型渡槽温度边界条件及荷载作用机理

目前国内外对大型渡槽温度作用的研究还不够，在温度边界的精确计算和基于瞬态温度场的、较真实反映实际影响因素的计算方法研究还不足。另外对于渡槽的温度边界及温度场的计算，国内外均缺少必要的实验研究成果。由于温度作用是混凝土渡槽结构，特别是大型混凝土渡槽的一个十分值得重视的结果影响因素，因此在这方面开展更加全面和深入的研究工作具有较好的工程实际意义。

本专题在收集和分析国内外有关渡槽及桥梁相关温度作用计算分析资料的基础上，采用热力学理论对渡槽的温度边界条件进行计算分析，用瞬态温度场理论对运行期温度场和温度应力进行计算分析，并将计算结果和实测资料进行比较分析，以验证计算成果的正确性。采用一维热力学-水动力学数学模型并结合沿线气温条件确定渡槽全线槽内水温度边界条件。主要结论如下：

（1）模拟渡槽外部温度边界变化的瞬态温度场的计算结果同采用时段（月）平均最高日气温作为边界条件的稳态温度场计算结果差别较大。

（2）模拟渡槽外部温度边界变化的瞬态温度场的计算结果同采用时段（月）平均最高日气温作为边界条件的稳态温度场计算在壁内外温度差值有较大差别外，其温度梯度的分布也有较大的差别，瞬态温度场槽靠外表面的温度梯度大于内表面处，而稳态温度场温度梯度分布则较平均。

（3）冬季工况的温度拉应力主要位于渡槽的外表面，而夏季工况温度拉应力主要位于渡槽内表面。

（4）由短期温度变化形成的渡槽横向温度拉应力比较可观。

（5）从计算上看出，矩形渡槽的温度拉应力值相对 U 型渡槽的值要大，但分布范围要小。分析其原因在于垂直相交的板梁之间容易产生拉应力集中的现象，而 U 型渡槽相对来说不易产生应力集中的现象，其拉应力值相对于矩形渡槽来说要小，但其分布范围较矩形渡槽大。

（6）渡槽拉杆的应力较复杂，在冬季和夏季工况均会出现较大的拉应力，因此在设计时应予以重视，并配制足够数量的钢筋或施加预应力。

（7）受温度作用的影响，在夏季工况，矩形渡槽在侧墙底部临水侧和底板在底槽梁两梁处的临水侧可能会产生拉应力；而在冬季工况则可能会在底横梁的中间底部产生拉应力。因此，在设计时应在侧墙底部临水侧设计倒角，并在底横梁配制足够的预应力筋。

（三）漕河渡槽槽身试验与动态仿真及结构性态研究

本试验项目利用漕河渡槽现场开展高强度、大跨度预应力渡槽的原位试验研究，可更加全面和深入地掌握渡槽结构受力特征和变形规律等资料，确保漕河渡槽安全可靠运行，以及指导施工和运行期管理维护。

按照南水北调中线干线工程建设管理局、漕河项目建管部要求，三峡大学结合漕河渡槽现场原位试验和监测成果，开展了试验跨动态仿真和结构性态的研究工作，对试验跨全面和深入地研究，分析和掌握渡槽结构受力特征和变形规律等资料，研究渡槽混凝土抗裂特性、裂缝机理、裂缝扩展过程和控制措施等。

现场原位测试系统提供槽身、支座反力、墩身及墩身基础在施工过程和输水试验过程中的各种监测的实际值，是数值仿真分析系统和施工过程反馈控制系统的基础。现场原位测试随渡槽施工和试验同步进行，并及时提供监测信息给数值仿真分析系统和施工过程反馈控制系统使用，动态控制混凝土施工质量和预应力张拉过程。根据试验成果，提出如下建议：

（1）施工期及竣工后，必须加强渡槽支座附近结构的维护，防止压应力过大而破坏。因结构自重，跨中受弯，拉应力较大，易出现混凝土拉裂现象，因此需要注意模板的施工及拆卸，防止过大挠度和应力。

（2）运行期需要合理进行通水，中槽单独通水或两边槽同时通水，防止结构因荷载不对称而出现扭曲变形。

（3）夏季高温结构受力普遍较好，但冬季明显恶化，冬季运行需要注意结构保温。

（4）因结构本身庞大，受力复杂，钢绞线布置对结构受力影响较大，因此跨中受拉钢筋适当增加，支座附近抗剪及受压钢筋需要增加。

（5）大跨度渡槽模板施工需要整体式模板，防止结构产生不均匀沉降和变形。除此之外，需要做好保温和保湿。

（四）渡槽和槽墩支柱的抗震性能及减震措施研究

由于南水北调中线工程的输水量特别巨大，所以上述荷载中，放置于槽墩之上的槽体与槽体内水体荷载特别巨大，这些渡槽是典型的"头重脚轻"结构，这种结构型式极不利于抗震。大跨度渡槽一般采用桩基础，现有的抗震计算理论大多采用刚性地基的假定，由于该假定不符合实际情况，计算结果与实测结果之间差别很大。因此，南水北调中线工程对渡槽结构抗震问题和地震作用下桩基（群桩）设计计算方法进行了深入研究。

1. 考虑土-渡槽结构相互作用的拟动力试验研究

本项目根据所选定洺河渡槽的工程参数进行有限元分析研究和模型拟动力试验研究。主要结论如下：

（1）采用不同减震支座和各种不同水体模拟方法计算得出的渡槽结构前三阶模态分别为顺槽向一阶、横槽向一阶和扭转一阶。水体与槽壁的相互作用对渡槽结构自振频率的影响比较明显，水体越多，结构频率下降得越多。采用减震支座可以降低渡槽结构的基频，延长结构的基本周期。

（2）动力分析可采用 Housner 模型模拟水体的时程分析法。

（3）渡槽动拉应力较大部位为，支座附近的纵梁，接近支座的底横梁，接近支座的拉杆杆端。动位移较大部位为发生在渡槽中段边墙和中墙的中部。

（4）安装减震支座后渡槽结构的最大动应力和加速度得到了抑制，而且减震支座的刚度越小，减震效果越好。渡槽槽身-水体的耦合作用对减震作用的影响不是十分明显。

（5）考虑不同桩土作用模型的三维模型，采用 m 法和 Mindlin 方法考虑桩土作用差别不大。

（6）与时程分析法相比，Pushover 方法概念清晰，实施相对简单，同样能使设计人员在一定程度上了解结构在强震作用下的反应，迅速找到结构的薄弱环节。

（7）矮墩及高墩试验模型的桩身动位移、墩身倾角、支座相对位移、槽体质量块动位移及支座及桩顶总剪力等有水工况较无水工况要大，但对矮墩试验模型影响更大；矮墩及高墩试验模型桩身动位移、墩身倾角、支座相对位移、槽体动位移及桩顶总剪力等在承台土分离和不分离两种情况下的差别较大，而支座总剪力差别不大；桩身动位移分离情况均较不分离情况更为不利；墩身倾斜、支座相对位移及槽体动位移则是矮墩试验模型不分离情况较分离情况更为不利，而高墩试验模型则是分离情况较不分离情况更为不利；桩顶总剪力矮墩及高墩试验模型均为不分离情况比分离情况小很多。

（8）单桩水平静载试验研究表明：桩的加载位移、卸载残余位移、桩端转角、土压力与水平力基本上呈线性关系。

（9）抗震型盆式支座性能试验研究表明：支座刚度随着竖向力的增大而增大，其耗能性能也与竖向力大小密切相关，随着竖向力的增大，滞回曲线包围的面积增大。同时，随着竖向力的增大，摩擦力起主导作用，支座所能提供的恢复力实际是很小的。

（10）对考虑桩土相互作用的试验模型进行的模态测试和有限元计算分析结果表明采用模态测试方法总体上来讲取得较满意的结果。

（11）模型拟动力试验。试验结果表明在相同的地面加速度峰值作用下，不同的地震波作用下结构的响应有一定的区别。槽内水体对于渡槽结构地震响应的影响比较复杂。桩土相互作用时的桩土共同体的刚度变化比较大，桩的变形仍以弯曲变形为主。

（12）通过有限元计算比较可知，上部结构的动力响应随着地基土的刚度即下部结构刚度变化而变化。

2. 桩基-土动力相互作用的数值模拟及实验研究

主要内容包括了多遇地震、罕遇地震二阶段弹塑性有限元分析，以及多遇和设防阶段的弹性动力模型试验等。有限元计算中包括了等长桩方案和长短桩方案。在地震动输入方面，选取了两条地震输入，即 Taft 波和 Chichi 波，以及一条根据该场地生成的人工波，通过多种荷载工况的计算和实验。主要的结论如下：

（1）桩基-土动力相互作用数值模拟采用的是时程分析方法，结果表明洺河渡槽桩体本身是安全的，不需要进行特殊的下部结构的抗震设计。而在罕遇地震作用下，会出现局部（主要是桩头附近）塑性区。

（2）桩基-土动力相互作用数值模拟的结果：相对薄弱的部位在桩头，即桩与承台的结合部位。

（3）在有限元计算中，通过在通用有限元程序 Ansys 的二次开发，实现了等效线型本构模型土体材料的非线性模拟。

（4）计算结果：长短桩方案在动力特性方面具有一定的优越性，不仅能够相对减小下部结构乃至整个渡槽结构的动力反应，而且能够在各个桩位均化加速度等动力反应，充分利用材料的承载能力，而且结合一定的布桩情况，可以节约材料，取得较好的经济与安全的结合效益。

（五）大型渡槽槽身伸缩缝高可靠性止水材料

通过查阅相关资料和文献，对市场上现有的止水材料进行总结、归类，指出各类止水材料的优缺点，并提出一种可用于大型渡槽伸缩缝的高可靠性止水材料。在止水结构型式方面，通过对现有止水结构型式调查，结合所制备材料的性能和大型渡槽伸缩缝特点，进行优化、组合，最终决定选用复合止水作为大型渡槽伸缩缝的止水结构型式。大型渡槽伸缩缝的主要止水结构型式推荐选用图 5-2-1 所示的结构型式。

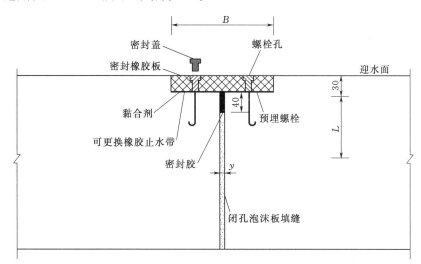

图 5-2-1　硅橡胶止水结构型式（压板式新型复合止水）（单位：mm）

该压板式新型复合止水分为两道止水，橡胶止水带和密封胶止水，同时，嵌填支撑材料和修补找平材料对止水效果也有影响。本研究推荐填缝材料采用硅橡胶密封材料，深度为 $30\sim40\text{mm}$，嵌填材料采用高压聚乙烯低发泡闭孔塑料板。橡胶止水带选择材质可选用相对抗老化性能较好的乙丙橡胶，为了更好地满足伸缩缝抗位移变形能力要求，乙丙橡胶可采用具有一定弧度的 U 型止水带型式（具体应结合伸缩缝宽度和实际水压而定）。为了更好的保证止水材料的止水效果，对一些存在坑洞、起伏不平或需回填的地方，采用丙乳砂浆进行处理。

二、预应力

在预应力方面，开展了南水北调中线一期工程湍河渡槽 1∶1 仿真试验研究，通过试验获得了以下成果：

（1）准备性试验槽的环向张拉试验中局部承压试验成果表明，设计采用的锚垫板在两种不同的布置情况下，通过配置局部承压钢筋，槽体环向局部承压是安全的，其中锚垫板长边横槽向布置时的局部承压能力更高。

（2）通过准备性试验槽的环向张拉试验及仿真试验槽的张拉试验对比可知，在施工精度有保证的情况下环向无黏结预应力孔道摩阻系数较设计取值小，但由于仿真试验槽施工精度较准备性试验槽的低，其孔道摩阻系数有所增大，但其值仍较设计取值低。环向锚索的预应力损失较设计取值小，预应力荷载比设计取值大，环向锚索的间距在跨中 $L/2$ 可优化至 20cm，两端

$L/4$ 可优化至 15.5cm。

（3）纵向预应力研究成果表明，仿真试验槽孔道偏摆系数与设计取值基本相当，但锚索锁定损失较设计取值稍大。在正常施工的情况下，纵向锚索的预应力损失较设计取值稍大，预应力荷载比设计取值稍小，可将槽身纵向预应力锚索的张拉控制应力提高到 $0.75f_{ptk}$ 以使预应力效果达到设计要求。

（4）钢绞线及锚具安装精度误差对预应力损失影响明显，因此，在渡槽施工时应加强预应力锚索及锚具安装定位精度以保证工程安全。

（5）槽体工作性态研究结果表明以下内容：

1）监测数据与仿真计算数值比较接近，规律基本一致，试验结果是合理的，仿真计算方法是可靠的。

2）试验加载过程中仿真试验槽结构应力及变形能满足相关规范要求，槽体受力状态较好，且具有一定的超载能力。槽体环向预应力钢绞线可以进行适当优化。

（6）采用通水冷却对降低混凝土最高温度有较好的效果，通水 7 天后混凝土温度水化热温升基本散发完毕。

三、大型预应力渡槽失效的破坏模式、破坏机理及对渡槽造成的危害程度，以及相应的预防及补救措施研究

（一）渡槽上部结构破坏模式和渡槽桩基可能的破坏模式研究

本次研究采用综合调查，归纳整理的方法开展。在收集整理国内外类似工程技术现状的基础上，针对渡槽在施工及运行中，可能由荷载、结构、预应力体系（包括预应力钢筋、锚具、孔道灌浆等各方面）、水文条件和地质条件（对于渡槽基础）引起的破坏模式，提出了相应的预防及补救措施。主要结论如下：

（1）渡槽结构设计时，应选择合理的荷载工况、温度工况和合理的安全系数（或荷载分项系数）、正确的计算参数，避免因荷载引起结构破坏。

（2）在施工过程中少数锚具或几个夹片不能正常锚固时，可采用加装卸锚撑脚、加装千斤顶等方法予以补救。

（3）应保证张拉和使用过程中各根钢绞线应力均匀，避免个别钢绞线应力过高，以及采用真空灌浆技术保证孔道灌浆质量，避免预应力筋断裂。

（4）宜采用接长器接长，分段多次张拉，选用松弛损失小的预应力钢筋，以减少预应力损失。

（5）可采取预留孔道、适当增加预应力束、采用体外预应力加固、钻孔后张有黏结预应力加固等措施来预防和弥补部分预应力束失效产生的不利影响。

（6）根据地震激励下减少桩基破坏的室内模型试验结果，对渡槽地基土体中设置旋喷体加固具有较好的减震效果。

（7）当地基土为饱和砂土、黏砂土时，渡槽桩基础底部应该穿过这些液化土层伸入到稳定土层足够深度。

（二）渡槽开裂破坏模式及裂缝预防和补救措施研究

通过研制模拟混凝土施工期、运行期间接荷载作用仿真分析系统对典型大型矩形混凝土渡

槽间接荷载作用进行系统、精细分析，研究各种防裂措施的防裂抗裂效果。根据上述工作，研究大型矩形渡槽混凝土开裂机理，提出大型混凝土渡槽的防裂措施。

（1）揭示了大型矩形混凝土渡槽不同典型部位开裂机理，自生体积收缩受"老混凝土"较强约束和内外温差是导致侧墙裂缝的主要原因，内外温差在纵梁中非线性分布引起的自约束是其早期裂缝出现的主因，渡槽各部位相互约束、变形不一致导致次梁、底板裂缝产生。

（2）给出了大型矩形混凝土渡槽防裂方法。原材料方面，通过选择低热水泥、优选骨料、掺加粉煤灰等措施优化混凝土配合比降低绝热温升值、增大混凝土导热系数、减小热膨胀系数，采用膨胀水泥或掺加微膨胀剂减小混凝土自生体积收缩；施工工艺方面，在模板外表面粘贴保温板适度保温并适时拆模，必要时在矩形渡槽纵梁和侧墙下部布置冷却水管通水冷却，控制混凝土入仓温度，分层浇筑时改进吊空模板技术、底板和适当高度侧墙同时浇筑减小"老混凝土"约束；施工管理方面，严格控制混凝土质量，注意拆模后潮湿养护，必要时搭设遮阳篷或避风篷。运行期在渡槽外表面涂或贴保温材料，可有效降低短期温度变化引起温度梯度，有利于运行期渡槽防裂。

（三）大型预应力渡槽地震作用下的破坏失效的机理及预防措施

根据已有的理论分析和洺河渡槽 1：20 的模型振动台试验研究结果，从大型预应力渡槽的地震响应规律入手，对大型渡槽的地震破坏机理和破坏模式进行分析，并据此得出一些主要的大型渡槽在地震作用下破坏失效的预防措施。

1. 破坏机理分析

从结构地震反应试验和模型破坏试验结果可以看出，在纵向地震作用下槽墩底部与基础结合面及其以上约 1/4 高度范围为槽墩地震高应力区，拉应力超过混凝土抗拉强度，最终造成槽墩发生弯曲破坏。由于各种制作因素，槽墩表面或内部有微细裂隙，模型在槽墩地震高应力区存在着某些制作缺陷，于是就在某一缺陷处首先产生裂缝，然后沿裂缝尖端延伸。或在其他有缺陷部位又产生了新的裂缝。

2. 预防措施

预防措施主要从计算措施和构造措施两方面进行。主要包括以下内容：

（1）当设防烈度大于Ⅵ度时，应进行抗震计算，抗震计算时应考虑水平向地震作用和竖向地震作用。对于水平向地震作用，应分别考虑顺槽向地震作用和横槽向地震作用。

（2）在渡槽抗震计算时，应取多跨渡槽进行计算并考虑水体与槽体的流固耦合作用，并根据水体分布，找出最不利工况；对于多槽渡槽，应考虑水体分布不对称的工况。

（3）应进行设计烈度地震作用下的内力和变形分析，假定结构与构件处于弹性工作状态，内力和变形分析可采用反应谱法和时程分析法。

（4）对做过地震安全性评价的场地，设计地震动时程要根据专门的工程场地地震安全性评价的结果确定，对未做过地震安全性评价的场地，设计地震动时程可根据设计加速度反应谱，可按随机合成的方法生成设计地震动时程，也可以选用与设定的地震震级、距离大体相近且反应谱与设计加速度反应谱接近的实际地震动观测记录。

（5）槽体端部至墩台、帽边缘应有一定的距离，其最小值 a 不宜小于 100cm。槽墩顶部应该设置挡块。

（6）渡槽桩基础宜采用螺旋式箍筋，自地面或一般冲刷线以下（3～5）d（d 为桩径）至桩顶范围内，箍筋应加密，加密区箍筋间距不宜大于 100mm。在墩帽和槽体的支座连接处配筋应该适当加强。

（7）选择伸缩性比较好的止水材料，以防止槽体端部横向折角过大或纵向地震作用下槽体两端水平位移差过大导致止水带的破坏。

四、大型渡槽的耐久性及可靠性研究

（一）大型渡槽混凝土耐久性研究

本项目通过调查研究，主要得出以下结论：

（1）渡槽的破坏主要表现在混凝土的劣化及钢筋锈蚀，耐久性不良主要由碳化及冻融两大因素所引起，影响耐久性的因素错综复杂，往往为多因素共同作用导致钢筋混凝土结构的老化破坏。

（2）在单因素作用下钢筋混凝土强度衰减模型的基础上，建立多因素作用钢筋混凝土的强度衰减模型，进而建立构件抗力衰减模型。

（3）对于提高钢筋混凝土耐久性，应综合多种方法，提高混凝土的抗渗性，从而减少环境对混凝土的侵蚀，其次掺入阻锈剂，可以消除氯离子的侵蚀，保护钢筋；再次就是避免混凝土的开裂。这要求从选材—混凝土设计—施工—管理等各方面的协调。

（4）加强服役钢筋混凝土渡槽的监控，及时发现问题并进行评估，及时处理。

（5）加强现役以及将建工程进行耐久性寿命预测，建立全生命周期内的结构性能和维修决策模型。

（二）大型渡槽结构可靠性研究

该项研究主要成果如下：

（1）提出了基于可靠度理论的渡槽时变可靠性分析方法。

（2）提出了灌注桩声波透射法的检测可靠性分析方法。

（3）建立含有缺陷的灌注桩可靠度分析模型。

五、渡槽施工

（一）渡槽施工技术及施工工艺研究

本项目调查研究和收集国内外大型架桥和造桥设备及其施工工艺技术要求和施工质量控制指标、方法，认真完成调研报告。同时，紧密结合设计，针对不同槽型，选择有代表性的典型地段进行渡槽施工组织专项设计，从设计过程中发现技术难点、重点和创新点，进而组织力量合作攻关。主要结论如下：

南水北调中线工程大型渡槽与特大型桥梁和一般输水渡槽有共同特点外，更有自己独有的特点。南水北调中线工程渡槽设计流量大、吨位大、体积大，对支架法、预制架设法、移动模架（MSS）法、节段预制拼装法四种施工方法和施工工艺进行深入研究，对于目前南水北调中线工程简支结构渡槽，这四种施工技术均可使用，而且风险可控。

对南水北调大型渡槽而言，在规模不大、槽长不长（300m 以内）时可选择支架法施工；对规模较大、跨度超过 30m、槽长超过 300m 时可选择移动模架造槽机施工；对跨度 40m 以内、槽重不超过 1500t、槽长超过 800m 时可选择预制吊装架槽机施工。

总之，根据现有国内外桥梁和渡槽施工经验，现有施工方法、施工机械及施工工艺能够满足南水北调中线一期工期全线渡槽施工的要求。其中支架法作为常用施工方法，通常作为施工方案首先方案。随着大型、特大型工程机械的设计、制造及应用，整体预制吊装、造桥机施工技术在许多工程中显示其在质量控制、施工安全、施工可靠性、施工可行性、施工造价、环境保护等方面优于支架施工方法。

（二）跨度薄壁 U 型渡槽造槽机在混凝土浇筑过程中的内外模变形问题的研究

本项目结合湍河渡槽工程重点研究、解决自重达 1350t 的 U 型槽造槽机在槽身混凝土现浇过程中出现的造槽机内、外模出现变形不同步、不协调，受内、外模的有害变形影响导致的槽身内壁外观质量缺陷，及由此缺陷引起的对混凝土预应力筋和结构受力的影响等问题。研究内容包括以下几个方面：①研究造槽机工作状态下的变形规律，分析混凝土浇筑缺陷产生的机理；②提出消除浇筑缺陷的可行方案并现场试验验证；③改进造槽机设备，优化施工方案，形成标准施工作业流程。主要结论与建议如下：

（1）内外模沉降监测结果，在不采取措施的条件下，内外模沉降变形差值最大为 19～21mm，且主要发生在浇筑后 12 小时内。开始浇筑 20 小时后，沉降差基本不再发展。

（2）根据理论研究结果，采用吊杆预提升内模与放低 1 号支腿共同作用可以达到预留内模沉降补偿的效果。

（3）对造槽机进行改进并调整和优化槽身施工工艺后，通过在现场对内外模变形量进行监测，经过对槽身现场浇筑效果进行验证，表明当内模、外模变形差值控制在 1mm 以内时，槽身混凝土浇筑时不会产生挂帘现象。因此，建议内模、外模变形不同步差值的容许值宜控制在 1mm。

（4）现场试验结果显示，通过本项目的研究并根据研究成果对造槽机进行改造，优化混凝土浇筑施工工艺后，内外模沉降变形不同步问题已得到解决，槽身浇筑质量满足相关设计规范的要求。

（5）取得了超大 U 型薄壁渡槽采用造槽机施工中、满足工程设计要求的施工工艺和技术标准，完成了对大型渡槽施工设备的优化和改造，提升了类似设备的结构设计技术水平，有效解决了造槽机内外模变形不同步的问题，提高了槽身混凝土施工质量，有效缩短了单槽施工周期，目前单槽施工时间已缩减至 35 天。

（6）建议在造槽机设计时适当加大外梁、外模的刚度，保证结构施工时，造槽机外模、外梁受力后不会发生较大的沉降变形，从而保证结构尺寸正确，设备使用安全。

（7）建议在外主梁和内主梁之间增加液压或者钢结构连接装置，在结构施工过程中，使外模所承受的荷载能通过外梁传递至内梁，确保内模、外模变形时达到同步。

（8）建议可在内模与外模上设置拉杆或撑杆，以保证在结构施工过程中，内外模之间距离相对固定，确保结构尺寸正确。造槽机内模与内主梁之间设置的撑杆宜增加锁定装置，待内模调整到设计位置后，立即锁定，防止撑杆与内模之间接触点在混凝土浇筑过程中受扰动而出现松动，导致内模所受浮力无法传递至内梁而产生内模上浮的问题。

（9）建议优化工程混凝土配合比设计，在确保混凝土质量满足要求的情况下，尽量优化混凝土拌和物的和易性，选择坍落度较小的配比，以减少混凝土浇筑时对内模的上浮力。

六、混凝土裂缝控制

（一）渡槽模型施工期及运行期抗裂性能试验

针对矩形钢筋混凝土渡槽模型，在人工气候模拟环境下对其施工期及运行期的抗裂性能开展试验研究，为南水北调等大型引水工程的设计施工提供参考。矩形渡槽模型混凝土内布置若干断面，在施工期中对模型混凝土内部温度、应变、湿度等参数进行全程监控，随后利用人工气候环境模拟系统先后在渡槽空槽、通水条件下进行加载，研究夏季及冬季瞬态温度环境下渡槽模型混凝土内部各参数的变化。通过研究和分析，得到以下结论：

（1）从渡槽模型两次浇筑后混凝土内部温度时程变化过程来看，混凝土温度在前3天内变化最显著，经历温升及温降的过程。浇筑后第1天出现温峰值，3天后温度缓慢降至环境温度附近稳定下来，并随之存在小幅度的波动。同时由于模型内部截面尺寸、外界环境条件以及浇筑养护条件的不同，各部位之间的混凝土温度分布相差较大。因此，在实际工程中应注意温控措施，尽量降低在水化温峰期间的内外温差。

（2）根据试验结果表明，分层浇筑导致了新老混凝土之间尤其是浇筑界面附近区域的混凝土温度存在较大的影响。浇筑界面上方的新混凝土在水化过程中温升幅度减弱，浇筑界面下方的老混凝土温度随之出现二次温升。老混凝土的温升幅度和速度与浇筑界面之间的距离有关，距离越近，上升幅度越大且持续时间越久。实际工程中应注意降低新老混凝土之间的温差及温度梯度。

（3）根据底板及侧墙底部的应变试验结果，发现浇筑后混凝土应变受内部温度影响较大。底板上表面部位在浇筑后3～10天出现拉应力。侧墙中部浇筑过程中应变随温度的变化趋势不及底板混凝土明显。在二次浇筑时，老混凝土部分应变出现突变。

（4）侧墙浇筑养护期间，测得混凝土内部湿度大部分在$90\%RH$以上，可认为是湿养护状态所致。其中老混凝土的湿度相对于新混凝土要略小。施工期壁厚对湿度的影响不大。

（5）通过分析浇筑后各部位的温差、温度梯度，结合应力大小及湿度分布，了解到在分层浇筑过程中，底板上表面与底板斜角处区域、新老混凝土交界处的侧墙表面以及侧墙上表面处是早期易开裂区域，同时养护过程中在这些区域发现裂缝。因此实际渡槽工程中在混凝土降温之前应及时养护，采取表面蓄水保温、厚尺寸部位通水冷却等温控措施，以此防止混凝土早期开裂。

（6）渡槽模型空槽时，随着环境温度的变化，内外表面温度、应变发展相对于内部混凝土较快，内外侧表面的温度梯度较大。当周围环境急剧降温时，两侧表面处混凝土具有较大的开裂风险。

（7）渡槽模型通水时，随着环境温度的变化，水位线上方的混凝土内外侧温度梯度最大，水位线下方外表面混凝土温度梯度较大，内表面混凝土温度梯度较小。当周围环境急剧降温时，暴露在空气中的内外表面混凝土具有较大的开裂风险。

（8）空槽及通水渡槽处于短期骤变环境时，内部混凝土应变的发展幅度、速度都小于表面应变，并存在一定的滞后性。当环境持续降温时，渡槽表面混凝土具有较大的开裂风险。

（9）渡槽运行期时，在空槽及通水情况下，需要关注气象预报，加强抗裂措施。在渡槽的外表面应覆盖永久保温板，而内表面暴露空气的部分也应覆盖保温材料，或在顶部加盖封闭。

（10）利用课题组开发的仿真分析系统计算的结果与模型试验结果的对比分析表明了试验结果的正确性和仿真分析系统的可靠性。

（11）室外暴露试验表明渡槽侧墙内部的温度沿侧墙厚度方向呈明显的非线性分布。

（二）渡槽混凝土结构裂缝控制成套技术方案研究

本项目分析裂缝的类型、产生原因及形成机理，对混凝土结构的开裂风险进行评估，建立简单直观的开裂风险评估体系。基于风险评估，从材料、施工、设计、管理等方面系统地提出综合治理混凝土结构温度和收缩裂缝的控制成套技术，并对混凝土材料组成和结构型式进行优化，制定渡槽混凝土结构裂缝控制成套技术方案。主要成果如下：

（1）渡槽混凝土热膨胀系数、导温导热系数、强度和弹性模型等热学、力学和变形参数的测试方法和相应的变化规律。

（2）开发了渡槽混凝土温度场和应力场的仿真分析程序。

（3）完善了渡槽温度模型试验技术，并浇筑了相应的模型开展了温度场和应力场变化规律研究。

（4）基于渡槽模型和仿真分析，获得了施工期和运行期混凝土内部温度场和湿度场的变化规律。探明了内部温度场的分布规律，并基于温度场分布规律进行渡槽抗裂性能评价。

（5）基于渡槽模型和仿真分析，获得了施工期和运行期混凝土内部应力场的发展规律。探明了内部应力场的分布规律，并基于应力场分布规律进行渡槽抗裂性能评价。

（6）提出了渡槽施工期和运行期温度场、湿度场和应力场的测控方案，并根据监控结果评价渡槽的抗裂性能。

（7）基于温度场和应力场分析，探明了渡槽混凝土的开裂机理。

（8）提出了考虑材料、设计、施工和管理等方面的大流量预应力渡槽裂缝控制成套技术方案。

（三）大型渡槽混凝土表面保温、防渗防裂材料

在对国内外现有各种混凝土保温材料和防渗防裂材料分析比较的基础上，研究制备效果优良、施工方便、无害无毒的渡槽混凝土保温材料和防渗防裂材料，以满足南水北调大型渡槽工程应用，提高渡槽在设计年限内的安全可靠性。主要研究成果如下：

（1）通过对渡槽的结构以及环境因素对渡槽的影响进行分析研究，结合保温材料性能特点，提出了大型渡槽混凝土保温结构，即渡槽保温结构由防渗层、保温层和防水抗裂层组成。

（2）以玻化微珠作为保温骨料，通过掺入海泡石纤维以及超细粉体材料来改善无机保温材料的力学性能和吸水率，通过配方优化制备了保温性能优良、力学强度高、黏结性能好的渡槽无机保温材料，该保温材料导热系数为 $0.079W/(m \cdot K)$，抗压强度为 2.1MPa，黏结强度

为 0.23MPa。

（3）通过配方优化制备了抗裂性能好、防水性能优良的防水抗裂砂浆材料。该防水抗裂砂浆的压折比为 2.5，饱和吸水率仅为 2.5%。

（4）采用自行研制的液态渗透结晶型防渗材料明显提高了渡槽混凝土的抗渗性，赋予混凝土很好的裂缝自愈合能力，喷涂了防渗材料的混凝土的氯离子扩散系数降低了 33.5%。

（四）U 型渡槽温度模型试验及抗裂研究

1. U 型渡槽整体模型人工模拟环境试验研究

课题结合沙河原型渡槽，通过仿真分析，确定了采用双比例渡槽模型进行渡槽抗裂性能研究，采用沙河渡槽现场施工原材料，在人工气候环境模拟试验室内浇筑渡槽模型，在施工期采用蒸汽养护，分析其开裂风险和抗裂性能。在运行期，分别进行空槽和通水情况下夏季稳态温升、瞬态温升和冬季稳态温降、瞬态温降总共 8 个工况的试验研究，从最高温度、温差、温度梯度等角度分析渡槽的开裂风险和抗裂性能，主要结论和建议如下：

（1）蒸汽养护是避免渡槽早期开裂的一种有效手段。最高温度、温差和温度梯度及应变的分析结果表明，在蒸汽养护条件下，渡槽混凝土早期开裂风险很小，不易开裂，但需注意蒸汽养护时温度和湿度的均匀性。

（2）渡槽空槽夏季稳态升温时，渡槽内部和表面混凝土升温速率和幅度大不相同，表面混凝土升温迅速，渡槽内部升幅度小且升温缓慢，由此导致了渡槽结构存在内外温差。渡槽内外混凝土温度不等，导致了混凝土变形不一致，混凝土互相约束，产生应力。气温骤升造成了侧墙和底板表面处温度梯度大，有产生表面裂缝的风险。

（3）通水渡槽夏季稳态温度场在夏季升温加载 15 小时的过程中，水位线以下部分温度变化趋势减缓，侧墙中部测点在靠近水位线处温度变化高于底部测点的变化，存在开裂风险。

（4）在冬季空槽运行期的渡槽，气温降低会导致混凝土表面有较大的变形，从而产生表面裂缝。因此要做好保温措施，在表面覆盖或粘贴保温材料，防止在冬季发生混凝土表面裂缝。

（5）通水渡槽冬季稳态温度场内表面混凝土以水为边界，受槽内水温影响，温度变化较缓慢，拉应力发展缓慢，开裂风险较小。渡槽外表面开裂风险较大，因此，在通水时，要做好外表面的保温措施，防止渡槽外表面出现裂缝。

（6）渡槽空槽夏季瞬态温度场分析，渡槽空槽运行时，要在截面尺寸较大的端部采取温控措施，减小内外温差，避免裂缝的产生。通水渡槽夏季瞬态温度场和应力场的试验结果表明其开裂风险小于渡槽空槽的开裂风险。

（7）通水渡槽夏季瞬态温度场和应力场主要结果如下：渡槽表面混凝土温度迅速上升而内部混凝土温度变化缓慢，因此造成了较大的内外温差。在随后的降雨过程中，表面混凝土温度受环境温度控制，短时间内下降幅度较大，而内部混凝土温度变化迟缓且幅度较小，因此降雨使得渡槽混凝土内外温差有所减小。由于槽内水温变化缓慢且变幅小，因此水位线下方的侧墙内表面混凝土在夏季瞬态过程中压应力较小。底板截面尺寸较大，因此在气温迅速升高的过程中内外混凝土存在较大的温差，底板沿厚度方向产生较大的温度梯度。渡槽空槽运行期要做好重点部位的温控措施，尤其是截面尺寸较大的部位，要防止过大的内外温差，避免裂缝的产生。

（8）渡槽空槽冬季瞬态温度场及应力场成果：冬季气温骤然降低导致了模型渡槽混凝土产生较大的内外温差，在混凝土表面会引起较大的变形，从而引起表面裂缝的产生。因此，针对空槽运行期的渡槽，要做好保温措施，在表面覆盖或粘贴保温材料，防止在寒潮期间发生混凝土裂缝。通水渡槽冬季瞬态温度场的开裂风险小于渡槽空槽冬季瞬态温度场。

（9）通水渡槽冬季瞬态温度场及应力场主要结果如下：由于水的影响，处于水位以上的侧墙上部测点温度降低比较明显，而处于水位以下的混底板圆弧段和底板中部不同测点的温度变化则相对平缓，侧墙中部测点位于近水位线处，受外界温度变化影响大于渡槽圆弧段和底板处，降温较明显。冬季气温骤然降低导致渡槽混凝土产生较大的内外温差，在混凝土表面会引起较大的变形，从而引起表面裂缝的产生。因此，针对通水运行期的渡槽，要做好保温措施，在外表面覆盖或粘贴保温材料，防止在寒潮期间外表面的混凝土发生裂缝。

2. U型渡槽仿真分析

采用经过模型试验验证的二次开发的程序，采用实测的混凝土热学、力学和变形参数，对渡槽原型进行了仿真分析，主要结论如下：

（1）空槽夏季稳态温度场及应力场仿真分析。渡槽在内外温差6.6℃作用下，横向拉应力主要出现在内表面，最大值为1.43MPa（渡槽端部底部内表面）；竖直向拉应力主要出现在侧墙与圆弧段中部区域内表面，最大值为2.27MPa；纵向拉应力主要出现在内表面大部分区域，最大值为1.98MPa。渡槽混凝土横向拉应力和竖向拉应力与温差基本呈线性关系。内外温差对渡槽混凝土拉应力的影响较大，应采取措施控制运行期渡槽内外温差。

（2）通水夏季稳态温度场及应力场仿真分析。渡槽在内外温差6.6℃温度荷载作用下，横向拉应力主要出现在内表面下部，最大值为1.49MPa（渡槽端部底部内表面）；竖直向拉应力主要出现在侧墙与圆弧段中部区域，最大值为2.42MPa；纵向拉应力主要出现在内表面大部分区域，最大值为2.24MPa（渡槽侧墙直线段内表面）。通水工况，拉应力区域分布基本相同，最大拉应力值有所增加。渡槽混凝土横向拉应力和竖向拉应力与温差基本呈线性关系。内外温差对渡槽混凝土拉应力的影响较大，应采取措施控制运行期渡槽内外温差。

（3）空槽冬季稳态温度场及应力场仿真分析。渡槽在内外温差5.7℃作用下，横向拉应力主要出现在外表面，最大值为2.46MPa（渡槽拉杆顶部）；竖直向拉应力主要出现在侧墙与圆弧段中部区域外表面，最大值为2.23MPa（渡槽端部、侧墙下部外表面）；纵向拉应力主要出现在外表面大部分区域，最大值为2.02MPa（渡槽端部与渐变段交界部位）。拉应力分布符合一般规律。渡槽混凝土横向拉应力和纵向拉应力与温差基本呈线性关系。内外温差对渡槽混凝土拉应力的影响较大，应采取措施控制运行期渡槽内外温差。

（4）通水冬季稳态温度场及应力场仿真分析。通水工况，渡槽在内外温差5.7℃，横向拉应力主要出现在外表面底部，最大值为1.07MPa（渡槽端部底板渐变段外表面）；竖直向拉应力主要出现在侧墙与圆弧段中部区域，最大值为2.58MPa（渡槽端部、侧墙下部外表面）；纵向拉应力主要出现在外表面下部大部分区域，最大值为1.51MPa（渡槽侧墙直线段外表面）。渡槽混凝土横向拉应力和纵向拉应力与温差基本呈线性关系。内外温差对渡槽混凝土拉应力的影响较大，应采取措施控制运行期渡槽内外温差。

（5）夏季瞬态温度场及应力场仿真分析。夏季瞬态内外温差最大值为5.1℃，侧墙拉应力最大值为2.48MPa，圆弧段最大拉应力为2.4MPa。考虑徐变松弛作用后，渡槽各方向最大拉应力有所减小，为不考虑徐变时的 0.91 倍。因此，尽管夏季瞬态温度荷载为短时荷载，在渡槽混凝土温度应力计算中还有必要考虑徐变因素。

（6）渡槽原型冬季瞬态温度场及应力场仿真分析。渡槽各部位温度应力表现为"外拉内压"。底板底面最大拉应力为 2.07MPa；侧墙外表面最大值为 2.81MPa；纵向拉应力主要分布在边墙外侧面和底板底面，最大值为 2.12MPa。混凝土表面的拉应力与降温幅度基本呈线性关系，温度降低幅度增大一倍，拉应力增大一倍。可见，渡槽运行期应该采取必要措施增加防御冬季寒潮袭击。

（五）漕河渡槽段槽身混凝土温控防裂计算分析

本课题采用非稳定温度场和应力场仿真计算的有限单元法，依托漕河渡槽的建设，对渡槽混凝土温控防裂问题进行研究，对混凝土施工全过程温度场和应力场进行动态仿真分析。

据以往经验，并通过本课题的研究，主要结论和建议如下：

（1）混凝土表面裂缝的发生、发展，不仅和混凝土浇筑块的温度、混凝土的强度与浇筑质量、混凝土的龄期、外界气温、结构型式和混凝土块尺寸大小等有关，也和混凝土块在施工过程中所处的位置、拆模时间等有密切的关系。混凝土表面裂缝多数发生在浇筑初期，如在前 5 天之内。当表面裂缝形成以后，会出现缝端应力集中现象，再加上混凝土内部温度仍然较高，内外温度变形仍然不一致，内部温度相对高的混凝土要约束外部冷混凝土的收缩变形，产生温度拉应力，从而使表面裂缝向纵深发展，就有可能发展成贯穿性裂缝或深层裂缝。因此，施工期要特别重视混凝土表面裂缝的出现。防裂首先要设法防止表面裂缝，特别是主梁、底板、侧墙、次梁结构部位和其他拉应力集中的部位。

（2）温度场的分布由表及里温度逐渐增大，靠外表面的温度梯度大，内部的温度梯度小，早期温度拉应力主要发生在结构的表面。因此，施工期特别是早期应加强混凝土表面保温工作，在漕河渡槽结构混凝土施工中采用 1.5cm 厚聚苯乙烯泡沫塑料保温板外贴钢模板进行早期保温是合理的，也是十分必要的。

（3）一般混凝土浇筑后由于水化热的作用，温度急剧上升，并在 3 天左右达到峰值，往后由于混凝土的表面散热，混凝土内部温度慢慢下降，下降的速度由快到慢。

（4）上部混凝土必须浇筑在下部"老"混凝土上，它们的初始条件不同，物理力学性能也不同，混凝土之间变形不一致，相互约束，产生温度应力。渡槽结构中，主梁和底板附近，温度应力主要受主梁和底板的约束条件控制，在脱离底板约束的部位，主要受混凝土内部非线性温度场控制。因此，减小约束条件、降低内外温差和降低混凝土发热量是减小温度应力的主要措施之一。

（5）渡槽主梁混凝土相对较厚，整个渡槽结构的最高温度就出现在这个部分，达到最高温度后温降速度也相对较慢，而外部环境温度相对较低，从而形成了较大的内外温差，同时又有混凝土的自生体积变形，加上该部位顺水流方向长达 30m，自身约束也比较大，因此该部位出现了较大的拉应力。主梁混凝土表面早期拉应力值相对较大，可能会出现早期表面裂缝，其后会在缝端应力集中的影响下扩展成深层裂缝；后期由于混凝土早期温升幅度大，其后期降温幅度也相应很大，导致后期主梁内部混凝土的拉应力也较大。因此，主梁混凝土是整个渡槽混凝土结构中的重点防裂对象之一。

（6）渡槽底板混凝土浇筑后，由于水泥水化热的作用，底板温度会急剧上升，但是底板相对较薄，厚度只有 0.5m，而且和外界接触的临空散热面面积又较大，底板的最高温度不会很高。由于底板基本临空于空中，外界对底板混凝土的变形约束较小，底板中的拉应力主要来源于底板混凝土内外温差及由此形成的内外变形差。底板早期拉应力较大，但采用相应的早期保温措施后，未超过当时混凝土的允许抗拉强度；而底板混凝土后期基本不会出现较大的拉应力，底板一般不会出现裂缝。

（7）渡槽侧墙中心部位早期一般表现为压应力，由于侧墙顺水流方向长达 30m，侧墙混凝土受下部先浇"老"混凝土约束较大，同时，混凝土自身约束能力也大，因此，后期混凝土产生拉应力较大，但控制混凝土的浇筑温度后，后期混凝土的拉应力并未超过混凝土的允许抗拉强度。侧墙表面早期拉应力值相对较大，而且早期混凝土抗拉强度小，故侧墙表面会有可能出现早期表面裂缝。因此，应注意侧墙中间近底部部位早期混凝土的保温，防止裂缝的出现。

（8）渡槽次梁厚度较小，只有 0.5m，最高温度较低，内外温差相对小，但是由于混凝土自生体积变形的影响，且次梁受底板和主梁混凝土结构的双边约束，早期表面会出现比较大的拉应力。一定要做好早期的保温工作，否则在次梁和底板交接处可能会出现表面裂缝，进而有可能扩展到底板，形成贯穿性裂缝。后期由于次梁混凝土的降温速度比较快，会产生一定的拉应力，但没有超过混凝土的允许抗拉强度。

（9）施工期的混凝土结构采用水管通水进行冷却，可以很大程度的降低混凝土的最高温度，进而降低早期混凝土结构的内外温差和后期混凝土结构的温降幅度，使得混凝土结构的应力状态得到很大的改善。同时，采用水管通水冷却的经济成本远远小于采用降低浇筑温度达到同样温控效果的经济成本，因此，建议本渡槽混凝土结构施工时采用水管通水冷却的温控防裂措施。

（10）施工质量是影响混凝土裂缝的关键一环，尤其是在结构形状复杂的部位，要注意振捣密实，以免混凝土内部出现蜂窝，因为这也是会形成各种荷载裂缝的起点。

（11）应注意混凝土初期养护，以免混凝土表面急剧干燥，使得混凝土与大气接触的表面出现不规则的干缩裂缝。

（12）混凝土温控防裂是一项技术性强、涉及面广的综合工程，甚至是一门学问很深的施工艺术，只有抓好工程建设各个环节的管理和控制，才能使整个结构混凝土的开裂问题得到有力的控制，才能避免裂缝的出现。

（13）温控指标和具体措施如下：

1）在岩基上的墩台和进出口渐变段、连接段、落地槽的底板等部位，受基础的约束较大，混凝土的最高浇筑温度不得超过 18℃。

2）在"老"混凝土面上浇筑新混凝土时，上下层允许温差（上层混凝土最高平均温度与新混凝土开始浇筑时下层实际平均温度之差）不得超过 18℃。

3）内外温差指混凝土中心与表面的温度之差，不同部位有不同的内外温差要求。

4）控制浇筑温度是实现温度控制的主要手段之一，施工单位应采取适当且有效的措施降低浇筑温度，并根据对浇筑温度的要求、气温的高低以及实测的运输和浇筑过程中的混凝土温度变化情况，制定出机口温度控制标准，出机口温度不符合标准的混凝土不能入仓。

5）拆模时间。第一层槽身外侧模在浇筑完后至少 7 天后方可拆除；底板的模板拆除时间必须在混凝土浇筑完 7 天后进行；主次梁侧模板必须在混凝土浇筑完 7 天后进行；主次梁底模拆除时间以预应力张拉完成、孔道回填灌浆结束水泥强度达到设计强度 100％时，方可拆除模板，一般至少在 7 天之后。

第二层侧墙内外侧模板拆除时间必须在混凝土浇筑完 7 天后进行，模板拆除完后，及时涂抹养护剂，养护剂涂抹在 2 小时内完成。

第一层、第二层模板拆除时间必须在白天外界气温相对较高时进行，在遭遇气温骤变或大风天气时不允许拆模。

6）混凝土面保温、保湿。漕河渡槽混凝土施工主要分为 3 个时段：4—5 月；6—9 月（高温季节）；3 月和 10 月及以后（低温季节及冬季时段）。

4—5 月混凝土。混凝土浇筑完成时，采用钢模板外贴 1.5cm 厚的聚苯乙烯泡沫塑料保温板进行保温，待拆除模板时，一并拆除保温板。浇筑仓面收面后，用"一布一膜"土工膜覆盖仓面和底板顶表面，保温并防止水分的蒸发，之后定期进行洒水养护。

6—9 月混凝土。6—9 月属于高温季节混凝土施工，浇筑仓面采用遮阳网降低仓内温度，同时采用仓面喷雾来降低仓面气温、提高外界环境湿度、减少混凝土表面蒸发量，营造仓内小气候。

在高温季节，第一层混凝土浇筑前，用遮阳网覆盖顶面，两端采用彩条布进行封闭。在模板表面外贴 1.5cm 厚的聚苯乙烯泡沫塑料板进行保温，防止早期可能出现的过大的内外温差。在浇筑时，对浇筑仓面进行喷雾，混凝土浇筑完毕后，及时进行养护，以保持混凝土表面经常湿润，不发生干裂现象。在第一层底板浇筑完毕后，槽身底板顶面和仓面覆盖"一布一膜"的土工膜进行保温养护；第二层浇筑完毕后人行道板及内侧面铺设塑料膜养护。混凝土浇筑完毕后 6~18 小时内开始，在炎热、干燥的气候条件下提前到混凝土浇筑后 2~3 小时，在模板上外表面洒水降温，混凝土表面经常保持湿润，连续养护时间不少于 28 天。

3 月和 10 月及以后混凝土。鉴于槽身临空高架于槽墩结构之上，各表面所受风速大。混凝土表面无论有无保温措施，风速对混凝土结构内外温度的影响均明显，且风速的影响会增加早期混凝土的表面拉应力和减小后期混凝土表面的压应力，这对早期混凝土结构的抗裂能力和后期混凝土结构的抗力能力都是不利的。因此，施工期应尽可能设法降低混凝土表面被风吹的力度，尤其是对早期混凝土。对此，应采取以下措施：①尽可能早地进行渡槽底板顶面和施工仓面的覆盖；②在渡槽上层墙体混凝土施工后，尽快对渡槽顶面和两个端面用不透风土工膜进行覆盖和封堵，杜绝渡槽内存在穿堂风；③在风速明显大的日期里应停止混凝土的浇筑；④风大时应加强底板顶面和仓面的保温措施以及渡槽顶面与两端面挡风措施的力度。

开仓前在模板外侧先贴 1.5cm 厚的聚苯乙烯泡沫塑料保温板，渡槽混凝土施工前在槽身每槽内用无烟煤进行供热，将仓内温度提高。第一层混凝土浇筑完后，对第一层底面进行洒水一周，保证仓面的环境处于湿润状态，但气温低于 5℃时，不得洒水。混凝土浇筑期间，用于浇筑混凝土泵管外部用保温被包裹，加快入仓、平仓、振捣等工序，且对暂不下料的仓面表面覆盖土工膜保温，保证混凝土表面温度为正温，混凝土浇筑开盘时间尽可能安排在白天气温较高的时候。槽身混凝土浇筑完成后，用土工膜形成封闭的保温棚一直进行保温，棚内采用火炉供热。模板的拆模时间必须在收盘 7 天后进行，而且必须在白天温差变幅不大的时段进行。模板拆除后，如果外界气温还是比较低的话，立即进行混凝土表面保温或者可以延迟模板拆除的时间。

7）龄期未满 28 天的混凝土在遭遇寒潮时，其暴露表面极易产生裂缝，应及时采取表面保护措施。当保温材料采用草袋时，其厚度为：3 日型寒潮 6cm，5 日型寒潮 10cm。寒潮过后应选取外界气温相对较高时撤除保温材料，恢复至遮阳防晒的措施，以免混凝土温升过大。

8）施工当中应加强温度监测，做好温度监测记录，根据温度监测成果随时调整温度控制措施。

第三节　PCCP

PCCP（Prestressed Concrete Cylinder Pipe）是一种新型的预应力钢筒混凝土刚性管材，由钢板、混凝土、高强钢丝和水泥砂浆几种材料组成。PCCP 管具有承受内外压较高、抗震能力强、施工方便快捷、防腐性能好、维护方便等特性，被广泛应用于长距离输水干线、压力倒虹吸、城市供水工程、工业有压输水管线、电厂循环水工程下水管道、压力排污干管等。

南水北调中线一期工程北京段输水管道直径 4m，工作压力 1.0MPa，覆土深度 10m，经研究采用 PCCP。管芯混凝土预压应力大于 10MPa。PCCP 结构参见图 5-3-1。

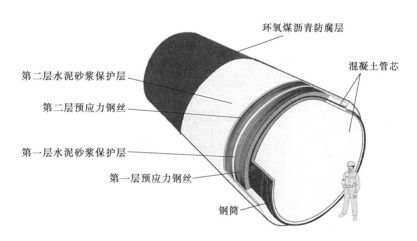

图 5-3-1　PCCP 结构示意图

国际上目前有详细报道的最大口径 PCCP 工程是 DN4000 利比亚人工大运河工程，工程由美国 PRICE BROTHERS 公司提供技术支持，韩国东亚公司负责制造与安装。

从 20 世纪 90 年代开始，我国从美国引进了 PCCP 的制造技术，并用于水利、市政、电力等工程。截至南水北调工程之前，大口径 PCCP 已在山西万家寨工程、哈尔滨磨盘山水库工程上应用，最大口径达 DN3000。

此前，国内尚无 DN4000 大口径 PCCP 成熟的设计、制造、安装等工程实践和相应的工程经验。为南水北调中线一期工程北京段 PCCP 输水管道工程设计、制造、安装技术适用先进，确保工程安全运行，在工程设计、制造、安装方面开展了一系列科学试验研究。

一、PCCP 管结构设计与计算

PCCP 管在制作过程中，预应力钢丝对管芯、钢筒、混凝土保护层的加载使其产生压缩变形，混凝土保护层在制作过程中的形成、硬化、被加载，预应力钢丝对其作用对象的加载和由于被加载对象的压缩导致缠绕部分的松弛等均处在动态变化过程中。如何跟踪生产过程，分析计算 PCCP 管道在制作过程中管道结构的受力状态，管道成品预应力水平是 PCCP 管设计需要解决的首要问题。

（一）结构计算

预应力钢筒混凝土管在工程应用中，其结构设计计算一直是使用者关心的问题。国外 PCCP 的设计及制造，基本是按照美国《预应力混凝土压力管·钢筒型》（ANSI/AWWA C301—2007）和《预应力混凝土柱管的设计》（ANSI/AWWA C304—2007）这两个标准来进行。由于此前国内缺少专门的 PCCP 设计规范，国内工程设计人员普遍采用上述两个标准并结合国内相关规范进行设计。

由于 ANSI/AWWA C304—2007、ANSI/AWWA C301—2007 标准是基于美国国内的原材料质量水平、试验方法、设计理念、生产水平等所制定，并引用了众多的美国相关标准。因此，基于我国国情考虑，要做到完全采用 AWWA 标准是根本不可能的，往往造成不同工程具有不同质量标准、同一工程不同人员对有关问题的理解不能完全统一，其结果是管道制造质量水平参差不齐，可能造成工程隐患。本项研究在介绍美国 ANSI/AWWA C304—2007 规范中 PCCP 设计方法的基础上，将我国《给水排水工程埋地管芯缠丝预应力混凝土管和预应力钢筒混凝土管管道结构设计规程》（CECS 140：2002）中 PCCP 的设计计算方法与其进行对比，提出弯矩重分配计算方法。

（二）数值计算

此前 PCCP 管结构计算大体上分结构计算法和数值计算法两大类，结构计算法主要有：工作应力控制法、极限状态法、分层模型法。数值计算法尚处于不断改进的发展阶段。南水北调 PCCP 管道设计中，在现有设计理论基础上，针对此前计算模型如何正确反应预应力钢丝的刚度贡献，建立预应力钢丝自身的应力应变场的问题，从施工仿真的角度建立起 PCCP 管道预应力场施加的缠丝模型。

缠丝模型取出管节中的局部管段，假定钢丝均匀受拉，引入多点耦合约束方程来模拟管芯旋转过程，建立预应力钢丝在缠丝过程中与混凝土管芯的接触问题的本构关系，引入接触约束，采用显式动力计算方法进行求解收敛到准静态解。

该模型从差速缠丝原理出发，基于钢丝受拉基本均匀假定，通过多点约束实现管芯的旋转，并结合包括接触在内的各组成材料的本构关系和相应的数值计算方法，合理的建立了管道结构的预应力场。缠丝模型的主要贡献在于能够正确考虑预应力钢丝的刚度贡献及其自身的应力与变形，为后续计算分析提供了必要且合理的前提。通过与现有的预应力施加模型和相关规范给出的经验公式进行比较，验证了缠丝模型的合理性。

（三）计算软件开发

由于 PCCP 管道设计计算过程是一个迭代和逐步逼近的过程，计算工作量大，为提高计算精度，提高工作效率，基于 ANSI/AWWA C301—2007、ANSI/AWWA C304—2007 等相关规范的设计原理，引用相关的中国材料标准及荷载规范，开发了 PCCP 设计计算软件，并用于工程设计。本项研究开发的 PCCP 设计软件具备以下功能：

（1）按照 ANSI/AWWA C301—2007 规范，对预应力钢筒混凝土压力管（PCCP）进行钢丝面积的计算设计。

（2）按照 ANSI/AWWA C304—2007 规范，按照用户指定的一个钢丝面积对预应力钢筒混凝土压力管（PCCP）进行检验设计。

（3）软件可进行管子工作荷载的计算和活荷载的计算。包括管子重量 W_p、流体重量 W_f 和静荷载 W_e，其中静荷载 W_e 包括覆土荷载和附加荷载；活荷载包括公路活荷载。

（4）软件提供对设计数据的工程管理功能，采用树型目录式方式对设计文件进行管理。软件以工程为单位来管理管子设计方案，一个工程可以有多个管子。

（5）软件具有材料库管理功能，可将设计中用到的钢筋、混凝土、砂浆等材料的物理力学参数存储到材料库中。材料库中存储的数据包括规范数据和用户自定义数据两部分。

（6）软件可对一个构件段上管子的各种材料的用量进行工程量统计。分别统计计算出单个构件段的混凝土、钢丝、薄钢板、砂浆的用量，统计结果输出到界面上，也可将计算过程输出为 Word 计算书。

二、PCCP 管道水力特性研究

由于 PCCP 特殊的施工工艺，表面粗糙度、接头对输水能力的影响与常规的水工混凝土输水通道有较大的差别，为合理选择水力学设计所需的阻力系数，南水北调工程就 PCCP 管道水力学特性进行了专门研究。

本研究搜集了国内已建 PCCP 工程概况，并重点搜集介绍了 PCCP 管材在北京怀柔、张坊水源应急供水工程和山西万家寨引黄入晋工程的应用，及 PCCP 管道阻力系数的测定。此外，还搜集了天津大学完成的南水北调天津干线 PCCP 糙率测试模型试验资料。取得了以下成果：

（1）本项目所得 PCCP 管道的糙率值约为 0.0108～0.01195。

（2）绝对粗糙度 k_s 是管道壁面粗糙度的表征值，材料、工艺相同的壁面其 k_s 值基本相同。

（3）通过表面形貌仪所测量计算所得的糙率 n 值都偏小，本项目给出了粗糙度修正系数 3.560，可直接进行水力计算。

（4）由于已收集到的实际工程测量值偏少，且不同的计算公式不尽一致，本研究计算值会存在误差。

三、PCCP 制造工艺研究

生产 DN4000 PCCP 的关键在于研发相应的生产设备和确定生产过程质量控制的参数（例如：承插口的椭圆度控制标准、环氧煤沥青涂装标准、阴极保护导电标准等）。由于我国的 PCCP 生产标准最大规格只覆盖到 DN3000，生产设备只能生产 DN3000 以下的产品。而南水北调工程北京段采用的 PCCP 管直径达 4m，需要开展相关专项科学研究解决管道设计、制造、施工等方面的相关技术问题。

在 DN4000 PCCP 的研制过程中，在我国现有生产技术基础上，结合南水北调工程，重点研究了：承插口配合间隙、接口椭圆度控制，管道防腐技术，如何提高管道制造设备生产效率等问题。

DN4000 PCCP 于 2004 年 8 月顺利通过国家水泥混凝土制品监督检验中心的生产许可证产品质量检验，2004 年 9 月获得了全国第一张 DN4000 PCCP 工业生产许可证，同月该产品通过了北京市科委组织的专家鉴定。

（一）补偿平衡式缠丝机设备研发

此前国内同类设备通常采用差速法，即调整绕丝电机与放丝电机的转速，放丝的线速度略低于绕丝的线速度，使钢丝产生张拉应力。差速法缠丝机存在以下几方面的缺点：①缠丝过程中如果需要停车，由于机械惯性，两台电机无法做到同步停车。如果绕丝电机停车快于放丝电机，则应力出现松弛；反之则会拉断钢丝。我国标准中规定：应力波动不能超过总应力的10%。②同样原理，差速法倒车时也无法保持应力不变。③由于机械响应速度慢，要保持应力波动不超过规定值（总应力的10%）。对于 DN4000 PCCP 缠丝速度不能超过 75m/min。④能耗大，设备总功率达 417kW。

为解决上述问题，结合管道生产研发了补偿平衡式缠丝机，较好地解决了差速法的缠丝机存在的不足。补偿平衡式缠丝机具有以下优点：①缠丝过程中可根据需要随时停车并保持应力不变；②倒车时可保持应力不变；③由于不采用两台电机配合工作，没有机械响应速度问题，缠丝速度提高至 130m/min；④使用悬浮重锤作为张拉钢丝的应力发生装置，钢丝受到的突发应力得到有效缓冲，不会出现拉断钢丝的现象；⑤使用悬浮重锤还能大幅度降低应力波动，使波动值降至 3% 以下；⑥能耗低，设备总功率只有 110kW。

差速式缠丝机与补偿平衡式缠丝机性能对比参见表 5-3-1。

表 5-3-1　　　　　　　　差速式缠丝机与补偿平衡式缠丝机性能对比

	应力波动	缠丝速度/(m/min)	带应力倒车	中途停车	工作效率	能耗/kW	造价
差速式缠丝机	≤10%	70	不可以	不可以	易断丝	417	高
补偿平衡式缠丝机	≤3%	130	可以	可以	不易断丝	110	较低

（二）承、插口配合尺寸研究

承、插口配合精度是保证 PCCP 接口在高工作压力下具有良好的密封性能和使接头有一定的柔性（转角能力）的重要参数。参考国家标准《预应力钢筒混凝土管》（GB/T 19685—2005）直径 4000mm 的 PCCP 承、插口间隙控制范围约 0.4～1.2mm，考虑到国标中采用的是直径 20mm 的胶圈。南水北调北京段 PCCP 中的承、插口及密封胶圈采用与利比亚工程相同的承、插口及密封胶圈尺寸，密封胶圈的直径由过去的 20mm 改成 23.5mm。因此，无论在几何尺寸、配合精度还是在材料选用均发生了很大变化。

改变承、插口的配合精度，特别是提高承、插口的配合精度和提高圆度涉及承、插口的制作、码放、模具的加工精度及组装，钢筒的就位，混凝土浇筑和振捣等一系列的生产工艺。因此，现有的较小口径承插口的生产经验已不适用本工程，须通过试验重新确定生产参数，用于指导批量生产，同时为设计方面提供的设计依据。

根据承、插口配合尺寸试验流程图对生产过程中可能影响承、插口尺寸及园度的所有因素逐一进行了分析，提出以下措施：

（1）缩短下料长度，使胀圆后钢材的伸长率达到 1.7%，充分利用钢材进入塑性阶段后强度的增长。

（2）禁止立式码放成品承、插口，减少码放时自重造成的变形。

（3）制作钢筒时承、插口就位后调整楔块，使承、插口保持圆度。

（4）重新制作管芯底模，减小底模与承口之间的间隙。

（5）增加底模止水胶圈的更换频率，防止胶圈老化或损坏后水泥浆进入，造成承口失圆。

（6）将振捣器适当向上移动，减小震动可能造成的钢筒位移。料位到达 1/2 处减小底部振捣器的供气量。

经反复试验，DN4000 PCCP 承、插口配合尺寸控制最终确定为承、插口间隙 0.4～1.0mm；椭圆度不大于 7mm，并以此为基础修改了有关工序的作业指导书，并向国家标准的制标单位发出了标准修改建议函。"大口径预应力钢筒混凝土双胶圈承插口钢环及大口径预应力钢筒混凝土管"已获国家专利。DN4000 PCCP 承、插口配合尺寸控制及与国外产品对比见表 5-3-2。

表 5-3-2　　　　　　　　　　承、插口配合尺寸控制及与国外产品对比

	南水北调工程 /mm	美国标准 ANSI/AWWA C301 /mm	国标 GB/T 19685 /mm
配合间隙	0.4～1.0	0.4～1.2	0.4～1.2
椭圆度	≤7.0	≤12.7	≤12.7

（三）PCCP 砂浆保护层同步刮平装置

通常 PCCP 缠丝后要在钢丝外制作净厚度不小于 20mm 的砂浆保护层。对于双层缠丝的 PCCP 需分别在两层钢丝外表面进行两次喷浆操作。为形成致密的砂浆保护层，保护层砂浆制作是由两高速旋转的橡胶轮将含水率不大于 7% 的砂浆喷至钢丝外层。喷射成型的保护层外表面比较粗糙，根据标准要求，第一层喷浆后表面必须相对平整（不平度不大于 3mm），否则二次缠丝时钢丝将在管芯表面打滑，影响缠丝间距。保护层设计强度很高，事后进行表面处理显然不实际，而仅靠调整喷浆操作无法实现表面平整度要求，需要研发砂浆刮平装置，在第一层喷浆时启动，边喷浆边刮平，以保证喷浆表面相对平整和一定的喷浆厚度。

该项研究自主研发了"PCCP 砂浆保护层同步刮平装置"，圆满解决了以下几方面问题：

（1）适应和识别管体表面存在的椭圆偏差，保障保护层薄厚均匀，预应力钢丝不受损伤。

（2）进刀角度和吃刀面积合理，避免保护层成片脱落。

（3）在保护层制作转台转速、喷浆口提升速度发生变化时，刮刀组不出现漏刮或衔接痕迹。

经试验其工作性能完全达到了设计要求，满足生产的需要，并获得国家专利。PCCP 砂浆保护层同步刮平装置可达到的技术参数见表 5-3-3。

表 5 - 3 - 3 砂浆保护层同步刮平效果

	表面不平度 /mm	保护层厚度公差 /mm	刮平线速度 /m
GB/T 19685	≤3	±2	无
实际效果	≤2	±1	50～180

（四）PCCP 阴极保护与钢丝锚固一体组件

阴极保护是用电化学方法防止金属材料腐蚀的方法，也称"牺牲阳极法"，是南水北调中线工程北京段 DN4000 PCCP 管线中的重要防腐措施之一。在管材生产时需增加导电扁钢，将承插口、钢筒及钢丝实现电连接，其电阻不大于 1Ω。由于此方法在国内是首次使用，无可借鉴的现成经验。由于钢丝锚固直接关系到预应力钢丝的缠丝质量，并且与阴极保护的钢件制作有不可分割的关联，两者必须同时考虑。

为此在查阅国外的有关资料基础上，结合生产的实际情况，对钢丝锚固件进行了改进，采用 L 形板作为电连接件，并将 L 形板、钢丝锚固件、承插口通过连接集成整体安装就位。较好解决了以下几方面的问题：

（1）L 形板电连接可靠度高，满足电阻率小于 1Ω 要求。

（2）新的锚固形式，解决了不同缠丝方向锚固件安装不好确定的生产问题。提高钢丝锚固的可靠性，改善了锚固件局部混凝土受力条件；提高钢丝与导电扁钢的电连续性，克服了传统方式的不足。

（3）集成钢预埋件的形式减少了钢丝锚固不牢的质量隐患。

（4）试验数据为制定阴极保护施工技术规范提供了依据。

（五）机械化"湿喷"工艺喷涂无溶剂环氧煤沥青防腐保护层

环氧煤沥青涂层是 PCCP 防止土壤中腐蚀性介质侵入管体的外部防腐措施。主要解决 PCCP 外层混凝土抗酸性腐蚀能力较差的问题。为了保证南水北调输水工程能够长期、安全可靠的运行，PCCP 外壁采用涂覆不小于 600μm（干膜）厚度的无溶剂环氧煤焦油重防腐蚀涂料的保护方案。

无溶剂环氧煤焦油重防腐蚀涂料可以通过机械喷涂方式直接涂装在干态、湿态的混凝土表面，一次成膜厚度不小于 600μm，极大地提高了涂装效率，并减少了人为因素可能产生的厚薄不均等产品缺陷。湿态混凝土表面涂装提高了场地的利用率。机械化施工比手工涂装提高效率 10 倍以上，生产过程更加环保，涂装厚度均匀稳定。国产涂料的成本不到进口材料的 50%。对 PCCP 保护作用与溶剂型环氧煤沥青基本相同。

（六）无动力倾管机的研发

大口径 PCCP 生产均采用立式工艺，但出厂检验及运输时必须放倒，对于口径较小的 PCCP 一直沿用机械下落式倾管机和液压式倾管机。DN4000 PCCP 管体重达 77t，管体倾倒始终是困惑生产厂家的一道难题。在对此前现有倾管机的工作状况研究的基础上，结合南水北调

PCCP 具体情况，开发了不使用液压泵的无动力倾管机（图 5-3-2）。无动力倾管机的基本原理是利用管材的自重使其自然倾倒，倾倒速度用液压阻尼加以控制。在倾倒过程中，改变双向阻尼开关的开闭程度，控制液压阻尼油缸的流量，便可控制顷管机的倾倒速度。液压油缸用以抵御管材在缓慢放倒过程中自重的作用对阻尼油缸形成的压力，阻尼开关可缓慢、平稳的控制液压油的流量，使管材平稳放倒。

无动力倾管机占用场地小，不需动力，不需要基础，操作简便，可随时移动，制造和维护成本低。此设备已申请国家专利。

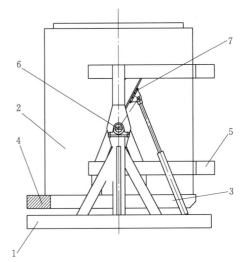

图 5-3-2　无动力倾管机结构示意图
1—机件组架；2—管身；3—阻尼；4—油缸配重箱；5—翻转架；6—翻转中心轴；7—连接板

（七）DN4000 PCCP 专用伸缩式气动吊具的研究

DN4000 PCCP 管体重达 77t，直接使用钢丝绳吊装，将会损坏管体表面的防腐层，操作非常困难。为此，专门研制了"DN4000 PCCP 专用伸缩式气动吊具"，可适用于各种规格 PCCP 管材的卧式吊装（图 5-3-3）。

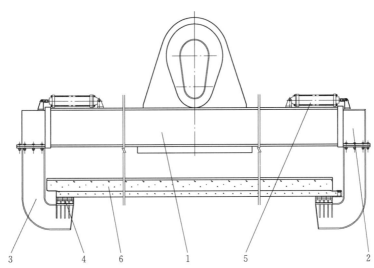

图 5-3-3　伸缩式气动吊具结构示意图
1—吊钩主梁；2—辅梁；3—钩梁；4—工作钩；5—汽缸；6—管材

四、吊装和安装工艺及质量控制试验

国内 PCCP 产品规格主要涵盖了直径 0.4～3.0m 和内压 0.4～2.0MPa 中以 0.2MPa 为级差的各个压力等级。PCCP 生产应用在我国正处于蓬勃发展阶段。南水北调中线工程北京段 4m 直径 PCCP 的首次应用，超大口径 PCCP 在我国的应用和发展，同时对生产、运输和安装技术也提出了更高的要求。

国内 PCCP 管道安装，一般小直径管道体积小、重量轻，采用起重机或小型龙门架进行安装。对于较大直径管道，常用安装工法是依据单节 PCCP 管重量和吊装距离（吊幅）大小需要的起吊力矩，选用不同起重能力的汽车式起重机或履带式起重机作业。对于南水北调工程的施工条件，难以采用常规的施工方法进行安装。因此，就以下几方面的问题开展研究工作，并取得了相应的成果：

（1）不同形式的龙门式起重机安装 PCCP 试验，包括沟槽下龙门式起重机、跨沟槽龙门式起重机、高低跨龙门式起重机。含吊点位置设置和吊带角度的研究；对接安装的推装方法和高程、轴线控制方法研究；PCCP 的吊装方式、吊装速度、吊装占地宽度试验研究；提出路基承载力控制指标。

（2）大口径密封橡胶圈安装方式和防扭曲措施研究。应保证胶圈在插口的各部位上粗细调匀，均匀地箍在插口环凹槽内，且无扭曲、翻转现象。

（3）接口打压和检查。研究打压压力指标，接头打压应使用经过率定的专用加压泵，从接头下部的进水孔压水，上部排气孔排气。

（4）为保护外露的承、插口钢部件不受腐蚀，需要在管接头外侧进行灌浆保护。接头的包带安装与固定、灌浆方法研究，以使其均匀、密实、无空隙控制。接头灌浆完成后到回填前静置时间控制。接头灌浆用包带应有足够的强度以防止破裂或发生较大的鼓胀变形。

（5）管内勾缝。研究勾缝时机，管道内部接头间隙需用水泥砂浆勾缝，应在管道回填后适当时间（变形基本稳定后）及时进行。

（6）PCCP 管基底层的成型施工工艺试验。填弧法、挖弧法成型试验。

（7）PCCP 分区填筑材料的质量、分层填筑方法、工艺和填筑时间对管道安装质量的影响试验，提出分区填筑材料的质量要求、各回填区合理的填筑时间和填筑工艺要求。

第四节　渠　　道

在大型渠道设计与施工技术方面，结合南水北调山东段工程建设的实际，开展了渠道边坡稳定控制，渠道衬砌结构、材料与施工质量控制，大型渠道机械化衬砌施工技术，渠道清污及生态环境修复技术，渠线及土石方调配等技术方面的研究。通过研究取得重大技术创新或突破以保障和提高南水北调工程建设质量。研制了长斜坡大型渠道混凝土振动碾压成型成套设备、振捣滑模成型成套设备、渠道智能化的回转式清污设备及液压抓斗式清污设备；提出了确定渠道边坡、渠道衬砌结构及施工质量控制的技术方法；建立了基于虚拟现实的长距离渠线优化与土石方平衡系统，最终推出整套大型渠道设计施工新技术，为我国大型渠道设计优化与现代化施工提供了系统的技术支撑，提高了南水北调工程及长距离调水渠道工程设计、施工技术水平，对南水北调东线和中线工程等长距离调水渠道工程建设，以及我国大型渠道现代化施工设备国产化和产业化都具有重大的现实意义。

一、渠道边坡优化技术

南水北调工程输水距离长，调水流量大，输水渠道沿线地形、地貌复杂，工程地质和水文地质条件复杂，在南水北调东线济平干渠段遇到高达 40m 的渠道高边坡，在南水北调中线陶岔—沙河南段还遇到深达 47m 的深挖方渠段。而课题立项期间我国现行的输水渠道工程方面的设计规范难以适应大规模、长距离输水渠道设计的要求，尤其是缺乏大型渠道边坡稳定评价方法的规定。此外，长距离输水占用大量耕地，在渠道边坡稳定的前提下，研究渠道断面优化设计技术可减少大量耕地。因此，在渠道边坡稳定的前提下，研究大型渠道边坡优化技术具有重要的现实意义。

从大型渠道边坡抗滑稳定安全系数和强度参数取值标准、渠道边坡变形控制方法、土质边坡稳定分析方法、渠道边坡优化四个方面，研究大型输水渠道边坡稳定和优化的问题，建立大型渠道边坡稳定评价方法和优化技术体系。

（一）抗滑稳定安全系数和抗剪强度参数取值标准研究

在分析南水北调大型渠道边坡地质条件、渠道边坡坡度、抗剪强度参数、边坡抗滑稳定安全系数的基础上，对边坡抗滑稳定安全系数和抗剪强度参数取值进行了详细的研究。

1. 大型渠道边坡抗滑稳定安全系数研究

（1）渠坡抗滑稳定安全分析的依据和设计标准。

1）渠道边坡稳定分析的依据。在研究初期，还没有发布《水利水电工程边坡设计规范》（SL 386—2007），渠道边坡稳定分析主要依据《灌溉与排水工程设计规范》（GB 50288—99）、《堤防工程设计规范》（GB 50286—98），也有参照《碾压式土石坝设计规范》（SL 274—2001）和其他相关规范的。在《水利水电工程边坡设计规范》（SL 386—2007）颁布之后，大部分单位基本依据《水利水电工程边坡设计规范》（SL 386—2007）进行渠道边坡稳定分析。

《水利水电工程边坡设计规范》（SL 386—2007）颁布后，其规定的不少内容与本课题的研究基本吻合，自此，渠道边坡稳定分析方法的研究基本统一到《水利水电工程边坡设计规范》（SL 386—2007）上，在此基础上，又结合渠道边坡的特点，进一步研究渠道边坡稳定分析方法。

2）渠道边坡级别的确定。南水北调大型渠道边坡级别确定应考虑边坡失稳对大型渠道的危害程度和边坡失稳后修复的难易程度。

在参照《水利水电工程边坡设计规范》（SL 386—2007）时，对于新建南水北调专用输水渠道，边坡的级别应选择"较严重"一类所对应的边坡级别；对于利用老河道或结合航运河道的南水北调输水渠道具体分析。对于挖深达 10m 以上、填高 8m 以上的南水北调工程输水渠道，边坡的级别应选"严重"一类，即同输水渠道一样的级别。

3）渠坡抗滑稳定安全系数的标准。选取大型渠道边坡抗滑稳定安全系数的标准应考虑边坡的级别、运用工况、稳定计算方法、建筑物级别和治理加固修复费用等。在参照《水利水电工程边坡设计规范》（SL 386—2007）第 3.3 条的规定确定南水北调工程大型输水渠道的抗滑稳定安全系数时，应选择区间范围的最大值。对于个别渠段深挖方或高填方渠道的 1 级渠道边坡，当渠坡失稳对输水渠道造成危害严重且不易修复的，应适当提高抗滑稳定安全系数的标准，取值区间可提高到 1.3～1.5。

（2）从渠坡稳定安全系数富余度的角度优化渠坡。从南水北调工程东线、中线大型输水渠道边坡设计的状况来看，虽然不同渠段采用抗滑稳定安全系数的标准不一，但就每段来看，相对于所依据抗滑稳定安全系数标准而言，抗滑稳定安全系数仍存在较大的富余程度。

定义抗滑稳定安全系数富余度 C_m，$C_m = (K - K_{允许}) \div K_{允许} \times 100\%$。其中：$K$ 为渠道边坡抗滑稳定安全系数计算值；$K_{允许}$ 为规范规定的渠道边坡允许抗滑稳定安全系数。

据统计南水北调中线大型渠道，在全线 549 个计算断面中，安全系数余度大于 20% 的计算断面占 43.38%，大于 30% 的计算断面占 31.9%，大于 50% 的计算断面占 14.21%；南水北调东线大型渠道，施工期渠坡抗滑稳定安全系数的富余度平均 19.0%，正常运用期渠坡抗滑稳定安全系数富余度平均 64.2%，水位骤降情况下渠坡抗滑稳定安全系数的富余度平均 32.5%。

考虑南水北调工程输水渠道的重要性，在规范规定的最小稳定安全系数之外，再留有一定富余度的安全储备是必要的，但是安全系数余度过大，会造成投资浪费。因此，控制各个输水渠段抗滑稳定安全系数富余度的整体水平，就可以实现边坡的优化，降低工程投资。

从渠坡稳定安全系数富余度的角度优化渠坡，体现在以下两方面：

1）从各个输水渠段抗滑稳定安全系数的整体水平控制富余度，使整个区段的平均富余度不超过某一水平。在可研阶段，安全系数余度可按 15%～20% 控制；在初步设计和施工图设计，安全系数余度可按 10%～15% 控制。

2）对于各运行工况下边坡抗滑稳定安全系数相差悬殊的情况，采取缩小抗滑稳定安全系数差别的措施，也可以实现边坡的优化。

2. 大型渠道边坡抗剪强度参数安全取值研究

渠道边坡抗剪强度参数的准确与否，直接影响到渠道边坡设计安全性，过于保守的地质参数，都会增加工程量，对工程占地、投资等方面产生较大的影响。在南水北调东线渠道线路勘探试验经验总结的基础上，结合《水利水电工程地质勘察规范》（GB 50487—2008），提出大型渠道边坡抗剪强度参数安全取值方法。

（1）岩土试样。

1）在可研阶段，对于挖深达 10m 以上、填高 8m 以上的大型渠道边坡，渠道各工程地质段每一主要岩土层抗剪强度试验组数不宜少于 12 组；对于挖深达 10m 以内、填高 8m 以下的大型渠道边坡，渠道各工程地质段每一主要岩土层抗剪强度试验组数不宜少于 6 组。

2）在初步设计阶段，对于挖深达 10m 以上、填高 8m 以上的大型渠道边坡，渠道各工程地质段每一岩土层均应取原状样进行物理力学性质试验，每一主要岩土层抗剪强度试验组数不宜少于 24 组；对于挖深达 10m 以内、填高 8m 以下的大型渠道边坡，渠道各工程地质段每一岩土层均应取原状样进行物理力学性质试验，每一主要岩土层抗剪强度试验组数不宜少于 12 组。

（2）地质参数的试验方法。

1）选用三轴压缩仪进行土的抗剪强度试验。抗剪强度试验应符合《土工试验规程》（SL 237—1999）的规定。

2）应根据渠道边坡的具体地质条件、施工情况和渠道运行的实际工况，分别采用不同的固结条件和排水条件，进行不固结不排水剪、固结不排水剪和固结排水剪试验。

3）在可研阶段，宜选用三轴试验成果，也可选用直剪试验成果，但是对于下列渠段应进行三轴试验，对直剪试验成果进行复核或作为取值依据：①深挖方（深于 10m）渠段和高填方（高于 8m）渠段；②特殊工况控制边坡系数渠段；③土质条件不适合直剪试验，如土层渗透系

数大于 10^{-6} cm/s 的渠段。

4）初设阶段，应选用三轴试验成果。

（3）大型渠道土体抗剪强度的取值方法。

1）对 1 级、2 级边坡应同时采用试验、工程地质类比法或反演分析等方法综合分析确定土体抗剪强度指标。3 级及其以下边坡的土体抗剪强度指标可采用工程地质类比法、反演分析等方法确定。

2）应分析试验资料的可靠性，对于试验成果中那些明显不够合理或异常的数据，分析原因确定取舍或者改正，最后舍弃数据时，按照 3 倍均方差的取舍规则舍弃离散值，然后再重新整理计算。

每一工程地质段每层土的抗剪强度指标建议值一般选取统计值的小值平均值，经综合考虑试样的代表性、取样方法和数量、地层本身的均一性及影响土体强度的各种因素后，根据地区经验对标准值进行适当调整，提出每一工程地质段每层土地质建议值。

3）在施工开挖和水位降落工况下，宜采用有效应力法和总应力法同时计算抗剪强度，以计算较小的稳定安全系数为准。

4）抗剪强度指标采用总应力法计算时，施工开挖和水位降落期，应采用有效强度 CD 线与固结不排水剪总强度 CU 线或不排水剪总强度 UU 线的下包线；填筑施工期，应采用固结不排水剪总强度 CU 线或不排水剪总强度 UU 线。

（4）地下水位。施工期间的地下水位原则上以钻探期间观测到的水位并考虑汛期可能达到的最高水位为依据。工程运行期间的地下水位应根据地下水补给、径流和排泄条件的变化及洪水期间可能的最高地下水位，并结合渠道采取的防渗措施等和渗流计算结果综合确定。

（5）合理的确定抗剪强度指标。在大型输水渠道中，输水线路较长，如果勘探工作量少，工程地质分段相对较粗；如果每层土取样数量不足，在进行统计时，抗剪强度指标离散性大；在取小值平均值作为标准值后，又在提地质建议值时，进行较大幅度的折减，如有的 c 值折减近 40%～60%，这可能导致地质参数建议值过于保守。

按过于保守的地质参数进行计算，使得计算的边坡的抗滑稳定安全系数偏于保守，在进行边坡设计时就会造成投资的浪费。因此，合理、充足的勘探工作量和足够多的土样试验组数，会取得适宜的抗剪强度参数，进行合理的渠道边坡设计，可避免过于保守，实现渠道边坡的优化。

（二）渠道边坡变形控制方法研究

结合南水北调东线山东段南干渠大型渠道土质边坡的安全监测实践，分析工程中渠道边坡特性以及所处的工程水文地质和物理条件，得到了以下几个方面的研究成果：

（1）根据工程安全监测实践，基于现场变形观测资料和有限元数值模拟，利用非线性理论中的仿生智能算法，引入改进的粒子群仿生智能优化算法对位移目标函数进行优化，结合大型数值计算软件 FLAC 3D，提出了改进粒子群算法反分析模型来进行岩土体工程的位移反分析，得到裂隙黏土变形模量 $E_1 = 1.9$ MPa、砂壤土变形模量 $E_2 = 4.8$ MPa，并结合现场取样、室内三轴试验以及国内类似边坡工程经验取值，寻求出最为合理的岩土体力学参数。

（2）依据所选的南水北调东线南干渠典型监测断面，提出了基于小波变换模极大值原理的监测数据预处理分析方法和思路，以物元关系建立边坡安全状态的物元评价模型，研究了土质边坡变形控制技术，确定了渠道变形稳定的控制指标，并在此基础上开发了"大型渠道土质边坡变形监测与失稳预报软件"。该软件不但能够对边坡的变形及稳定状态给出直观的显示，也可以对边坡进行准确可靠的预报预测，为施工管理提供可行可靠的依据。

（三）大型渠道边坡稳定分析的方法研究

在渠道边坡稳定分析方法研究的基础上，参考《水利水电工程边坡设计规范》（SL 386—2007），针对大型渠道边坡的特点和存在的问题，分析了渠道衬砌和开挖卸荷对边坡稳定的影响，并提出适用于大型渠道边坡稳定的分析方法。

1. 大型渠道边坡稳定分析的一般方法

（1）大型渠道边坡稳定分析的基本原则如下：

1）大型渠道边坡稳定分析应根据边坡规模、渠道挖填方式和地质条件进行分段，并采取分段评价渠道边坡稳定性的方法。

2）对于大型渠道土质边坡和呈碎裂结构、散体结构的岩质边坡，当滑动面为圆弧形时，宜采用简化毕肖普法和摩根斯顿-普赖斯法；当滑动面为非圆弧形时，宜采用摩根斯顿-普赖斯法和不平衡推力传递法进行抗滑稳定计算。

3）对于大型渠道高边坡、复杂地段的渠道边坡、深挖方渠道边坡，以及1级渠道边坡，应同时采用极限平衡法（简化毕肖普法和摩根斯顿-普赖斯法等）和有限元法（有限元强度折减法和有限元圆弧法）进行边坡稳定分析，必要时进行边坡稳定的可靠度分析。

4）对于渠道两侧地质条件变化较大的边坡，应分别评价其边坡的稳定性。

（2）大型渠道边坡稳定分析工况分为正常运用条件、非常运用条件 I 和非常运用条件 II。

（3）大型渠道边坡稳定分析岩土体抗剪强度指标参见本节中的"大型渠道边坡抗剪强度参数安全取值研究"。

2. 大型渠道边坡稳定分析的有限元圆弧法

（1）大型渠道边坡稳定分析的有限元圆弧法基本原理。大型渠道边坡稳定分析的有限元圆弧法，仍采用基于极限平衡理论基础上的条分法，假定滑动面为圆弧，利用有限法计算的应力场，求出滑面上的切向剪应力，利用莫尔-库仑强度准则求出滑面上的抗剪强度，并用以下式定义抗滑安全系数，并用优化方法搜索全局最小安全系数。

$$\tau_f = c + \sigma_n \tan\varphi \qquad (5-4-1)$$

$$K_s = \frac{\sum \tau_{fi} L_i}{\sum \tau_{ni} L_i} \qquad (5-4-2)$$

式中：τ_f 为抗剪强度；c 为黏聚力；φ 为有效摩擦角；σ 为滑面上的有效应力和总应力；L_i 为滑面上第 i 单元的弧长；τ_{fi} 为滑面上第 i 单元的抗剪强度；τ_{ni} 为滑面上第 i 单元的剪应力。

（2）分析实例。以南水北调东线济平干渠刁山坡段渠道边坡为例，利用有限元法和极限平衡法进行分析渠道边坡的稳定性。

采用有限元圆弧法，抗滑稳定安全系数为 1.428；采用极限平衡法中的简化毕肖普法，抗滑稳定安全系数为 1.402；采用极限平衡法中的摩根斯顿-普赖斯法，抗滑稳定安全系数为 1.396。由此可知，三者计算的安全系数相近，最危险滑面接近，其中有限元圆弧法得到的抗滑稳定安全系数略大。

3. 以变形量为失稳判据的有限元强度折减稳定分析方法

有限元方法能够考虑土体的非线性本构关系，可考虑复杂的荷载及模拟施工过程，从而反映边坡土体真实应力应变关系以及应力历史对土体强度变形特性的影响，使得滑动面上的计算应力比较真实，计算结果更为可靠。采用有限元强度折减法，不仅可以计算出渠道边坡的安全稳定系数，对既有边坡进行安全性评估。而且，依据渠道边坡土体的位移变化可以判断渠道边坡的动态安全稳定性，方便对渠道边坡在施工及运行过程中的安全稳定性进行实时监测及预警。

（1）以变型量为失稳判据的有限元强度折减边坡稳定方法研究。通过对简单或者复杂边坡的有限元计算发现，最大水平位移和边坡整体的运动具有相似的特征，所以以最大水平位移与折减系数的关系曲线作为失稳判据是合理的。考虑到最大竖向沉降和边坡失稳之间也有较明确的相关性，可以同时采用最大水平位移和最大竖向沉降作为失稳判据标准，进行对比计算以确定最小安全系数。

采用位移作为失稳判据，关键是如何从位移与折减系数的关系曲线上合理地给出相当于安全系数的折减系数。如果曲线有明显的拐点，则拐点对应位置即为临界破坏状态，折减系数即为边坡对应安全系数；而当曲线没有明显的拐点，则不易直接确定临界状态位置，给出的安全系数存在一定的任意性。针对位移与折减系数关系曲线不具有明显拐点的计算结果，提出一种强度折减法确定安全系数的方法，该方法的出发点是将位移与折减系数的关系曲线和表示边坡破坏区扩展的应力水平区域结合起来，在曲线上定量地给出一个具有明确物理意义的点作为安全系数取值点。

（2）考虑施工过程的有限元计算方法。传统极限平衡方法不能考虑渠道施工过程的影响，采用有限元分析可以模拟渠道边坡开挖或回填的过程，得到符合边坡土体的真实应力和变形。应用前述对失稳判据的研究，可以对渠道边坡的稳定性进行分析。同时，给出随折减系数变化边坡最大位移的变化规律，结合现场稳定性监测成果，可以实时对渠道边坡的安全稳定性进行合理判断和评估。

对于开挖过程，第1级荷载计算渠坡开挖前土体的初始自重应力，每级开挖时，将挖去单元的弹性模量取一小值，在挖去单元节点上加反向等效荷载，以模拟开挖卸荷。如此逐级开挖卸荷，直至开挖至设计标高。计算过程中，可以选取任意一级荷载，绘制相应应力变形等值线，分析应力变形特征。同时，可以对土体强度指标进行折减，给出相应的渠道边坡土体位移和折减系数之间的关系，按照相应安全系数确定方法，进行分析整理，得到不同开挖荷载条件下、施工过程中，以及渠坡竣工完成后的渠道边坡安全稳定系数。

（3）有限元强度折减土坡稳定计算程序。在河海大学固结有限元计算程序 BCF 的基础上，应用相关失稳判据研究成果，编制有限元强度折减计算程序。计算采用的有限元计算程序，是河海大学岩土工程研究所研制的非线性及弹塑性比奥固结平面 BCF 二维固结有限元程序。该程序备有多种本构模型供计算时选择使用，这些模型包括线弹性模型、邓肯-张 $E-\nu$ 非线性弹性模型、邓肯-张 $E-B$ 非线性弹性模型、修正剑桥模型、椭圆-抛物双屈服面模型等。对材料力学性质相差很大的情况，两种材料之间的接触面可能会产生相对滑移，程序还可设置相应的接触面单元对此进行模拟。

（4）实例分析。对南水北调东线工程土质渠道南干渠和济平干渠，选取典型断面，考虑渠道边坡挖方或填方实际施工过程，建立符合工程实际的有限元分析物理及几何模型，进行考虑施工过程的有限元强度折减法稳定性分析。

4. 渠道开挖卸荷对渠道边坡稳定安全系数的影响

（1）考虑不同方向加卸载对邓肯-张 $E-\nu$ 非线性弹性模型的修正。由于开挖卸荷，在渠道边坡一定范围内的土体中，将发生应力重分布作用。渠道边坡土体为适应这种重分布应力状态，可能将发生变形和破坏。由于开挖卸荷引起渠道边坡土体单元的应力路径和常规三轴试验所依据的大主应力方向加载试验有很大不同，采用建立在常规三轴试验基础上的传统土体本构模型对开挖边坡进行有限元计算，计算结果会有出入。根据邓肯-张 $E-\nu$ 非线性弹性模型的基本理论，参照河海大学相关真三轴试验所揭示的土体在复杂应力状态下柔度矩阵规律，给出了考虑不同方向加卸载影响时弹性参数 E_j、ν_{ij} 的近似确定方法。

修正不同方向加卸载模型的主要思想仍是基于邓肯-张 $E-\nu$ 非线性弹性模型的基本假设，只是不同的主应力方向参照柔度矩阵性质作了适当修正，因为土体变形规律受应力状态影响，具有很强的应力路径相关性，所以现有的这种修正也只能是一种相对近似处理，但还是能够从一定程度上描述不同方向加卸载的一般性规律。

（2）考虑岩土体卸荷回弹模型的有限元研究。从测点和回弹模型有限元计算结果比较分析，回弹模型相对邓肯-张模型而言，计算的渠道边坡土体的竖向和水平位移整体上和现场实测结果更为接近。尤其是水平位移的规律，邓肯-张模型因为采用了较大的泊松比，计算的水平位移比实际位移高出一个数量级，不能反映实际情况，而采用了回弹模型计算水平位移在量值上更接近现场实测结果。

不同模型对于边坡土体单元应力路径和应力变形关系的描述有所不同，但反映的土体强度参数折减系数和最大水平位移之间关系曲线却比较一致，说明采用有限元强度折减法进行边坡稳定分析，以变形量为失稳判据以及相应的极限状态确定方法，可以得到比较稳定的安全系数结果。

5. 大板混凝土衬砌对渠道边坡稳定安全系数的影响

南水北调输水渠道采用了大板混凝土衬砌，衬砌的整体结构型式对渠道边坡产生一定的压坡作用和抗滑约束制约作用，不同于其他衬砌形式的渠道。主要结论如下：

（1）对于全断面大板混凝土衬砌渠坡而言，衬砌对渠坡变形产生一定的约束作用，有利于渠坡的抗滑稳定性。对于12cm厚的大板混凝土衬砌，增加稳定安全余度约 6.3%。

（2）对于部分断面大板混凝土衬砌渠坡而言，衬砌对渠坡变形产生的影响较小，对渠坡抗滑稳定性的贡献较小。

（3）总结了混凝土厚度和强度等级对全断面大板混凝土衬砌渠坡稳定影响的规律，衬砌厚度和混凝土强度等级影响，衬砌的整体结构型式对渠道边坡压坡作用和抗滑约束制约作用，衬砌越厚混凝土强度等级越高，作用越强。

但是由于大板混凝土衬砌对影响渠坡稳定性的机理十分复杂，大板混凝土衬砌对渠坡的抗滑稳定性还需要进一步深入研究。

（四）大型渠道边坡优化技术研究

在研究大型渠道边坡稳定分析方法的基础上，采用数学优化的方法，研究大型渠道优化设计的理论和方法。研究内容包括考虑渠道边坡坡度的单变量、多变量梯形渠道最佳水力断面研究，渠道边坡允许极限状态的研究，以及基于边坡稳定的大型渠道优化设计方法的研究。

1. 基于边坡稳定的大型渠道优化设计方法的研究

渠道建设的总费用主要包括占地费用、土方及运输费用、衬砌费用等。在以往渠道建设总费用最小为目标函数的优化分析中，仅考虑渠底宽度、水深为优化变量，而将渠道边坡坡度作为常量，没有实现真正的优化。

以渠底宽度、水深和渠道边坡坡度为优化变量，以流量和流速为约束条件，建立以渠道建设总费用最小为目标函数的优化设计数学模型，提出基于边坡稳定的大型渠道优化设计方法，其基本步骤为：①进行渠道边坡临界平衡状态的研究，确定临界极限边坡；②依据《灌溉与排水工程设计规范》（GB 50288—99），确定梯形渠道实用经济断面；③在梯形渠道实用经济断面的基础上，考虑极限边坡，推求以渠道总费用最小的梯形渠道最佳优化断面；④考虑衬砌稳定性、土方平衡、施工、工程防护和工程总费用等因素，综合确定渠道边坡坡度和断面参数。

2. 渠道边坡允许极限状态的初步研究

依据反演及室内试验得到的参数，采用极限平衡法与有限元法，确定渠道边坡变形稳定的允许极限状态。

将刚体极限平衡法与有限单元法相结合，采用圆弧法，滑动面上应力采用有限元应力计算的成果，计算滑面上每个单元的滑动力 τ_i 和抗滑力 τ_{fi}，求出滑动面上所有单元的总滑动力 τ 和总抗滑力 τ_f，定义抗滑稳定安全系数为滑动面上总抗滑力除以总滑动力，采用优化方法，可寻求边坡的最危险滑面，得到最小抗滑稳定安全系数。

根据规程规范、设计资料和设计经验，依据反演和室内试验得到的岩土体力学参数，分析渠道边坡控制工况下不同边坡坡度的抗滑稳定安全系数，定义抗滑稳定安全系数等于允许安全系数时，渠道边坡处于允许极限状态。渠道允许极限状态时的边坡坡度为渠道允许极限坡度。

选取南水北调大型渠道土质边坡中的济平干渠深挖方渠首闸断面、填方的南栾湾断面以及实施监测的南干渠典型断面，进行渠道边坡变形稳定的允许极限状态研究。

3. 渠道边坡优化实例分析

（1）济平干渠挖方断面渠道优化。济平干渠输水渠设计流量为 $50\text{m}^3/\text{s}$，加大流量为 $60\text{m}^3/\text{s}$。选择典型挖方断面设计指标：设计渠底比降为 1/15000，设计水深 3.3m，输水渠边坡 1：2.0，输水渠设计底宽 12.5m。结论如下：

1）从 $F(m,b,h)$ 值（建设总费用）来说，较陡的渠道边坡，$F(m,b,h)$ 值较小，建设总费用较低，渠道较经济。

2）从经济的角度，设计方案渠道单位长度断面的 $F(m,b,h)$ 最大，即总建设经济费用最大。

3）在不限制渠底宽度 b、渠道边坡 m 和水深 h 的情况下，济平干渠挖方断面渠道最佳水力断面优化结果为 $m=0.577$、$b=6.19$、$h=5.36$，由于 $m=0.577$ 陡于边坡允许极限坡度，其边坡是不安全的，需要加固边坡，会大幅增加渠道建设费用，这是不现实的。

4）总费用最小的经济优化断面方案，在限制渠底宽度 b、渠道边坡 m 和水深 h 范围的情况下，济平干渠挖方断面渠道断面优化结果为 $m=1.58$、$b=14.18$、$h=3.0$，由于 $m=1.58$ 边坡略大于边坡允许极限坡度（$m=1.4$），其边坡是安全的，渠道建设费用较设计方案节省 8.5%。

（2）济平干渠半挖半填断面渠道优化。选择典型半挖半填渠段断面设计指标：设计渠底比降为 1/10000，设计水深 3.3m，输水渠边坡 1：2.0，输水渠设计底宽 9.5m。设计堤顶超高为 $h_1 = 1.5m$，输水渠堤顶宽度 $b_1 = 6m$；戗台以上筑堤内、外边坡 m_1 均为 2.5m，戗台宽 3m，距地面高度 $h_2 = 2m$。结论如下：

1）从经济的角度，设计方案渠道单位长度断面的 $F(m,b,h)$ 最大，即总建设经济费用最大。

2）总费用最小的经济优化断面方案 1，在宽松限制渠底宽度 b、渠道边坡 m 和水深 h 范围的情况下，济平干渠挖方断面渠道断面优化的结果为 $m = 0.55$、$b = 5.0$、$h = 6.0$，由于 $m = 0.55$ 陡于边坡允许极限坡度，其边坡是不安全的，需要加固边坡，会大幅增加渠道建设费用，这是不现实的。

3）总费用最小的经济优化断面方案 1，在限制渠底宽度 b、渠道边坡 m 和水深 h 范围的情况下，济平干渠挖方断面渠道断面优化的结果为 $m = 1.57$、$b = 7.0$、$h = 4.0$，由于 $m = 1.57$ 边坡略大于边坡允许极限坡度（$m = 1.4$），其边坡是安全的，渠道建设费用较设计方案节省 11.7%。

（3）南干渠断面优化。南干渠断面设计参数：渠道采用梯形断面，底宽 14m，水深 4.59m，边坡 1：2，糙率 $n = 0.014$，纵坡 $i = 1/15000$。渠道采用 0.08m 厚预制混凝土板砌护，预制混凝土板下面铺设 3cm 的聚苯乙烯保温板，板下铺设砂垫层，渠道不冲流速为 10m/s，不淤流速为 0.4m/s，设计流量 100m³/s，南干渠按一级建筑物设计。主要结论如下：

1）从 $F(m,b,h)$ 值（建设总费用）来说，较陡的渠道边坡，$F(m,b,h)$ 值较小，建设总费用较低，渠道较经济。

2）从经济的角度，设计方案渠道单位长度断面的 $F(m,b,h)$ 最大，即总建设经济费用最大。

3）在不限制渠底宽度 b、渠道边坡 m 和水深 h 的情况下，南干渠挖方断面渠道最佳水力断面优化结果为 $m = 0.58$、$b = 7.69$、$h = 6.66$，由于 $m = 0.58$ 陡于边坡允许极限坡度，其边坡是不安全的，需要加固边坡，会大幅增加渠道建设费用，这是不现实的。

4）总费用最小的经济优化断面方案 1，在限制渠底宽度 b、渠道边坡 m 和水深 h 范围的情况下，济平干渠挖方断面渠道断面优化的结果为 $m = 1.59$、$b = 15.0$、$h = 4.0$，由于 $m = 1.59$ 边坡略大于边坡允许极限坡度（$m = 1.05$），其边坡是安全的，渠道建设费用较设计方案节省 15.4%。

二、高水头侧渗深挖方渠段的边坡稳定及安全技术

南水北调工程中有部分渠道输水线路是沿河流滩地布置，且为挖方渠道，受相邻河流侧渗的影响，渠床的地下水位高于渠底标高，有的甚至大大高于渠内水位。高水头的侧向渗流严重威胁着工程建设期的安全施工和建成后的运行安全，除引起渠坡渗透变形破坏外，还可能引起渠道衬砌的渗透破坏（扬压力过高）及冻胀破坏，给工程设计和施工带来严重困难。因此研究高水头侧渗条件下大型渠道边坡的渗透变形规律、渗透稳定评价方法和施工质量控制技术，对确保输水渠道工程的安全运行具有十分重要的意义。

南水北调东线山东济平干渠工程，输水线路基本平行黄河并沿长平滩区边缘布置，其中输

水渠设计桩号 $5+952\sim10+020$ 渠段，与黄河仅一堤之隔，最近处距黄河 $10\sim20\mathrm{m}$，工程施工期黄河水位一般比输水渠渠底高 $2\sim4\mathrm{m}$。在东平湖附近的渠首段，当东平湖处于高水位向黄河泄洪时，济平干渠左堤内外水位差高达 $8.7\mathrm{m}$。在济平干渠输水线路渠首段设计和施工过程中，利用常规的渠道排水技术措施无法消除高水头侧向渗流引起的渠坡渗透变形破坏，所以，提出了垂直截渗的措施方案，用于指导工程设计和施工，取得了良好的效果，但由于当时环境条件限制，未进行深入的总结和系统的理论研究。

以南水北调东线济平干渠高侧渗输水渠段为例，结合实际提炼出高水头侧渗条件下渠坡的渗流控制方案研究、高水头侧渗条件下渠坡土体的二维饱和土稳定渗流及非饱和土非稳定渗流研究、考虑渗流场和应力场耦合的高侧渗渠坡稳定性评价、截渗墙施工质量控制技术研究等技术难题，进行系统地试验研究和理论研究，可为类似高侧渗输水渠道工程设计和安全运行提供重要的技术支撑。

（一）渠坡非饱和土的渗透特性研究

受渠道输水与相邻河道洪水期季节变化，高水头侧渗渠段渠坡土体处于饱和—非饱和状态的变化中，研究渠坡土体的渗透性是进行高侧渗渠段边坡渗透稳定评价的基础。由于土体饱和渗透特性的研究已相对成熟，可参照有关规范、规程和研究成果，重点研究土体非饱和渗透特性，而对饱和土体仅做了渗透试验。

与饱和状态的渗透系数是定值不同，非饱和土的渗透系数 K_w 是一个变量，它同时受到土的孔隙比 e 和饱和度 S（或者含水率）的变化的强烈影响，可表示为

$$K_w = K_w(S, e) \tag{5-4-3}$$

当一种土变为非饱和时，空气首先取代某些大孔隙中的水，导致水通过较小孔隙流动，从而使流程的绕曲度增加。随着含水率的减少，土的基质吸力的进一步增加导致水占有的孔隙体积进一步减少，结果是渗透系数随着可供流动的空间减少而急剧降低。对非饱和土来说，描述饱和土中渗透的基本规律的 Darcy 定律同样适用，只不过渗透性系数不再是常数，而是一个与土体吸力有关的变量。

影响非饱和土渗透系数的因素很多，主要有土的粒径大小与级配、矿物成分、土的结构及土的饱和度等。非饱和土的渗透系数在非稳定过渡过程中，由于体积-质量性质的变化而有显著变化。非饱和土的孔隙比变化可能很小，它对渗透系数的影响可能是次要的。而饱和度变化的影响则是十分重大的，因此常常将渗透系数表达为饱和度 S 或体积含水量 θ 的单一函数。

土的非饱和渗透特性可由土水特征曲线和非饱和渗透系数来表征。前者决定非饱和状态下的水力梯度分布，后者决定非饱和土的水分渗透能力。

非饱和土渗透系数是非饱和土研究的重要参数之一，由于其值变化范围很大且不易测量，一直是非饱和土研究中的一个难点。实践中确定非饱和土渗透系数的方法主要有直接测量法和间接估算法。

土水特征曲线（SWCC）是指非饱和土的含水量与基质吸力之间的关系曲线。其基本参数有空气进气值和残余含水量，由土水特征曲线可推测非饱和土的渗透函数、抗剪强度等参数。一般认为土水特征曲线和非饱和渗透系数都是与土的孔隙结构相关的，而且这两个参数之间有

着较强的相关性。卢应发从理论和试验两个方面研究了土水特征曲线和渗透曲线的相互关系。相对于非饱和渗透系数而言，土水特征曲线的实测要相对容易一些。因此，通过实测土水特征曲线，采用数值方法推算非饱和渗透系数的处理方法较为常见。

常用于量测非饱和土的土水特征曲线的测定方法主要有滤纸法、负压计法、砂性漏斗法、压力仪法、轴平移技术法、热敏传感器法和稳定土壤含水率剖面法。常用的设备主要有两种，即 Tempe 压力盒和体积压力板仪。

（二）高测渗条件下渠坡渗流分析、渗控方案分析及渗控效果分析

高水头侧渗渠段渠坡土体处于饱和—非饱和状态的变化中。在汛期洪水位上升的初期与消退后期，渠堤土表现为非饱和状态，应进行非饱和非稳定渗流分析；在外水稳定渗流期，浸润线以下的渠堤土表现为饱和状态，应进行饱和稳定渗流分析。渠坡饱和土稳定渗流、非饱和土非稳定渗流的基本理论，并以济平干渠渠首段边坡为例，进行了不同截渗方案的渗流控制效果分析和评价，为细化和优选渗控方案提供技术支持。

1.渗流控制原则

渗流控制的主要目的是控制渗流量、消减水力坡降，消除渗透破坏的威胁，确保工程的稳定安全。渗流控制的基本原理主要有三点：一是延长渗径或截断渗径，消减水力坡降；二是排水减压，减低水力坡降；三是提高土体的抗渗性能。总体上，渗流控制应坚持防渗、排渗和保护渗流出口三结合的原则。

（1）防渗。防渗的方法是在土体中利用弱透水材料筑防渗体以截断渗流，减少渗透流量，同时起到消减土中其他部分水头的作用，以防止土体的渗透破坏。早期防止土工建筑物渗透破坏的方法，大多采用透水性小、黏粒含量高的土填筑防渗体，并加大厚度，以期减小水力比降。目前由于渗透计算理论与土的渗透变形理论的发展，认识到土的渗透破坏可以由反滤层直接防止。于是防渗体的任务变为以防渗为主，其本身的渗透稳定借助反滤层的保护。

（2）排水减压。排水是一种疏导的方法，将透水良好的材料预先有计划地布置于土体的一些水力比降较大的部位作为排水体，使渗流提前释放压力，并通过排水体自由地排出，以保证建筑物整体的安全性。反滤层是近代排水体中的主要组成部分，这使设施不仅能排水减压，同时能直接防止由于排水而引起的渗透破坏，使排水体的功能更加完善。

（3）反滤层保护。反滤层是防止土体发生渗透破坏的有效措施，因同时具有排水性能，所以也是排水体的主要组成部分，是土质防渗体不可缺少的助手。由于具有滤土和排水的两重性能，既可以防止局部的渗透破坏，又可保证建筑物及土坡的整体稳定，因而称为渗流控制中一项极其重要的措施。

（4）盖重。堤后盖重是防止堤防管涌破坏的有效控渗措施之一。若堤后盖重土的渗透性小于其下的土体的渗透性，则盖重的作用在于提高其下土体的抗渗能力，延长渗径，降低水力坡降；若盖重土的渗透性大于其下的土体的渗透性，则盖重的作用在于提供上覆压力，提高其下土体的抗渗能力。

2.渠坡饱和稳定渗流计算及非饱和土非稳定流计算

渠坡渗流分析应结合外水位的特点和渠堤土的饱和与非状态饱和状态，恰当地选择相应的分析方法。输水渠正常运行及汛期持续时间较长时，渠坡渗流计算可按饱和稳定流进行分析，

而汛期持续时间短时，渠坡渗流计算则需按非饱和非稳定流进行计算。

渗流计算模型应参照地质勘探资料，对工程地质剖面中揭示的土层进行概化，首先建立渗流计算地质模型，在此基础上分析渠内外水位和地下水位情况，确定边界约束条件及初始条件，从而建立渗流计算数学模型。

3. 普通渠道渗控方案

对于普通渠段，应根据实际情况来选择合适的渗控方案，一般以排水减压为主。如对于渠床为风化岩或软黏土，不适宜疏干排水的渠段，需分散排水减压，即采用渠坡暗管逆止排水。如果该渠段还靠近河流，受河流侧渗影响较大，且渠底有承压水层，在渠坡采用暗管自流内排的基础上，还应在渠底中央纵向加设一道碎石盲沟强透水带（土工织物＋碎石）＋逆止阀排水。如水质不符合要求，还要设暗管集水减压，集中抽水外排等。有关普通渠道渗控方案在渠道防渗漏、防冻胀、防扬压的新型材料和结构型式中重点研究。

4. 高侧渗条件下渠坡渗控方案

闸坝工程的渗流控制措施可概括为"前堵、后排、中间截"，堤防的渗流控制措施主要是"排、压、截"。其原因是迎溜冲刷、河床演变不宜在堤前采用铺盖的防渗以及水头较小，堤后压重容易奏效。而对于邻黄高侧渗段渠坡来说，既不能采用铺盖防渗，又不宜仅采用排渗措施，也不宜采用压重等措施（一方面影响渠坡稳定；另一方面空间有限，不宜实施）。铺盖防渗措施需在黄河内侧施工，施工难度大，若仅采用排水减压措施，则大流量的侧渗增加了渠道排水的技术难度，如若排水不及时，会导致渠坡失稳，较高的地下水顶托力会使渠道衬砌失稳破坏，影响渠道的运行。受场地空间限制又不能采用压重。综上所述，高水头侧渗渠段的渗控措施只能采用截渗为主，辅以反滤层保护出口的措施。

（1）垂直截渗墙方案。垂直截渗方案在坝工领域得到广泛应用，其形式主要有混凝土防渗墙、塑性混凝土防渗墙、高压灌浆帷幕等。在堤防领域，近年来，由于洪水频繁，防洪标准提高及垂直防渗施工技术的改进和防渗新材料应用的普及，又渐趋采用更加安全的"截渗"措施。垂直截渗墙的结构型式可分为悬挂式和封闭式。封闭式防渗墙墙底进入相对不透水层，可完全截断渗流通道，截渗效果最佳。但它切断地下水的互补联系，对防洪排涝均不利。而国内许多学者及工程技术人员通过对长江、黄河堤防截渗墙的研究认为：通过优化设计，悬挂式截渗墙同样可达到较好的截渗效果，可降低水头、消除渗透破坏的威胁，同时基本上不会影响堤防保护区地下水水位动态和地下水环境。因此，邻黄高水头侧渗渠段只能采用悬挂式截渗墙。

（2）反滤层保护。由于邻黄高侧渗渠段建议采用的悬挂式水泥土截渗墙不能完全截断地下水渗流，仅能控制渗流量和消减部分水力坡降，保护渠坡土体不发生渗透破坏必须依靠反滤层。Bligh 最早提出的防止土的渗透破坏的理论是以防为主，即设法减小单位长度土体承受的水头。而 Tezaghi 明确提出用反滤层防止土体渗透破坏。反滤层的作用在于滤土减压。渗流一旦进入反滤，渗透压力全部或大部分消失，再无后顾之忧。反滤层已成为防止土体渗透破坏的最有效的措施。

基于渠坡渗控方案分析，建议高水头侧渗条件下渠坡渗控措施选择以悬挂式水泥土搅拌桩截渗墙为主、结合反滤层保护渗流出口的渗控方案。

5. 高侧渗条件下渠坡渗控效果分析

运用非饱和非稳定渗流理论，借助有限元数值模拟，对济平干渠渠首段 10m 和 15m 垂直截渗方案及反滤层保护方案的渗流控制效果进行分析评价，为细化和优选渗控方案提供技术支持。

地质勘查报告建议输水渠防渗措施处理到输水渠底 5m 以下。分别对 10m 深和 15m 深两种水泥土截渗墙方案及仅在渠底布置反滤层及在渠底和渠坡下部 2m 设置反滤层两种方案进行对比计算分析。模型中考虑土层及其渗透性参数、模型的边界条件及初始条件，非稳定流计算时黄河洪峰过程，假定水泥土截渗墙的渗透系数为 1×10^{-6} cm/s，反滤层厚度 50cm，其渗透系数比所在土层的渗透性系数大两个数量级。

不论是日常运行工况的非饱和土稳定流计算，还是汛期工况非饱和土非稳定流计算结果均表明，截渗墙能有效控制渗流量，截渗墙越深，渗流量消减越大，渗控效果越好。对于济平干渠首段，15m 深截渗墙即可满足渠坡渗控要求。

（三）渗流场与应力场耦合作用下的渠坡变形及稳定性分析

在大然状态下，渗流场和应力场相互作用、相互影响，是一种耦合关系。渗流引起滑动力和抗滑力的变化，一般不利于边坡的稳定性。下面在阐明渗流场与应力场耦合作用下的渠坡变形及稳定性分析原理的基础上，以济平干渠渠首段悬挂式水泥土搅拌桩截渗墙方案为例，分析渠坡在渗流场和应力场耦合作用下的应力变形和整体稳定性。

1. 渗流场与应力场耦合原理

对于多孔介质来说，由水位差形成的水压力并不是以一种外荷载的形式作用于土体，而是通过透水介质以渗透体积力的形式作用的。因此，其大小和分布规律将直接影响应力场。渗流场是通过渗透力对应力场产生直接影响。当应力场在渗透力的作用下发生改变时，土体将产生相应的体积应变和孔隙比变化，从而使土体的渗透系数发生变化。因此，应力场是通过体积应变对渗流场间接产生影响，其大小与土的应力-应变关系有关。

2. 渗流场作用下渠坡应力应变分析

以济平干渠渠首段为例，对高侧渗渠段勘探揭示的土层做适当概化，建立的渗流场和应力场耦合计算模型。

与日常水位运行工况相比，洪峰水位时渠坡内偏应力、剪应力、水平向有效应力及最大剪应变均相应增大，其中渠坡坡脚处的最大剪应变增大近 3 倍。但分布规律基本相同，即渠坡上部应力水平较下部小。

3. 渗流场作用下渠坡及截渗墙的变形分析

通过建立的耦合计算模型，还可进行渗流场作用下渠坡及截渗墙的变形分析。日常运行水位工况下渠坡坡脚水平向位移为 0.95cm，中部设计水位高程及上部坡缘水平向位移分别为 2.1cm 和 3.3cm。洪峰水位（洪峰持续 15 小时）工况时渠坡水平向位移均增大，其中坡脚为 2.33cm，中部设计水位高程处为 3.5cm，渠坡上部坡沿处为 3.7cm。

考虑渗流影响，洪峰水位（持续 15 小时）时截渗墙中下部水平位移最大（深度 11m 处，为 2.55cm），下部次之（1.2cm），顶部最小（1.6cm）。

4. 考虑渗流场作用的渠坡稳定性分析

采用极限平衡法进行边坡的稳定性分析。极限平衡理论的主要思想是将滑动土体进行条分，由极限状态下土条所受力和力矩的平衡来分析边坡稳定性。该方法的基本特点是，只考虑静力平衡条件和土的 Mohr - Coulomb 破坏准则，也就是说，通过分析土体破坏的那一刻的平衡来求得问题的解。它是目前应用最多的一种分析方法。

当考虑渗流场作用进行极限平衡分析时，渠坡中浸润面以下的土体按饱和土考虑，其上土体按非饱和土考虑。同时，对于浸润面以下的土体按浮容重计算土条重量，并计算作用于土条底部的孔隙水压力。

渠坡非饱和土和饱和土的强度公式采用 Fredlund 以 Mohr - Coulomb 准则为基础提出的双变量公式。

无截渗墙、日常运行水位下，考虑渠坡稳定渗流时渠坡的稳定性系数为 1.08，当水渠水位骤降至无水时渠坡的稳定性系数为 1.05。显然，为确保输水渠正常运行，必须设置截渗墙对渠坡渗流进行控制，以提高渠坡稳定性。

15m 深截渗墙可有效控制渗流量、降低水力梯度，是推荐的主要渗控方案。有截渗墙、日常运行水位下考虑稳定渗流时渠坡稳定性系数为 1.75，水渠水位骤降至无水时渠坡的稳定性系数为 1.50，较无截渗墙时渠坡的稳定性有大幅提高。可见，截渗墙不仅有效控制渠坡渗流，还增加了渠坡稳定性。

（四）截渗墙施工控制技术

施工质量的控制是关系到任何一种防渗处理措施能否很好地发挥其效果的关键性因素。下面以水泥搅拌桩截渗墙作为垂直截渗的典型实例，从水泥搅拌桩截渗墙施工工艺、常见的质量事故出发，通过事故树法分析搅拌桩截渗墙失效概率，探究其发生原因，结合工程实践，建立起搅拌桩截渗墙施工质量控制的框架，并且简要分析了其检测方法。

1. 水泥搅拌桩截渗墙施工工艺

水泥搅拌桩截渗墙以水泥作为固化剂，通过特制的深层搅拌机械，将喷出的水泥固化剂与地基土进行原位强制拌和形成水泥土，利用水泥与软土之间所产生的一系列物理化学反应，使软土硬化成整体，形成一定强度的截渗墙。主要有粉喷和湿喷两种。

（1）水泥粉喷搅拌桩的施工程序：测量放样定位→调平钻机平台→预搅下钻→到达硬层后提前喷灰→反转法边搅拌边提升边喷粉→提升到设计停灰面→重复搅拌下沉→再次提升搅拌直至离地面 0.5m 时停止喷粉→关闭搅拌机械并移位。

施工时预搅下钻的速度不大于 1m/min，提升时采用反转法边搅拌边提升边喷粉，提升速度为 0.5m/min，提升到设计停灰面时，应原地慢速搅拌 2～3min；重复搅拌下沉和重复搅拌喷浆上升，再次提升搅拌，速度控制在 0.5～0.8m/min，提升搅拌直至离地面 0.5m 时停止喷粉，完成一根桩体。

（2）水泥湿喷搅拌桩的施工程序：桩位放样→钻机就位→检验、调整钻机→正循环钻进至设计深度→打开高压注浆泵→反循环提钻并喷水泥浆→至工作基准面以下 0.5m→重复搅拌下钻并喷水泥浆至设计深度→反循环提钻至地表→成桩结束→施工下一根桩。

施工时，先将深层搅拌机用钢丝绳吊挂在起重机上，用输浆胶管将贮料罐砂浆泵与深层搅拌机接通，开动电动机，搅拌机叶片相向而转，借设备自重，以 0.38～0.75m/min 的速度沉至要求加固深度；再以 0.3～0.5m/min 的均匀速度提起搅拌机，与此同时开动砂浆泵将砂浆从深层搅拌中心管不断压入土中，由搅拌叶片将水泥浆与深层处的软土搅拌，边搅拌边喷浆直到提至地面（近地面开挖部位可不喷浆，便于挖土），即完成一次搅拌过程。用同样方法再一次重复搅拌下沉和重复搅拌喷浆上升，即完成一根柱状加固体，外形呈现"8"字形，一根接一根搭接，即成壁状加固体，几个壁状加固体连成一片，即成块状。

2. 常见质量事故

（1）桩位偏移。首先，工程地质条件差对桩偏位的影响，施工时测量放样出错导致成桩偏位。其次，打桩沉桩施工时，施工流水安排不当，施工方案不合理均会造成桩位偏移。同时，超孔隙水压力的作用，土方开挖施工影响，土体产生位移，由此造成桩的偏位。

（2）缺桩。施工中因现场操作人员疏忽，造成工程桩漏打。

（3）桩长不够。因施工单位偷工减料或其他原因，造成桩底未达到设计要求的持力层。

（4）桩头浅部缺陷。一方面，由于桩顶段搅拌不均，强度较低所造成；另一方面，由于水泥土搅拌桩静载试验常常在工程桩上进行，而水泥土搅拌桩又不同于一般的刚性桩，其破坏主要是桩身强度破坏，这样就造成水泥土搅拌桩浅层破坏。

（5）桩身缺陷。由于施工过程中停电、喷浆（或喷粉）孔堵塞、地层不匀等原因造成桩身部位断桩、缩颈、桩身不匀等缺陷，影响到工程使用效果。

（6）群桩缺陷。工程地质条件差、施工工艺原因均会造成水泥土搅拌桩大面积缺陷，或者由于整体地基处理方法的选择不合适引起。

3. 质量控制指标的选取

水泥搅拌桩截渗墙设计包括墙体位置、墙体深度、墙体厚度以及墙体材料物理力学参数（渗透系数、抗压强度、允许渗透比降）和相应的水泥掺量等。这里主要讨论截渗墙渗透系数、厚度、允许渗透比降、抗压强度四种质量控制指标，不管选取何种材料，四种质量控制指标是协调的，只要选取了合适的截渗墙渗透系数、厚度，允许渗透比降、抗压强度基本可以满足工程需要。所以，截渗墙渗透系数、厚度为主要控制指标，其余为次要控制指标。

施工中，为了施工方便，通常只提供一套施工参数，但对于复杂的地层情况是远远不够的。施工时应特别注意根据不同的土层正确选择不同的施工参数，因为灌浆量往往因土质及其空隙率的不同而有差异。对黏性土地层、细砂或密实的粉土质地层、粗颗粒的砂土或软的粉土地层、多孔的地层或砂砾层，具体选用何种施工参数，需进行一定的室内及现场试验。在施工过程中应严格按选用的施工参数进行控制。

（1）截渗墙渗透系数。从绝大多数施工企业的施工技术、控制能力和成本来看，将水泥土截渗墙的渗透系数设计指标定为 10^{-6} cm/s 较合适。而在施工过程中使墙体的渗透系数满足设计要求的关键是施工中合理确定和严格控制水泥掺入比、水灰比、外加剂、复搅次数和钻杆提升速度等施工参数。

（2）截渗墙厚度。大多数防渗工程中使用的都是单排桩深搅水泥土截渗墙，这意味着每根桩以及每相邻两根桩的搭接部分都必须满足设计指标要求。所以截渗墙的厚度指标是指能保证搭接部分都满足设计指标要求的最小厚度。

施工偏差、钻孔倾斜度等则是为保证墙体完整性及其最小厚度满足设计要求的施工控制参数。

综合考虑现阶段施工技术以及经济等因素，建议堤防工程深搅水泥土截渗墙的厚度宜不低于 20cm。

（3）截渗墙的允许比降和抗压强度。水泥搅拌桩截渗墙的允许比降计算公式为

$$J_{允} = \Delta H / (D \cdot \eta)$$

式中：D 为墙体的最小厚度；ΔH 为其上游面承受的水头与下游面水头的差值；η 为安全系数。

从南水北调堤防情况看，截渗墙承担的实际作用水头一般小于 10m，最大不超过 10m。如果按最小墙厚 20cm 承受全部作用水头考虑，根据允许比降的定义，承受 10m 的作用水头时截渗墙内的渗流比降为 50，所以 50 的允许比降应该能够满足一般要求。因此，截渗墙的允许渗透比降可以不作为南水北调堤防工程截渗墙的主要控制指标。

截渗墙的抗压强度在防渗工程中不是主要控制指标，但由于它是直观反映水泥土质量的主要指标，在应用中也作为一项次要指标。水泥土抗压强度与水泥的掺量、土质类型和含水量、搅拌的均匀性以及成型环境和龄期有关。根据水泥搅拌桩截渗墙的功能和受力方式，应当考虑围压作用，同时由于水泥土在围压作用下的力学破坏为剪切破坏，应按照剪切破坏标准评价其力学稳定性。

4. 施工质量控制

（1）控制的整体性框架。工程可靠性是工程的重要质量指标，可靠性高意味着工程建筑物正常使用年限长、故障少。南水北调渠道的工程可靠性是关系到解决北方用水难等问题的重中之重。提高其水泥搅拌桩墙的工程可靠性，可将其分成以下几个阶段进行控制：

1）做好勘察工作，详细了解工程所在地的地质条件，按照设计选取正确可靠的施工参数，制定详细、合适的施工组织设计。

2）通过事故树分析方法对导致搅拌桩截渗墙失效的因素进行辨识和评价，找出关键的影响因素，针对关键因素制定专门的应对措施。

3）施工前，进行工艺性试桩。由于室内试验及设计等并不能完全符合现场的实际情况，在施工现场进行工艺性试桩能够更加直接的反映现场实际情况，通过反馈的情况对施工设计参数进行优化。

4）施工中，严格按照设计选定的参数进行施工。对关键影响因素进行重点控制，并且按照实际情况及时反馈，做到信息化施工。

5）施工后，按照规范进行详尽的检测。针对截渗墙主要控制指标进行常规检测。同时对于桩体的连续性、完整性、均匀性，可利用超声波 CT 层析成像技术、探地雷达等一些新型的无损探测技术，能够形象具体地反映实际情况。对不符合要求的部位进行必要的补救。

（2）关键性的控制要点。综合搅拌桩截渗墙事故树分析及现阶段施工技术，其中墙体的连续性、完整性和均匀性和墙体的水泥掺入比是施工质量控制的重点和难点。

1）墙体的连续性、完整性和均匀性控制。为保证墙体的连续性、完整性和均匀性，必须保证有足够的桩径、桩体斜率、桩间搭接长度和搅拌次数、适当的钻进与提升速度。包括以下几个方面：①桩位偏差控制。监视桩机严格按放样孔位就位，允许偏差±2cm。偏差超过允许值的，必须加补一单元或多单元搅拌桩以确保搅拌桩的连接。②墙体垂直度控制。在完成每一单元墙体前后，都必须校核主机的水平，若垂直度不符合规定，必须调平钻机重来，并每隔 5 天用经纬仪校核钻机桅杆的垂直度，以保证墙体的垂直度。③墙体有效搭接控制。经常检测钻头叶片直径，确保有效墙体厚度。搭接的桩体需连续施工，一般相邻桩的施工间隔时间不超过 8 小时；若超过，则应对前一单元的最后一根桩空钻留出榫头，以待搭接。④桩底和桩头的质

量控制。粉喷桩底需持续喷搅 30 秒，以保证墙体底部质量，桩头达到停灰标高后慢速原地搅拌 1～2 分钟。⑤断桩控制。施工时发生断桩，应及时查明断桩部位，进行接桩。粉喷桩接桩时，其喷粉重叠长度不得小于 1m；湿喷桩接桩时，把钻头下沉至断桩部位以下 0.5m 重新供浆搅拌提升。如果发现断桩时间超过 24 小时，应在断桩旁边加补一个或多个单元搅拌桩，以确保搅拌桩整体防渗效果。⑥均匀性控制。黏性土较砂性土粒之间的黏结力高，所以相对而言，黏性土同砂性土相比不易搅拌均匀。在施工中，对于黏粒含量较高的土层，要求搅拌桩机在钻进和提升时应适当降低钻进和提升速度，以保证水泥浆与加固土体的充分搅拌均匀。

2）水泥掺入比控制。水泥掺入比是指水泥掺入重量与被加固的土体天然湿重之比，水泥土的强度随水泥掺入量的增加而增长，防渗性能也随之增强。

对于粉喷桩，在实际施工中掺入比最少不低于 8%，一般在 12%～15%。当掺入比小于 7% 时，对黏性软土而言，水泥与土的反应过弱，水泥土固化程度低，强度离散性较大，难以形成水泥石骨架，水泥水化物也不能与软土颗粒充分反应。针对具体工程要进行特定室内试验，正确地确定水泥的掺入比。施工过程中喷粉量由储灰罐计数器控制，每罐容量应不小于一根桩的用灰量加 50kg，如储量不足时，不得对下一根桩开钻施工。水泥用量的误差不得大于 1%。

对于湿喷桩，水泥掺入量又主要通过水泥浆的水灰比和搅拌时单位长度桩体被注入的浆量来控制。单位桩体注浆量又与注浆泵的单位注量和搅拌提升速度相关。隐蔽工程截渗墙要求水泥掺入比大于 15%，并规定搅拌桩应使用强度等级不低于 32.5 的普通硅酸盐水泥。

采用水泥土搅拌桩浆量监测记录仪对水泥浆量及成孔深度进行自动监控，保证钻孔孔口始终有轻微返浆。当孔口不返浆时，则减慢或停止钻杆提升，采取静压回灌或加大水泥浆泵的排量来解决，直到孔口有返浆时再开始正常施工作业。此外，对拌制的每桶水泥浆都必须测量浆液比重是否合格。

5. 施工质量检测

（1）常规检测技术。对于水泥搅拌桩常规检测方法主要有浅部开挖、轻便触探、低应变动测法、单桩静载试验、复合地基静载试验、钻孔取芯法等。但这些检测方法大都是针对水泥搅拌桩作为复合地基而言。水泥搅拌桩截渗墙，应主要检测防渗系数、墙体厚度、深度及其完整性、抗压强度等指标。所以常规检测中常采取钻孔取芯法。

截取芯样制成试块进行室内试验，可以得到桩体防渗系数、强度及各种物理力学指标。选取一定数量的桩在钻芯取样过程中沿桩体深度方向每隔一定距离作标准贯入试验，同时可获得芯样硬度或状态、标准贯入击数等指标，也是一种直观可靠的水泥搅拌桩施工质量检测方法。标准贯入击数有时会偏高或偏低。一般来说，标准贯入击数偏高往往是受到水泥搅拌桩均匀程度的影响。但是对于搅拌不均匀的桩身，因存在大小不等的水泥碎块和片块，导致标准贯入器带动水泥富集块体贯入，阻力增大，因而使得标准贯入击数偏高。标准贯入击数偏低是由于复搅不充分、没有达到深度或者复搅提钻速度快而造成的。

（2）新型检测技术。

1）超声波 CT 层析成像技术。该技术是利用超声波在混凝土介质中的传播时间构建其内部速度场特征，进而分析介质内部构造特征。能在不同深度位置将不同声速用不同颜色显示出来，成果一目了然，但图像颜色比较单一，相邻声速范围呈现的色彩区分较困难。

2）探地雷达系统。该法具有探测频带覆盖宽的特点，属分体嵌入式系统模式，雷达系统可进行点测和连测，但是主要突出点测方式采集数据。地质雷达检测截渗墙对内部缺陷情况可以进行定性解译，但定量测量不能满足要求。

3）超声电视和视频电视系统。其优点是探测成果图像可以对钻孔进行岩性观察，通过对超声波成像、视频成像和地质资料综合分析，可以代替钻孔取芯，成果形象、直观可靠；另对于渗漏调查钻孔可以定性及定量测评。同时需要造孔也是其缺点。

4）高密度弹性波CT检测。该方法可反映墙体介质分布的均匀性，速度成像结果与声波测试结果基本上一致，在截渗墙深度检测中取得了较好效果。但试验结果发现，该方法对异常的精细检测却未达到预期效果。

5）低应变深度测试。该法与低应变桩基完整性检测基本原理相同，为了能得到较准确的截渗墙深度，根据同种波形在同种介质中声速相同的原理，用非金属超声波检测仪对混凝土截渗墙的波速进行了率定，取得了较好的检测效果。

三、渠道防渗漏、防冻胀、防扬压的新型材料和结构型式

（一）渠道防渗新材料

东线已建成的济平干渠采用了现浇高性能混凝土防渗技术，并提出了高性能大块薄板＋双组分聚硫密封胶等新型防渗漏技术，能较好解决混凝土的防裂、抗冻和耐久性问题。但是施工过程中很多外部因素的影响（如温度和湿度的变化、碱骨料反应、模板变形等），仍会产生微裂缝，所以进一步提高高性能混凝土防渗抗裂性能显得十分必要。

采用自行研制的一种新型的混凝土防渗材料生产高性能防渗抗裂混凝土，并对高性能防渗抗裂混凝土的抗渗性能、力学性能和裂缝自愈合性能进行了试验研究。

1. 新型防渗材料对混凝土抗渗性能及力学性能的影响

新型防渗材料的作用原理是通过具有催化作用的物质促使混凝土中未水化的水泥与游离钙离子在混凝土或砂浆的内部孔隙中反应形成晶体，堵塞封闭毛细孔通道，提高混凝土的抗渗能力，而且该物质可随水在缝隙中渗透迁移，当混凝土中产生新的细微缝隙时，一旦有水渗入，又可促使未水化水泥产生新的晶体把缝隙堵住，所以可赋予混凝土裂缝自愈合能力和可靠的防渗作用。

以C30混凝土为试验对象，掺入新型防渗材料分别为水泥量的1％和1.5％进行试件的渗透和强度试验。渗透试验数据表明：掺加了新型防渗材料后，混凝土试样的氯离子扩散系数明显降低，试样A2的氯离子扩散系数为对比样A1的66％，试样A3的氯离子扩散系数仅为对比样A1的57％。由此表明：新型防渗材料的使用有效提高了混凝土的防渗能力，可明显降低渠道的渗漏量。养护28天后混凝土试样的抗压强度测试结果，掺加了新型防渗材料的混凝土的抗压强度有了一定的提高。试样A1 28天抗压强度为30.2MPa，试样A2的抗压强度为31.7MPa，提高了5％，试样A3抗压强度为32.9MPa，提高了8.9％。

2. 新型防渗材料对混凝土裂缝自愈合性能的改善效果

以C30混凝土为试验对象，A样为未掺加新型防渗材料的对比样，B样、C样中分别掺加水泥量1％和1.5％的新型防渗材料。将制作好的混合料装入平板开裂试验模具，振实、抹平后

立即用塑料薄膜覆盖，两小时后取下薄膜，用电风扇吹混凝土表面，风速 8m/s。待试件出现裂纹，记录开裂时间和裂纹宽度和条数，然后停止吹风，以土工布覆盖混凝土表面，浇水养护，保持混凝土处于润湿环境，并在土工布上覆以聚乙烯膜，防止水分散失。观察试样在吹风 4 小时后产生的裂缝数量、最大裂缝宽度和最大裂缝长度。3 个试样均出现了肉眼可见的宏观裂缝，A 板有 6 条裂缝，B 板有 4 条裂缝，C 板有 5 条裂缝。但 A 板各条裂缝的宽度和长度明显大于 B 板和 C 板，A 板裂缝最宽达到 0.62mm，B 板裂缝最宽为 0.19mm，C 板裂缝最宽为 0.23mm；A 板最长裂缝达到 34cm，B 板最长裂缝为 17cm，C 板最长裂缝为 13cm。由此表明新型防渗材料对混凝土初期裂缝的产生有明显的抑制作用。选择每条裂缝的最宽处作为测量点，每隔 7 天测量 1 次，观察裂缝宽度随养护时间的变化，养护 7 天时，3 块试样上的裂缝宽度均无变化，但养护到 14 天时，A 板中 A1 裂缝宽度反而有所增大，其他裂缝宽度没有变化，而 B 板和 C 板裂缝已明显减小，尤其 C 板裂缝减小更为明显。经过 28 天的养护，A 板各裂缝宽度基本没有变化，B 板和 C 板中的裂缝宽度显著减小，其中 B 板裂缝宽度均已减小了 2/3，个别裂缝已经消失，C 板大多数裂缝宽度减小到 0.01~0.02mm。由此表明，普通混凝土不具备宏观裂缝自愈合能力，而掺加新型防渗材料后，混凝土具备了优良的宏观裂缝自愈合能力，新型防渗材料的用量对裂缝的自愈合也有一定的影响，用量增加，裂缝愈合效果更好。

基于新型防渗材料对混凝土宏观裂缝所表现出的良好自愈合能力，显然在新型防渗材料作用下混凝土内部微裂缝可以在较短时间内得到自愈合，从而显著提高混凝土的抗渗压力。

（二）渠道防冻胀新材料研究

我国北方地区冬季气温较低，负温持续时间较长，渠道刚性衬砌如不采取必要的防冻胀措施，常发生基土冻胀破坏。主要表现为衬砌鼓胀裂缝、隆起架空、整体上抬、板块错位，严重的还会造成衬砌破碎或滑塌。混凝土衬砌渠道的冻胀破坏不但直接影响渠道的正常使用，浪费了宝贵的水资源，增加了工程修复次数和运行费用，而且给工程管理带来许多困难与不便，严重制约了工程效益的发挥。因此，必须对渠道采取防冻胀措施。

国内外渠道防冻胀技术，一般有抵抗冻胀、回避冻胀、削减冻胀、（优化结构）适应冻胀等方法。抵抗冻胀多通过钢筋混凝土材料、加大混凝土板厚度来实现，美国、日本等发达国家较多采用；回避冻胀则要求渠道衬砌工程的规划设计中，尽量避开出现较大冻胀量的自然条件，或在工程措施设计时选择管道、暗涵和采用桩、墩基础、支撑置槽和架空等结构，避开冻胀对渠道衬砌工程的作用；适应冻胀是在设计渠道断面和衬砌结构时，采用合理的型式和尺寸，使其具有适应冻胀变形的能力；削减冻胀是当渠基的最大冻胀量较大时，衬砌体在冻胀融化的反复作用下，产生冻胀累积变形和残余位移破坏，在采用适应、回避等方法在技术经济等方面难以解决时，可采用削减或消除冻胀法，将渠基的最大冻胀量削减到衬砌结构允许位移范围内。

通过对防冻胀措施的适应性分析认为：抵抗性防冻胀措施虽然提高了衬砌渠道的坚固耐久性，从而具有较好的抗冻性，但造价较高。而混凝土薄板衬砌厚度薄、重量轻，抗冻胀能力弱，采取抵抗性措施难以达到防治冻害的目的。回避冻胀要求在规划设计中尽可能控制渠道衬砌工程基土的水、土条件。

削减冻胀的措施主要有换填法、压实法和隔热保温。换填法是在冻结深度内将混凝土板下的冻胀性土换成非冻胀性材料如戈壁石、风积砂的一种方法。压实法可使基土的干密度增加，孔隙率降低，透水性减弱。密度较高的压实土冻结时，具有阻碍水分迁移、聚集，从而削减其冻胀的能力，但该方法施工质量难以保证。隔热保温是将隔热保温材料布设在混凝土板衬砌体背后，减轻或消除寒冷，并可减少换填垫层深度，隔断下层土的水分补给，从而减轻或消除渠床的冻深和冻胀。当渠道附近有大量换填材料时，可采用换填法来削减冻胀；当换填材料距离施工地区距离较远，运输成本较高时，可采用隔热保温的方法来削减或消除冻胀。

1. 聚苯乙烯保温材料及玻化微珠保温材料

常用的隔热保温材料分为有机保温材料和无机保温材料两大类。有机类保温材料应用较广泛的是聚苯乙烯保温材料，无机类保温材料比较常用的是玻化微珠保温材料。

（1）聚苯乙烯保温板。聚苯乙烯保温材料主要分为两类：聚苯乙烯颗粒保温材料；聚苯乙烯保温板。

聚苯乙烯颗粒保温材料是以聚苯乙烯泡沫颗粒为保温骨料，与胶凝材料、外加剂等通过一定工艺制成的一种保温材料。聚苯乙烯颗粒保温材料具有良好的保温性能，在外墙保温上有着广泛的应用。但是，聚苯乙烯颗粒保温材料自身强度较低，如用作防止基土冻胀的保温垫层，还要在保温垫层上加铺混凝土承重层，不仅提高了成本，而且也使得工程施工变得复杂。

发泡聚苯乙烯保温板（EPS保温板）俗称泡沫保温板亦称苯板，它是以发泡聚苯乙烯为母料，通过熟化、膨胀、压制定型、板材切割、加工等工艺形成的板状保温材料。EPS保温板具有重量轻、保温性能好、造价低廉的优点，因此应用于工业与民用建筑保温层、彩钢板板墙及公路防冻保温层等方面。由于其良好的保温性及经济性，20世纪90年代初，北方部分省份将EPS保温板引入工程中，用以解决渠道、蓄水池冬季防冻保温问题，水利部于1994年将EPS保温板纳入渠道工程保温防冻胀规范。

EPS保温板作为渠道防冻胀材料在渠道工程中已得到应用，但EPS保温板强度低，不适宜在其表面直接进行机械化现浇施工。为了解决这一问题，在济平干渠渠道防冻保温层中使用的是加筋EPS保温板，即以40～50mm的EPS保温板作为整体板芯，双面或单面配以钢丝网架，双向斜插钢丝交叉焊接而成的。

当加筋EPS保温板用作渠道防冻胀层时可按下面的方法进行铺装：保温板铺设前要先将钢模板安装固定好，然后顺渠坡和模板底槽，自下而上地将保温板循序铺设。加筋EPS保温板用作渠道防冻胀层材料时，施工工艺较复杂，施工成本较高，并且不适合于大型机械化衬砌成型。

挤塑式聚苯乙烯保温板（XPS保温板）是以聚苯乙烯树脂为原料加上其他的原辅料与聚合物，通过加热混合同时注入催化剂，然后挤塑压出成型而制造的硬质泡沫塑料板。与EPS保温板相比，XPS板具有完美的闭孔蜂窝结构，这种结构让XPS保温板有极低的吸水性（几乎不吸水）、低导热系数、高抗压性、抗老化性（正常使用几乎无老化分解现象）。通过XPS与EPS性能比较可以看出，XPS保温板的密度明显大于EPS保温板，表明XPS保温板比EPS保温板具有更好的承载能力，即XPS保温板的抗压能力更好；XPS保温板的导热系数明显低于EPS保温板，表明XPS的保温效果优于EPS，在相同的保温效果下，XPS保温板的厚度要小于EPS保温板；EPS保温板的吸水率明显大于XPS，在长期高地下水位环境中水一旦进入EPS保温板中，就大大降低了保温效果，缩短了保温板的使用寿命。但是XPS保温板表面光洁度高，与混凝土的摩擦系数小。在我国 XPS 保温板发展历史较短，应用没有发泡聚苯乙烯保温板广泛，此前在我国渠道工程中还未见采用 XPS 保温板。本研究拟选用 XPS 保温板作为渠道保温材料，然而，XPS 保温板直接应用于机械化衬砌渠道存在以下技术难题：

大型输水渠道断面一般设计为弧形坡脚梯形，渠道坡度大，施工时直接在坡基面上衬砌混凝土，由于 XPS 保温板表面比较光滑，混凝土与保温板黏结性差，极易发生混凝土面层的滑移现象，不利于机械化施工，影响施工效果，同时保温层与混凝土面层发生滑移，易使混凝土开裂，加大了渗漏量，缩短了输水渠道的使用寿命。因此，必须对 XPS 板表面进行处理，增强保温板与混凝土面层的黏结，防止混凝土面层与保温层之间产生滑移，避免混凝土开裂，以延长渠道的使用寿命。

采用以下两种方法对 XPS 板进行表面处理，研究了这两种方法对 XPS 保温板抗滑性的改善效果：①对 XPS 板进行表面拉毛处理；②在光滑 XPS 保温板表面形成抗滑层。并对以上两种方法处理的 XPS 保温板的压缩强度、压剪黏结强度、导热系数、摩擦系数进行试验测试。测试表明以下内容：

1）XPS 经过拉毛处理后，摩擦系数明显提高，压缩强度明显降低，导热系数和容重变化不大，但是拉毛处理后的 XPS 的摩擦系数仍不足以满足机械化衬砌的要求。

2）在 XPS 板上成型抗滑层能解决 XPS 板与混凝土面层之间的滑移现象，而且施工简单。

（2）玻化微珠保温材料。玻化微珠保温虽然保温性能优良，但是吸水率大，含水率为 10% 状态下的导热系数大于 0.15W/(m·K)，远不能满足渠道防冻胀要求。内掺乳化沥青，制备了兼有防水功能的玻化微珠保温材料。

试验结果表明，乳化沥青的掺入，不仅降低了保温砂浆的干表观密度，改善了保温砂浆的保温性能，而且少量的乳化沥青可以提高保温砂浆的强度，降低了保温砂浆的压折比，提高了保温砂浆的柔韧性，最重要的是乳化沥青的掺入降低了保温砂浆的吸水率，提高了保温材料的防水性能。综合考虑，沥灰比宜确定为 5%。

2. 两种保温材料的性能比较

（1）导热系数的比较：当沥灰比为 10% 时，玻化微珠保温材料的导热系数约为 0.08W/(m·K)，远高于 XPS 保温板导热系数 0.03W/(m·K)。

（2）吸水率的比较：玻化微珠保温材料的吸水率大于 15%，而 XPS 保温板由于其独特的结构，几乎不吸水。

（3）材料成本的比较：在相同保温效果情况下，XPS 保温板成本每平方米明显低于玻化微珠保温材料。

经过综合分析，在实际工程应用中选用 XPS 保温板作为渠道保温材料。

3. XPS 保温材料在南干渠中的应用

东线穿黄河工程南干渠所在工程地区，冬季寒冷少雪，12 月至次年 2 月月平均气温为 -2.6～0.2℃，最低气温可达 -20℃，最大冻土深可达 46cm。需对渠道进行防冻胀处理。

根据研究成果，将 XPS 保温板作为渠道抗冻胀保温材料用于南干渠工程中进行了应用。在南干渠工程中桩号 2+200.5～2+505，总长 0.3045km 的工程段中，采用带有乳化沥青碎石抗滑层 XPS 保温板作为渠道防冻胀保温材料。

从济平干渠冻胀试验数据看出：在 2007—2008 年度最低温度时期，渠坡、渠底观测点地温均在 0℃ 以上，保温板下未出现负温，经受了持续寒冷的严峻考验，衬砌混凝土板未出现基土冻胀破坏现象。

南干渠冻胀观测数据表明：南干渠施工完建期 2009 年 12 月、2010 年 1 月观测点气温在 −15℃ 左右，但渠坡、渠底地温均在 0℃ 以上，保温板下未出现负温，衬砌板未出现基土冻胀破坏现象。南干渠中采用的 XPS 保温板在保温性能上优于济平干渠中采用的 EPS 保温板，因此，南干渠保温垫层的防冻害效果优于济平干渠。

（三）输水渠道的防扬压研究

南水北调渠道工程区域跨度大，地形、地质条件复杂，水文、气象以及运行条件差异很大，因此应根据施工地区的实际情况来选择合适的防扬压措施。如对于渠床为风化岩或软黏土，不适宜疏干排水的渠段，需分散排水减压，即采用渠坡暗管逆止排水。如果该渠段还靠近河流，受河流侧渗影响较大，且渠底有承压水层，在渠坡采用暗管自流内排的基础上，还应在渠底中央纵向加设一道碎石盲沟强透水带（土工织物＋碎石）＋逆止阀排水。如水质不符合要求，还要设暗管集水减压，集中抽水外排。重点以南水北调东线济平干渠和南干渠输水渠道和中线总干渠部分渠段为具体研究对象，对南水北调输水渠道的防扬压措施开展研究。

由于地下水的影响，渠道衬砌板受到地下水扬压力顶托的稳定状况，衬砌板的抗浮稳定安全系数＝（内水压力＋板自重在法线方向分量）/外水压力。在设计工况，渠道内外压力相等，渠底、渠坡衬砌板抗浮稳定满足要求；在校核工况下，即渠内水位骤降或渠内无水期，衬砌板稳定计算是否满足要求。

经计算，在非常情况下，当渠内水位骤降时，渠内水位差不允许大于 0.1～0.15m，当渠内无水时，渠外水位受渠底板抗浮稳定要求控制，地下水位最大只能高于底板 0.1m。为保证衬砌板抗浮稳定，在地下水位高于渠底的渠段，需在衬砌板后设置排水。

在南水北调东线工程中，济平干渠和南干渠工程由于靠近黄河，工程所在地区地下水位高。中线总干渠邢台市北改线段、南沙河南岸、白马河南岸区段，地面高程较高，且地下水位高出渠底的渠段距离长，防扬压问题突出，必须采取有效的排水措施，降低地下水位，消除对衬砌体的浮托力。

根据已经实施和正在实施的工程总结渠道的多种防扬压技术措施，即渠底暗管井排、渠坡暗管逆止排水、渠底防淤堵逆止排水。

1. 暗管井排设计

多元功能暗渠井排的排水系统包括：吸水暗管及其反滤料盲沟；横向集水暗管；集水井及抽排系统。吸水暗管和反滤料盲沟：吸水暗管沿输水渠渠底以下两侧布置，设计比降分别为 1/800 与 1/900，由渠道上下游两端向井位处汇水，吸水管起点高程距输水渠渠底 1.0m 左右。采用 $\phi200$ 软式透水管，外侧包一层 $400g/m^2$ 土工布，周围用中粗砂填充，以加强反滤效果。横向集水暗管：通向集水井的横向集水暗管采用 $\phi400$ 混凝土管，周围用中粗砂填充，设计比降 1/20。吸水管与集水暗管交汇处，分别采用 PVC 三通管、四通管连接。集水井及抽排系统：根据排水量计算成果，在该排水段中部的输水渠左堤上，布置一眼集水井。井壁与横向集水暗管孔口处，采用混凝土预制旁通井管衔接。集水井旁通井管以上采用内直径 $\phi400$ 混凝土管，以下采用多孔陶瓷管，其中多孔陶瓷井管外先包 $400g/m^2$ 土工布，再沿井管周围回填 10cm 厚中粗砂。集水井内潜水电泵随井管内水位变幅自动间歇启停。

排水量计算条件选择对渠道衬砌工程最不利的水位组合，在满足疏干渠床地基水分的水位降深要求的同时，考虑施工难易程度的因素加以确定。经分析，选择输水渠内无水，且渠床地下水位由最高地下水位降至渠底以下1.0m的组合情况。该组合条件下的水位差最大，排水流量亦最大。

设计暗管井排的目的就是采用机电设备抽水，将地下水降至坡面和渠底面以下，避免扬压力对衬砌板的破坏。由资料分析得知：渠内水位开始降落初期，控制井渠水位差要大一些；随着渠水位降深的逐步增大，井渠水位差也逐渐减少。

2. 渠坡暗管自流内排设计

暗管自流内排系统包括：集水暗管及其反滤材料；逆止式集水箱及出水管。

集水暗管沿左右两侧渠坡布置，比降与渠底一致，上、下排暗管高距为1.0m。其中下排暗管中心在渠底以上0.15m位置处，采用$\phi 150$软式透水管，外侧包一层$400g/m^2$土工布，周围用中粗砂填充。逆止式集水箱采用工程塑料箱体，设有集水室和排水室。集水暗管和集水箱连续间隔埋设，集水暗管两端分别插入集水室，当地下水位高于渠内水位即外水压力大于内水压力时，逆止式阀门开启，地下水进入排水室。集水箱出水管采用硬质聚乙烯塑料管，以1/50坡降坡向输水渠一侧。上下排逆止式集水箱呈梅花状间隔布置。集水箱安装高程及水平位置，要求集水孔中心与排水暗管中心重合，集水箱水平安放。

排水计算选择对衬砌工程最不利的水位组合，即汛期渠道停止输水，渠床地下水位为最高地下水位的时期。根据输水渠沿线的设计条件及地质条件，首先计算出各渠段每米长暗管的排水流量，然后根据集水箱出水管的出水流量计算集水箱的设置间距。

3. 渠底盲沟自流内排设计

暗管自流内排系统包括：排水盲沟；防淤堵逆止排水系统。

排水盲沟沿渠长方向在渠底布置3条，分别布置在渠底中心和渠底两侧，沟底比降同输水渠渠底比降。盲沟开挖断面为60cm×60cm，沿开挖断面铺设一层$400g/m^2$土工布后，回填碎石。开挖断面与土工布之间回填5cm厚中粗砂，以加强反滤效果。防淤堵逆止式排水系统由集水管和出水室两部分组成。集水管垂直埋入盲沟内，管径10cm，管壁上有多个透水孔，透水孔孔径1cm。集水管与出水室连接处设阀口和逆止式阀门，其中阀口直径10cm。出水室直径15cm，高20cm，埋入渠底混凝土板内，出水室的上顶端设可上下移动的防淤罩，出水室出水口高出渠底15cm。

渠底盲沟自流内排与渠坡暗管自流内排计算原理、计算方法一致。经根据排水系统出口流量计算逆止阀的设置间距，并在渠底梅花状布置。

根据东线已建工程实例实测数据分析：在暗管自流内排＋渠中心盲沟自流内排水的条件下，底部的扬压力远离渠中心5.5m，无扬压力的宽度范围由5m扩大到11.0m，占渠底面积的比例由36％扩大到79％。由此可见，渠底设置盲沟自流内排水设施系统的重要性，盲沟的作用不仅是降低渠底范围内的扬压力，同时也加速了渠坡地下水位的回落，排水减压效率增加19％。南干渠在施工完建期，渠道内无水，渠外堤肩处施工期降水管井内水位在高于渠底高程2m左右，设置的逆止式排水阀及防淤堵逆止式排水阀开始工作，有明水进入渠道，且渠道衬砌板完好无损。

（四）输水渠道结构型式研究

输水渠道是南水北调的骨干工程，研究确定适合南水北调工程渠道防渗衬砌结构型式是工程成败的关键。由于导致渠道发生渗漏的因素有很多，而这些因素的分布随地区的不同变化很大，因而不可能有一个适用于各种条件的结构型式，而应根据各个渠道工程气候、水文地质等不同的条件，选择合适的渠道结构型式。

1. 防渗衬砌型式研究

（1）全断面现浇高性能混凝土面板防渗结构型式。经广泛比较国内最新信息资料，认真分析各类边界条件，并利用筛选的多种新材料，该衬砌结构型式的研究以确保现浇素混凝土衬砌大块薄板防裂为前提，以多元功能排水系统为关键，提出了能适应机械化衬砌施工高效率、连续性强等特点，并同时满足渠道防渗漏、防冻胀、防扬压等综合目标的衬砌新结构型式。济平干渠部分渠段采取机械现浇高性能混凝土面板防渗，板下按支撑作用和构造要求，换填密实的砂砾石垫层，以使板内应力均匀，严密控制变形，并用以强化排水和削减剩余冻胀量。渠道开挖、填筑断面较规则，渠道开挖深度内以黏土、壤土和砂壤土为主，局部有碎石土、砾质粗砂及灰岩。穿黄南干渠部分渠段全断面现浇高性能混凝土面板（或掺加渗透结晶型防水掺和剂的高性能混凝土面板）防渗，板下换填砂砾石垫层排水、防冻胀，渠底暗管井排（或渠坡逆止式自流内排或渠底防淤堵逆止式自流内排）防扬压，并进一步削减剩余冻胀量。

（2）加筋泡沫材料混凝土复合结构防渗结构型式。这类型式主要用在输水渠开挖深度内为风化岩、黏土、壤土的渠段。风化岩渠道边坡陡，施工难度大。黏土、壤土渠床土壤渗透系数较小，不需要采用专门的防渗材料防渗。采用聚氨酯黏合的加筋泡沫材料混凝土复合结构，既可满足防冻胀要求，又可满足防渗要求。另外，在加筋泡沫材料上现浇混凝土大板保护层，使其类似于钢筋混凝土，既减少了混凝土板厚度，又提高了混凝土板的整体强度。全断面现浇高性能混凝土面板防渗，渠坡板下土工布排水、XPS保温板防冻胀，渠底防扬压措施（例如：防淤堵逆止式自流内排防扬压）。

2. 衬砌结构型式设计

（1）衬砌高度的确定。根据《灌溉与排水工程设计规范》（GB 50288—99）对渠道衬砌超高值的规定，同时考虑冬季冰冻期输水形成冰盖控制水位的要求。对冰期冰盖下输水水位，经复核，在渠道设计输水流量相同的情况下，输水渠水深需加大20%～40%。

（2）衬砌横断面的选择。选择渠道衬砌断面型式，应考虑改善衬砌体的受力条件，减少不均匀变位等因素。从防冻胀的角度讲，渠道衬砌基土冻胀破坏原因和衬砌结构对基土冻胀的影响分析，选择防冻胀衬砌结构应从减少基土冻胀量、改善衬砌体的约束条件和提高衬砌抵抗或适应基土冻胀变位能力等方面考虑。而改善衬砌体的约束条件则需要从衬砌断面形式方面入手。通过对U形、抛物线形、弧底梯形、梯形断面弧形坡脚等断面形式分析认为，对大型机械化衬砌渠道，应将坡脚做成圆弧形式，以改变冻胀位移的方向，使渠底对渠坡、渠坡对渠底衬砌受力均匀，并进一步满足冻胀削减量小于允许法向位移值1.0cm的技术目标。

（3）衬砌结构设计。防渗衬砌层断面构造：渠坡、渠底混凝土衬砌厚度综合考虑水力梯度、应力应变（含冰盖抗剪）、接缝封闭和浇筑工艺等各种因素，并根据机械化衬砌设备的可靠摊铺及振捣要求确定，一般采用10～12cm，封顶板二次浇筑，厚12cm，全部采用C30混凝土，抗渗等级为 W8，抗冻等级为 F200。混凝土板浇筑前先在砂垫层上喷涂阳离子乳化沥青，以免失水，保证混凝土板浇筑质量，并相应克服冻结力对衬砌板的不利影响。

砂砾垫层构造：砂砾料为非冻胀材料，不仅本身无冻胀，而且能排除渗水和防止渠基水分向表层冻结区迁移。因此，混凝土板下的砂砾料同时作为防冻层，相对密度 0.7，铺设在削坡后的原状土（或压实度 0.94 的填筑土）上。根据计算确定渠坡、渠底需置换的垫层厚度，垫层自下而上分为两层，下层为中粗砂，渠底、渠坡厚度均为 10cm；上层为碎石，厚 5～15cm。

保温垫层：采用聚苯乙烯泡沫材料防冻胀，采用预制成型板铺设，阴坡、阳坡的保温板厚度分别采用 3cm 和 2cm。

土工布垫层：在渠坡防冻胀聚苯乙烯泡沫板下铺设土工布，以加强渠坡排水。设计采用 500g/m² 土工布。

衬砌分缝：为防止混凝土因收缩变形、温度变形而引起衬砌混凝土板破坏，现浇混凝土板设置纵、横向伸缩缝。纵向伸缩缝沿输水渠长度方向布置；横向伸缩缝垂直于输水渠轴线布置，长度与输水渠横断面轮廓相同。切割后的板块大小，应综合考虑衬砌体适应和抵抗各种变形因素的能力、施工永久缝的位置、板厚以及分缝止水的难易程度等确定。除施工永久缝外，纵、横缝均为半缝，切缝深度为混凝土板厚的 75%，10cm、12cm 板厚缝深分别为 7cm、9cm，缝宽均为 1cm。填缝材料：衬砌结构的分缝止水效果差或被破坏，将发生渗漏并造成基土局部含水量的增大。因此，采用混凝土大板衬砌后，伸缩缝的填缝止水尤为重要。填缝材料采用闭孔泡沫板填塞在切缝深部，缝口 2cm 内充填高分子黏合材料双组分聚硫密封胶。

（五）新型防渗材料在南干渠工程中的应用

1. 南干渠工程概况

东线穿黄工程南干渠位于山东省东平县斑鸠店镇，它上接穿黄河工程东平湖出湖闸，下连穿黄河工程埋管进口检修闸，是南水北调东线穿黄河工程南岸输水渠段的骨干工程。南干渠段地下水位位于渠底以上，渠道输水后将以侧向渗漏为主，渠道渗漏现象较严重。

为了提高南干渠混凝土衬砌的抗渗性能，减少渗漏损失，在南干渠渠段分别采用了高性能混凝土混凝土板和掺加抗渗新材料的高性能防渗抗裂混凝土板。

2. 应用效果分析

为评价掺加抗渗新材料的高性能防渗抗裂混凝土板的抗渗性能，在施工现场分别对掺加抗渗新材料的高性能混凝土板和未掺加抗渗新材料的高性能混凝土板进行了钻芯取样，测试了芯样的抗压强度、氯离子扩散系数，并对混凝土试样进行了微观形貌观察。

本专题研制的高性能防渗抗裂混凝土不仅具有很好的抗渗性能，而且能够对裂缝进行自愈合。现场钻芯取样试验也已证明，高性能防渗抗裂混凝土的抗渗能力得到明显提高，并且混凝土中的孔隙数量和尺寸均显著减少。因此南干渠渗漏量应小于 0.022m³/(m²·d)。

四、大型渠道机械化衬砌施工技术

（一）机械化衬砌施工关键技术研究

大型渠道机械化衬砌设备关键技术研究主要包括：建立渠道斜坡混凝土振动碾压和振捣滑

模密实成型工艺理论体系，斜坡混凝土振捣密实成型技术，斜坡衬砌垫层密实成型技术，斜坡混凝土均匀布料技术，斜坡混凝土振动碾压密实成型技术，智能化系统研制集成，长斜坡大型钢结构框架的精确制造和快速装配，大型渠道机械化衬砌施工标准，质量评定验收标准等。

1. 斜坡混凝土密实成型理论与技术研究

采用大型渠道机械化衬砌成型设备施工研究中，首先开展斜坡混凝土振动密实成型理论及试验研究，明确混凝土材料配比、机械设备密实性能参数对衬砌混凝土成型质量的影响，对保证衬砌混凝土的密实、确保南水北调工程质量具有重要意义。

（1）混凝土流变及振动黏度理论。

1）混凝土流变学特性研究。流变学是研究材料力学性能的一门科学。对于混凝土而言，可以是研究新拌混凝土的特性（即一般认为的稳定性和工作性），或是研究硬化混凝土的性能（徐变和松弛等）。针对新拌混凝土剪切变形规律进行研究，混凝土流变性在理论研究和控制新拌混凝土性能方面取得较大进展，对指导混凝土的施工和质量保证意义重大。

对混凝土工作性的测定方法过去有很多研究，但基于坍落度筒、K-坍落度试验、Kelly球试验、Vebe稠度计等许多试验方法还不能完全而连续地表征混凝土的工作性。虽然有一些方法在定量测定方面取得了一些成功，如混凝土的可修饰性和可泵送性等，但这些方法还只能是对混凝土工作性的某一单一特性做定量的测定。随着高性能混凝土的广泛应用仅靠坍落度法测定拌和物的工作性已经不能满足需要，必须采用流变学参数。

2）结构振动黏度理论。斜坡水泥混凝土的振捣滑模衬砌施工技术具有施工速度快、质量高、经济效益好等特点。但施工时对混合料的配合比要求十分严格，除满足抗弯拉强度、稠度、耐久性外，还应满足其振捣滑模衬砌机的工作性指标：最大振动黏度系数和最小坍落度要求。

新拌混凝土气泡上浮法振动状态结构黏度测试理论和方法，其试验结果和理论计算吻合很好。它不仅对于发展振动态流变学具有重要的理论意义，而且对于所有用振捣棒振动密实的新拌混凝土确定工艺参数具有较大的现实价值。

3）振动黏度理论在混凝土摊铺施工中的应用。进行振动黏度理论的研究，用振动黏度理论来指导和规范斜坡混凝土衬砌机的施工操作，制定出操作规程。

根据振动排气充分的要求启动和控制衬砌机的行进。根据理论推算，提出衬砌机的行进速度必须与振动黏度系数达到最优匹配的原理，它的推算基础是将影响混凝土密实度的气泡基本排放掉。在具体施工时，首先，螺旋布料器要保证边角料充满，保证合适的振动仓料位高度。然后，开启振捣棒组振动混凝土，待振动仓内的混凝土排气"沸腾"基本完成，并提出一定的砂浆润滑层，才可以使摊铺机向前推进。在正常摊铺推进的过程中，要操纵螺旋布料器和控制板始终保证合适的振动仓料位高度。同时严密监视振动仓内的排气状况，控制摊铺行进速度与之相适应。

根据混凝土混合料的振动黏度系数调整振动频率和行进速度。在施工过程中，由于混凝土拌和和运输的各种原因，会造成混凝土稠度和振动黏度系数的变化，必须根据来料稠度的变化及混凝土振动排气的情况，随时调整衬砌机的行进速度和振动频率。料干时，应增大振捣棒的振动频率，并放慢推进速度，以保证混凝土板被振捣密实，不出现局部麻面；料稀时，应减小振动频率，加快推进速度，防止混凝土过振，砂浆分层，形成塌边。振动频率的可调整范围在

6000～12000 次/min，摊铺推进速度在 0.5～2m/min 之间进行调整。排气不充分、表面有气泡、局部麻面和塌边，在上表面比较明显。要随时监视混凝土衬砌的情况，并及时反馈和调整。一般要在明确振动黏度理论的前提下，将可能出现的问题消灭在机器前部的及时控制操作当中。根据混凝土振动黏度系数要求调整原材料和配合比。混凝土材料应根据衬砌机对其振动黏度系数、抗折强度、耐久性和经济性的要求进行配合比设计，并可对不适宜摊铺的混合料随时进行必要的调整。为了实现这个目的，必须对原材料和配合比各因素对振动黏度系数的影响进行研究。

斜坡混凝土成型材料参数的理论推测。为保证斜坡混凝土振捣密实，利用振动黏度理论确定与施工设备相适应的混凝土振动黏度系数值。

（2）斜坡混凝土振动密实成型技术试验研究。大型渠道斜坡混凝土施工技术要求高，为保证混凝土振动密实，开展相关试验研究，针对斜坡混凝土衬砌机施工的混凝土技术要求，确定最优混凝土振动黏度系数，获得混凝土坍落度与振动黏度系数相关性曲线，选取合理振动黏度系数及坍落度控制值。保证混凝土施工质量。对渠道混凝土机械化衬砌成型设备密实系统各参数进行研究，获得振捣棒间距最优布置方式，确定衬砌混凝土最优成型速度等设备系统参数。

试验按照《公路工程水泥及水泥混凝土试验规程》（JTG E30—2005）、《公路水泥混凝土路面滑模施工技术规程》（JTJ/T 037.1—2000）中"附录 A　混凝土拌和物振动黏度系数试验方法"相关规定进行。

试验选用与实际工程一致或相近的原材料，试验配合比参照工程推荐用配合比，进行参数调整完成相关试验。

由试验结果，适应渠道衬砌机混凝土材料振动黏度系数取值范围为 170～250N·s/m^2。设计不同配合比、振动黏度系数及坍落度的混凝土成型试验，在达到养护龄期后进行测试强度试验。试验结果表明，在工作性能优良的混凝土配合比范围内（坍落度 40～60mm），混凝土强度指标能够满足渠道混凝土强度等级要求。

利用渠道混凝土衬砌机设备参数优化试验装置，调整参数进行混凝土斜坡衬砌成型。根据试验结果，分别设置混凝土振捣棒间距为 550～750mm 变化，并对振捣棒下沿距离底面高度进行调整，通过测试强度表明，振捣棒间距为 650mm 或 700mm 时，混凝土测得强度值较高；振捣棒下沿距离底面高度在 50mm 或 100mm 时，对混凝土强度影响较小。

由混凝土斜坡成型试验，衬砌机成型速度设置为 0.5m/min、1.0m/min、1.5m/min 三个档次。衬砌机成型速度变化对混凝土成型质量影响较大。试验结果表明，成型速度在 1.0m/min 时，混凝土强度最高。

（3）斜坡混凝土振动密实成型技术数值模拟研究。利用渠道衬砌机进行斜坡混凝土的浇筑振捣成型施工，振捣棒的频率、振幅、安放位置（角度、间距等）都影响到混凝土的成型质量，振捣过程中应保证振动能量均匀、合理地辐射到振捣棒振捣半径内的混凝土，使混凝土内气泡溢出顺畅、混凝土内部结构密实。通过利用大型通用软件 ANSYS 对混凝土振捣密实过程进行数值模拟，观察并找到最优的能量传递方式，保证混凝土的浇筑质量。

（4）斜坡混凝土振动密实成型技术成果。

1）斜坡混凝土最优工作性振动黏度系数。通过试验研究，由试验结果可得到，适应渠道衬砌机混凝土材料最优工作性振动黏度系数取值范围为 170～250N·s/m^2。

2）坍落度与振动黏度系数相关性试验曲线。针对渠道衬砌机混凝土材料，坍落度与振动黏度系数相关性试验曲线如图 5-4-1 所示。

3）不同振动黏度系数的斜坡混凝土测试强度试验成果。通过设计不同配合比、振动黏度系数及坍落度的混凝土成型试验，在达到养护龄期后进行测试强度试验。测定不同振动黏度系数及坍落度的混凝土强度。

4）振捣棒最优间距布置方式。由数值模拟结果可看出，振捣棒安放间距设置为 650mm 时振动能量的传递较为均匀。

5）衬砌混凝土最优成型速度。利用渠道混凝土衬砌机设备参数优化实验装置，调整参数进行混凝土斜坡衬砌成型。衬砌

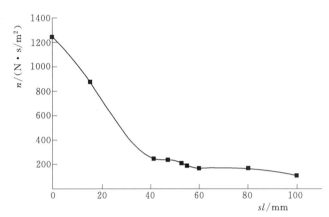

图 5-4-1　坍落度与振动黏度系数相关性试验曲线

机成型速度设置为 0.5m/min、1.0m/min、1.5m/min 三个档次。试验结果表明，衬砌机成型速度变化对混凝土成型质量影响较大，成型速度在 1.0m/min 时，混凝土强度最高。因此可选定衬砌混凝土最优成型速度为 1.0m/min。

2. 斜坡混凝土均匀布料技术

斜坡布料方式有皮带机和分料小车联合布料、单螺旋布料或双螺旋布料两种。

（1）长斜坡皮带机布料技术。长斜坡布料采用皮带机和分料小车联合布料，料仓分隔的技术方案。布料效率较高，可通过加长分料小车料斗，增加其柔性缓冲装置，保证布料均匀。

（2）长斜坡螺旋布料技术。长斜坡布料的另一种方式是采用结构简单的螺旋布料方式。混凝土可在料仓内进行二次搅拌，使骨料更加均匀，不宜造成离析，布料效率较高，但磨损较快。单个螺旋布料对操作人员要求极高，要随时正反旋转螺旋，易造成混凝土塞满下部料仓；双螺旋双向布料解决了单螺旋布料存在的缺陷。长斜坡布料机设计采用优质耐磨钢作为螺旋材料，双螺旋配合布料。

3. 斜坡混凝土振动碾压密实成型技术

（1）振动理论研究。斜坡垫层、混凝土的振动密实采用外置振动碾压成型方式，渠道混凝土、砂砾料垫层成型振捣力的大小与采用何种振动的驱动方式无关，按照牛顿第二运动定律，它取决于振动加速度和偏心块的质量。在偏心块质量 m 不变的简谐振动条件下，振动力或振动烈度决定于振动加速度：

$$F = ma \tag{5-4-4}$$

$$a = 4\pi^2 A f^2 \cos(\pi f t) \tag{5-4-5}$$

式中：A 为振幅；f 为振动频率；t 为振动时间。

当振动幅度一定时，振捣力大小关键取决于振动频率，因为只有频率与振动力成平方正比关系，振捣力与偏心块质量 m 和加速度 a 成线性正比关系，根据砂砾料松散充实移动特性及垫层厚度，设计选取合适的外置振动电动机作为一种振动密室的动力源。

（2）振动碾压密实理论研究。斜坡混凝土振动碾压衬砌成型机的外置振动电动机应安装在

衬砌车的下部，通过弹性减震器与行走部分相连，减少震动电动机对框架的振动冲击。沿混凝土表面往复对混凝土进行振动。

混凝土表面振动碾压密实的有效作用深度分析，对混凝土采用表面振动碾压密实时，因振动源是通过混凝土的上表面向下施振，所以作用在颗粒上的激振力周期性地与重力同向叠加。当在颗粒上作用有激振力、恢复力、阻力和重力时，颗粒向下运动。由于颗粒获得的运动速度大，便加大了颗粒的下移速度和幅度。当激振力从颗粒上消失后，颗粒在恢复力的作用下向上运动，但其运动程度受重力影响小于下移程度。可见，颗粒是沿重力方向振动的，且位移方向是向下的。同时，因振动能量沿纵向的衰减，使处于上下不同位置的颗粒的运动速度有快慢的差异，这样势必发生上下颗粒间的相互碰撞，并形成纵向堆积而构成密实层。密实层的密度分布随颗粒的运动程度不同呈上密下松状态。当密实层的密度和厚度自上而下增长到某一程度后，振动源的大部分能量被其吸收。由于密实层在振动源的有效作用范围内，阻止了振动能量向下的传播，致使处于密实层下方的颗粒逐渐终止了振动，而使混凝土形成密实不足的状态。此时，即使延长振动的作用时间，也无法使密实层的厚度得到有效增加。由于密实层是自上而下地建立在相对松散的混凝土之上，在振动停止后，密实层下缘区域的颗粒将会有不同程度的松散，因而又进一步减小了密实层的厚度。通过分析可以看出，表面振动碾压的密实深度小于振动源应具有的有效作业范围。自上而下所形成的密实层的厚度，就是表面振动碾压的有效作用深度。所以，当铺层厚度小于有效作用深度时，混凝土可以实现理想的密实；当铺层厚度大于有效作用深三度时，会在铺层内产生由下而上的密实不足现象。

振速同振幅（A）、振频（n）的关系可用式（5-4-6）表示：

$$v = OC \cdot A \cdot n \qquad\qquad (5-4-6)$$

振幅与振频：由公式可见，在已定振速的情况下，振幅大，振频相应减小，反之振频相应加大。在一定临界振速时，相应于每一振频都有一个临界振幅，在这个临界振幅作用下，可使混凝土得到最大的密实度。此外，振幅的大小还与混凝土混合物颗粒尺寸大小及流动度有关。如果振幅过小，难以达到密实；振幅过大则发生振动不和谐，呈紊乱状态，这会导致混凝土的分层现象。由此可见，只要振幅保持在一个适当的范围之内，振频对混凝土的密实起主要作用。振动时间：现在使用的振动器的振速、振幅、振频等参数往往都是固定的，所以应按照具有不同参数的振动器和混凝土混合物的流动性及结构特性，决定振动时间。如果振动时间太少，则密实效果不会好；相反，振动时间过长，会使颗粒大的石子沉底，上部多是水泥砂浆或水泥浆及浮水，形成离析现象，造成上下不均匀，降低混凝土强度。长斜坡混凝土振动碾压密实成型技术理论研究的目的主要是为保证斜坡混凝土振捣密实，利用振动黏度理论确定与施工设备相适应的混凝土振动黏度系数值。

根据理论公式

$$\eta = \frac{2gR^2(\rho_c - \rho_b)}{9v} = \frac{2gR^2\rho_c}{9v} \qquad\qquad (5-4-7)$$

可计算出施工设备行进速度对应振实斜坡混凝土所要求的振动黏度系数值。

利用混凝土坍落度与振动黏度系数的关系曲线，将坍落度作为混凝土施工质量控制的简便方式。

4. 智能化系统研制集成

（1）自动找正系统的组成。自动找正系统由两部分组成，第一部分是设备找正控制部分；

第二部分是衬砌厚度数据采集部分。

设备找正控制系统包括超声波测距装置、主控器、液压系统、设备液压油缸支腿。

衬砌厚度数据采集部分包括位置数据采集单元、衬砌厚度数据采集单元、嵌入式计算机、组态软件。

（2）自动找正系统设备找正控制过程。大型渠道振捣滑模混凝土衬砌成型机自动找正系统设备找正部分由前面所述各单元组成。

（3）自动找正系统控制功能、设定调整方法及主要技术参数。大型渠道振捣滑模混凝土衬砌成型机自动找正系统基于先进的微处理器技术，并采用 CAN 总线技术（Controlled Area Network）。

5. 长斜坡大型钢结构框架的精确制造和快速装配技术

在大型渠道机械化衬砌成型设备制造过程中，尤以大型钢结构框架的制造最为关键，因为它将直接关系到设备能否顺利装配，达到施工要求的各项指标。

由于大型渠道衬砌成型设备支承跨度较大，框架对刚度、强度要求较高，在力求降低设备自重和保证使用功能的前提下，设备框架结构采用型钢焊接、轻型结构进行设计。在钢结构框架的生产过程中，应优先采用市场上比较容易购置且具有良好的抗弯抗扭性能的材料。通过对型钢的比较分析，优先选用结构用方形、矩形冷弯空心型钢作为大型钢结构框架的首选材料，其具有良好的焊接性能，并且具有规则形状，利于焊接成大型钢结构框架，具有良好的综合力学性能。框架是设备工作的重要支撑，在满足设备工程适应性的同时，必须考虑框架具备的适应性和互换性。根据渠道斜坡长度的大小（斜坡长度界定值 6～18m 为中短斜坡、16～35m 为长斜坡），以此界定框架的截面尺寸。

框架采用型钢焊接组成，综合比较各型钢材质和力学性能，组合体框架采用结构用冷弯方形空心型钢、辅以钢板焊接而成。根据框架跨度，利用 PRO/E 进行三维立体模型设计，同时利用 ANSYS 应力分析软件进行应力分析，拟定多方案进行比较，选择适应设备正常工作的、最优断面尺寸及构造形式。

考虑设备多工程适应性能，框架设计采用分节、模块化设计，针对不同衬砌成型方式的设备。

（二）衬砌设备的研制集成

在深入研究衬砌设备关键技术的基础上，成功的研究开发了纵向长斜坡振捣滑模衬砌机、横向长斜坡振捣滑模衬砌机、长斜坡振动碾压衬砌机和这两类设备配套的长斜坡混凝土切缝机等几种主要成型设备，并已经形成批量产品在国内外现场施工中发挥着重要作用，具有施工质量优良、高效、降低施工成本等优越性，节省大量的人力物力。

1. 纵向长斜坡振捣滑模衬砌机

（1）纵向长斜坡振捣滑模衬砌成型机研制集成。通过对渠道斜坡混凝土振捣滑模密实成型工艺理论，智能控制集成系统等关键技术研究，研制成功大型渠道纵向长斜坡振捣滑模衬砌机。

纵向长斜坡振捣滑模衬砌机主要由整机行走装置、液压升降装置、布料系统、振动装置、滑模成型装置、电控系统和防黏结及清洗系统等部分组成。

纵向长斜坡振捣滑模衬砌机的主要技术参数见表 5-4-1。

表 5-4-1 纵向长斜坡振捣滑模衬砌机的主要技术参数表

设备型号	SM 系列	振捣棒振频	最大 12000 次/min
动力类型	网电或柴油发电机	重量	16~40t
传动方式	机电液传动	适应最大坡比	1:1.5
动力大小	50~125kW	最大坡长	35m
行走方式	导轮	最大工效	60m³/h
行走速度	0~4.5m/min	适应性	坡比连续调整，坡长有级可调
衬砌厚度	60~350mm		
控制方式	电动或智能	渠肩、斜坡、坡脚和部分渠底衬砌	一次完成
布料方式	皮带机布料		

2. 横向长斜坡振捣滑模衬砌机

（1）横向长斜坡振捣滑模衬砌机集成。LSM9000-5 型横向长斜坡振捣滑模衬砌机用于大型渠道机械化衬砌，主要由行走装置；液压升降装置；混凝土上料系统、布料系统；滑模成型小车；卷扬装置、电控系统；框架结构、自动平衡、自动控制与自动检测输出系统等部分组成。

（2）横向长斜坡振捣滑模衬砌机主要技术特性表。横向长斜坡振捣滑模衬砌机主要技术参数见表 5-4-2。

表 5-4-2 横向长斜坡振捣滑模衬砌机的主要技术参数表

设备型号	LSM 系列	布料方式	皮带机布料
动力类型	网电或柴油发电机	振捣棒振频	最大 12000 次/min
传动方式	机电液传动	重量	15~30t
动力大小	50~60kW	适应最大坡比	1:1.5
行走方式	导轮	最大坡长	35m
行走速度	0~4.5m/min	最大工效	40m³/h
衬砌厚度	60~350mm	适应性	坡比连续调整，坡长有级可调
控制方式	电动或智能		

3. 长斜坡振动碾压衬砌成套设备研制集成

（1）长斜坡振动碾压衬砌机结构。长斜坡振动碾压衬砌机结构主要包括行走支撑机构、导向系统、框架结构、衬砌车、自动平衡、自动控制与自动检测输出系统等。整机行走方式采用导轮式，导向系统采用传感器自动导向调整。框架两端前后连接板上设有椭圆孔，通过标准紧固件与行走支撑机构连接，弥补施工过程中的侧向位移。在框架内侧设置型钢工作架，衬砌车行走轨道通过标准紧固件与其连接。为保证振动碾压衬砌成型机能一次衬砌成型坡脚、斜坡和坡肩，衬砌车轨道整体分为上弧段、斜直段、下弧段三部分。衬砌车为两层结构，分别为行走机构和振动碾压成型装置。

（2）长斜坡布料机研制集成。长斜坡布料机主要包括行走机构、升降系统、主框架、控制系统、布料系统、上料皮带机、振动平料装置等。其主要技术参数见表5-4-3。

表5-4-3　　　　　　　　　　　　长斜坡布料机的主要技术参数表

设备型号	CDM系列	重量	16～30t
动力类型	网电或柴油发电机	适应最大坡比	1：2
传动方式	机电传动	最大坡长	36m
动力大小	45～55kW	最大工效	60m³/h
行走方式	导轮	适应性	坡比连续调整，坡长有级可调
行走速度	0～4.5m/min		
布料厚度	60～120mm	渠肩、斜坡、坡脚和部分渠底衬砌	一次完成
控制方式	电动		
布料方式	皮带机布料		

　　皮带机和分料车布料装置通过上料皮带器将混凝土输送至布料皮带机上，通过控制移动分料车将混凝土摊铺在渠坡上，设置的振动振捣平料装置利用振捣梁和外置振动电机插入式振捣棒原理，将摊布在渠面上的混凝土振动振捣抹平。实现混凝土底部密实，提高了振动碾压衬砌机的工作效率和衬砌质量。

　　（3）长斜坡振动碾压衬砌机主要技术特性。长斜坡振动碾压衬砌机技术参数见表5-4-4。

表5-4-4　　　　　　　　　　　长斜坡振动碾压衬砌机技术参数表

设备型号	CM系列	重量	5～28t
动力类型	网电或柴油发电机	适应最大坡比	1：2
传动方式	机电液传动	最大坡长	36m
动力大小	25～40kW	最大工效	30m³/h
行走方式	导轮	适应性	坡比连续调整，坡长有级可调
行走速度	0～4.5m/min		
衬砌厚度	60～120mm	渠肩、斜坡、坡脚和部分渠底衬砌	一次完成
控制方式	电动或智能		
布料方式	皮带机布料		

　　4.长斜坡混凝土切缝机

　　长斜坡混凝土切缝机主要由整机行走装置、升降装置、框架、切缝装置、电控系统等部分组成。长斜坡混凝土切缝机主要技术参数见表5-4-5。

（三）渠道衬砌施工工艺

　　在成功研制大型渠道机械化衬砌设备的基础上，结合工程实际应用情况进行总结，形成了完整的施工工艺体系。

　　1.渠道衬砌机械化施工

　　混凝土衬砌机械化施工应按图5-4-2组织进行。

表 5－4－5   长斜坡混凝土切缝机主要技术参数表

设备描述	电驱动	最大坡长	36m
配套功率	30kW	重量	8～20t
升降装置	机械升降	渠肩、渠底	可切部分渠肩渠底
调整范围	−100～＋100mm	适应最大坡度	1：1.5
行走方式	导轨式	切割厚度	60～120mm
行走速度	0～4m/min		

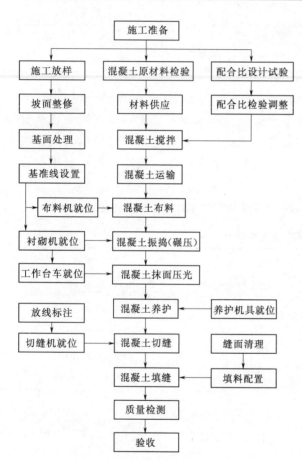

图 5－4－2 混凝土衬砌机械化施工工艺流程

2. 混凝土养护

（1）养护期：衬砌混凝土应保证湿润养护不少于 28 天。

（2）养护方式。

1）干旱、多风、日晒的天气施工时，初凝前宜采用喷雾器不间断喷雾养护。

2）水源充足时，宜采取草苫、草帘、毡布等覆盖保湿养护。

3）水源无保障时，宜采用喷施养护剂养护。养护剂喷洒量、成膜厚度、喷洒时间应通过现场试验确定。

（3）保温养护：当出现低温或负温天气时，应采取保温措施养护。

3. 混凝土伸缩缝施工

（1）混凝土衬砌机械化施工的伸缩缝间距及型式应满足设计要求。

（2）伸缩缝型式。

1）半缝：半缝深度为混凝土板厚的 0.5～0.75 倍。

2）通缝：通缝是贯穿全部衬砌板厚度的缝。当底部铺设防渗层时，通缝切割深度宜为混凝土板厚的 0.9 倍。

（3）宜采用切割机进行切缝施工。

（4）伸缩缝切割时间。切缝施工宜在衬砌混凝土抗压强度为 1～5MPa 时进行。

（5）伸缩缝清理。

1）清缝前应检查伸缩缝的深度和宽度，伸缩缝应底部平坦、宽度均匀一致，对深度不符合设计要求的应做补切缝处理。

2）宜采用水枪、风机等清除缝内的浮浆、碎渣等杂质。

（6）填充伸缩塑性板。

1）填充前缝壁应保持干净、干燥。

2）伸缩塑性板应采用专用工具压入缝内，并保证上层填充密封胶的设计深度。

（7）填充密封胶。设计中常采用的密封胶种类有：双组分聚硫密封胶、聚氨酯密封胶、硅酮胶等。其施工要点如下：

1）密封胶与混凝土应粘接牢固，注胶前先在清理干净的基面上均匀刷涂界面剂，待界面剂完全固化以后注胶。

2）注胶应饱满，用刮刀压紧刮平。

3）压力注胶后应及时检查，如有凹凸不平、气泡、粗糙外溢、表面脱胶、下垂等现象应及时修补整齐。

4）密封胶表面干燥及固化期间，应注意保护，避免雨水等侵入缝内。

五、渠道沿线生态环境修复技术

渠道沿线生态环境的好坏将直接影响渠道调水质量、沿线生态环境状况和周边社会经济发展，因此，加强渠道生态建设和生态修复对保证输水质量、防治水土流失、维护生态环境、保证生态安全具有十分重要的意义。渠道沿线生态环境修复技术的主要目标为：通过工程措施和植物措施加强岸坡稳定性，防治渠岸带水土流失，消滞渠道沿线污染，绿化美化沿线环境。为了保障调水安全，从水力稳定与生态稳定的角度，提出适合不同地形条件、不同地质岩性渠岸带生态环境修复技术，内容包括渠道非过水断面内坡修复、堤顶防护、渠岸缓冲带建设、农田排水沟设计等，为生态渠岸带的规划、建设提供理论依据。

（一）非过水断面内坡生态修复技术

渠道非过水断面内坡是指堤顶至输水渠道水面线之间的区域，其生态修复主要考虑坡面土体浅层抗侵蚀。根据不同的地层岩性，渠道非过水断面内坡的生态治理模式大致可分为：自然生态型、工程生态型和景观生态型三类。

1. 治理模式

（1）自然生态型治理模式。自然生态型治理是选择当地适生植物种植在渠道非过水断面内坡、堤顶和戗台部位，利用植物的根、茎、叶来固土护坡。较常用的是土壤生物护坡技术，它采用有生命力的植物根、茎（秆）或完整的植物体作为结构的主要元素，按一定的方式、方向和序列将它们扦插、种植或掩埋在边坡的不同位置，在植物生长过程中实现稳定和加固边坡，控制水土流失和实现生态修复。部分结构示意图如图 5-4-3 所示。这种模式适用于岸坡稳定、坡度较缓、用地充足、侵蚀不严重的输水渠道。在治理过程中，关键的问题是植物物种的选择与配置。

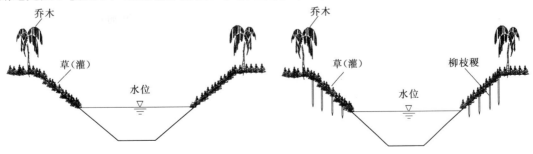

图 5-4-3　自然型生态渠道断面结构示意图

（2）工程生态型治理模式。对于丘陵地区输水渠道、挖方大于5m的整体结构岩质边坡、坡度较缓的碎裂结构岩质边坡，或开挖后易造成地表侵蚀的土质边坡，为了满足坡面稳定及水土流失防治要求，须采用一些工程措施，才能有效地保护渠道的结构稳定性和安全性，同时还必须采用生态措施，维护好渠道的生态环境，这种治理模式称为工程生态型治理模式。这种治理模式以防止坡面土壤侵蚀和冲刷为主，在材料选用上常常采用浆砌或干砌块石、现浇混凝土和预制混凝土块体等硬质且安全系数相对较高的材质。在结构型式上常用硬质防护带、生态混凝土、生态截渗沟、挡土墙等。部分结构示意图如图5-4-4所示。

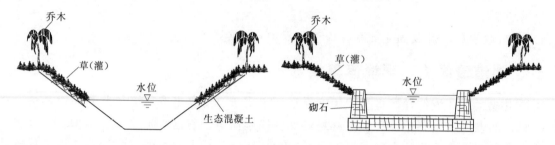

图5-4-4　工程生态型渠道断面结构示意图

（3）景观生态型治理模式。在平原区渠道边坡较稳定的渠段、城区渠段或管理站所可采用景观生态型治理模式，即从满足景观功能的角度对渠道加以治理，将渠道的生态要求和景观要求综合考虑，充分考虑渠道所处的地理环境、风土人情，沿河设置一系列的亲水平台、休憩场所、休闲健身设施、旅游景观、主题广场、艺术小品、特色植物园和各种水上活动区，力图在渠道纵向上，营造出连续、动感的"长幅画卷"的景观特质和景观序列。在渠道横断面景观配置上，多采用复式断面的结构型式，保持足够的景深效果。部分结构示意图如图5-4-5所示。

2. 植被建植

非过水断面内坡三种治理模式均需根据渠岸带实际情况合理选择植物配置和建植方式。常用的水土保持植物包括狗牙根、结缕草、地毯草、百喜草、野牛草、白三叶、假俭草、香根草、寸草苔、多年生黑麦草、高羊茅、红豆草、竹节草、草地雀麦、铺地木兰、紫花苜蓿、扁穗冰草、常春藤、三叶地锦、麦冬草、直立扶芳藤、小冠花、野片草、沙打旺、山野豌豆、紫薇、白刺、荆条、枸杞、柠条、沙棘、沙枣、杨、柳、白蜡、槐树等。

常见的植被建植技术主要有人工植草、平铺草皮护坡、液压喷播植草护坡、干根网护坡、土工网植草护坡、锚固土工网复合植被护坡、客土植生植物护坡、蜂巢格网防护。

（二）堤顶生态修复技术

在选择渠道堤岸带护坡模式时主要考虑渠道沿线边界的污染问题和渠堤浅层滑动稳定问题。渠堤的稳定性可通过堤岸带植物茎秆的拱顶效应实现。

（1）植物筛选：在渠堤上建设生态防护林，可选取对土壤要求不严、耐干旱、贫瘠，抗各种有毒气体，耐烟尘、生长慢、寿命长的植物，构建成乔灌草相结合的，集防护、环保和景观功能于一体的防护绿篱。

（2）植物配置：当堤顶设置道路时，可在道路两侧1~2m的路肩部位配置乔灌草相结合的道路防护绿篱。通过对不同高度、色彩、质感的植物进行有机组合，形成层次分明的防护绿篱，既可以阻挡沿线生产、生活垃圾等污染物进入渠道，减少道路交通所带来的粉尘和尾气，又具有强烈的动感景观。防洪堤植物的选取以固土为主要目标，可选取适宜当地环境的小乔木和地被植物组合形成防护林，提高边坡浅层土壤的稳定性，增加经济收入，株行距 3m×4m，"品"字形布设。

（三）缓冲带生态修复技术

渠岸缓冲带是渠道沿线环境保护的第一道屏障，其植物配置主要目的是：利用有限的渠岸带资源最大限度地消滞渠道沿线边界污染物，与此同时，绿化沿线环境，增加渠道运行收入。渠岸缓冲带的生态修复可分为污染物消滞型、自然景观型和经济林型三种类型。

1. 污染物消滞型

污染物消滞型缓冲带的净污机理主要是由缓冲带植物的吸收、转化作用和缓冲带土壤的自净作用组成。利用工程沿线资源优势，构建污染物消滞带，推进水污染防治与污水资源化进程，最大限度的实行水资源的区域内循环，减少污染物的扩散、分配和富集过程。通过缓冲带的建设，逐步提高南水北调工程沿线生态系统的自净能力，增加区域环境容量，改善调水水质。

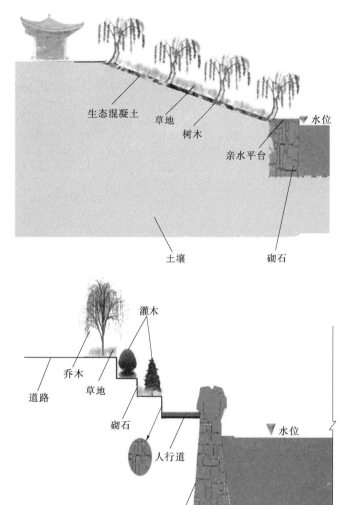

图 5-4-5 景观生态型渠道断面结构示意图

2. 自然景观型

当渠道穿过集镇、居民集中居住区或渠道管理站所时，缓冲带可布置成自然景观型。通过在缓冲区内布置亭台、休憩凳椅、小花圃、人文雕塑等景观设施，满足居民休闲娱乐的需要。当渠道沿线污染物较少，所需缓冲带宽度较小时，可因地制宜，选用当地适生植物，通过不同植物的合理搭配，与非过水断面和渠堤植物一起，营造景观效果，形成自然景观型缓冲带，其宽度由景观要求决定。

3. 经济林型

当渠岸缓冲带宽度较大且没有污染物消滞要求的，可以考虑通过种植经济类植物，增加渠道收入。工程沿线适生树种主要有杨树、泡桐、刺槐、马褂木、椿树、麻栎、枫杨、国槐、香椿、榉树、朴树、皂荚、南酸枣、旱柳、水杉、侧柏、桂香柳、白蜡、白皮松、梧桐、银杏、毛白杨、泡桐、紫穗槐、臭椿、山桃、落羽杉、黄杨等高大乔木；速生树种如杨树、泡桐等，造林密度宜为 280 株/hm²，其他落叶阔叶树种密度为 400 株/hm²，针叶树种密度为 1100 株/hm²。在绿化美化环境的同时，发展沿线经济。

（四）排水沟生态修复技术

生态排水沟是在渠道沿线排水沟渠系统的基础上改建后，使排水沟在原有排水功能的基础上，增加排水沟渠系统对污染物的吸收、滞留和降解的生态功能，是治理非点源污染的第一道屏障。生态排水沟由工程部分和植物部分组成，生态排水沟断面如图5-4-6所示。沟壁和沟底由蜂窝状水泥板组成，主要功能是构建排水沟植物，形成植物对沟壁、水体和沟底中逸出养分的立体式吸收和拦截，板上孔径及间距的设计以植物配置需要为

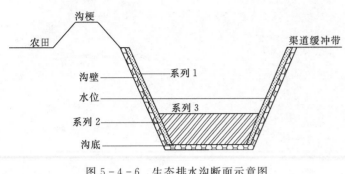

图5-4-6 生态排水沟断面示意图

依据。植物系列1在田面水位线以上，对其耐淹性能要求不高，多年生狗牙根、百喜草、香根草、黑麦草等对氮磷都有很好的吸收效果，冷暖季草间种，亦可以满足景观效果。植物系列2可分季节种植水芹、空心菜等。植物系列3的选取上主要考虑耐水淹、吸收污染物效果，常见的有芦苇、菖蒲。

生态排水沟充分利用了当地排水沟渠资源，排水沟中植物的合理配置既可以减缓水流速度，促进流水携带颗粒物质的沉淀，又可以有选择地吸收农田排水中污染物，不仅降低了污染物的浓度，绿化了渠道沿线环境，而且植物可以产生经济价值。

（五）渠岸带植被管护技术

渠道生态修复工程中，植被的保护和管理应贯穿于整个施工过程。在渠道挖填、整地和基础工程实施阶段，就要注重水土保持植被工程的规划和施工，在种植、栽植后注重植被的维护，先进的保护和管理措施，能够较好地维持和发展已恢复和重建植被的成果。

一般来说，种植刚结束，管理的目的是提高植物成活率，迅速形成封闭草层。随着植物的生长，其水土保持效果才逐渐明显。条件差的地方，必须采取保护管理才可形成持久稳定的植物群落，保护管理的主要措施包括灌溉与施肥、封闭育草育林、整理修补、补种补栽、加强抚育。

（六）主要技术参数

渠道生态修复中需要重点考虑渠道边坡、修复材料、植物筛选与配置、缓冲带宽度等方面技术参数。根据试验和理论分析，并参照国内外渠道或航道整治、高速公路、堤防建设的相关规范，在国内外研究成果的基础上，相关参数选取的参照值如下。

1. 渠道边坡

渠道边坡坡度的设置一般由地层岩性、地下水埋深、土质条件、渠岸用途决定的。当坡面高度大于3m或地下水位较高的渠道，边坡系数应根据稳定分析计算确定；当坡面高度小于或等于3m，最小边坡系数可参照表5-4-6确定。

表 5-4-6　　　　　　　　　　最 小 边 坡 系 数

土　质	坡 面 高 度		
	＜1m	1～2m	2～3m
稍胶结的卵石	1.00	1.00	1.00
夹砂的卵石或砾石	1.25	1.50	1.50
黏土、重壤土	1.00	1.00	1.25
中壤土	1.25	1.50	1.50
轻壤土、砂壤土	1.50	1.50	1.75
砂土	1.75	2.00	2.25

2. 主要修复材料

渠道生态修复所需材料主要包括天然材料（植被、木材、石材等）和人工材料（混凝土、植被型生态混凝土、生态植草砖、土工材料固土种植基、土工织物等）两大类。

3. 不同坡面保护层铺设厚度值

渠道生态修复中坡面都应铺设一定厚度的保护层，保护层的厚度应保证渠道功能的正常发挥。保护层主要有土层、水泥土、块石、卵石、砂砾石、石板、现浇混凝土、预制混凝土等。当采用植被护坡和硬质护坡材料时，其坡面保护层厚度参照值是不同的。

4. 亲水台阶及安全防护设施

对常水位变幅小于0.5m的城市（镇）渠段，宜布置亲水平台；常水位变幅在0.5～2.0m之间的渠段，宜布置亲水台阶。亲水平台和亲水台阶设置应充分考虑亲水过程中的安全因素。亲水平台高程宜略高于设计常水位高程，亲水平台宽度宜在1.5m以上。亲水台阶每级台阶的长度不宜小于2.0m，宽度不宜小于0.3m，高度宜控制在0.15m以内，其延伸范围应大于常水位变幅，最低台阶宜延伸至常水位以下一定深度。在交通道靠近渠道一侧应采取防护栏或植物防护绿篱等安全防护措施，以保障道路安全和输水安全。

5. 植物配置

植物配置是进行沿线生态环境修复的重要环节，主要包括植物选择、原植物群落和植物环境的保护、坡面植物防护、遭破坏的原植物环境等方面。利用植物措施进行岸坡侵蚀加固时，可在渠岸浅水处用交叉错开布置、能耐水淹的树种（如水杉、池杉等）为固土护坡植物，利用其发达的根系来稳固堤岸；流水处用草本植物（如野茭白、芦苇）来缓冲水流，增加防洪、护堤能力；在水位变动区以上部分整齐或自然种植乔、灌等树木，同时考虑树木生长有一定年限，过渡期间需种植水生草本、地被等复式植物群落，减弱表面雨水冲刷，使水土流失在可承受范围内。为防止外来物种对当地生态系统造成破坏，应尽可能利用本土植物，如树种可考虑银叶柳、乌桕、杨树、水杉等；草本植物如芦竹、野茭白、芦苇、菖蒲等。若需引进外来物种，应经过详细调研及科学论证，在对该植物生长习性充分了解的基础上方能采用。

6. 渠岸缓冲带宽度

渠道两岸必须保留一定宽度的缓冲带，缓冲带的宽度由缓冲带的主要功能所决定，具体参照值见表5-4-7。

表 5 - 4 - 7 缓 冲 带 宽 度 参 照 值

缓 冲 带 功 能	缓冲带宽度/m
巩固正在遭受侵蚀的岸坡	≥10
过滤沉淀物质和吸收径流中的污染物质	≥7
过滤径流中的可溶解营养物质和杀虫剂	≥20
保护野生动植物栖息地	≥80
抵制洪水破坏	≥20

7. 最小植被率和适宜封闭率

渠道生态整治中，最大限度地增大绿色植被，减少硬质材料的封闭护坡，是维护渠道生态系统良性发展、控制面源污染、保护水环境的有效措施。渠道坡面最小植被率和适宜封闭率见表 5 - 4 - 8。表中，最小植被率为坡面植被面积占坡面总面积的比值；适宜封闭率为硬质全封闭面积占坡面总面积的比值。

表 5 - 4 - 8 渠道坡面最小植被率和适宜封闭率参照值

渠道部位	修复模式	最小植被率/%	乔灌（草）比	备 注
缓冲带	削污型	70	1 : 1	乔灌（草）比为乔木覆盖面积与灌木或草地面积的比值
	经济型	30～50	2 : 1	
	景观型	60～80	1 : 3	
堤顶（含外坡）	景观生态型	50	1 : 2	
非过水坡面	自然生态型	70	1 : 4	
	工程生态型	50	1 : 4	
	景观生态型	60	1 : 5	

六、基于虚拟现实的长距离渠线优化与土石方平衡系统

南水北调东、中线一期工程渠道输水线路长、区域跨度大、地形复杂、设计中存在许多技术难题。传统设计方法落后、工作效率低、设计周期长，弃土借土方量大，占用土地多、工程投资浪费，加大了对渠道沿线生态环境的不利影响。本课题针对上述突出问题，结合南水北调工程特点，研究解决长距离调水工程设计及优化中技术难题，编制软件系统，为南水北调工程提供技术支撑和应用示范。

（一）技术特点

该系统具有以下技术特点：

（1）系统图形平台采用 VC＋＋开发，系统具有完全自主知识版权，且具有高效的图形处理能力和快速的模型计算能力，而类似系统基本基于 AutoCAD 图形平台。

（2）渠道和地面模型实际可操作性好，真实立体性强，在三维可视上可较好地支持各种视觉变换过程，提供空间视觉效果，并可进行碰撞检测和碰撞反馈，沿渠道漫游，直接转到里

程，检查转弯处的线框交错，判断线段相交，检查地形超过边界及水面线绘制等，从而实现用户设计的空间感。

（3）系统具有灵活高效的用户接口设计能力，为平面线、纵断面线和横断面线设计提供了可视化交互的工具。

（4）系统将水力学计算的水面线和三维虚拟整合展示，能实时进行水利学模型计算，将水面线图形和渠道三维模型联合展示。

（5）系统能够支持多个不同渠道设计方案设计结果的对比，方案对比能在一个项目内的不同方案之间或不同项目的不同方案之间进行比较。

（6）系统提供了多种类型的数据输出接口，能够输出视图图形、中间及最终设计结果，满足设计需求。

（二）系统创新点

该系统的主要创新点体现在以下几个方面：

（1）系统支持超长渠道方案的三维设计（可达 100km），将可视化图形和数据实时动态绑定，实现了图形和数据的实时处理，并将设计数据和图形视图同步实时展示给用户观测，有利于用户对设计方案的精确把握和调整。而传统基于 AutoCAD 平台的辅助设计系统仅能支持不超过 10km 范围的设计。

（2）系统提出了在地形处理上采用双网格地形划分的模式，加快地形数据的处理，相对于基于地形处理的其他模型，该模型在处理地形时具有可缩放性的功能，可以高速计算坐标点的高程信息，从而能够实现超长渠道的实时优化设计。

（3）提出了土石方分段之间相临分段优先的优化策略，该策略首先将在所有相邻的分段之间进行土石方调配，接着在所有次相邻的分段之间进行土方平衡，依次类推到经济距离范围内的所有分段之间进行平衡，该方法能够进行超长渠道土石方的实时平衡调度计算。

（4）在实现海量地理数据管理，再现渠道模型周边真实的地理环境的同时，动态生成与展现长距离渠道模型数据，实现了虚拟展示的宏观和微观的结合，实现了渠道模型在大场景下的三维展示。开发的全新的虚拟场景视图控制工具，控制更加灵活方便、平滑稳定，显示性能提高显著，解决了大型渠道由于线路长、展示面积广阔、数据量庞大带来的展示难题。

七、渠道混凝土衬砌无损检测技术

（一）渠道混凝土衬砌无损检测技术的应用情况

国内外衬砌检测方法主要分为半破损检测法及无损检测法两种。

半破损检测法以不影响结构和构件承载能力为前提，在结构和构件进行局部破坏性试验，或钻取芯样进行破坏性试验。钻芯法、拔出法、拔脱法、射击法都属于此类方法。此类方法实施过程会对渠道混凝土衬砌形成破坏，不宜用于大面积检测。

无损检测法是利用声、光、电、磁和射线等方法检测混凝土强度、密实度、均匀度及缺陷的技术。与破损检测相比，无损检测具有仪器简单、操作方便、费用较低、不破坏结构、可进行重复测试等优点。目前广泛应用的无损检测方法包括回弹法、垂直反射法、超声波法和探地雷达法。

回弹法反映的仅是混凝土表面 $10\sim15\text{cm}$ 厚度范围内的质量，即只用于检测混凝土表面的质量；垂直反射法的反射震源和接收检波器必须具有短余振特性，并要解决好高频与大功率之间的矛盾；超声波检测混凝土是逐点进行观测，其工作效率不适合大面积的隧道检测工作。

探地雷达法（GPR）：探地雷达法利用高频电磁波以宽频带短脉冲形式，由地面通过发射天线定向送入地下，经过存在电性差异的介质反射后返回地面，被接收天线接收，电磁波在介质中传播时，其路径、电磁场强度与波形将随所通过混凝土的电性与状态而变化。当发射与接收天线以固定的间距沿测线同步移动时，就可以得到反映测线以下介质的雷达图像。该方法可根据波形记录直接分析混凝土内部缺陷的分布和形态，具有可视性。可根据探测深度、分辨率的要求选用不同频率的天线。可在结构物表面进行，灵活性较好，在同一部位可进行多次重复测试。该方法具有很快的检测速度（10km/h），并且可以连续检测，适合面积性的混凝土检测工作。

基于各项无损技术研究及应用情况，2004 年铁道部颁发了《铁路隧道衬砌质量无损检测规程》（TB 10233—2004）。作为我国颁布的唯一一部关于衬砌质量检测的技术规程，该规程主要介绍了利用探地雷达和超声波方法检测衬砌层厚度、衬砌层后充填状况和混凝土强度的相关技术规定。国外已发表的相关文章也主要针对隧道衬砌混凝土开展。

利用隧道衬砌检测常用的探地雷达和声波测试技术，开展渠道衬砌检测关键问题研究，对已有技术进行改进，形成渠道混凝土衬砌施工质量无损检测技术规范及专用装备，以填补我国此领域的技术空白。

（二）探地雷达检测理论

探地雷达法（GPR）多采用脉冲高频电磁波进行介质探测。电磁信号从发射天线发射后以平面波的形式在目标层中传播，发生相位转换和能量衰减，并在波阻抗界面（不同衬砌层界面）发生反射，反射回接收天线的信号被采集、保存，基于反射波特征分析，实现对目标层探测。探地雷达的探测结果为电磁波经历目标层传播过程后形成的时间剖面。对于非磁性介质，电磁波的反射、折射特性仅与介质的介电常数有关。反射波的强度主要取决于上、下层介质的介电差，介电差异越大，反射波强度越大。

进行渠道衬砌检测时，无论衬砌结构是混凝土薄板＋保温板垫层＋原始土基；还是混凝土薄板＋碎石＋砂垫层＋原始土基，由于不同物性层间的介电差异性较大，从而容易形成电磁波反射界面。基于探测剖面上入射、反射信号能量确定反射系数后，便可确定混凝土介电常数。

（三）渠道衬砌无损检测内容

1. 衬砌混凝土厚度检测

根据施工资料，衬砌混凝土设计厚度一般在 $5\sim20\text{cm}$ 之间。但施工过程经常出现施工厚度低于设计厚度的情况。专题研究采用探地雷达技术实现衬砌混凝土厚度连续检测。

采用探地雷达检测时，混凝土薄板厚度由式（5-4-8）计算得到：

$$v=\frac{\Delta S}{\Delta T}=\frac{2(H_2-H_1)}{T_2-T_1}=\frac{2\Delta H}{\Delta T} \tag{5-4-8}$$

式中：v 为混凝土中电磁波速；ΔH 为薄板厚度；ΔT 为反射波走时，从探测剖面上拾取电磁波直达波走时 T_1 和混凝土底界反射波走时 T_2 后计算得到。

式（5-4-8）显示基于探地雷达探测结果确定薄板厚度的关键在于正确获取电磁波传播速度。传统电磁波传播速度的获取方法主要有直达波法、速度分析法和取样标定法。

在渠道衬砌检测中，由于采用收发一体高频屏蔽天线，直达波法和速度分析法并不适用，取样标定法具有较高的探测成本。探讨一种新的快速确定渠道混凝土电磁波速的方法成为研究重点。

（1）衬砌混凝土电磁波速模型估算法。渠道衬砌混凝土的典型速度模型公式为

$$v = 0.3 / \sum f_i \sqrt{\varepsilon_i} \qquad (5-4-9)$$

式中：ε_i 为第 i 相介质的介电常数；f_i 为第 i 相介质体积比。

如果检测时已经掌握混凝土配比类型、各组分的体积比和介电常数，可由式（5-4-9）直接计算得到混凝土传播速度。

（2）厚度检测数据处理误差分析。

1）图像识别误差分析。研究中选定 1.5GHz 雷达天线作为厚度检测的主流天线。根据实测资料，实测信号频率可达 1GHz，半波周期为 0.5ns。如假定衬砌层中传播电磁波速为 0.1m/ns，探测衬砌层厚度为 6cm，采样时窗设为 3ns，这种情况下每个半波可由 180 多个样点表示，能够完整地表现出混凝土层的顶底界面分布。人工识别信号误差一般在 10 个样点左右，识别误差小于 1%。

2）计算误差分析。基于雷达探测结果的混凝土层厚度计算过程中，走时一般采用混凝土底部反射时轴和初至时差确定，这种算法的前提是收发天线距为零或相对探测深度近似为零。但在衬砌检测中这种前提条件不再具备，收发天线距和探测深度相比不可忽略。以课题研制所选用的天线系统为例，不考虑收发距的影响时，实际探测计算厚度会比真实厚度值小。利用 1.5GHz 天线探测时，不考虑天线偏移距的影响，探测混凝土厚度比实际厚度小 5% 左右。利用 900MHz 天线探测时，误差最大可达 20%，偏移距的影响不可忽略。

（3）不同频率雷达天线对衬砌层厚度检测能力分析。1.5GHz 和 900MHz 天线系统是通常用于衬砌层检测的两套天线系统，实际探测时两套天线发射电磁波在衬砌层中传播信号主频可通过频谱分析获得。

某区段衬砌利用 1.5GHz 和 900MHz 天线实测剖面信号的频谱分析结果显示两种天线发射测量时，实测信号主频分别为 1GHz 和 700MHz 左右。假设电磁波传播速度为 0.1m/ns，根据信号分别的半波理论，两种天线能够最小探测的混凝土厚度分别为 5cm 和 7cm 左右。含水量越大、波速越低，所能分辨的最小厚度越小。室内试验资料也显示了不同频率天线的探测能力。

（4）检测实例。穿黄南干渠实验段位于干渠穿黄的起点位置，是为研究干渠最佳衬砌型式开设的试验区。2009 年 5 月，利用 GPR 技术对实验段保温板垫层和砾石垫层两种典型型式混凝衬砌进行了厚度检测，并沿测线在 5 处位置进行了取芯验证检测厚度的准确性，结果显示 5 个取样点衬砌解释厚度都略大于实际厚度。这是由于计算电磁波速是在设定混凝土完全失水情况下给出的，实际检测时混凝土并非完全干燥，电磁波速小于设定的电磁波速。但 5 个检测点

实测值平均相对误差小于10%，考虑天线距引起的误差5%左右，实际检测误差小于5%，满足质量检测要求。

2.典型渠道衬砌缺陷检测

(1)几种典型的渠道衬砌缺陷。在穿黄南干渠东平湖实验段，铺设后的斜坡衬砌就呈现出了几种典型的缺陷。

1)裂缝。水平裂缝：主要分布在保温板垫层衬砌浇筑段，沿渠道走向在斜坡衬砌顶端连续出现，最大裂缝宽度可达4mm。这种类型的裂缝由表层混凝土薄板下滑拉裂形成。裂缝会穿透整个混凝土层形成潜在隐患。

局部裂缝：在两种垫层衬砌浇筑区都有分布，经常多条裂缝密集出现，长度为1～3mm，厚度不足1mm。这些裂缝的存在会影响混凝土衬砌的强度和防渗效果。裂缝的延展深度对于评价裂缝可能带来的影响至关重要。

2)斜坡混凝土薄板滑动。在保温板垫层衬砌铺设区由于施工过程及施工后缺乏必要支护条件，会出现混凝土薄板整体滑动的情况。当滑动发生时不仅会造成前面所述的顶部水平裂缝，还会形成下部保温板的拉开、重叠、破坏。这些缺陷会存在于混凝土层下部形成隐患。

3)厚度不均。混凝土薄板浇筑过程，由于施工质量控制问题会形成薄板浇筑厚度不一。如果实际浇筑厚度低于设计厚度，便形成质量缺陷。

4)混凝土浇筑质量缺陷。混凝土薄板浇筑过程除出现浇筑厚度不一的情况外，还容易出现振捣碾压和滑磨密实度不均一的问题和骨料的局部集中。这些缺陷会影响混凝土薄板强度和防渗效果，形成潜在隐患。

(2)典型渠道衬砌缺陷探地雷达实测剖面特征。

1)混凝土厚度不均匀。混凝土厚度不均匀，表现为底部反射轴的变化。

2)衬砌裂缝。混凝土裂缝位置会形成同向轴的错断。

3)保温板拉开。保温板拉开位置形成双曲线强反射信号。信号顶点位置和混凝土底界对应的反射轴相重合。

4)保温板破坏。保温板破坏位置表现为混凝土底界对应的反射轴的断开，如果破坏范围较大，在断点位置还形成绕射波。

5)密实度不均。从雷达剖面上看，密实度变化表现为底界反射轴的变化，混凝土越密实，走时越大，越疏松走时越小。混凝土层疏松位置不仅表现为时轴的上移，波形变得零乱。

3.渠道衬砌混凝土强度判定

(1)渠道混凝土超声波速变化特征及与强度的关系。根据2004年铁道部颁发的《铁路隧道衬砌质量无损检测规程》(TB 10233—2004)，混凝土超声波速和强度存在如表5-4-9所列的对应关系。

表5-4-9 普通混凝土纵波速度与强度等级参照表

强度等级	C15	C20	C25	C30	C35
纵波速度 v_P/(m/s)	2600～3000	3000～3400	3400～3800	3800～4200	4200～4500

(2)渠道混凝土电磁波速和超声波速对应关系。完全失水条件下，渠道混凝土的电磁波速和超声波速具有对应关系，根据实测电磁波速初步确定混凝土的强度。含水条件下，两者无明

显对应关系。

（四）渠道衬砌检测专用探地雷达系统研制

1. 研制原则

为保证研制系统的实用性，仪器研制过程中遵循以下原则：

（1）系统组构简单、操作简便，便于野外工作。

（2）配备 900MHz 或 1.5GHz 天线，实现 1m 深度内 5～15cm 厚混凝土薄板厚度及衬砌缺陷的连续、有效探测。

（3）仪器具有实时数据处理功能。

2. 系统电路设计

研制探地雷达系统电路总体结构如图 5-4-7 所示。

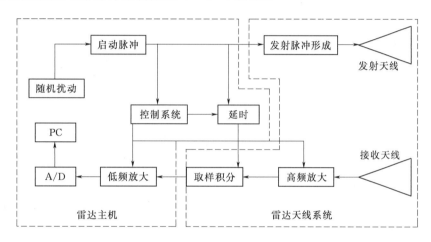

图 5-4-7　探地雷达系统电路总体结构

雷达主机由控制计算机、信号发射控制模块、主控模块、采样存储控制模块组成。功能主要有两个：一是实现对脉冲发射和回波接收的控制，二是完成对回波数据处理并画出剖面图。研制的天线采用收发一体天线，和主机分离，并采用电缆将它们连接。

3. 仪器研制中的关键技术

（1）发射信号调制技术。从发射信号特征来看，探地雷达主要有连续波雷达，调频连续波雷达和冲击波雷达。

由于冲击型雷达结构相对简单，相关技术较为成熟，近 20 年在国内外取得了较大的发展，已成为探地雷达的主流。冲击型雷达技术是一门综合性的高新技术，包括高压纳秒脉冲技术、纳秒脉冲宽带天线技术、取样技术、大规模集成电路技术、控制技术、信号处理技术等。

冲击雷达在国际上得到了迅猛发展，已经进入实用和改进完善阶段。美国、加拿大、瑞典生产的雷达都属于这类雷达。本次研究采用冲击波脉冲源。

（2）信号接收技术。如果直接将接收的回波信号回送到主机，由于以下原因可能影响雷达的性能：①雷达回波是一个高频信号，通过电缆回传会由于电缆的损耗降低回波的信噪比；②在天线的移动过程中，电缆的弯曲、扭转等形变，会影响电缆的高频传输性能；③回波的时延与电缆的长度相关，电缆越长，时延越大，回波分析的复杂度越大。为了解决这个问题，研制过程中将采样变换电路放置在天线端，回传到雷达主机的是经过采样变换后的低频信号，这样，上述问题便不再存在。

在雷达接收系统中，取样变换电路的动态范围一般只有50～60dB，所以该电路的动态范围成为制约雷达动态范围的一个瓶颈。为了克服这个问题，研制中将高频放大器设置为大动态范围的时变增益放大器，对时延较小的近距离目标散射回波，采用较低增益放大，对于时延较大的远距离目标回波采用较高增益放大，这样进入取样变换电路的回波电平变得相对平稳。

脉冲天线是探地雷达极其重要的一个部件，其性能直接决定了雷达的探测效果。决定该系统性能的主要因素有天线末端反射波强度和多次反射波强度、天线辐射的效率、天线的方向性。

脉冲波是一个宽带信号，为减小天线上的反射波，需采用宽带天线以保证天线的良好匹配。常用的天线有等角螺旋天线和蝶形天线，其中蝶形天线使用更多。本次研制过程中也采用蝶形天线。为了保证发射信号更好地向地下介质辐射和防止辐射场的畸变，在设计中增加了屏蔽措施。

4. 探测系统构成

设计研制的探地雷达系统由采集仪、收发一体天线组成。测量时收发一体天线系统和悬挂在一起的测量轮沿设定测线移动，在雷达主机的控制下，不断发射、接收电磁波信号，从而完成对路基施工质量的连续检测。

5. 系统达到的技术指标

（1）系统增益：160dB；

（2）发射脉冲重复频率：64kHz；

（3）时间窗：2～5000ns，可任选；

（4）A/D：16位；

（5）采样率：128、256、512、1024、2048样点/扫描，可任选；

（6）扫描速率：8～128扫描/s，可任选；

（7）波形叠加次数：1～4096次，可任选；

（8）同步时钟：内部晶振；

（9）可编程时变增益（-10～+70dB），实时曲线显示；

（10）连续工作时间：大于4小时；

（11）MTBF：不小于500小时；MTTR：不大于2小时；

（12）冲击振动：满足GJB74.6～85要求；

（13）工作温度：-10～50℃；储存温度：-40～60℃；湿热条件：+40℃，90%；

（14）供电电源：12V汽车电瓶或12V直流电源（接交流220V电源）；

（15）水平距离标记：手动或测量轮自动标记。

6. 系统可实现的测量指标

（1）测量速度和横向（水平）测点间距。测量速度、雷达系统的信号发射频率和数据采集存储速度共同决定了对目标层横向分布的探测能力。

扫描速度是指水平方向上每秒记录的道数。扫描速度的选择除了要考虑水平分辨率（一般要求有10～20个数据点经过探测目标）和记录数据量两个因素外，还要受到采样点数选择的影响。实测时，一直采用高速扫频可能会影响仪器的使用寿命，另外考虑模数转换速度和数据量大小对取样存储速度的影响，采样点数确定后，在满足水平分辨率要求的前提下，采集仪可根据表 5-4-10 对扫描速度适当限制。

表 5-4-10 采样点数与扫描速度的关系

采样点数/道	可选道数/s	采样点数/道	可选道数/s
256	16，32，64	1024	16，32，64
512	16，32，64	2048	16，32

（2）所能探测的最小层厚度。利用研制的 1.5GHz 天线可实现 5cm 厚混凝土薄板的有效探测。

7. 1.5GHz 屏蔽天线性能测试

（1）信号稳定性试验。为了测试新研制的 1.5GHz 天线收发信号稳定性和分布特征，在室内将 1.5GHz 天线分别放置在地面、抬高一定高度和对空。从测试信号中可以看到，不同放置状态下发射天线直接耦合到接收天线的电磁信号保持稳定，脉冲宽度在 0.8ns 左右，天线线圈引起的振荡信号比较弱。当天线放置于地面时，地面直达波信号和空气波信号叠加在一起。随着天线离地高度逐步增加，两者逐步分离，但此时会有地面形成的多次波出现，耦合到地下介质中的电磁波能量也逐步减弱。

（2）抗旁侧干扰试验。为了检测设计屏蔽天线的抗旁侧干扰能力，在天线周围放置金属干扰物进行测试。天线的前后、左右有干扰物时，无干扰信号被采集。天线可在任何现场环境下进行测试。

8. 系统采集回放实时解释功能设计

为了实现测试结果的实时解释功能，采集软件系统中设计了实时回放解释功能。数据采集完成后，按回放按钮，出现参数输入菜单。设置相关参数后，如果选择"原始数据及解译结果同时回放"，则会对探测剖面进行解译。解译剖面会显示混凝土层厚度的变化及垫层破坏点位置。

（五）渠道衬砌检测数据处理技术研究及软件开发

1. 信号处理技术

探地雷达技术对衬砌结构及缺陷的反映是通过剖面图像方式实现的，数据采集过程中干扰信号存在会影响探测结果分析与识别。实测资料显示剖面中的干扰信号主要有反射过程产生的多次反射波、发射源产生的振荡信号及随机干扰信号。研究采用不同的数据处理技术来消除这些干扰信号，提高剖面信噪比。

（1）预测反褶积滤波。将预测滤波的理论用于解决反褶积的问题叫做预测反褶积。物理量从可预测度上讲可分为两大类：可预测量和不可预测量。观测得到的测量值一般包含有这两种量，即观测值由可预测部分和不可预测部分所组成。预测反褶积所希望得到的是那些不可预测部分的内容，即预测误差，所以能提高纵向分辨率。

（2）横向滤波技术。仪器产生的振荡信号和固定干扰源形成的干扰信号沿固定时轴分布，能量和频率成分稳定，对随机有效信号起到强烈的压制作用。为了消除这些探测通道内普遍存在的固定干扰波，设计了横向滤波器，用来压制干扰波能量。

2.信号识别技术

（1）层位追踪。混凝土衬砌界面追踪采用了波形特征法来实现。波形特征法是在对混凝土衬砌雷达图像数据的特征认识的基础上提出一种实用的层位追踪算法。

虽然自动层位追踪可以快速得到准确的层位线，但是对于一些层位信息不明显或者起始道层位不清的探测剖面，自动层位追踪可能会出现差错，而半自动层位追踪则可以取得理想的效果。

半自动层位追踪方式由人工在剖面拾取确定的层位点，系统会自动搜索出该点所处的相位，然后采用滚动法连续追踪出同向轴。滚动法连续追踪的优点就是可以追踪出弯曲、斜度大、有异常体存在时的同向轴。

（2）缺陷异常识别技术。混凝土衬砌中存在的裂缝或者空洞会在探测剖面上表现为明显的异常图像。衬砌裂隙在探测剖面上出现了两个双曲线形态，在混凝土底界层位线上有两个明显的能量不连续的断点。这个断点位置就是病害出现的位置。为此，设计如下层位线断点滑动窗口扫描算法：

1）沿混凝土底界层位线计算同向轴的能量平均值 DATaver。

2）仍然沿混凝土底界层位线取出同相位的一个窗口内点的数值（幅值）的平均值 DATawin 与上一步得到的能量平均值 DATaver 进行连续比值，如果比值小于一个比例，即可认为找到断点。该比值可以根据具体探测剖面情况和能量强度分布进行设定。

3.无损检测数据处理系统开发

渠道混凝土衬砌无损检测数据处理系统包括超声波无损检测数据处理系统和探地雷达数据处理系统。

渠道混凝土衬砌超声波无损检测数据处理系统主要完成超声波波速计算和混凝土强度判定。渠道混凝土衬砌探地雷达无损检测数据处理系统是应用探地雷达技术对渠道混凝土衬砌探施工质量进行无损检测数据处理系统。该系统不但集成了常规探地雷达的数据处理功能，而且还针对渠道混凝土衬砌施工质量检测开发了专业的数据处理模块。其目的是提高渠道混凝土衬砌探施工质量检测数据处理效率和准确性，为渠道混凝土衬砌探施工质量检测提供供科学、准确、先进、有效的技术支持。

系统分为五个模块，主要包括：文件管理、剖面数据处理、衬砌病害模拟分析、衬砌层位追踪和衬砌病害识别、混凝土衬砌物性分析。基本结构框架如图 5-4-8 所示。

由于超声波数据处理相对简单，不同厂家生产的超声波仪都带有数据处理功能，在软件处理系统设计中留有专门的连接口和这些软件相连。

八、大型渠道清污技术及设备研制

南水北调东线一期工程是一项跨流域大型调水工程，主干线全长 1466.5km。东平湖以南分 13 个梯级共 34 座泵站，节制闸、倒虹及主要引水口建筑物数百余座。根据南水北调总体规划，中线总干渠全长 1277.21km，主要引水口建筑物数百座。大型渠道内水生植物繁殖迅猛，包括水草、农作物秸秆、塑料物品、编织袋、树枝、杂草植物、人造污染物、动物尸体以及冰凌等将会造成水流不能畅通，靠原有拦污栅、清污设备加人工打捞方式已经远远不能满足工程运行的需要。同时，如果形成的大量污物群随水流流向泵站进水池，进入水泵，有可能会打断

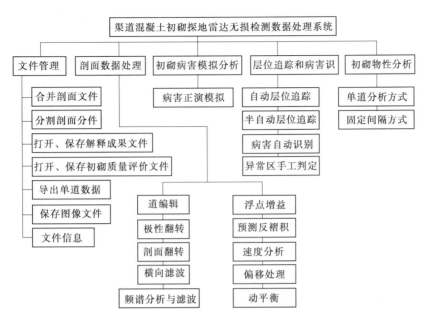

图 5-4-8 系统基本结构框架图

叶片而损坏水泵。污物中的编织袋、成团的杂草很容易缠绕在叶片上，轻则使流量减小、效率降低，造成机组不平衡产生振动，重则使电机过负荷或产生堵转事故，站前污物亦成为影响泵站安全运行的一大隐患。随着我国水利水电建设事业的不断发展和给水排水、环境保护设施的不断兴建，大量的清污设备既要满足各种不同工况控制要求，又要适应各自的工作和自然环境，对工程和设备的安全运行提出了更高的要求。因此，大型清污设备是南水北调等长距离调水工程急需的关键设备，目的就是防止水流中的污物进入水泵机组，对机组的正常运转起到保护作用。因此，大型渠道清污技术及设备研究则成为南水北调工程建设进行研究的重要课题。

解决的主要技术难点是研究低水力损失的回转式清污机、往复式清污机和移动式清污机清除大型渠道等水利水电工程倒虹、泵站进口拦污栅和栅前区各类污物的关键技术；解决原有各类清污设备存在的适应性和清污效果差、运行可靠性差、自动化程度不高，难以满足长距离渠道全天候运行及其冰凌期安全运行要求等问题；适用于大型渠道工程的清污机如何满足大跨度和适应清除各种污物的问题；清污机冬季运行和防冰措施研究；清污机自动化、智能化研究等。

（一）清污机栅体结构优化技术研究

清污机（拦污栅）虽然是泵站的辅助设施，但对保证水泵机组安全、稳定及经济运行必不可少。但在设置清污机的同时，其栅体也增加了一定的水头损失。水头损失由两部分组成：一是固有水头损失，即水流在通过栅体时，栅条对水流有局部的阻碍作用，产生局部水头损失，这是不可避免的。这种水头损失取决于栅条断面形状、断面尺寸、栅条净距、主梁框架型式、过栅流速等。另一部分是附加水头损失，其产生的原因是由于栅体所拦截的污物部分地阻塞栅孔或水流的腐蚀作用而导致的锈蚀，使栅体原有的过流面积减小，加剧了对水流的阻碍作用，致使过栅局部水头损失增加。这部分损失通过清除污物可以全部或部分清除。

清污机栅体结构的栅条设计为矩形栅条和流线型栅条两种方案，主梁分为 3 种不同形状的流线型箱梁和工字钢梁，边梁分为矩形箱梁和工字钢梁，分别与水平面呈 75°布置，栅条间距 120mm，具体组合成如下 8 个设计方案：

方案 1 为矩形栅条、工字钢主梁、工字钢边梁。

方案 2 为流线型栅条、工字钢主梁、工字钢边梁。

方案 3 为矩形栅条、尖头流线型主梁垂直栅条布置、边梁为矩形箱梁。

方案 4 为流线型栅条、尖头流线型主梁垂直栅条布置、边梁为矩形箱梁。

方案 5 为矩形栅条、尖头流线型主梁水平布置、边梁为矩形箱梁。

方案 6 为流线型栅条、尖头流线型主梁水平布置、边梁为矩形箱梁。

方案 7 为矩形栅条、圆头流线型主梁水平布置、边梁为矩形箱梁。

方案 8 为流线型栅条、圆头流线型主梁水平布置、边梁为矩形箱梁。

同时，为了研究清污机栅体在不同跨度情况下水头损失系数的变化情况，针对方案 1 和方案 8 设计了 3m、7m、10m、16m 不同跨度情况下的方案。不同跨度情况下，栅条形状、间距均保持不变，仅主梁断面尺寸随着跨度的变化而变化。

清污机栅体结构断面可根据以下研究结论确定：

（1）方案 1 的局部水头损失系数最大，而方案 8 的局部水头损失系数最小。

（2）流线型栅条的局部水头损失系数要比矩形栅条小。

（3）圆头流线型主梁比尖头流线型主梁的局部水头损失系数小，尖头流线型主梁又比工字钢主梁的局部水头损失系数小。

（4）水平布置的流线型主梁要比垂直栅条布置的流线型主梁损失系数小。

（5）方案 1 的局部水头损失系数随着跨度的增加而急剧上升，实际工程中不宜采用大跨度方案。方案 8 的局部水头损失系数随着跨度的增加而变化不大，在大跨度方案中主梁在顺水流方向适当延长尾翼可有效降低水力损失。

（二）回转式清污机结构技术研究

回转式清污机已经广泛应用于国内大型渠道引水、供水工程泵站，发电站等水利水电工程领域。在清除污物、减少污染，提高泵站、电站设备运行效率等方面发挥了很大的作用。但由于生产企业经济能力和技术力量严重分散等条件的限制，回转式清污机的发展一直较为缓慢，一些常见的污物二次污染、过负荷保护（断链）、冰冻等问题没有得到很好的解决。因此，对回转式清污机存在的技术问题进行深入研究是必要的，这将有利于清污机产品的更新换代和应用。

1. 结构组成与工作原理

作为拦污和清污结合为一体的设备，回转式清污机一般主要由电机、减速机、链条传动、机架、栅体、清污齿耙、电气控制等组成。其工作原理是：清污机工作时，电动机的动力由减速器、链轮传至主轴，主轴上链轮带动两条主链条运动。固定于传动链上的清污耙沿栅面在驱动装置的带动下，绕拦污栅栅体回转打捞污物并且向上牵引，当齿耙到达机体顶部时，由于转向导轨及导轮的回转作用，污物依靠重力自行落下至排污沟或传送带内。主链条的张紧和磨损后伸长的调整，由设在机架顶部的螺旋式松紧装置控制。

2. 存在问题及解决方案

（1）主要问题。根据调研，国内回转式清污机存在的主要难题如下：

1）污物缠绕在齿耙耙体上，不能自重下落，卸污不彻底，每一组齿耙到达卸污位置时需停机人工清理。在一位工人操作的情况下，造成多台清污机不能同时工作，单台清污机不能连续工作的局面。捞起的污物落下后容易再次落入栅后水中，造成二次污染。

2）清污机停机后由于底部淤积或污物大量沉积，开机时阻碍齿耙回转通过，造成链条拉断或电机过载而不能正常运行，引黄、排涝、排污工程尤为突出。

3）冬季运行时，对冰凌、冰块的清理工况，易出现过载、断链问题。

4）自动化程度低，工人劳动强度大等。

（2）解决方案。针对以上问题，对回转式清污机的各组成部件进行了深入研究，除了回转式清污机运行原理所必需的工程布置结构要求和该种清污机的适用条件外，在降低设备造价的前提下，适应国内外清污机主要朝着适用清除污物种类多、安全保护措施全面、自动化程度高、降低电耗、使用寿命长和清污设备配置污物输送及自动打包等发展方向，对新型回转式清污机结构方案提出了以下要求：

1）栅体，主要结构及栅条采用Q235B钢，栅体框架横梁和栅条横断面采用流线型，以减小过栅水头损失。

2）清污耙（齿耙）采用整体式新型结构，比国内传统的圆管焊接齿耙的清污耙具有更大的承载能力、结构刚度，适应污物种类更广。

3）传动系统，主传动机构为液压马达驱动的链条传动，每台清污机配一台液压马达；液压站满足单台运行和多台同时运行及检修。

4）链条张紧装置采用液压自动张紧机构，保证传动链条实时具有合适的张紧力，提高运行质量。

5）污物输送带满足直接装车要求。

6）控制系统采用PLC程序参数化设计，计算机远程通信和监控、控制，实现现地手动控制、程序控制、时间控制、流速控制、水位差控制和远程自动化控制功能，具有故障自动诊断和显示报警功能。

7）传动系统中设有机械过载保护和超载限制器双重保护，超载限制器的仪表可显示传动载荷，当水下链条或齿耙被卡住后，电机将自动断电，仪表具有远程监控接口，可实现机械故障远程监控。

8）安全保护措施，从单纯的扭矩安全销方式发展到使用液压控制保护及智能控制装置。

3. 回转式清污机驱动机构技术研究

国内使用的回转式清污机设备大多采用电动机驱动、安全销过载保护。运行中普遍存在过载保护能力差，经常出现机械破坏等事故情况，造成断链等设备损坏，影响整个工程项目的正常运行。经对电动机和液压马达两种驱动方案的技术经济综合比较，认为采用液压马达驱动的清污机能够很好地解决回转式清污机驱动机构普遍存在的问题。

液压马达驱动的回转式清污机其液压动力系统由液压油箱、电动机、液压泵、电磁控制阀组、电气控制部分、管路附件和液压马达等组成。

4. 链条液压自动张紧装置技术研究

回转式清污机驱动耙齿作回转运动的传动机构是链条传动，根据清污机的工作环境和特点，其主要失效形式为断链和磨损。断链为静强度破坏，在清污机设计过程中解决；链轮和链条的磨损则是在清污机运行中逐步产生的，积累后会造成啮合变坏。适中的链条张紧度是保证清污机稳定可靠运行的关键因素，为了调整链条的拉力，国内外回转式清污机都是在清污机顶部的主动链轮上，设置螺旋式移动支承张紧装置。而链条在运行中由磨损引起的伸长量，是逐步产生的，积累后使啮合变坏。而回转式清污机新型链条液压自动张紧机构，具有保持恒定的链条张紧力和链条磨损后自动补偿张紧功能，有利于延长链条的使用寿命，可解决清污机两侧链条（或多条链条）的张紧和磨损偏差问题，使设备运行更平稳可靠。

回转式清污机液压自动张紧机构由液压加力器和弹簧补偿装置组成。工作原理：驱动轮通过驱动轴牵引链条做回转运动，压力油经过单向阀推动顶升活塞，顶升活塞推动调心轴承沿张紧座向上运动张紧链条，达到补偿弹簧预紧力后反作用力推动活塞套向下运行，补偿弹簧受压缩储存恢复力以补偿链条磨损损失的链条张紧力，预紧力调节螺母用于调节链条张紧力的大小。

5. 新型整体式齿耙结构技术研究

针对污物种类、清污技术要求和回转式清污机的运行实践，研究了新型整体式齿耙结构，如图5-4-9所示。整体式齿耙结构为Q235钢焊接组合件，耙面为钢板折弯而成的上下耙齿，根据栅条间距的大小，两栅条间可以一齿也可以两齿，耙面的背部有多道肋板，底部腹板加翼板将耙齿整体形成梁的结构型式，并且中心靠近栅面，利于回转及清污时工作稳定。耙面开有栅条状的孔，使得齿耙挡水面积在保证清污容积的前提下尽量小。

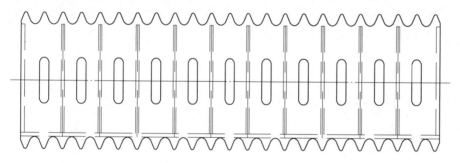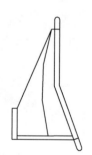

图5-4-9 回转式清污机新型整体式齿耙结构

新型整体式齿耙结构具有以下优点：

（1）耙面简洁，改变了齿耙结构，有效地解决了污物缠绕齿耙的难题，收取污物的耙齿相对短且尖锐，利于取污和卸污，不会造成二次污染。

（2）能够更加适应大型渠道工程存在的主要污物类型。

（3）整体式结构增大了齿耙的刚度，有利于实现回转式清污机大跨度。

（4）栅条间两耙齿通过，可以彻底清除贴附在栅条上的污物。

（5）对冰凌有更好的清除效果，有利于清污机的冬季运行。

6. 大跨度回转式清污机技术研究

回转式清污机实现大跨度的关键难点在于传统的齿耙结构型式在清污时刚度差，由于其关键零件钢管不能无限制地增大，因此而限制了回转式清污机跨度。

研究的回转式清污机实现大跨度有以下两个途径：

（1）采用新型整体式齿耙结构可以使回转式清污机跨度增加至7m。

（2）在采用整体式齿耙结构的基础上，驱动机构采用多个链轮、链条传动副，组成多链齿耙回转式清污机。牵引链条不少于三道，均匀布置在栅体上，在传动轴多个牵引链轮驱动下，带动齿耙绕栅体回转。清污齿耙相对薄弱的中间部位增设了多道牵引链条，使齿耙与链条连接点由两点改为多点，齿耙支承点遂由两点改为多点，由原来的简支梁变为连续梁形式，改善了齿耙的受力。同等设计载荷条件下，齿耙结构断面减小，节省材料。

该方法从结构型式上是对传统齿耙回转式清污机的改进，可以降低土建工程和设备投资，实现回转式清污机的较大跨度，提高清污效率。但是，多道链条传动轨道使得清污机栅体实际过流面积减小，水力损失增大。多道链条传动对于设备制造精度提出了更高的要求，增加了加工制造的难度。同时，传动轴的长度又进一步限制了回转式清污机的跨度增大。因此，由于设备结构的原因，回转式清污机的跨度被限制在10m以内。

（三）往复式清污机技术研究

往复式清污机为固定式，工程布置为一对一形式，即一个闸孔布置一台清污机，提高清污和除冰的效率。清污装置为液压抓斗，并且抓斗只在栅前往复运行，液压抓斗的往复运动依靠钢丝绳牵引，与传统的钢丝绳式清污机不同的是钢丝绳沿轨道双向动力牵引抓斗运行，而不是靠自重潜入水中捞取污物。往复式清污机取消了传统的双侧驱动中间传动轴，只用一根钢丝绳实现抓斗两侧、双向牵引和同步运行，为实现清污机的大跨度提供了有力技术支撑。潜水位置任意设定，分层捞取，捞取污物后向上提升后自动打开卸污。工作过程依靠液压控制技术和PLC智能控制技术以及由超越离合器、磁力耦合器所组成的同步缠绕装置等完成。运行平稳可靠，自动化程度高。

本课题研究的往复式清污机是在总结各类清污技术优缺点和设备运行经验教训的基础上研制的，具有新型的驱动形式和结构，旨在克服以往回转式清污机及钢丝绳式清污机等存在的技术缺陷，主要进行的是大跨度往复式清污机技术研究，各类清污机最大清污跨度一般在6.0m左右。

1. 抓斗结构技术研究

往复式清污机抓斗由抓斗本身、液压装置、工作轮和翻转轮组成。抓斗包括一个固定抓爪和一个转动抓爪，宽度与栅体相等，因此效率高。抓斗采用液压传动开合方式，这样使抓斗可以抓取大型污物并能够保证在抓斗移动过程中污物不会掉落。抓斗在向下运行过程中，将垃圾向下推到栅体底部，到达栅条底部后，抓斗通过液压缸驱动抓污并完全合拢然后向上运行。如果因为栅条上的垃圾太多或其他一些障碍物阻止了抓斗无法下降到达拦污栅底部，清污机将使抓斗停止向下运行，同时抓斗合拢并向上提升污物，将污物送至卸渣点后继续完成后续的清污过程，实现多污物时的分层清污。

控制抓斗开闭的液压装置的动力直接由安装在上部机架的液压系统提供，液压油由电驱动液压泵提供驱动力。

当清污机抓斗到达拦污栅底部时，预先设置的限位感应开关使抓斗向下的运行停止，液压泵开始启动，同时液压缸供油阀打开，抓斗由液压缸驱动合拢并向上运行。当抓斗全部打开时，液压泵系统停止工作，并且延时规定时间使污物充分卸落后，电控装置重新启动控制抓斗的下降。电控系统可控制清污机完成整个清污过程并往复循环。

液压系统中除压力计和电磁阀以外，控制回流阀还包括安全阀，安全阀压力设置为

120bar，直接安装在液压泵的排压口处，另外在液压油路中还设有防堵塞的回流过滤元件。PLC电路中的计时器可以防止当油管破裂时液压油的外溢。

往复式清污机样机已经在引黄济青工程亭口泵站使用，跨度为3m，取得了很好的应用效果。

冬季运行时，以清除栅体和栅前区的冻冰、流冰及冰凌为主要目的，课题研究在抓斗固定抓爪安装楔形切刀，抓斗全跨向下直线运动和动力牵引保证清污机具有很好的清冰效果。

2. 大跨度往复式清污机技术研究

各类清污机最大清污跨度一般在6.0m左右。大型渠道清污装置实现清污大跨度（5～20m），具有提高清污效率、增强冬季运行能力、节省设备和土建工程投资、方便工程运行和管理等优点。经过深入研究，认为往复式抓斗清污机具有实现大跨度的能力。作为拦污和清污结合在一起的设备，也更能体现大跨度清污机的优越性。

大跨度往复式清污机抓斗单元的组成内容与小跨度的相同，即由抓斗本身、液压装置、工作轮和翻转轮组成。抓斗宽度与栅体相等，抓斗采用液压传动开合方式。抓斗单元采用框架结构，以保证具有足够的强度和刚度满足大跨度的需要。框架上装有支承轮和翻转轮，抓斗不需反转时，翻转轮起到支承轮的作用。抓斗轨道布置在栅体边梁前翼缘的上游，在驱动机构的牵引下沿轨道上下往复运行。

大跨度往复式清污机抓斗分为固定抓爪和活动抓爪，固定抓爪只有一个，宽度与过流宽度相当，与抓斗单元的框架结构焊接一体。转动（活动）抓爪则至少一组，可以根据跨度大小分为相同的若干组，每组分别各有其单独的油缸控制抓斗开合，转动抓爪既可以同时开合，也能够分别开合。抓斗的单组转动抓爪跨度根据总跨度和单耙清污能力（工作负荷）确定。

液压装置安装在抓斗框架结构的中心位置，省却了油管缠绕机构，使得通往各组油缸的油管最短，并且有利于抓斗的整体稳定。液压传动装置的组成与双叶式抓斗相同，油泵装置安装在密封罩内，油缸也具有防护罩，以免被污物或冰块撞损而影响设备运行。油泵电机组通过水下密封插头与动力电缆相接。

大跨度往复式清污机抓斗动作过程、动力传动方案、钢丝绳缠绕方式、栅体结构型式均与往复式清污机双叶式抓斗相同。冬季运行时，将抓斗的固定抓爪安装楔形切刀，抓斗全跨向下直线运动和动力牵引，清污机具有很好的清冰效果。

3. 主要技术指标

（1）往复式双叶液压抓斗清污机。

单耙清污能力：3000kg；

孔口宽度：2～7m；

清污深度：3～100m；

倾斜角：60°～90°；

最大清污能力：10～35t/h。

（2）往复式多叶大跨度液压抓斗清污机。

单耙清污能力：3000kg；

孔口宽度：5～20m；

清污深度：3～100m；

倾斜角：60°～90°；

最大清污能力：30～70t/h。

（四）移动式抓斗清污机

该种型式移动式液压抓斗式清污机已经在南水北调东线一期工程二级坝泵站和万年闸泵站应用。

1. 主要技术参数

为缩小我国与国外同类产品技术差距，专题引进了英国艾姆科水技术有限公司（EIMCO WATER TECHNOLOGIES）的移动式清污机液压抓斗，旨在引进国外先进技术和设备的同时，消化、吸收、研制开发适合我国国情的大型渠道清污设备，以满足南水北调等大型水利工程的需要。与回转式和往复式清污机的拦污和清污作用结合在一起以及固定式安装不同，移动式抓斗清污机和拦污栅是分体的，多孔拦污栅共用一台清污机，清污机有行走和抓斗升降机构，通过行走机构实现每个工作位的清污。

2. 总体布置及结构组成

EIMCO移动式清污机主要包括：拦污栅、悬架导轨、移动车及液压抓斗单元及电控柜、电缆、液压软管等辅助设备。

悬架导轨为安装在移动车上的马达以及移动轮提供支撑，由钢板制造。悬架由空心钢柱来支撑。悬架一延伸至杂物排放区。移动车主要包括的部件有抓斗提升装置以及液压合爪执行机构。它通过安装在移动车一端的齿轮马达箱驱动运行。移动轮直接安装在齿轮箱的输出轴上，此外还有一对自由支撑轮来保证移动车与轨道之间的平行。所有的电力及控制信号均由安装在导轨内部的电缆提供。抓斗单元包括有抓斗本身、液压装置以及钢丝绳提升装置。

3. 工作原理

移动式清污机在工作时，小车沿轨道移至第一个抓污位置，限位感应开关会准确地测量到这个位置，小车停留在此处，同时抓斗向下运行。抓斗在下降的过程中，将污物向下推到栅条底部，到达底部后，抓斗抓污并合拢，然后向上运行。当抓斗到达顶部后，小车沿轨道移动至卸渣处，抓斗打开把污物倒至卸渣点。然后小车和抓斗移动至第二个抓污位置，并依次进行。每个抓污位置都是由轨道上的限位点决定，可选择自动模式或PLC模式控制抓斗的运行。当所有抓污点都被清污处理后，小车返回并停靠在杂物排放区。

如果因为污物太多或其他一些障碍物阻止了抓斗到达拦污栅底部，检测小车上的钢丝绳是否松弛的装置可使抓斗停止向下运行，抓斗合拢并向上提升污物，将污物送至卸渣点后再次返回此抓污位置继续清污。

顶部和底部的提升限位取决于提升轴上的编码系统。除决定抓斗位置和卸渣点位置的限位开关外，限位感应装置还适合于阻止小车移动至轨道末端。

抓斗液压装置的动力直接由安装在小车上的电力驱动泵提供。当抓斗到达拦污栅底部时，预先设置的限位感应开关使抓斗向下的运动停止，液压泵马达开始启动，同时供油阀打开，抓斗合拢。

电控系统可控制小车按顺序清污。当抓斗全部打开时，液压泵马达会停止工作并且电控装置控制开始重新运动。除以上提到的压力计和电磁阀以外，控制回流阀还包括液压装置和压力安全阀，安全阀压力设置为120bar。直接安装在泵的排压口处。PLC电路中的计时器可以防止当导管破裂时油的外泄。

4.设备性能

（1）清污机抓斗采用液压缸驱动方式开闭。抓斗提升及下降限位准确，定位误差小于3mm。抓斗行走装置移动换位准确，定位误差小于3mm。抓斗和小车运行平稳可靠，无卡阻现象，制动可靠。抓斗导向装置与拦污栅槽匹配，抓斗头齿与拦污栅匹配，精度在3mm范围内。抓斗的电缆收放速度与与之相配套的启升机构的启闭速度相一致。油管与钢丝绳在各自的卷筒上均为单层缠绕，油管卷筒和钢丝绳卷筒转动的时间同步精度小于1s。

（2）安装在抓斗上的提升钢绳和液压油管的相对位置设置准确，从进水方向看钢绳放置在液压油管上游，以防止污水中硬物对液压油管的冲击而起到保护油管的作用。抓斗能抓取拦污栅前水面漂浮的污物，也可沉入拦污栅底部抓取沉积于拦污栅下部的污物。传动装置和液压缸采用全封闭无水浸入型结构，防止水和尘埃的进入以及润滑油的渗出，并且易于检修和维护。导轨延伸至污物排放区，当所有抓污物被清污处理过以后，移动车停靠在污物排放区。

（3）清污机所用液压油采用可降解的生物液压油，防止对原水的污染，能保证在$-25℃$的寒冷及$50℃$的高温环境中正常的稳定工作。

（4）清污机配有声光报警灯，设备开机停机带有声光报警，运行状态有灯光显示，确保操作人员安全。抓斗打开到最大位置后，能自动停止，并发出抓斗打开到位的位号，抓斗关闭到位后，能自动停止，并发出抓斗关闭到位的信号指示。运行过程中传送平稳，没有阻滞现象。过载时设备的反应敏感而且流畅。

（5）设备在运转时无异常噪声，在距离设备1m处的噪声不超过70dB（A）。

5.控制系统研究

根据EIMCO移动式清污机原产品的技术特点，对电控系统功能进行了消化和吸收，研制开发了移动式清污机配备能够实现人机友好对话的触摸屏式PLC控制柜，所有适合于清污机全自动操作的电子控制装置都将安装在一个面板内，控制柜结构由2mm厚的不锈钢板折叠焊接而成，可立于地面。该系统满足了EIMCO移动式清污机的全自动控制要求。

（五）清污机自动化控制研究

自动化程度高是国外产品的突出特点，也是国内清污设备与国外产品的主要技术差距之一。为此，本专题对清污机自动化控制技术进行了重点研究，研究目标就是实现清污机整个工作过程的全自动化。

1.回转式、往复式清污机

回转式、往复式清污机在大型输水渠道清污闸一般装设多台，每台独立工作。每台清污机上设置1块按钮箱，箱上安装机旁开停按钮；设置公用动力馈电屏1块、屏内主要安装空气断路器、交流接触器、电流互感器等一次设备；设置公用PLC控制屏1块，屏内主要安装PLC、触摸屏、水位流速显示仪、智能仪表、10/100M工业以太网光传输交换机等。动力馈电屏及PLC控制屏安装在现场控制房间内。动力馈电屏及PLC控制屏至清污机的动力及控制电缆沿电缆沟及穿管敷设。

2.移动式清污机

移动式清污机在大型输水渠道清污闸上方设1台，安装在运行吊轨上，设多组拦污栅。清污机小车上下垂1个按钮控制键盘，作为现场手动操作用。清污机小车上安装动力箱，箱内装有空气断路器、交流接触器、电流互感器等一次设备；设置动力及PLC控制屏1块，屏内主要安装电缆供电开关、PLC、触摸屏、水位显示仪、智能仪表、10/100M工业以太网光传输交换机等。PLC控制屏安装在现场控制房间内。小车及启升装置的动力电源采用电缆供电；二次电缆可采用吊索敷设。由动力及PLC控制屏至吊轨始端的动力及控制电缆沿电缆沟及穿管敷设。

三种清污机的PLC控制屏内主要设备基本相同，主要是传感器及编程有差异。清污机PLC控制屏主要硬件配置包括：可编程序控制器（PLC）、一体化工作站、工业以太网交换机、直流电源和输出继电器、PLC屏体、液位流速显示仪表及变送器、智能电机控制器、电量智能显示仪表、电量智能显示仪表、浪涌保护器和连接器件。

清污机自动控制系统性能具有实时性、可靠性、可维修性、可用率、CPU负载率、系统安全、可扩性和可变性。

动力屏设有自动空气开关、交流接触器、电流互感器、电机智能保护器等。电机智能保护器具有过流、堵转、三相电流不平衡、断相、过压、欠压、漏电、短路等故障保护。进线装有智能电压表，能输出4～20mA信号至PLC进行显示。

3. 清污机自动控制特点

（1）自动开停机。根据流速、水位差综合控制单台或多台清污机自动开停机：污物比较均匀时，当拦污栅上、下游水位差达到一定程度，自动开起清污机；当水位差降到正常水位时使清污机自动停机。污物不均匀时，出现各孔不同程度的堵塞，流速、水位差控制单台或多台清污机自动开停机。堵塞比较严重的孔口，流速相对降低到设定数值时，自动开起清污机；各孔流速达到正常值时，自动停机。

根据时间间隔定时自动开停机：如拦污栅前来的污物比较均匀，且来量不太大，此时可采用自动定时清污的方法。根据水位差自动调整抓斗运行速度：清污机在运行时，根据水位差的变化自动调整取污装置的运行速度。当水位差降到设定值时，降速运行，节省能源；水位差增大到设定值时，加速运行，提高单位时间的清污能力。

（2）主要运行机构采用自动保护装置。回转式清污机传动链油压驱动装置安装油压报警保护装置，当清污耙上的污物增加或传动机构异常，使负荷增加，此时压力传感器报警，使机组停机，并通知运行人员进行故障处理。

往复式清污机抓斗向下运行，如污物较多，不能下行到最低位置，此时由时间和压力程序控制，使抓斗闭合抓取污物，然后抓斗向上运行。此方式既保护了驱动装置，又保证了清污工作的正常运行。

移动式清污机，如栅条上的垃圾太多或其他障碍物阻止了抓爪无法下降到达拦污栅底部，抓爪两侧的钢丝绳松弛，安装在两侧钢丝绳顶端的荷重传感器的重力降低，PLC获取信号并发出指令使抓爪停止向下运行，同时抓爪合拢并向上提升污物，将污物送至卸渣点。此方式既保护了驱动装置，又不影响清污工作。

（3）自动传送污物。清污机设有污物自动传输带，在传送带的下面设置多个压敏传感器（每台清污机旁传输带下面均设一个），当传输带上的污物增多，荷重达到设定值时，压敏传感器输出4～20mA的模拟量信号至本机PLC，PLC发出指令使皮带输送机自动投入运行运走污物，当荷重小于设定值时，皮带输送机自动停机。皮带输送机的运行也可通过编程，满足在一个周期内的运行时间与停止时间。

（4）抓斗机构自动工作。往复式清污机抓斗机构设置多个限位开关，使液压抓斗从开始下行到抓取污物自动上行，然后使污物充分卸落到皮带传送机，如此连续往复循环运行，完全自动控制，不需人为干涉。

（5）清污机自动定位。液压移动抓爪式清污机每个工程只设 1 台，运行在吊轨上，由于设置多个限位开关及 PLC 的职能控制，使清污机可根据程序的要求自动停止在每个工作位置及卸污位置。

（六）清污技术推广与应用

清污机的选择与工程布置、清污深度、清污宽度、污物的性质、种类、数量、应用环境、气候条件等多种因素有关，研究适用于大型渠道工程清污的回转式、往复式和移动式三种清污机，它们各具特点，如何选用才能够达到工程设计安全可靠、经济合理、清污效果好的要求，也是研究的内容之一。回转式、往复式和移动式三种清污机综合技术经济比较，见表 5-4-11。

表 5-4-11　　　　　　回转式、往复式和移动式三种清污机综合技术经济比较

比较项目	回转式	往复式	移动式
清污方式	耙齿绕栅体回转，不适用淤积严重	液压抓斗在栅前上下往复运行，双向动力牵引，自动分层取污	液压抓斗在栅前清污，自动分层取污
工程布置	一个孔口，一台清污机；垂直布置不利于取污；清污深度 20m	一个孔口，一台清污机；可以垂直布置和大跨度；清污深度 100m	多个孔口，一台即可；大跨度、但不可垂直布置；清污深度 25m
污物输送	传送带至垃圾箱	传送带至垃圾箱	运行导轨延长至垃圾箱
污物种类	对于大型渠道工程各种类型污物都有较好的清污效果，不能清除较大污物	对于大型渠道工程各种类型污物都有较好的清污效果。对污水处理厂、水厂、电厂取水均适用	对于大型渠道工程各种类型污物都有较好的清污效果。对污水处理厂、水厂、电厂取水均适用
冬季运行	不能清除较大冰凌，需结合破冰装置或多瓣式液压抓斗除冰	可以清除较大冰凌，铲除栅面冰层	可以清除较大冰凌
结构特点	链传动驱动齿耙	钢丝绳双向驱动液压抓斗	钢丝绳提升液压抓斗
齿耙、抓斗宽度	2～7m	2～20m 或以上	2～6m，但可纵向移动
投资	设备费稍低，土建投资大	设备费稍高，节省土建投资	设备费稍高，但多个孔口节省投资
适用范围	污物量大、尺寸小的污物且冰冻不严重	污物量大、冰冻较严重	多孔口共用，污物量不大，冰冻不严重

三种清污机均适用于大型渠道工程的清污，但因工程布置、设备结构组成、运行原理、驱动方式等因素的区别，适用范围亦有区别，具体如下：

　　（1）清污方式：往复式和移动式清污机具有优点，淤积对它们影响较小，栅前清污不会造成二次污染，往复式的双向动力牵引特点更突出，利于抓斗取污。

　　（2）工程布置：移动式清污机多孔共用的布置外观简洁，特别是在5孔以上时，能有效地节省投资。往复式的大跨度布置可以减少孔口数量，降低设备投资；直立式布置可以减少土建工程投资。

　　（3）污物输送：以移动式清污机的纵向运行导轨最为简洁。

　　（4）污物种类：往复式和移动式清污机对污物性质和类型适应性更广，回转式受耙齿尺寸的限制。

　　（5）冬季运行：以往复式清污机为最好，可以清除较大冰凌、铲除栅面冰层；移动式在冰凌形成初期会有较好的效果，但在孔口较多的情况，效率偏低；回转式清污机在冰凌形成时则需要其他措施的配合，才能运行。

　　综合分析认为：往复式清污机性价比最高，它综合了移动式对污物种类适应能力和回转式"一对一"布置清污能力强的优点；即可倾斜安装，也可竖直布置；独具的双向动力牵引突出特点，利于抓斗取污，更利于冬季运行。移动式清污机多孔共用、布置简洁是其特点，但在来污物量大和冰凌期时，清污效率不高。

九、等能量等变形夯扩挤密碎石桩在南水北调工程中的应用研究

　　南水北调中线一期工程南起湖北省丹江口水库，北至北京市团城湖，总干渠全长1277.21km。总干渠及天津干线存在饱和砂土液化问题的区段共有19段，长度为70.625km。液化地基渠段有填方渠道和挖方渠道。对于填方渠道，地基液化破坏，可能造成干渠垮塌，影响下游供水，同时干渠来水将对周边地区造成次生洪水威胁。对于挖方渠道，地基液化后有可能形成"堰塞湖"，处理不当将造成上游干渠漫溢。对于建筑物，液化有可能造成建筑物倾斜、沉降甚至倒塌，同时建筑物的维修耗时较多，将长时间的影响工程输水。因此，对地震液化地基处理并开展专题研究是非常必要的。

　　等能量等变形夯扩挤密碎石桩技术是利用重锤冲击成孔，在成孔的同时，使桩端和桩周土体得到一次挤密，成孔至设计标高后在孔中分层填入碎石或其他置换料，提升重锤到一定高度，令其自由下落，夯击碎石到松散土体之中，使桩端及周围土体得到第二次挤密。依次填入碎石，夯击碎石，直至设计标高。在施工过程中通过控制填料夯击后的贯入度，了解桩周土体的密实程度，在相同的能量夯击下控制相同的贯入变形。施工过程如图5-4-10所示。

　　此法可以有效挤密土体，使松散土体更加密实，有效消除液化，改善土体物理力学指标，提高地基土承载能力，减少地基压缩变形。

　　本技术采用的机械和工艺均获得国家专利：载体桩桩机（专利号ZL98101332.5）、锤击跟管工艺（专利号ZL98101041.5）。采用本技术施工，无污染、噪声低、取材方便、造价低。

　　本技术适用于工业与民用建筑工程、市政工程、桥梁工程、水利水电工程等，已经在工程中采用，取得了较大的经济效益、社会效益和环境效益。

　　研究成果如下：

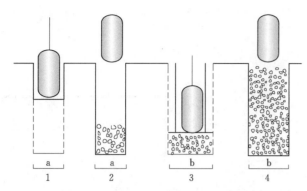

图 5-4-10 等能量等变形夯扩挤密碎石桩施工流程
1—重锤冲击或钻机成孔；2—分层填充碎石；
3—分层夯实填料；4—成桩

（1）砂土的抗液化能力与其密实度有关，相对密实度高的砂土抗液化能力也相应增高。等能量等变形挤密碎石桩复合地基以重锤做自由落体运动所形成的强大夯击能量成孔到设计标高（一般锤重 3.5t、落距 6m），使桩端及桩身周围土体得到第一次挤密；填碎石料后，以填料为介质，通过柱锤对填料的夯击作用，排出原状松散或软弱的土体中的空气和孔隙水，使土体结构重新固结，实现土体的第二次挤密。在夯击的过程中，振动和填料使砂土的颗粒重新排列，其密实度增加。

等能量等变形挤密碎石桩桩身在受力过程中既起到分担荷载作用，又能作为孔隙水消散的通道，并且在成桩过程中振动和挤密作用下土颗粒重新排列，土的密实度增加，从而可有效消除砂土液化可能性，提高地基土的承载力，减少地基土的压缩变形。

（2）砂性土地基碎石桩的设计计算主要是挤密设计，通过设计桩的布置对桩间土达到一定的挤密效果。碎石桩的挤密效果受地层、土质、施工机械、施工方法、填料的性质和数量、碎石桩排列和间距等多种因素的综合影响。有关的设计参数如桩距、填料量以及施工质量的控制需要通过施工前的现场试桩试验确定。在进行初步设计时，对砂土地基，应收集地基土的天然孔隙比、相对密实度或标准贯入指标等。

（3）为了指导砂土液化渠基夯扩挤密碎石桩处理的大面积施工，在南水北调中线干渠河北磁县段 K0+012～K0+048 进行了现场试验。试验结果表明：①桩间距为 1.7m、1.8m 的处理后地基土不存在液化，桩间距为 1.9m 的处理后地基土存在液化；②采用步履式落锤载体扩桩机（锤重 3500kg、锤径 355mm）每次填料量控制在 0.2～0.25m³ 之间并且护筒提升速度不大于 1～2m/min 内，单击贯入度不大于 15cm 的施工方案，能够达到消除液化的设计要求。

（4）等能量等变形夯扩挤密碎石桩的施工流程可以概括为：①锤击成孔，提起重锤至一定高度，令其自由下落，冲击地基土体成孔，至设计深度，需要带护筒时用钢丝绳加压，使护筒逐步跟进。②向孔内填一定数量（一般为 0.1～0.25m³）的碎石填料，提起重锤至一定高度，对填料进行多次夯击，并控制最后一击贯入量。③重复第 2 步骤填料夯击直至设计桩顶，接近地面时适当控制重锤提升高度，以免地面隆起。④成桩，设备移至下一根桩。

（5）载体桩桩机、锤击跟管工艺能够完成南水北调工程中遇到的砂土、粉土地基液化碎石桩法处理的施工。另外，如果在施工中遇到直接锤击成孔的困难时，可以先采用（长）螺旋钻桩机引孔，然后载体桩桩机施工。

（6）等能量等变形夯扩挤密碎石桩在施工过程中，可能会产生的环境影响主要是噪声问题。通过现场的施工噪声监测试验发现：正常的施工过程中（锤重 3.5t、落距 6.0m），噪声影响范围的半径为 50.4m。

（7）等能量等变形夯扩挤密碎石桩处理地基适用于砂土液化地基和软弱土地基，夯填料可以是泥砾料，也可以是碎石料。

十、南水北调中线工程总干渠高地下水位渠段渠道结构优化设计研究

南水北调中线一期工程总干渠明渠段，主要由全挖、全填和半挖半填土质渠道组成，少部分为石方渠道和土岩结合渠道。沿线穿越高地下水位渠段（即地下水位高于渠底高程）约有470km，其中地下水位高于设计水位的渠段约161km。

高地下水位影响是总干渠设计面临的重要技术问题之一。由于地下水位对渠道的边坡、衬砌和排水结构设计影响较大，因此，如何把握高地下水位渠段的设计原则、标准和措施，对工程安全、工程量和投资影响较大，措施不当会给渠道安全带来隐患或造成投资浪费。

课题组收集、整理、分析了总干渠各渠段工程地质和水文地质资料、高地下水位渠段分布及渠道结构设计成果；收集、整理、分析了国内外有关高地下水位渠段渠道结构设计的理论和规程、规范以及大量的工程实例；对各段渠道高地下水位渠段渠道结构设计从地下水位的选取、排水措施和衬砌结构措施等各个方面进行了合理性分析和评价，为实施过程中高地下水位渠段渠道结构设计优化提供了思路。

研究得出的主要结论和建议如下：

（1）渠道设计时，地下水位的选取是分析渠道边坡和衬砌稳定的关键因素。根据中线沿线地质条件和地下水的排泄、补给条件初步判断，对于以上层滞水为主的膨胀土、黏土段，其高地下水位的选取值得商榷。其他一些渠段采用预测的多年最高水位作为排水设计的依据，是否合理，需进一步论证研究。河滩地段与外洪水组合工况，外洪水宜选取常遇洪水。

（2）南水北调中线一期工程是一项跨流域、大流量、长距离的特大型调水工程，为减少水量损失，渠道全线采用混凝土衬砌＋复合土工膜防渗（渠基渗透系数大于10^{-5}cm/s渠段）的结构型式。为防止地下水扬压力对衬砌的破坏，根据总干渠衬砌型式、地下水变化等综合因素，对总干渠高地下水位渠段采取适当的排水措施是必要的。

（3）根据渠道挖深、天然沟壑的分布及地下水位的变化，总干渠沿线各渠段主要采用三种排水措施，分别为：暗管集水，地下水自流外排；渠坡设暗管集水，逆止式集水箱自流内排；集水井集水，地下水强排（外排或内排）。采用的三种排水措施基本合理。

（4）根据设计成果，部分渠段排水措施有进一步优化的空间。

1）总干渠全线排水设计的控制工况均为总干渠完建期、检修期渠内无水工况。该种工况只有在总干渠完工正式运用前或出现问题或发生其他重要情况时才会发生，地下水位又选取预测多年最高水位，两种极端特殊工况相遇作为总干渠排水设计的控制条件偏于保守。对于正常运用条件能满足衬砌板稳定、仅特殊检修工况不能满足衬砌板抗浮稳定的渠段，可以考虑特殊检修工况时采用临时抽排或临时盖重措施。对完建期渠内无水工况，各段完建后根据输水安排、地下水位变化情况，可采用临时充水等措施，宜尽量缩短渠内无水时段。

2）沙河南至黄河南的荥阳段，每公里投资指标偏高。可对移动泵、固定泵集水井布置、数量，结合排水垫层作用进行优化，中粗砂垫层单价较高，可用一般砂石料。

3）陶岔—沙河南段有相当一部分渠段位于南阳盆地膨胀土段，该段地下水位基本与地面齐平或在地面以下1～4m。该段地下水主要为降雨补给，膨胀土的渗透性较弱，以上层滞水为主。有关单位宜对该段地下水位选取的合理性以及对衬砌板的顶托作用进行全面分析，结合膨胀土防治措施优化该部分排水设计。

4）逆止阀和横向集水暗管布置。总干渠沿线逆止阀和横向集水暗管布置间距为5～50m不等，各别渠段间距达2～4m。有的渠段根据排水量计算结果，当计算出的间距大于16m时，取16m；小于16m时按计算值选用。避免人为造成逆止阀和横向集水暗管间距过密。

（5）对于地下水位较高且比较稳定的渠段，宜结合各段具体情况对排水措施或布置形式进行深入比选，择优选定。例如：在总干渠外侧结合施工降水，设置降水井取代总干渠的部分排水措施，采用阶梯降水布置使地下水位在总干渠外侧就降至渠底板以下，以满足衬砌板稳定要求。对于地下水质较好的内排渠段，如果地下水位较高，且比较稳定，可考虑在衬砌板上打排水孔或采用透水衬砌。

（6）总干渠自流内排渠段采用了大量的逆止阀。南水北调中线一期工程输水水源为丹江口水库，水质达到Ⅱ类饮用水标准，泥沙含量少。总干渠两侧有安全防护网，区内杂物基本可以避免。因此，从总干渠输水水质和总干渠防护设计的角度考虑，逆止阀堵塞的可能性较小。从逆止阀的工作原理上分析，总干渠自流内排措施采用逆止阀基本合适。

（7）对于有些地下水位较高的河滩地砂卵石渠段，当采取排水措施后仍不能满足渠基稳定要求时，采取增加混凝土衬砌板厚度、渠基和渠坡换填粉质壤土或水泥土等衬砌结构措施也是可行的。但是，应首先加强排水措施，加大排水量，尽量减少结构措施，以节省工程量。

（8）建议根据沿线地质条件和地下水的排泄、补给条件，进一步复核各段地下水位采用预测多年最高地下水位取值的合理性、高地下水位的范围和水位值。以上层滞水为主的膨胀土、黏性土等高地下水位段，不宜以上层滞水作为排水正常工况的依据。建议用预测的多年最高水位与总干渠正常运行工况作为排水设计的控制条件，用预测的多年平均水位（或其他水位）作为总干渠检修、渠内无水校核工况水位，必要时采取临时排水措施。

（9）根据现场施工情况，局部段有地下水位高于设计值的情况，建议对沿线施工期地下水位进行复核，及时调整排水设计，确保工程安全和排水措施经济合理。

（10）建议对沙河南至黄河南地下水位低于渠底段优化排水措施。建议对荥阳段排水设计采取以下优化措施：该段地下水位按预测多年最高值大部分在渠底板高程附近，渠道正常运用条件下满足衬砌稳定要求，衬砌板稳定控制工况为渠道检修、渠内无水工况。因此设移动泵或固定泵的检修排水井和排水垫层等排水措施有优化余地，可根据地下水位分布，分段设置不同形式。排水垫层中粗砂单价较高，可采用单价较低的一般砂石垫层。

（11）建议对陶岔—沙河南段膨胀土段地下水位选取的合理性以及对衬砌板的顶托作用进行全面分析，结合膨胀土防治措施加强该部分排水设计。该段地下水位位于渠底和设计水位之间渠段采用移动泵抽排宜与逆止阀内排型式进一步比选、优化。

（12）采用逆止阀排水方案是可行的。建议选择合理的逆止阀型式，加强逆止阀质量控制。

（13）对于地下水位高于设计水位的渠段，建议比选以下排水措施或布置形式，择优确定。

1）一级马道和以上边坡打排水孔或降水井，采用阶梯排水形式，先将地下水降至一级马道或以下，将地下水导入一级马道上的排水沟；再考虑其他排水措施将地下水降至渠底。

2）部分渠段地下水位相对稳定，即使有变化，根据其变幅大小，基本也在渠底以上。根据各段地质条件，建议考虑在总干渠外侧结合施工期降水措施设置降水井取代总干渠的排水措施，使地下水位在总干渠外侧就降至渠底板以下，以满足衬砌板稳定要求。初步估算其投资要小于设计采用的总干渠排水工程投资。降水井位置最好在13m管理范围内，以免重新征地，会带来运行管理不便等问题。

3）在地下水质较好的内排渠段，如果地下水位高于渠道设计水位，且比较稳定，建议考虑在衬砌板上打排水孔或采用透水衬砌型式。

（14）当充分考虑排水措施后仍不能满足衬砌板稳定要求时，采用抗浮措施，若仅依靠混凝土衬砌板压重，将导致混凝土用量成倍增长，工程投资较大。建议在黏土料较为丰富且开采运输方便的地段，可考虑采用黏土换基进行压重的工程措施；在砂卵石料较为丰富的地段，可采用浆砌卵石配合混凝土衬砌板压重的抗浮工程措施，但需加强浆砌卵石防渗处理，防止水压力击穿浆砌卵石直接作用在混凝土衬砌板上。

（15）当渠基存在冻胀问题时，首先采用有利于抗冻胀的结构措施，再比选保温板和非冻胀土置换等其他工程措施。采用保温板应根据热工计算科学选择保温板厚度，并提出强度指标要求；非冻胀土置换料除需要提出质量要求外，还需有可靠的排水系统配合；也可根据渠段实际情况考虑混凝土或浆砌卵石抗拔墩的型式，同时解决抗冻胀及抗浮的问题。

十一、穿黄工程南岸渠道高边坡渗控措施及边坡稳定性研究

南水北调中线穿黄工程南岸渠道为深挖方土质边坡，土体为黄土状粉质壤土（渗透系数较小），渠道边坡最大坡高超过 50m。地下水位较高，大部分高出渠底近 30m。因地下水位以下的土体处于饱和状态，施工过程中，若开挖速度过快，土体内的孔隙水压力不能及时消散，渗透作用将有可能引起边坡失稳。若采取合理的施工顺序和时间，饱和土体内的水逐渐排出，饱和土变为非饱和土，这样单纯采用饱和土理论进行稳定分析不能完全表征土体的实际状态，需要采用非饱和土进行稳定分析。对于非饱和土和黄土边坡的研究，已经有较多的成果，但是能够形成完整理论并可以普遍应用的几乎没有。同时，穿黄工程有其更加特殊的一面，比如黄土边坡的工程实例虽然在西北地区较为常见，但类似于穿黄工程高边坡具有较高地下水情况的尚不多见。

为保证南岸干渠边坡工程顺利实施，通过现场和室内试验，获取较为符合工程实际的土体物理力学参数和渗流参数，采用合理的模型进行分析计算，对南岸边坡的稳定性状和渗控措施进行研究。通过研究，为穿黄工程南岸高边坡的顺利施工和安全运行提供可靠保证，并可通过本研究对类似工程的设计和施工提供参考。

本课题在前期工作的基础上，主要分析了前期各设计阶段的试验成果，开展了南岸边坡土体的物理力学参数和渗流参数的现场和室内试验，对土层的渗透参数进行了反演分析，开展了不同施工运行工况、不同降排水措施情况下的渗流计算，进行了非饱和土边坡稳定计算方法和边坡稳定的可靠度的计算方法的研究，开发了相应的计算程序和软件，采用非饱和土力学和可靠度理论对边坡的稳定进行了分析，最后对不同施工和运行阶段的边坡降排水方案进行了优化研究。通过以上研究，得到的主要结论如下：

（1）对前期设计采用的试验资料的分析表明，前期设计阶段采用的计算参数基本合适，基本满足常规计算方法的需要。

（2）从本次土体的室内常规物理力学试验和现场抗剪强度试验结果来看，各土层的抗剪强度指标有一定差异，但在边坡可能滑动的区域内抗剪强度差异不大，总应力强度指标的黏聚力为 25kPa 左右，内摩擦角为 13°左右；有效应力强度指标的有效黏聚力为 17kPa 左右，有效内

摩擦角为27°左右。

（3）从土的非饱和抗剪强度试验结果可知，渠道边坡的类黄土的抗剪强度与其含水率密切相关，随着含水率的增加逐渐减小。当基质吸力在20～50kPa范围内时，非饱和土的抗剪强度变化较大，且随着饱和度的增加逐渐减小，非饱和土的存在有益于边坡稳定。对于本工程而言，表征非饱和土的强度参数 ϕ_b 的值为7.58°。

（4）从室内试验和现场抽水试验的结果来看，本工程土体的渗透参数范围为 $2\times10^{-5}\sim7\times10^{-4}$ cm/s，且室内的结果普遍偏小。本工程土体的室内给水度的试验结果为 0.0201～0.0236，平均值为 0.0224。

（5）基于现场单井抽水试验的试验数据，采用神经网络方法对边坡的渗透参数进行反演，得到土层的综合渗透系数为 3.97×10^{-4} cm/s，土层给水度为 0.027。

（6）通过对施工期现状地下水位的模拟分析和现场调查，论证了施工期两岸降水井经过较长时段的运用之后出现淤堵的可能性，建议在120m高程以下开挖和衬砌施工时需要考虑增加降水措施，且降水措施应以深井降水为主，以排水沟降水为辅，从而保证施工期渠道内的降水。

（7）从运行期渗流分析结果来看，补给边界的位置是影响渗流计算结果的重要因素，本次研究通过敏感性分析各工程的实际情况，取补给边界的距离为500m，在实际运行时应注意小于此距离内不能有明显的水源的补给。

（8）从渗流分析的结果看，即使极端的补给条件下，在120m平台和130m平台上设置的水平排水孔基本上未进入地下水位线以内或进入地下水位线较少，其对边坡内部排水作用不是特别明显。因此可对其布置进行优化。

（9）从完建期和运行期渗流分析结果来看，在渠底纵向排水足够以及排水系统的功能正常发挥的情况下，能够保证边坡坡体内地下水位的有效降低，基本上保证渠坡上不发生出渗，渠道内的单宽出渗量在 0.28～1.46m³/d 之间。

（10）当纵向排水管承压一定水头时，边坡的出渗点显著抬升，渗流量则有所下降，因此，坡底的纵向排水工作状态对边坡的出渗点的高程来说是非常敏感的，运行过程中一定要保证其正常排水状态。

（11）当纵向排水管承压时，渠道边坡上出渗点位置较高，因而当检修工况出现时，就必须在检修之前降低渠坡内的地下水出渗位置，从而保证渠道安全。假定检修期开始之前抽空纵向排水管内的水体，使之不再承压。计算结果表明：当经过24小时后，渠坡上的出渗已经基本消失。

（12）为了降低渠道两侧坡的地下水位，研究了在两侧边坡设置排水洞的方案，结果表明当采用底部和边墙透水的排水隧洞后，排水效果大幅度提高，边坡没有出渗，且排水洞越低，排水效果越好。

（13）常规边坡稳定计算结果表明，在各种工况下，各典型剖面和隧洞进口段坡度最高剖面的边坡稳定安全系数均能满足要求，且在渠道内水位变动1.5m的情况下，单级坡和整体坡的稳定性均能得到保证，满足中线渠道调水运行的要求。

（14）非饱和土计算结果表明，对于整个边坡滑裂面而言，非饱和土范围占的比例不大，非饱和土计算所得安全系数相差较小，对整体边坡稳定影响不大。但对于单级坡而言，考虑非饱和土强度的情况下，坡体稳定安全系数明显提高，同时也说明在降水情况下有利于较大幅度地提高边坡稳定性。

（15）从不同计算方法对不同区段的边坡稳定计算结果看，在各种工况下，边坡稳定安全系数满足规范要求或可靠程度较高，边坡稳定是安全的。

（16）可靠度分析表明，不同工况不同方法边坡的可靠度是不同的。各工况条件下，边坡可靠度为 99.67%～99.997%，均大于 99%。结合边坡稳定安全系数进行综合判断，边坡稳定的可靠性是有保证的。

（17）根据渗流计算和边坡稳定分析结果，提出了运行期水位观测井的设置和地下水位长期观测的建议。

（18）根据渗流计算和边坡稳定分析结果，提出了包括原设计在内的六种降排水方案，分析了各方案的特点，分析表明，六种方案均能满足运行和检修期的降排水的要求。

（19）原设计采用的抽水排水方案，须长期抽水，运行费较高并且管理较繁琐。为保证渠道的运行管理方便和节省运行费，推荐采用运行期自流外排，检修期抽排结合方案。

（20）对于同属自流外排方案的方案三［排水管网自排＋检修期临时强（抽）排方案］和方案四［排水廊道自排方案＋检修期临时强（抽）排方案］，由于方案三对工期几乎无影响，投资增加影响有限，因而推荐方案三为运行期排水方案。

十二、南水北调中线工程总干渠邯邢渠段泥砾开挖料填筑利用试验研究

总干渠磁县段和临城县段，主要位于当地俗称的"火垄岗"区，区域内土地贫瘠，耕地资源有限。磁县段和临城县段渠道工程弃土量很大，仅泥砾料就约 650 万 m^3 和 890 万 m^3，弃土占地约 2400 亩（包括永久占地），投资约需 0.8 亿元。筑堤回填量就需约 1060 万 m^3 和 570 万 m^3，渠道工程筑堤可利用的土料场，占地约 4100 亩，投资约需 1.2 亿元。开采土料和开挖弃土均须占用大量的耕地，且土料运距长，运输成本较高，施工组织和地方协调的难度较大。

此外，泥砾料回填的原设计控制粒径为 150mm，采用剔除法施工，弃料量巨大，加之泥砾料主要由黏性土充填包裹，胶结较紧密，实际施工中很难分离。

显而易见，若能利用泥砾开挖料进行填筑，不仅可以减少取土、弃料征地面积，而且可以推进工程建设速度，经济效益与社会效益均十分显著。如何安全、正确、科学与高效地利用泥砾开挖料，是南水北调工程邯邢干渠建设的技术重点和难点，深入开展泥砾开挖料利用研究十分必要。

根据研究成果，泥砾开挖料利用情况如下：

（1）磁县段泥砾利用。

1）磁县一标大坑填筑。泥砾开挖料级配不良，$P_5 = 79.1\%$，$d \leqslant 0.075mm$ 含量为 10.2%，最大粒径大于 300mm。依据泥砾现场试验成果，确定将泥砾填筑在总干渠桩号 0+580～1+180 渠段横向宽约 300m，纵向长约 600m，平均深度约 6.5m 的深坑部位。因该段填高最高达 16m，依据泥砾现场试验成果，确定采用泥砾填筑渠底 2m 以下部位的堤基部分。

质量控制：按照中水北方勘测设计研究有限责任公司完成的桩号 10+850 处泥砾碾压试验成果，按干容重不小于 2.18g/cm^3 进行现场控制，碾压工艺按照该试验有关成果执行，磁县一标大坑填筑利用泥砾料 45 万 m^3。

2）斜墙坝分区填筑。填筑方案：按照分区填筑渠堤进行设计施工。泥砾土作为坝壳料填筑在渠堤的外侧，内侧填筑 2.0m 厚的黏性土防渗层。黏性土应与相邻泥砾土平起填筑、跨缝碾压。内侧黏性土先铺土，保证黏性土的厚度，然后再铺设泥砾土料。桩号 11＋283～12＋170 渠段，采用斜墙坝分区填筑，该段可利用泥砾约 15 万 m³，分区填筑如图 5-4-11 所示。

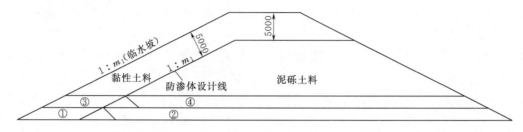

图 5-4-11　分区填筑示意图（单位：mm）

（①②③④为铺料顺序）

3）均质坝填筑。本次试验未对磁县二标泥砾进行试验，但对磁县一标进行了外掺黏性土试验，其外掺黏土后级配与磁县二标泥砾相似，碾压后的原位渗透系数均值为 $6.46×10^{-3}$ cm/s，可作为均质坝填筑。磁县二标桩号 18＋400～29＋056 渠段的填方渠道全部采用均质坝填筑方案。总利用泥砾约 120 万 m³。

（2）临城县段 SG12 标泥砾利用。根据试验成果，SG12 标午河北岸开挖泥砾料满足均质坝填筑要求，但由于该段泥砾开挖量较小，设计采用将泥砾用于高填方 166＋879～168＋869 段，渠底高程 3.5m 以下利用泥砾土填筑，控制粒径不大于 30cm。碾压后干密度不小于 2.03g/cm³。该段可利用泥砾料约 30 万 m³。

（3）高邑赞皇段泥砾利用。泥砾料主要用于渠道桩号 175＋000～175＋710 及 176＋150～177＋400 范围内均质渠堤填筑，计划填筑 82.13 万 m³，若按原设计指标控制，粗颗粒剔除比例为 39.9%，需泥砾开挖料 136.6 万 m³，指标调整后，粗颗粒的剔除比例降至 22.5%，需泥砾开挖料 106.0 万 m³，减少 30.6 万 m³。

十三、南水北调中线干线工程总干渠填方渠段沉降问题研究

南水北调中线工程填方高度不小于 6m 的渠段共长约 137km。根据《南水北调中线干线工程渠道混凝土衬砌施工操作指南（试行）》规定，"对于高填筑渠段，其沉降期应满足设计要求，设计无规定时一般不少于 6 个月"。由于施工需要，建筑物（如渡槽、倒虹吸、桥梁等）进出口处和渠道施工道路占压处往往预留部分渠段缺口，这些预留缺口渠段填筑完成后形成的填筑体与建筑体结合段、先填筑与后填筑结合段往往沉降量差异较大，对后续的混凝土衬砌工程具有不利影响。另外，预留缺口渠段填筑完成后形成的填筑体若按照 6 个月自然沉降期则造成渠道衬砌工程工期紧张，从而使得这些预留缺口渠段成为控制工期的关键部位。为保证南水北调中线一期工程总干渠顺利实现总体建设目标，在确保工程安全的前提下，对填方渠段先填筑和后填筑结合段、填筑体与建筑物结合段的沉降变形规律和缩短渠道衬砌施工预留沉降期的技术措施进行研究是极有必要的。

基于此，对南水北调中线一期工程总干渠高填方渠段的沉降变形规律进行研究，分析缩短

衬砌施工预留渠堤沉降期的可行性，研究不同预留沉降期情况高填方渠段残余沉降变形对渠道混凝土衬砌的影响，并提出具有一定可操作性的缩短渠道衬砌施工预留渠堤沉降期的技术措施。

通过对高填方渠道预留渠口的沉降时程曲线分析、不同工程措施采用后高填方渠道预留缺口的沉降时程曲线变化和在先后填筑段结合部位不同分缝形式的渠道衬砌面板应力分析，建议对南水北调中线总干渠上的预留缺口采用如下的工程措施。

1. 预留缺口后续衬砌施工预留沉降期

为保证总体建设目标和通水目标，预留缺口后续衬砌施工的预留沉降期在无法达到 6 个月的情况下可以适当缩短至 3 个月左右。高填方渠道预留缺口的沉降时程曲线表明，以填筑完毕后 5 年完成的总沉降量为最终沉降，填筑完毕后 3 个月总沉降基本完成至 94% 以上。如果将后续衬砌施工预留沉降期设定为 3 个月，先填筑段与后填筑段的预留结合部位通过优化衬砌面板结构有关参数，可以达到设计要求。

2. 预留缺口填筑施工进度优化

施工时根据各处缺口的具体情况，可对施工进度进行一定的优化调整，对能先填筑一定高度的缺口进行先填，让其先完成沉降变形。施工进度的合理安排在填筑时将填筑期时间拉长，给每层土体自身更多的固结时间，对于减小后续施工所需的预留沉降期是有一定作用的，对于填方高度较大的预留缺口其作用稍为明显。该项措施无须增加额外的工程费用，因此建议施工单位优化施工组织设计，合理安排填筑时间。

3. 对填筑完毕的预留缺口进行堆载预压

填筑后对填筑体进行堆载预压，对于减小后续施工所需的预留沉降期作用最为明显，但是必须严格控制好预压荷载和预压时间，以防止出现不必要的过大沉降。因此在施工时根据各处缺口的具体情况，可采用适当的预压荷载在填筑完毕后进行一定时间的预压。该项措施需要对不同高度的缺口预压荷载和预压时间进行适当的控制，在工程实际操作中有一定技术难度，而且堆载操作（如超填、堆砂袋等）需要增加一定的工程费用。

4. 预留缺口填筑料换用掺加 5% 水泥土

换用掺加 5% 水泥土通过提高土体的强度等参数，其总沉降量会略有减小，但是沉降随时间的变化趋势仍然与使用原填土料基本一致。虽然在缩短沉降时长方面没有显著效果，但可以发现，由于掺加 5% 水泥土强度参数明显提高，可以使总沉降量减小，如果衬砌施工预留沉降期缩短至 3 个月，则掺加 5% 水泥土填筑的渠段后期残余沉降值将比使用原土料填筑的渠段后期残余沉降值要小，因此对后续衬砌面板的不利影响也相应较小。该项措施由于将原填筑土料全部换用掺加 5% 水泥土，增加工程费用较多。

5. 提高预留缺口填筑料施工压实度

提高填筑料的压实度可以有效地提高压实后的土体强度参数，进而使总沉降量减小，如果衬砌施工预留沉降期缩短至 3 个月，则使用 103% 压实度填筑的渠段后期残余沉降值将比使用 98% 压实度填筑的渠段后期残余沉降值要小，因此对后续衬砌面板的不利影响也相应较小。而且预留缺口的断面愈高，压实度的提高带来的这种有利效应越为明显。该项措施可以通过调整施工工艺完成（减小填筑料每层摊铺厚度，增加碾压次数等），增加工程费用较少。

6. 减小先、后填筑段结合部衬砌面板分缝间距

南水北调中线总干渠混凝土衬砌面板分缝基本在 4m×4m 左右，建议在先填筑与后填筑结

合部混凝土面板分缝采用 2m×2m 的分缝形式。预留缺口渠道衬砌施工预留沉降期如果取 3 个月，较小的面板分缝间距会让先填筑与后填筑结合部差异沉降产生的面板拉应力变小，应力分布变均匀，相应的在衬砌面板混凝土强度仍取 C20 的情况下具有更高的安全储备。该项措施增加工程费用较少。

十四、总干渠跨渠建筑物桩基与渠坡的非协调变形特性对渠坡的影响及其防治措施研究

南水北调中线工程总干渠跨渠建筑物，跨度为 20～30m，支承结构大部分坐落在两侧渠坡上，也有部分桥基直接设置在渠底。此类交叉建筑物在施工以及运行期间的垂直、水平静荷载及动荷载通过桥墩和承台传到置于渠坡、渠底的桩基础上，在一定的深度范围内将产生桩土分离及不均匀沉降，拉裂基础与渠坡、渠底结构层的结合，影响渠道的防渗效果。交通桥、生产桥等跨渠建筑物与渠道相交时所产生的非协调变形，使得桩基与渠坡、渠底接头部位的防渗止水问题成为渠道大面积施工前必须解决的技术难题，否则将会影响整个渠道的安全运行管理。

为此，对上述问题进行深入研究，通过模型试验、现场测试、数值模拟等手段，研究探讨在荷载作用下，跨渠建筑物桩基与渠坡之间的非协调变形特性对渠坡安全运行的危害程度和相应的工程防治措施。主要结论如下：

（1）所建立的数值计算模型，较好地模拟了桩土非协调变形的发展过程。数值模拟分析结果表明：随着水平荷载的增大，裂隙深度逐渐加深，且呈增大趋势，极限荷载时裂隙开展深度可达到地表以下 1/2 桩长处。

在竖向荷载作用下，荷载较小时，桩土间未产生滑移变形，当荷载进一步增大时，桩体的沉降量逐渐增大，由线性段向非线性段转化，而桩侧相邻土体的沉降量随着荷载基本上呈线性增加。

在水平荷载作用下，与竖向荷载作用情况不同的是荷载较小时桩土间也会产生分离变形，当荷载进一步增大时，桩体的水平位移逐渐增大，而桩侧相邻土体的水平位移（回弹位移）随着荷载基本上呈线性增加。

（2）物理模型试验基本反映了桩土相互作用机理，试验结果表明：桩基处在平面土体上时，桩身弯矩最大值出现位置比处在渠坡上的要靠上，桩基处在渠坡上抗变形能力要比处在平面土体上弱，即桩基承受水平荷载时处在渠坡上比在平面土体上要危险。水平荷载是产生桩土分离的主要因素。

在相同水平荷载条件下，挖方断面所产生的弯矩较大，而半挖半填断面和填方断面相差不大，渠坡上层土体对桩体承受水平荷载能力影响较大。

（3）浅层土体是提供侧向阻抗的主要来源，要适应减少桩基的水平位移（增大水平承载能力）就得从改善浅层桩周土体的受力特性着手。根据物理模拟及数值模拟结果分析，推荐以下三种措施供参考：一是在桩周一定范围内适当增加衬砌厚度，以提高对桩头的嵌固效果，减小桩头水平位移；二是在桩周一定范围内用黏土回填及沥青混凝土衬砌，以适应桩头水平变位；三是对桩周一定范围内的土体进行水泥浆（或固化剂）灌注，以提高对桩头的嵌固效果，减小桩头水平位移。

（4）理论分析与数值计算表明：将桩基与渠道结合部位渗漏简化为注水井计算，作为桩基

与渠道结合部位渗漏规律的研究是合适的。

（5）典型渠段渗漏规律研究表明：强透水渠段通过桩基与渠道结合部位渗漏量较大，会严重影响渠道渠系水利用系数，需要采取一定的防渗措施。

（6）桩基与渠道结合部位防渗结构型式推荐采用土工膜＋高塑性黏土（塑性混凝土），土工膜与桩体连接采用胶结＋夹具；结合部位渗漏应急封堵材料推荐采用黏土、膨润土、GCL以及水泥。

（7）桩体与土工膜的连接建议采用胶结＋机械连接方式；土工膜与渠道衬砌的连接建议采用机械连接＋混凝土裹头方式；土工膜与塑性混凝土的连接建议采用机械连接＋塑性混凝土裹头的方式。

十五、南水北调渠道混凝土衬砌裂缝预防控制研究

南水北调输水干渠渠道衬砌属于大面积薄板混凝土结构，混凝土浇筑均在野外大范围露天进行，施工环境及地质条件复杂、多变。衬砌混凝土在硬化过程及后期使用中，受混凝土配合比、气候条件、施工工艺、切缝时间、养护方法、地基沉降、结构应力等多方面因素的影响，当混凝土中应力超过其抗拉强度时，就可能产生裂缝。混凝土衬砌板出现裂缝或是破坏等问题，不仅会影响渠道外观、造成渠道糙率加大，降低过流能力，使得建筑物的使用功能和耐久性变差，影响到整个渠道的寿命及结构安全。因此，对南水北调渠道混凝土衬砌裂缝预防措施进行研究十分必要。

本课题在分析已建成渠道混凝土衬砌裂缝的基础上，针对不同气候条件、不同衬砌结构地基条件、渠道衬砌结构的不同部位、衬砌下基础地基填筑方式、衬砌结构分缝分块尺寸及方式、衬砌结构受力特点等分析研究渠道混凝土衬砌板产生裂缝的原因，提出合理可行的减少裂缝发生的工程措施。并展开纤维混凝土在渠道中的应用研究及裂缝修补方案研究。研究成果如下：

（一）渠道混凝土衬砌裂缝原因分析

（1）从资料收集及调研成果看，衬砌混凝土裂缝的产生原因可以归为以下几类：一是环境因素，主要有温度、湿度等，如温度裂缝、塑性收缩裂缝、干缩裂缝等；二是地基不均匀沉陷，如碾压不密实、湿陷性黄土等，使衬砌板底部各处支撑不均匀；三是基础膨胀变形，包括膨胀土、土体冻胀等；四是混凝土的冻融与冻胀作用。多数情况下，裂缝的产生与发展是由多种因素共同作用的结果。

（2）衬砌板温度应力大小及分布与衬砌板尺寸关系明显，尺寸越大温度应力越大，且大应力分布范围越大，因此施工期尽早切缝，尽量控制切缝后衬砌板尺寸，对抗裂有利。另外，衬砌板沿厚度方向温度梯度较大时，板内的翘曲应力较大，建议在施工及运行期气温骤降前做好衬砌保温工作。

（3）膨胀土地基对衬砌板破坏作用明显，应采取工程措施，严格控制衬砌板地基土膨胀率。

（4）地基不均匀沉降对衬砌板破坏作用也较为明显，要严格控制地基施工质量，防止遇水塌陷等情况出现。

（二）减少混凝土衬砌裂缝工程措施研究

混凝土衬砌板裂缝的产生涉及设计、生产、施工、外界因素等许多方面，甚至多种因素相互影响。防止渠道混凝土衬砌板裂缝是一项系统工程，合理设计、精心施工，从衬砌基础、混凝土原材料、配合比、施工工艺、切缝时间、养护、保温等方面进行严格控制，才能达到减少或防止裂缝的效果。

（1）控制衬砌基础质量是防止混凝土衬砌板裂缝的主要措施，填方渠段应保证基础填筑质量，达到设计要求的密实度及平整度，在基础沉降变形完成后浇筑衬砌板，防止基础产生不均匀变形而引发上部衬砌板的裂缝。

（2）混凝土原材料及配合比是保证混凝土抗裂性能的关键，混凝土配合比应经配合比试验后择优选定，以满足设计要求的力学性能、耐久性、抗渗性及施工和易性要求。

（3）伸缩缝宜尽早切割，避免混凝土板收缩应力过大而产生裂缝。

（4）养护是保证混凝土强度增长和减小干缩的重要措施，有利于减少混凝土早期干缩裂缝，养护时间不少于 28 天。

（5）寒冷地区防止冻胀裂缝，应从结构设计、施工质量及建成后的运行管理等方面综合控制，土工膜铺设、换填土的含水量及密实度、反滤料填筑、排水设施等是施工过程中控制的关键。

（三）纤维混凝土在渠道衬砌混凝土中应用研究

纤维作为增强材料掺入混凝土中可以显著改善混凝土内在品质，提高混凝土耐久性，延长衬砌混凝土使用寿命。纤维素纤维作为一种新型的高性能纤维，深入研究纤维素纤维混凝土的控裂机理及其耐久性能和长期性能，研制出高耐久性的混凝土材料和新型抗裂结构具有重要的工程应用价值。

本课题系统试验研究了纤维混凝土的基本性能，包括有纤维混凝土的工作性能，抗压强度、劈裂抗拉强度等力学性能；重点研究了纤维混凝土的抗弯韧性、干燥收缩、早期抗裂、抗冻融、抗渗透等耐久性能；分析了纤维的增强机理，以及纤维掺量对混凝土性能的影响，为工程应用提供参考。研究表明以下内容：

（1）纤维素纤维可用于一般渠道衬砌混凝土板，以减少早期收缩、提高韧性及耐久性等。从提高混凝土抗裂性能、变形性能和改善耐久性的角度看，纤维素纤维掺量为 $1.1kg/m^3$ 时，纤维混凝土综合性能达到最优。但由于南水北调中线渠道衬砌混凝土工程量巨大，从节省投资的角度，建议纤维的经济掺量为 $0.9kg/m^3$，该掺量的纤维素纤维对改善混凝土早期抗裂性具有较好的效果。

（2）对位于渠道填土时间不同、土质不同等因素造成的土体沉降变形或膨胀变形过大的渠道衬砌板，可以采用超高韧性水泥基复合材料（ECC），该种水泥基复合材料的特点是高韧性，极限拉伸应变可以达到 3%（约为素混凝土的 300 倍），变形适应能力强，可在衬砌板中心下沉明显或边缘翘曲变形过大时采用。该 ECC 是利用国产聚乙烯醇纤维配制，不用粗骨料，用砂、水泥、水和外加剂，但成本是普通混凝土的三倍，可用于变形较大的衬砌板，以适应大变形的要求。

（四）混凝土衬砌裂缝修补方案研究

在南水北调中线工程衬砌混凝土现场和文献调研的基础上，对工程中薄壁衬砌板裂缝的诱因和危害进行了分析，并就衬砌板裂缝的外观、动态发展和成因进行了分类，详细描述了各种裂缝的成因、表观特征、后期发展和危害，并根据裂缝的特征进行了裂缝修补方案的探讨。本研究还开展了多种裂缝修补的新材料研究工作，从裂缝修补需求出发，开展了新型聚脲涂层材料、韧性无机聚合物材料、丙乳砂浆和端硅烷聚氨酯耐老化嵌缝材料的研究和施工工艺探索。得到的主要结论如下：

（1）裂缝修补的主要方法包括表面覆盖修补、凿槽嵌缝修补和压力灌浆修补，其他裂缝类型有必要考察以上方法是否能够彻底解决开裂问题，如无法根治，有必要拆除破坏的衬砌板，基础处理达标后重新浇筑，以达到根治的目的。表面覆盖修补适用于开度较小的裂缝，而开度较大裂缝应进行嵌缝修补。对于死缝可选用无机脆性修补材料，其强度高、耐久性好，而对于活动缝则应选用弹性修补材料，材料变形大，防水性能好，同时耐久性尽量好。各种修补材料都需要与老混凝土具有良好的粘接性能，变形弹模比混凝土小，热膨胀系数与混凝土相近。详细表述了各种裂缝修补常用材料的性能特征和施工工艺。

（2）衬砌板裂缝的修补时机为"尽早发现、尽快修补"，以防裂缝进一步发展，造成更大危害。对于活动缝，应选择在裂缝张开度最大时进行修补；对于基础沉降和基土膨胀造成的开裂，应该待沉降稳定和膨胀恢复后进行处理，如沉降和膨胀造成衬砌板严重破坏，影响输水性能，则应考虑更换衬砌板。

（3）开发了新型聚脲弹性涂层材料，涂层能有效提高混凝土的抗渗、抗碳化、抗冻融、抗冲磨性能，可用于混凝土衬砌板活动缝的表面覆盖修补。利用高强、高弹模纤维增韧无机聚合物材料，制备了韧性无机聚合物修补材料，其耐久性能优异，与混凝土粘接性能良好，抗弯变形能力达9%以上，抗渗、抗碳化性能优异，适用于混凝土裂缝的嵌缝修补和表面涂覆保护。详细介绍了丙乳砂浆、端硅烷聚氨酯嵌缝材料的性能、适用性和施工工艺。

（4）针对衬砌板裂缝的特征，分表面微细裂缝和深层及贯穿裂缝，按裂缝宽度制定了裂缝的修补方案，并针对沉降缝和基土膨胀裂缝给出了修补的材料、时机和修补工艺。

十六、总干渠衬砌分缝及嵌缝材料选择研究

按照"南水北调中线一期工程总干渠初步设计明渠土建工程设计技术规定"要求，为满足总干渠输水需要，中线一期工程总干渠全线采用全断面混凝土衬砌。现浇混凝土衬砌板一般间隔4m设一道纵、横伸缩缝，缝宽为1～2cm，缝上部2cm为聚硫密封胶嵌缝，下部为闭孔泡沫板填缝。其中，总干渠陶岔渠首—北拒马河中支段渠道需聚硫密封胶超过2万t，按2005年调查的价格（单价达6万元/t），总投资超过10亿元。

聚硫密封胶是建筑行业使用较多的一种高分子防水材料，具有防水性能可靠、便于施工、耐久性好等优点，近年来在水利工程中也开始应用。由于南水北调中线工程总干渠设计中，采用聚硫密封胶只是作为渠道伸缩缝表面的嵌缝材料，主要用于满足混凝土板温度、沉降变形及辅助防渗等要求。为结合嵌缝材料的功能要求，对总干渠衬砌分缝及嵌缝材料的选择进行研究，论证所采用的聚硫密封胶的经济合理性，寻找可能替代聚硫密封胶的其他嵌缝材料，以节

约工程投资。受南水北调中线干线工程建设管理局委托，江河水利水电咨询中心于 2009 年 12 月开始了南水北调中线工程总干渠衬砌分缝及嵌缝材料选择研究工作，在进行了大量的文献资料搜集、工程实例调研及计算分析工作的基础上，2010 年 9 月，南水北调中线干线工程建设管理局组织专家对研究报告进行了评审。

该项研究从衬砌混凝土板分缝间距和缝宽设计、衬砌混凝土板嵌缝材料选择两方面开展工作，通过理论分析、计算等，研究在不同水文、地质条件下衬砌混凝土板的变形特性及各种变形对嵌缝材料性能、质量和耐久性要求。结合工程类比和技术经济比较等，对南水北调中线工程总干渠嵌缝材料采用聚硫密封胶的合理性进行分析论证，研究采用其他嵌缝材料替代聚硫密封胶的可行性和合理性。

第五节 泵 站

一、低扬程泵站水泵选型方法的试验研究

（一）研究背景

水泵选型是泵站工程设计中的重要问题，水泵选型的目标是要使得泵站运行在平均扬程时，水泵装置（包括进水流道、泵段和出水流道）处于高效区。多年来我国泵站设计一般都采用"等流量加大扬程"的水泵选型方法，即先估计进水流道和出水流道的水力损失，将泵站净扬程与流道水力损失叠加来确定需要的总扬程，再根据设计流量和总扬程来选择水泵。但近年来的工程建设经验和研究表明，"等流量加大扬程"的水泵选型方法适合于高扬程泵站。对于低扬程轴流式泵站，因为进水流道和出水流道对水泵装置性能的显著影响，使得水泵装置性能的曲线形状与泵段的性能曲线形状存在明显差异，如果采用同样的水泵选型方法，往往导致所选出的水泵的扬程偏高。

水泵装置的运行特性取决于泵段特性、进水流道和出水流道的水力特性，泵段特性可以从所选水泵模型单独进行的泵段试验获得，但进水流道和出水流道因为形状不规则，且水流条件复杂，其水力特性只能进行较为粗略的分析和估算。另外，因为水泵装置中进水流道对叶轮进口流态的影响以及导叶出口环量对出水流道流态的影响等因素，所以很难从理论上预测水泵装置性能曲线。

但我国已经建设了很多大型轴流式泵站，积累了很多试验资料可供借鉴。有的学者根据已有试验资料进行统计分析，提出了低扬程泵站的"等扬程增加流量"的选型方法。有的学者则进一步指出，可以按照进水流道和出水流道的型式对水泵装置进行分类，归类分析各类水泵装置的泵段模型特性和装置模型特性之间的关系。

（二）水泵选型方法的对比试验

1. 技术路线

对水泵选型方法的研究只能以试验结果为依据，因为研究目标单一，为了使研究成果具有

理论推广价值，应选择代表性水泵装置进行多次单因素试验。南水北调东线山东段的长沟泵站，为典型的大型低扬程泵站装置型式，结合长沟泵站的水泵装置模型试验，确定水泵选型方法研究的技术路线如下：

（1）分别按"等流量加大扬程"和"等扬程增加流量"的选型方法，选出不同的水泵模型。

（2）匹配相同的进水流道和两种型式的出水流道，组合成4套水泵装置。

（3）制造全部水泵装置的模型。

（4）在同一试验台上进行全部水泵装置模型的性能试验。

（5）分析试验结果，研究比选合适的水泵选型方法，并为长沟泵站确定合适的水泵模型。

2. 水泵模型对比

长沟泵站初步设计中的水泵转速 125r/min，叶轮直径 3.10m，将其平均扬程工况（33.3m³/s，3.66m）换算装置模型试验工况（叶轮直径 0.3m，试验转速 1450r/min）后，工作点为（0.350m³/s，4.61m）。设流道总损失 0.7m，如果采用"等流量加大扬程"的选型方法，则换算到模型泵的最优点应在（0.350m³/s，5.49m）附近，从南水北调工程水泵模型同台测试结果中选用"TJ04-ZL-19"水泵模型（图 5-5-1）。如果按"等扬程加大流量"的选型方法，设流量增加 10％，换算到模型泵的最优点应在（0.385m³/s，4.61m）附近，则宜选用"TJ04-ZL-06"水泵模型（图 5-5-2）。

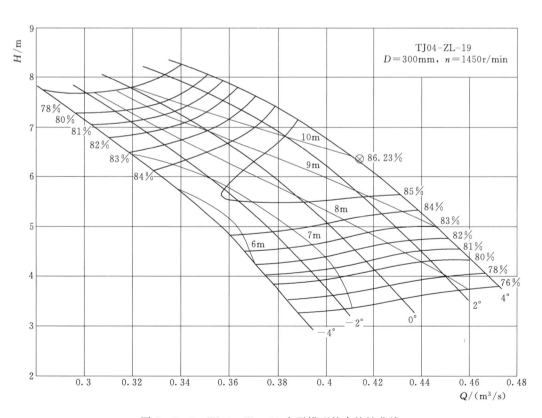

图 5-5-1　TJ04-ZL-19 水泵模型综合特性曲线

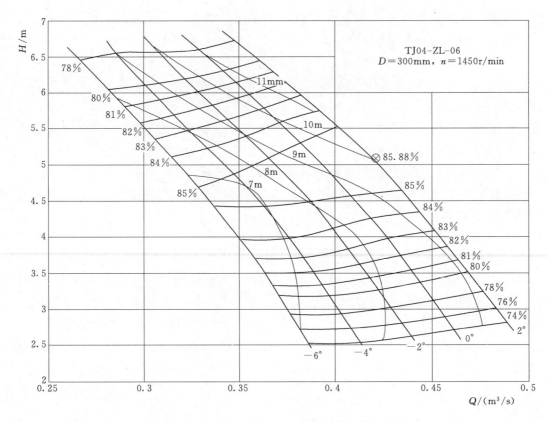

图 5-5-2 TJ04-ZL-06 水泵模型综合特性曲线

3. 水泵装置模型试验对比

设计肘形进水流道和两种型式的出水流道：低驼峰式和虹吸式。将进水流道、水泵模型和出水流道组合成两组共四套水泵装置，编号如下：

(1) A1：肘形进水流道，TJ04-ZL-06 水泵模型，虹吸式出水流道。

(2) A2：肘形进水流道，TJ04-ZL-19 水泵模型，虹吸式出水流道。

(3) B1：肘形进水流道，TJ04-ZL-06 水泵模型，低驼峰式出水流道。

(4) B2：肘形进水流道，TJ04-ZL-19 水泵模型，低驼峰式出水流道。

制造全部水泵装置的模型后，在中水北方勘测设计研究有限责任公司水力模型通用试验台上按照《水泵模型及装置模型验收试验规程》（SL 140—2006）完成全部试验。该试验台以工业组态软件为计算机控制系统开发平台，实现试验台全部设备的计算机控制。

根据 2004 年水利部的技术鉴定意见，该试验台效率综合允许不确定度优于 $\pm 0.3\%$，随机不确定度在 $\pm 0.1\%$ 以内，综合技术指标居国内领先水平，具有向社会提供公正水力机械检测数据资质。图 5-5-3～图 5-5-6 为水泵装置模型同台对比试验的结果。

对比两组试验结果（图 5-5-3 和图 5-5-4，图 5-5-5 和图 5-5-6）可见，采用 TJ04-ZL-19 水泵模型的 A2 和 B2 装置模型最优效率点扬程都要明显高于长沟泵站平均扬程工况的换算点（$0.350\text{m}^3/\text{s}$，4.61m），而采用 TJ04-ZL-06 水泵模型的 A1 和 B1 装置模型最优效率点的位置与虽然预测值有所偏差，但长沟泵站平均扬程工况的换算点都在其高效工作区范围内。两组试验结果对比都说明长沟泵站采用"等扬程加大流量"的水泵选型方法是比较合适的。

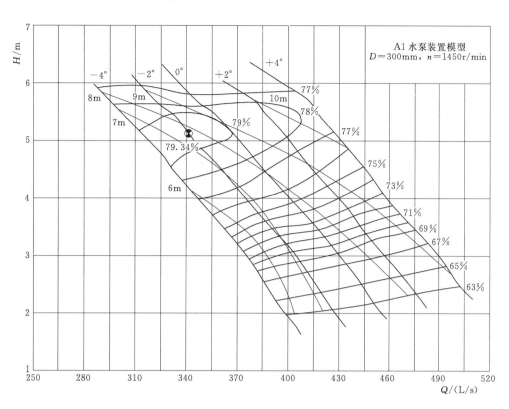

图 5-5-3　A1 水泵装置模型综合特性曲线

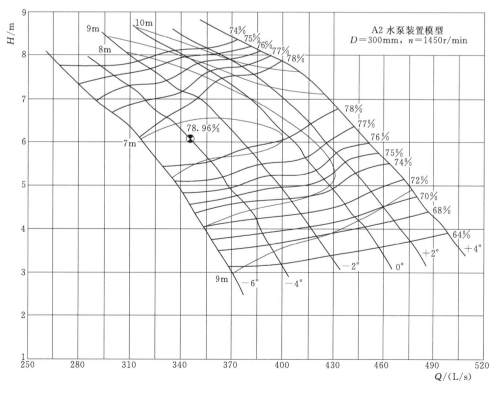

图 5-5-4　A2 水泵装置模型综合特性曲线

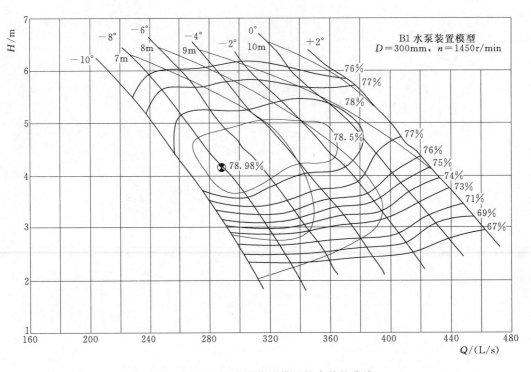

图 5 - 5 - 5　B1 水泵装置模型综合特性曲线

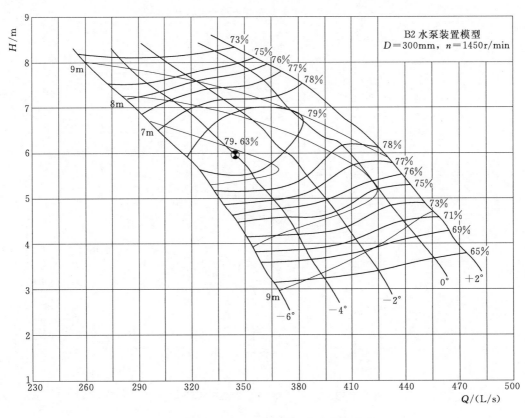

图 5 - 5 - 6　B2 水泵装置模型综合特性曲线

二、泵站进、出水流道的水力优化研究

（一）进、出水流道的水力优化研究现状

近年来，人们越来越深刻地认识到，对于大型低扬程泵站，优秀的水泵模型必须与设计良好的进、出水流道相配合才能获得好的运行效果，从而也就越来越重视进、出水流道的水力设计。传统的进、出流道的水力设计建立在一维流动理论的基础上，这种理论与进、出水流道实际的三维流动情况差别很大。随着近十几年来计算流体动力学（CFD）的迅速发展和应用，许多用于求解三维紊流模型方程组的专业软件应运而生。利用CFD软件研究泵站水流运动具有的经济、快速的优点，特别适合于需要进行多方案比较的优化设计场合，并经验证其计算结果是可靠的，这种方法正成为泵站水流运动研究的发展趋势。

为提高设计水平，南水北调山东段工程中七座泵站的进、出水流道在完成初步设计后，都采用CFD软件进行了三维流动的数值模拟研究，确定最优设计方案，最后再制造物理模型，组合相应的水泵模型进行水泵装置模型试验。

水泵装置模型试验中的流道模型一般采用钢板材料分段焊接制造，这样制造的流道结构坚固，能够承受安装变形和试验中的振动，但缺点是只能获得装置模型的外特性曲线，不能研究其内在特性。为了解决这一问题，采用透明、易于热弯的有机玻璃材料（聚甲基丙烯酸甲酯）来制造进、出水流道，以更加直观地评估进、出水流道内的流动状态，便于发现问题和解决问题。

（二）进、出水流道的CFD优化研究——以邓楼泵站为例

1. 水力优化的研究过程

进、出水流道的CFD优化研究的过程如下：

（1）建立进、出水流道的优化目标。

（2）经验设计进、出水流道的几何边界。

（3）流道计算区域的三维几何建模。

（4）三维几何模型的网格剖分。

（5）确立紊流模型和边界条件，建立三维流动数值模拟计算的数学模型，编程或通过商业CFD软件进行计算。

（6）对计算结果进行流场显示和分析。

（7）根据研究目标反复改进经验设计的流道几何边界，重复（3）～（6）过程，最终得到优化结果。

2. 优化目标

（1）进水流道。进水流道是前池与水泵叶轮室之间的过渡段，对于立式轴流泵装置，其作用主要是为了给叶轮室进口提供良好的进水流态。对进水流道水力设计的目标如下：

1）流道型线变化应尽可能均匀，使水流平顺有序地转向、平缓均匀地收缩，确保流道内无涡流及其他不良流态。

2）流道出口断面的流速分布尽可能均匀、水流方向尽可能垂直于出口断面。

3）流道水力损失尽可能小。

（2）出水流道。泵站出水流道是水泵导叶与出水池之间的过渡段，对于立式轴流泵装置，其作用主要是使水流在由导叶出口流向出水池的过程中尽可能多地回收水流动能。对出水流道水力设计的目标如下：

1）流道型线变化应尽可能均匀，尽可能使水流平稳有序地转向、平缓均匀地扩散，流道内无涡流及其他不良流态。

2）流道水力损失尽可能小。

3. 数学模型

根据经验设计进、出水流道的几何边界，建立三维几何模型并进行网格剖分。图5-5-7和图5-5-8为进水流道和出水流道的网格剖分图。

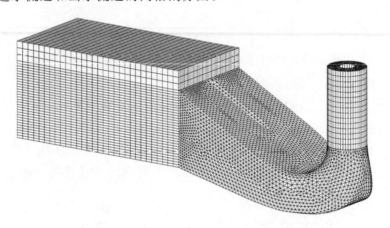

图5-5-7　肘形进水流道网格剖分图

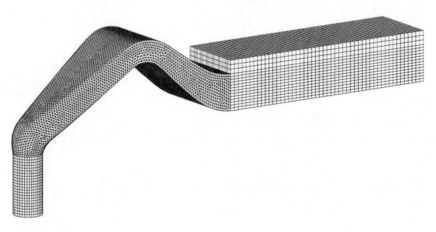

图5-5-8　虹吸式出水流道网格剖分图

泵站进、出水流道内水流的流动属于不可压缩湍流流动，湍流流动具有紊动性，采用时均化 Navier-Stokes 方程的标准 k-ε 模型对湍流运动进行描述。

将进水流道三维湍流流动数值计算流场的进口断面设置在前池中距进水流道进口足够远处，进口边界垂直于水流方向，可认为此处来流速度均匀分布。计算流量为已知条件，故而可采用速度进口边界条件。为了准确应用出口边界条件，将计算流场从进水流道出口沿出流方向等直径延长，使计算流场的出口断面设置在距进水流道出口 2 倍圆管直径处。此处的流动为充分发展的流动，可采用自由出流边界条件。计算流场所有几何边界都采用固壁边界条件，应用对数式固壁函数进行处理以减少近固壁区域的节点数。前池的表面为自由水面，忽略水面的风所引起的切应力及与大气层的热交换，将自由面的速度和紊动能均视为对称平面处理。

出水流道的边界条件也采用近似的处理方法：出水流道的计算流场的进口断面设置在距出水流道进口 2 倍圆管直径处，认为这里的来流速度均匀分布，计算流场的进口边界采用速度进口边界条件。由于出水流道的进口与水泵导叶出口相接，还需考虑导叶出口水流所具有的环量对出水流道的流态及水力损失的影响，因此在流场的进口预置一定环量。出水流道计算流场的出口断面设置在出水池中距出水流道出口足够远处，出口边界垂直于水流方向，认为这里的流动是充分发展的，采用自由出流边界条件。计算流场所有几何边界都采用固壁边界条件，自由表面视为对称平面处理。

4. 进、出水流道流动模拟及优化水力计算结果

（1）进水流道。在邓楼泵站进水流道的控制尺寸范围内，对肘形进水流道内的流动进行了三维湍流数值模拟，对流道型线进行了优化水力设计。图 5-5-9 为优化后设计流量时的流道表面流场图及主要断面的流场图。

从图 5-5-9 中可见：在肘形进水流道直线段内，水流在立面方向均匀收缩，水流平顺、均匀；在肘形流道弯曲段，水流急剧转向，但由于在流道做 90°转向的同时伴随着宽度方向快速而匀称的收缩，弯曲段内侧水流脱流的趋势得到了有效抑制，该段内并未出现不良流态；在流道出口的圆锥段，流态经进一步调整，已趋向于顺直、均匀。

优化计算结果表明：邓楼泵站肘形进水流道的水力性能优异，可为水泵叶轮室进口提供理想的进水流态。

（2）出水流道。在邓楼泵站进水流道的控制尺寸范围内，对虹吸式出水流道内的流动进行了三维湍流数值模拟，

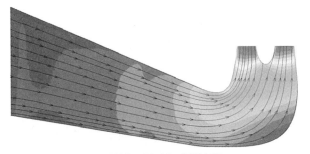

（a）纵剖面流场图（隔墩左侧）

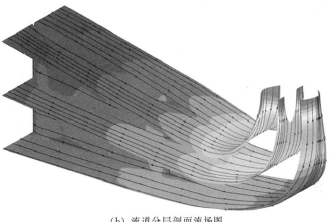

（b）流道分层剖面流场图

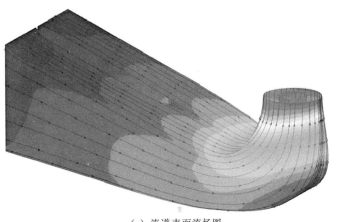

（c）流道表面流场图

图 5-5-9　肘形进水流道流场图

对流道型线进行了优化水力设计。图5-5-10为优化后设计流量时的流道表面流场图及主要断面的流场图。

从图5-5-10中可见：受导叶出口环量的影响，水流呈螺旋状流入虹吸式出水流道；在流道进口段，由于水流在立面方向转向较急，受水流惯性影响，流速分布不均匀，内侧流速较大、外侧流速较小；流道上升段的水流扩散平缓，流速分布较为均匀且无旋涡等不良流态；在环量和惯性的双重作用下，虹吸式流道下降段左右两侧的流场不对称，顺水流方向看，水流的主流偏于左侧及上部区域，主流区的流速分布较均匀，在流道的右侧下部区域存在低速区和局部旋涡。

优化计算结果表明：邓楼泵站虹吸式出水流道内的水流基本上达到转向平稳有序、扩散平缓均匀的要求，流道水力损失小，可以满足泵装置高效运行的要求。

（三）流动状态观测试验——以长沟泵站为例

有机玻璃材料透明易弯，但其机械性能不如钢板，所以一般仅用于水力学观测试验，应用于水泵装置模型试验中在国内没有成功经验可以借鉴。在长沟泵站进、出水流道的水力优化研究中，尝试以有机玻璃材料制造进、出水流道，应用于水泵装置模型试验中，直接观测其流动状态。

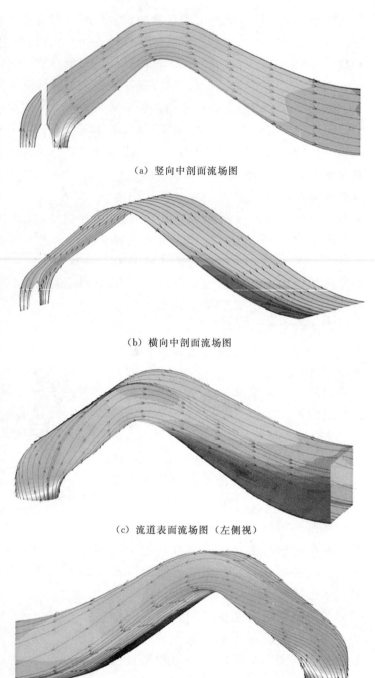

（a）竖向中剖面流场图

（b）横向中剖面流场图

（c）流道表面流场图（左侧视）

（d）流道表面流场图（右侧视）

图5-5-10　邓楼泵站虹吸式出水流道流场图

在流道模型的结构设计上，在需要承受弯矩和振动的部分仍然采用钢板制造，流动状态重点观测部位和结构受力较轻的部位采用15mm厚的有机玻璃材料制造，并在流道相应的部位设置横筋和纵筋以提高刚度，如图5-5-11、图5-5-12所示。

图5-5-13为透明流道应用在水泵装置模型试验中的照片。试验前，将透明流道的内部四

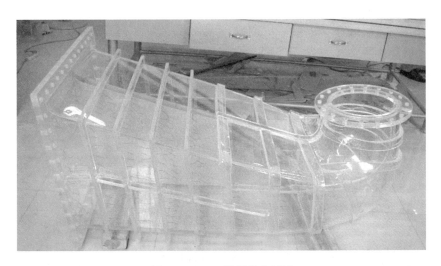

图 5-5-11　肘形进水流道

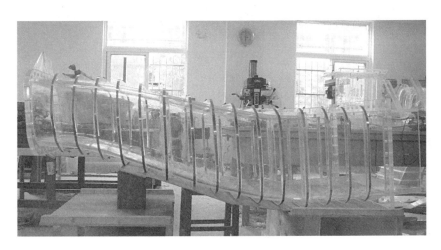

图 5-5-12　低驼峰式出水流道

图 5-5-13　水泵装置试验中的透明流道

周粘贴红色的丝线，丝线的摆动方向能够直观的显示出水流运行方向，这样就可以从外部观察流道内部的流动状态，作为流道设计评价和改进的参考依据。图5-5-14为肘形进水流道边壁丝线的情形。图5-5-15所示为低驼峰式出水流道边壁丝线的情形。

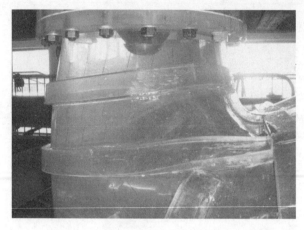

图5-5-14 肘形进水流道边壁流线　　　　　　图5-5-15 低驼峰式出水流道边壁流线

从图5-5-14和图5-5-15中可见以下内容：

（1）肘形进水流道中各处的红色丝线均贴紧边壁，不存在摆动现象，表明流道收缩和弯道设计较好，使得水体转向平稳，流动有序，不存在脱流和旋涡等不良流态。在转轮室进口附近，各处红色丝线的指向基本都垂直向上，表明流速分布均匀且流向垂直于转轮室进口，创造了较好的水泵进水条件。

（2）低驼峰式出水流道中各处的丝线都会间或摆动，表明流速紊乱。流道上壁的丝线较为稳定，指向水流方向或略偏向左侧，表明驼峰后水流环量已经衰减到基本可以忽略。流道中部和下部的丝线摆动较为频繁，但平均流速还是指向水流方向。在流道出口段的下部，丝线间或会指向与主流相反的方向，表明该处存在不稳定的回流区域。在流道出口段中，扩散水流必然存在流动紊乱现象，试验中观察到的水流运动基本稳定，不存在明显的脱流现象，出口处的回流现象也较弱，流态相对较好。

三、灯泡贯流泵机组应用永磁电动机技术

（一）永磁电动机技术与灯泡贯流泵技术的完美结合

韩庄泵站为超低扬程泵站，为提高泵站装置效率，采用了卧式结构的灯泡贯流泵机组。图5-5-16为韩庄泵站抽水装置的示意图。

根据传动方式的不同，大型灯泡贯流泵机组一般可分为两类，一类是低速电动机直联驱动，且一般采用电励磁同步电动机；另一类是高速电动机通过减速齿轮箱驱动，且一般采用异步电动机。前者优点在于结构型式简单，后者的优点在于体积小，重量轻。韩庄泵站根据自身特点和当前永磁电动机技术发展，采用了低速永磁同步电动机直联驱动的方式（见图5-5-17），充分利用了永磁电动机的多种优点，实现了灯泡贯流泵技术与永磁电动机技术的完美结合，主要体现在以下几个方面：

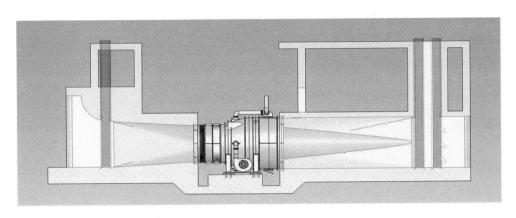

图 5-5-16　韩庄泵站抽水装置的示意图

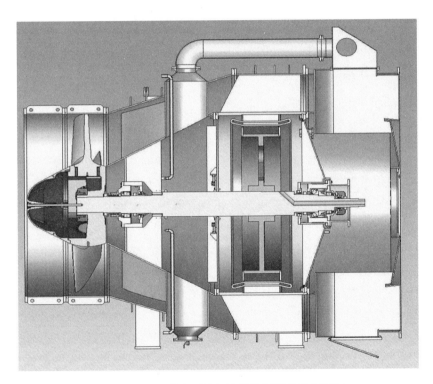

图 5-5-17　韩庄泵站灯泡贯流泵机组纵剖面图

（1）灯泡贯流泵机组整体浸没在水中，永磁电动机结构简单，可靠性高，维护工作少，特别适合于密闭的水下工作环境。与电励磁同步电动机相比，永磁电动机的转子采用稀土永磁体制造，转子不发热，不需要冷却，实现了无刷结构，不需要对碳刷进行维护和设置专门的碳粉密封装置。一般泵站机组的大修周期为 8 年，韩庄泵站永磁电动机稀土永磁体的第一次充磁周期不小于 30 年，维修费用大幅降低。

（2）灯泡贯流泵机组的壳体内部为过流通道，永磁电动机的灯泡密封体尺寸小，能够提高流道水力效率。与电励磁同步电动机相比，永磁电动机的转子采用稀土永磁体制造，因气隙磁密增加和结构简化，能够缩小转子的体积，使得出水流道中灯泡密封体的径向尺寸减小，降低了流速，回收水流动能，提高流道水力效率。韩庄泵站灯泡贯流泵机组的重量仅为 55t，与采用电励磁同步电动机的同规模灯泡贯流泵机组相比,其重量和径向尺寸都减小了20%以上。

(3) 灯泡贯流泵机组采用永磁电动机能够提高装置效率。超低扬程泵站采用灯泡贯流泵机组的目标就是要提高运行效率,永磁同步电动机的效率要远高于异步电动机减速齿轮箱组合,与电励磁同步电动机相比,永磁同步电动机省去了励磁功率,简化了结构,电机效率一般能够提高2%以上。经测试,韩庄泵站稀土永磁同步电动机的效率达到97.5%,同规模的电励磁同步电动机的效率一般只能达到95%,且高效区范围相对较窄。

(4) 高压大功率变频技术的应用同时解决了永磁同步电动机的启动和灯泡贯流泵的调节问题。电励磁同步电动机的启动一般采用全压异步启动方式,需要在转子上装设专门的启动绕组。为适应泵站的各种运行工况,一般要求水泵具有扬程和流量可调节的能力。应用近年来推广应用的高压大功率变频技术,在灯泡贯流泵机组启动时,变频器通过输出频率的由低到高逐步上升,就可直接实现永磁同步电动机的平稳启动。在灯泡贯流泵机组运行时,变频器通过改变输出频率,就能够改变永磁同步电动机的转速,从而实现泵站的运行工况调节。

韩庄泵站在我国水利水电工程中首次采用大功率稀土永磁同步电动机,其总体技术水平达到国际先进水平,这是我国在水泵电机领域的重要技术进步。

(二)永磁电动机的技术性能

在永磁电动机的设计、制造过程中,制造厂商对永磁电动机的各种性能,包括电动机的二维静态场、瞬态场、电机的绕组分布、电机发热及力学性能、空载反电势、尺槽力矩、空载启动、短路运行、电机温升与变形、永磁体退磁等方面通过有限元分析方法进行了理论分析与研究,提高设计水平,同时严格控制生产和试验环节,确保了永磁电动机的技术性能。

1. 技术指标

(1) 电压和频率容许的变化范围。永磁电动机采用交-直-交变频控制,电网电压在±5%变化,频率在±1%变化,变频器可以保证额定输出,电机能保证额定输出。

(2) 效率。永磁电动机励磁由永磁体提供,没有励磁损耗,功率因数很高,额定点效率为97.5%,高效区范围很宽,在轻载时节电尤为明显。

(3) 绝缘等级及温度。电机采用F级绝缘,温升按B级考核。由于电动机冷却方式为水冷,而且冷却水量非常大,电机定子铁芯与水泵灯泡体采用紧配合,导热条件非常好,因此定子温升较低。电机转子采用永磁励磁,没有励磁损耗,只有一部分定子齿槽效应产生的表面损耗及少量谐波损耗,而且电机内部有循环通风,可保证将转子产生热量传导到机壳表面,因此电机整体温升较低。电机绝缘按B级考核应有较大余量。在电机定子绕组中安装了12只PT100测温电阻(6只备用)。

(4) 振动及噪声。电动机和水泵采用直联方式,通过组合平衡,有效降低了振动与噪声。振动符合《轴中心高为56mm及以上电机的机械振动 振动的测量、评定及限值》(GB 10068),噪声符合《旋转电机噪声测定方法及限值 第3部分:噪声限值》(GB 10069.3)。电动机噪声不大于85dB(A)。

(5) 电气特性。电动机在设计时,定子电磁负荷余量较大,电动机有2倍过载能力,能承受150%额定电流历时2min,电动机不发生任何损害。

电动机采用变频器驱动,根据水泵提供的启动转矩曲线,电动机在启动过程中没有过载,而且有较大裕度。根据水泵提供的工作点，水泵最大功率为1572kW，电动机功率为1800kW，满足110%的过载。电动机的启动及工作曲线为一条恒转矩直线。

电动机额定电压为6000V，考虑到变频供电在定子绝缘上采用10kV级变频电机绝缘规范，完全能满足要求。为了克服变频电源电压变化对电动机绝缘的破坏，采用加强的匝间绝缘，按照（2×6300＋3000）V考核，而且配套的变频器谐波含量较低。

（6）机械性能。电动机转子在1.2倍转速下，磁轭的应力为2.55MPa，辐板的应力为3MPa，轮毂的应力为1.67MPa，辐板与磁轭焊缝剪应力为1.72MPa，辐板与轮毂间焊缝剪应力为14.9MPa，Q235钢许用应力为235MPa，J422焊条许用应力为44.1MPa，完全能满足要求。

电动机的一阶临界转速估算值为20812r/min，远大于额定转速，所以不会发生共振。机组结构强度耐受本工程地震烈度（Ⅶ度）的要求，符合SL 321—2005规范要求。电动机结构强度满足机组最不利工况的要求。

2. 可靠性指标

电动机的绝缘结构满足30年的使用要求。无故障连续运行时间不少于20000小时，大修间隔时间不少于30000小时，退役前使用期限30年。

转子磁体设计寿命不低于50年，第一次充磁周期不小于30年。正常情况下不会失磁，一旦失磁由于设计上采用了分体磁极，可方便地进行拆卸冲磁再组装。

3. 永磁电机的隔磁功能

电动机设计中充分考虑了磁路中各部分磁密，磁路闭合后漏磁很小。转子支架有良好的隔磁功能。转子结构采用了嵌入式结构，磁钢装入由硅钢片制成的盒中，由固定块将磁钢及硅钢片固定在转子支架上。磁通主要由硅钢片形成闭合回路，而且充分考虑到了磁通密度，因此在转子支架中，磁通很小。

4. 永磁电机的退热防护措施

由于电动机冷却方式为水冷，而且冷却水量非常大（流道内的水均参与电动机冷却），电机定子铁芯与水泵灯泡体采用热装，导热非常好，因此定子温升较低。电机转子采用永磁励磁，没有励磁损耗，只有一部分定子齿槽产生的表面损耗及少量谐波损耗，而且电机内部循环通风，可保证将转子产生热量传导到机壳表面，因此电机整体温升较低。在电机定子绕组中安装了12只PT100测温电阻（6只备用），可以监测电机绕组温度，当温度超过120℃时，采取保护措施确保电机内温度不超过磁钢的最高工作温度。

5. 永磁电机避免退磁的措施

如果设计或使用不当，钕铁硼永磁体在过高温度时，在冲击电流产生的电枢反应作用下，或在剧烈的机械振动时有可能产生不可逆退磁（失磁），使电机性能降低，甚至无法使用。一般须采取可靠的机械密封防护或喷涂、电泳和电镀，以避免化学退磁的发生。这里电动机磁钢采取了三道防护措施，确保磁钢长期不被氧化：

（1）磁钢本体作防氧化涂层处理。

（2）磁钢装入由硅钢片制成的盒中，并作进一步涂封。

（3）转子装配完成后整体进行常温树脂浸。

6. 永磁电动机转矩波动的消除

通过理论分析和实际经验，永磁体采用镶嵌式结构，以减小反电动势波形和波形的畸变

图 5-5-18　韩庄泵站大功率永磁同步电动机

率，从而减小电机的齿槽转矩，降低电机的振动和噪声。同时也通过二维瞬态场计算分析选取电机漏磁因数和研究永磁体去磁问题，从而根据结构选定永磁体材料的性能。

7. 永磁电动机变频系统特点

驱动永磁电动机的变频设备的控制技术与常规异步电动机变频器有较大不同，见图5-4-18。

（1）启动：永磁电动机正常启动时，需要准确知道转子的初始空间位置，因此，其先经历一个初始阶段，即先在定子绕组中加入一固定的电压矢量，定子电流会产生一固定定子磁通，从而将转子引导到指定位置，这时再将定子磁通加上 90°相位，以最大启动转矩来启动永磁电动机。

（2）运行：永磁同步电动机采用磁场定向算法进行开环矢量控制。

（三）永磁电动机的关键制造技术

大功率永磁同步电动机属于高端技术产品，需要先进加工设备和工艺设计。

1. 电动机与水泵的一体化

永磁电动机在制造中的一个关键是将电动机的定子圆筒热套安装到水泵壳体里面，形成永磁电动机和水泵的一体化结构。热套安装的难点之一是对定子和水泵壳体加工余量的把握。如果过大，则加热的温度过高，引起泵壳体的变形；加热过小，则过盈量不足以承载负荷。热套安装的难点之二是对水泵壳体的整体加热，这个过程的控制也要相当准确，全程时间只有5min，如果时间过长则工件会冷，没法完成套装，而且还需要有工艺保障。

定子圆筒与水泵壳体之间的过盈量为1mm，考虑在最不利条件，即水泵壳体与定子圆筒之间没有温差，只有接触状态应力时，采用 ANSYS 软件对套装结果进行分析。热套安装零件材料尺寸、特性见表5-5-1。

表 5-5-1　　　　　　　　　　　热套安装零件材料尺寸、特性表

	内、外径尺寸 /mm	长度尺寸 /mm	弹性模量 /($\times 10^{11}$ Pa)	线膨胀系数 /($\times 10^{-6}$/℃)
水泵壳体	3160/3080	1400	2.06	11.2
定子	3081/3000	590	2.06	11.2
铁芯	3000/2860	590	0.5	11.2

分析结果表明：电动机的最大转矩为 916800N·m，接触压力的合力为 6912201N，传递的转矩为 $T=6912201 \times 0.15 \times 1.54 = 1596718$N·m$> 916800$N·m。

2. 电机定子的热整浸

真空压力浸渍（简称 VPI）绝缘是当今世界上最好的绝缘处理技术。国外早在 20 世纪 50 年代已广泛应用，70 年代应用于电机的定子整浸绝缘。过去国内的 VPI 绝缘技术大多采用多胶带，近年来大多数电机制造公司都要与国际接轨而应用少胶 VPI 绝缘技术。该技术适用于大中型高低压交直流电机的整体浸渍，其技术原理是把含有促进剂的粉云母带包于线圈上，嵌线后把预烘的电机置于密闭浸渍罐中，经过抽真空后把加热到 70～80℃ 的浸渍树脂输入浸渍罐中并淹没电机，在液面上加氮压，经数小时后吊出，电机放入烘炉内固化，采取热浸的目的在于，使绝缘得到微观的浸透。为实现热浸，必须使贮存罐有足够的加热或冷却能力，不允许树脂中有稀释剂，且具有优异的电性能、低的蒸气压和长的可使用期。

永磁电动机定子线圈是双层叠绕组，定子为外压装结构，采用非磁性槽楔。线圈端部之间用适型材料垫紧，经过真空压力整浸无溶剂绝缘漆并烘干后，整个定子成为一个整体，增强了其绝缘、防潮能力和机械性能，其关键技术指标，如电压击穿场强和热态介质损耗角等与联邦德国 Micalastic 绝缘体系处于同一水平，耐热等级为 F 级。

3. 永磁体的加工装配

永磁体采用钕铁硼 UH 型号，钕铁硼永磁体是用粉末冶金工艺制造的。钕铁硼必须在无磁状态下加工，由于磁体本身硬而脆的特点，必须采用专门的设备和工艺进行加工，如：磨削、切片、钻孔、线切割等。主要工序有熔炼、制粉、成型取向、烧结、机械加工、表面处理等。其中氧含量的控制是衡量工艺水平高低的重要指标。

磁器件的装配需要特殊的工装、材料及专业的人员，专业的工程师和全面的加工能力是保证装配质量的基础。钕铁硼材质的特点是硬而脆，充磁后吸重是自身重量的 600 倍以上，极易吸合磕碰。磕碰会损坏转子铁芯，甚至会破坏磁钢表面防护层，最终将会影响电机的性能和使用寿命。为了解决这种安装上的磕碰问题，采取了将磁钢先拼装后充磁工艺。

转子由多个永磁体（磁钢）拼装而成，为确保磁钢体装配在转轴上运行时不会因高速旋转而甩出来，特意采用转子压条螺栓紧固方式，同时为确保长期使用中个别磁钢体退磁现象发生后的方便更换，磁钢体采用抽屉式磁钢盒安装，每个磁钢盒安装一块磁钢体。

磁极之间间隙小于 0.2mm，不能采用传统装配方式。在装配时，因磁极磁性过强，稍不注意就与轴吸合在一起，很难将磁极装配到正确位置。现场工艺人员经反复测量和试验，自制出定位导削与隔磁装置，最终攻克了装配难关。

（四）永磁电动机技术应用的意义

韩庄泵站根据自身特点和当前永磁电动机技术发展，在我国水利水电工程中首次采用大功率稀土永磁同步电动机，实现了灯泡贯流泵技术与永磁电动机技术的完美结合，其总体技术水平达到国际先进水平，这是我国在水泵电机领域的重要技术进步。

永磁电动机在南水北调韩庄泵站工程中的应用，不仅设计和制造中进行了创新，而且扩展了永磁电动机的应用领域。随着永磁电动机的优势日益显现，在泵站工程的建设和技术改造中会得到越来越多的推广应用。

我国稀土资源丰富，稀土矿的储藏量居世界首位。稀土永磁材料和稀土永磁电机的科研水平都达到了国际先进水平，应充分发挥我国稀土资源丰富的优势，大力研究和推广应用以稀土永磁电机为代表的各种永磁电机，对我国现代化建设具有重要的理论意义和实用价值。

四、超低扬程泵站立式水泵装置应用技术研究

（一）研究背景

立式轴流水泵装置在我国的大型低扬程泵站中广泛应用，具有运行稳定可靠、安装检修方便、投资节省和制造技术成熟等优点，其主要缺点是因为进水流道和出水流道都需要进行 90° 直角转向，流道水力损失相对比较大。对于扬程低于 4.0m 的超低扬程泵站，如果采用立式装置，一般认为其水泵装置效率会偏低，所以推荐采用卧式装置型式。如韩庄泵站采用了卧式结构的灯泡贯流泵机组，实现了高效运行。

低扬程泵站采用立式装置带来的另一个问题是其过低的水泵安装高程。立式装置需要较多立面空间，对于超低扬程泵站，为保证出水流道的出口上缘淹没在站上最低水位以下，需要将水泵装置整体下移，这就导致水泵安装高程过低，使得前池、进水池和泵房的开挖工程量、泵房的混凝土工程量都相应增加。水泵安装高程过低也不利于泵房的通风、散热和防潮，另外还使得进水池和前池两侧的翼墙偏高，存在结构设计风险。

卧式水泵装置适合于超低扬程泵站，但国内相关技术还不成熟，需要引进国外的技术和设备，导致其造价很高。为节约投资，一种途径是在卧式水泵装置的招标采购中，采用"国际招标国内协作"方式，在引进国际先进技术和关键部件同时，通过国内厂商的技术消化和生产配套来降低部分设备采购成本，韩庄泵站灯泡贯流泵机组的采购即采用了这一方式。另一种途径是对立式水泵装置进行优化研究，在一定程度上提高装置效率和抬高水泵安装高程。南水北调工程山东段有四座超低扬程泵站：韩庄泵站、二级坝泵站、长沟泵站、邓楼泵站，其中韩庄泵站、二级坝泵站采用了前一种途径，长沟泵站和邓楼泵站则采用了后一种途径。

（二）立式水泵装置中进、出水流道型式的研究——以长沟泵站为例

进水流道、水泵和出水流道组成水泵装置，提高水泵装置效率一要提高水泵运行效率，二要提高流道效率。

1. 进水流道型式

国内大型立式轴流泵站一般采用肘形进水流道和钟形进水流道。肘形进水流道内的水流运动转向平顺，流道的水力损失较小，在大型泵站中应用最为广泛。一般认为，与肘形进水流道相比，钟形进水流道的特点是宽度较大而高度较小，可以抬高泵房底板高程，这一点对于长沟泵站的水泵装置设计具有积极意义。设计尺寸如图 5-5-19 所示。对比两种进水流道，得出以下结论：

（1）肘形进水流道设置底板仰角后，其进水池底板高程与钟形进水流道基本一致，相应的前池的底板高程和翼墙高度也基本一致，钟形进水流道不会减小进水池和前池的开挖深度。

（2）钟形进水流道能够降低泵房高度 1.49m，减少泵房挖深，但泵房宽度会增加 0.96m。即钟形进水流道通过增加泵房宽度的方法换取了泵房底板的开挖深度，但如果考虑到进水池和前池所增加的宽度，泵站的总体开挖量基本相当。

流动计算分析结果表明：①肘形进水流道的水力损失相对较小；②钟形进水流道的后部侧

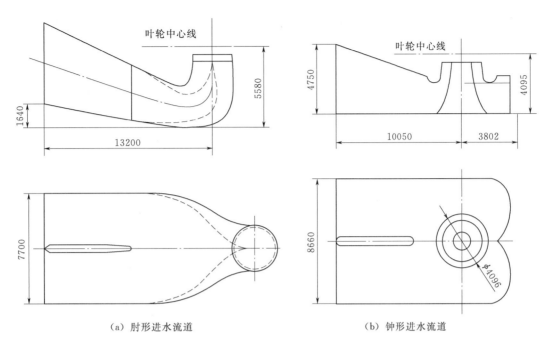

（a）肘形进水流道　　　　　　　　　　　（b）钟形进水流道

图 5-5-19　肘形进水流道和钟形进水流道设计尺寸比较（单位：mm）

壁附近存在旋涡运动，如果设计不当，存在因附壁涡引起水泵振动的风险。

综合考虑以上内容，钟形进水流道仅在泵房开挖深度方面比肘形进水流道具有优势，这一点如果通过优化出水流道设计来抬高水泵安装高程则效果会更为明显。从水泵的装置效率和稳定运行来考虑，决定选用肘形进水流道。

2. 出水流道型式

南水北调山东段工程中先期建设的台儿庄泵站和万年闸泵站采用平管式出水流道，初步设计显示，如果长沟泵站也采用平管式出水流道，则需要降低水泵安装高程，以换取平管式出水流道布置所需的立面方向的尺寸，这时其水泵叶轮中心淹没深度达 7.38m，远超出国内大型立式轴流泵站的参数设计范围（一般不超过 4.0m），不仅土方开挖量和混凝土浇筑量较大，增加工程建设投资，而且使得进水池和前池两侧的翼墙偏高，增加了施工难度和结构风险。长沟泵站主泵房平直管出水流道方案设计参见图 5-5-20。

从出水流道设计方面提高水泵叶轮安装高程可以考虑采用立面高度较小的对称蜗壳式出水流道或先上升后下降形状的出水流道。但比较后发现对称蜗壳式出水流道对于抬高叶轮安装高程的作用并不显著，所以主要对低驼峰式和虹吸式这两种先上升后下降形状的出水流道进行优化研究，优化的目标为抬高叶轮安装高程和减小流道水力损失。

采用低驼峰式和虹吸式出水流道后能够显著抬高水泵叶轮安装高程，降低工程开挖量，但抬高距离受到水泵汽蚀性能、流道控制尺寸和流道水力性能的限制，经流动计算分析和优化研究，确定了水泵安装高程较平直管出水流道方案抬高 3.0m 的方案。图 5-5-21 为这两种出水流道的单线图，其中实线为虹吸式出水流道，虚线为低驼峰式出水流道。

表 5-5-2 为三种型式出水流道方案的优化计算结果对比，从表中可见，长沟泵站可以采用低驼峰式和虹吸式出水流道，这样不仅可以抬高水泵叶轮安装高程，减少开挖深度，而且其水力损失较小，能够提高装置效率。

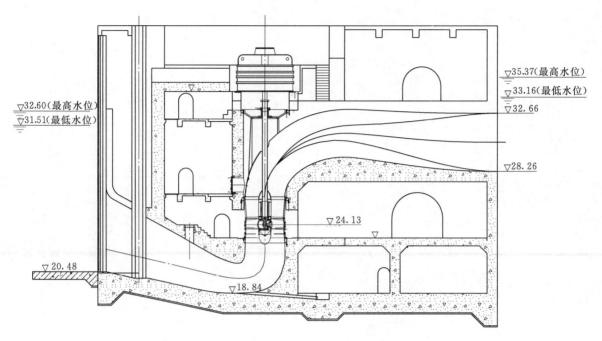

图 5 - 5 - 20   长沟泵站主泵房平直管出水流道方案设计（高程单位：m）

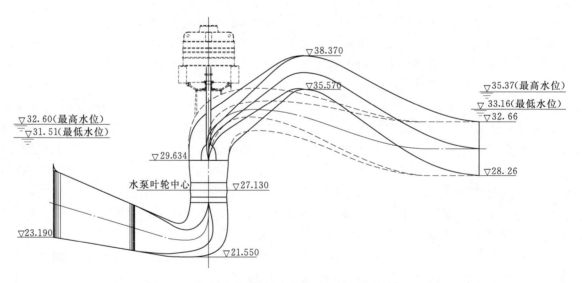

图 5 - 5 - 21   长沟泵站抽水装置单线图（高程单位：m）

表 5 - 5 - 2   长沟泵站出水流道水力优化计算结果

出水流道型式	叶轮中心淹没深度/m	出水流道水力损失/m
平管式	7.38	0.431
低驼峰式	4.38	0.399
虹吸式	4.38	0.320

3. 水泵装置模型试验

将相同的肘形进水流道和水泵模型，组合不同的出水流道（低驼峰式和虹吸式），形成不同的水泵装置进行同台对比模型试验，分析试验结果，最终确定采用低驼峰式出水流道。其最优点的装置模型效率达到78.98%，平均扬程点的装置模型效率约78.0%，为国内同等扬程范围的立式轴流水泵装置模型的最高水平，接近于卧式装置模型的性能指标。

按照《水泵模型及装置模型验收试验规程》（SL 140—2006）中规定的原型性能换算公式，得到长沟泵站水泵装置的主要技术性能参数见表5-5-3。可见水泵装置具有较宽的高效工作区范围和较好的汽蚀性能，能够保证水泵在较宽的流量和扬程范围内高效安全运行。

表5-5-3　　　　　　　　　长沟泵站水泵装置主要技术性能参数

	叶轮代号	TJ04-ZL-06
装置结构	进水流道/出水流道	肘形/低驼峰式
	叶轮直径/mm	3150
	工作转速/(r/min)	125
最优效率点	流量/(m³/s)	28.9
	扬程/m	3.38
	装置效率/%	82.35
	临界空化余量/m	5.607
平均工作点	流量/(m³/s)	33.5
	扬程/m	3.66
	装置效率/%	约82.0
	临界空化余量/m	5.6
飞逸转速（对应的叶片安放角）/(r/min)		218（-6°）

（三）超低扬程泵站立式水泵装置研究主要结论

通过水力优化研究和设计，长沟泵站采用立式装置，既节省了工程建设投资，又达到了接近于卧式装置的技术性能。邓楼泵站采用长沟泵站的研究成果，也达到了相同的效果。研究成果表明以下内容：

（1）立式水泵装置进水流道宜采用肘形进水流道，为水泵创造良好的进水条件。

（2）与平管式出水流道相比，超低扬程立式泵站采用先上升后下降几何形状的出水流道能够提高水泵安装高程，节省工程投资，同时还可以减小流道水力损失，提高流道效率。

（3）国内在建设工作扬程为4m左右的轴流泵站时，可以考虑采用立式装置来代替进口的灯泡贯流式装置。

五、南水北调东线一期淮阴三站贯流泵装置优化及流道模型试验

淮阴三站位于江苏省淮安市境内，是南水北调东线一期工程第三级梯级泵站之一，主要任务是抽淮安梯级引江水入二河经中运河向泗阳站补水。淮阴三站扬程低（平均扬程3.06m）、年运行时间长（5000小时以上），为保证该站能安全、高效地运行，对水泵装置的优化选型设计提出了比较高的要求。

整个研究工作过程经历了三个阶段：

第一阶段始于 2003 年 5 月，主要是配合当时淮阴三站的可行性研究。扬州大学于 2003 年 10 月提交了《南水北调东线工程淮阴三站贯流式进、出水流道数模计算报告》。

第二阶段始于 2003 年 11 月，主要是根据水利部对淮阴三站可研报告的审查意见，对灯泡贯流泵的灯泡位置及型线进行更为深入的研究，拟通过对前置灯泡贯流泵装置和后置灯泡贯流泵装置性能的对比性分析，为淮阴三站贯流泵装置形式的最终确定提供依据。扬州大学于 2003 年 12 月提交了《南水北调东线工程淮阴三站贯流式进、出水流道优化水力设计研究报告（讨论稿）》。

第三阶段始于 2004 年 1 月，直至淮阴三站确定于 2005 年年底进行机泵设备招标前夕，主要任务是在前面两个阶段工作的基础上，进一步优化淮阴三站贯流泵装置的水力性能，配合即将开始的招标工作。第三阶段的研究主要包括：①贯流泵装置三维流动的数值模拟；②前置贯流泵装置的水力优化；③后置贯流泵装置的水力优化；④比较前置灯泡和后置灯泡贯流泵的水力性能；⑤在设计流量相同的条件下比较不同叶轮直径情况下贯流泵装置的水力性能。

研究结论和建议如下：

（1）贯流泵装置进、出水流道的控制尺寸及过流边界的型线对贯流泵装置的水力性能具有较为明显的影响，借助于三维湍流数值模拟可逐步优化其水力性能，前置灯泡贯流泵装置具有较大的水力性能优化潜力。

（2）本项研究提出的前置灯泡贯流泵装置优化方案具有水流稳定、水力性能优异、土建费用省等优点，建议淮阴三站采用。

（3）较大的水泵叶轮直径对提高贯流泵装置的能量性能十分有利，根据本项研究的成果，建议淮阴三站的水泵叶轮不小于 3.3m。

（4）本项研究采用数值模拟的方法对淮阴三站贯流泵装置进行了优化水力计算，并采用了流道模型试验的方法对研究结果进行了验证，得到了初步结论，但由于过去在这方面的研究非常之少，为进一步验证优化后贯流泵装置的整体性能，建议进行贯流泵装置模拟试验。

（5）国内外生产厂家尚未认真考虑前置灯泡贯流泵的结构设计，建议设法解决。

六、大型水泵液压调节关键技术研究与应用

针对国内液压调节机构存在接力器密封要求高、易发生密封漏油造成水质污染，漏油后使操作系统油压降低导致叶片调节困难，且调节角度不准确，机组可靠性降低等缺点，通过引进国外环保型组合式调节系统，并进一步消化吸收和创新。

1. 研究内容

拟依托南水北调东线的宝应泵站工程，通过引进国外先进的环保型叶片调节技术、水力模型和控制系统，实现泵站的优化、高效及清洁运行。引进环保型液压调节机构、调节机构配套的液压装置、叶片无油润滑轴承、对应的主水泵叶片水力模型和主水泵优化控制设备。同时通过主要技术引进，在国内进行加工和进一步消化吸收以及在接力器位置、受油器控制原理、储能器工作方式等进行创新和理论研究，实现设备国产化，在国内进行推广和应用，为南水北调东线后续泵站工程起到示范作用，并促进了国内大型机组叶片调节技术和水泵制造水平的

进步。

2. 取得的成果

解决了压力操作油泄漏、旋转设备漏油、叶片角度指示不够精准等问题，既保证系统可靠、又保证水质无污染，并更适应了自动化控制的要求。该项技术的先进性和关键点主要体现在将调节系统的油缸活塞从轮毂内移至水泵主轴与电动机主轴之间，并采用与机械调节类似的拉杆调节机构的全新设计理念和叶片枢轴采用无油润滑轴承及动态优化控制软件等先进技术。大型水泵液压调节关键技术在引进、消化吸收和创新实现国产化后，可推广应用于大、中型低扬程水泵及水电站的水轮机。

3. 产生的效益

（1）与进口相比，每台套可节省费用约 60 万元，已推广应用 30 多台套，节省费用 1800 多万元。引进及消化吸收设备的可靠性提高、装置效率高于国内设备 4％ 以上，仅宝应站按年运行 5000 小时计算，年节省电能 272 万 kW·h，经济效益明显。

（2）引进、消化吸收和创新后设备的环保无泄漏特性为南水北调东线供水保证了水质，设备的高稳定性为供水提高了保证率，社会效益非常明显。

（3）随着引进技术的消化吸收和创新，促进我国水泵水力模型性能的提高和水泵、液压调节机构等加工企业制造水平的进一步提升，并且形成了一定规模的生产加工能力。

4. 主要创新点

（1）下移接力器（油缸）的位置，在保证环保的同时，降低了设备制造、安装和大修成本。

（2）对受油器进行了三次重要技术改进，从取消涡轮蜗杆到采用比例阀数字式控制，使叶片调节更加精确、可靠，且外形美观、体积精巧。

（3）对油压装置蓄能器进行改进优化，使油泵运行方式由连续运行改进为间断运行，更加节能，且能提供持续稳定的压力油。

（4）设计扬程 8.0m 左右泵站模型装置效率可达 81％。

（5）对进、出水流道进行优化设计，提高了装置效率。

5. 推广应用

（1）大型水泵液压调节关键技术在引进、消化吸收的基础上，并经过进一步创新，已完全实现国产化，可推广应用于大、中型低扬程水泵及水电站的水轮机。

（2）该项技术已在南水北调江苏境内的解台站、刘山站、淮安四站和江都三、四站等多座大型泵站中得到应用，累计推广应用 30 多台套，与进口相比每台可节省费用约 60 万元，节省费用 1800 多万元。同时引进及消化吸收后设备的可靠性进一步提高，装置效率高于国内设备 4％ 以上，仅宝应站按年运行 5000 小时计算，年节省电能可达 272 万 kW·h，经济效益明显。

（3）通过该项技术的引进，无锡市锡泵制造有限公司已与日本日立公司合资，已先后生产了多台同类型水泵，并投入运用，同类型全调节水泵叶片调节机构更是得到了大力推广，已初步形成了产业化生产规模。

七、灯泡贯流泵站结构受力分析及机组振动响应研究

本项目研究成果将完善我国灯泡式贯流泵泵房设计分析方法，包括简化平面分析程序及适用范围，包括板、梁、柱、壳和块体结构及考虑地基影响的三维复杂结构体系受力分析软件，

并能根据有限元分析结果自动输出预先制定截面的内力。结合南水北调东线一期工程淮阴三站进行具体分析，正确评价结构设计的合理性和可靠性，并配合设计单位进行必要的优化设计。研究成果不仅对淮阴三站的泵房设计有直接指导作用，而且对南水北调东线后置式灯泡贯流泵站设计有推广应用价值。

通过计算可以得出以下几点结论：

（1）根据四种工况的计算结果可以看出，流道内各个方向最大位移均分布在完建工况；底板和厂房的最大位移在 X 方向出现在完建期，Y 方向出现在检修期，Z 方向出现在完建期。所研究的关键部位的垂向位移最大值均比其他两个方向的要大，这和实际分析是相同的。但从整体位移上看，计算得到的泵站结构在各种静力荷载作用下产生的整体位移和相对位移均较小。

（2）淮阴三站泵站有限元结果分析表明四种工况的静力荷载作用下，大部分区域处于受压状态，只有少数局部区域处于较高水平的拉应力，对局部应力集中部位适当加强配筋，可以满足工程设计对强度的要求，因此淮阴三站泵站结构设计总体上是合理的。

（3）静力计算结构表面，在静力荷载作用下，泵站结构绝大部分位置处的位移和应力都在合理的范围内。

（4）通过三个典型剖面二、三维有限元计算比较，二维简化模型与三维模型的计算结果有一定的差别：应力、位移的分布规律和数值都不尽相同，绝大部分二维的主应力比三维的要大，X 方向的位移比三维的要小，竖向位移二维三个剖面之间明显相差很大，三维就相差不多，这是结构整体作用与局部分析的差别，总体上二维沉降要比三维明显要大。通过截面典型点弯矩值的比较可以看出，二维简化模型弯矩值和三维相差很大，原因是二维分析是假定泵站及边墙和底板在顺河向是无限长的，并不能考虑上下游挡墙对侧墙和底板等结构的影响，从而导致二维结果和实际情况出入较大。

（5）典型剖面二维和三维结构内力的对比分析成果如下：

1）平面分析底板内力，由于没有考虑到底板的空间效应，使得内力值在分布上突变比较明显，数值上也较大，因此三维的分析能很好地体现结构的受力特征。对于机组段处底板的弯矩分布，平面分析和三维分析截然不同。

2）对比考虑边荷载的两种极限情况可见，边荷载对结构的影响较大，值得注意的是在现有的二维分析中大多数都是将地基模型简化为弹性地基，即假定地基和结构二者是紧密联系的，它们的变形是一致的，这和实际情况有很大出入。

（6）建立五种模型进行自振特性分析，包括地基的整体模型和组合模型 2，由于地基太软，弹模较低，泵站的自振频率较低，与机组转频的 2.08Hz 及其他激振频率相差较远，仅高阶频率与激振频率在 20% 之内，包括上部结构的整体模型、组合模型 1 和局部模型 1，由于上部结构刚度较小，基频较低，也是仅高阶频率和激振频率在 20% 之内。

（7）根据厂家提供的 3 个测点的脉动压力数据，对整个流道的脉动压力做出假设，分别采用拟静力法、谐响应分析法以及时程分析法对淮阴三站泵房进行振动分析，同时考虑机组机械不平衡力和不平衡磁拉力的影响，并参考国内外文献提出的对厂房动响应的控制标准，对淮阴三站动响应进行评价。

（8）为了分析大型灯泡贯流泵内的动静干扰引起的压力脉动，研究流激振动的产生机理，应用不可压缩的连续方程和 Reynolds 平均的 Navier - Stokes 方程，同时使用 RNGk - ε 双方程湍流模型等使方程组闭合，模拟淮阴三站灯泡贯流泵全流道三维非定常湍流流动，采用较为先进的滑移网络技术来模拟机组内部的动静干扰。

（9）针对泵房振动分析方法存在的不足，采用 ADINA 软件实现了三维非定常湍流与结构相互作用的分析，由无耦合或弱耦合实现真正的流固耦合。有限元法对固体动力学求解已经非常成熟了，为了与固体有限元程序能够较好地衔接，采用有限元法对流体进行求解，用标准Galerkin 方法对流体方程和固体方程进行离散，选择合适的迎风格式避免流体结果的振荡。

（10）为有效降低机组振动对下部结构的反动力和引起的噪声，首先在机组下面设置一刚性基础，下面设置选择的橡胶隔振垫，此外在进出水流道和机组连接部位应设置柔性支撑。

八、低扬程泵站原、模型水力特性换算研究

针对泵站模型试验，特别是低扬程泵站模型试验存在的问题，研究在模型泵站模型试验中原、模型的水力特性换算方法，能够正确预测符合实际情况的原型泵站抽水扬程、流量、效率特性，从而掌握原型泵站的真实性能，做到使泵站抽水量正确计量，已是当务之急。此项研究对促进泵站工程建设的科技进步具有重要意义。

根据原型泵和原型泵站设计的水流过流部件部分尺寸和表面粗糙度设计模型泵和模型泵站，进行模型泵和模型泵站的水力试验；结合 PIV 流场测试和 CFD 数值计算，研究模型泵和泵站进出水流道内部流动特性，研究原、模型泵站水力特性换算方法，为大型低扬程泵站设计提供科学依据。

1. 研究内容
（1）低扬程泵站原、模型水力特性换算方法的理论分析和研究。
（2）水泵装置内部三维紊流的数值模拟研究。
（3）模型水泵装置能量特性试验研究和汽蚀特性试验研究。
（4）模型水泵装置内部流场 PIV 测试研究。

2. 研究成果
本课题采用理论分析、CFD 数值模拟和试验研究方法，证实了泵装置的过流构件表面粗糙度对泵性能（特别对效率和扬程）有显著影响，水泵装置原、模型水力特性换算中应考虑次影响；研究了泵站原、模型的水力特性换算方法，初步对现行的国际工业标准或规范中存在的问题或不足之处提出了修正或补充意见，并得到了一些有价值的结论。

九、灯泡贯流泵站结构振动成因分析及对策研究

1. 研究目标
确定灯泡贯流泵站的振动源及输入方式；计算分析灯泡贯流泵站结构的自振特性和振动响应，进行振幅验算，找出振动原因；提出灯泡贯流泵站减振、隔振措施。

2. 研究内容
利用现场动力测试和三维有限单元法研究灯泡贯流泵站的结构振动特性，以现场量测得到的水力和机组振动参数作为输入，研究结构的振动响应，从而分析灯泡贯流泵站的振动成因，并提出相应的减振、隔振措施。

3. 研究主要结论
通过对现场动力测试得到的测点数据信息进行分析处理，获得了淮安三站泵房结构自振频

率的实测值，以及厂房地坪和辅机层地坪垂直向动力响应实测值，主要结论如下：

（1）通过脉动试验获得了淮安三站泵房结构前八阶自振频率，前四阶基本反映出结构整体的动力特性，后四阶较高频率值主要是泵房下部结构的特征表现较明显，这与该泵房上下两部分结构的刚度差异较大有关。

（2）从不同测点、不同测试方向上获得的数据分析可知，二阶振动可能以横河向为主，三阶振动可能以顺河向为主，七阶振动可能以泵房下部结构的顺河向振动为主，八阶振动可能以泵房下部结构的横河向振动为主。

（3）从实测到的脉动信号时程曲线上可看出，厂房地坪层的竖直向振动（楼板中部）峰值较其他两个方向及其他测点（指辅机层、廊道层）要大 5～10 倍，实际上对于泵房结构，楼板竖直向的刚度相对较小。因此在淮安三站机组运行过程中，感觉楼板振动较大。

（4）通过实测得到的淮安三站厂房地坪和辅机层地坪垂直向振动的位移最大峰值分别为 0.129mm 和 0.126mm，均小于泵站设计规范最大垂直振幅不超过 0.15mm 的限值，满足振幅要求。

4. 减振对策

通过分析得到灯泡贯流泵站结构的振动原因及相应的减振措施如下：

（1）结构共振。为避免泵站结构发生共振，使结构自振频率远离激振荷载频率，可以采用改变厂房地坪板厚度及其与墙体连接方式、支撑梁截面尺寸、上部厂房梁柱连接方式、排架榀数等措施。其中，结构构件的约束条件对结构的动力特性影响很大，能有效提高结构的自振频率，如将梁柱的约束由铰接改为刚接，增加厂房地坪的端部约束，采用楼板与墙体整体浇筑等方案，是提高结构自振频率的有效且切实可行的措施。

（2）振源引起较大动力响应。通过分析动力响应计算结果发现，上部厂房结构的刚度最小，是整体结构中最薄弱的部位，厂房地坪是泵房下部结构的薄弱部位，而且现有的厂房地坪板支撑梁系截面尺寸并未使厂房地坪板达到足够的竖向刚度，这是导致结构振动的结构原因。降低结构的动力响应可以从消减振源和提高结构刚度两方面来考虑：①消减振源方面，合理布置进水口位置，改善进水口的体型和结构，优化基墩和支撑设置，增设附属设施来改善水流流态，严格控制设计、制作及安装过程来减小偏心，调整定转子间的气隙，提高电安装调整的精度，调整转子间的气隙；②增加结构刚度方面，增加梁、柱尺寸，窗间墙的面积，屋面板的刚度，水平两向柱的数量，厂房地坪、辅机层地坪和泵房底板的板厚，在厂房地坪跨中，即振动幅值较大部位，增设水平横梁，如施工困难或布置受限，可采取加密梁间距的方法，都可以增加泵房结构的刚度，从而起到降低其动力响应的作用。

十、低扬程立式泵装置水力性能优化及与灯泡贯流式泵装置比较研究

随着南水北调东线工程建设的推进，对与低扬程泵装置水力性能及水力设计有关的若干问题的认识不断深入，将立式轴流泵装置应用于低扬程泵站的可能性被提出。

1. 研究内容

（1）叶轮直径的改变对立式轴流泵装置流道水力损失的影响程度。

（2）立式轴流泵装置的叶轮直径加大到什么程度方可达到或接近灯泡式贯流泵装置的水平。

（3）立式轴流泵装置叶轮直径加大后，水泵转速及合适水泵水力模型选择的影响。

（4）叶轮直径加大后，对立式轴流泵装置 nD 值及汽蚀性能的影响。

（5）立式轴流泵装置叶轮直径加大后，对流道土建尺寸的影响。

（6）加大叶轮直径的立式轴流泵装置的水力性能与灯泡式贯流泵装置水力性能的比较。

2. 研究结论与建议

（1）在设计流量一定的条件下，在一定范围内加大水泵叶轮直径和降低水泵转速有利于提高低扬程泵装置的效率，对于年运行时数较多的低扬程泵站，"增径减速"显得尤为重要。

（2）立式轴流泵装置的流道水力损失接近于与叶轮直径的 4 次方成反比，适当加大叶轮直径，立式轴流泵装置在较低扬程时的效率可达到灯泡式贯流泵装置的水平。

（3）适当加大水泵叶轮直径，只需对进水流道出口和出水流道进口的型线作相应调整，不需增加流道的控制尺寸和土建费用。

（4）在泵装置扬程较低的情况下，"增径减速"还有利于水泵水力模型的选择和汽蚀性能的改善。

（5）建议进行立式轴流泵装置模型试验，以检查本项课题的研究成果。

十一、大型灯泡贯流泵关键技术研究与应用

低扬程、大流量泵站在我国防洪、排涝、调水等水利工程中应用广泛，灯泡贯流泵因其具有流道顺直、水力损失小、装置效率高等突出优点，是最合适的泵型，南水北调东线一期工程新建 21 座泵站中约 1/3 采用灯泡贯流泵。但由于我国在灯泡贯流泵水力模型、装置特性、机组结构和泵站结构设计等方面研究起步晚，基础研究工作薄弱、缺乏成熟的技术，已建成的大型灯泡贯流泵站技术和设备主要依赖进口，工程建设成本高。本项目的研究使我国能够拥有自主知识产权的大型灯泡贯流泵设计及生产制造技术，为大型灯泡贯流泵机组设备国产化奠定了基础。

1. 研究内容

在综合分析国内外技术发展情况的基础上，首次系统开展了大型灯泡贯流泵水力模型开发和装置性能、机组结构关键技术、结构优化设计及抗振安全度评价、泵站选型评价方法 4 个方面的研究。

（1）水力模型开发和装置性能研究。通过广泛的 CFD 分析和内、外特性测试，掌握贯流泵装置内部流动机理，揭示进水流道、叶轮、导叶和出水流道之间相互影响的规律；建立了复杂工况下的贯流泵装置优化设计理论和方法；开发了两套贯流泵装置（4 副水力模型），水力性能指标达到国际领先水平。

（2）机组结构关键技术研究。系统地对灯泡式机组的总体结构型式及其对水力性能的影响、机组加工工艺等方面进行了研究，得到了实用新型的灯泡贯流泵机组结构型式；创新地提出了灯泡贯流泵机组传动方式选用原则和方法、机组工况调节方式定量选择方法。

（3）泵站结构优化设计及抗振安全度评价研究。系统进行了大型灯泡贯流泵及泵站结构型式的优化设计、泵站结构抗振安全度评价研究。从振动频率和振动响应两方面提出了泵站抗振安全度评价方法；对大型灯泡贯流泵站机组潜在的振动，首次提出了橡胶垫减振措施；开发了可考虑非定常湍流、机组、泵站结构与地基相互作用的流激振动三维有限元并行计算分析软件，具有国际先进水平。

（4）泵站选型评价方法研究。建立了水泵装置模型数据库，首次提出了泵型选择的装置特性 3D（流量、扬程、效率）表示方法；创新地采用能量特性法分析泵机组的运行稳定性；采用模糊综合评判的方法，建立了包括能量特性（经济）、可靠性和稳定性三方面综合评判泵型选择合理性的评价指标体系。

2. 成果的效果

研发了适用于扬程 1~4.5m 运行的两套高性能贯流泵装置模型（GL-2008-01、02 和 GL-2010-03、04），最优工况点效率分别达到 79.4%、81.9%、82.02% 和 80.22%，汽蚀比转速在 1100 以上，装置效率远高于《南水北调泵站工程水泵采购、监造、安装、验收指导意见》规定的 68% 的指标要求，降低了泵站运行成本。新型灯泡贯流泵结构提高了机组的运行可靠性，降低生产制造成本 20% 以上，同时减少了检修维护费用。

3. 主要创新点

（1）首次采用流体力学、水力机械、水工结构多学科相互交叉的研究方法，解决了大型灯泡贯流泵站关键技术问题。

（2）提出了适用于复杂工况和满足机组及泵站结构约束条件的贯流泵装置优化设计理论和方法；开发了两套贯流泵装置模型（4 副水力模型），装置水力性能指标达到国际领先水平。

（3）系统地研究了灯泡贯流泵机组的总体结构型式及对水力性能的影响；开发了实用新型的灯泡贯流泵机组结构型式；创新地提出了机组传动方式选用原则和方法、机组工况调节方式的定量选择方法。

（4）提出了大型灯泡贯流泵泵站抗振安全的定性和定量评价方法；针对泵站机组潜在的振动，提出了橡胶垫减振措施；提出了考虑三维非定常湍流与结构耦合作用的流激振动分析方法，开发了并行计算软件，实现了泵及泵站结构优化设计。

（5）提出了用于泵型选择的装置特性三维表示方法；创新地采用能量特性法分析泵机组的运行稳定性；建立了包括能量特性、可靠性和稳定性三方面综合评判泵型选择合理性的评价指标体系。

4. 推广应用

研究开发的贯流泵装置模型已用于南水北调工程金湖站和泗洪站初步设计及招标设计水力模型选择及装置设计；水泵装置模型 GL-2008-01 推广应用于江苏省通榆河北延送水工程建设（8 台直径 2000mm 的贯流泵）；水泵装置模型 GL-2010-03 已用于江苏淮安楚州防洪控制工程里运河泵站的设计和建设；大型灯泡贯流泵泵站结构优化设计及抗振安全度评价研究成果在南水北调东线淮阴三站等泵站结构设计中应用；大型贯流泵机组结构关键技术及泵站选型评价方法研究成果在南水北调东线金湖站、泗洪站工程设计选型和机组设备招标中应用。经比较，研究开发的灯泡贯流泵装置水力模型综合性能已达到或超过国际先进水平，有关技术研究成果更符合国内水工设计施工和水泵生产企业的生产制造要求，为我国能够拥有自主知识产权的大型灯泡贯流泵设计、制造成套技术奠定了良好基础。

十二、皂河一站混流泵模型试验报告

1. 基本情况

皂河站枢纽是南水北调东线第一期工程的第六梯级泵站之一，位于江苏省宿迁市宿豫区皂河镇北 5km 处，东临中运河、骆马湖，西接邳洪河、黄墩湖。枢纽包括皂河一站、皂河二站及其他配套建筑物。

皂河一站始建于 1978 年 11 月，竣工于 1987 年 3 月，该泵站原采用立式全调节 6HL-70 型混流泵，配套 TL7000-80/7400 型 7000kW 立式同步电动机 2 台套，属大（2）型泵站。采用钟形平面蜗壳进水流道、双螺旋形蜗壳压水室及平直管出水流道，是此前我国泵站中单机流量最大的混流泵站。根据南水北调东线工程规划要求，皂河一站特征扬程为：设计扬程 4.70m，最大扬程 5.70m，最小扬程 1.20m，平均扬程 4.60m。运行表明，原有混流泵扬程明显偏高，运行效率低、工作状态不良。

2. 试验方案

方案一：HB60 混流泵模型叶轮叶片数为 4，轮毂和叶片均采用铝材料，通过三坐标数控加工成型。

方案二：HB55 混流泵模型叶轮叶片数为 4，轮毂和叶片均采用铝材料，通过三坐标数控加工成型。

3. 主要内容

根据研究要求，方案一，即泵装置（HB60）模型的试验主要有以下内容：

（1）5 个叶片安放角下模型泵装置能量性能试验。

（2）各叶片角度特征扬程下的模型泵装置汽蚀试验。

每个叶片安放角的能量性能试验点不少于 15 点；汽蚀试验对各叶片角度在特征扬程为 2.0m、5.0m、7.0m 附近进行试验，临界汽蚀余量按效率下降 1％确定。

根据研究要求，方案二，即泵装置（HB55）模型的试验主要有以下内容：

（1）5 个叶片安放角下模型泵装置能量性能试验。

（2）各叶片角度特征扬程下的模型泵装置汽蚀试验。

（3）模型泵装置飞逸特性试验。

每个叶片安放角的能量性能试验点不少于 15 点，汽蚀试验对各叶片角度在特征扬程为 1.24m、3.0m、4.5m 和 6.0m 附近进行试验，临界汽蚀余量按效率下降 1％确定。

通过试验，选择最佳水泵模型，了解泵站的能量、汽蚀、飞逸和压力脉动性能，优选水力模型，改善水流流场的流态，从而提高水泵装置的性能。

4. 主要试验结论

（1）根据等效率换算结果，HB60 叶片安放角为 -1.7°时，满足设计点要求，即设计扬程 4.70m，设计流量 100m³/s。此时，HB60 模型泵装置效率为 63.2％。HB55 叶片安放角度为 -1.3°时，满足设计点要求，即设计扬程 4.70m，设计流量 100m³/s。此时，HB55 模型泵装置效率为 66.05％。

（2）HB60 模型泵装置汽蚀试验结果表明，设计点必需汽蚀余量在 8.5m 左右，模型泵综合汽蚀性能一般，但能满足泵站运行的要求。HB55 模型泵装置汽蚀试验结果表明，设计点必需汽蚀余量在 10m 左右，模型泵综合汽蚀性能一般，但能满足泵站运行的要求。

（3）在所有试验工况内，模型进水流道内均未发现涡带。

（4）HB55 模型泵 0°叶片安放角时，单位飞逸转速 197r/min，最大扬程为 6.0m 时，原型泵飞逸转速为 84.66r/min，是额定转速的 1.15 倍。

十三、南水北调东线一期淮安二站改造工程沙庄引江闸物模试验研究

沙庄引江闸作为淮安一站、二站的引水闸，是淮安枢纽的主要建筑物之一，具有引水和挡洪等功能。该闸建于1978年，共4孔，每孔净宽6m，闸孔总净宽24m，净高5m，设计引水流量180m³/s，按沙庄引江河口里运河节点水位6.5m，对应闸上下游设计水位分别为6.3m和6.1m，设计过闸落差0.2m，闸的校核流量为200m³/s。

采用比例尺为1:50的正态模型进行研究，另外，为了研究拦污栅栅条的阻力，采用比例尺为1:12.5进行断面模型试验。模型主要研究原沙庄引水闸在增设拦污栅前后设计流量和校核流量下的过流能力，闸上、下水位和过闸落差以及淮安一站、二站前水位变化。

试验结果表明，沙庄引江河口节点水位6.5m控制下，设计引水流量为180m³/s时，过闸落差为0.10m，较原设计落差偏小。设计流量及节点水位6.0m控制下，过闸落差增大为0.31m，站下水位低于设计水位；校核流量及节点水位6.0m控制下，过闸落差为0.69m。为保证引水设计流量，节点水位不能低于5.85m，将大幅度降低淮安一站、二站站下水位。

在闸上游侧增设拦污栅后，受拦污栅阻水影响，设计流量及节点水位6.0m控制下，过闸落差增大为1.31m，淮安一站、二站站下水位分别降低0.98m、0.96m。节点水位必须达到5.98m才能保证引水设计流量要求，且过闸落差达到1.31m，淮安一站、二站水位分别降低4.18m、4.08m。为此，闸上游侧增设拦污栅后，将大幅度增大过闸落差，降低站下水位，影响泵站出力。

因此，由于南水北调东线一期沙庄引江河口里运河节点水位由6.5m降低为6.0m，沙庄引江闸不能满足引江设计流量和淮安一站、二站站下设计水位的要求，建议拓浚沙庄引江河或扩建沙庄引江闸。由于闸上游侧增设拦污栅，拦污栅水头损失将远大于设计值，建议在其他位置布置拦污栅，并优化拦污栅结构。

十四、南水北调工程东线工程刘老涧二站水泵装置模型试验研究报告

1. 基本情况

刘老涧二站位于江苏省宿迁市东南的大运河上，是刘老涧泵站枢纽的重要组成部分，该站与刘老涧一站、睢宁一站、二站等工程共同组成南水北调东线第一期工程第五个梯级。工程任务是与刘老涧一站一起将泗阳站来水抽送至皂河站站下，为皂河站提供水源，并为刘老涧站至皂河站间中运河沿线城镇生活、工农业生产及航运补充水源。

试验分两个阶段进行，第一阶段对三个转轮开展-20°、0°、+20°三个叶片角度下的能量与汽蚀性能测试；第二阶段是根据第一阶段试验成果对优选出来的转轮再进行-40°、-20°、0°、+20°、+40°五个叶片角度下的水泵能量、汽蚀、飞逸、压力脉动以及发电工况特性进行详细的综合测试。

2. 试验内容

采用TJ05-ZL-02型号水泵转轮模型和TJ04-ZL-06型号水泵转轮模型进行模型装置性能对比试验，优选水力模型。

（1）能量试验。模型水泵装置能量试验采用等扬程试验和nD值相同的条件。在能量试验之前，模型泵应在额定工况运转30分钟以上，排除系统中的游离气体、气泡的存气，其间应

检查泵的轴承、密封、噪声和振动等。

测定－4°、－2°、0°、＋2°、＋4°五个叶片角度的装置性能，确定装置扬程、轴功率、效率和流量的关系。试验测量点应合理布置在整个性能曲线上，在小流量点的 85％和大流量点的 115％的范围内，至少应取 15 个以上的流量点。能量测试包括水泵装置的扬程、流量、效率、轴功率。试验扬程在 1～4.6m 范围内。

每个安放角下的小流量高扬程部分通过降速试验方法测出马鞍区。

（2）汽蚀试验。在完成性能试验后，进行汽蚀试验，在保证流量不变的情况下，通过改变系统的压力，使泵内发生汽蚀；汽蚀试验采用效率下降或扬程下降的方法测试。测定－4°、－2°、0°、＋2°、＋4°五个叶片角度的汽蚀余量。

（3）飞逸特性试验。飞逸特性试验应测定模型泵作水轮机工况反转且输出功率为零时的转速；测定－4°、－2°、0°、＋2°、＋4°五个叶片角度的飞逸转速。

（4）发电工况试验。测定刘老涧二站水泵装置模型转轮－4°、－2°、0°、＋2°、＋4°五个叶片角度在 1～3.7m 水头范围内半速发电工况能量特性试验。

（5）脉动压力测试。为检验机组的稳定性，在 2～3 个断面进行不同工况的脉动压力测试，测试断面分别为叶轮进口、叶轮出口和出水流道壁面上。脉动压力的测试参考水轮机试验规范中的规定，采用压力传感器进行测量，并直接进行采集和记录。

3. 主要试验结论

（1）当叶片转角为＋2°时，TJ05－ZL－02 型号水泵转轮模型满足设计要求，机组最大飞逸转速为 183.1r/min，在机组额定转速 1.5 倍范围以内，机组安全性较好；当叶片转角为 0°时，TJ04－ZL－06 型号水泵转轮模型满足设计要求，机组最大飞逸转速为 181.5r/min，在机组额定转速 1.5 倍范围以内，机组安全性较好。

（2）TJ05－ZL－02 型号水泵转轮模型装置最大汽蚀余量发生在叶片转角为＋4°时，当叶片转角为＋2°时，TJ05－ZL－02 型号水泵转轮在设计扬程（最大）3.7m 处，临界汽蚀余量为 6.84m；在最小扬程 1.8m 处，临界汽蚀余量为 6.17m；TJ04－ZL－06 型号水泵转轮模型装置最大汽蚀余量发生在叶片转角为＋4°时，当叶片转角为 0°时，TJ05－ZL－02 型号水泵转轮在设计扬程（最大）3.7m 处，临界汽蚀余量为 6.77m；在最小扬程 1.8m 处，临界汽蚀余量为 5.51m。

十五、南水北调东线工程江苏段泵站自动化系统技术要求研究

泵站自动化系统是泵站运行管理的关键技术之一，也是体现泵站运行管理技术水平高低的重要指标。根据国家批复，南水北调东线工程江苏境内新建 14 座泵站，改造 4 座泵站，至 2010 年，已基本完成了 8 座泵站的建设，后续仍有 10 座泵站需新建或改造。已建泵站工程的自动化系统采用了先进的软、硬件技术和产品，基本实现了泵站运行监控和保护、视频监视等功能。

由于国内缺乏针对泵站自动化系统的设计规范、过程要求及验收标准，使得各站自动化系统在人机接口、功能实现及性能保障等方面相互不统一，不利于工程后期的运行管理。

为了规范南水北调东线工程江苏境内泵站自动化系统下一阶段的设计工作，统一实施要求，明确系统测试及验收的标准和方法，确保下阶段泵站自动化系统的先进性、安全性、可靠性和实用性，以及南水北调东线工程全线调度运行管理整体规划的实施，提高工程的整体效益，江苏水源公司组织有关单位开展了泵站自动化系统技术要求的研究工作，编写了《南水北

调东线工程江苏段泵站自动化系统技术要求》（以下简称《技术要求》）。

《技术要求》以《水电厂计算机监控系统试验验收规程》《电力装置的继电保护和自动装置设计规范》《视频安防监控系统工程设计规范》《大坝自动监测系统设备基本技术条件》《基于以太网技术的局域网系统验收测评规范》国务院南水北调办《南水北调工程建设管理工作指南》《南水北调东线第一期工程调度运行管理系统可研报告》为依据，并结合以往相关的招标文件与各方面专家的意见进行编制。

《技术要求》对泵站自动化系统中的计算机监控系统、工程安全监测系统、视频监控系统、信息管理系统提出了详细的要求，同时对泵站自动化系统测试和验收的内容、形式、方法，以及系统实施管理办法、人员培训、文档和技术资料等方面作了规定。

十六、南水北调东线一期泗阳泵站进、出流道优化水力设计研究

1. 基本情况

泗阳泵站位于江苏省泗阳县县城东南约 3km 处，是南水北调东线一期工程的第四梯级泵站之一，主要是通过中运河抽引淮阴站来水再沿中运河向北输送。泗阳泵站以调水为主，同时兼有灌溉、排涝及保证通航的功能。泗阳泵站设计净扬程为 6.3m、平均扬程为 5.55m，总设计流量为 200m³/s，确定采用立式轴流泵 6 台套（1 台套备用），单泵设计流量为 33.5m³/s，水泵转速为 136.4r/min。进水流道采用肘形进水流道，出水流道采用虹吸式出水流道。

针对泗阳泵站的进、出水流道优化水力设计开展研究，主要包括进、出水流道优化水力计算研究和进、出水流道模型试验研究。

2. 进水流道水力优化的目标

进水流道是前池与水泵叶轮室之间的过渡段，对于立式轴流泵装置，其作用主要是为了给叶轮室进口提供良好的进水流态。对进水流道水力设计的目标应为：

（1）流道型线变化应尽可能均匀，使水流有序转向、均匀收缩，确保流道内无涡流及其他不良流态。

（2）流道出口断面的流速分布尽可能满足水泵叶轮室进口的要求。

（3）流道水力损失尽可能小。

（4）流道控制尺寸取值合理。

3. 出水流道水力优化的目标

泵站出水流道是水泵导叶与出水池之间的过渡段，对于立式轴流泵装置，其作用主要是为了水流在由导叶出口流向出水池的过程中尽可能多地回收水流动能。对出水流道水力设计的目标应为：

（1）流道型线变化应尽可能均匀，尽可能使水流有序转向、平缓扩散，流道内无涡流及其他不良流态。

（2）流道水力损失尽可能小。

（3）流道控制尺寸取值合理。

4. 研究结论

泗阳泵站肘形进水流道和虹吸式出水流道控制尺寸取值合理，水力损失较小，建议采用，无需再做调整。通过泗阳泵站泵装置模型试验，可以对进、出水流道优化水力计算的结果进行

检验，并确认泵装置的水力性能。

5．主要创新点

（1）本项研究采用目前国际上应用最为广泛的 Fluent 软件对泗阳泵站进、出水流道三维湍流流动的数值模拟。

（2）在泗阳泵站进水流道的控制尺寸范围内，对肘形进水流道内的流动和虹吸式出水流道内的流动进行了三维湍流数值模拟，对流道型线进行了优化水力设计。

（3）在本项研究中，采用旋度计测量水泵导叶出口的水流所具有的平均角速度，并据此计算水流的平均切向流速。

十七、邳州泵站研究

1．基本情况

邳州泵站属南水北调运河西线工程，与运河线的皂河枢纽共同组成南水北调东线工程的第六级梯级。针对邳州泵站属低扬程大型泵站、对泵装置效率要求较高的特点，在对灯泡式贯流泵装置进行优化水力设计研究的基础上，针对邳州泵站的参数，对竖井式贯流泵装置和水平轴伸式贯流泵装置进行了优化水力设计研究。

2．研究主要内容

（1）竖井式贯流泵装置水力优化设计。

（2）水平轴伸式贯流泵装置水力优化设计。

（3）经过优化的竖井式贯流泵装置和水平轴伸式贯流泵装置的水力性能可以达到什么样的水平；与灯泡式贯流泵装置相比，在装置效率方面的差距最大限度能减小到什么程度。

3．泵装置整体研究方法

为了进一步检验流道单独研究方法的结果，本项研究也采用了泵装置整体研究的方法。泵装置整体研究方法包括两个方面：

（1）泵装置整体三维湍流流动数值模拟。泵装置三维流动数值模拟研究方法的主要特点是将进、出水流道与泵的转轮、导叶组成整体，对整个泵装置进行三维湍流流动数值模拟。这是进入 21 世纪以来，随着一些流体流动数值计算软件功能的提高而逐步得到应用的新方法。在本项研究中，泵装置整体研究的重点是在泵装置三维流动整体模拟与试验条件下审视进、出水流道内的流态，所得的结果可与流道单独研究的结果进行比对。

（2）透明泵装置整体模型试验。

4．主要研究结论

（1）前置竖井式贯流泵装置和立面 S 前轴伸式贯流泵装置进水流道内的水流收缩均匀，出水流道内的水流扩散平缓，水力性能优异。

（2）经过进水流道的线型优化，在竖井前置和泵轴前伸的情况下，水泵叶轮室进口仍可得到较为理想的进水流态。

（3）前置竖井式贯流泵装置的流道水力损失明显小于后置竖井式贯流泵装置，立面 S 前轴伸式贯流泵装置的流道水力性能略优于平面 S 后轴伸式贯流泵装置。

（4）在叶轮直径相同的条件下，前置竖井式贯流泵装置和立面 S 前轴伸式贯流泵装置的水力性能与后置灯泡式贯流泵装置相比，差距在 1% 以内。

（5）3 种型式贯流泵装置的水力性能之间的差距并非固定不变，在"增径降速"的条件下，都可成为很优秀的特低扬程泵装置。

5. 主要建议

（1）本项研究已具备进行竖井式贯流泵装置和水平轴伸式贯流泵装置水力性能模型试验的条件，为检验本项研究的最终结果，建议进行前置竖井式贯流泵装置和水平轴伸式贯流泵装置模型试验。

（2）建议邳州泵站对灯泡式、竖井式和轴伸式等 3 种型式的贯流泵装置的方案进行水力性能和泵站投资、安装检修、生产制造、运行管理等多方面的综合比较分析，以确定技术经济最为合理的泵装置型式。

十八、高比转速斜流泵装置开发研究

南水北调工程水泵模型（天津）同台测试、贯流泵模型（天津）同台测试，是国内首创，提供的公正可信的试验结果，为南水北调等工程的水泵选型奠定了良好基础，对提高南水北调等工程水泵的经济技术指标起到重要作用。低扬程水泵包括混流泵，只有进行了混流泵模型研究和同台测试，才能为低扬程水泵模型提供完整资料。

对之前的研究进行分析、总结，明确了新的设计理念。开发系列斜流泵模型，比转速为 350～900。2000 年，对设计的系列模型进行制造，共制作出 10 个叶轮、8 个导叶体、1 套带进出水流道的模型泵装置。2011 年，在江苏大学模型泵试验台对研制的模型进行初试，试验结果基本达到预计的指标。2011 年初，8 个模型泵段和两套泵装置运到天津，进行同台测试。到 2001 年 6 月，完成了 8 个泵段模型试验、洪泽站模型装置试验（TJ11 - HL - 03）、睢宁站模型装置试验（TJ11 - HL - 05）。睢宁二站模型装置试验结果，完全达到规定要求。洪泽站模型装置试验结果，汽蚀余量高于规定要求，另外，业主方认为三个叶片的斜流泵叶轮很少使用，要求改成 4 个叶片。新制作的 4 个叶片的叶轮，和原来 3 叶片相比，外缘的稠密度稍有增加，以增加流动的稳定性，扩大泵的高效范围。2011 年 7 月，进行了洪泽站装置模型的第二次试验（4 叶片叶轮），试验结果表明，效率提高约 1.5%，汽蚀余量稍有改善，基本达到标书要求，通过验收。

主要结论如下：

（1）洪泽 4 叶片和 3 叶片模型相比，扬程高约 1m、效率高约 1.3%、汽蚀余量下降约 0.8m。

（2）采用 4 叶片转轮实泵转速为 125r/min，直径为 3150mm，基本满足标书要求。当采用 $n=115.4r/min$，直径 $D=3185mm$ 时，则完全满足标书的要求。

（3）睢宁二站各种工况的效率和汽蚀指标均超过标书要求。

（4）建议洪泽站补做 4 叶片转轮模型泵段试验。

十九、低扬程大流量水泵装置水力特性模型开发及试验研究

南水北调东线第一期工程，需要在江苏境内建设泵站 14 座，这些泵站的特点是：扬程低、流量大、年运行时间长。结合南水北调东线泵站工程建设的需要，在金湖站、泗洪站、邳州站初步设计的基础上，利用 CFD 手段对泵整机进行三维紊流分析，获得传动方式、叶片调节方式、密封技术、灯泡体前置、后置及其支撑方式的合理性评价，提出贯流泵装置的控制尺寸。在大量模型试验研究的基础上对灯泡贯流泵装置进行水力性能优化，开发出了两套后置灯泡贯

流泵装置水力模型。

密切结合南水北调东线泵站工程建设的需要,在金湖站、泗洪站、邳州站初步设计的基础上,通过对传动方式、叶片调节方式、密封技术、灯泡体前置、后置及其支撑方式的合理性评价,提出贯流泵装置的控制尺寸。在此基础上对灯泡贯流泵装置进行水力性能优化,开发两套水力模型,比转数在 1100～1300 之间。要求贯流泵装置模型的最优工况点扬程为 2.0～3.0m,效率大于 73.5%,汽蚀比转数大于 1100,运行范围为 1.0～5.0m,最大扬程力争达到 6.5m。

通过试验得到的主要结论如下:

(1) GL-2008-03 和 GL-2008-04 两套后置灯泡贯流泵装置水力模型具有优良的综合水力特性,超过了预期的研究目标,能够满足南水北调东线一期工程贯流泵站建设的要求。

(2) 通过各种贯流泵装置的 CFD 分析,揭示了内部流动形态及规律,为指导贯流泵装置的优化设计提供了较为丰富的流场资料,可有效指导贯流泵装置的工程应用。

(3) 后置灯泡贯流泵装置采用扩散的后导叶,效率可高于采用常规导叶的贯流泵装置,并可缩短泵轴长度。

(4) 针对金湖泵站结构布置方式,在泵装置总长度保持不变的情况下,前置灯泡贯流泵装置由于出水流道扩散不充分,其综合性能难以超越后置方式。而叶轮前各种支撑结构体产生的尾流对水泵运行稳定性的影响需要进一步的深入研究。

二十、高地震烈度区泵站地基抗液化和防渗措施研究

睢宁二站是南水北调东线工程的第五级泵站,该工程等级为Ⅰ等,场地位于郯庐断裂带内,区域地质构造稳定性差,但工程场地位于郯庐断裂带内一相当稳定的地块,属抗震不利地段。场地地震峰值加速度为 0.3g,地震动反应谱特征周期为 0.35s,场地地震基本烈度为Ⅷ度。邳州站泵站是南水北调东线工程的第六级泵站,该工程等级为Ⅰ等,场地东侧距郯庐断裂带西界约 15km,区域地质构造稳定性较差,但在工程场地内无活动断层。场地地震峰值加速度为 0.2g,地震动反应谱特征周期为 0.35s,场地地震基本烈度为Ⅷ度。在Ⅷ度地震作用下,泵站地基液化问题是迫切需要研究的课题。

通过研究得到如下结论:

(1) 通过室内压缩、渗透、三轴试验,研究了睢宁二站和邳州站地基土的基本物理力学性质。

使用英国 WF 动三轴仪和 DZZ-1 型自振柱仪进行室内动力试验,研究了睢宁二站和邳州站地基土的动强度和动变形特征。

(2) 通过室内试验,研究了水泥土的物理力学特征和渗透特性。

(3) 以 FLAC 软件作为计算平台,对睢宁二站和邳州站工程场地地震液化三维数值分析,进行了泵站地基地震液化评价。

提出了既能抗地震液化又能达到防渗要求的工程措施:水泥土围束法。通过小型振动台模型试验和三维数值分析,以孔压比作为判断指标,验证了围束具有明显的抗液化效果。

二十一、淤泥固化技术研究

1. 基本情况

南水北调东线一线工程调水线路总长 1466.24km,土石方开挖达 20334.85 万 m³,其中大

部分为疏浚淤泥,对于这些疏浚的处理,采用沿河设置永久或临时贮泥场的方法进行放置,弃土永久性占地达 22009.2 亩,土料暂存场临时占地面积为 1594 亩,土地占用费超过 6 亿元。由于东线工程经过区域经济发达,土地已经得到较大程度的开发,很难征用到这么大面积的土地,由此引起的工程与群众利益的矛盾已经影响到南水北调工程的顺利进行。如何通过工程措施减少弃土和土料暂存场的占地面积是关系到南水北调工程造价和顺利进行的关键问题,具有重大的经济效益和社会意义。

2. 研究目标

(1) 形成周转式堆场技术理念变革传统河道清淤工程方法。

(2) 形成适合周转处理的固化技术配方、工艺和设计方法。

(3) 明确不同浓度、不同性质淤泥固化后的工程性质。

(4) 形成较大规模的淤泥固化筑堰、筑堤示范工程。

(5) 形成具有自主知识产权的专利技术 1 项。

3. 研究内容

(1) 不同浓度淤泥固化技术,包括:①不同浓度淤泥的固化规律研究;②不同颗粒组成淤泥的固化规律研究。

(2) 固化土筑堰技术研究,包括:①堆场原位开挖土的筑堰技术研究;②堆场淤泥固化筑堰技术研究。

(3) 淤泥固化土在堤防加固中的应用技术,包括:①固化材料配比研究;②固化土加固堤防施工工艺研究;③固化土加固堤防过程中的施工参数研究。

4. 技术成果

(1) 形成了淤泥固化土的现场固化筑堰技术、施工方法和施工工艺。

(2) 形成了堆场淤泥固化处理的技术和施工方法。

(3) 形成了淤泥固化土用于堤防加固的施工工艺。

(4) 实施了较大规模的淤泥固化筑堰示范工程。

(5) 共发表研究论文 4 篇,获得实用新型专利 1 项。

二十二、疏浚淤泥的泥水快速分离固结技术研究

1. 基本情况

以南水北调东线江苏境内淮安白马湖穿湖段淤泥疏浚为工程依托进行疏浚淤泥的泥水快速分离固结技术研究,重点开展了高含水率疏浚淤泥堆场透气真空快速泥水分离技术研究、堆场尾水排除技术研究、吹填淤泥的大应变固结特性研究及泥水分离现场试验研究。

2. 主要研究内容

(1) 室内静水沉降试验研究。针对绞吸式疏浚淤泥含水率极高的特点,往往需要先进行堆场自然沉积预处理,所以课题组对江苏淮安白马湖疏浚淤泥和福建可门港疏浚淤泥在室内开展了大量的自然沉积试验研究。

(2) 透气真空快速泥水分离技术研究。针对高含水率疏浚淤泥堆场空间排水处理过程中的淤堵传统难题,课题组就如何解决淤堵问题展开了深入研究。

（3）堆场尾水排除技术研究。针对堆场表面沉淀尾水问题，开展了堆场尾水排除技术研究。

（4）吹填淤泥的大应变固结特性研究。针对新吹填土的沉降固结特性，通过室内沉降柱试验、理论分析以及数值模拟探讨了吹填淤泥的大应变固结特性。

（5）高含水率淤泥快速固结试验研究。由于高含水率疏浚淤泥土样强度很低，难以采用常规固结试验进行试验研究，为了对高含水率淤泥进行固结压缩特性研究，课题组研制了轻型固结仪，对白马湖与可门港两种不同液限的疏浚淤泥土样进行了固结试验研究。

（6）现场泥水分离试验研究。由于现场施工的规模和空间尺度远非室内模型能比，在施工实施上存在许多不确定因素，通过现场大尺度试验验证疏浚淤泥泥水快速分离固结实施效果，从施工层面明确其在实际工程中的可行性，为将试验成果进一步推广做储备。

3. 研究结论

通过课题研究，提出透气真空快速泥水分离方法，可以快速将高含水率、高黏粒含量的疏浚淤泥含水率降到 1.0～2.0 倍液限；提出底部低真空抽取淤泥堆场尾水（表面水）技术，可以将淤泥表面尾水达到环保排放要求，同时也基本消除了淤泥堆场富裕水的影响；开展了室内大模型槽快速固结试验和轻型固结试验，通过数值模拟和现场试验，初步形成了疏浚淤泥快速固结计算分析方法。

4. 主要创新点

（1）自行研制了透气真空试验装置，能够控制真空度和气流，有效地克服了淤堵问题，能够较快地实现泥水分离。并自行设计研制了大型模型槽试验装置，验证了透气真空技术快速分离高含水率疏浚淤泥的有效性，提出了高含水率疏浚淤泥堆场透气真空快速泥水分离技术，并申请了专利（已授权）。

（2）自行设计了底部低真空抽取表层尾水试验装置，同时对反滤材料、沙袋的设置形式、压力控制体系的方法和垂直排水体系进行了大量不同试验组合抽水试验，进一步验证了透气真空技术对高含水率疏浚淤泥进行快速泥水分离的有效性，试验同时表明通过透气真空技术辅以适当的反滤材料，能够保证尾水排放质量。基于试验研究成果，课题组申请了底部低真空抽取淤泥堆场表面水方法专利（已授权）。

（3）研制了轻型固结仪对白马湖与可门港两种不同液限的疏浚淤泥土样进行了固结试验研究。另外，泥水分离技术处理后的淤泥含水率仍较高，强度较低，为了降低淤泥含水率、提高强度，本课题进行了室内沉降柱真空预压模型试验研究，探讨了两种不同真空预压方法处理软土地基的效果。并进行了模型槽透气真空快速固结试验研究，同时为了与传统堆载固结效果进行比较，还对快速泥水分离后的淤泥进行了模型槽快速加载固结试验研究。

第六节　南水北调中线穿黄工程

一、南水北调中线一期穿黄工程穿黄隧洞衬砌 1∶1 仿真试验研究

穿黄工程是南水北调中线的关键工程，穿黄隧洞为大型水工隧洞，内径 7m，外径 8.7m，除需承受外部水、土荷载外，还要承受大于 0.5MPa 的内水压力。经多方案比较，选用双层复

合衬砌结构，外衬为拼装式钢筋混凝土管片环，厚度 40cm，内衬为现浇预应力混凝土结构，厚度 45cm。

关于内衬与外衬的接触方式，从防范内水外渗引起围土渗透破坏，确保隧洞安全考虑，初步设计阶段确定内衬、外衬由防、排水弹性垫层分隔，为使内衬、外衬的渗漏水各行其道，还要求垫层中的 PE 膜具有完好的隔水功能。到工程实施阶段，施工单位认为垫层分隔的方式不利于施工，提出内衬施工存在施工工艺和施工安全等多方面的困难。

无论是加设垫层或无垫层直浇方案，此种隧洞复合衬砌结构型式在盾构隧洞工程中均属首次应用，结构创新、工艺复杂，备受专家们关注。为验证设计、优化设计、完善施工工艺，有必要开展隧洞衬砌 1：1 仿真试验研究（简称隧洞仿真试验研究），较真实地模拟隧洞内、外的水土环境、受力条件和施工条件，并通过监测，揭示隧洞工作性态；同时施工中通过实际操作，完善施工工艺，为新技术成功应用，为确保工程安全顺利实施，提供试验依据。

地下模型设有两个试验段，分别编为第 1 试验段和第 2 试验段。其中，第 1 试验段安排为内衬、外衬之间设置垫层（单独受力）的试验段，第 2 试验段安排为内衬、外衬之间无垫层（联合受力）的试验段，两个试验段同时展开试验。地下模型试验前还进行了准备性试验。试验主要结论如下。

1. 预应力器材及防排水垫层

在准备性试验阶段中，按有黏结预应力系统推荐采用的钢绞线、环锚锚具等器材和格栅型防、排水垫层材料，在地下模型试验中，进一步得到了检验，确认可以用到工程中去。

2. 锚索张拉锚固性能

（1）两个试验段在内衬混凝土不密实、低强，导致少数锚索张拉过程在预留槽端壁和角缘处有局部破损情况下，全部锚索仍张拉到设计张拉力，预应力设计的合理性得到验证。

（2）孔道摩阻系数：基于地面张拉模型试验，推荐锚索与钢质波纹管孔道摩阻系数为 $\mu=0.20$，通过地下模型 42 束锚索的张拉试验，进一步确认钢质波纹管在不发生锈蚀的情况下，孔道摩阻系数可以按低于规范值（$\mu=0.25$），取 $\mu=0.20$ 用于穿黄工程设计。仅此一项穿黄隧洞工程可以节省 1/8 的预应力工程量。

（3）理论分析表明，由于反向摩阻存在，锚索锚固回缩范围只限于紧邻张拉端的索段，在回缩段内锚索应力递减，回缩范围以外索段应力不变。由于回缩段主要发生在弯入预留槽的第 1 曲线段内，该索段曲率半径较小，应力适当递减使锚索对第 1 曲线段混凝土的挤压力均匀化，有利于改善预留槽四周的应力状态。

（4）锚索锚固后 15～20 天，拉力趋于稳定，各项损失不超过锚固时拉力的 1%，其后主要随温度变化，预应力措施可靠，预应力效果有保障。

（5）试验对锚索采取两序张拉方案，并采取单根预紧，集束张拉的工艺，较好地控制张拉过程混凝土纵向应力。实测表明，锚索张拉过程，第 1 试验段（单独受力）纵向拉应力增量最大为 1.3MPa，小于内衬混凝土抗拉强度，可确保锚索张拉过程内衬结构安全。此项张拉工艺适用于穿黄隧洞内衬施工。

（6）试验段两端预留槽边壁厚度较薄，锚索张拉阶段环向应力最高为 $-14.79MPa$，锚索张拉施工中应予加强监控。

3. 第 1 试验段（单独受力）结构特性

（1）内衬结构特性。试验表明：张拉工况和内水压设计工况下，实现了全截面受压；此外通过补充内水压超载工况试验，实测内衬仍处于受压应力状态，表明内衬采取预应力措施后，能够满足设计要求，而且具有一定的超载能力。

（2）外衬结构特性。外衬按普通钢筋混凝土结构设计，由于内、外衬为防排水垫层分隔，在张拉工况和洞内充水工况中，外衬均无明显的应力增量，显示其单独受力的结构特性。模型建造期间外衬有程度不同的施工缺陷，经处理后，各工作阶段均正常工作，特别是在实测地下水位偏低、土压力偏高的不利条件下，试验安全正常进行，表明外衬作为普通钢筋混凝土结构承载，满足设计要求，而且具有较好的超载能力。

4. 第 2 试验段（联合受力）结构特性

（1）内衬结构特性。试验表明：张拉工况和设计内水压工况下，实现了全截面受压；而从预压应力值较小于单独受力的第 1 试验段，反映出承载面积加大，显示了结构联合受力特性；此外通过补充内水压超载工况的试验，实测内衬仍处于受压应力状态，表明联合受力后，能够满足设计要求，而且还具有一定的超载能力。

（2）外衬结构特性。外衬均按普通钢筋混凝土结构设计，但由于与内衬联合受力，在张拉工况、设计内水压工况中，外衬分别平均产生－1.39MPa 和 1.64MPa 的应力增量，显示其与内衬联合受力的结构特性。同样在实测地下水位偏低，土压力偏高的不利条件下，试验安全正常进行。表明外衬与内衬联合受力后，不仅满足设计的承载要求，而且具有较好的超载能力。

5. 垫层排水性能对结构的影响

试验期间第 1 试验段垫层两侧排水层的通畅性与实验室试验结果相当，排水层渗透压力也较低。但当模拟垫层排水不畅时，排水层渗透压力将迅速上升，对分居垫层两侧的内衬和外衬混凝土应力条件均有明显的影响：

（1）垫层排水性能对内衬的影响。试验表明：对于设计内水压工况，当格栅排水层排水通畅时，渗压水头为 4.32～5.50m，内衬拉应力增量平均为 3.91MPa；当模拟格栅排水层不通畅时，渗压水头将迅速升高，达到 30.14～30.32m，内衬拉应力增量平均减为 2.02MPa，表明渗压水头对内水压力起反向平衡作用，对内衬是有利的。

（2）垫层排水性能对外衬的影响。试验表明，对于设计内水压工况，当格栅排水层排水通畅时，外侧排水层渗压水头为 6.69～7.28m，低于外压水头；但当模拟格栅排水层排水不通畅时，实测渗压水头高达 32.29～32.16m，高于外压水头，对外衬安全不利。

（3）对工程的启示。排水不畅对外衬安全有不利影响，必须加以防范。对于长达 4.25km 的长大隧洞，其中任何一个衬砌段垫层的施工如未能达到设计要求，均有可能留下隐患，因此对垫层的施工质量应特别重视。

二、南水北调中线一期穿黄工程穿黄隧洞钢板内衬方案设计研究

穿黄隧洞钢板内衬方案是在穿黄隧洞已完成外衬条件下修建的钢板内衬方案。穿黄隧洞外衬由管片环拼装而成，为普通钢筋混凝土结构，顺流向环宽 1.6m，每环含 7 块管片，管片厚 40cm，同环各块管片由 4 根 $\phi28$ 螺栓连接，各环之间由 28 根 $\phi28$ 螺栓连接，在盾构机推进过程中拼装形成。

钢板内衬布置方案有两类。第一类为钢板钢筋混凝土方案，钢板在内圈，钢板与外衬之间充填混凝土，并在混凝土内布置适量的钢筋；第二类为明钢管方案，钢管与外衬分离，钢管支

承在支墩或连续管座上，并将其结构自重和其上荷载传递到外衬管片环上，此类方案从布置特点上亦称为外衬内置明钢管方案或简称为明钢管方案。两类方案中，第二类方案在布置上钢板外侧无检修、巡查通道，不能在运行过程中实地巡查渗漏情况；从结构上，钢衬与外包混凝土联合受力，难以适应因黄河冲淤变化引起的纵向变形，而且工程量较大。故本研究工作以外衬内置明钢管方案作为基本方案进行研究。

主要研究结论如下：

（1）隧洞外衬内置明钢管方案的运行条件能满足安全运行要求，但运行管理条件差，施工条件困难，工程投资大，特别是工期较长，不能按原定工期完工，并存在索赔问题。预应力内衬方案经过多方、多次审查，确认可以满足工程安全运行要求，投资较省，工期有保证，故认为仍以采用预应力内衬方案为宜。

（2）关于内水外渗问题。通过调研，经隧洞衬砌结构对纵向沉降的适应性计算与分析、穿黄隧洞内水外渗地基渗流研究，认为预应力内衬方案能够满足隧洞安全运用要求，不存在内水外渗引起渗透破坏问题，而且投资较少。

三、穿黄隧洞无黏结预应力衬砌试验研究

按南水北调中线干线工程建设管理局的安排，进行无黏结预应力地面试验。主要包括以下内容：①无黏结钢绞线物理力学性能试验研究；②无黏结钢绞线专门防腐油脂检验；③无黏结钢绞线专用锚具组装件静载试验研究；④隧洞内衬 1∶1 无黏结预应力环张拉锚固模型试验研究；⑤地面张拉模型三维有限元结构计算。

（一）主要结论

试验研究结论如下。

1. 无黏结钢绞线性能

参试的钢绞线原材物理力学指标均达到 GB/T 5224—2003 标准，满足设计要求。而参试的钢绞线防腐油脂性能测试表明，送检的Ⅰ类油脂有两项指标未达到规范规定的防腐标准；送检的Ⅱ类油脂达到规范规定的防腐指标，但钢绞线与孔道的摩阻系数平均为 0.1264，大于规范推荐值。

2. 锚具组装件静载试验

OVM 公司提供的 HM15-12 型、HM15-6 型工作锚板分别与天津鑫坤泰集团和新华金属制品有限公司提供的无黏结钢绞线组合为组装件后，试验实测各组装件锚具效率系数大于或等于 95%，总应变大于 2%，满足规范要求。

3. 隧洞内衬 1∶1 无黏结预应力环张拉锚固模型试验

（1）张拉试验全过程，模型混凝土完好，表明所模拟的隧洞内衬结构具有足够的承载能力。

（2）反演孔道摩阻系数：充填Ⅱ类脂的锚索，油脂的黏度较大，孔道摩阻系数平均为0.1264，大于规范推荐值；充填Ⅰ类脂的锚索，油脂的黏度较小，孔道摩阻系数平均为0.0714，小于规范推荐值。

（3）对各参试的锚索采用伸长反演孔道摩阻系数，总平均为 0.0989，与《无粘结预应力混

凝土结构技术规程》（JGJ 92—2016）的推荐值相符。

（4）监测仪器完好率为100％，试验实测混凝土应力与计算应力分布规律相同，数值相近，达到了检验设计的目的。内衬预应力平均形成−8～−11MPa的压应力，可以满足安全充水运行的要求。

（5）通过对模型相同部位测点的预压应力比较可知，单圈环绕的B区预应力效果总体上较双圈环绕的A区的效果好。

（6）模型拱顶和底部平台之间实测相对变形最大为−2.85mm，与计算的最大相对变形−2.1mm相近，属于正常变形。

（7）无黏结与有黏结预应力效果比较：无黏结锚索具有孔道摩阻系数较有黏结锚索为小的优点，对于双圈环绕的无黏结锚索，曲线孔道包角为单圈环绕的有黏结锚索的2倍，弱化了孔道摩阻系数较小的优点，相比之下，无黏结预应力效果略优（两者相差仅−0.34MPa），效果并不明显。

（二）主要建议

主要建议如下：

（1）试验表明，无黏结钢绞线孔道摩阻系数与规范推荐值相当，对于双圈环绕的无黏结锚索的预应力效果与有黏结锚索相比，优势并不明显。而无黏结预应力结构关键在于防腐，为防止因防腐失败造成预应力丧失，规范要求配置较多的普通钢筋，将增加工程费用。

（2）对油脂抽样试验表明，所提供检测的Ⅰ类脂，有两项未能达到规范要求，反映出油脂质量不够稳定，在实际施工中，难于监控。无黏结钢绞线依靠油脂防腐，穿黄隧洞长期在水中带压工作，易在高压水作用下进气、进水，一旦防腐失败，预应力丧失，将影响隧洞工程安全。

（3）南水北调中线工程为供水工程，主要向城市供水，若穿黄隧洞采用无黏结预应力系统，有可能埋下漏油污染源水的隐患。

（4）穿黄隧洞为长大隧洞，按倒虹吸布置，在深水中运行，若因漏油检修，需大量排水清空隧洞进行处理。除影响正常输水运用外，还将大大增加运行管理费用。

（5）有黏结预应力结构的钢绞线置于波纹管中，通过孔道灌浆，包裹在碱性的水泥浆中，加上隔绝空气，防腐环境良好，不存在漏油污染环境问题，有利于长期使用和环境保护。钢绞线与混凝土黏结为一整体，不存在全部丧失预应力的危险，不需要增加额外的普通钢筋去防范连锁性破坏，而且预应力锚索可以如同普通钢筋一样发挥承载作用，强度利用率高，普通钢筋用量小。采用常态混凝土浇筑有成功的工程经验可资借鉴，结构安全性与经济性均好。

维持初步设计阶段审定的双层衬砌，内衬为有黏结预应力结构的衬砌型式，采用常态混凝土浇筑的方案。

四、南水北调中线干线穿黄工程盾构掘进关键技术研究

穿黄工程采用泥水盾构施工，盾构直径大（盾构外径9m），隧洞埋深23～35m，高地下水位下掘进，掘进距离长（过河隧洞段长3450m），主要穿越地层有高透水性砂层、上砂下土、上土下砂及单一黏土层等变化地层，且夹杂有孤石、孤树、钙质结核，对刀盘磨损大，施工中存在较大

的风险和困难。所以盾构穿越黄河可谓是一项既具有重要历史意义又具有技术挑战的工程。

为更好地建设穿黄工程，指导下一步施工，保证隧洞掘进安全顺利的完成，并促进先进技术的推广应用，按南水北调中线干线工程建设管理局河南直管项目建设管理部要求，开展穿黄工程盾构施工的关键技术研究。研究内容主要包括：①穿黄工程盾构始发技术研究；②管片优化改造措施研究；③刀盘优化维修及刀具选用技术研究；④常压进舱下的地基加固措施研究；⑤复合地层条件下超长距离隧洞的安全施工监测研究。

主要研究成果如下：

（1）改进了地下连续墙施工工艺，分析了开挖过程中竖井与地下连续墙的稳定性，实现了穿黄工程北岸竖井超深地下连续墙的快速、安全施工，确保了成槽精度，其施工难度国内外罕见。不仅为国家重点工程的顺利完工创造了条件，并进一步提高了我国超深地下连续墙施工技术水平。通过研究与总结形成一套完整的超深地下连续墙施工工法，为将来类似的工程提供技术储备。

（2）北岸盾构始发处于深达 43.5m（盾构底部深度）的高透水性砂层中，水压高达 0.4MPa，盾构出洞施工难度极大，风险系数高。通过研究封门设计及封门外土体加固稳定的方法、采用双高压三重管高压旋喷对出洞土体进行加固、出洞加固土体与地下连续墙间隙处采用冷冻封水措施、洞门密封设置三道钢丝刷和两道止水帘布、在盾尾脱出洞门密封装置后对两道帘布之间采取双液注浆等措施，成功实现不稳定地层中对直径为 9.4m 的始发洞门范围内的地连墙进行凿除，成功实现盾构始发，为国内外类似的盾构始发难题提供了可参考的借鉴。

（3）隧洞试掘进期间，已提前生产了 1500 环管片（以下称第一套管片），在人机尚未良好磨合，盾构机拼装时，因未能达到预期精度，造成管片局部破损，实测拼装初始缝隙较大，达到 δ_0=2.5mm。在此不利施工条件下，实测的最大错台值为 17mm，与理论计算值十分接近，在此情况下，经对多项技术措施研究和比较后，提出了管片拼装限位销方案。该方案针对现有工艺条件的不足，在封闭块两侧纵缝的缝面上加设一道钢销，用以带动邻接块尽快与封闭块贴合，发挥管片环自锁能力，以弥补工艺的不足。该方案经在生产性试验段试用后，一举获得成功，随即为工程正式采用，该技术方案对国内外类似的大直径、高水压泥水盾构工程的管片设计与施工具有参考意义。

（4）在盾构机刀盘刀具损坏无法继续掘进的情况下，大胆创新，实行科技攻关，成功实现了常压下刀盘的修复和刀具的改造，保证了穿黄工程的顺利进行，在复杂地质条件下大埋深盾构机常压开仓技术方面取得较大的技术突破，同时也为复杂地层中超深三轴搅拌桩施工技术研究提供了宝贵的经验。

第七节　丹江口大坝加高工程

一、新老混凝土结合状态与安全评价

在混凝土重力坝加高工程中，加高施工前作用的荷载只靠老坝承受，而加高后增加的荷载则由加高坝整体来承受。通常，在重力坝加高的设计及重力坝加高的安全评价中，要求大坝加高后新老坝体必须结合成一个整体承担加高后增加的荷载，并据此考虑荷载工况与荷载组合，这种理念是否与真实情况相符一直是人们关心的问题，因此，进行大坝加高后新老坝体结合面的真实结合状态及其对大坝安全影响的研究是十分必要的。

丹江口大坝早期进行的三次现场试验结果表明，大坝新老混凝土结合面在完工后均有不同程度的张开，数值分析成果也表明：结合面开合状态随时间和季节的变化而变化，但新老坝体结合面状态的定量描述、不同结合状态下静力特性状况、结合面张开后对大坝整体安全的影响仍是一个尚未解决的问题。因此，应在充分了解老坝实际状况的基础上，从加高工程开始浇筑混凝土起，用非线性有限元仿真计算方法分析结合面开合的规律，并分析不同结合面开合状态对大坝安全的影响。通过大量的分析计算工作，全面把握不同条件下大坝的安全度，提出满足大坝安全度要求的结合面技术指标。

考虑丹江口大坝老坝体中存在裂缝等缺陷前提下，仿真模拟不同坝段加高工程的实际施工进度、工程措施及运行情况，用非线性有限元计算方法，研究大坝存在裂缝、老化、缺陷条件下，在水压、变化温度场、加高附加荷载等作用下的坝体受力和安全状态，分析新老坝体结合面开合随时间的变化过程及坝体的应力变化过程，研究不同的结合面状态对大坝应力状态的影响，明确结合面状态与加高后大坝安全度的相关性规律，同时分析不同结合面开合状态对大坝安全的影响，提出满足大坝安全度要求的各项技术指标。

运用非线性有限元仿真分析方法，根据丹江口大坝加高典型坝段实际状况建立有限元模型，模拟丹江口大坝实际浇筑过程、温控措施和蓄水过程，考虑材料热力学参数随时间的变化过程，研究新老坝体结合面开裂变化情况和应力变化情况。采用水容重超载法分析大坝典型坝段在结合面实际结合状态下的安全度，分析不同结合面开合状态对大坝安全的影响，从而提出满足大坝安全度要求的各项技术指标。

研究成果如下：

（1）提出了新老混凝土结合面开裂的主要原因。重力坝加高后，新老混凝土结合面在多年运行后都会有不同程度的开裂，原因主要在于一方面是结合面上抗拉强度较低；另一方面是由于下游面气温年变化和新老混凝土温差在结合面上引起较大的拉应力，而施工期新老混凝土温差可通过温控措施来减弱其影响，气温年变化影响是结合面开裂的主要诱因。

（2）总结了典型坝段新老混凝土结合面开合随时间的变化过程及坝体的应力变化过程。在丹江口大坝加高后，新老混凝土结合面开裂面积随时间逐渐增大，在加高工程完工约十年后，结合面上未开裂的区域基本稳定，部分已开裂区域会随季节发生周期性的开合变化，但始终有30%左右的结合面处于闭合状态。结合面结合状态对远离结合面的部位（如坝踵附近）的应力影响很小，结合面附近应力变化范围仅在$-1.5\sim1.0$MPa内，最大应力值小于应力允许值，对坝体安全性影响较小。

（3）进行了典型坝段实际加高方案后安全度分析，总结了不同的结合面状态与加高后大坝安全度的相关性规律。针对丹江口大坝典型坝段，按实际加高方案后的新老混凝土结合状态进行超载分析。结果表明：在新老混凝土之间设有键槽，结合面开裂比例对坝体最终超载能力影响较小，较小结合面开度，对键槽的传力作用影响有限。只要新老混凝土结合面开裂面积比例不超过80%，考虑结合面锚筋等工程措施的限裂作用，结合面开度不会影响键槽传力作用，采用水容重超载法求得最大超载倍数约为3.3，并且超载后坝段最终破坏模式与常规重力坝的类似，坝段安全度满足要求。

（4）完成了加高后初期工程存在缺陷的坝段的安全评价。通过对 3～7 号坝段、18 号坝段等初期工程存在缺陷并在加高前已进行缺陷处理的典型坝段进行分析计算，研究加高前后的应力分布和变化情况，总结坝内水平裂缝、纵向裂缝、劈头裂缝、表孔闸墩水平弱面等缺陷经过处理后的安全稳定性及对坝体应力分布和坝段安全程度的影响。结果表明：处理后的裂缝对坝体整体应力状况影响很小，即便个别裂缝有扩展也会很快稳定下来，不会影响坝体的安全程度，大坝安全运行是有保证的。

二、改善新老混凝土结合状态工程措施研究

丹江口大坝采用直接贴坡方式加高完成后，在季节性温度荷载作用下将有可能导致新老混凝土结合面开裂，但任何时刻总是有部分接触，通过合理结构措施可使新老坝体协同工作。

结合丹江口大坝加高工程，系统的研究分析了大坝加高贴坡浇筑方式、温度控制、结合面表面处理、界面剂材料、结合面设置键槽、结合面布置锚筋、贴坡分缝等工程措施对结合面结合状态的影响。

1. 材料研究

（1）贴坡混凝土采用具有微膨胀性的低热水泥，施工期可在新老混凝土结合面产生一定的预压应力，对后期拉应力产生一定的补偿作用。

（2）采用高标号混凝土，使新浇混凝土弹性模量与老混凝土弹性模量接近，有利于减小混凝土结合部位的应力集中。

2. 贴坡浇筑方式研究

（1）直接贴坡浇筑方式简化了施工程序，有利于保证施工质量，近代国外大坝加高多采用直接贴坡方式。预留宽槽回填方案可避免新浇混凝土的降温收缩引起老坝体上游面的应力，缺点是增加了施工程序和施工难度，特别是斜坡面的宽槽回填困难，难以保证施工质量，对工程施工总工期的影响也较大。

（2）根据对丹江口大坝贴坡浇筑方式的仿真计算，直接贴坡方案和预留宽槽方案，开裂面积均在 50％左右，宽槽方案略好于直接贴坡方案。两种施工方法对坝踵与坝体应力的影响无明显差异，在同一时刻，结合面上总有部分是接触的，新老混凝土之间能传压和传剪。

（3）溢流坝堰面加高混凝土采用直接贴坡浇筑与预留宽槽回填相结合的加高方式，即堰体混凝土施工采用各项技术措施进行整体浇筑，但在与闸墩接合面顶部预留 2～3m 浅宽槽，沿闸墩全长布置，待汛后低温季度进行宽槽回填。这就使得堰面新加高混凝土与闸墩之间 2～3m 高的范围内能够充分接触，泄流时新加高混凝土能为闸墩侧向提供一个有效支撑，使得闸墩受力状况与初期工程相当。

3. 温控措施研究

（1）合理选用水泥，采用水化热较低的低热矿渣硅酸盐水泥，有利于改善混凝土的性能，有利于混凝土的温控防裂，改善坝体应力。

（2）合理安排混凝土施工程序和施工进度；降低混凝土出机口温度和减少运输途中及仓面的温度回升；合理控制浇筑层厚及间歇期。

（3）对于贴坡混凝土和高温季节浇筑的温控要求严的加高混凝土，须埋设冷却水管视具体

情况通制冷水及水库低温水。同时，为削减贴坡混凝土后期温降收缩在老混凝土中产生的应力，贴坡混凝土在混凝土浇筑后宜尽快进行初期通水将浇筑块温度降温至16～18℃。

（4）坝后贴坡厚度越大，结合面闭合面积越大。当贴坡厚度由4.65m增大到10.5m时，结合面闭合比例由13.5％增大到31.3％。这主要是由于混凝土越薄，外界温度影响引起的结合面附近收缩膨胀量越大，而混凝土厚度的增加起到了一定的保温作用。

（5）混凝土表面保护是防止表面裂缝的重要措施之一，有利于改善结合面状态。应根据不同部位、不同条件确定表面保温要求。应重视基础约束区，贴坡部位及其他重要结构部位的表面保护。研究结果表明：采取保温措施后，结合面闭合面积由未保温的18％上升到保温后的31％以上；无论是3cm还是5cm厚的保温板，长期保温的闭合面积约比短期保温面积大1％～2％。

4. 界面处理措施研究

（1）结合面强度对结合面状态影响显著。随结合面的强度不断增加，结合面闭合比例逐渐增加，张开的面积逐渐减小，当强度为0.2MPa时，几乎所有的面积都脱开，当强度达到2.0MPa时，接近70％的面积闭合，冬季与夏季开合比例基本一致，说明了缝面抗拉强度对结合面张开影响显著，增强缝面抗拉强度可较大幅度地降低结合面开裂比例。

（2）多年运行的老坝混凝土表面都会出现不同程度的碳化，老混凝土表面因根据其老化程度进行表面凿毛处理，再配以适当砂浆或净浆，结合面的抗剪、抗拉强度及抗渗性能均能满足新老混凝土结合面的质量要求。胶面材料为砂浆的抗剪强度比净浆略小，但轴拉强度略大。

（3）胶面材料采用低热微膨胀水泥时，结合面的胶结性能明显提高，特别是前期的效果更为明显，90天龄期后抗剪强度提高0.3～0.8MPa，轴拉强度提高0.2～0.4MPa。

（4）胶结面材料铺完后立即浇新混凝土要好于胶结面材料终凝后浇新混凝土，抗剪强度高0.5MPa左右，轴拉强度提高程度相对较小，90天后轴拉强度基本相等。

（5）在温度适合、养护条件较好的情况下，界面胶体抗拉强度远大于混凝土抗拉强度，使用界面胶后破坏面发生在混凝土内的薄弱面。有机类混凝土界面胶能适应大体积混凝土浇筑潮湿环境，是能够大规模在水利加高工程中运用的，但界面胶的采用需综合施工工期和经济效益的影响。

（6）界面胶受养护条件的影响较大，在温度较低（0℃以下）、养护条件较差（置于室外）的情况下，界面胶胶结性能降低较大，所以在严寒地区使用界面胶一定要具备良好的养护条件。

（7）界面胶早期强度较高，考虑到水泥强度的发展规律，28天以后尚可增加20％～30％的强度，而界面胶后期还有多少强度增加余度，还需进一步研究。

5. 结构措施研究

（1）新老混凝土结合面设置键槽后，增强了新老坝体的整体性，减小了坝体位移。键槽的设置形式对坝体的应力影响不大，梯形键槽效果略好于三角形键槽，所以可根据增补人工键槽的施工条件与经济因素综合考虑结合面的键槽型式。

（2）在求解钢筋与混凝土黏结滑移问题——基于混合坐标系的单弹簧联结单元法的基础上，提出了基于钢筋混凝土滑移关系全量曲线的非线性迭代解法，在钢筋和混凝土之间直接引入黏结滑移本构关系，使得求解速度和精度大大提高。将求解接触问题的有限元混合法和单弹簧联结单元法这两种分离式模型方法联合运用于钢筋混凝土的开裂过程模拟分析，实现了钢筋混凝土开裂过程的数值模拟，并将这种方法应用于丹江口大坝锚筋作用的研究分析。

（3）结合面锚筋的施加对结合面裂缝的深度和宽度都有所限制。在结合面裂缝端点向上一定范围内，锚筋对限制结合面的张开产生了一定的作用。钢筋与混凝土滑移量大，钢筋应力大；滑移量逐渐变小，锚筋拉应力也逐渐变小；处于未开裂区的锚筋，对结合面的张开基本不起作用。

（4）在结合面裂缝的顶部，锚筋滑移量较大，钢筋可能会发生屈服或从混凝土中拔出，为充分利用钢筋在屈服阶段的变形特性，结合面的锚筋宜采用Ⅰ级热轧钢筋，一是Ⅰ级热轧钢筋屈服阶段的伸长率较大；二是Ⅰ级热轧钢筋的屈服应力相对较小，在钢筋被拔出之前，钢筋首先进入阶段，以屈服变形适应缝面张开，可以保证钢筋不被拔出，在结合面交界处锚筋可以设置一定长度的自由段。

（5）由于只有结合面裂缝端点以上一定范围的钢筋对结合面的张开起作用，而结合面张开深度很难通过计算定量精确分析，所以从经济的角度出发，结合面布置锚筋时不宜太密，在容易开裂部位布置锁口钢筋，加大其布置的密度、直径、长度，对限制裂缝的作用较为明显。

（6）闸墩与加高堰面结合采用在原闸墩上布设自锁锚杆，自锁锚杆再与溢流面上钢筋机械连接，形成堰面筋与闸墩的整体结构。自锁锚杆宜分排布设，且钻孔与水平夹角以 0°、5°、10° 等角度循环布置，以防止产生应力集中面。

（7）在新混凝土中设置横向缝，可释放缝面上温度年变化引起的应力，从而减小了新老混凝土结合面上的拉应力，减少裂开面积。随着缝深的增加，结合面闭合面积的比例逐渐提高，与不切缝的工况相比，缝深为 1/3 厚度时，闭合面积占总面积的比为 32%，而未切缝模型计算结果为闭合面积占 31.3%，有略微增加；而缝深达全厚度时，闭合比增大至 38%，可见分缝有一定效果，但增加幅度不是太明显。

（8）通过现场试验和有限元仿真计算表明，结合面不可避免出现开裂现象。在张开缝面里很可能出现渗水（雨水、裂缝渗水），如果不能及时排出，在结合面缝面间会产生附加水压力，导致缝面进一步张开，缝面间附加水压力水头进一步提升，形成一个恶性循环，所以结合面缝面间的渗水必须及时排出。

（9）对于可能出现的结合面裂缝，在遇到一些极端情况（极端气温、地震），有可能进一步扩展，对大坝安全产生不利影响，在大坝下游坡新老混凝土结合面布置了灌浆系统，作为大坝后期运行新老混凝土结合面修复的一种安全储备措施。

三、新老混凝土结合面灌浆措施研究

丹江口大坝加高工程施工中，新老坝体混凝土结合问题是主要技术难题之一。先期进行的三次现场试验的结果及相关的仿真计算资料表明，新老坝体结合面在混凝土浇筑完成后一段时间内基本上是结合完好的，但在外界气温年变化的影响下，后期都有不同程度的张开。结合面张开会改变新、老坝体联合受力的条件，影响大坝的安全运行。因此，通常采取灌浆措施，希望以此来达到新、老坝体能够重新形成整体起到联合受力，以及改善坝踵和上游面竖直向应力的目的。但是，灌浆以后，在环境温度年变化的作用下，新老坝体结合面是否会再次开裂，结合面开裂随时间的渐进过程和可能的结合面开裂状况如何，结合面开裂后的可灌性、灌浆对未开裂部位的影响以及灌浆后结合面的稳定性如何等，这些问题需要深入研究。

考虑结合面开裂随时间的渐进过程和可能的结合面开裂状况，研究结合面开裂后的可灌性、灌浆对未开裂部位的影响以及灌浆后结合面的稳定性，论证结合面灌浆的必要性、可行性，提出具体灌浆技术要求，包括灌浆时机，灌浆时水库水位限制、灌浆材料，灌浆部位、灌浆工艺等技术指标。以避免结合面灌浆对大坝整体性带来不利影响，保证在实施结合面灌浆后新老混凝土结合面的长期稳定性。

采用三维有限元非线性仿真计算方法，结合现场实际施工安排，考虑新老混凝土结合面不同的计算参数、灌浆压力、灌浆时机等因素，研究不同灌浆时间对结合面接触状态的影响、不同灌浆压力对结合面接触状态的影响、不同水库水位灌浆对结合面接触状态的影响、灌浆措施对新老混凝土结合面及坝踵应力的影响、缝面接触灌浆对坝踵应力的影响等问题。通过这些研究，分析结合面开裂后的可灌性、灌浆对未开裂部位的影响以及灌浆后结合面的稳定性，论证结合面灌浆的必要性、可行性，提出具体灌浆技术要求。

主要研究结论如下：

（1）受环境温度年变化的影响，新老混凝土结合面总是部分张开部分贴紧。采取下游面表面临时保温措施时，结合面的接触面积比例约30％，而没有下游面表面临时保温措施时，结合面的接触面积比例为15％左右，这说明表面保温措施对改善结合面结合状态是非常有效的手段。

（2）对新老混凝土结合面进行灌浆处理，在不采取下游面表面临时保温措施条件下，能够提高新老混凝土结合面的接触面积；采取下游面表面临时保温措施后，灌浆措施对改善结合面接触状态作用非常有限。但不论灌浆与否，结合面的张开状态总是随气温呈周期性变化，在不同时刻部分接触部分张开。另外，新老混凝土结合面进行灌浆，对坝踵应力略有改善，但作用有限。

（3）新老混凝土结合面的开度对灌浆压力很敏感，灌浆压力对黏结完好的新老混凝土结合面有撕裂作用。因此，灌浆压力应尽可能小些，满足可灌性即可。建议灌浆压力取0.05～0.1MPa。

（4）灌浆时刻降低上游水位，可以增加新老混凝土结合面紧贴程度，对坝踵应力略微有利，但作用很有限。考虑到库水位太低，将直接影响发电效益，因此灌浆时刻是否需要降低库水位，可以根据具体情况而定，当灌浆时刻的库水位在157m以下时，可以考虑不降低库水位。

（5）结合面灌浆作用不大，从改善上游面坝体应力角度出发，灌浆时刻宜选在冬季。

（6）选择灌浆区位原则：对结合面在闭合时刻可贴紧在一起的区域，可以不进行灌浆；对结合面在闭合时刻不能贴紧在一起的区域，以缝面开度最小的时刻的张开部分作为灌浆区位。

（7）新老混凝土结合面类似于混凝土重力坝的纵缝，其灌浆工艺和材料也可以采用与之相同的方式。建议灌浆材料主要选用普硅水泥，辅以环氧树脂等化学灌浆材料；工艺采用普通的水泥灌浆工艺即可。

（8）新老混凝土结合面的接触状态主要是受年气温变化的影响呈周期性变化，在现有灌浆技术和灌浆材料的条件下，灌浆处理后并不能保证结合面结合完好，对改善坝踵和上游面应力的作用也非常有限，且灌浆处理还可能导致原结合面开裂范围增大。鉴于加高施工中坝体下游面采取了临时表面保温措施后，灌浆措施对改善结合面接触状态作用非常有限，建议等待加高后大坝运行一段时间，根据原型监测资料，作进一步研究后，再确定是否灌浆或者选择适当的灌浆时机。

四、大坝抗震安全问题研究

在根据《水工建筑物抗震设计规范》（SL 203—97）的原则和要求进行的大坝动力分析和抗震安全初步评价基础上，重点开展了大坝加高的非线性动力反应分析方法、理论的扩展及其计算程序开发，并在考虑丹江口大坝老坝体中存在裂缝及新老混凝土结合面不同状态、坝体混凝土动态损伤开裂以及模拟溢流坝段闸墩钻孔植筋及堰面锚筋等工程抗震措施前提下，用非线性有限元方法研究大坝加高后的不同坝段在地震作用下的动力反应，评价大坝的抗震安全性。得出的主要结论如下。

1. 根据《水工建筑物抗震设计规范》（SL 203—97）的原则和要求进行的大坝动力分析和抗震安全的评价

（1）分析选定的1号挡水坝段和27号厂房坝段在设计地震作用下的坝体抗拉、抗压强度安全满足现行抗震规范要求。

（2）分析选定的1号挡水坝段和27号厂房坝段在设计地震作用下沿建基面的动力抗滑稳定安全满足现行抗震规范要求。

（3）两坝段头部在设计地震作用下沿162m高程结合面的动力抗滑稳定满足抗震安全要求。

2. 采用非线性地震波动反应分析方法和程序对丹江口大坝进行分析

（1）1号坝段一期混凝土水平向裂缝在地震过程中的开裂情况可能较为严重，对其止水处理需要予以关注。水平向新老混凝土结合缝在上、下游侧也可能发生一定范围的开裂，表明对于大坝加高工程，尤其是丹江口大坝1期混凝土坝体存在断裂面和温度效应使贴坡部位2期混凝土与1期坝体分离的基础上，水平新老混凝土界面在地震过程中的受力情况将有所恶化，可能发生开裂。因此建议对水平新老混凝土界面采取插筋、设置键槽等抗震措施提高其抗拉、抗剪强度，同时建议对各缝面受力工作性态、受温度荷载后的初始张开分布加大监控力度，确保丹江口水库大坝的抗震安全。

（2）在1号坝段坝体静动综合应力反应中，贴坡部位的二期混凝土坝体的近上游侧根部，将出现近2MPa的拉应力，有可能引起这一部位坝基交界面的开裂，应予重视。

（3）以1号坝段为例，即便发生坝体头部断裂的极端情况，在设计地震作用下，头部缝面未发生滑移，坝体能够保持正常工作。而即使地震荷载增加到设计地震的10.0倍，坝体头部可能发生超过0.5m的顺河向滑移，但并不会出现头部翻倒倾覆的失稳状况。

（4）对17号溢流坝段，新浇堰体与老闸墩之间结合紧密和存在0.3mm缝隙两种状况的坝体应力计算结果差别不大。静态荷载作用下，坝体应力较小，除局部极小范围应力集中区域外，溢流坝段在静态荷载作用下大体处于受压状态。在地震作用下，在坝踵和坝趾部位有较大的局部拉应力出现，但范围均较小。

（5）17号坝段老闸墩上的水平缝没有初始强度，地震过程中容易发生顺河向的滑移，其中一部分滑移量震后亦无法恢复，而滑移较大的部位将出现在坝体刚度突变更显著的部位。因此在采用加强坝体侧向约束的工程措施时，尽量避免在水平缝面的上下两侧发生坝体刚度的显著削弱。

3. 大坝非线性波动反应分析程序的功能扩展及应用

（1）本研究开发了基于组合网格法的大坝非线性动力分析程序。结合丹江口大坝1号坝段的计算应用表明，组合网格法计算的坝顶位移时程以及新老混凝土接触面的张开度时程与整体加密法得到的坝顶位移时程和新老混凝土接触面的张开度时程均吻合良好，应力分布规律及数值亦非常接近，表明组合网格法在计算量降低的同时对于非线性动接触问题能够达到加密网格的精度，具有广阔的应用前景。

（2）本研究基于改进的弥散裂缝模型和混凝土四参数等效应变损伤模型，开发了相应计算程序，并针对丹江口大坝研究了混凝土开裂对坝体应力、加速度等动力响应的影响。对 1 号坝段分析结果表明在设计地震动作用下，坝体没有混凝土发生开裂，在地震动峰值加速度达到 0.2g 时，坝体才开始发生开裂，随地震作用增加开裂范围有所扩展，但主要集中在一期混凝土水平裂缝与下游贴坡交界处的局部区域，范围不大，不致危及大坝整体安全。对 4 号坝段的分析注重了静力加载过程和温度应力变化对坝体地震反应的影响，表明冬季发生地震时，对坝体的安全最为不利，因此时新老混凝土结合面缝面的张开度最大，坝体的整体性最差，地震荷载产生的拉应力最大，且在新老结合面裂缝的缝尖处存在一定的拉应力，在地震荷载作用下，向下开裂的可能性增大，而同时坝踵处的压应力水平最小，在地震荷载作用下坝踵处出现拉应力的可能性增大，计算结果表明冬季发生地震，坝体损伤区域增大比较明显。所以如冬季发生地震，应重点对坝踵帷幕、坝趾和新老混凝土结合面的开裂情况进行检查。

4. 地震动输入研究

（1）本研究提出的拟合目标渐进谱的时频非平稳地震动合成方法，是基于 Priestley 渐进谱理论和传统反应谱拟合技术的一种全新的方法。选取渐进谱而不是常规的反应谱作为目标谱，省去了功率谱与反应谱的转换的近似换算，使得合成地震动具有较高的精度。依据本研究方法经迭代合成的幅值和频率非平稳地震动时程，较现有 Kameda 方法合成时程更接近实际地震动。

（2）对丹江口大坝而言，由于其输入地震波的幅值较小，坝体的非线性不太可能因地震动荷载作用有显著的发展，除局部小范围的接触非线性外，坝体基本处于弹性工作状态，而时频非平稳地震波影响较大的一般是地震中非线性发展较为显著的结构体系，因此，对丹江口大坝而言，频率非平稳地震波的影响并不明显。

（3）在对国内外大量余震资料进行统计及分析的基础上，提出对于大坝工程而言，在考虑余震作用时，可以主震反应谱为目标谱，根据余震峰值加速度进行地震影响系数的调整，进而人工拟合地震波。对于选用的主震强震记录，针对余震大小在时域内进行幅值调整，形成余震记录，与主震记录首尾相连，即可以形成主余震作用下的地震动输入，为大坝余震作用下的抗震计算提供依据。

（4）对丹江口大坝 1 号坝段考虑主-余震序列的地震动输入进行地震反应分析的结果表明，对于考虑非线性的结构而言，在主震后结构已出现非线性的条件下，余震的作用可能引起非线性进一步的发展。当然对于丹江口大坝加高工程，由于坝高不大，且设计地震峰值水平较低，其非线性发展仅限于局部，所以即便发生强度等同于主震的余震，大坝整体的位移仍是稳定的。

5. 关于丹江口大坝加高工程抗震措施的建议

经上述多方面的计算分析研究，对丹江口大坝加高建议工程抗震措施如下：

（1）在加强新浇混凝土温控、减少开裂的基础上，对新老混凝土界面采取插筋、设置键槽等抗震措施提高缝面抗拉、抗剪强度，增强整个坝体联合受力的能力。

（2）对新老混凝土界面部位，老混凝土坝体的拐角、突出等尖锐部位予以修匀，改善缝面的受力状况。

（3）溢流坝段老闸墩的水平裂缝对闸墩的工作性态有一定影响，可采用钻孔植筋的方法进行加固，增加缝面的抗拉、抗剪能力。

（4）地震中坝体易损区域主要集中在坝体折坡、坝踵、新老混凝土结合面的尖端附近区域等处，应重点对这些部位的变形、开裂情况加强实时监测。

五、初期工程帷幕检测及耐久性研究

通过资料收集与分析、现场钻孔检查和测试、室内试验等多种手段，开展了大坝帷幕检测及耐久性研究，对丹江口大坝初期工程帷幕防渗性能及耐久性作出了评价；论证了丹江口大坝加高工程坝基帷幕加固处理的控制标准，确定了大坝帷幕需补强灌浆的部位和范围。主要研究成果已应用于丹江口大坝加高工程，取得了较好的实际效果，具有推广应用价值。

主要研究结论如下：

（1）帷幕补强灌浆区确定为21左~22右，25、26左~29，30左~31右等坝段，轴线长度合计为133m，面积约6500m²，补强灌浆帷幕进尺约3000m。

（2）3~18坝段原防渗帷幕现状防渗效果良好，钻孔压水检查满足丹江口大坝加高工程设计防渗标准（$q \leqslant 1Lu$），帷幕下游坝基排水孔基本无渗流，帷幕阻水效应明显。

（3）19~32坝段存在局部地质缺陷区，不满足设计防渗标准。钻孔压水检查过程中普遍存在涌水现象，发现共有6个坝段8个检查孔21段压水超标，超标孔段主要分布于构造发育地段，位于幕体下部和水泥灌浆区，且对应于涌水量较大的区域。

（4）除30~31坝段水泥灌浆帷幕已发生明显的溶蚀破坏外，其余坝段灌浆帷幕耐久性有效年限均大于100年。

六、高水头大坝帷幕补强灌浆技术研究

（一）主要特性

与常规帷幕灌浆相比，高水头下帷幕补强灌浆具有如下特性：

（1）动水条件下灌浆成幕效果差。高水头作用下帷幕灌浆是在地下动水渗流的条件下进行，往往由于灌入基岩裂隙或孔隙中的浆液不断被渗流稀释、冲蚀及涌水反向挤出等不利因素影响，灌浆效果通常较差，成幕困难。

（2）钻孔涌水影响灌浆质量与进度。在高水头的作用下，帷幕灌浆中通常普遍存在着钻孔涌水现象，因而灌浆过程中通常需要辅以较高的灌浆压力（充分抵抗反向涌水压力）和较长时间的待凝与复灌等特殊手段，甚至还会出现同段反复复灌、待凝的现象，复灌待凝时间长，扫孔工作量大。涌水不仅直接影响着灌浆的质量，而且严重影响施工进度。

（3）受灌体补强灌浆相对更难。高水头下帷幕补强灌浆是在受灌体前期经水泥或水泥-化学浆材灌浆后的二次灌浆。前期灌浆已经失效或部分失效，二次灌浆在灌浆方法、灌浆材料、灌浆工艺等选择上更应慎重考虑，且面临高水头作用，其灌浆难度相对更大。

（4）大坝安全性问题突出。高水头下帷幕补强灌浆系在大坝蓄水运行条件下进行，灌浆中的抬动、击穿事故都直接影响大坝与工程的安全。

通过高水头帷幕补强灌浆的一般特性分析、同类工程高水头灌浆设计及施工系统调研、高水头灌浆条件下大坝稳定分析、现场灌浆试验比选论证等方法与手段，研究提出了丹江口大坝高水头帷幕补强灌浆的灌浆方法、灌浆材料、灌浆压力、施工工艺和控制指标等。

（二）主要结论

主要结论如下：

（1）帷幕灌浆渗流场的改善。高水头下帷幕灌浆区存在高渗透压力和地下水流，成幕十分困难。因此，应采取措施降低渗漏水流速，变动水为静水或相对静水，避免灌入浆液被地下渗流稀释、冲蚀及涌水反向挤出，这是确保高水头帷幕补强灌浆成功的重要前提。可供选择的措施有：①采取粗颗粒浆材填充、速凝性能浆液灌注等手段，封堵大的渗漏通道；②降低上下游水头差；③采取部分排水孔临时封堵，改善受灌区的局域渗流场。经分析研究，丹江口灌浆补强灌浆采取的是临时封堵部分排水孔措施，降低了受灌区地下水流速，改善了灌浆环境。

（2）灌浆材料的选择。材料的选择应充分考虑工程的地质条件和高水头补强灌浆特性，主要从材料的可灌性、浆液胶凝性状对涌水的处理效果、价格和环保性能等多个方面比选确定，化学浆材在可灌性和对涌水的处理效果方面优于水泥浆材，但价格远高于水泥浆材，而且存在一定的环保问题。工程实例表明，可灌性差的地层一般宜采用细颗粒水泥浆材或化学浆材。丹江口坝基岩体细微裂隙发育，受灌体复杂，选取了湿磨细水泥浆材和无毒、环保的新型丙烯酸盐化学浆材，适应了本工程帷幕补强灌浆的特点。

（3）灌浆方法的确定。水泥灌浆造价低，但对微裂隙岩体可灌性较差。化学灌浆可灌性好，但工程造价高，且局部宽大裂隙处灌后存在机械性挤出的担忧。水泥-化学复合灌浆较好的综合了两者的优点，主要有排间复合、排内复合、孔内复合等形式，是微裂隙地层补强灌浆的主要发展方向。经综合技术经济分析，丹江口帷幕补强灌浆推荐采用湿磨细水泥＋丙烯酸盐化学浆材的排内复合灌浆方法。

（4）灌浆压力的确定。水泥浆材帷幕补强灌浆一般宜采用较高的灌浆压力，以增加注入量，提高灌浆效果，同时加快灌入裂隙内的水泥浆液泌水固结，以期结石强度尽早能抵抗涌水压力的反向挤出，节省待凝时间。化学浆材可灌性好，但为控制浆液扩散范围、节省材料，一般可采用相对较小的灌浆压力。灌浆压力的最终确定应结合大坝稳定分析、灌浆试验及抬动变形观测等综合考虑，以确保大坝稳定安全和灌浆效果。按照上述原则，丹江口帷幕补强灌浆推荐采用4.5MPa湿磨细水泥灌浆和2MPa化学灌浆，对于涌水孔段，可按设计灌浆压力＋涌水压力控制，确保灌浆段达到设计灌浆压力下的灌浆效果。

（5）湿磨细水泥灌浆的孔距确定。根据水泥浆液扩散试验和现场灌浆试验论证，水泥浆液的扩散受裂隙的开度和连通程度影响很大，若单独采用湿磨细水泥灌浆，为确保成幕，合适的浆液扩散范围宜取≤60cm，灌浆孔距应按1m左右控制。

（6）帷幕补强灌浆快速施工工艺。高水头帷幕灌浆涌水普遍，多次复灌、长时间待凝，严重影响施工进度。为此，对涌水孔段处理方法和灌浆段长进行了优化研究。①待凝时间：通过对涌水孔段24小时、12小时、6小时、3小时等不同待凝时间的灌浆效果研究，推荐丹江口帷幕补强灌浆涌水孔段待凝时间采用6小时。②待凝形式：浅孔涌水孔段采取全孔置换浓浆待凝；深孔涌水孔段可采取浓浆＋稀浆待凝方法，即自孔底向上10m为浓浆，浓浆以上为稀浆的待凝方法。③通过 5m、10m 不同段长灌浆效果对比研究，推荐丹江口帷幕补强灌浆段长根据灌前透水率确定，即相邻 2 段透水率均在 1Lu 以上时，单独灌注；反之，可采用 10m 段长合并灌注。这些措施既保证了灌浆质量，又加快了施工进度。

第八节 混凝土材料

一、高性能混凝土配合比试验研究

针对南水北调工程高性能混凝土的技术要求，研究用于南水北调工程的高性能混凝土配合比，采用各种开裂试验方法以及温度应力试验对比了不同混凝土配合比方案。对不同石粉含量的细骨料配制的混凝土进行性能对比，指出工程中对细骨料石粉含量的控制原则，对南水北调工程高性能混凝土的施工工艺提出了指导性意见。其研究成果在穿黄工程中得到成功应用。

（一）高性能混凝土配合比的主要设计参数

根据课题总体安排，本项目研究结合典型工程为南水北调东线穿黄工程，重点研究 C30 补偿收缩混凝土和 C40 微膨胀混凝土，其主要技术指标见表 5-8-1。

表 5-8-1　　　　　　　　　　　混凝土主要技术指标

序号	强度等级	设计龄期强度保证率/%	抗冻等级	抗渗等级	坍落度/mm
1	C30	95	F200	W12	40~60
2	C40	95	F300	W15	40~60

通过分析比较，结合有关工程经验，提出的混凝土配合比的主要设计参数见表 5-8-2。

表 5-8-2　　　　　　　　　　　混凝土的主要设计参数

编号	强度等级	级配	坍落度/mm	掺灰量/%	最大允许水胶比	含气量/%	胶材用量/(kg/m³)	用水量/(kg/m³)	砂率/%
1	C30	二	40~60	30	0.45	4~6	C+F+E≥300	135~165	32~38
2	C40	二	40~60	30	0.45	4~6	C+F+E≥300	135~165	32~38

（二）高性能混凝土配合比试验

1. 粉煤灰高性能混凝土配合比试验

在引气剂掺量试验和砂率优化试验的基础上，分别考虑了 10%、20% 和 30% 等三种粉煤灰掺量，每种粉煤灰掺量各考虑 0.34、0.37、0.40 和 0.43 等四种水胶比进行粉煤灰高性能混凝土配合比试验。

根据 28 天抗压强度试验结果，分别绘制水胶比与强度之间的关系图，根据水胶比和强度关系可以计算出符合配制强度要求的混凝土水胶比，计算结果见表 5-8-3。

表 5-8-3			满足配制强度要求的水胶比		
编号	强度 等级	配制强度 /MPa	不同粉煤灰掺量时的水胶比		
			10%	20%	30%
1	C30	37.4	0.42	0.41	0.40
2	C40	48.2	0.35	0.34	0.32

2. 微膨胀高性能混凝土配合比试验

根据配合比试验结果，在满足 C40 微膨胀混凝土配制强度要求的配合比基础上掺加 8%、10% 和 12% 膨胀剂，对比混凝土的各项性能。各组混凝土配合比进行了坍落度、含气量、密度、初凝时间、终凝时间等拌和物性能试验。由试验结果可以看出，掺加膨胀剂的混凝土坍落度和含气量仍能满足要求，初凝时间和终凝时间略长，初凝时间在 6 小时 53 分钟至 8 小时 13 分钟，终凝时间在 8 小时 7 分钟至 9 小时。

各组混凝土配合比进行了立方体抗压强度、劈裂抗拉强度、轴心抗拉强度、轴心抗拉弹模、极限拉伸值、轴心抗压强度、轴心抗压弹模等物理力学性能试验。由立方体抗压强度试验结果可以看出，掺加膨胀剂的混凝土 3 天、7 天强度均略低于不掺膨胀剂的混凝土，28 天强度接近且均满足配制强度要求。劈裂抗拉强度规律与立方体抗压强度规律基本一致，28 天劈拉强度为 $5.94 \sim 6.59$ MPa。轴心抗压试验结果表明，掺加膨胀剂的混凝土轴压强度和轴压弹模均略高于不掺膨胀剂的混凝土，随着膨胀剂掺量的增加，轴压强度和轴压弹模也增加越多。单掺粉煤灰的三组混凝土中，水胶比为 0.34 的一组轴压强度和轴压弹模最高。各组混凝土的 28 天轴压强度为 $43.6 \sim 45.6$ MPa，28 天轴压弹模为 $40.1 \sim 41.8$ GPa。轴心抗拉试验结果表明，掺加膨胀剂的混凝土轴拉强度和轴拉弹模均比不掺膨胀剂的混凝土略高，极限拉伸值相近，各组混凝土 28 天轴拉强度为 $3.35 \sim 3.90$ MPa，轴拉弹模为 $39.6 \sim 40.3$ GPa，极限拉伸值为 $107 \times 10^{-6} \sim 115 \times 10^{-6}$。

掺加膨胀剂的混凝土干缩率随着膨胀剂的掺量增加而增大，随着粉煤灰掺量的增加和水胶比的减小，干缩率减小。不掺膨胀剂的混凝土 180 天干缩率为 $364 \times 10^{-6} \sim 388 \times 10^{-6}$，掺加膨胀剂的混凝土 180 天干缩率为 $383 \times 10^{-6} \sim 426 \times 10^{-6}$。对比三组不掺粉煤灰的混凝土可以看出，水胶比 0.32、粉煤灰掺量 30% 的 EU9 组干缩率最小，180 天为 364×10^{-6}，水胶比 0.35、粉煤灰掺量 10% 的 EU1 组干缩率最大，180 天为 388×10^{-6}。选取粉煤灰掺量为 20% 的四组混凝土进行对比可以看出，不掺膨胀剂的 EU5 组 180 天干缩率最小为 380×10^{-6}，随着膨胀剂掺量的增加，干缩率增大，掺加 12% 膨胀剂的 EU8 组 180 天干缩率最大为 418×10^{-6}。

掺加膨胀剂的各组混凝土在起初均表现为微弱膨胀，不掺膨胀剂的混凝土自始至终均为收缩。在 $3 \sim 28$ 天时段，各组混凝土自生体积变形变化速度较快，均向收缩方向发展。不掺加膨胀剂的混凝土至 40 天左右趋于稳定，自生体积变形为 $-32 \times 10^{-6} \sim -40 \times 10^{-6}$。掺加膨胀剂的混凝土在 14 天后均表现为收缩，至 56 天左右趋于稳定，自生体积变形为 $-23 \times 10^{-6} \sim -32 \times 10^{-6}$。对比不掺膨胀剂的三组混凝土可以看出，掺加 30% 粉煤灰的 EU9 组混凝土 180 天的自生体积变形最小。对比粉煤灰掺量为 20% 的四组混凝土可以看出，不掺膨胀剂的 EU5 组 180 天自生体积变形收缩略大，不同膨胀剂掺量的自生体积变形最终收缩量接近。

对不掺粉煤灰的 EU5、EU9 两组和分别掺 8%、10% 和 12% 膨胀剂的 EU6、EU7 和 EU8

三组混凝土共五组进行了包括线膨胀系数、比热容、导热系数、导温系数和绝热温升在内的热学试验，各组混凝土的线膨胀系数在 $6.8\times10^{-6}\sim7.6\times10^{-6}/℃$ 之间，30℃时的比热容在 $0.9833\sim0.9897kJ/(kg\cdot℃)$ 之间，导热系数在 $8.388\sim8.436kJ/(m\cdot h\cdot℃)$ 之间，导温系数在 $0.002892\sim0.003053m^2/h$ 之间。

几组混凝土的最终绝热温升拟合值分别为 46.8℃、44.7℃、44.3℃、44.0℃和44.2℃，其中粉煤灰掺量为 20%、膨胀剂掺量为 12%的 EU8 组最低为 44.0℃，粉煤灰掺量为 20%的 EU5 组最高为 46.8℃，随着膨胀剂掺量的增加，混凝土的绝热温升值降低。

（三）温度应力试验

对粉煤灰掺量 20%、膨胀剂掺量 8%的 U6 组补偿收缩高性能混凝土进行温度应力试验，当降温至 -5.4℃时断裂。混凝土断裂时的极限拉应力为 2.2MPa，大于标准试验条件下该组混凝土的 7 天轴拉强度为 1.98MPa，小于 28 天 2.90MPa 的轴拉强度。这是由于在温度应力试验过程中，混凝土处于半绝热状态，混凝土内部温度持续上升，相当于对混凝土进行加热养护，而标准养护条件是恒温 20℃，众所周知养护温度对混凝土的强度影响较大。

结果分析如下：

温度应力试验结束后，取出混凝土进行切割加工，获得 150mm×150mm×150mm 试件和 150mm×150mm×300mm 试件各 4 块，分别进行立方体抗压强度试验和轴心抗压试验，将试验结果与温度应力试验同时成型的标准养护试件进行对比看出，采用标准养护条件养护的试件抗压强度和轴压强度均高于温度应力试件，其中轴压强度高约 30%，轴压弹模基本一致。造成这种差别的原因主要在于两个方面：首先，混凝土的强度发展需要持续的水分养护，在强度发展过程中缺水就会造成混凝土中胶凝材料水化不充分，导致强度降低；其次，在温度应力试验结束后的试件切割加工对试件也会造成一定损伤而导致强度下降。

（四）不同石粉含量的混凝土性能对比试验

1. 细骨料的石粉含量

南水北调工程东线穿黄工程现场混凝土所用的细骨料为南区混凝土项目部采用东平细碎石子轧制筛分制得的人工砂，骨料岩性为石灰岩，在细骨料加工过程中控制小于 0.160mm 石粉含量在 10%左右。按这个指标控制的实际生产过程中产生了大量的弃料，如果放宽石粉含量的要求，可以提高细骨料的生产率也可以减少弃料。《水工混凝土施工规范》（DL/T 5144—2001）中对于人工砂的石粉含量提出应在 6%~18%，这是一个比较宽泛的规定。当石粉含量在 6%~18%范围内变化时，混凝土的性能影响如何，针对这个问题，在南区拌和站人工砂的基础上采用水洗和复配的方法配制出石粉含量分别为 6%和 18%的两种人工砂，与南区拌和站实际采用的人工砂进行混凝土性能对比分析。

分别采用 $160\mu m$ 以下石粉含量分别为 6.0%、11.4%和 18.0%的三种细骨料，在前期试验的基础上，确定三个配合比进行对比试验。

2. 性能试验结果

拌和物性能试验结果：三种不同石粉含量的混凝土坍落度和含气量均满足要求，初凝时间在 6 小时 50 分钟至 6 小时 55 分钟，终凝时间在 8 小时至 8 小时 25 分钟。其中石粉含量为 18%

的一组坍落度和含气量略小，终凝时间略长。由此可见，石粉含量在6%～18%之间时，混凝土拌和物的坍落度、含气量以及凝结时间没有大的改变。

对3组混凝土配合比进行了立方体抗压强度、劈裂抗拉强度、轴心抗拉强度、轴心抗拉弹模、极限拉伸值、轴心抗压强度、轴心抗压弹性模量等物理力学性能试验。立方体抗压强度试验结果：石粉含量高的混凝土3天、7天、28天和90天强度均略低于石粉含量低的混凝土，但差别不大。劈裂抗拉强度规律与立方体抗压强度规律基本一致，28天劈拉强度为4.98～5.05MPa。轴心抗压试验结果表明，石粉含量高的混凝土轴压强度和轴压弹模均略低于石粉含量低的混凝土，随着石粉含量的增加，轴压强度和轴压弹模也降低越多。各组混凝土的28天轴压强度为35.2～36.1MPa，28天轴压弹模为35.3～36.2GPa。轴心抗拉试验结果表明，石粉含量高的混凝土轴拉强度、轴拉弹模和极限拉伸值均比石粉含量低的混凝土略低，其中7天轴拉强度和极限拉伸值下降明显。各组混凝土28天轴拉强度为2.49～2.70MPa，轴拉弹模为36.4～37.2GPa，极限拉伸值为94×10^{-6}～101×10^{-6}。

对3组混凝土配合比进行了抗渗试验和抗冻试验，混凝土养护至28天龄期开始试验。抗渗试验采用逐级加压至2.0MPa，劈开试件观察渗水高度的方法。抗渗试验结果表明，不同石粉含量的混凝土抗渗等级均大于W19，满足设计要求。其中，渗水高度还随着石粉含量的增加而减小。因此，石粉含量在6.0%～18%之间时，适当增加石粉含量对抗渗有利。抗冻试验结果表明，各组混凝土的抗冻等级均超过F300，超过了设计抗冻等级。但是石粉含量为18.0%的一组经过300次冻融循环后，相对动弹性模量只有81%，明显低于石粉含量分别为11.4%和6.0%的两组混凝土。因此对于抗冻性要求高的混凝土，应控制石粉含量不宜过高。

对3组混凝土配合比进行了干缩试验和自生体积变形试验。混凝土干缩率随着石粉含量的增加而增大，石粉含量为6.0%的混凝土180天干缩率为302×10^{-6}，石粉含量为18.0%的混凝土180天干缩率为328×10^{-6}。

从自生体积变形试验结果可以看出，石粉含量为6.0%和11.4%的两组混凝土自生体积变形接近，石粉含量为18.0%的混凝土无论早期的微小膨胀还是后期的收缩均比其他两组略大。

对三组混凝土进行了包括线膨胀系数、比热容、导热系数、导温系数和绝热温升在内的热学试验，各组混凝土的线膨胀系数均为6.3×10^{-6}/℃，30℃时的比热容在0.9639～0.9678kJ/(kg·℃)之间，导热系数在8.307～8.315kJ/(m·h·℃)之间，导温系数在0.002819～0.002821m²/h之间，没有显著规律。从混凝土的绝热温升试验结果可以看出，石粉含量为18.0%的混凝土的绝热温升值略高。

为了研究细骨料中石粉含量对胶凝体系水化热的影响，进行了以下对比试验：

（1）试验材料。肥城米山42.5普通硅酸盐水泥、肥城电厂Ⅰ级粉煤灰、南区拌和站细骨料中分选出的80μm以下石粉和0.160～0.315mm细砂。

（2）浆体配比。根据单掺30%粉煤灰水胶比0.40的衬砌混凝土配合比，保留其中的水、水泥、粉煤灰不变，以细骨料用量为基础分别增加5%的80μm以下石粉、10%的80μm以下石粉和10%的0.160～0.315mm细砂，对三种配比分别进行水化热试验。

（3）试验结果。对比试验结果可以看出，同样是掺加80μm细石粉，掺量为10%的3天、7天、14天水化热均高于掺量为5%的，而同样掺加10%的情况下，掺加80μm细石粉的1天、3天、7天和14天水化热均高于掺加315μm细砂的。由此可以认为，胶凝材料体系中细颗粒的粒径和含量对水化热有影响，其中细石粉的含量增加会提高水化热。在混凝土水化放热需要控制的混凝土中，这种细石粉的含量应该得到控制。该试验结果与混凝土绝热温升试验结果吻合。

3. 结果分析

对三种不同石粉含量的混凝土进行的各项性能试验结果表明，人工细骨料中的石粉含量高可使混凝土力学性能下降、增加干缩变形和自生体积变形、提高绝热温升值、抗冻性能下降，仅对抗渗性略有改善。因此对于防裂抗裂以及抗冻性要求较高的混凝土有必要控制细骨料中的石粉含量。

试验结果也表明，采用机制人工砂用于大型渠道混凝土是可行的，可以提高混凝土质量控制水平，降低运费，减少河道天然砂采挖，具有显著的技术经济效益和社会效益。

（五）混凝土试验研究

采用平板法、圆环法和可控温湿度风速条件的开裂试验方法等三种混凝土开裂试验方法对比混凝土的抗裂能力。其中采用平板法和圆环法对比了 C30 强度等级的粉煤灰高性能混凝土方案和补偿收缩高性能混凝土方案，以及 C40 强度等级的粉煤灰高性能混凝土方案和微膨胀高性能混凝土方案。采用可控温湿度风速条件的开裂试验方法对比了不同人工机制砂石粉含量的混凝土开裂气候敏感性因子。

对于两种强度等级的混凝土，采用平板法和圆环法对比结果可以看出，掺加 30% 粉煤灰的粉煤灰高性能混凝土方案具有更好的抗裂性能，在该试验条件下，掺加膨胀剂对抗裂不利。

可控温湿度风速条件的开裂试验得出石粉含量为 11.4% 的一组混凝土开裂气候敏感因子为 0.718，石粉含量为 18.0% 的一组混凝土开裂气候敏感因子为 0.931，因此石粉含量较高的一组混凝土的开裂更易受到气候的影响。所以，对于人工机制砂石粉含量较高的混凝土，在浇筑养护期要严格按规程规范要求，采取措施减少气候变化对混凝土的直接冲击并加强养护，才能满足抗裂要求。

（六）高性能混凝土性能分析

混凝土广泛应用于水利、公路、桥梁和城市交通设施的建设，如果选用适合于具体环境的正常材料，仔细设计和精心施工，使混凝土保护层具有密实组织结构和足够的厚度，并在使用中防止微裂缝扩展，钢筋混凝土和预应力钢筋混凝土结构也是可以很耐久的。但是，事实上，混凝土结构的过早破坏，已成为全世界普遍关注并日益突出的一大灾害。由于钢筋混凝土结构耐久性不足造成的后果是非常严重的，修复坏损的结构耗资巨大。

在国内，现有建筑物的老化现象也十分严重，像河北、北京、天津等地的许多水工、海工建筑物，虽然使用时间不长，但近年来也日益暴露出严重的钢筋混凝土破坏，有的已不得不安排耗资巨大而长期效果并不大的大修。适当的配合比、浇注、振捣与养护的混凝土基本上是不透水的，因而有较长的使用寿命，但当有裂缝出现时，混凝土结构就失去了不透水性，就容易受到一种或多种破坏机理的损害。由此可见，近代混凝土结构开裂的普遍现象，严重影响到混凝土的整体耐久性。

对于南水北调工程大型渠道混凝土，为了保证输水效率和长期耐久性，混凝土的抗渗性能和抗冻性能必须达到比较高的标准。其中 C30 混凝土抗渗等级为 W12，抗冻等级为 F200；C40 混凝土抗渗等级为 W15，抗冻等级为 F300。

1. 抗渗性能

对 C30 补偿收缩混凝土和 C40 微膨胀混凝土进行了抗渗试验，混凝土养护至 28d 龄期开始试验。抗渗试验采用逐级加压至 2.0MPa，劈开试件观察渗水高度的方法。抗渗试验结果表明，各组混凝土的抗渗等级均大于 W19，满足设计要求。其中，掺加膨胀剂的混凝土相对渗水高度随着膨胀剂的掺量增加而减小，相对渗水高度还随着粉煤灰掺量的增加而减小。

2. 抗冻性能

对 C30 补偿收缩混凝土和 C40 微膨胀混凝土进行了抗冻试验，混凝土养护至 28d 龄期开始试验，采用快冻法。试验结果表明，各组混凝土的抗冻等级均超过 F300，超过了设计抗冻等级，且 300 次冻融循环后，C30 混凝土相对动弹性模量在 84% 以上，质量损失率小于 2%，C40 混凝土相对动弹性模量在 90% 以上，质量损失率小于 1%。采用 RapidAir 气孔参数测试仪测试各组混凝土的硬化混凝土的气泡间距系数为 0.220～0.290mm，符合高抗冻耐久性混凝土的特点。

（七）高性能混凝土在典型工程应用

2008 年 12 月 14 日，在东线穿黄河工程南区混凝土拌和站进行穿黄南干渠衬砌混凝土试拌。此前，南区混凝土拌和站进行了大量的前期准备工作，主要是拌和楼的调试和试验条件准备。

南区混凝土拌和站已基本具备生产能力，混凝土原材料准备充分，当时试验环境气温较低。经过几天的拌和楼调试，12 月 14 日正式供应混凝土。

现场试拌采用拌和站正在使用的米山 42.5 普通硅酸盐水泥、石横电厂粉煤灰、南区人工砂和东平 5～31.5mm 人工碎石、山东水务 HPC－GYJ 外加剂。

采用水胶比为 0.41、粉煤灰掺量为 28% 的 NN1 组，水胶比为 0.41、粉煤灰掺量为 20% 的 NN2 组，以及水胶比为 0.39、粉煤灰掺量为 20% 的 NN3 组进行现场试拌。由于粗细骨料级配不同，现场试拌调高了砂率。分别测试了拌和物的坍落度、含气量，由试拌结果可以看出，三组混凝土的坍落度和含气量基本符合设计要求。

2009 年 1 月 15 日，山东省南水北调工程建设管理局召开了穿黄河工程集中拌制混凝土配合比优化问题研讨会，明确要求拌和站在本专题成果指导下，对滩地埋管混凝土配合比进一步优化，解决水泥用量偏多、造价偏高、水化热大、不利于混凝土温控防裂等问题。

2009 年 2 月 25 日，在山东省南水北调穿黄局建管站召开了穿黄混凝土施工技术会议进一步明确了穿黄混凝土配合比优化目标。

2009 年 3 月 28 日，南干渠衬砌混凝土正式开始施工，研究组再次到现场指导根据试验结果和现场实际情况，验证施工配合比见表 5－8－4。此后南区拌和站的混凝土供应质量稳定，各标段施工方满意。

表 5－8－4　　　　　　　　　　南干渠衬砌混凝土施工配合比

编号	水胶比	粉煤灰掺量/%	水/(kg/m³)	水泥/(kg/m³)	粉煤灰/(kg/m³)	砂/(kg/m³)	石/(kg/m³)	减水剂/(kg/m³)	坍落度/mm	含气量/%
NN4	0.40	30	140	245	105	731	1097	5.25	58	4.5

二、大掺量磨细矿渣混凝土的研究与应用

为解决抑制碱骨料反应、防止有害离子腐蚀问题，同时兼顾提高混凝土的抗裂性能、防渗性能和抗冻性能，并确保混凝土强度指标满足设计要求，降低工程造价、提高工程的经济性等要求，天津市水利工程建管中心组织南京水利科学研究院与天津市水利科学研究所联合开展"大掺量磨细矿渣混凝土技术在南水北调中线天津干线工程中的研究与应用"的科学研究工作。

研究中，通过166组混凝土配合比优化试验、172组抑制碱骨料反应（砂浆棒快速法）试验，经综合分析试验结果后，选出12组综合性能较好的配合比对上述性能进行了系统的试验研究。通过试验性能的综合分析，结合工程实际特点，提出了C25、C30大掺量磨细矿渣混凝土推荐配合比。选取两组C30混凝土推荐配合比进行了箱涵工程应用试验。根据室内试验结果和工程应用试验的施工经验，编制了大掺量磨细矿渣混凝土工程应用指南。

（一）配合比优化

基于对国内外大掺量磨细矿渣混凝土研究和应用成果分析，选择0.40～0.50的水胶比进行混凝土试配。具体试验方案见表5-8-5。

表5-8-5　　　　　　　　　　　　混凝土配合比试验方案

混凝土强度等级	C25、C30
水泥强度等级	P·O32.5、P·O42.5、P·Ⅱ42.5
粉煤灰掺量/%	0、10、20、25、30、40
磨细矿渣掺量/%	40、50、60、70
粉煤灰、磨细矿渣共掺/%	40、50、60
高效减水剂/%	1.1
试验水胶比	0.40、0.42、0.45、0.48、0.50

经过试拌调整配制，确定54个掺粉煤灰混凝土配合比，配合比试验结果表明：使用P·O32.5水泥，当水胶比为0.40时，粉煤灰掺量不大于30%；当水胶比为0.45时，粉煤灰掺量不大于20%；当水胶比为0.50时，粉煤灰掺量为10%时，其28天抗压强度满足C25混凝土配制强度要求。使用P·O42.5水泥，当水胶比为0.40和0.45时，粉煤灰掺量为10%～40%；当水胶比为0.50时，粉煤灰掺量为10%，其28天抗压强度满足C25混凝土配制强度要求。使用P·Ⅱ42.5水泥，当水胶比为0.40时，粉煤灰掺量不大于30%时；当水胶比为0.45时，粉煤灰掺量不大于30%；当水胶比为0.50时，粉煤灰掺量不大于20%，其28天抗压强度满足C25混凝土配制强度要求。

经过试拌调整配制，确定42个磨细矿渣混凝土配合比，配合比试验结果表明：使用P·O32.5水泥，当水胶比为0.42和0.45时，磨细矿渣掺量不大于50%，其28天抗压强度满足C25混凝土配制强度要求。当水胶比为0.48时，磨细矿渣掺量为40%时，其28天抗压强度才满足C25混凝土配制强度要求。使用P·O42.5水泥，当水胶比分别为0.42和0.45时，磨细矿渣掺量达到70%时；当水胶比0.48时，磨细矿渣掺量不大于50%，其28天抗压强度满足C25混凝土配制强度要求。使用P·Ⅱ42.5水泥，当水胶比分别为0.42和0.45时，磨细矿渣

掺量达到 70%；当水胶比 0.48 时，磨细矿渣掺量不大于 50%，其 28 天抗压强度满足 C25 混凝土配制强度要求。

经过试拌调整配合比，确定分别以 40%、50%、60% 的磨细矿渣、粉煤灰双掺取代水泥进行了 70 组混凝土配合比试验（其中，使用 P·O32.5 级水泥，仅试验了双掺量为 50% 的配合比。）

对于 P·O32.5 级水泥，当水胶比为 0.42、共掺量为 50% 时，粉煤灰掺量不大于 30% 时，其抗压强度满足 C25 混凝土配制强度要求。当水胶比为 0.45、共掺量为 50% 时，即使粉煤灰掺量只有 10%，也不能满足 C25 混凝土配制强度的要求。

使用 P·O42.5 级水泥，水胶比为 0.42 时，当粉煤灰与磨细矿渣共掺量为 40%，其组合的任一比例，混凝土强度均能满足 C25 混凝土配制强度要求。当共掺量为 50%，粉煤灰掺量不大于 30% 时，混凝土强度满足 C25 混凝土配制强度的要求。当共掺量为 60%，粉煤灰与磨细矿渣组合的任一比例，混凝土强度均能满足 C25 混凝土配制强度要求。使用 P·O42.5 级水泥，水胶比为 0.45 时，当粉煤灰与磨细矿渣共掺量为 40%，其组合的任一比例，混凝土强度均能满足 C25 混凝土配制强度要求。当共掺量为 50%，粉煤灰掺量不大于 20% 时，混凝土强度满足 C25 混凝土配制强度的要求。当共掺量为 60%，粉煤灰掺量不大于 30% 时，混凝土强度均能满足 C25 混凝土配制强度要求。使用 P·O42.5 级水泥，水胶比为 0.48 时，粉煤灰与磨细矿渣共掺量为 40% 时，组合的比例均能满足 C25 混凝土配制强度要求。当共掺量为 50% 时，组合的比例均不能满足 C25 混凝土配制强度要求。当共掺量为 60% 时，粉煤灰掺量不大于 20% 时，混凝土强度满足 C25 混凝土配制强度的要求。

使用 P·Ⅱ42.5 级水泥，水胶比为 0.42 时，当粉煤灰与磨细矿渣共掺量为 40%～60%，试验所选组合的任一比例，混凝土强度均能满足 C25 混凝土配制强度要求。水胶比为 0.45 时，当粉煤灰与磨细矿渣共掺量为 40%～60%，试验所选组合的任一比例，混凝土强度均能满足 C25 混凝土配制强度要求。使用 P·Ⅱ42.5 级水泥，水胶比为 0.48 时，粉煤灰与磨细矿渣共掺量为 40% 或 60%，试验所选组合的混凝土强度均满足 C25 混凝土配制强度要求。当共掺量为 50%，粉煤灰掺量不大于 20% 时，混凝土强度满足 C25 混凝土配制强度的要求。

（二）抑制碱骨料反应效果的试验结果及评价

对天津干线附近 7 个工程的碱骨料反应调查及分析结果表明，对于低活性骨料，当处于一定的湿度环境条件下时，经历 30～40 年就会发生碱骨料反应的问题，应当予以重视。同时，单纯控制胶凝材料的碱含量并不足以预防碱-硅活性骨料发生碱-硅反应。在有碱-硅活性骨料的混凝土中，若要预防其发生碱-硅反应，还需要采取其他措施。

针对采用砂浆棒快速法测试出 14 天膨胀率分别为 0.1% 左右、0.1%～0.2%、0.2%～0.3%、0.3%～0.4% 等 4 种天然骨料以及 0.4% 以上的石英玻璃砂共 5 种骨料，采用单掺粉煤灰、单掺磨细矿渣和两种矿粉共掺等掺用矿粉方法来研究其抑制碱骨料反应的效果。

研究结果表明，3 种掺用矿粉方法抑制碱骨料（不同活性）反应都有效果，试验结果的规律性较好（对砂浆棒快速法测试出 14 天膨胀率为 0.2%～0.3% 的中易水人工砂碱活性的抑制试验结果见表 5-8-6）。

表 5-8-6　　　　　　　　　　矿粉对中易水人工砂碱活性的抑制作用试验结果

编号	胶凝材料/%			膨胀率/%				
	水泥	磨细矿渣	粉煤灰	3 天	7 天	14 天	21 天	28 天
17	100	0	0	0.026	0.086	0.204	0.286	0.324
46	90	0	10	0.020	0.049	0.147	0.207	0.236
47	85	0	15	0.005	0.021	0.058	0.089	0.108
48	80	0	20	0.001	0.005	0.033	0.040	0.048
49	75	0	25	0.000	0.000	0.020	0.022	0.022
50	70	0	30	0.000	0.001	0.015	0.017	0.018
51	65	0	35	0.002	0.002	0.008	0.013	0.016
52	60	0	40	0.003	0.003	0.006	0.010	0.011
18	60	40	0	0.013	0.031	0.051	0.068	0.093
19	50	50	0	0.006	0.013	0.014	0.022	0.039
20	40	60	0	0.002	0.002	0.008	0.017	0.027
21	30	70	0	0.000	0.002	0.002	0.002	0.009
97	60	30	10	0.006	0.011	0.027	0.027	0.039
98	60	25	15	0.005	0.008	0.022	0.022	0.033
99	60	20	20	0.001	0.007	0.019	0.019	0.020
100	60	15	25	0.001	0.006	0.017	0.017	0.019
101	60	10	30	0.001	0.003	0.016	0.014	0.017
102	50	40	10	0.000	0.007	0.017	0.020	0.023
103	50	35	15	0.000	0.005	0.015	0.017	0.020
104	50	30	20	0.001	0.003	0.014	0.016	0.019
105	50	25	25	0.000	0.007	0.014	0.012	0.016
106	50	20	30	0.000	0.005	0.012	0.012	0.016
107	40	50	10	0.000	0.007	0.007	0.009	0.017
108	40	45	15	0.000	0.005	0.007	0.009	0.016
109	40	40	20	0.000	0.005	0.007	0.007	0.014
110	40	35	25	0.000	0.005	0.005	0.007	0.014
111	40	30	30	0.000	0.005	0.005	0.006	0.014

单掺粉煤灰 10%～40%组。粉煤灰掺量越大，其抑制碱骨料反应的效果越好，当其掺量超过 20%后，不同活性的 4 种天然骨料的 14 天膨胀率降低 75%以上，28 天膨胀率均小于 0.100%；当粉煤灰掺至 35%时，石英玻璃砂 28 天膨胀率降低至 0.057%（即小于 0.100%），其活性得到了有效抑制。根据试验结果，推荐工程采用 20%及以上的粉煤灰掺量。

单掺磨细矿渣 40%～70%组。磨细矿渣掺量越大，其抑制碱骨料反应的效果越好。对于 4 种不同活性的天然骨料，当磨细矿渣掺量为 40%时，它们的 14 天膨胀率即可降低 75%以上，28 天膨胀率均小于 0.100%。当磨细矿渣掺至 70%时，石英玻璃砂 28 天膨胀率仅为 0.050%

（即小于 0.100%），说明大掺量磨细矿渣抑制碱骨料反应效果很好。根据试验结果，推荐磨细矿渣掺量不低于 40%。

粉煤灰与磨细矿渣共掺组（共掺总量 40%～60%）。共掺总量越大，其抑制碱骨料反应的效果越好。对于 4 种不同活性的天然骨料，当共掺量达到 40% 时，其抑制效果就很明显，14 天膨胀率降低 75% 以上，28 天膨胀率小于 0.050%。当共掺比例为 40% 时，抑制天然骨料发生碱骨料反应的效果随着粉煤灰掺量的增加而提高，当粉煤灰的掺量达到 20% 时，抑制效果趋于平稳。对于石英玻璃砂的抑制效果，当粉煤灰掺量大于 15%，共掺量掺至 50% 以上，其 14 天膨胀率降低 75% 以上，28 天膨胀率小于 0.100%。根据试验结果，当共掺比例为 40% 时，推荐其中的粉煤灰掺量不低于 20%。推荐共掺量为 50%、60% 的任何混合比例。

对矿粉掺和料对抑制碱骨料反应的效果比较表明：在同掺量的情况下，单掺粉煤灰组抑制碱骨料反应的效果最好。就单掺 25% 粉煤灰与单掺 60% 磨细矿渣组比较，单掺 60% 磨细矿渣抑制碱骨料反应的效果略好，见表 5-8-7。两种矿粉共掺，其共掺量为 60%，抑制碱骨料反应的效果最好。

表 5-8-7　单掺 60% 磨细矿渣与单掺 25% 粉煤灰抑制碱骨料反应效果的比较

骨料品种	28d 砂浆膨胀率/%	
	单掺 60% 磨细矿渣	单掺 25% 粉煤灰
中易水天然砂	0.014	0.013
马各庄砂	0.030	0.032
中易水人工砂	0.027	0.022
绍兴石	0.028	0.037
石英玻璃	0.115	0.146

低碱外加剂的加入可减小砂浆由于碱硅反应造成的有害膨胀。掺加低碱萘系高效泵送剂的砂浆的膨胀率与基准砂浆差不多。掺加聚羧酸系高性能减水剂及氨基系高效泵送剂的砂浆 14 天膨胀率小于 0.2%，28 天膨胀率小于 0.3%，砂浆膨胀率得到了较大幅度的降低。低碱外加剂的加入不影响矿物掺和料对碱硅反应的抑制效果。

胶凝材料浆体孔溶液分析表明，掺用矿粉对减少浆体孔溶液中对碱骨料反应有直接影响的离子 OH^-、K^+、Na^+ 的降低有明显效果。单掺磨细矿渣组，对 OH^-、K^+、Na^+ 浓度的降低效果，掺量越大，效果越好，其中对降低 K^+ 浓度的效果最好。单掺粉煤灰组，当掺量大于 25% 后，对降低 OH^-、K^+、Na^+ 浓度的效果差不多，其中对降低 Na^+ 浓度的效果最好。两种矿粉共掺组，共掺量越大，降低 OH^-、K^+、Na^+ 浓度的效果越好。胶凝材料浆孔隙溶液分析结果与砂浆棒快速法测试的其抑制碱骨料反应的效果基本上一致。

大掺量磨细矿渣对碱骨料反应抑制的效果通过扫描电镜对砂浆进行形貌观察得到了证实。

通过计算，试验混凝土配合比的单方混凝土碱含量均小于南水北调中线干线工程建设管理局发布的《预防混凝土工程碱骨料反应技术条例（试行）》中规定的 2.5kg/m³ 的限值，结合快速砂浆棒法测试结果，推荐混凝土配合比均能满足《预防混凝土工程碱骨料反应技术条例（试行）》中的规定，抑制措施有效。

（三）试验配合比的选定

根据配合比优化结果及抑制碱骨料反应试验结果，经分析比较，选定以下 12 组配合比进行进一步试验研究，见表 5 - 8 - 8。

表 5 - 8 - 8   混 凝 土 试 验 配 合 比

配合比编号	水泥品种	水胶比	粉煤灰掺量/%	磨细矿渣掺量/%
X - 1	P·O42.5	0.48		
X - 2	P·Ⅱ42.5	0.48		
X - 3	P·O42.5	0.45	25	
X - 4	P·Ⅱ42.5	0.45	25	
X - 5	P·O42.5	0.45		60
X - 6	P·Ⅱ42.5	0.45		60
X - 7	P·O42.5	0.45	10	50
X - 8	P·Ⅱ42.5	0.45	10	50
X - 9	P·O42.5	0.45	20	30
X - 10	P·Ⅱ42.5	0.45	20	30
X - 11	P·O42.5	0.45	20	20
X - 12	P·Ⅱ42.5	0.45	20	20

（四）抗有害离子侵蚀能力的研究结果及评价

1. 抗硫酸盐侵蚀的研究结果及评价

砂浆抗硫酸盐侵蚀抗蚀系数波动较大、规律性较差，但仍有明显的趋向性。按 ASTM C1012 - 03 测定砂浆抗硫酸盐侵蚀的自由膨胀率，其规律性较好。

砂浆抗硫酸盐侵蚀系数的试验结果表明，普通硅酸盐水泥及硅酸盐水泥砂浆的抗蚀系数均小于 1.0，抗硫酸盐侵蚀能力较差。而抗硫酸盐水泥的抗蚀系数为 1.13，大于 1.0，表明其具有抗硫酸盐侵蚀能力。粉煤灰、磨细矿渣的加入可显著提高砂浆的抗硫酸盐侵蚀能力，单掺磨细矿渣 40% 或单掺 10% 粉煤灰，砂浆的抗蚀系数都大于 1.0。当磨细矿渣掺至 50% 及以上、粉煤灰掺量为 20% 及以上、双掺 40%～60% 时，砂浆抗蚀系数均比抗硫酸盐水泥砂浆高，体现出了较好的抗硫酸盐侵蚀能力。

按 ASTM C1012 - 03 测定砂浆抗硫酸盐侵蚀的自由膨胀率的试验结果分析（见表 5 - 8 - 9），砂浆在硫酸盐溶液中浸泡至 202 天，25% 粉煤灰砂浆在硫酸盐溶液中产生的膨胀较基准砂浆降低了 19%。粉煤灰与磨细矿渣共掺后，随着共掺量的增加，抗硫酸盐侵蚀性能逐渐提高。当双掺量为 60%（粉煤灰掺量为 10%，磨细矿渣掺量为 50%）时，砂浆膨胀率较基准砂浆减少了 56%，较单掺 25% 粉煤灰降低了 46%。在单掺磨细矿渣组中，随着磨细矿渣掺量的增加，其抗侵蚀能力不断提高。当磨细矿渣掺量为 40%，其膨胀率较基准砂浆降低 40%，较大幅度的超过单掺 25% 粉煤灰混凝土的抗侵蚀能力。当磨细矿渣掺量达到 70% 时，其膨胀率较基准砂浆降低 81%，在试验浓度的硫酸盐环境中几乎不产生膨胀。由此可见，大掺量磨细矿渣混凝土具有优异的抗硫酸盐侵蚀性能。

表 5-8-9   矿粉的加入对抗硫酸盐侵蚀作用的影响

胶凝材料	膨 胀 率/%								
	7 天	14 天	21 天	28 天	42 天	95 天	113 天	140 天	202 天
100%水泥	0.021	0.019	0.027	0.027	0.029	0.040	0.042	0.042	0.043
25%粉煤灰	0.012	0.017	0.019	0.019	0.023	0.030	0.032	0.034	0.035
40%矿渣	0.009	0.015	0.019	0.019	0.020	0.025	0.025	0.025	0.026
50%矿渣	0.010	0.016	0.017	0.018	0.019	0.022	0.023	0.023	0.024
60%矿渣	0.010	0.011	0.012	0.016	0.016	0.021	0.021	0.020	0.021
70%矿渣	0.001	0.004	0.007	0.007	0.008	0.008	0.008	0.008	0.008
20%粉煤灰+30%矿渣	0.010	0.016	0.020	0.022	0.022	0.028	0.030	0.033	0.033
10%粉煤灰+50%矿渣	0.001	0.008	0.008	0.008	0.009	0.012	0.015	0.016	0.019

2. 抗氯离子侵蚀的研究结果及评价

抗氯离子侵蚀的研究结果表明，掺入矿粉能显著降低混凝土的相对氯离子扩散系数，见表 5-8-10。

表 5-8-10   混凝土抗氯离子渗透快速试验结果

水泥品种	水泥 /%	粉煤灰 /%	磨细矿渣 /%	相对氯离子扩散系数 $D/(10^{-12}\,\mathrm{m^2/s})$
P·O42.5	100	—	—	3.64
	75	25	—	2.99
	40	—	60	1.09
P·Ⅱ42.5	100	—	—	3.45
	75	25	—	2.98
	40	—	60	1.12

（五）混凝土的力学性能

试验混凝土配合比的 28 天抗压强度均满足 C25 混凝土的要求；90 天抗压强度均满足 C30 混凝土的要求。

单掺 60%磨细矿渣混凝土的 28 天抗压强度与单掺 25%粉煤灰的 28 天抗压强度相近，但后期强度（90 天）增长迅速。

掺加矿粉混凝土的抗弯强度与空白混凝土的抗弯强度差不多，强度的波动在 10%以内。

（六）混凝土的抗裂性能、防渗性能、抗碳化性能和抗冻性能

1. 抗裂性能

干缩试验结果表明，不同配合比的混凝土 1 天均呈现不同程度的膨胀，3 天之后逐渐产生

干缩变形；不同掺和料掺入后混凝土的干缩比基准混凝土略大，120天干缩值最小增幅为6.1％，最大增幅为14.9％。

胶凝材料水化热的试验结果表明，单掺60％磨细矿渣组对胶凝材料体系水化热的降低效果好于单掺25％粉煤灰组。粉煤灰与磨细矿渣共掺量及比例为10％：50％和20％：30％组胶凝材料的水化热差不多，较空白组降低了27.4％以上，对胶凝材料水化热的降低效果最好。磨细矿渣与粉煤灰共掺量及比例为20％：20％组胶凝材料的水化热的降低效果最差，不及单掺25％粉煤灰组的胶凝材料体系。

矿物掺和料的加入可降低混凝土的绝热温升。同强度情况下，单掺60％磨细矿渣组可使混凝土绝热温升降低6.7℃，降低绝热温升的效果最好。单掺25％粉煤灰足可使混凝土绝热温升降低2.7℃，不及单掺60％磨细矿渣混凝土。

在不同胶凝材料组合混凝土中，单掺60％磨细矿渣组的绝热温升值降低效果最好，20％粉煤灰与30％磨细矿渣共掺组次之，单掺25％粉煤灰组再次之，20％粉煤灰与20％磨细矿渣共掺组对混凝土绝热温升的降低效果最差。

综合混凝土力学性能、干缩性能、热学性能等抗裂性 K 值分析结果表明，不同胶凝材料组合中，除了20％粉煤灰与20％磨细矿渣共掺组外，混凝土的抗裂性与基准混凝土差不多。20％粉煤灰与30％磨细矿渣共掺组混凝土的抗裂性比基准混凝土略好，单掺60％磨细矿渣、10％粉煤灰与50％磨细矿渣共掺以及单掺25％粉煤灰混凝土的抗裂性 K 值相近，比基准混凝土略差。20％粉煤灰与20％磨细矿渣共掺组混凝土的抗裂性 K 值最差，比普通混凝土抗裂性降低12％。

采用平板法测试混凝土早期抗裂性能的试验结果表明，矿物掺和料的加入不利于混凝土早期防裂，掺入矿物掺和料的混凝土的早期抗裂性均不及空白混凝土。在掺有矿物掺和料的混凝土中，粉煤灰与磨细矿渣双掺50％（比例为20：30）组混凝土的早期抗裂性能最好，单掺60％磨细矿渣混凝土次之，粉煤灰与磨细矿渣双掺60％（比例为10：50）组混凝土再次之，单掺25％粉煤灰混凝土的早期抗裂性能最差。

综合分析表明，在添加矿物掺和料的混凝土中，抗裂性能由好至差的排列顺序为：20％粉煤灰与30％磨细矿渣混凝土，单掺60％磨细矿渣混凝土，10％粉煤灰与50％磨细矿渣双掺混凝土，单掺25％粉煤灰混凝土，20％粉煤灰与20％磨细矿渣双掺混凝土。

2. 抗渗性能

混凝土试验配合比均满足设计抗渗等级要求。基准混凝土相对渗透系数最大，而掺加矿物掺和料的混凝土的相对抗渗透系数均小于纯水泥配制的混凝土。对比试验结果可见，掺入矿物掺和料的五个混凝土配合比中，掺入25％粉煤灰组的混凝土密实性稍差，平均渗透高度和相对渗透系数均比掺入60％磨细矿渣组及两种矿粉共掺组大。掺入60％磨细矿渣组以及10％粉煤灰与50％磨细矿渣共掺组的抗渗性最好。

3. 抗碳化性能

试验所采用的混凝土配合比均可满足基于碳化的百年耐久性要求。天津干线引水箱涵采用大掺量磨细矿渣混凝土技术，由于水胶比较小，且工程运行时将长期埋在1m多厚的土壤层中，因此对天津干线工程，碳化不是本项技术综合考虑混凝土耐久性的主要因素。

4. 抗冻性能

试验所选配合比均能满足F150的抗冻设计要求。在同含气量的条件下，随着冻融循环次数的增加，各胶凝材料组合混凝土的抗冻性有了明显差距。单掺 25％粉煤灰混凝土抗冻等级最多只能达到 F200，而掺有 60％磨细矿渣混凝土以及磨细矿渣与粉煤灰共掺组的抗冻等级均达到 F300 以上，由此可见，磨细矿渣混凝土及两种矿粉共掺混凝土具有更好的抗冻性。

（七）混凝土的工作性能

1. 混凝土的流动性与坍落度损失

从试验结果看，矿粉的加入可以提高混凝土的流动性，随着矿粉掺量的增加，混凝土的流动性逐渐加大。与单掺粉煤灰相比，单掺磨细矿渣的混凝土流动性比单掺粉煤灰要大且坍落度损失较低，混凝土黏聚性和保水性均好于单掺粉煤灰混凝土。

2. 混凝土的早期强度与施工拆模

标养条件下，试验配合比混凝土的 3 天强度达到设计值的 68.4％以上，根据经验，满足拆模要求。在 10～20℃条件养护下的混凝土 3 天强度达到设计值的 52.8％。而在 0～10℃条件养护下的混凝土 3 天强度只有第 4 组和第 8 组达到 50％以上。在此养护条件下的 7 天强度可达到设计值的 79.6％，能够满足拆模要求。大掺量磨细矿渣混凝土早期强度（小于 7 天龄期）混凝土达到规范规定的强度要求即拆模，混凝土表面容易由于失水造成表面的胶凝材料无法继续水化而出现起灰现象。因此建议，大掺量磨细矿渣混凝土在常温下原则上不低于 7 天拆模，而冬季施工中要加强混凝土早期养护温度的控制，混凝土抗压强度大于 75％方可拆模。

（八）对工程造价的影响

C30 混凝土配合比的单方混凝土胶凝材料价格比初步设计中粉煤灰混凝土价格低 15％以上。天津干线混凝土总方量约 460 万 m³，若使用以上混凝土配合比至少可节约国家投资 7590 万元。同时，采用大掺量磨细矿渣混凝土技术，在大大延长工程使用寿命的同时，将会大大减少维修加固所需要的庞大经费。混凝土胶凝材料价格对照见表 5-8-11。

表 5-8-11　　　混凝土胶凝材料价格对照表

编号	C30 混凝土材料用量/(kg/m³)							胶凝材料价格 /(元/m³)	价格降低率 /%
	水泥	粉煤灰	磨细矿渣	水	砂	小石	大石		
1	286	95	0	160	725	567	567	104.3	0
2	152.4	0	228.6	160	725	567	567	85.0	18.5
3	152.4	38.1	190.5	160	725	567	567	83.6	19.8
4	190.5	76.2	114.3	160	725	567	567	87.8	15.8

（九）其他试验研究结果

在此项研究中，还对混凝土的孔结构、人工砂对混凝土的影响、大掺量磨细矿渣混凝土技术对水质的影响等进行了分析。

1. 混凝土的孔结构

普通水泥砂浆的有害孔比例最大，混凝土掺入掺和料后较纯水泥混凝土有害孔的总孔隙率均降低约一半以上。对比用 P·Ⅱ42.5 级水泥配制的混凝土与 P·O42.5 级水泥配制的混凝土，

P·Ⅱ42.5级水泥配制的混凝土的有害孔有一定程度的减少，无害孔比例增加，大于50nm总孔隙率也有所下降。粉煤灰与磨细矿渣共掺组与单掺25%粉煤灰组比较，其孔结构分布为：两种矿粉共掺组的有害孔比例略为下降，无害孔比例略有上升，大于50nm总孔隙率略有下降。单掺60%磨细矿渣混凝土与单掺25%粉煤灰组和粉煤灰、磨细矿渣共掺组比较，单掺60%磨细矿渣混凝土的有害孔和多害孔下降约50%以上，大于50nm总孔隙率下降近50%，少害孔略有增加，无害孔显著增加，孔结构得到明显改善，混凝土浆体更为密实，有助于提高混凝土的耐久性。

2. 人工砂对混凝土的影响

人工砂配制的混凝土抗压强度均在不同程度上大于天然砂配制的混凝土。

由人工砂调节天然细砂颗粒级配制成的人工混合砂所配制的混凝土抗压强度均高于天然砂混凝土，其中人工砂掺入比例为60%时效果最好。混凝土拌和物的工作性试验表明，天然河砂拌制的混凝土坍落度最低仅为15.5cm，随着人工砂的掺入比例增加到60%，混凝土拌和物的工作性能达到最优。故推荐人工混合砂中人工砂的比例宜为60%左右。

人工砂中石粉含量对混凝土拌和物影响结果表明，人工砂中含有15%的石粉对混凝土抗压强度没有副作用，且有助于增加混凝土密实性、提高强度。在人工砂中去除石粉，混凝土拌和物的坍落度反而有所下降。石粉掺量在15%以下有一定的填充作用，到掺量增加到20%时混凝土拌和物就突出的表现石粉的比表面积大吸水多的副作用，推荐工程选用15%的石粉掺量。

抗冻及抗渗试验表明，人工砂以及人工砂与天然砂共掺混凝土抗冻性能、抗渗性能均优于天然河砂混凝土。其中人工砂与天然砂以60：40比例混合配制的混凝土的抗冻及抗渗性最好。

推荐工程采用人工砂与天然砂的混合比例为60：40，控制人工砂中的石粉掺量不宜超过20%。

3. 大掺量磨细矿渣混凝土技术对水质的影响

在混凝土中掺加大掺量磨细矿渣、粉煤灰、或磨细矿渣与粉煤灰共掺，混凝土的溶出物比空白混凝土少，对保护水质有好处。同时，在浸泡水中未发现对人体有害的 Pb、Zn、Mn、As、Hg 等金属元素。大掺量磨细矿渣混凝土对水质无害。

（十）工程应用

试验工程的混凝土结构参照南水北调中线一期工程天津干线天津市2段应急段初步设计报告进行设计。工程设计为连续的两节箱涵，每节箱涵长15m，为两孔3.6m×3.6m箱涵。其中，底板厚65cm，顶板厚55cm，边墙厚55cm，中墙厚50cm。试验工程混凝土为C30F150W6。混凝土配合比选择大掺量磨细矿渣混凝土技术中抗裂性能较好的两组混凝土进行试验，工程应用试验结果表明：采用大掺量磨细矿渣混凝土技术配制的混凝土能够满足C30F150W6的设计要求，施工工艺与普通混凝土基本相同，并不增加施工难度，适宜配制南水北调中线天津干线所要求的混凝土。大掺量磨细矿渣混凝土的密实性较高，在满足设计要求的力学强度情况下，混凝土的抗渗性、抗冻性等耐久性指标均明显提高。

三、衬砌混凝土裂缝控制

（一）南水北调渠道混凝土衬砌裂缝预防控制研究

南水北调输水干渠渠道衬砌属于大面积薄板混凝土结构，混凝土浇筑均在野外大范围露天进行，施工环境及地质条件复杂、多变。衬砌混凝土在硬化过程及后期使用中，受混凝土配合比、气候条件、施工工艺、切缝时间、养护方法、地基沉降、结构应力等多方面因素的影响，当混凝土中应力超过其抗拉强度时，就可能产生裂缝。混凝土衬砌板出现裂缝或是破坏等问题，不仅会影响渠道外观、造成渠道糙率加大，降低过流能力，使得建筑物的使用功能和耐久性变差，影响到整个渠道的寿命及结构安全。因此，对南水北调渠道混凝土衬砌裂缝预防措施进行研究十分必要。

本课题在分析已建成渠道混凝土衬砌裂缝的基础上，针对不同气候条件、不同衬砌结构地基条件、渠道衬砌结构的不同部位、衬砌下基础地基填筑方式、衬砌结构分缝分块尺寸及方式、衬砌结构受力特点等分析研究渠道混凝土衬砌板产生裂缝的原因，提出合理可行的减少裂缝发生的工程措施，并展开纤维混凝土在渠道中的应用研究及裂缝修补方案研究。研究成果如下。

1. 渠道混凝土衬砌裂缝原因分析

（1）从资料收集及调研成果看，衬砌混凝土裂缝的产生原因可以归为以下几类：一是环境因素，主要有温度、湿度等，如温度裂缝、塑性收缩裂缝、干缩裂缝等；二是地基不均匀沉陷，如碾压不密实、湿陷性黄土等，使衬砌板底部各处支撑不均匀；三是基础膨胀变形，包括膨胀土、土体冻胀等；四是混凝土的冻融与冻胀作用。多数情况下，裂缝的产生与发展是由多种因素共同作用的结果。

（2）衬砌板温度应力大小及分布与衬砌板尺寸关系明显，尺寸越大温度应力越大，且大应力分布范围越大，因此施工期尽早切缝，尽量控制切缝后衬砌板尺寸，对抗裂有利。另外，衬砌板沿厚度方向温度梯度较大时，板内的翘曲应力较大，建议在施工及运行期气温骤降前做好衬砌保温工作。

（3）膨胀土地基对衬砌板破坏作用明显，应采取工程措施，严格控制衬砌板地基土膨胀率。

（4）地基不均匀沉降对衬砌板破坏作用也较为明显，要严格控制地基施工质量，防止遇水塌陷等情况出现。

2. 减少混凝土衬砌裂缝工程措施研究

混凝土衬砌板裂缝的产生涉及设计、生产、施工、外界因素等许多方面，甚至多种因素相互影响，防止渠道混凝土衬砌板裂缝是一项系统工程，合理设计、精心施工，从衬砌基础、混凝土原材料、配合比、施工工艺、切缝时间、养护、保温等方面进行严格控制，才能达到减少或防止裂缝的效果。

（1）控制衬砌基础质量是防止混凝土衬砌板裂缝的主要措施，填方渠段应保证基础填筑质量，达到设计要求的密实度及平整度，在基础沉降变形完成后浇筑衬砌板，防止基础产生不均匀变形而引发上部衬砌板的裂缝。

（2）混凝土原材料及配合比是保证混凝土抗裂性能的关键，混凝土配合比应经配合比试验后择优选定，以满足设计要求的力学性能、耐久性、抗渗性及施工和易性要求。

（3）伸缩缝宜尽早切割，避免混凝土板收缩应力过大而产生裂缝。

（4）养护是保证混凝土强度增长和减小干缩的重要措施，有利于减少混凝土早期干缩裂缝，养护时间不少于 28 天。

（5）寒冷地区防止冻胀裂缝，应从结构设计、施工质量及建成后的运行管理等方面综合控制，土工膜铺设、换填土的含水量及密实度、反滤料填筑、排水设施等是施工过程中控制的关键。

3. 纤维混凝土在渠道衬砌混凝土中应用研究

纤维作为增强材料掺入混凝土中可以显著改善混凝土内在品质，提高混凝土耐久性，延长衬砌混凝土使用寿命。纤维素纤维作为一种新型的高性能纤维，深入研究纤维素纤维混凝土的控裂机理及其耐久性能和长期性能，研制出高耐久性的混凝土材料和新型抗裂结构具有重要的工程应用价值。

本课题系统试验研究了纤维混凝土的基本性能，包括有纤维混凝土的工作性能，抗压强度、劈裂抗拉强度等力学性能；重点研究了纤维混凝土的抗弯韧性、干燥收缩、早期抗裂、抗冻融、抗渗透等耐久性能；分析了纤维的增强机理，以及纤维掺量对混凝土性能的影响，为工程应用提供参考。

研究表明以下内容：

（1）纤维素纤维可用于一般渠道衬砌混凝土板，以减少早期收缩、提高韧性及耐久性等。从提高混凝土抗裂性能、变形性能和改善耐久性的角度看，纤维素纤维掺量为 1.1kg/m^3 时，纤维混凝土综合性能达到最优。但由于南水北调中线渠道衬砌混凝土工程量巨大，从节省投资的角度，建议纤维的经济掺量为 0.9kg/m^3，该掺量时纤维素纤维对改善混凝土早期抗裂性具有较好的效果。

（2）对位于渠道填土时间不同、土质不同等因素造成的土体沉降变形或膨胀变形过大的渠道衬砌板，可以采用超高韧性水泥基复合材料（ECC），该种水泥基复合材料的特点是高韧性，极限拉伸应变可以达到3%（约为素混凝土的300倍），变形适应能力强，可在衬砌板中心下沉明显或边缘翘曲变形过大时采用。该ECC是利用国产聚乙烯醇纤维配制，不用粗骨料，用砂、水泥、水和外加剂，但是成本是普通混凝土的3倍，可用于变形较大的衬砌板，以适应大变形的要求。

4. 混凝土衬砌裂缝修补方案研究

在南水北调中线工程衬砌混凝土现场和文献调研的基础上，对工程中薄壁衬砌板裂缝的诱因和危害进行了分析，并就衬砌板裂缝的外观、动态发展和成因进行了分类，详细描述了各种裂缝的成因、表观特征、后期发展和危害，并根据裂缝的特征进了裂缝修补方案的探讨。本研究还开展了多种裂缝修补的新材料研究工作，从裂缝修补需求出发，开展了新型聚脲涂层材料、韧性无机聚合物材料、丙乳砂浆和端硅烷聚氨酯耐老化嵌缝材料的研究和施工工艺探索。本课题获得的主要结论如下：

（1）裂缝修补的主要方法包括表面覆盖修补、凿槽嵌缝修补和压力灌浆修补，其他裂缝类型有必要考察以上方法是否能够彻底解决开裂问题，如无法根治，有必要拆除破坏的衬砌板，基础处理达标后重新浇筑，以达到根治的目的。表面覆盖修补适用于开度较小的裂缝，而开度较大裂缝应进行嵌缝修补。对于死缝可选用无机脆性修补材料，其强度高、耐久性好，而对于活动缝则应选用弹性修补材料，材料变形大，防水性能好，同时耐久性尽量好。各种修补材料都需要与老混凝土具有良好的黏结性能，变形弹模比混凝土小，热膨胀系数与混凝土相近。详细表述了各种裂缝修补常用材料的性能特征和施工工艺。

（2）衬砌板裂缝的修补时机为"尽早发现、尽快修补"，以防裂缝进一步发展，造成更大危害。对于活动缝，应选择在裂缝张开度最大时进行修补；对于基础沉降和基土膨胀造成的开裂，应该待沉降稳定和膨胀恢复后进行处理，如沉降和膨胀造成衬砌板严重破坏，影响输水性能，则应考虑更换衬砌板。

（3）开发了新型聚脲弹性涂层材料，涂层能有效提高混凝土的抗渗、抗碳化、抗冻融、抗冲磨性能，可用于混凝土衬砌板活动缝的表面覆盖修补。利用高强、高弹模纤维增韧无机聚合物材料，制备了韧性无机聚合物修补材料，其耐久性能优异，与混凝土粘接性能良好，抗弯变形能力达 9％以上，抗渗、抗碳化性能优异，适用于混凝土裂缝的嵌缝修补和表面涂覆保护。详细介绍了丙乳砂浆、端硅烷聚氨酯嵌缝材料的性能、适用性和施工工艺。

（4）针对衬砌板裂缝的特征，分表面微细裂缝和深层及贯穿裂缝，按裂缝宽度制定了裂缝的修补方案，并针对沉降缝和基土膨胀裂缝给出了修补的材料、时机和修补工艺。

（二）总干渠衬砌分缝及嵌缝材料选择研究

按照"南水北调中线一期工程总干渠初步设计明渠土建工程设计技术规定"要求，为满足总干渠输水需要，中线一期工程总干渠全线采用全断面混凝土衬砌。现浇混凝土衬砌板一般间隔 4m 设一道纵、横伸缩缝，缝宽为 1～2cm，缝上部 2cm 为聚硫密封胶嵌缝，下部为闭孔泡沫板填缝。其中，总干渠陶岔渠首—北拒马河中支段渠道所需聚硫密封胶每吨超过 2 万元，按 2005 年调查的价格（单价达 6 万元/t），总投资超过 10 亿元。

聚硫密封胶是建筑行业使用较多的一种高分子防水材料，具有防水性能可靠、便于施工、耐久性好等优点，近年来在水利工程中也开始应用。由于南水北调中线工程总干渠设计中，采用聚硫密封胶只是作为渠道伸缩缝表面的嵌缝材料，主要用于满足混凝土板温度、沉降变形及辅助防渗等要求。为结合嵌缝材料的功能要求，对总干渠衬砌分缝及嵌缝材料的选择进行研究，论证所采用的聚硫密封胶的经济合理性，寻找可能替代聚硫密封胶的其他嵌缝材料，以节约工程投资。受南水北调中线干线工程建设管理局委托，江河水利水电咨询中心于 2009 年 12 月开始了南水北调中线工程总干渠衬砌分缝及嵌缝材料选择研究工作，在进行了大量的文献资料搜集、工程实例调研及计算分析工作的基础上，2010 年 9 月，南水北调中线干线工程建设管理局组织专家对研究报告进行了评审。

该项研究从衬砌混凝土板分缝间距和缝宽设计、衬砌混凝土板嵌缝材料选择两方面开展工作，通过理论分析、计算等，研究在不同水文、地质条件下衬砌混凝土板的变形特性及各种变形对嵌缝材料性能、质量和耐久性要求；结合工程类比和技术经济比较等，对南水北调中线工程总干渠嵌缝材料采用聚硫密封胶的合理性进行分析论证，研究采用其他嵌缝材料替代聚硫密封胶的可行性和合理性。

四、泵站混凝土配合比研究与应用

根据南水北调工程江苏境内泵站混凝土技术要求，通过现场调研，从保证混凝土抗裂性及耐久性出发，考虑工程实际状况，项目分析研究了泵站混凝土原材料的品质控制指标。根据南水北调泵站混凝土强度和耐久性设计要求，采用掺加高效减水剂和引气剂，掺加Ⅰ级粉煤灰，减低水胶比等措施，通过详细的混凝土配合比试验、物理力学性能试验和耐久性试验，系统研究了泵站 C20W6F50、C25W6F100、C30W6F100 混凝土配制技术。提出了泵站混凝土的参考配合比，以及必须控制的配制技术参数，主要包括水胶比、掺和料品种及掺量、外加剂品种及掺量、水泥用量、用水量等参数。结合工程实际，开展了现场试验研究，成果在工程中得以应用。

采用扫描电镜和压汞法对泵站混凝土微观结构进行测试，测试结果表明：随龄期增长，粉煤灰水化程度逐步加深，混凝土孔隙率下降，有害大孔减少，无害小孔比例增加。粉煤灰的火山灰反应改善了混凝土中粗集料与浆体界面，混凝土性能得以提高。

综合研究成果，提出了南水北调工程泵站混凝土施工专用技术文件，供相关部门参考使用；结合混凝土优化配制措施研究，发明了"一种含低质粗集料的混凝土及其制备方法"，并申请了专利。

五、南水北调淮安四站泵送混凝土防裂措施研究

淮安四站工程施工采用泵送混凝土型式，主体工程于 2006 年 2 月开工，由于工期要求，泵站中的结构最复杂的进水流道等大体积混凝土结构需在高温季节浇筑，为此，组织了科研院所及监理、施工单位，对混凝土裂缝产生机理进行分析研究，结合工程实际情况，对混凝土的具体施工浇筑过程、施工分层方法、养护过程、拆模时间、施工间歇时间、层间施工间歇时间、养护方法、表面保温方法（保温材料材质、保温材料厚度、复合保温方法、保温时间、保温拆除时间）制定了具体的施工方案。

混凝土产生裂缝的原因有许多种，实践证明，大体积混凝土产生裂缝的主要原因为收缩裂缝。大体积混凝土浇筑后，由于水泥在水化凝结过程中，要散发大量的水化热，因而使混凝土体积膨胀，此时，混凝土产生较小压应力。待达到最高温度以后，随着热量向外部介质散发，温度将由最高温度降至全稳定温度或冷稳定温度场，将产生一个温差。如果浇筑温度大于稳定温度（准稳定温度场），这个温差就更大。这时，混凝土因为降温，将发生体积收缩，由于受周围约束将出现拉应力，当产生的拉应力大于此时混凝土材料本身所能提供的抗拉强度时，就产生了裂缝。

从以上收缩裂缝产生机理分析可以知道，减少混凝土入仓温度及内外温差显得尤为重要，因此，根据现场浇筑时具体情况，制定了混凝土入仓温度不大于 30℃，混凝土内外温差不大于 25℃控制指标。主要从以下几方面进行了控制。

1. 混凝土配合比控制

为满足设计单位提出的混凝土需达到抗冻融指标 F50 要求，本次配合比设计中水泥用量较大，主要从砂率、添加剂等方面进行了优化。浇筑过程中，根据情况在满足混凝土泵送要求的前提下尽可能降低坍落度，但严格控制在 16cm 以内；在混凝土中适当掺入粉煤灰和外加剂；采用两级配石子；在混凝土中掺入掺量为 $0.9kg/m^3$ 的抗裂纤维，以提高混凝土的抗裂性能。

2. 控制混凝土入仓温度

（1）选择适当浇筑时间。注意浇筑期的气象趋势，尽量选择阴天进行浇筑，以达到控制混凝土浇筑温度的目的；若无法避开晴天，则选择傍晚开始浇筑。

（2）拌和用水采用地下水。由于地下水温度较低（约 17℃），混凝土拌和用水采用地下水，以降低混凝土的入仓温度；当气温过高时，在拌和系统的水箱中投放冰块，经现场试验，加冰

块后混凝土拌和用水的温度降幅约 3~4℃。

（3）用地下水连续喷淋石子。在开仓浇筑前一天及浇筑过程中用地下水连续喷淋料场石子，好处有两点，一是可以降低石子的表面温度，降低混凝土入仓温度；二是石子内部吸入一定的水分后，可补充混凝土内部因水化热反应所需的水分。

（4）用彩条布覆盖黄砂。用黄砂表面用彩条布覆盖遮阳，以降低黄砂的表面温度。

（5）集料仓上方搭设凉棚。在粗细骨料集料仓上方搭设凉棚，避免阳光直射。

（6）混凝土浇筑仓面上搭设防晒网。在混凝土浇筑仓面用防晒网搭设凉棚，并对混凝土浇筑仓面周围洒水雾化，以降低混凝土浇筑仓面的环境温度。从现场情况温度测试情况看，在晴天中午降温效果尤其明显。

（7）水泥罐降温。在拌和系统水泥罐四周裹一层土工布，其顶部安装喷淋水管，在浇筑前一天开始对水泥罐表面喷水降温，在浇筑过程中连续喷淋，以降低水泥罐内的水泥温度；

（8）覆盖混凝土输送管道。从混凝土输送泵出口至浇筑现场的输送管道在浇筑前用两层草包覆盖遮阳，并不停洒水降温。

3. 加密钢筋

主要对以下两个部位进行了钢筋加密：

（1）由于流道形状不规则，钢筋间距难以控制，部分位置钢筋间距过大，对这部分进行了钢筋加密；

（2）为减少混凝土体积，设计中在混凝土较厚的部位加设浆砌块石墩墙，但根据河海大学数值仿真模拟计算结果显示，由于浆砌块石墩墙与混凝土为两种材料，收缩变形不一样，易产生裂缝。考虑到上述因素，在浆砌块石墩墙周围加设了一层钢筋网。

4. 布置冷却水管

布置冷却水管为一系列防裂措施中最重要的一个环节，由于高温季节施工，混凝土入仓温度较高，降低混凝土水化热而产生内部高温显得尤为重要。

（1）冷却水管材质选择。由于进水流道为流线型曲面，且每层的曲率半径不同，若采用钢管，则钢管弯曲的难度大，弯曲工作量大，接头数量多，在仓面有限的空间内敷设焊接的难度大。确定采用外径为 5cm 的聚乙烯高强钢丝内衬塑料管，则因其具有一定的柔韧性，在仓面敷设较方便。理论计算聚乙烯高强钢丝内衬塑料管导热系数约为薄壁钢管导热系数的 0.75 倍，其传热性能要差一点。但这并不一定是缺点，因为导热系数小时，冷却水管周围混凝土的温度梯度较小，从而会减少水管周围混凝土产生微裂缝的危险。

（2）布置方式。冷却水管均按水平布设，层距 0.4m，管边距墙面 0.4m，进出水口间隔布设。各路冷却水管分别通过截止阀与外径为 10cm 的供水母管连接，用于调控通水时间和流量，供水水泵采用 4 台 7.5kW 潜水泵。冷却水管采用钢筋骨架支撑，钢筋骨架与墩墙钢筋焊接牢固，冷却水管用铁丝绑扎在钢管骨架上，确保安全牢固。在每层混凝土浇筑前通入地下水，以便及时降低混凝土内部温度。水温在 16~18℃ 之间，流速大于 1.0m/s。连续通水 4 天后冷却水管间隔停水，第 5 天全停水。

5. 施工分层

浇筑采用分层分坯法，混凝土的初凝时间为 3h，分层厚度按 30cm 控制。从现场浇筑情况来看，基本满足要求。

6. 混凝土养护

混凝土浇筑结束后顶面及时用塑料薄膜覆盖，上铺草包两层；混凝土的侧面模板嵌填海绵，并尽可能延缓拆模时间，拆模后要及时涂刷混凝土养护剂进行养护。养护初期以保湿养护为主。流道两端用塑料薄膜或草帘封闭，以防穿风，减小混凝土内外温差。养护措施要与拆模同步进行。

7. 结果观察

淮安四站工程在高温季节浇筑大体积混凝土时，着重从优化混凝土配合比设计、降低混凝土入仓温度、易裂缝部位加密钢筋、在混凝土较厚处布置冷却水管、合理的施工分层、科学养护等六个重要环节入手，尤其是高密度的采用塑料水管冷却混凝土内部温度，高温季节仍然对混凝土保温养护等不同以往的措施，精心施工，措施到位，克服了气温高、水泥用量多、混凝土结构复杂等不利因素，顺利完成了泵站进水流道的浇筑，至今未发现裂缝，为大体积混凝土裂缝控制技术积累经验。

六、南水北调一期淮阴三站混凝土防裂方法及施工反馈应用研究

淮阴三站工程位于淮安市清浦区和平镇境内，与现有的淮阴一站并列布置，和淮阴一站、二站及拟建的洪泽站共同组成南水北调东线工程的第三梯级。工程建成后，具有向北调水、提高灌溉保证率、改善水环境、提高航运保证率等功能。

（一）研究内容

结合淮阴三站泵站工程实际，在不采取任何温控措施情况下，做了以下研究：

（1）研究台阶式浇筑方式对混凝土温度变化的影响以及应该注意的问题。

（2）研究表面保温措施对表层混凝土早期温度和应力变化的影响大小及深度。

（3）验证浇筑温度对混凝土温度应力的作用及其持续时间。

（4）研究冷却水管冷却对混凝土内部温度场和应力场的影响，重点分析在水管冷却期间，混凝土温度和应力的变更情况。

（5）对集水井层混凝土现场实测数据进行反分析，然后通过反演计算获得混凝土的各种热学参数、热学模型计算参数及边界条件参数，为后续底板层和小隔墩的反馈仿真计算提供更加合理的计算条件，以期更加准确地模拟工程实际，为现场施工提供更加合理的指导方法。

（二）主要结论

经过以上仿真、反馈及反演计算分析所得结果如下：台阶滚动式浇筑方式能增加浇筑期间混凝土浇筑块的散热面，散热效果受当时的仓面温度的影响。

（1）无论是底板混凝土还是小隔墩混凝土，随着龄期的增加，不但结构内外混凝土拉压应力的大小发生变化，而且其拉压特性也要发生转化。

（2）墩墙混凝土达到最高温度的时间随着表面保温性能的改善而延长。

（3）表面保温措施能够减小混凝土早期的内外温差并延迟最大内外温差的出现时间。

（4）反演所得的混凝土热学参数对于提高后继混凝土结构的仿真计算的精度起到非常重要的作用。

第九节　水 力 学 与 运 行 管 理

一、天津干线水力仿真与控制优化研究

南水北调中线天津干线工程为长距离、多用户、多建筑物、结构复杂的大型跨流域调水工程，它采用无压接有压输水、分段减压、保水的工程方案。综合了无压输水和有压输水的特点，输水系统过渡过程中的水压、流量及水流衔接处的水力现象具有明显的动态特性，水力控制复杂、难度较大。这些因素将直接影响到整个输水系统的设计及工程建成后的实时监测、项目管理、安全输水等问题。

本项目的研究目的是通过数值计算，对南水北调天津干线水力调节控制过程中的水力过渡过程的水力学问题进行研究，模拟不同工况下各计算断面以及调节池、保水堰、分流井等局部的水位和流量随时间变化的过程，预测工程运行过程中可能出现的水力振荡、管道负压、水体脱空、壅水溢流等多种不利情况，并通过研究各种水力要素变化的计算结果，针对可能出现的实际问题，从工程的设计和运行角度提出相应的解决方案。

本项目的主要研究结论如下。

（1）恒定流工况。对正常应用工况的各种流量进行计算，计算结果表明：当输水流量 21.44m³/s，终点水位 0.0m，糙率 0.0135，有压段 1 孔运行工况，10＋679 调节池处水位 28.30m，无压段出口出现了封顶情况，不宜采用该工况输水。其余工况下 10＋679 调节池处水位最高为 26.13m，洞顶余幅达 1.90m，无压段沿线均满足 20％的净空要求，适宜输水。

（2）流量调节工况。

1）对各种正常流量调节工况进行了计算。以有压流段不脱空、无压流段不淹没为原则，计算出全线各控制建筑物的水位、流量值；推出进口闸最优操作程序，且基本满足无压段的水位波动情况采用 20％净空的要求。

2）分析了管道内的水力共振现象。在增设无压段减振面积的情况下，计算出保水堰分段水力波动的固有频率。得出输水系统下游相邻保水堰自由水面的固有振荡频率彼此相错，因此全线不会发生水力共振现象，并通过相应的流量调节工况数值仿真计算予以了证明。

3）对西黑山进口闸紧急关闭工况进行了数值模拟并推荐一套首闸关闭程序。经大量分析计算，在满足全线安全，时间尽量短的情况下推荐首闸关闭程序为：两边孔以 0.1m/min 的速度匀速关闭一半，然后暂停 2000s，然后以 0.1m/min 的速度关闭。暂停 3000s，然后以 0.1m/min 关闭中孔。整个关闭过程所需时间大约为 6600s，外环河泵站和西河泵站滞后 11000s 开始关闭，关闭时间为 1500s。

（3）有压箱涵段糙率的增加，对无压箱涵段基本不造成影响。但有压段水头压力整体增大，同时，在流量调节过程中，水位的波动幅度也随糙率的增大而增大，继而有压段水位稳定时间将会延长。有压段水头压力的增加，有利于工程的运行控制，但同时水位波动幅度的增大，稳定时间的延长却又是运行控制的不利因素。

（4）检修工况。建立了南水北调中线天津干线输水系统单孔检修的非恒定流数学模型，对

检修时的过渡过程进行模拟，通过优化运行措施以及采取工程措施，对检修时的过渡过程进行了有效的控制。针对南水北调中线天津干线工程的实际条件，提出了一种补水的控制方法，对检修引发的过渡过程进行了控制。通过在检修箱涵的首尾设置补水孔，利用非检修箱涵向检修箱涵补水，对长距离并联输水箱涵单孔检修所造成的闸后检修箱涵脱空进行了有效控制，并在水力仿真的基础上对补水孔的面积以及检修井的面积进行了优化。

（5）不对称输水工况。

1）通过建立数学模型对并联无压箱涵的不对称输水过程进行了模拟。无压段不对称输水对于下游有压箱涵的影响程度，主要由衔接无压与有压的调节池的出口流量变化速率来判断。大流量输水的流量调节时，由无压段对称输水与不对称输水这两种调节方式得到的调节池出口处的流量变化情况基本相同，所以调节池下游有压段的波动情况也基本一致；小流量输水的流量调节时，不对称输水的情况下出调节池的流量变化速率较对称输水时要大，下游有压箱涵的水位波动剧烈程度明显高于对称输水方式，但由于无压段的调蓄作用，其水位波动仍在控制高程内，满足管道安全运行的要求。出于输水稳定方面的考虑，无压段在小流量流量调节时应尽量避免不对称输水的方式。

2）建立了并联有压箱涵的不对称输水的数学模型，对输水系统一条管线退出运行的连续关闸过程和重新投入运行的连续开闸过程进行了模拟，确定了水力波动最小的闸门最佳操作序列。在连续关闸时，采用由下游向上游顺序关闸的操作顺序，而在连续开闸时，应采用由上游向下游顺序开闸的操作顺序。对于关闸操作时，闸门后接箱涵出现剧烈水力波动，局部出现脱空的情况，则采用在关闸输水单元的首尾设置补水孔，通过相邻输水单元进行补水的方法来进行水力控制。相对于连续关闸而言，连续开闸带来的水力波动要小得多，沿线均在设计范围之内。

（6）事故工况。建立了事故工况的数学模型，对输水系统有压段在各种水力条件下的事故壅水过程进行了模拟，确定了需要开闸泄水的工况以及开始泄水的分流井水位、闸门开度，为输水工程的事故安全运行提供了科学依据。

（7）充水工况。通过编制南水北调天津干线有压系统充水计算程序，模拟有压系统的充水过程，通过计算结果分析，得出全线三孔充水时充水流量以 $12\mathrm{m}^3/\mathrm{s}$ 为宜，单孔全线充水采用 $4\mathrm{m}^3/\mathrm{s}$，也可以采用较大的 $5\mathrm{m}^3/\mathrm{s}$。在保证安全输水的同时，也保证了输水时间上最短。

（8）用最优化方法对输水工程明渠段糙率进行在线识别，用人工神经网络方法对输水工程的水击波速进行识别。理论上此二者都能达到精度要求。

（9）采用遗传算法改进的神经网络建立了南水北调中线工程天津干线智能快速仿真模型。该模型综合了遗传算法和 BP 神经网络的优点，经过验证，具有较高的精度，可以满足工程需要。

（10）结合输水工程建立其中一段管道的渗漏水力瞬变模型，分析其水力特性，并将该模型曲线用于基于负压波法的模式识别法中，进行渗漏检测，用压力梯度法进行渗漏定位。

二、南水北调中线西四环暗涵通气孔水工模型试验研究

1.基本情况

南水北调中线北京段西四环暗涵工程是北京段末端控制性工程，也是国内第一座在城市快

速路下修建的大型输水工程。在工程建设过程中，为保证道路交通运输，对原设计方案路下通气孔设置进行了调整，通气孔数量少于有关规范要求，为验证现有设计和选用规范的合理性，并提出保证安全运行的合理措施，以保证南水北调工程的安全运行，采用1：16.667正态比尺，选取西四环暗涵桩号3+938～9+000之间约5km的典型管路进行了物理模型试验。模型长度300m，研究了模拟段6个桥下通气孔和1个路下通气孔不同流量充水过程的压力波动和排气效果，管道中气泡的运动规律，及闸门不同速度、不同方式启闭对管道沿线压力变化的影响。

2. 主要内容

(1) 充水过程。观测了充水过程流动特点，管道中气泡的形成、发展、排出规律；研究了气泡速度与充水流速的关系，气泡从通气孔中排出的上升速度，管道中气泡启动的临界弗劳德数（Fr），通气孔最大风速与充水流量的关系，管道最大压力与充水流速的关系，管道中负压发生位置，管道中滞留气泡对管道输水能力的影响，以及充水后排出气泡的有效方法等。

(2) 闸门关闭过程。观测了闸门关闭规律对管道内压力变化的影响，研究了通气孔对管道中水击压力的调节作用，证实了现有设计10min一段线性关闭的合理性。

(3) 闸门开启过程。观测了闸门开启规律对管道内压力变化的影响，证实了现有设计10min线性开启的合理性。

3. 解决的关键技术问题

(1) 充水过程原、模型非恒定流的模型相似律。管道充水过程是一种非常复杂的气液两相非恒定流过程，水流将经历掺气自由液面流动，气液混合流动，从无压流变成有压流的明满交替流和有压流的流态转换过程，同时通气孔气压存在可压缩性。本项目推导得出了管道水击的模型相似律和管道无压非恒定流模型相似律，结果表明，只要满足管道水击模型相似律，则管道无压非恒定流模型相似律自然满足，因此，本项目采用了管道水击模型相似律设计物理模型。

(2) 充水过程原、模型气泡体积的换算。在管道中存在气液两相混合流动时，一般不能满足原、模型气泡几何相似条件，为了评估充水过程中气泡对管道过水能力的影响，本项目根据理想绝热完全气体热力学原理，提出了充水过程原、模型气泡体积的换算关系，为评估充水过程中气泡对管道过水能力的影响提供了理论依据。

(3) 模型管材的热胀冷缩性。本项目原型管道长约5000m，模型长约340m，由于模型管道全部采用有机玻璃制作，在模型设计、制作和安装过程中设置伸缩节适应管材的热胀冷缩性。

(4) 测量物理量的同步性和实时性。本项目测量物理量多，在模型试验过程中不仅需要测量水位、水压、液体流量阀门开度的变化过程，而且需要测量管道气泡大小、速度及通气孔进排气速度、气压，以及管道气泡排出通气孔的上升速度的变化过程等，本项目基于LabView仿真平台，自主开发了多通道信号采集及闸门控制系统，实现了闸门启闭的自动控制，以及各物理量测量的同步性和实时性。

(5) 通气孔、管道中气泡运动规律的观测。在充水过程中，管道气泡将经历形成、沿管道运动到从通气孔排出的过程，在这一过程中管道气泡伴随沿程水压的增加/减小而压缩/膨胀以及分裂和聚合，本项目采用标尺、高清摄像机、视频软件跟踪气泡的运动轨迹，解决了管道充水模型试验管道、通气孔中气泡形成位置、大小、运动速度的测量难题。

（6）通气孔负压的辨识。在充水过程中，2号通气孔断面发生负压吸气，由于其负压值极低，模型最大值不足1Pa，现有压力传感器不能测量，本项目通过烟迹法结合风速仪测量，解决了通气孔负压的辨识问题。

4. 建议

依据试验现象和结果，对南水北调北京段西四环暗涵各阶段运行调度给出如下建议：

（1）充水过程。充水流量应小于4.0m³/s（管道中流速0.318m/s），过大充水流量将引起部分通气孔在排气过程中产生风啸。充水后期，可以通过增大阀门开度，加大输水流量的方法，将管道中大部分气泡逐渐撕裂为小气泡后从通气孔中排出。

（2）闸门关闭。两段线性关闭与现有设计10min一段线性关闭相比，对本系统改善水力瞬变作用不大，且实际操作中较难实现。

（3）闸门开启。在团城湖水位低于2号通气孔底部高程（48.260m）情况下，在停止输水状态下，管涵通气孔底部存在较大气囊。在这种情况下，当需要重新开闸输水时，应当先以充水方式运行，将流量限制在小于4.0m³/s，待管涵各通气孔底部水压都大于大气压后，上游闸门再以设计方式开启。

三、南水北调中线工程典型渠段和建筑物冰期输水物理模型试验研究

南水北调中线工程的特点是：输水量大、交叉建筑物类型多、数量大，水流由低纬度流向高纬度，冰期输水不可避免，南北冻、融情况不同造成冰期运行控制难度大。冬季冰期输水可能出现的主要问题包括：①冰期输水能力及提高冰期输水能力措施；②冰期运行控制方法；③冰期输水形成冰塞、冰坝的条件、重点部位及预防措施；④输水建筑物冰灾害；⑤防止冰灾害工程措施及应急响应。

控制流凌段或流凌期可能发生的冰塞是提高南水北调中线冰期输水能力的关键。考虑到流凌期或流凌段产冰量有限，设置有效的拦冰设施，实现对冰凌的分段控制，从而达到提高冰期输水能力的目的，其意义十分重大，但是至今尚没有开展相关研究。为此，在"十一五"国家科技支撑计划项目"南水北调工程若干关键技术研究与应用"的课题"中线工程输水能力与冰害防治技术研究"的基础上，开展"南水北调中线工程典型渠段和建筑物冰期输水物理模型试验研究"，对输水渠道冰期输水过流能力和冰害防治控制进行了较为系统的研究。

1. 冰期输水的主要机理和过程分析研究

（1）水温的变化和冰盖厚度的消融主要受热力学过程决定，在深入分析冰厚变化机理的基础上，考虑辐射传热的影响，提出了静水、动水冰厚预测的辐射冰冻度日法，采用统一的公式描述冰厚生长、消融的全过程。

（2）当流速较小时，冰水对流热交换系数随流速的 η_w 变化的速率较大（斜率较大）；当流速较高时，冰水对流热交换系数 η_w 的增长速率减缓（斜率减小），并逐渐趋于稳定。

（3）顺直条件下，明渠水流流态与渡槽相似，渡槽段试验成果适用于明渠段，弯道段由于旋滚水流影响，冰水对流热交换系数较大。渡槽段的流速大于0.15m/s时，冰水对流热交换系数趋近于1800W/(m²·℃)；弯道段的流速大于0.17m/s时，冰水对流热交换系数趋近于2300W/(m²·℃)。

（4）物理模型试验是解决冰水力学的重要手段，首先对加厚冰盖物理试验的模型律进行了探讨：冰凌下潜条件、水力加厚冰盖沉积厚度都遵循重力相似准则。冰凌黏滞力不遵循重力相似准则，结冰期加厚冰盖模型试验需设法控制黏滞力，融冰期加厚冰盖由于黏滞力较小，可以按照重力相似准则设计。

（5）通过开展物理模型试验，发现运动冰凌共有三种下潜方式，并提出了结冰期和融冰期冰凌下潜的如下判断准则：

$$F_\mathrm{t} = \frac{V_\mathrm{c}}{\sqrt{gt(1-s_i)}} = \kappa \frac{2(1-t/H)}{\sqrt{5-3(1-t/H)^2}} \qquad (5-9-1)$$

式中：κ 的取值范围为 $1.1 \sim 1.2$；V_c 为冰块上游流速；H 为冰块上游水深；g 为重力加速度；t 为冰块厚度。

（6）以南水北调中线工程总干渠为原型开展模型试验得到：水力加厚冰盖底面最大水流弗劳德数约为 0.09，力学加厚冰盖前缘长度与水面宽度接近的区域表现出水力加厚冰盖的特点。

2. 输水渠道的冰期输水能力

（1）建立了考虑冰凌下潜和水力加厚、力学加厚冰盖形成过程的输水渠道冰期输水仿真模型，该模型可以在考虑水流瞬变条件下，描述冰盖的形成和生消过程。

（2）流凌期控制冰凌下潜，可以降低冰盖初始糙率，避免危害性冰坝的产生。对于南水北调中线工程，当冰凌厚度大于 0.10m 时，结冰期，总干渠输水流量可以达到设计流量的 33.1%；融冰期，总干渠输水流量为设计流量的 49.4%。

（3）通过控制水流条件，采用加厚冰盖下输水方式，实现提高输水流量的目的。输水渠道流凌期运行时，应以不发生危害性冰坝为控制指标。当采用力学加厚冰盖下输水时，流凌期过流能力仅略小于相同糙率条件下的坚冰盖下过流能力，流凌期输水能力不再成为冰期输水的瓶颈。

（4）根据物理模型试验成果，可以忽略加厚冰盖渗流对渠道的过流能力影响，加厚冰盖糙率按 0.03 考虑，在加大水位条件下，渠道输水能力为设计流量的 44.0%，随着加厚冰盖糙率的降低，流凌期输水能力将进一步提高。坚冰盖形成以后，输水流量主要受冰盖糙率影响，当冰盖糙率由 0.04 变化至 0.02 时，渠道输水能力由设计流量的 37% 增加到 61%。

（5）综合考虑控制冰凌下潜和允许力学加厚的冰凌下输水方式，南水北调中线工程在结冰期，根据实际情况，可以尝试采取允许力学加厚的冰凌下输水方式提高过流能力。为降低冰坝危害发生可能性，在融冰期应采取控制冰凌下潜方式运行。

3. 冰期输水的渠系自动控制研究

（1）封冻渠池的水力特性逐渐向有压流方向转化，渠池的水力响应速度大大加快，封冻长度比越大，水力响应速度越快，从而提高渠池运用的灵活性。但是由于明流具有缓解水击振荡的作用，因此随封冻长度比的增大，系统运行状态改变而产生的水击压力也逐渐增大。

（2）将水击压力 P 视为由稳定水压力 H 和水击振幅 $\mathrm{d}H$ 两部分组成，对封冻渠道水击压力特性进行分析。在此基础上，提出流量分步调节的水击压力控制措施。通过仿真计算证明：冰期输水过程中，采用流量分步调节方法，可以有效控制水击压力，有利于维持冰盖稳定，保证冰期输水安全。

（3）输水渠道冰期输水控制与明流条件下有较大的区别，冰盖稳定性成为重要的运行约束条件之一。同时，冰盖糙率以及渠道封冻长度比的变化而导致的水位变化，可能足以破坏冰盖的稳定性。因此提出冰期输水的两点控制运行方式，其核心在于：通过控制输水流量来满足渠池沿线的水位（水压力）要求；而往常的渠道运行方式实质是通过控制渠池水位以实现输水流量的要求。仿真计算表明：两点控制运行方式能够有效保证冰盖的稳定性。

4. 输水工程冰期输水冰害防治的工程措施

（1）通过真冰物理模型试验对拦冰索开展研究：提出拦冰索拦冰效果可采用平衡期顺流向索力均值作为衡量指标；研制了双缆网式新型拦冰索，提升了输水渠道的拦冰效果；采用量纲分析方法，提出双缆网式拦冰索平衡期顺流向索力均值计算公式。

（2）分析了拦冰索锚固端拉力、拦冰索布设间距与流速、破冰冰厚、锚固点与水面距离、加厚冰盖糙率之间的关系。以南水北调中线工程为例，锚固端拉力应以 420kN 为设计值，拦冰索间距应以 3～4km 为宜。

四、中线工程输水能力与冰害防治技术研究

本课题以南水北调中线工程为依托，采用理论分析、数值模拟和试验研究的方式，深入分析了与中线工程运行、调度和控制相关的关键技术问题，得出了许多具有创新性的研究成果。

1. 中线工程输水模拟平台

本专题开发了中线工程输水模拟平台，研究了输水模拟平台的场景模型研制、输水渠道及主要控制工程的虚拟现实、输水调度方案展示、专用数据库建设及输水模拟平台集成等几个方面的内容。

2. 中线渠道输水系统的水力学数值仿真研究

本专题研究了中线工程输水系统的水力特性、节制闸调控方式的响应特性、节制闸开度变化引起的水流波动相关性，检验了设计参数及渠道运行模式的合理性，校核了退水闸的退水能力。

3. 闸前常水位输水模式实现方式研究

根据闸前常水位运行方式的特点，深入分析了中线干渠的运行控制模式、闸前常水位控制算法、变闸前水位控制算法、控制参数的整定等几个重要问题，并通过物理模型试验验证了所提出的控制算法。主要结论如下：

（1）节制闸的运行需综合运用顺序操作技术、同步操作技术和选择性操作技术。

（2）中线干渠闸门控制器的参数整定可使用两种方法：ATV 法和频域整定法，均能得到合理的控制参数。ATV 法可用于在线整定，能够准确反应渠道的水力特性，整定出的控制器参数具有较好的稳定性和鲁棒性。

（3）中线干渠典型工况 1 仿真表明，采用主动蓄量补偿前馈控制，水力过渡过程较被动控制方式（即反馈控制）缩短 2 天以上。采用类 Decoupler 1 解耦方式和流量控制解耦方式，水力过渡过程较解耦前缩短约 6 天，水位超调降低约 40%。

（4）穿黄工程需采用变闸前水位运行方式，分析表明，采用流量蓄量线性关系得到的穿黄工程闸前水位动态关系具有最短的水力过渡时间，有利于提高整个渠道尤其是下游渠道的输水灵活性。

（5）对于按通过最大恒定流量设计的渠道系统，在渠池水位较高、流量较大时需按闸前常水位运行控制，在水位较低、流量较小的情况下，可以考虑采用等体积运行方式。控制蓄量运行方式可以作为闸前常水位与等体积运行方式之间的过渡运行模式。

（6）所提出的改进的控制蓄量算法，可以应用于全渠段控制蓄量运行、上游若干连续渠池控制蓄量运行和局部渠段控制蓄量运行中，能够大大增加渠道运行控制的灵活性。

（7）冬季输水期之前，安阳闸以北各闸可在 2 天时间内，由设计流量水位抬高至加大流量水位，实行变闸前水位运行。过渡过程水位波动均在 0.25m 以内，满足冰期安全输水的需求。

（8）通过对总干渠输水典型工况的控制仿真，表明所设计的控制系统能够快速有效地实现闸前常水位输水方式，闸前目标水位偏差在 0.05m 以内，水力过渡时间从上游至下游依次减少，首渠池水力过渡时间约 4.5 天，末渠池水力过渡时间约 2.5 天，各渠池最大水位超调 0.15m 左右，水位下降速度符合 0.15m/h 和 0.30m/24h 的安全限制条件。

4. 大规模输水工程的超高设计标准研究

针对国内尚缺乏针对大型输水渠道的超高设计规范这一现实，本专题分析了渠道超高设计中需要考虑的关键因素，以中线工程为背景，对大型输水渠道的超高设计进行了深入的研究，提出了渠道超高的通用设计公式。主要结论如下：

（1）南水北调中线工程极端工况超高复核表明，总干渠超高完全满足运行要求。事故工况复核结果表明，当设计流量输水渠道出现事故时，渠道超高满足总干渠运行要求；加大流量输水出现事故时，节制闸闸门的关闭历时应大于 150min，以避免渠道发生漫溢。

（2）分析表明，采用非恒定流方法研究渠道的超高更能反映渠道的运行需求。

（3）通过典型渠道的非恒定流水力学数值模拟方法，研究了渠道水流变化过程中水位的变化幅度，拟合出一条流量-最小超高值关系曲线，通过该曲线可以直接计算或查出对应设计流量的最小超高值。

（4）分析了闸前常水位、闸后常水位、等容量、控制容量 4 种运行方式下，适应渠道零流量时水位要求的超高需求。比较了 4 种运行方式下的超高需求，其中闸后常水位方式需要的超高最大。

（5）分析了冰期输水和渠道调蓄对超高的需求。

（6）提出了大型输水渠道超高设计方法。

5. 中线工程冰期输水能力及冰害防治技术研究

本专题重点研究中线工程的冰情预报、冰期输水过程的数值模拟、冰期输水能力及冰害防治措施等与冰期输水安全运行密切相关的技术问题，主要结论如下：

（1）分析中线工程沿线的气象特征表明，新乡及新乡以北地区冬季气温为负值的时间较长，输水渠道会出现结冰现象，冬季输水期间要采用必要的防冰凌措施。年均降雨量和年均气温之间没有明显的相关性。

（2）由于中线干渠由南向北输水，黄河以北部分渠池在冰期始终会有流凌渠段存在，因此，即使下游部分渠池实现了全封，全封渠道的最大输水流量仍受到其上游流凌渠池输水能力的限制。

（3）研究表明，节制闸闸前水位控制在设计流量水位情况下，当冰盖以平封方式生成时，渠道的输水流量约为设计流量的 20%～30%；当冰盖按照立封方式推进时，渠道的输水流量约为设计流量的 30%～45%。

（4）在结冰期或融冰期，节制闸闸前水位取设计流量水位时，沿线倒虹吸的最小的最大允许流量约为设计流量的 43%，大于渠道冰期的最大允许输水能力。因此，当中线工程冰期输水流量不超过其冰期输水能力时，倒虹吸等输水建筑物不会发生冰塞和冰坝等冰害。

（5）试验研究表明，设计采用的拦冰索容易失稳。双缆网式拦冰索的拦冰效果与冰凌的堆积方式、破冰厚度和浮冰流速有关，破冰厚度和浮冰流速越小，拦冰效果越好。当冰凌以平铺上溯模式发展、浮冰流速为 0.05m/s 时，拦冰索的有效拦冰距离可达 40km。

6. 中线干渠冰期输水模式研究

本专题以一维渠道冰期输水数值模拟为主要研究手段，分析了中线工程冰期输水的运行方式和运行控制问题，主要结论如下：

（1）国内外明渠冬季输水运行经验表明，为了实现冰盖下的安全输水，必须采取合理的工程措施，如设置拦冰、排冰设施，及采用合理的水力调控措施等。

（2）在水流条件不致引起浮冰下潜的情况下，流冰会在拦冰索前堆积而结成冰盖，并由此开始向渠池上游推进。冰盖前缘的推进速度由上游的来冰量和冰盖前缘的水流条件来决定，如果气温低，上游的来冰量大，那么冰盖的推进速度就快；如果冰盖前缘的水流弗劳德数较低，冰盖的水力加厚程度小，冰盖向上游的推进速度就快，反之则慢。

（3）同一渠池而言，冷冬年的平均气温较低，渠道的冰盖厚度最大，渠道处于冰期的时间也最长，平冬年较冷冬年次之，而暖冬年气温相对偏高，形成冰花的浓度小，冰盖形成缓慢，且冰厚薄，冰期输水时间相对最短。

（4）在同一典型年，输水沿线各渠池的冰情体现出与各自地区的气候特征相应的特点。京石段渠道纬度高，冬季气温低，冰期敞流渠段少，特别是冷冬，在 30% 的设计流量、闸前水位为设计值的条件下，京石段大部分渠池都能实现全封，越向上游，纬度降低，冬季气温相对较高，冰期敞流渠段的范围逐渐变大。对于平冬和暖冬，相同水流条件下黄河以北多数渠池在整个冰期始终有敞流渠段存在。

（5）冰盖的形成、发展和消融会引起渠道的输水阻力发生改变，从而影响渠道的水流条件。在下游常水位的运行方式下，随着冰盖的生成，渠道沿线的水位逐渐壅高，渠池蓄量增加，渠池最上游断面是水位壅高最大的断面。在稳定冰盖期，随着水流的冲刷，冰盖糙率缓慢减小，渠池水位也随之有所回落。开河期，随着冰盖消融，渠道断面的输水阻力减小，导致水位下降，蓄量释放。

（6）水流弗劳德数对冰盖形成期的冰情发展影响很大。采用冰盖下输水的运行方式，渠道各断面的初始弗劳德数应小于冰花完全下潜的第二临界弗劳德数 0.08。在此前提下，渠道的水流弗劳德数越小，冰盖形成时的水力加厚程度就越小，初始冰盖的糙率就越小，越有利于渠道内尽快结成冰盖。

（7）根据冰盖生成的特性，中线工程宜按照闸前常水位方式运行。

（8）冰盖的稳定性与冰盖厚度和冰盖宽度密切相关。渠道在冰期运行期间，必须采取相应的控制措施，保持输水流量和水位的稳定，以确保冰期的输水安全。

（9）研究提出的冰期运行控制算法，可根据冰情的发展自动调整渠池的蓄量，具有很好的控制效果和显著的经济效益。该控制算法不依赖于气象预报和冰情预报的精度，能够适应气象及渠道冰情的复杂变化，而且能与渠道正常运行期间的控制算法保持一致，实现了控制算法的协调统一。

7. 极端冰害条件及防冰措施研究

本专题采用理论分析和试验研究的手段深入分析了极端冰害发生条件、冰盖对建筑物的作用力、漂移冰体对建筑物的作用力、冰的力学特性等问题，并提出了极端冰害的应对措施。主要结论如下：

（1）为了避免极端冰害的发生，中线工程在冰期运行期间，应将渠道内的水流流速控制在0.6m/s以下，水流的弗劳德数不应超过0.08～0.09。在结冰期和融冰期，尤其是融冰期，为了避免冰塞和冰坝的发生，应控制各渠池的水位和流量，避免输水流量和水位发生大幅度的波动。

（2）冰温度膨胀力与冰盖厚度、冰盖力学特性和温度变化梯度密切相关。试验发现，冰盖厚度越大，冰的温度膨胀力也越大。分析发现，冰盖作用于渡槽侧墙接触面的压力可达102.21kN/m。

（3）冰盖的强度决定了冰盖破坏形式及冰盖上拔力，冰盖上拔力作用水平随冰盖自身强度呈二次曲线关系增长。根据模型试验结果换算得到中线工程节制闸闸墩上可能出现的最大冰盖上拔力为121.10kN。

（4）试验发现，冰体的持续挤压力与冰速和冰厚相关。冰厚越大，冰体的持续挤压力越大。当冰速不超过25cm/s时，冰体的挤压力随着冰速的增加而增加；当冰速大于25cm/s时，冰体的持续挤压力呈现出缓慢下降的趋势。

（5）中线工程中，节制闸闸墩上可能出现的最大冰体挤压力出现在冰速为0.79m/s的情况下，当冰厚为0.41m时，最大挤压力为2349.3kN。

（6）试验研究了漂移碎冰对建筑物的撞击力。试验发现，冰力极值随碎冰流速呈现二次曲线增长的趋势。综合分析冰盖试验和碎冰试验，控制结冰期和融冰期的水流流速是减少冰盖和碎冰对建筑物作用力的关键。

（7）结合模型试验，采用量纲分析方法得到了双缆网式拦冰索索力计算公式，该公式的平均误差为2.89%。

（8）天然冰期观测表明，持续低温是影响冰盖厚度的主要因素，降雪会导致冰盖厚度的快速增长，同时使冰盖的力学性能降低。在测试的所有试样中，所量测到的最大抗弯强度为1.28MPa，最大弹性模量为1.38GPa。

（9）冰厚的生消演变取决于气温、辐射和水温。水温对静水冰厚影响较小，可忽略不计，而对于动水中的冰厚有很大的影响。辐射是冰盖消融的根本性原因。采用研究提出的计算方法可以比较准确地计算冰厚的变化过程。

（10）冰害防治过程中应采取非工程措施和工程措施相结合的手段。非工程措施主要包括：加强水情和冰情的监测预报、做好调度和运行工作等，运行调度和控制是极端冰害防治的关键。工程措施主要包括破冰、设置拦冰索、加固建筑物基础以及采用新型的建筑物结构型式等。设置拦冰索可以促进冰盖的形成，并避免流冰进入倒虹吸等建筑物，是防治极端冰害的一种有效手段。

五、南水北调中线总干渠高填方渠段洪水影响评价

南水北调中线总干渠中填方高度大于 6m 的渠段约 137km，全填方渠段长约 70.6km。在现代技术条件下，满足工程设计、施工质量要求，并且在正常运行管理情况下，渠道堤防溃决通常是不会发生的。但是，考虑到不良地质条件、穿堤建筑物等薄弱环节、超标准洪水、地震影响和可能存在的施工缺陷等因素，高填方渠段堤防溃决的可能性还是存在的。因此，需要对南水北调中线总干渠全线高填方段溃决洪水的淹没特征及产生的影响进行分析评价，为工程设计、建设、运行和应急管理等提供依据和支持。

南水北调中线总干渠高填方渠段洪水影响评价项目针对高填方渠道溃口引发的洪水开展影响评价工作。项目的总体目标是针对南水北调中线总干渠高填方段，利用二维水动力学数学模型等分析工具，重点研究南水北调工程中线总干渠高填方段发生溃决事件时的洪水淹没情况，包括洪水演进过程及淹没特征参数（洪水淹没范围、最大水深分布、洪水到达时间、洪水流速）。在洪水淹没分析的基础上，利用电子地图、遥感影像、社会经济统计等资料，基于地理信息系统，对洪水造成的影响进行评价，主要包括对洪水淹没区的人口、房屋、重要企事业单位、基础设施等进行分类统计，对受影响的地区经济产值和经济损失进行评估。主要结论如下。

1. 受影响人口

本次分析的南水北调中线总干渠高填方渠段所有溃口方案淹没范围的包络区域总面积为 1767.35km²，涉及 15 个市 31 个县，受影响总人口约 183 万人。

2. 直接经济损失

经统计，直接经济损失大于 5 亿元的堤段累计总长为 4.669km，介于 2 亿～5 亿元之间的堤段累计总长为 11.313km，介于 1 亿～2 亿元之间的堤段累计总长为 33.852km，小于 1 亿元的堤段累计总长为 212.642km。

3. 淹没范围

各设计单元段的溃决洪水淹没范围均普遍呈现右岸较左岸明显偏大的特征，左岸溃决后水流主要积聚在溃口周边，右岸溃口后水流极易向东或东南方向扩散。洪水演进距离与溃决时水头具有一定的线性关系，且大部分溃口方案的洪水演进距离在 30 分钟内左岸未超过 1000m，平均约为 620m；右岸介于 500～1500m 之间，平均约为 1190m。

4. 淹没水深

左岸溃决后大部分方案的平均淹没水深大于 1m，右岸溃决后大部分方案平均淹没水深小于 1m。

5. 流速

大部分方案溃口附近的流速均超过了 1m/s，最大达 3.74m/s。

6. 主要影响因素分析

通过对 32 个设计单元段的高填方渠段溃决洪水淹没和影响分析，可以看出，渠道溃决洪水影响除与填方高度有关外，还主要与渠道两岸的地形、区域主干排水河道分布、铁路和桥涵阻排水、高填方段距离城区的远近、城区面积等因素有关，靠近城区的高填方渠段是相对风险较高的渠段。

各设计单元段中高填方渠段的溃决洪水淹没范围、受影响人口、直接经济损失均普遍呈现右岸较左岸明显偏大的特征，主要是因为南水北调中线总干渠右岸溃决淹没总面积普遍大于左岸，并且人口与资产密集的城镇也多分布于右岸。

7. 关闸滞后时间对溃决后果的影响

关闸滞后时间对淹没范围和程度、受影响人口和直接经济损失有较大影响。对淹没范围的减少程度右岸较左岸更为明显。因此，一旦发生溃堤，尽早关闭节制闸是一项非常重要和有效的减灾措施。

8. 从总体淹没程度看，宝丰至郏县段、淅川段、磁县段、汤阴段、邯郸市至邯郸县段、鲁山南1段、鲁山南2段和永年县段右岸大部分溃口方案的淹没总面积均超过了20km²，较其他段更为严重。邯郸市至邯郸县段、永年县段、磁县段、鹤壁段右岸溃口方案的影响整体都比较严重。镇平县段、澧河渡槽段、双洎河渡槽段、郑州1段和邢台市段的溃口方案整体影响均较小。

9. 洪水影响等级评价划分结果

选择所有溃堤后"3小时关闭闸门"方案的"受影响人口""水深＞2m范围内的受影响人口"和"直接经济损失"共3项指标作为洪水影响等级划分的指标，共划分"高""较高""中"和"低"4级。其中影响等级为"高"的高填方渠段长8.138km，其余10.680km为"较高"。

10. 洪水综合影响等级评价划分结果

选择"洪水到达时间在30分钟内的淹没区域内的受影响人口"作为短历时内洪水影响的评价指标，对各溃口的短历时影响进行评价和等级划分，并与已有的考虑"受影响人口""水深＞2m范围内的受影响人口"和"直接经济损失"三个指标的洪水影响等级评价结果相结合，确定最终的洪水综合影响等级，即取二者中的高值作为最终的洪水综合影响等级。其中，洪水综合影响等级为"高"和"较高"的溃口方案共294处，涉及高填方渠段总长为116.503km。针对洪水综合影响等级为"高"的高填方渠段，将采用综合指标法确定的洪水影响等级为"高"的渠段界定为其中的重点渠段，总长为8.138km。

六、南水北调东线一期徐洪河工程洪泽湖湖区抽槽段水流数模计算

徐洪河是南水北调工程洪泽湖至房亭河区间与中运河并行的输水线路之一。由于洪泽湖湖口段河底较高，湖内存在大量围网，为了保证洪泽湖向徐洪河输水的通畅，设计中考虑在湖口段抽槽，以及抽槽段周围清障。本项目拟通过一维、二维水流耦合数学模型，研究不同控制水位及抽水流量条件下，洪泽湖出湖口区域的流速、流态，抽槽段沿程水位，徐洪河沿程水面线；在满足引水要求的前提下，确定湖区抽槽段断面及清障范围；在抽槽断面确定后，根据水流情况分析抽槽断面的泥沙冲淤状况。

计算主要针对：①洪泽湖抽槽底高程8.00m，底宽120m，边坡1:4，长度2500m，设计引水流量220m³/s；②抽槽底高程8.00m，底宽70m能够保证引水流量120m³/s；③抽槽底高程8.50m，抽槽底宽100m方案下的各不同条件控制下的沿程水位（包括湖区与徐洪河）、抽槽段及其周边流速分布、引水流量等。

抽槽底高程8.50m，抽槽底宽100m的优化方案下，当糙率调整为有围网区域0.045、无围网区域0.030，控制水位11.30m，不清障条件下引水流量仅为90m³/s；在抽槽头部区域清

障 $1.2km^2$ 后，引水流量增加为 $110m^3/s$。清障对增加抽槽段的引水能力是有利的，但难以满足引水 $120m^3/s$ 的要求。在设计水位 11.90m 时，不清障条件下，抽水流量即可达到 $120m^3/s$，泗洪站站下水位为 11.668m，满足设计水位（泗洪站下）要求。此时，清障对水位及流速的影响不明显。

徐洪河湖口段抽槽后抽水，一般不至于造成滩面的冲刷。考虑到滩面淤泥与所取土样由于位置的差别，而新淤泥容重一般都较小，抗冲刷能力较差。需要对湖泊底泥取样分析后才能确定。徐洪河行洪时，沙集以下段断面较大，行洪流速降低，沿程落淤；至湖口段，水流扩散，流速减小，徐洪河的泥沙会在湖口抽槽段落淤。

七、工程建设与调度管理决策支持技术研究

南水北调工程的建设组织与运营组织不同于一般的大型工程，导致以前大型工程建设与运营管理的经验难以完全适用，其管理体系在时间维度和空间维度上均体现了许多新的要求和挑战，管理的难度大大增加。因此，南水北调工程建设管理与运营管理应该探索适应于自己工程特征与管理组织特征的管理理论框架，将管理创新与技术创新有机结合在一起，形成南水北调工程建设与运营的创新特色。

南水北调工程建设管理与运营管理的复杂性不仅来自于技术层面，更多地来自于管理组织的复杂性。传统上，水利工程建设管理与水资源调度运营管理的理论、方法与技术延续了西方科学管理理论的一贯原则，体现了建立在科层组织及其管理控制原则之上的管理思想。然而南水北调工程存在不同以往水利工程的特性，南水北调工程在建设期存在投资主体的多样性和建设参与主体的多样性。运营期的管理同样也存在投资主体的多样性和工程跨流域、跨省的区域空间格局下的多主体特征。作为准公益性的水利基础工程，其运营管理的战略目标包括经济性目标、公益性目标和社会性目标。不同主体的目标不同，同一主体也是多目标的。这种传统管理模式因南水北调工程建设与运营现实中的多主体参与及复杂多主体关系而受到挑战，因此可以从南水北调工程建设与运营管理的多主体特征入手，建立理论框架，探索新型的管理模式。

1. 工程建设与调度的管理框架与决策支持技术开发需求

本专题通过梳理当前南水北调工程建设与调度管理中管理模式、运行机制、管理环境等方面问题，结合南水北调战略目标及其特征，基于战略性管治的视角提出南水北调工程建设与调度多项目管理、供应链管理问题，为其他专题理论分析和研究提供理论框架。在此基础上，本专题分析了南水北调工程建设与运营的管理体制，结合组织分析提出本研究的南水北调工程建设与运营的管理体制和管理机制。分别对南水北调工程建设时期和运营时期的管理行为及其决策需求进行了梳理分析，为其他专题研究奠定了基础和提供了研究框架。对南水北调工程建设与调度的关键管理决策流程分析为其他专题进行管理决策分析提供研究基础。作为总体框架研究，本专题在研究最后提出南水北调工程建设与调度决策支持系统框架和关键的管理技术和决策技术。

2. 工程建设管理的理论和技术

对南水北调工程建设管理的实践进行了总结，并形成了《南水北调工程项目管理手册》（政府管理）和《南水北调工程项目管理手册》（项目法人）。

《南水北调工程项目管理手册》（政府管理）的主要内容包括：一是根据国务院南水北调办

的职能和现有机构设置，对国务院南水北调办的管理事项进行总结、提炼和分类。针对各管理事项，明晰管理内容，明确责任主体、协作主体，制定事项管理依据，建立规范化管理流程和规范用表，指出各事项管理的注意事项。二是根据省、直辖市的省（直辖市）南水北调办公室（建设管理局）职能和现有机构设置，对省、直辖市的省（直辖市）南水北调办公室（建设管理局）的管理事项进行总结、提炼和分类。针对各管理事项，明晰管理内容，明确责任主体和协作主体，制定事项管理依据，建立规范化管理流程和相关的规范用表，并就部分事项规范化管理提出应注意的事项。

《南水北调工程项目管理手册》（项目法人）的主要内容包括：一是针对直接管理、委托管理以及代建管理等不同管理模式的特点，构建工程建设管理模式关系图，明晰项目法人的管理职责；二是针对项目法人的各管理事项，明晰管理内容，制定事项管理依据，建立规范化管理流程和相关的规范用表，并就事项规范化管理提出应注意的事项；三是以南水北调工程项目三种建设管理模式为基础，分别对直接管理模式、委托管理模式及代建管理模式作具体分析，明晰管理内容，并进行规范化设计，建立具有普遍意义的建设管理工作流程图。

3. 工程建设与调度管理决策支持技术研究

在分析南水北调工程运行管理特点的基础上，结合南水北调建设与运营管理现状，建立了基于供应链的南水北调工程运营管理的理论和方法，设计了南水北调工程运营初期调度决策与优化控制方案，给出了工程运营初期的管理技术。特别是总结南水北调东线工程运营初期的管理实践，分析南水北调东线工程运营调度的管理环境与约束，建立了南水北调东线工程运营管理体制，构建了南水北调东线工程运营初期调度管理决策方案框架、调度管理的优化、控制方案及南水北调工程东线运营初期风险管理方案。

该部分研究形成了《南水北调工程运营初期调度决策与优化控制方案设计报告》《工程运营初期的管理技术研究》《南水北调东线工程运营初期管理实践研究报告》及《南水北调东线工程调度风险管理与应急处置方案设计》理论及应用研究成果。

4. 决策支持系统关键技术研究

研究主要从支持南水北调工程建设与调度管理群决策支持系统体系结构及集成技术、信息采集、处理与仿真技术、工程建设与调度管理数据挖掘技术等方面，开展相关技术及软件开发的研究与应用。

该部分研究形成了南水北调工程建设与调度管理群决策支持系统体系结构及集成技术、信息采集、处理与仿真技术、工程建设与调度管理数据挖掘技术等相关的系统设计报告、使用报告、软件及源程序，为南水北调工程建设与调度提供良好的群决策支持技术，为南水北调工程建设和调度管理信息的采集、处理提供相应的分类、采集、传输、存储、处理和呈现等关键技术，为数据挖掘技术在南水北调工程建设与调度管理方面的应用理论、方法及技术，提供技术实践与方法示范。

八、南水北调中线突发典型水污染事故特征和应对措施研究

中线总干渠全长约 1277km，多年平均调水量 95 亿 m^3，以明渠输水为主，途中布置桥梁、涵、闸等各交叉、控制建筑物 1700 多座。调水工程是一个典型的串联系统，系统中任何一个建筑物出现故障，都会对工程的安全运行造成影响。虽然不确定因素众多，事故风险无时不

在，但对调水工程的影响程度有大有小，需要区别对待。实际上，绝大多数风险带来的损失很小，采取一般维护措施就可以解决，而对于出现概率小、但影响巨大的事故需要采取特别措施或应急方案来处理。

本项目针对南水北调中线工程自身特征，对可能发生的典型水污染事故造成的污染物迁移过程进行时空预测模拟分析，研究突发污染事故发生后的应对措施，为运行管理制定事故应对决策和提高控制效率提供科学依据。主要的结论与建议如下：

（1）从污染物在水中存在形式、污染物性质和污染发生方式等方面讨论了长距离输水渠道突发污染类型，并重点分析讨论了交通事故泄露、跨渠运输泄露和人为投毒三种典型模式。

（2）通过模型试验研究了典型污染物在输水渠道中的运移规律。试验结果表明，输水渠道中污染物运移主要受综合扩散系数影响，污染物本身的扩散性对其影响很小。

（3）模型试验表明，在距离点源为1倍渠道宽度以外污染物沿横断面分布较为均匀，可视为一维对流扩散问题。通过对模型试验的二维数值模拟得到了相同的结论。

（4）鉴于在长距离输水渠道污染运移问题的数值计算中采用二维和三维计算方法均存在计算量太大而难以应用于实践的问题，本项目提出并建立了污染运移问题的一维化网络污染运移分析的有限元理论和方法。一维方法能够模拟复杂的输水网络，同时分析方法较为简化，容易推广应用。

（5）采用一维数值方法对模型试验进行数值模拟与试验结果较为一致，表明一维数值方法在输水渠道污染运移问题中具有较好的适应性。本项目中选取了邢石界至古运河南渠段进行了实例分析，数值模拟结果表明一维数值方法能够较好地模拟污染物动力扩散和降解特性。

（6）探讨了典型污染处置技术，针对污染物性质探讨物理、化学和生物等处置技术的特点。针对各类漂浮颗粒、油脂等漂浮污染的运移规律，研究发明了漂浮污染物收集装置。通过模型试验表明，该装置具有收集率高、壅水小、按照单体组装的思路设计易于适应不同翼墙间距等特点。

（7）研究了长距离输水渠道突发污染预警响应机制，提出了报警时间、报警调查、报警响应和关键预警特征等重要概念和方法。基本形成了长距离输水渠道突发污染预警响应和紧急应对的理论和方法。提出了事后评价的概念和方法，并以邢石界至古运河南段为例，探讨了不同预警时间下应对方法及污染迁移和控制。

（8）建议深入研究长距离输水渠道突发污染预警响应机制和紧急应对的理论和方法。深入研究报警机制和技术、资源及设备的配置理论和方法，研究应对措施的紧急启动和管理技术。

（9）建议针对不同污染类型建立对应的报警响应机制和应急预案系统。根据典型的污染发生模式建立专家咨询系统，技术和资源配置及调运系统，并建立专门机构进行管理协调。

九、南水北调中线一期工程总干渠供水调度方案研究及编制

运行调度直接影响中线工程是否能正常运行，事关重大。2006年《南水北调中线一期工程可行性研究总报告》将总干渠调度及控制运行研究列为需要开展的特殊专项研究工作。

本项目研究的总体目标为：在满足汉江中下游用水的前提下水，根据丹江口水库存水、入库径流及受水区需调水量，制定确定丹江口水库调水量及其分配的规则；制定适合南水北调中线工程特点的运行调度策略和控制建筑物运行规则，将丹江口调出水量按计划、安全、适时、

适量、高效地输送到各分水口门。

本项目的总任务是：确定面临时段丹江口水库的可调出水量和受水区的需调水量，制订供水计划；开发总干渠控制过程的水力学响应的模拟模型；制定正常运行、冰期输水、事故情况下的控制策略；对控制软件进行总集成并编写调度规程；利用本项目的成果，进行京石段应急供水的调度。

主要的成果如下：

（1）临时通水前编制了《京石段应急供水工程2008年临时通水运行实施方案》《京石段应急供水工程临时通水总干渠输水调度规程》《京石段应急供水工程2010年临时通水运行实施方案》，提出了各种工况下的运行调度策略及应急预案，为通水调度顺利进行做了充分准备。

（2）从入库径流预报模型、汉江中下游需丹江口水库下泄水量确定规则、丹江口水库综合调度模型三方面展开研究，制定了丹江口水库可调水量优化调度图，构建了丹江口水库可调水量计算模型和供水量计算模型。

（3）建立了受水区水循环模拟模型、基于贝叶斯理论的中线工程水源区与受水区中长期径流概率预报模型和受水区水资源优化调度模型及系统。

（4）渠道系统冬季运行分为：冰期前过渡、初封期、稳封期及冰期后过渡，并初步提出了各个阶段的运行特点及控制原则。结合渠道系统冰水力学的特点（断面均一、流量可控、渠系由节制闸划分为若干个长度有限的渠段），建立了冰期输水数值仿真模型。

（5）对控制建筑物的启闭规则进行了研究探讨，构建了正常运行调度模拟模型，并选取了全关和全开两个极端运行工况，通过对计算成果的分析，验证了所提出的控制策略和控制建筑物启闭规则的合理性、可行性和安全性。为提高水量调度模型的可操作性和交互性，构建了基于GIS平台的中线水量调度系统，将研究编制的供水计划生成模型、水力学模拟模型及正常运行调度模拟模型进行了集成，提高了水量调度模型的操作性。

（6）根据突发事件的性质与机理，结合供水调度实际情况，将总干渠突发事件分为水质污染、渠道及建筑物结构破坏、设备故障和社会安全等四类。根据突发事件的严重程度、可控性和影响范围等因素将事件分为四级。提出了突发事件预防预警机制和应急响应程序与流程，并针对四类突发事件的级别分别提出了相应的应急调度和处置措施，是应急预案编制的基础。

（7）供水调度软件集成与调试。

十、基于GIS的南水北调东线一期工程沿线生态效应评价系统

以江苏省境内南水北调东线一期工程沿线区域为研究对象，构建调水沿线生态环境资源（包括气候、土壤、水、生物等自然资源）和农业生产系统（包括主要社会经济资源和主要农业生产信息等）的数据库，建立基于GIS的调水工程沿线信息管理系统，该系统既能系统运行所需的基础数据，又能处理和分析下列子系统运行的结果并进行系统特征的空间作图，实现调水工程沿线特定区域的档案信息管理。

1. 研究内容

（1）通过典型区域调查、取样分析，重点分析预测主要农业面源污染物对水质劣变的效应，建立农业面源污染对调水工程沿线水质的劣变预测与评价模型。

（2）根据施工地区植被覆盖度及地面坡度，结合实际施工开挖扰动及弃土弃渣堆放情况，

以无工程建设时的水土流失为背景,采用模拟与实际冲刷试验相结合的方法,建立调水工程运行期沿线新增水土流失量的预测模型,对新增的水土流失量进行预测和生态效应评价。

(3)根据调水工程运行期沿线区域供水数量,建立调水工程沿线种植制度的效益进行评价。

(4)基于上述各项研究成果,建立基于多指标模糊评价技术的生态效应评价模型,研制基于模型和GIS的具有评价、分析、监制、预警和图示功能的调水工程沿线生态效应评价系统。

2.研究目标

通过农业面源污染对调水工程沿线水质的劣变预测与评价、新增水土流失量预测与评价、种植制度效益评价等研究,研制基于模型和GIS的调水工程沿线生态效应评价系统,直接为南水北调东线工程江苏段沿线生态效应评价提供理论指导和技术支撑,对于整个南水北调工程沿线的生态效应评价也具有重要的借鉴意义。

3.研究成果

(1)建立的农业面源污染影响调水工程沿线水质劣变模型和调水工程运行期沿线新增水土流失量预测模型,具有完善的指标体系,前者可重点分析预测主要农业面源污染物对水质劣变的效应,后者能准确定量估算不同区域水质劣变、新增水土流失量的状况,均具有较好的机理性和可靠的预测性。

(2)基于模型和GIS的调水工程沿线生态效应评价系统具有评价、分析、监测、预警和图示功能,体现出综合性、智能化特点,系统功能全面、操作灵活、界面友好、可维护性和通用性强,运行精度达90%以上。

(3)发布主系统和子系统软件2~3个,成果整体达到国内先进水平,在核心期刊发表学术论文3~5篇。

十一、南水北调东线江苏段建筑与环境保护发展研究

立足建设现代水利、可持续发展水利的要求,针对我国水利工程传统规划设计在建筑与环境方面缺乏科学、系统的理论、方法指导,工程功能与相关社会、生态环境协调不够,综合效益不能充分发挥等问题,通过跨学科综合研究,在对南水北调东线工程调水线路、工程特点、自然条件、历史人文等进行系统分析基础上,重点探索在国家大型水利工程建设中建筑环境的保护与发展,在更大层面上发挥国家大型基础设施的综合作用,实现供水功能、生态功能、环境保护、景观效应的有机结合。研究从"站点-分区-廊道"三个系统及沿线整体、水利设施系统,以及站点内部系统三个层面对南水北调东线江苏段进行统筹规划。

1.研究内容

(1)区域层面研究"和谐发展"为导向的水利与周边社会经济、自然生态系统的关联互动关系:通过研究水利基础设施和周边社会经济发展、自然生态系统、城镇建设、新农村建设发展的作用,构建了围绕水利基础设施建设的"运河文化线路、水利遗产廊道、景观游憩廊道、城镇经济廊道"四位一体的廊道体系。对于促进国家大型基础设施建设与周边经济社会发展的融合、实现和谐发展具有重要引导作用。

(2)总体层面构建"统筹协调"为特点的水利基础设施区域整体系统:研究参照城镇体系规划的理论与理念,通过分析沿线各站点的建设环境与站点规模等,构建了站点分级分类体系

和分区系统，明确各站点的定位、功能、规模与特色，形成有机联系、统筹布局和发展的水利站点系统。

（3）建设实施层面构建以"集约建设"为目标的综合水利基础设施建筑环境管理体系：采用通则性控制与特色性引导的方式，以水利基本要求和城市强制性规定为依据，对绿线、蓝线、紫线、黑线及交通设施等要素进行控制，划定可供站区建设的用地范围，对标志性建筑的建筑型制、建筑色彩、建筑高度等要素进行引导，从通则性控制、特色性引导两个方面共8个属性提出控制要求，构建了整体层面与节点层面的控制性图则与建筑设计导则。

2. 鉴定意见

江苏省水利厅组织对本项目科技成果进行了鉴定，鉴定意见如下：

（1）课题以南水北调东线江苏段工程为研究区域，对调水线路、工程特点、自然条件、历史人文、经济社会环境等进行了系统研究，探索运用大型水利工程建筑与环境规划设计的综合集成方法，研究目标明确，理念先进，技术路线正确，方法科学。

（2）课题组应用景观生态学和文化生态学理论，通过跨学科的研究和应用地理信息系统等定量分析的方法，提出工程综合分区与分级，各分区的建设与建筑及环境规划设计的基本理念和控制要求，构建"运河文化线路、水利遗产廊道、景观游憩廊道、城镇经济廊道"四位一体的廊道体系，采用通则性控制与特色性引导相结合的方式，提供了整体层面与节点层面的控制性图则与建筑设计导则。研究成果可靠，具有较强的可操作性和推广应用价值。

（3）课题研究有以下创新。

1）本课题研究突破传统水利工程理念，为建设水利精品工程，拓展和提升水利工程建筑的生态、景观、文化等功能，提供了科学依据，具有探索和开创性。

2）将大型水利工程建筑与沿线区域生态、人文、社会环境的保护发展进行综合系统研究，首次提出了大型水利工程建筑与环境的统筹研究方法，建构了大型水利工程建筑与环境规划设计中多领域整合的集成体系。

3）确定了大型水利工程建筑与环境规划的设计原则与控制标准。在水利规划领域首次应用量化的站点评价指标体系，提出了可操作的《规划设计导则》，起到了指导作用。

研究成果已在南水北调东线一期江苏段工程中应用，并可作为南水北调东线工程建筑与环境设计的依据。

综上所述，研究成果达到国内领先水平，部分达到国际先进水平。

3. 推广应用

推广应用情况如下：

（1）作为国务院南水北调办编制东线工程建筑与环境总体规划的工作依据及主要内容。本研究成果已被国务院南水北调办组织编制的《南水北调东线一期工程建筑与环境总体规划报告》采用，并经批复作为南水北调东线江苏、山东境内88个设计单元工程初步设计及以后各阶段规划设计的依据。

（2）南水北调东线一期江苏境内工程应用情况。本研究成果在南水北调东线一期江苏境内泵站及河道工程建筑与环境设计中充分运用。江苏境内17座新建及改造泵站、6条新开挖或扩挖输水河道中，有12座泵站、2条河道工程均根据本课题提出的"建筑与环境规划设计导则"等研究成果开展了站区建筑与环境专项设计。

1）对南水北调东线江苏段工程功能和形象的总体提升。本课题立足南水北调工程建设目标需要，将江苏段南水北调工程与输水沿线关联生态、社会、经济环境的保护与发展统筹规划，提出了"人水和谐、资源集约利用、可持续发展、景观生态相协调"的先进规划设计理念，确立了"展现水利科技历史与发展成就，彰显输水干线运河文化，构筑输水沿线景观生态廊道，提升水利资源价值，促进区域经济发展"的功能定位，实现了南水北调工程供水功能与生态功能、社会经济效益的有机结合，极大地提升了南水北调东线江苏段工程综合功能以及整体形象。

2）对单项工程建筑与环境工程规模的控制与功能的定位。本课题在水利规划领域首次提出和运用量化站点评价指标体系等科学技术手段，提出了江苏境内输水沿线不同站点建筑与环境工程的建设规模与基本功能定位，为单项工程建筑与环境规划设计明确了设计目标。

3）对单项工程建筑与环境专项规划设计方案、内容的规范与指导。依据本课题提出的总体建筑功能与布局管理通则、建筑材料、节能与安全等研究成果，南水北调江苏境内工程项目法人提出了各站点管理区建筑与环境专项设计管理工作思路，并编制了各单项设计指导意见。一方面明确了单项设计范围及内容，设计范围扩大至用地范围内的整个生产、生活空间，水文化环境，将生产用房、管理用房、环境绿化等整体考虑。设计内容则包括总体规划、结构、给水排水、建筑电气、其他设备、工程概算等，也就是项目范围内要做的均纳入设计，比以往任何设计内容都更完整、专业更齐全。另一方面对站区总平面布局、建筑功能布局、建筑立面设计、景观设计、环境建设等关键设计要素提出了控制性要求，使各单项设计目标明确、有据可依，提高了设计效率，提升了设计水平。

4）对大型水利工程众多设计专业的协调与衔接。传统的水利工程设计，对于工程总体布置，往往考虑得最多的是站址选择、枢纽各建筑物间的布置、施工组织等，忽视了整个用地范围内的功能分区研究、交通分析、景观分析、植物设计、室外管网和配套设施设计等工作，缺少水工与建筑、环境的整体设计，而且建筑专业与水工等专业脱节，往往等水工、水机、电气等专业基本布置结束后，甚至在水下结构部分施工完毕后才予以考虑，建筑布局基本由水工专业决定，建筑专业被动接受，导致出现房屋功能布置不合理、面积浪费、结构布置缺陷等问题。南水北调工程运用本课题成果，在工程设计建筑与环境设计组织过程中推行"建筑专业主导，功能决定形式"的理念，加大对建筑专业的协调力度，在泵站厂房、控制楼的设计中积极推行建筑专业的主导地位，取得了很好的效果。

5）有利于大型水利工程建设的投资控制与资源集约利用。东线江苏境内项目法人在建设管理中，充分运用本课题研究成果，优化建筑与环境功能布局与规划设计方案，并在平面布局、施工组织等方面与主体工程统筹考虑，实现对建筑与环境工程建设全过程的集约化管理，不仅提升了建设质量，而且在很大程度上节约了工程投资，节省了土地资源。

（3）在江苏其他水利工程中的应用。本课题提出的规划设计理念、方法、控制性设计导则等研究成果被设计单位普遍运用，并在其他水利工程中得到推广，对改进水利工程建设与环境的设计理念，提升水利规划设计水平，发挥工程综合效益，起到了重要促进作用。

十二、南水北调东线一期江苏境内工程单元控制管理研究

针对南水北调东线江苏段一期工程开展研究，具体内容包括：江苏境内设计单元工程前期

工作总结研究、设计单元工程影响因素分析、设计单元工程建设管理研究。

研究表明，南水北调东线江苏段一期工程设计单元工程的设计、施工阶段有较多不确定的影响因素，可概括为客观因素、设计方因素、业主方因素和施工方因素等。

主要创新点如下：

（1）对于与合同价构成相关原因引起投资偏差的预测，利用市场提供的数据，采用 GM(1，1)—马尔柯夫链模型/方法；对于与合同价构成无关原因引起投资偏差的预测，选择已完建类似典型工程，采用类比分析方法。

（2）采用 MC 模拟仿真方法分析工程进度目标可能的实现程度；采用挣值法对工程累计进度、累计费用偏差情况进行分析，可较好地识别工程进度和费用失控的原因是属管理不当还是资源供应不足。用挣值法描述已经实施工程的进度情况时，若结果表明工程进度滞后，则这种滞后资源性的，即施工过程资源供应不足，而不是一般的进度安排不合理。用挣值法描述已经实施工程费用变化情况时，若工程费用增加，则说明已实施工程的工程单价发生了变化。

（3）本项研究主要针对工程建设管理的需要，建立了统计体系，并针对项目法人管理水平的评价，建立了评价指标体系和权重体系。评价指标体系主要围绕建设目标设立，分工程按时完工率、工程按月完工率、主体工程优化度、主体工程分部工程优良品率、工程质量与安全事故率、招标设计阶段投资控制率、施工阶段投资控制率、施工阶段投资控制率和工程建设管理成本，他们的权重分别为 12%、3%、6%、18%、6%、14%、21% 和 20%。

十三、南水北调东线里下河水源调整及水资源优化配置研究

根据南水北调东线工程规划，里下河水源调整工程的作用是：一是将目前常年由江都站抽引供给里下河自流灌区的大部分抽水量置换出来用于北调；二是要常年保证宝应站抽 $100\mathrm{m}^3/\mathrm{s}$ 流量的站下水位和调整灌区按现状用水水平引水灌溉。因此，里下河水源调整工程在南水北调东线一期工程中的作用和地位十分重要。

针对南水北调东线里下河水资源配置进行研究。主要包括如下内容：

（1）区域水资源优化配置的理论分析：对于区域水资源优化配置，需要从区域复合系统的现状和发展目标出发，建立水资源配置模型，寻求经济、社会、环境效益相协调的水资源配置方案。

（2）区域水资源需求量预测及优化配置模型研究：通过建立模型对整个里下河区域做量化研究。

（3）里下河水源调整及淮水利用研究：探讨了为实现南水北调东线工程的目标，对里下河地区水源调整的要求；探讨了里下河水源调整的规划及方案，并对里下河水源调整地区利用淮水的概率进行了计算分析。

（4）南水北调东线里下河区域水资源优化配置研究：在相关水资源综合评价和水资源规划工作的基础上，对里下河区域 2010 年、2020 年水平年水资源需求量进行预测。综合考虑各种因素设计了 2010 年、2020 年里下河区域典型的水资源配置方案，并进行了优化配置计算及分析，为里下河区域水资源优化配置提供决策支持。

（5）里下河区域水资源优化配置保障措施研究：在加强供水工程规划建设的同时，必须全面推行节水型社会建设，改革水资源管理体制，积极调整工农业产业结构，切实落实水资源保

护各项措施，建立工程措施和非工程措施相结合的保障措施。

本研究将为南水北调东线工程运行后，保证南水北调东线工程规划的北调供水目标的实现。同时，实现里下河区域水资源优化配置，为缓解区域用水紧张问题，提供一定的参考和借鉴作用。

十四、南水北调工程先期完成项目运行维护管理研究

从地区经济发展的客观情况和先期完成项目运行维护管理的实际出发，以对南水北调工程及其项目法人的调研成果为依据，借鉴类似工程的先进管理经验，对先期完成项目运行维护管理模式、管理单位的选择，政府、项目法人、运行维护管理单位三者管理行为的关系，运行维护管理责任划分，运行维护管理经费的来源，运行维护管理经费标准，运行维护管理监督与考核等进行分析和研究，建立了职能清晰、权责明确的先期完成项目运行维护管理模式，管理科学、效率优先的运行维护管理单位运行机制，准市场化、专业化和社会化的工程运行维护管理体系，规范的资金投入、使用、管理和监督机制，完善的监督和考核机制。

通过研究得到如下结论：

（1）重视过渡期运行维护管理工作。过渡期是南水北调工程生命的有机组成部分。在过渡期内，南水北调工程长期处于边建设边运行的状态，建设期和运行期将有较长时间的重叠和并存期，过渡期的运行维护管理是整个南水北调工程运行维护管理的主要环节。因此，应当重视南水北调工程过渡期的运行维护管理工作。

（2）过渡期运行维护管理工作属于公益性。过渡期运行维护管理的总体目标和具体目标主要反映了已建工程的完好性和非经济性目标，难以依靠先期完成项目的运行收入支付其运行维护管理相关费用，需要设立单独的资金渠道，以维持先期完成项目的运行维护管理资金的需要。

（3）过渡期与建设期、运行期应当实现有效地衔接。南水北调工程生命周期除了包括建设期和运营期外，还包括过渡期。南水北调工程在建设期、过渡期和运行期内的管理体制、管理模式、管理任务、管理目标、管理性质都有各自的要求。因此，在确定过渡期运行维护管理的相关问题时，应当充分考虑建设期管理和运营期管理的要求和特点，以确保过渡期与建设期、运营期的有效衔接，满足不同类别的工程运行维护管理的需要。

（4）过渡期运行维护管理要适应"准市场"机制的要求。按照社会主义市场经济体制的基本要求，并结合南水北调工程特点、经济属性、先期完成项目运行维护管理特点，南水北调工程先期完成项目运行维护管理应当引入市场机制，应当发挥政府在资源配置方面应有的作用，主要体现在两个方面：一是政府宏观调控；二是引入市场机制。

（5）项目法人组织形式与资源需求要实现稳定过渡。项目法人需要同时承担着南水北调工程建设管理和正常运行管理工作，同时也要有效地实施南水北调工程过渡期的运行维护管理工作。这三个阶段的管理内容和管理方式有较大的不同，所依赖的组织形式和资源数量也不相同，由于项目法人在三个不同时期的管理工作内容具有时间上的连续性，因此紧密结合建设管理方式和建设管理模式，系统地考虑项目法人在建设期、过渡期和运行期不同的组织形式和资源需求，保证在不同阶段的有效衔接，直接关系到南水北调工程功能的顺利发挥。

（6）稳定的资金渠道是确保过渡期运行维护管理的物质保证。南水北调工程先期完成项目

运行维护管理资金还没有一个明确的来源渠道。为先期完成项目运行维护提供物质条件，确保南水北调工程先期完成项目的完好无损，应当针对南水北调工程过渡期运行维护管理具有公益性这一特点，根据南水北调工程先期完成项目运行维护管理专项资金，为南水北调工程先期完成项目的运行维护管理提供物质条件。

十五、基于市场需求的江苏水源公司运行调度管理研究

南水北调东线工程是在江水北调工程上的拓展，工程建成后将形成连接长江、淮河、黄河、海河的水资源大系统，该水资源系统是一个多流域、多水源、多目标的复杂大系统，涉及多个省（直辖市）和众多用水部门，因此，南水北调工程与江水北调工程相比运行管理更复杂，面临的问题也更多。项目具体研究内容如下。

1. 主要内容

（1）在分析江水北调工程运营现状和南水北调工程运营管理研究现状的基础上，总结东线运营初期运行管理面临的问题，进行基于市场需求的江苏水源公司运营初期运行管理理论研究，包括东线基于市场需求的运营初期调度模式、调度流程研究、调度计划体系研究、调度计划制定程序研究。

（2）江苏水源公司运营初期调度管理关键技术研究。包括南水北调东线新老工程调度决策研究，构建基于 CAS 的江苏水源公司中长期调度模型，构建江苏水源公司实时调度模型。

（3）构建基于市场需求的江苏水源公司运行调度管理系统框架。给出系统总体结构，构建系统应用支撑平台，构建中长期调度计划系统框架，构建实时调度管理系统框架。

（4）对南水北调东线运营初期风险进行识别与评估，进行南水北调东线运营初期水质风险的预警与应急研究。

2. 主要成果

通过研究，得到如下主要成果：

（1）基于 CAS 的江苏水源公司运营初期中长期调度模型。南水北调东线工程黄河以南以洪泽湖、骆马湖、南四湖和东平湖作为调蓄水库，将长江干流引水通过 13 级梯级泵站逐级提升引入东平湖。其中，江苏境内包含 9 级梯级泵站，总扬程为 40 余米，两条调水线路全长 1000 余 km。在调蓄水库中，南四湖由二级坝分为上级湖和下级湖两部分，坝体设有抽水泵站。根据湖泊自身的调蓄补偿能力，以五大湖泊为基础将南水北调东线工程黄河以南区域分为五片，即洪泽湖片、骆马湖片、下级湖片、上级湖片和东平湖片，水量调配模型简化如图 5—9—1 所示。

（2）江苏水源公司运营初期实时调度模型。实时调度作业流程如下：

1）进行水资源实时分析。

2）进行农业需水实时预测。农业要从粗放经营管理向集约经营管理转变，因此，根据作物需水规律及当地供水条件，在有效利用降水和灌溉水的基础上进行农业需水预测。

3）以各供水局为分区，对其管辖范围进行水量实时配置，确定所需的调水量，形成短期需求计划，该计划是各供水局实际需要的水量。

4）水源公司根据各供水局报上的短期需水预测和水资源实时分析结果，进行供水区全局平衡，完成供水区水量实时配置。

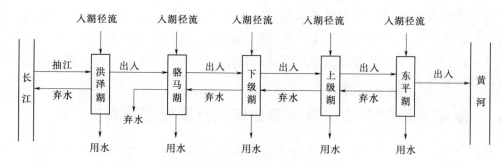

图 5-9-1　水量调配模型简化图

5）如果各供水局的调水需求不需要调整，那么水源公司进行供水区水量实时配置的结果为短期调度计划。该计划上报水行政主管部门，如果不需要调整，此便为水源公司的短期调度计划；如果需要调整，水源公司需要重新进行供水区水量实时配置。

6）短期调度计划确认后，和各供水局签订调水执行合同。

7）根据供水合同，水源公司进行泵站优化运行计算，得到调水作业计划。如果该计划可行，没有遇到紧急情况，则执行该作业计划，并发挥监控、反馈；如果实际情况与计划有偏差，寻找原因，重新进行分区水量分配、供水区水量实时配置、水泵优化运行计算。

8）在执行调水作业计划前，如果有各种突发事件，造成水不安全，则需要无条件执行政府部门制定的应急计划，此时调水控制权由政府控制，水源公司具体执行。

（3）基于市场需求的江苏水源公司运营初期运行调度管理系统框架。南水北调东线水资源调度运行管理系统是一个以信息传输、运行监控为基础，综合数据中心为纽带，优化配置与实时调度相结合的多目标水资源决策支持系统。它是一个必须具备先进性和实用性的水资源决策支持系统，该系统不但能进行来水需水的预报预测，提供基于优化模型的水资源配置和调度决策方案，而且提供对调度运行状况的实时监控和视讯会商功能，为决策方案的制定和执行计划的滚动修正提供支持。南水北调东线水资源调度运行管理系统总体框架主要包括基础支撑平台、应用支撑平台、应用系统以及系统运行实体环境和组织保障、技术标准、政策法规等。

（4）南水北调东线运营初期水质风险的预警预报模型。水质模型是描述水环境中物质混合、输移和转化规律的数学模型的总称。除物理的作用以外，水质模型还要涉及水体中污染物质的生物化学反应，是在分析各种水环境中所产生的物理、生物和化学现象的基础上，依据物质质量、能量和动量守恒的基本原理，应用数学的方法来建立计算模型，借助于一些水质指标的物理或生物化学试验和天然观测资料来帮助确定计算参数，计算水质在时间和空间上的变化，预警预报水质状况，为水质保护以及水资源的管理和控制服务。

第六章　专家技术咨询

第一节　咨询组织管理

为发挥各方面专家作用，完善南水北调工程建设重大问题的科学民主决策机制，保证南水北调工程建设的顺利进行，国务院南水北调工程建设委员会成立了专家委员会。专家委员会是南水北调建设委员会的高级咨询组织，也是联系南水北调建设委员会与社会各界专家的桥梁和纽带，围绕工程建设在勘测设计、施工、移民安置和生态环境等方面的重大专业技术问题及运行管理中的难点问题进行咨询。

专家委员会的主要任务是对南水北调工程建设中的重大技术、经济、管理及质量等问题进行咨询，对南水北调工程建设中的工程建设、生态建设（包括污染治理）、移民工作的质量进行检查、评价和指导，有针对性地开展重大专题的调查研究活动。

专家委员会设顾问三名、主任委员一名、副主任委员四名，分设三个专业组。成员主要由中国科学院、中国工程院、国务院南水北调工程建设委员会成员单位推荐产生，并吸收一部分有关勘察设计、科研、教育、施工、环境等单位的知名专家学者。专家委员会的日常管理工作由秘书处负责，秘书处在秘书长领导下负责专家委员会章程规定的职责及专家委员会决议事项的组织落实工作。秘书处设在国务院南水北调办。

国务院南水北调办不定期邀请有关专家参与南水北调工程的质量检查、项目（课题）评审、研讨咨询及作学术报告。

第二节　工程技术咨询

专家委员会遵循国务院南水北调工程建设委员会的工作部署，围绕工程建设中的重大关键技术、施工工艺、质量监督等问题开展技术咨询活动，对工程建设起到了积极的推动作用。

专家委员会开展的主要工程技术咨询工作如下（2004—2017年）：

（1）南水北调中线一期工程咨询。

（2）南水北调中线北京段西四环暗涵工程技术咨询。

（3）中线一期工程冰期输水问题研讨。

（4）南水北调东、中线一期工程技术座谈。

（5）北京段、河北段工程关于预防混凝土碱骨料反应问题调研。

（6）《南水北调中线一期丹江口水利枢纽混凝土坝加高工程施工技术规程》（征求意见稿）评审。

（7）《南水北调中线一期穿黄工程输水隧洞施工技术规程》（征求意见稿）评审。

（8）南水北调西线工程深埋、长大隧道关键技术及掘进机应用研讨。

（9）山东新薛河生物治污示范工程调研。

（10）《大掺量磨细矿渣技术在南水北调中线天津干线工程中的研究与应用》技术咨询。

（11）南水北调中线惠南庄泵站技术咨询。

（12）南水北调工程重大关键技术研究及应用课题技术咨询。

（13）中线总干渠渠道超高及边坡系数合理选择技术咨询。

（14）南水北调东线工程平原水库设计几个技术问题咨询。

（15）南水北调中线水源工程丹江口大坝加高技术咨询。

（16）《南水北调东线一期工程低扬程大流量水泵机组技术研究及应用》成果技术咨询。

（17）《南水北调中线总干渠膨胀土边坡处理河南南阳试验段实施报告》技术咨询。

（18）《南水北调中线干线工程总干渠初步设计金属结构设计技术规定》等6个技术规定评审。

（19）南水北调一期工程建设规模问题技术咨询。

（20）《南水北调中线一期工程渠道边坡设计专题研究报告》及《南水北调中线一期工程渠道地质参数研究报告》技术评审。

（21）《南水北调中线一期工程总干渠初步设计环境保护设计技术规定》等3个技术规定评审。

（22）《南水北调中线一期工程渠岸超高专题研究报告》技术评审。

（23）南水北调东线水泵机组监理（监造）技术咨询。

（24）南水北调中线一期工程河南潮河段线路比选设计方案技术调研。

（25）《大掺量磨细矿渣技术在南水北调中线天津干线工程的试验研究》成果技术评审。

（26）南水北调东线一期治污工作调研。

（27）南水北调中线京石段应急供水工程（石家庄至北拒马河段）生产桥桥型比选技术咨询。

（28）南水北调中线一期工程膨胀土（岩）处理试验情况技术咨询。

（29）南水北调中线一期工程征地补偿和移民安置实施情况调研。

（30）南水北调中线一期穿黄工程盾构施工技术咨询。

（31）《南水北调中线一期工程总干渠初步设计建设征地实物指标调查技术规定》及《南水北调中线一期工程总干渠初步设计建设征地移民规划设计及补偿概算编制技术规定》技术评审。

（32）南水北调专家委员会与美国中亚利桑那长距离调水工程（CAP）技术交流。

（33）《南水北调京石段应急供水工程2008年临时通水运行实施方案》（送审稿）技术评审。

（34）南水北调工程桥梁设计、施工技术研讨。

（35）自密实混凝土设计、施工技术研讨。

（36）穿黄隧洞无黏结预应力衬砌地面试验工作技术咨询。

（37）京石段应急供水工程自动化调度与运行管理决策支持系统招标文件（技术条款）技术评审。

（38）京石段应急供水工程2008年冬季输水问题研讨。

（39）南水北调中线一期工程总干渠膨胀岩试验段（潞王汶段）现场试验研究中间成果技术评审。

（40）南水北调中线穿黄工程Ⅱ-B（A）标盾构加压进仓检查与刀具（盘）维修有关问题技术咨询。

（41）新型直剪试验法在岩土工程中的应用技术研讨。

（42）丹江口大坝溢流坝堰面加高相关问题技术研讨。

（43）小浪底工程引水供京、津地区应急方案专家座谈。

（44）南水北调西线第一期工程前期工作座谈。

（45）穿黄工程盾构机刀盘修复及刀具改造技术咨询。

（46）《南水北调远西线工程后续水源及相关设想综合分析》专题研究报告技术评审。

（47）《京石段应急供水工程临时通水风险初步分析》专题研究报告技术评审。

（48）《南水北调中线一期工程渠道通过焦作煤矿采空区可能性初步研究》专题研究报告技术评审。

（49）《南水北调工程现阶段质量管理效果和对策研究》专题研究报告技术评审。

（50）南水北调中线总干渠南阳膨胀土试验段现场试验研究技术咨询。

（51）南水北调中线一期工程沙河渡槽设计施工技术咨询。

（52）南水北调中线干线京石段左岸排水工程汛期运行风险技术咨询。

（53）丹江口大坝加高工程左岸土石坝心墙加固及河床坝段帷幕补强方案技术咨询。

（54）南水北调中线京石段供水工程临时通水运行情况调研。

（55）南水北调中线一期穿黄工程隧洞衬砌1∶1仿真试验研究阶段成果技术评审。

（56）南水北调中线干线河滩卵石地基处理方案技术咨询。

（57）南水北调中线京石段应急供水工程渠道糙率原型测试成果评审。

（58）南水北调中线汉江兴隆水利枢纽工程技术咨询。

（59）南水北调东线二级坝泵站工程技术咨询。

（60）南水北调中线一期工程沙河渡槽设计施工技术咨询。

（61）南水北调中线一期总干渠京石段应急工程河北省渠段工程量分析研究报告评审。

（62）南水北调中线穿黄工程盾构机到达和始发阶段施工方案技术咨询。

（63）南水北调东线河道疏浚淤泥泥水快速分离固结技术咨询。

（64）南水北调东线泵及泵站工程关键技术咨询。

（65）南水北调工程混凝土结构抗震设计技术研讨。

（66）南水北调工程总干渠冬季冰期输水中外技术交流。

（67）南水北调东线一期工程水污染防治工作调研。

（68）南水北调中线工程天津市1段穿越京沪高速施工方案技术咨询。

（69）《南水北调水权交易准市场机制设计书及影响评估的实验研究》立项建议技术评价。

（70）南水北调中线汉江中下游治理工程技术咨询。

（71）黄河以南高地下水位渠道设计方案技术咨询。

（72）南水北调中线总干渠焦作2段白庄地裂缝处理技术咨询。

（73）《南水北调中线一期工程总干渠禹州段煤矿采空区稳定性研究报告》技术评审。

（74）盾构隧道开舱及维护技术研究专题技术评审。

（75）丹江口大坝加高工程溢流坝堰面延期加高重大设计变更报告技术评审。

（76）南水北调中线总干渠膨胀土试验段试验研究中间成果技术咨询。

（77）南水北调中线一期总干渠京石段应急工程河北省渠段工程量分析研讨。

（78）南水北调中线一期工程沙河渡槽设计施工技术咨询。

（79）南水北调中线工程冰期输水能力模式及冰害防治研究技术咨询。

（80）南水北调中线工程水力学参数系统辨识关键技术研究技术咨询。

（81）南水北调中线河南段工程设计工作调研。

（82）丹江口库区移民安置（河南省）调研。

（83）南水北调中线总干渠焦作1、2段穿越市区主要技术问题讨论。

（84）南水北调东线山东平原水库工程技术咨询。

（85）南水北调中线膨胀土（岩）试验段技术成果总结交流研讨。

（86）南水北调中线邯邢段填方渠道泥砾开挖料利用技术咨询。

（87）南水北调中线汉江中下游治理工程技术咨询。

（88）南水北调东线河道疏浚淤泥综合处置关键技术研究与应用技术咨询。

（89）南水北调中线总干渠禹州段煤矿采空区注浆试验成果技术咨询。

（90）南水北调中线河南省境内矿区渠段变形监测与稳定性分析研究项目技术咨询。

（91）南水北调中线总干渠衬砌抗冻蚀混凝土施工工艺专题研究技术咨询。

（92）南水北调中线总干渠邢台梁村交通涵洞下穿高填方渠道设计方案技术咨询。

（93）丹江口水库试验性蓄水专题技术讨论。

（94）《水库土工膜防渗工程的气胀机理及工程技术试验研究》成果技术评审。

（95）《南水北调中线一期工程湍河渡槽1:1仿真试验中间成果和首跨槽身施工技术咨询会》技术咨询。

（96）《南水北调中线工程典型渠段和建筑物冰期输水物理模型试验研究（中期报告)》技术咨询。

（97）高聚物注浆技术应用于南水北调工程可行性分析报告技术评审。

（98）南水北调工程山东平原水库土工膜施工技术咨询。

（99）南水北调中线陶岔渠首枢纽工程新老闸衔接施工技术咨询。

（100）南水北调东、中线一期主体工程运行初期供水价格问题技术咨询。

（101）南水北调中线穿黄隧洞工程施工技术咨询。

（102）南水北调中线双洎河渡槽工程施工技术咨询。

（103）南水北调天津干线保定市 2 段箱涵上浮问题处理技术咨询。

（104）南水北调中线一期工程湍河渡槽工程第二次施工技术咨询。

（105）南水北调中线一期工程总干渠应急调度措施预案研究技术咨询。

（106）南水北调中线一期工程总干渠输水调度闸门控制模式及指令生成软件开发技术咨询。

（107）《南水北调中线一期工程总干渠供水调度软件集成与调试研究报告》技术咨询。

（108）《南水北调中线工程丹江口大坝加高钢闸门及埋件加固修复验收质量检测标准》技术咨询。

（109）丹江口水库大坝专项安全鉴定成果技术评审。

（110）《南水北调待运行期工程管理维护方案编制导则（试行）》技术咨询。

（111）南水北调中线总干渠膨胀土（岩）渠道施工专题调研。

（112）南水北调东线一期工程治污专题调研。

（113）《南水北调工程土方填筑压实度检测方法——核子密度仪法的适用性研究》技术评审。

（114）《南水北调中线干线工程总干渠填方渠段沉降问题研究中间成果报告》技术咨询。

（115）南水北调中线工程膨胀土和高填方渠道建设关键技术研究与示范项目中间成果技术咨询。

（116）南水北调中线总干渠系杆拱桥设计施工技术研讨。

（117）南水北调中线一期丹江口大坝加高工程蓄水安全评估（鉴定）成果技术评审。

（118）《输引水工程施工质量通病与防治》技术咨询。

（119）南水北调中线一期工程总干渠南阳 3 标桩号 106＋090～106＋188 渠段右岸滑坡处理技术咨询。

（120）南水北调中线总干渠填方渠段填筑缺口沉降期相关技术问题咨询。

（121）南水北调中线一期工程总干渠南阳 3 标 106＋090～106＋188 渠段右岸施工期滑坡处理报告技术咨询。

（122）《南水北调中线一期总干渠充水试验专题设计报告》技术评审。

（123）南水北调中线工程预应力施工专题调研。

（124）南水北调中线工程预应力施工专题调研"回头看"。

（125）南水北调东线工程治污规划实施情况评估。

（126）南水北调中线一期工程丹江口水库库底清理工作调研。

（127）2013 年工程质量检查。

（128）南水北调东线一期工程质量评价。

（129）南水北调中线工程《冰凌观测预报及应急措施关键技术研究》与《典型渠段和建筑物冰期输水物理模型试验研究》报告技术咨询。

（130）《南水北调中线一期工程总干渠运行调度规程初稿》（送审稿）技术咨询。

（131）《南水北调中线一期工程总干渠工程抢险规划方案设计报告》技术咨询。

（132）南水北调东中线一期工程综合运行信息管理系统（第一阶段）建设方案技术咨询。

（133）《南水北调中线一期工程内排段地下水水质本底值调查监测报告》技术评审。

（134）《南水北调中线渡槽工程质量和结构安全分析报告》技术评审。

（135）南水北调东、中线一期工程综合信息管理系统（第一阶段）建设方案技术咨询。

（136）南水北调中线金结机电工程专题调研。

（137）南水北调东线配套工程调研。

（138）南水北调中线工程水质安全保障工作评估。

（139）南水北调中线工程安全风险评估项目研究方案技术咨询。

（140）丹江口大坝加高后蓄水安全监测技术咨询。

（141）南水北调中线一期工程安全风险评估项目实施方案技术咨询。

（142）南水北调中线一期工程供水安全保障对策研究工作大纲技术咨询。

（143）南水北调东线后续工程对东线工程综合效益影响分析研究成果技术咨询。

（144）南水北调中线一期总干渠供水调度方案研究及编制项目技术咨询。

（145）《南水北调中线干线工程重点建筑物安全监测成果分析报告》技术咨询。

（146）南水北调中线干线工程典型渠段 2015 年通水运行期安全监测成果分析技术咨询。

（147）南水北调中线干线北京段 PCCP 管道工程运行情况调研。

（148）南水北调东线工程通水运行水质保护工作调研。

（149）南水北调中线工程通水运行水源区水质保护工作调研。

（150）南水北调中线工程防汛调研。

（151）南水北调中线干线工程冰期输水调研。

（152）南水北调中线工程水源区水质保护技术情况调研。

（153）《南水北调工程水环境保护技术研究》成果技术评审。

（154）南水北调工程水环境保护技术研讨。

（155）《南水北调工程中线渠道运行安全状况研究报告》技术评审。

（156）南水北调中线干线工程运行规范化管理技术咨询。

（157）南水北调中线一期工程安全风险评估项目总体工作大纲技术评审。

（158）《南水北调中线干线工程内排段地下水水质监测方案》技术咨询。

（159）《智慧南水北调规划（纲要）》技术咨询。

（160）《南水北调工程渠道和建筑物位移变形监测技术研究》成果技术评审。

（161）《南水北调中线工程丹江口库区移民安置后续问题研究》成果技术评审。

（162）南水北调中线工程冰期输水调研。

（163）中线局北京分局管辖段安全监测有关问题技术咨询。

（164）南水北调东线一期工程运行管理情况检查。

（165）《南水北调东线二级坝泵站采煤沉陷问题处理分析报告》技术咨询。

（166）《南水北调东线一期工程总调度运行管理设施（生产部分）土建项目专题报告》技术咨询。

（167）南水北调中线干线工程运行调度改进工作方案技术咨询。

（168）中线局机电金结专业运行维护标准技术咨询。

（169）《丹江口大坝加高工程初期大坝混凝土缺陷处理效果评价报告》技术咨询。

第三节　主要咨询成果

一、渡槽设计与施工

（1）2009年3月23—25日，专家委员会在北京召开了中线总干渠沙河渡槽设计施工技术咨询会，结合京石段漕河渡槽建设的经验，就沙河梁式渡槽跨度选取、梁式渡槽的施工方法选择、渡槽设计中的温度应力计算、桩基工程的选型和单桩承载力安全系数问题等提出了咨询建议。

（2）2009年9月14—16日，专家委员会在北京召开了南水北调中线一期工程沙河渡槽设计施工技术咨询会。与会专家对渡槽结构计算时温度边界条件、箱基渡槽上部槽壁结构计算、渡槽保温材料等问题进行了深入细致的分析、讨论，提出了详细的咨询建议。

（3）2011年12月6—9日，专家委员会在河南南阳组织召开南水北调中线一期工程湍河渡槽1∶1仿真试验中间成果和首跨槽身施工技术咨询会。与会专家和代表考察了湍河渡槽1∶1仿真试验及首跨槽身施工建设现场，听取了各有关单位关于湍河渡槽1∶1仿真试验和首跨槽身施工情况的汇报及新大方公司关于湍河U型渡槽造槽机设计介绍汇报。会议评价了湍河渡槽1∶1仿真试验中间成果，针对仿真试验提出了建议，并对湍河渡槽初期施工中存在的技术问题进行了分析讨论，并提出咨询意见供相关单位参考。

（4）2012年8月27—28日，专家委员会在河南郑州召开了南水北调中线双洎河渡槽工程施工技术咨询会。与会专家听取了参建各方的汇报，考察了双洎河渡槽工程建设现场，查阅了相关技术资料。针对槽身一期混凝土浇筑、槽身预应力张拉、槽身后浇带混凝土浇筑、渡槽下部结构施工监测、箱基扶壁挡墙与高填方渠堤的衔接部位施工、冯庄沟老河道高填方渠道施工、监测数据分析整理、缺陷处理方法等问题提出了建议。

（5）2012年9月18—20日，专家委员会在河南平顶山组织召开南水北调中线一期工程湍河渡槽工程第二次施工技术咨询会。与会专家和代表考察了湍河渡槽槽身施工建设及1∶1仿真试验现场，听取了参建各方的汇报。针对槽身1∶1仿真试验中间成果、槽身施工进度、槽身混凝土浇筑质量、槽身接缝止水等方面提出了意见和建议，同时建议加强安全监测资料整理和分析、增设基础观测设备、重视渡槽进出口过渡段的设计与施工、加强混凝土密实度检测等。

（6）2014年7月24—25日，专家委员会在北京组织召开南水北调中线渡槽工程质量和结构安全分析报告评审会。与会专家听取了湍河渡槽、草墩河渡槽、澧河渡槽、沙河渡槽、双洎河渡槽、青兰渡槽及洺河渡槽工程有关充水试验《安全监测分析报告》和《工程质量和结构安全分析报告》编制单位的汇报，充分肯定了渡槽先期开展充水试验，对渡槽工程质量及结构安全进行评价的必要性，认为报告提出的充水试验相关成果报告资料完整、分析规范，能够反映渡槽的实际工作性态。同意报告提出的"渡槽槽身结构、进出口建筑物结构总体是安全的"等相关结论，对其中部分渡槽的安全监测资料、报告编制等提出了意见和建议，同时也对渡槽长期运行过程中的安全监测等工作提出了建议，对中线全线充水试验和正式通水起到了推动作用。

二、膨胀土试验及施工

（1）2009年2月25—27日，专家委员会在河南省南阳市召开了中线总干渠南阳膨胀土段试验研究技术咨询会。会议根据已有试验研究成果对试验段膨胀土填筑含水量、压实度、碾压机械、碾压参数的选择，掺水泥改性效果的评价方法，试验段已出现滑坡的处理和预防等提出咨询意见；对下一阶段试验、研究工作和最终成果的推荐提供有益的指导和建议。

（2）2010年9月28—29日，专家委员会在北京召开了南水北调中线总干渠膨胀土试验段试验研究中间成果技术咨询会。与会专家和代表听取了试验承担单位关于中线总干渠膨胀土段试验研究情况的汇报并进行了认真讨论，肯定了研究成果，提出了修改完善建议。

（3）2011年4月26—29日，专家委员会在北京组织召开了南水北调中线总干渠膨胀土研讨会，这是继2006年12月、2007年9月、2008年7月、2009年2月、2010年9月专家委关于中线总干渠膨胀土（岩）会议后的第六次会议。会议目的是总结交流中线总干渠膨胀土（岩）试验段最终技术成果，促进成果在生产中的应用。与会专家与代表听取了两试验段承担单位关于中线总干渠膨胀土段试验研究情况的汇报并进行了认真讨论。会议对膨胀土（岩）渠坡破坏形式、膨胀土（岩）渠道边坡开挖期间施工地质工作重点、膨胀土（岩）边坡抗滑稳定抗剪强度参数取值和稳定分析计算方法、防止膨胀土（岩）边坡破坏的工程措施、膨胀土（岩）边坡的防排水设计等方面问题，提出了咨询建议和意见。

三、穿黄工程

（1）2007年11月11—14日，专家委员会在北京召开了中线一期穿黄工程盾构施工技术咨询会，部分专家先期查勘了穿黄施工现场，会议听取了项目施工、监理、设计、建设单位关于盾构施工情况的介绍，针对施工中出现的问题进行了认真讨论。会议同意设计单位施工中出现的问题不影响管片衬砌整体结构安全的研究结论，但指出对其需高度重视。针对改进措施，同意变更模具方案，建议对于已生产暂未使用的管片进行适当改造后尽可能使用，根据问题原因分析适当降低现有弹性密封止水垫防水设计标准，并相应调整弹性密封止水垫设计形式。

（2）2008年7月17—18日，专家委员会在北京召开了穿黄隧洞无黏结预应力衬砌地面试验工作技术咨询会，会议听取了长江勘测规划设计研究院和Ⅱ-A标中隧葛联营体关于穿黄隧洞无黏结预应力衬砌地面试验工作情况的汇报。与会代表和专家进行了讨论，针对试验研究内容、地面模型试验分段、监测断面布置、非预应力钢筋配置、预留槽封填提出了意见和建议。

（3）2008年9月3—5日，专家委员会在郑州召开了穿黄Ⅱ-B（A）标盾构加压进仓检查与刀具（盘）维修有关技术问题咨询会，会议听取了穿黄Ⅱ-B标十六七联合体、穿黄Ⅱ-A标中隧葛联营体、长江院关于现场盾构施工及施工地质情况的介绍并进行了现场查看，德国海瑞克公司专家在会上做了盾构机损坏情况的预测分析发言。

会议认为根据当前Ⅱ-B标盾构道具（盘）损伤情况分析，Ⅱ-B标停止掘进、加压进仓查明情况做法是合适的，应充分重视风险、做好人员培训、制定严格的作业流程并严格执行；检查后应充分重视总结经验，拟定刀具（盘）改进、修复方案，充分调研国内已有经验并进行比选确定加固方案；建议加强设备薄弱环节，加强Ⅱ-A、Ⅱ-B两标协调，超前分析预测，在确保安全情况下及时停机检查维修，以减少机械设备损坏。

（4）2008年12月8—10日，专家委员会在北京召开了穿黄工程盾构机刀盘修复及刀具改造技术咨询会，会议听取了南水北调中线工程建管局关于穿黄项目盾构施工情况的介绍及穿黄Ⅱ-B标十六七联合体关于盾构机刀盘修复及刀具改造情况的汇报。

会议认为提出的盾构常压修复刀盘作业区域周围加固和降水施工方案是合适的，并对其中地质情况复核、渗水封堵、作业质量控制、降水过程安全监测等提出了意见和建议。会议同意施工单位对于盾构刀盘（具）损坏的原因分析，提出了修复改造方案应结合下一阶段盾构掘进地层地质情况综合考虑，注意焊接残余应力消除，刀盘边缘增加加强性型刀，先行刀、边缘铲刀结构型式、布置方式进行相应修改，更换中心刀具等意见。同时建议加强对工作面地质条件的预测和推进参数的监测、提前制定带压进舱检查和更换刀具的常规维护计划、制定严格的安全操作规程等。

（5）2009年11月9—12日，专家委员会在郑州召开了穿黄Ⅱ-A标到达南岸竖井和二次始发盾构施工技术咨询会。与会专家提出针对Ⅱ-A标制定的施工方案，应完善施工方案并制定发生意外情况的应急处理预案，要在认真重视风险、做好充分准备的情况下进行盾构机到达及二次始发的工程施工。专家对穿黄工程盾构机到达和始发阶段的施工方案和穿黄盾构施工壁后注浆两个问题进行了深入细致的研讨，提出了详细的咨询建议。

（6）2010年9月1—2日，专家委员会在河南郑州召开了盾构隧道开舱及维护技术专题研究评审会。与会专家和代表赴南水北调穿黄工程盾构施工贯通现场进行了细致的调研，并听取了河海大学关于研究成果的汇报。专家组对研究成果进行了深入的讨论和评议，肯定了研究成果，提出了修改完善建议。

（7）2012年8月24—27日，专家委员会在河南郑州召开了南水北调中线穿黄隧洞工程施工技术咨询会。与会专家考察了穿黄隧洞工程现场，听取了参建各方的汇报，查阅了相关技术资料，针对内衬结构缝压水试验、内衬预应力锚索张拉、北岸竖井弯管段施工方案、施工工艺、安全监测等问题提出了建议。

四、丹江口大坝加高工程

（1）2006年10月21—26日，专家委员会在丹江口大坝加高现场召开了南水北调中线水源工程丹江口大坝加高技术咨询会，对丹江口大坝加高设计与施工中的主要技术问题进行研讨。会议听取了中线水源公司和长江勘测设计院的情况介绍，针对右岸2～6号坝段143.0m高程水平裂缝成因分析以及右3～1号转弯坝段反向变形问题、右联3～7号坝段纵向裂缝成因分析及处理方案、溢流坝闸墩加固处理方案、溢流坝段闸墩与溢流堰结合面处理问题、新老混凝土结合面问题、门槽埋件水下部分、土石坝加高工程的反滤料调整问题和大坝安全监测问题等提出了具体的意见和建议。

（2）2009年4月14—16日，专家委员会召开了丹江口大坝加高工程左岸土石坝心墙加固及河床坝段高水头帷幕补强灌浆试验方案咨询会。会议对左岸土石坝局部心墙加固方案、初期工程河床坝段防渗帷幕效果检测和帷幕耐久性研究成果以及高水头下帷幕补强灌浆试验研究方案等方面的技术问题提出了详细咨询意见。

（3）2010年9月25—27日，专家委员会在北京组织召开了《南水北调中线一期丹江口大坝加高工程溢流坝堰面延期加高重大设计变更报告》评审会。会议对报告中关于溢流坝堰面加高进度计划调整、闸墩加固设计、加高施工期间防洪水位调整、施工组织设计以及变更涉及的工程费用等技术问题进行了深入的讨论和评审，并提出了意见和建议。

（4）2011年10月25—26日，专家委员会在北京召开了丹江口水库试验性蓄水专题技术讨论会。与会专家、代表听取了相关单位关于丹江口水库试验性蓄水专题的汇报。会议认为分步进行试验性蓄水是必要的，应考虑丹江口大坝加高及副坝、陶岔渠首等工程的进展情况。建议有关单位研究并提出丹江口水库试验性蓄水专题报告，对于丹江口水利枢纽在南水北调中线工程、加高工程建设期间和初期运行时在运行调度方面存在的一些特殊过渡性问题，可以根据实际情况按程序通过实时调度的调整加以解决。咨询成果为丹江口水库蓄水试验方案的制定提供了技术支持和参考。

（5）2012年12月12—13日，专家委员会在湖北丹江口召开了《南水北调中线工程丹江口大坝加高钢闸门及埋件加固修复验收质量检测标准》技术咨询会。与会专家和代表考察了丹江口大坝加高工程及闸门加固修复施工建设现场，听取了项目法人关于丹江口大坝加高闸门及埋件加固修复有关情况的介绍、设计单位关于标准成果的汇报，查阅了相关资料。会议认为此标准编制十分必要，总体达到预期要求，并对下一步的修改和完善提出了意见和建议。

（6）2013年7月11—13日，专家委员会在北京召开了《南水北调中线一期丹江口大坝加高工程蓄水安全评估（鉴定）报告》技术评审会。会议听取了安全评估单位对报告成果的汇报，查阅了相关资料，充分肯定了报告成果，同时对该评估报告中关于工程防洪、工程地质、混凝土坝加高工程设计、土石坝加高与新建土石坝工程设计、泄水建筑物水力设计及消能防冲措施、施工质量、金属结构工程、安全监测工程等各部分提出了意见和建议。

（7）2015年8月6—7日，专家委员会在北京召开了丹江口大坝加高后蓄水安全监测技术咨询会。与会专家听取了有关单位关于丹江口大坝加高后蓄水安全监测的情况介绍，对丹江口大坝加高后蓄水安全监测的情况进行了了解、分析，形成了统一安全监测的总体结论意见、整合安全监测工作为一个整体、建议对重点部位采用自动化监测、进行加高前后不同阶段监测数据综合分析等意见和建议。

（8）2017年11月28日，专家委员会在北京市组织召开了丹江口大坝加高工程初期大坝混凝土缺陷处理效果评价报告技术咨询会。会议听取了长江设计公司关于《丹江口大坝加高工程初期大坝混凝土缺陷处理效果评价报告》的汇报。会议认为报告提出的"混凝土坝的工作性状总体正常，满足正常蓄水要求"的结论可信，提出了进一步完善报告、对新发现问题采取措施解决、加强巡查和监测资料分析等建议。

五、东线工程关键技术问题

（1）2006年6月26—27日，专家委员会在北京组织召开了南水北调东线平原水库设计专题咨询会，对南水北调东线一期工程平原水库设计中的主要技术问题进行专题研讨，会议听取了山东省水利勘测设计院的情况介绍。针对平原水库设计水深的选择、垂直防渗和水平防渗技术问题、复合土工膜在水平防渗中的应用提出了具体的意见和建议，提出了相关问题的解决办法，建议在东线平原水库设计中，应在我国已取得的以土工膜为主的水平防渗成功经验基础上有较大的突破性应用。

（2）2009年8月31日至9月2日，为评价煤矿采动沉降对二级坝泵站安全的影响，专家委员会召开了南水北调东线二级坝泵站工程技术咨询会。与会专家对二级坝泵站主厂房基础允许最大变形标准、二级坝泵站厂区平台保安煤柱的压煤估算、3号煤层采动区变形对泵站安全稳定运行的影响、二级坝引水渠因采空区影响已发现的沉陷等问题提出咨询意见和建议。

（3）2009年11月17—20日，专家委员会在南京召开了南水北调东线河道疏浚淤泥泥水快速分离固结技术咨询会。与会专家了解了江苏水源公司正在进行的疏浚淤泥泥水快速分离固结技术的室内试验研究阶段成果，对今后进一步研究的内容和现场示范性工程的关键问题、细部设计以及现场试验结果的评价指标等提出咨询意见。

（4）2009年12月22—23日，专家委员会在南京召开了南水北调东线泵及泵站工程关键技术咨询会。会议期间，专家对江苏水源公司承担的泵及泵站关键技术研究中水泵水力模型开发与应用、泵装置水力设计优化、叶片调节机构关键技术、泵站结构与振动特性分析、泵站自动化技术要求和泵站混凝土设计与施工等6个方面的研究课题的中间成果进行了分析研讨，并提出了今后研究方向和应注意的问题。

（5）2010年6月10日，专家委员会在北京召开了《非饱和土渗流与变形耦合弹塑性三维有限元分析及在南水北调东线大屯平原水库工程中的应用研究》成果评审会。评审会上与会专家和代表听取了课题组的汇报，并进行了认真讨论，会后项目承担单位根据评审会评审意见和建议做了补充和完善。

（6）2011年4月11—13日，专家委员会在山东济南组织召开南水北调东线山东平原水库工程技术咨询会。与会专家与代表听取了山东省水利勘测设计院和河海大学关于南水北调东线第一期工程鲁北段大屯水库土工膜下气场试验研究的汇报，考察了试验现场。会议就大屯水库土工膜下气场现场试验研究、土工膜设计和施工关键技术、土工膜的安全监测设计等提出了评价意见和优化建议。

（7）2011年6月13—15日，专家委员会在江苏南京召开了南水北调东线河道疏浚淤泥综合处置关键技术研究与应用技术咨询会。与会专家和代表听取了项目承担单位关于河道疏浚淤泥综合处置关键技术研究与应用情况的汇报，并进行了认真讨论。会议认为研究成果中提出的"首先解决堆场占地过多、时间过长问题，然后再解决淤泥资源化"的研究思路是切实可行的，建议该项目研究在重视理论分析的同时应加强全过程的监测和实践的验证；同时，就现场工程性试验中要处理好"淤泥吹填工艺和泥水分离技术的配合与协调等几个关系"提出了具体建议。

（8）2012年3月20日，专家委员会在山东济南召开了南水北调工程山东平原水库土工膜施工技术咨询会。与会专家和代表听取了建管、设计、监理、施工等相关单位关于南水北调东线一期工程鲁北段大屯水库库盘铺膜工程和南水北调山东段平原水库库底铺膜施工指南编制情况的汇报，并进行了认真研讨。针对施工指南编制，土工膜与逆止阀、混凝土连接，土工膜抽样检测频次，铺膜平整度标准等问题提出了咨询意见和建议。

（9）2015年12月11日，专家委员会在北京组织召开《南水北调东线后续工程对东线工程综合效益影响分析研究》咨询会。针对研究必要性、报告研究内容、工程管理关系、后续工程前期工作等提出了意见和建议。

（10）2017年6月22—23日，专家委员会在山东组织召开了南水北调东线二级坝泵站采煤沉陷问题处理分析报告技术咨询会。与会专家和代表听取了山东干线公司《南水北调东线工程二级坝泵站制约验收的采煤沉陷问题处理工作方案的报告》的专题汇报。会议认为，目前泵站主体工程是安全的，采煤沉陷问题对工程运行基本没有影响。鉴于引水渠部分渠段及南部交通桥沉降尚未稳定，建议将此处作为监测的重中之重，发现异常及时报告；同时，进一步加强与煤炭部门的沟通，如实掌握留置煤柱的变化情况。

六、运行与调度

（1）2009年4月7—10日，专家委员会在北京召开了南水北调中线干线京石段左岸排水工程汛期运行风险分析座谈会。专家建议：①为防止汛期左岸排水行洪引发村庄和农田的重大损失，有关方面应高度重视左岸排水建筑物洪水影响防护工程建设；②有关单位尽快开展南水北调中线干线一期工程风险管理研究工作，以便工程建设和运行中有效地进行风险管理；③按小流域集中排水和坡面汇水区域划分以及洪水影响大小，将洪水影响范围绘制成图，提供有关部门决策参考；④对左岸排水建筑物布置和上游并沟情况进行复查，并根据近年来总干渠两侧地形、地貌变化情况及时调整左岸排水建筑物洪水影响防护工程设计。

（2）2010年5月10日，专家委员会在北京召开了小型技术座谈会，对《南水北调水权交易准市场机制设计及影响评估的实验研究》进行了讨论。会议就项目申请书中提出的国内外水市场理论与实践研究、南水北调双向调节准市场机制设计、南水北调双向调节准市场机制的实验研究、南水北调双向调节准市场机制影响评估的实验分析等问题提出了咨询建议及评价。

（3）2010年11月8—9日，专家委员会在北京召开了南水北调中线冰期输水研究课题技术咨询会。与会专家和代表听取了课题承担单位所作的汇报并进行了认真讨论，结合南水北调中线总干渠冰期输水的特点和类似工程冰期输水运行的经验教训，针对提交的初步研究成果（重点是冰期输水对总干渠输水能力的影响，必要的防冰、拦冰措施，冰害的防治方法等）提出了相关意见和建议。

（4）2010年11月10—11日，专家委员会在北京召开了南水北调中线工程水力学参数系统辨识关键技术研究技术咨询会。与会专家和代表听取了相关单位所作的课题研究情况汇报并进行了认真讨论，对研究内容给予了肯定，并提出相关建议。

（5）2012年2月3—4日，专家委员会在北京召开了南水北调中线工程典型渠段和建筑物冰期输水物理模型试验研究（中期报告）技术咨询会。与会专家与代表听取了天津大学关于试验研究报告的成果汇报。会议对研究成果中辐射冰冻度—日法改进、冻结模型冰模型试验、输水渠道冰期输水仿真模型试验、拦冰索形式及布设等方面提出了评价意见，并对成果报告及后续研究提出了优化建议。

（6）2012年10月15—16日，专家委员会在北京组织召开了《南水北调中线一期工程总干渠应急调度措施预案研究报告》技术咨询会。与会专家和代表听取了课题承担单位长江水利委员会长江科学院的课题研究汇报。会议对课题研究成果进行了总体评价，针对突发事件分类分级及应急调度响应、应急处置措施及闸门应急调度控制、自动化调度中渠首陶岔枢纽的作用、系统实况模拟验证、系统可靠性论证等问题进行了分析讨论，并提出咨询意见供相关单位参考。

（7）2012年8月13日，专家委员会在北京召开了南水北调一期主体工程运行初期供水价格问题咨询会。与会专家和代表听取了《〈南水北调东线、中线一期主体工程运行初期供水价格政策初步安排意见〉有关问题的说明》材料的简要汇报，并进行了认真讨论。会议认为材料中提出的基本思路合理，符合工程实际，操作性较强，并对供水成本测算范围、相关参数取值、工程成本分摊原则和方法、两部制水价、受水区承受能力、定价方式、财政补贴等问题提出了建议。

（8）2012年10月16—17日，专家委员会在北京召开了《输水调度闸门控制模式及指令生成软件开发报告》技术咨询会。与会专家和代表听取了课题承担单位长江勘测规划设计研究有限责任公司的成果汇报。会议对课题研究成果进行了总体评价，针对控制方式及控制策略、正常调度控制研究、事故工况应急调度模式、冰期输水调度模式、渠道充水及退水研究、调度指令生成软件开发等问题进行了分析讨论，并提出咨询意见供相关单位参考。

（9）2012年10月17—18日，专家委员会在北京召开了《供水调度软件集成与调试研究报告》技术咨询会。与会专家和代表听取了课题承担单位长江勘测规划设计研究有限责任公司的成果汇报。会议对系统目标与任务、系统体系结构、系统功能设计、数据库、与中线管理局数据服务器之间的数据交换与集成、系统实施等问题进行了分析讨论，并提出咨询意见供相关单位参考。

（10）2013年12月16—18日，专家委员会在北京市召开了《南水北调中线一期总干渠充水试验专题设计报告》评审会。与会专家和代表听取了《南水北调中线一期总干渠充水试验专题设计报告》有关情况的汇报，肯定了充水试验的必要性和报告成果，提出了有关试验安全、试验工作安排、具体试验要求等意见和建议。

（11）2014年4月9—10日，专家委员会在北京组织召开《南水北调中线工程冰凌观测预报及应急措施关键技术研究》与《南水北调中线工程典型渠段和建筑物冰期输水物理模型试验研究》技术咨询会。与会专家听取了相关试验研究的成果汇报，对两个报告的研究成果进行了评价，并对冰凌原型观测技术平台、冰期安全调度、总干渠冰凌过程预报及应急措施研究、冰期原型研究等提出了相关修改意见和建议。

（12）2014年4月10—11日，专家委员会在北京组织召开《南水北调中线一期工程总干渠运行调度规程初稿（送审稿）》技术咨询会。与会专家听取了规程送审稿编制单位的汇报，研读了规程送审稿，经认真讨论后提出了有针对性的修改意见。

（13）2014年4月17—18日，专家委员会在北京组织召开《南水北调中线一期工程总干渠工程抢险规划方案设计报告》技术咨询会。与会专家听取了设计报告编制单位的汇报，肯定了工作的必要性，提出了抓紧编制应急预案、逐步建立和完善应急管理体系、充分利用已有相关研究成果等意见，并对必要性说明、险情分类分级、突发事件应对工作原则、工程抢险技术措施、报告名称等提出了修改建议。

（14）2014年5月12日，专家委员会在北京组织召开《南水北调东、中线一期工程综合运行信息管理系统（第一阶段）建设方案》技术咨询会。与会专家听取了编制单位的汇报，查阅了相关报告和资料，肯定了建设综合信息管理系统的必要性和建设目标及内容，并对系统建设提出了相关的意见和建议。

（15）2014年6月19—20日，专家委员会在北京组织召开《南水北调中线一期工程内排段地下水水质本底值调查监测报告》技术评审会。与会专家听取了报告编制单位的汇报，针对中线沿线部分地下水水质发生变化，存在不达标水通过逆止阀排入渠道的风险问题，对相关单位作出的《中线一期工程内排段地下水水质本底值调查监测报告》进行了专题评审，提出了针对调查监测及报告编制的相关意见和建议，为保证工程水质安全提供了技术支撑。

（16）2014年12月9日，专家委员会在北京组织召开《南水北调东、中线一期工程综合信息管理系统（第一阶段）建设方案（报批稿）》技术咨询会。与会专家听取了编制单位的汇报，查阅了相关报告和资料，提出了按急用先建原则近期需要建设的内容、进一步明确安全保障措施和细化数据库系统建设方案等建议。

（17）2015年7月25日，专家委员会在北京组织召开南水北调中线工程安全风险评估项目研究方案技术咨询会。与会专家听取了研究方案的汇报，查阅了相关报告和资料，对项目必要性和研究方案可行性予以肯定，提出了加强项目顶层设计、单列水质保护风险、风险专题划分适当归纳合并、在项目组织实施中建立专家咨询机制等意见和建议。

（18）2015年9月21日，专家委员会在北京组织召开南水北调中线一期工程安全风险评估项目实施方案技术咨询会。与会专家听取了中水淮河公司关于实施方案的汇报，查阅了相关报告和资料，明确了研究范围、目标、任务和原则，对研究内容、地震安全性评估、项目划分、组织形式、进度等也提出了意见和建议，为项目开展提供了有力的技术支撑。

（19）2015年9月22日，专家委员会在北京组织召开南水北调中线一期工程供水安全保障对策研究工作大纲技术咨询会。与会专家和代表听取了《南水北调中线一期工程供水安全保障对策研究工作大纲》的汇报，查阅了相关报告和资料，重点对应急备用水库建设提出了具体的意见和建议，提出要进一步加强应急备用水源选用原则、总体布局、运管体制等方面研究的建议。

（20）2015年12月27—28日，专家委员会在北京召开了《南水北调中线干线工程重点建筑物安全监测成果分析报告》技术咨询会。与会专家听取了南水北调中线干线工程安全监测管理工作和报告编制单位的汇报，查阅了有关报告和资料，对工程性态和通水安全进行了评价，提出了相关意见和建议。

（21）2015年12月29日，专家委员会在北京召开了南水北调中线干线工程典型渠段2015年通水运行期安全监测报告技术咨询会。与会专家听取了南水北调中线干线工程典型渠段2015年通水运行期安全监测成果分析的汇报，查阅了有关资料，对工程性态和通水安全进行了评价，提出了相关意见和建议。

（22）2015年12月20日，专家委员会在北京组织召开了《南水北调中线一期总干渠供水调度方案研究及编制》项目技术咨询会。与会专家听取了课题承担单位的项目研究成果汇报，查阅了有关资料，对项目成果进行了总体评价，提出了简化可供水量和需调水量研究内容、补充实际应用情况、研究增加节制闸检修门数量、优化冬季输水的调度模式、进一步完善开发调度软件等意见和建议。

（23）2016年6月23—24日，专家委员会在北京召开了南水北调中线干线工程运行规范化管理咨询会。与会专家听取了中线建管局关于《南水北调中线干线工程运行管理规范化建设实施方案》的汇报，查阅了相关资料。通过专家介绍国内其他单位规范化建设的经验，对规范化建设目标、内容的合理性，规章制度、技术标准的全面性和合理性，重要的制度、规程提出具体建议和意见。

（24）2017年7月19—20日，专家委员会在北京组织召开《南水北调中线干线工程运行调度改进工作方案》技术咨询会。与会专家和代表听取了相关汇报。会议认为对自动化调度系统加以改进是必要的，建议在水量调度业务处理系统的建设中，加强与人工调度的比对和实际调度试用；着重解决主要水力参数的率定问题；预警系统预警值的设定应充分考虑非恒定流水位波动的影响。

七、其他关键技术

（1）2004年10月21—27日，专家委员会组织专家对南水北调中线一期工程进行了为期7天的实地考察。专家组先后实地考察了湖北省丹江口市的移民安置点、丹江口大坝加高工程，河南陶岔渠首、方城垭口、宝丰铁路编组站、禹州穿矿区段、新郑潮河过新峰山线路、李村穿黄工程、焦作市区段和矿区段、安阳穿漳河工程，河北古运河枢纽、滹沱河倒虹吸、唐河倒虹、西黑山分水口，北京永定河倒虹吸等16处重要工程点，听取了有关工程技术问题的汇报。10月28日专家组在北京召开了咨询会议，就中线一期工程的规划、设计、施工及管理等问题进行了讨论，形成了咨询意见。

1）规划方面，针对供水规模、环境保护、占地及移民等提出了意见和建议。

2）设计方面，针对线路比选、防洪、陶岔渠首和西黑山分水口发电、宝丰编组站穿越方案、直下型地震对地下工程影响、混凝土耐久性、丹江口大坝加高、冬季输水和防冰问题、大宁水库利用等提出了意见和建议。

3）施工方面，针对混凝土冬季施工、穿黄隧洞施工、施工招投标、工程质量管理等提出了意见和建议。

4）管理方面，针对水质和水量监管、穿黄隧洞运行期监测、统一设计标准问题等提出了意见和建议。

（2）2004年12月16—17日，专家委员会在北京召开了南水北调中线北京段西四环暗涵工程咨询评估会。与会专家和代表对工程现场进行了考察，听取了有关设计单位的汇报，就西四环暗涵工程总体布置、线路、结构型式等进行了讨论，认为总体设计基本合理，技术方案基本可行。建议主要有：进一步试验研究合理确定注浆标准，采取必要加固措施，研究减少喷混凝土支护厚度、调整暗涵伸缩缝间距，优化部分施工方案，施工时加强沉降变形等监控量测，完善、补充或合理调整选用的施工方案和工艺、参数等。

（3）2006年3月31日，专家委员会在北京组织召开了南水北调中线惠南庄泵站技术咨询会，从技术上分析研究小流量自流方案和已招标的水泵机组特性等是否满足小流量加压运行方式要求，对北京勘测设计研究院提出的与惠南庄泵站有关的小流量加压三种可能方案进行专题研讨。与会专家认为南水北调中线初期运行及特殊情况下向北京供水过程中小流量运行是可能的，小流量输水是惠南庄泵站必须要考虑的正常运行方式之一；建议对建临时泵站方案与增加调节阀门利用原机组方案应进行综合技术经济比较，在此基础上决定是否采用建临时泵站方案；对利用原机组方案也针对调节阀配置、调节阀的调节特性与水泵扬程特性配合等问题提出了建议。

（4）2006年5月24—26日，专家委员会在北京组织召开了南水北调中线渠道技术专题咨询会，从技术上分析研究如何在南水北调中线干线工程设计、施工中合理确定渠道超高、渠顶高程和渠道边坡系数，对南水北调中线干线一期工程总干渠有关渠道超高和渠坡系数等内容进行专题研讨。会议听取了长江勘测规划设计研究院、河北省水利水电勘测设计研究院、河北省水利水电勘测第二勘测设计研究院和河南省水利勘测设计院的情况介绍。

针对渠道超高及渠顶高程问题，指出由于不同计算方法的特性和当前缺少大型引水工程设计规范统一规定，不能简单套用现有设计规范，建议不改变原规划流量方案，在此基础上确定合理超高，研究以设计流量水位加安全超高作为渠道顶部高程的可能性，并提出了设计渠道渠顶高程的优化范围。

针对中线渠道边坡系数取值问题，指出当前的边坡系数取值由于渠道和大坝的区别，采用土石坝相关规定需优化，提出了增加中线干线渠道边坡地质勘测工作量、不采用单一的饱和快剪强度进行边坡稳定计算、渠道边坡安全系数应提供一个取值范围、重视调查当地天然边坡的实际安全状况等建议。

（5）2007年7月30日至8月3日，专家委员会在河南郑州召开了南水北调中线一期工程河南潮河段设计方案专题研讨会。与会专家和代表查勘了潮河工程线路，对相关问题进行了讨论，专家对绕岗线和切岗隧洞线两个方案发表了意见和建议。

（6）2009年6月15—17日，专家委员会在北京召开了南水北调中线干线河滩卵石地基处理方案技术咨询会。南水北调中线总干渠黄河北—羑河北段河滩渠基分布有大量的卵石层，透水性较强。渠外遭遇较大洪水或地下水位较高时，洪水形成的上浮力将对砌板形成顶托破坏。与会专家和代表对总干渠河滩砂卵石地基渠道的地质条件、处理范围、设计工况、稳定计算、措施比选和处理方案进行技术咨询并提出了详细的咨询意见。

（7）2009年7月20—24日，专家委员会在湖北武汉召开了南水北调中线汉江兴隆水利枢纽工程技术咨询会。与会专家对汉江兴隆水利枢纽工程建设中地基承载力修正计算公式选择、复合地基的置换率和复合地基承载力计算、基础与桩间设置褥垫层、电站厂房允许最大沉陷量和沉陷差、水泥搅拌桩施工质量控制、高漫滩代替基坑进行现场载荷实验、桥墩深基坑支护等问题进行了技术咨询并提出了详细的建议和意见。

（8）2010年5月16—19日，专家委员会在湖北武汉召开了南水北调中线汉江中下游治理工程技术咨询会。与会专家和代表听取了长江勘测规划设计研究有限责任公司和兴隆水利枢纽工程建设管理处关于工程设计情况和建管情况的汇报，查阅了相关资料，并进行了认真研讨，对引江济汉工程进口段工程总布置方案、渗流稳定计算地质参数选择和兴隆枢纽导流明渠安全维护、基坑降水、塑性混凝土墙质量评价等问题提出了咨询意见。

（9）2010年6月25—28日，专家委员会受南水北调中线干线工程建设管理局委托在北京召开了技术咨询会，对南水北调中线一期工程黄河以南高地下水位渠道设计方案进行了技术咨询。南水北调中线总干渠黄河以南渠段存在高地下水位对渠道渗流稳定、边坡稳定、衬砌结构抗浮稳定及施工期、运行期、检修期渗控安全问题，长江勘测规划设计研究有限责任公司和河南省水利勘测设计研究有限公司分别提交了《南水北调中线一期工程总干渠陶岔至鲁山段高地下水位渠道渗控设计专题报告》和《南水北调中线一期工程沙河南—黄河南第3标段高地下水位渠道设计》，提出了高地下水位渠段的渗流分析成果和渗控设计方案。与会专家和代表对设计方案进行技术咨询并提出了详细的建议和意见。

（10）2010年7月12—15日，专家委员会在河南郑州召开了南水北调中线总干渠焦作2段白庄地裂缝处理技术咨询会。与会专家和代表查勘了焦作2段白庄地裂缝现场，听取了相关单位的汇报，对地裂缝处理问题进行了深入的研究探讨，分析了地裂缝的成因、影响因素及目前的稳定状态，并对问题的解决提出了建议及可行的方法。

（11）2010年7月12—15日，专家委员会在河南郑州组织召开了《南水北调中线一期工程总干渠禹州段煤矿采空区稳定性研究报告》评审会。与会专家和代表查勘了禹州段煤矿采空区现场，听取了煤矿采空区关键技术研究课题组关于煤矿采空区稳定性研究的汇报。专家组对《南水北调中线一期工程总干渠禹州段煤矿采空区稳定性研究报告》进行了评审，肯定了研究成果，提出了修改完善建议，并对采空区处理提出了建议。

（12）2011年5月11—13日，专家委员会在河北邯郸组织召开南水北调中线邯邢段填方渠道泥砾开挖料利用咨询会。与会专家与代表听取了试验研究课题承担方关于南水北调中线一期工程总干渠邯邢段泥砾开挖料填筑利用试验研究的汇报，考察了施工现场。会议认为，研究和利用大量泥砾开挖料作为填方材料是必要的，肯定了泥砾开挖料试验成果合理性，并对不同标段泥砾料的使用及使用中要注意的问题提出了建议和意见。

（13）2011年5月30日至6月2日，专家委员会在湖北武汉召开了南水北调中线汉江中下游治理工程技术咨询会。与会专家和代表听取了兴隆水利枢纽和引江济汉两工程设计、建管等单位对工程设计和建管情况的汇报，进行了认真研讨，针对兴隆水利枢纽泄水闸下游消能防冲和船闸上下游闸首宽槽并缝、引江济汉工程进口深基坑开挖降水措施和渠道膨胀土等级划分处理及渠道通航设计等问题提出了咨询意见和建议。

（14）2011年7月11—13日，专家委员会在北京召开了南水北调中线总干渠禹州段煤矿采空区注浆试验成果咨询会。与会专家听取了设计、施工单位的汇报，针对工程现场实际情况分析论证了试验成果，并就注浆钻孔孔排距确定、充填注浆材料和帷幕注浆材料配比、注浆质量标准和质量检查的方法提出了详细、可行的建议。

（15）2011年9月13—15日，专家委员会在河南郑州召开了南水北调中线河南省境内矿区渠段变形监测与稳定性分析研究项目技术咨询会。与会专家听取了课题承担单位关于南水北调中线河南省境内矿区渠段变形监测与稳定性研究情况的汇报，查阅了相关资料。会议认为课题研究成果将为采空区稳定性评价、建筑物影响判断、发展趋势预测提供可靠的技术依据。同时，就测点布置和有关测试精度、监测重点、稳定性研究方向以及监测工作指南编制等提出了意见和建议。

（16）2011年10月13—14日，专家委员会在河北石家庄召开了南水北调中线总干渠邢台梁村交通涵洞下穿高填方渠道设计方案技术咨询会。与会专家、代表听取了邢台华腾公路设计咨询有限公司和河北省水利水电第二勘测设计研究院关于南水北调中线梁村交通涵洞下穿高填方渠道设计情况的汇报，查阅了相关资料。会议就设计单位提出的三个设计方案进行了讨论，并分别提出了改进建议，在此基础上，又推荐了两个新方案，建议设计单位就重点推荐的方案补充完善，尽快进行设计变更，以保证施工进度。

（17）2012年4月6—8日，专家委员会在河南邓州召开了南水北调中线陶岔渠首枢纽工程新老闸衔接施工技术咨询会。与会专家考察了陶岔渠首枢纽工程现场，听取了设计单位和建设单位的汇报，查阅了相关技术资料。会议就施工组织设计研究、老闸拆除方案比选、老闸旱地拆除围堰设计、新闸施工等方面问题提出了咨询意见和建议。

（18）2017 年 4 月 17—18 日，专家委员会在北京组织召开南水北调中线干线工程安全监测优化方案（北京分局区段）技术咨询会。与会专家和代表听取了中水东北公司关于《中线安全监测数据整编与系统分析报告（北京分局部分）》（以下简称《数据整编与系统分析报告》）和《南水北调中线干线工程安全监测优化建议方案（北京分局区段）》（以下简称《优化建议方案》）的汇报，会议同意《数据整编与系统分析报告》提出的建筑物性态评价，监测成果反映工程运行性态总体正常，认为《优化建议方案》可行，可作为全线安全监测系统的检查、评价和调整工作的试点方案，鉴于原施工控制网已停止复测，建议尽快建立安全监测基准网。同时，建议对丹江口水库大坝工程和陶岔渠首工程也开展安全监测设施的检查、评价和调整工作。

第四节 专 题 研 究

一、渠道通过焦作煤矿采空区可能性初步研究

（一）研究目标和任务

南水北调中线一期工程总干渠由南至北通过河南省、河北省境内的 11 座煤矿，存在压煤和渠道通过采空区的稳定问题。其中，采空区内渠道的稳定问题主要集中在河南省境内的禹州和焦作煤矿，并以焦作煤矿尤为突出。渠道通过采空区的可行性研究，需要投入较大的工作量和较长的时间，所以首先需要对通过采空区的可能性进行初步研究，为是否有必要开展深入研究工作提供决策的依据。本研究工作以焦作煤矿为对象，通过对影响采空区地表稳定性的因素、渠道的变形要求、渠道破坏对煤矿的影响等方面的分析研究，结合国内外在采空区工程建设及地基处理的经验，对渠道通过采空区的可能性做出初步判断，为是否开展下一步深入的研究提出建议。

（二）研究的主要内容

（1）收集国内外已开采煤矿（或其他矿）区的地质条件、开采情况、采空区地表稳定情况、采空区治理和工程建设的经验、采空区地表稳定性研究方法、手段和判定标准。

（2）收集国内外渠道承受变形能力的评价标准，渠道破坏对煤矿开采影响的事例。

（3）调查焦作煤矿区采空区范围内的地质条件（地层、构造、岩性及其组合、岩石性质及强度），煤层开采情况（包括开采方法、开采范围、复采、附近小煤窑的开采情况等），采空区的情况（采空区的范围、已塌陷的情况、塌落体的高度充填度等），地表变形特征、变形观测（检测）资料。

（4）初步分析影响焦作煤矿采空区地表稳定性的因素，地表变形在时空上的变化趋势、特征、类型。对采空区地表稳定性进行初步判断，初步分析渠道通过采空区的可能性、渠道破坏对煤矿的影响。

（5）初步分析对焦作煤矿采空区进行处理的可能性、处理方案。

（6）初步分析开展进一步研究工作存在的问题和困难，提出下一步工作的建议。

（三）研究所取得的主要成果

（1）在充分收集国内、外煤矿的地质条件、开采情况、采空区治理和工程建设经验、采空区地表稳定性研究方法和判定标准的基础上，进行了焦作煤矿采空区现场调查和稳定性分析工作，对焦作煤矿采空区的稳定性、渠道通过采空区的可能性进行了初步分析、评价。

（2）根据焦作煤层采空区的覆岩组合及岩性、煤层埋藏条件、开采方法和地表移动盆地等特征，提出采空区上覆岩体变形特征为"三带型"是合理的。结合现场调查和1994年、2003年变形观测成果，提出焦作煤矿采空区变形规律符合国内外采空区一般的变形规律。

（3）通过对影响焦作煤矿采空区地表稳定性因素的分析研究，得出了焦作煤矿采空区以均匀沉降的盆地变形为主的结论。

（4）根据焦作煤矿采空区地质条件和煤层条件，采用三种方法对采空区的稳定性进行分析计算和对比研究，得出采空区剩余变形对渠道有一定影响的结论。

（5）提出的采空区渠道设计建议安全标准思路合理，便于实际操作。提出的采空区勘察原则、手段、治理方法和渠道抗变形措施适用于焦作煤矿采空区。

二、京石段应急供水工程临时通水风险初步分析研究

（一）研究目标和任务

由于2008年前几年北京市出现持续干旱年，水资源严重短缺，为确保2008年奥运会期间供水安全，经有关主管部门协调组织制定了临时通水方案，计划自河北省的岗南、黄壁庄、王快水库向北京市应急调水。为加强南水北调中线工程京石应急段临时通水工作的可靠性，减少相关风险，保障工程顺利实施，专家委开展了南水北调中线工程京石应急段临时通水风险分析专题研究，针对南水北调中线工程京石应急段临时通水风险，即水量调度、建筑物安全、左岸排水及其他应急事件的风险，在临时通水前和初期有效辨识风险类型、预估风险危害和可能损失，结合具体工程实际、调度运行特点和应急供水的需求，提出针对性的对策措施及建议。

（二）研究的主要内容

为南水北调中线工程京石应急段临时通水提供基础的风险分析技术支持，提出主要的风险因素、风险类型、风险估算和应对措施建议。主要包括以下两方面研究。

1. 风险识别

主要进行水量调度风险、建筑物安全风险、左岸排水风险、其他应急事件风险等的识别。

2. 风险初步评估和对策措施

针对识别的风险，进行风险初步评估，并提出对策措施。具体而言，主要分析南水北调中线工程京石应急段临时通水输水调度、建筑物安全、左岸排水和其他应急事件风险。

（三）研究所取得的主要成果

根据项目具体情况，将临时通水风险分为四个级别，从水量调度、主要建筑物、左岸排水

建筑物等方面分别进行风险分析。

1. 水量调度方面

主要从输水时段、输水渠段以及控制流程等方面对临时通水工程水量调度进行风险分析。一是冰期输水阶段容易发生严重风险，此项研究从工程和管理两方面提出了具体防范和应对措施；二是临时工程容易发生严重风险，研究提出应尽快拆除临时埋管，在通水期间加强巡护管理等措施；三是临时通水工程受自动化系统未完全建立的影响，在方案编制、指令发布、指令执行以及信息反馈等各阶段容易出现调度命令延缓、数据出现误差等事件，风险较大。研究指出应加快建立自动控制系统，并建议在自动控制系统尚未完全投入使用之前，尽可能减少闸门控制的变化，降低风险事件发生的可能性。同时，加强应急响应能力建设和管理巡护。

2. 主要建筑物方面

结合实际出现的情况，对涉及的主要建筑物从地质地基条件、技术规范、设计和施工等方面进行了系统的风险识别和分析，并提出运行维护重点及对策措施建议。一是对于渠道工程，在临时通水期内填方渠段稳定风险发生的可能最大，属于严重风险；冰期输水风险、挖方渠段边坡塌滑、渠道渗漏、渠道衬砌裂缝、渠道排水系统等风险发生的可能性较大，属于较大风险。二是对于控制工程，在临时通水期内闸前过冰风险发生的可能性较大，属于较大风险。三是对于PCCP压力管道，在临时通水期内管身裂缝和接头漏水发生的可能性较大，属于较大风险。四是对于沿总干渠轴线布置的交叉建筑物，在临时通水期内渠道倒虹吸（或暗渠）进、出口段稳定风险极易发生，属较大风险。五是对于横穿总干渠的交叉建筑物，在临时通水期内倒虹吸（或涵洞）上部总干渠的堤身稳定风险属严重风险，渗漏破坏风险、下部结构与总干渠连接处破坏风险、运行管理风险、跨渠公路桥安全防护风险为较大风险。其他风险均属一般风险。

针对严重风险，在风险未发生前应当密切关注，重点巡视，一旦发生险情，则应按相关技术要求及时进行抢修、快速修复；针对较大风险，日常巡视时应多关注，有异常情况应作好记录并及时上报，以便及时实施应急预案。

3. 左岸排水建筑物方面

左岸排水建筑物的主要风险是洪水期问题，由于临时通水期调整为汛后和冰期，因此本次临时通水阶段左岸排水建筑物不涉及汛期洪水问题，存在的主要风险为建筑物运行管理和安全防护两类，建筑物运行管理风险等级为较大风险，安全防护风险等级属一般风险。

针对这些风险，应加强临时通水期建筑物观测，重点观察总干渠与建筑物基础连接处的变形、裂缝、渗漏等，并在建筑物管理范围内及时布设安全防护设施和标识。

另外，除对上述几方面进行风险分析外，同时对通水过程中突发事件风险进行分析。突发应急事件风险类型较多，重点是水质污染事件，应加强预防和应急响应能力建设，加强水质监测。其他如自然灾害、恐怖威胁、人为破坏等应急事件也应未雨绸缪，加强管理和应急预案建设。

三、南水北调工程现阶段质量管理效果和对策研究

（一）研究目标和任务

南水北调工程投资巨大、工期长，建设管理模式和管理体系复杂，工程跨地区、跨部门、

跨行业，受外部因素影响大，参建单位众多、合同涉及面广，工程类型复杂。从质量管理方面看，质量管理责任涉及方广，质量监管控制环节多。

针对工程质量管理成效和问题并存的局面，通过调查研究了解并掌握当时南水北调工程建设在质量管理方面的成效及存在的问题和不足，初步分析其深层次影响因素和形成问题的原因。并以此为基础，探索并提出南水北调工程建设质量管理的对策和建议，为政府管理部门和参建单位提供咨询意见，以提高政府行政效率，进一步保证工程质量。

（二）研究的主要内容

1. 南水北调工程现阶段质量管理现状及效果调研

开展现阶段南水北调工程质量管理现状及效果的调研。系统深入地发掘并总结南水北调工程建设质量管理方面的问题和取得的成效，客观具体地分析现阶段南水北调工程质量管理的效果。

2. 南水北调工程现阶段质量管理问题分析研究

在调研基础上，针对南水北调工程质量管理现状，分析和研究其中存在的一些矛盾、问题及其成因。

3. 南水北调工程现阶段质量管理对策研究

在南水北调现阶段工程质量管理现状、效果及问题调研分析的基础上，有针对性地提出南水北调工程质量管理对策建议。

（三）研究所取得的主要成果

该研究通过广泛调研，收集了南水北调东线、中线工程和其他水利、路桥等大型建设项目质量管理案例、经验等大量资料，分析了南水北调工程质量管理体系、常见质量问题的原因，反映了南水北调工程现阶段质量管理效果，并就我国建设市场、信用环境、质量文化和激励因素等宏观环境方面对南水北调工程建设质量的影响进行分析研究，提出了相应对策。主要内容如下：

1. 南水北调工程现阶段质量管理现状及效果调研

南水北调工程战线长、工期紧、技术复杂、施工难度大，管理协调要求高。工程建设过程中，政府质量监管部门、各项目法人及参建单位为了保证工程质量做了大量卓有成效的工作，特别是南水北调工程的政府质量监管，相对同类工程而言其力度更大、工作更细，南水北调工程质量管理方面的相关法规建设体系完整、思路清晰、内容明确。东、中线工程质量总体上处于受控状态，质量管理体系运行正常。

从施工质量问题统计结果看，混凝土施工出现各类问题相对较多，还有原材料及半成品质量控制、坝体填筑、止水带安装、闸门及启闭机设备安装，以及盾构施工等方面的问题。这些施工质量问题不少是过程中的问题，有些已经解决，但仍应采取技术和管理上的有效措施在今后加以防范。

2. 现阶段南水北调工程质量问题的基本成因

现阶段南水北调工程仍存在一些问题，如设计与施工之间的衔接问题、合同文件中某些条款的可操作性不强、部分从业人员素质不高、混凝土施工质量问题等。这些质量问题的基本成因主要有：企业管理人员对质量管理某些方面重视程度不够、缺乏激励机制、缺失诚信、质量意识不强、部分人员素质偏低、监督管理不到位、质量管理水平不高、质量管理方法不完善、施工过程中操作不规范、质量管理规范化标准化不足等。

3. 主要建议和基本对策

提出了开展质量宣传工作、规范建设各方质量行为、分层次开展培训、建立激励机制、采取有效质量管理措施等建议和对策。

四、南水北调西线工程后续水源及相关设想综合分析

（一）研究目标和任务

紧密结合西部大开发及我国现代化进程中亟待解决的重大战略问题，按照统筹兼顾、南北互济、合理配置、高效利用的原则，在分析研究西南诸流域的水文、地质、自然环境、地理特征的基础上，分析合理可能的调水量；综合地形地质特征、工程建设条件、施工技术水平、经济承受能力等因素，分析各设想方案存在的问题，可能的引水路线的工程总体布局及分期实施意见，提出有关远景调水的意见及建议。通过研究，全面系统、突出重点地对社会关心的热点、难点问题有所交代，从整体和局部、远期和近期的关系分析在国家水资源配置格局中的地位，以及和南水北调工程的关系。

（二）研究的主要内容

（1）通过对各类资料的系统整理和分析，实地踏勘和数据收集，提出科学合理的可调水量以及基本可行的远景调水的引水路线。在可能的引水线路进行比选的基础上，综合考虑制约调水工程建设的重大技术问题，研究工程建设投资规模和运行成本，提出相应的调水工程建设总体规划方案，并对现社会上提出的各种设想存在的关键问题有针对性地进行分析。

（2）坚持经济、社会、环境和地区的协调发展，以水资源的可持续利用支持经济社会的可持续发展为指导原则，充分考虑调水量与社会经济发展的需要增长相结合，分析国家经济承受能力、科学技术水平和建设开发条件，分轻重缓急统筹规划，提出分期实施的建议。论述远景调水和南水北调工程的关系，对今后西部水资源配置前期工作的意见。

（三）研究所取得的主要成果

此项研究分两阶段逐步深入，在有关成果的基础上，归纳梳理有关资料，包括以往长期论证的设想、有关专家的设想和社会意见，进行了综合分析；在分析已有资料及实地考察的基础上，对调水河流的基本情况及特征进行了符合实际的总体概括；从技术、经济可能性以及生态环境、社会影响等方面，对社会上各种调水设想的可调水量、工程布局、引水方式及有关工程技术问题的分析研究；提出了后续工程水源、研究工作原则的意见及建议。

五、南水北调中线干线工程京石段过水建筑物典型断面糙率原型测试专题研究

（一）研究目标和任务

糙率是水利工程过流表面的粗糙程度和边壁形状不规则性的综合表征，是表达水流经过不

同边界条件所受阻力的综合系数。过水建筑物（渠道、管道、隧洞等）的过水能力均与糙率有关，正确、合理地选择糙率（n）值关系到过水建筑物的经济和安全。南水北调中线干线工程京石段工程渠线长、交叉建筑物多，为了解应急供水期间典型渠段的实际糙率情况，专家委员会组织对南水北调中线京石段应急供水工程典型通水渠段和有代表性的过水建筑物断面进行了糙率和局部水头损失的原型测试工作。

（二）研究的主要内容

本次观测试验进行了唐河渠道倒虹吸、唐河段渠道（直线段、弯道段）、吴庄隧洞、漕河渡槽、吴庄隧洞到漕河渡槽间的土渠段、漕河渡槽与岗头隧洞之间矩形石渠等 7 个典型工程部位进行过流建筑物水力要素测量。

（三）研究所取得的主要成果

提交了《南水北调中线干线工程京石段过水建筑物典型断面原型测试技术报告》，并于 2009 年 7 月 13—15 日在京通过了南水北调中线京石段应急供水工程渠道糙率原型测试成果评审，会后根据评审意见和建议做了补充和完善。通过原型测试初步了解了典型建筑物过水能力，验证了典型建筑相关设计指标，为工程经济安全运行及工程评价提供基础数据。

六、南水北调中线一期总干渠京石段应急工程河北省渠段工程量分析专题研究

（一）研究目的和任务

为了指导中线工程全线开工后对总干渠工程量变化的预计和控制，对已通水和基本完工的应急工程国家批准的初步设计工程量、招标文件的合同工程量及实际施工完成工程量进行统计分析研究，找出工程量变化的主要原因和控制对策是十分必要的。

（二）研究的主要内容

按照"删繁就简、去粗取精、突出重点、分类合并"的原则对基本资料进行整编重组，而后分类分项进行工程量统计分析。

第一步，先确定土建工程量统计分析的主要项目，与并入主要项目的相关项目，包括土石方、防渗土工膜、保温板、分缝材料、混凝土、砌石、钢筋制安工程量等。

第二步，按施工标段统计分析河北省渠段总体工程量变化状况，并按照地形地质条件和输水规模大小分别统计分析了山前平原渠段、浅山丘陵渠段和设计流量 $100\sim170\,\mathrm{m^3/s}$ 渠段、$50\sim100\,\mathrm{m^3/s}$ 渠段的工程量变化状况。

第三步，按工程类型分类统计分析河北省渠段渠道和各类建筑物工程量变化状况。

第四步，综合以上统计分析成果，提出评价河北省渠段工程量控制效果并找出影响工程量增减的主要原因，并提出渠段（含总体渠段，不同地质地形、输水规模渠段和渠道工程）每千米长度工程量指标和不同工程类型、不同建筑物类别工程量比重指标。

第五步，提出下阶段开工项目控制工程量变化的意见和措施。

（三）研究所取得的主要成果

根据基本资料，利用确定的工程量统计分析基本方法，对南水北调中线一期总干渠京石段应急工程河北省渠段工程量进行了详细分析研究，通过河北省渠段（含渠道和各类建筑物）总体工程量统计分析，河北省渠道工程量统计分析，河北省大型交叉建筑物工程量统计分析，河北省左岸排水、渠渠交叉、分水口门、公路和铁路交叉等建筑物工程量统计分析，最终提出河北省渠段工程量统计分析的结论和建议，实现了专题研究的目的。2009 年 9 月 29 日，专家委员会在北京召开了本项目的专家审查会，对报告内容提出了修改意见，按照专家意见对报告进行了修改补充后，于 2010 年 2 月完成了《南水北调中线一期总干渠京石段应急工程河北省渠段工程量分析研究报告（修订本）》。

七、南水北调中线一期工程总干渠禹州段煤矿采空区稳定性专题研究

（一）研究目的和任务

南水北调中线一期工程总干渠由南至北通过河南省、河北省境内的 11 座煤矿，存在压煤和渠道通过采空区的稳定问题。其中采空区内渠道的稳定问题主要集中在河南省境内的禹州段和焦作段（焦作段经过大量技术经济论证工作，渠道基本避开了煤矿采空区），而禹州段总干渠线路无法避开采空区，采空区及其稳定问题显得尤其突出。

禹州段采空区在开采时间与水平、采空程度、回采率大小、回填程度和安全煤柱形式等方面均不一样，存在一定的变形现象。在禹州段方案比选及初步设计阶段，勘察设计单位是在收集资料的基础上，进行了相关的工程地质勘察工作，根据国内外类似采空区的经验，对禹州段采空区的稳定性进行了宏观分析与定性评价，但没有进行过地表变形监测及相关数值模拟计算等定量分析工作。因此，禹州段煤矿采空区的稳定问题是否还对渠道工程存在影响是十分突出的技术问题，随着工程的相继开工建设，对这些问题进行全面、深入的研究已经十分迫切，为此专家委员会组织开展了南水北调中线一期工程总干渠禹州段煤矿采空区稳定性进行专题研究工作。

（二）研究的主要内容

1. 收集资料

收集国内外煤矿有关资料和渠道的抗变形能力等相关资料，收集南水北调中线一期工程禹州段煤矿采空区的资料及渠道设计资料。

2. 监测资料整理和分析

收集禹州段煤矿采空区正在实施的地表观测设计情况及已有的观测资料，通过对监测成果的整理与分析，对采空区的地表变形情况进行定量分析与评价。

3. 工程地质条件类比分析

在上述资料收集与整理工作基础上，结合国内外经验，从采空区地质条件、开采历史、现状，以及塌陷区的形成和发展变化规律等方面，对禹州渠段煤矿采空区的稳定状况及变化趋势进行分析和评价。

4. 数值计算和分析

在前述工作的基础上，分析边界特征、物质组成、岩土介质构成及结构特征，建立地质概化模型；分析已建类似渠道工程的工程地质参数选取方法，提出本次数值计算参数；根据地质条件、已有监测成果、岩土物理力学参数等，运用有限差分元（FLAC 3D）和二维显示差分分析程序（UDEC）等大型计算程序，最终分析采空区的变形演化机理、稳定性特征和各种工况条件下的长期稳定性。

5. 综合分析与评价

在上述各项工作的基础上，按沉降变形的定性和定量指标对渠道经过的禹州段采空区进行分区，对采空区的沉降变形对渠道工程的影响进行综合研究与评价，并提出工程施工及运行期间的工作建议与措施。

6. 专家咨询

主要采取两种方式：一是对在研究工作过程中遇到的问题和关键技术邀请专家进行咨询、指导；二是初步成果完成后请专家对研究成果进行总体咨询，最终报告定稿。

（三）研究所取得的主要成果

在收集相关资料的基础上，通过工程地质条件类比、监测成果整理与分析、数值模拟分析计算等多种方法进行综合研究，对禹州段渠道采空区现状及渠道运行情况下的变形、沉降进行分析研究，对禹州段穿过煤矿采空区的渠道稳定性做出分析与评价，最终提交了《南水北调中线一期工程总干渠禹州段煤矿采空区稳定性研究报告》，并于 2010 年 7 月 12—15 日在郑州通过了《南水北调中线一期工程总干渠禹州段煤矿采空区稳定性研究报告》评审，会后根据评审意见和建议做了补充和完善。

八、非饱和土渗流与变形耦合弹塑性三维有限元分析及在南水北调东线大屯平原水库工程中的应用专题研究

（一）研究目的和任务

鉴于南水北调东线大屯水库地形复杂，地基土的渗透系数较大且无相对不透水层，若采用垂直防渗的措施，其防渗深度将会较深。经过专家论证分析，决定在大屯水库中采用库底全铺土工膜的水平防渗措施。水库防渗采用库底全铺膜与坝坡铺膜相结合的防渗方案。但采用该方案需解决膜下气压破坏问题，当前，国内外对于平原水库中膜下气压的产生机理和分布规律的研究几乎没有，大部分的设计均凭借工程经验。基于此，专家委员会组织开展了此项专题研究工作，该项专题研究采用基于多孔介质力学的非饱和土固结理论来研究土工膜下气压的大小及分布规律，同时，研究对气压影响较大的影响因素，从而从理论上指导工程实际。

（二）研究的主要内容

在考虑非饱和土渗流场与应力场耦合的作用下，采用数值计算的方法，通过建立大屯水库围坝和地基的三维有限元模型，分析地下水位上升、水库正常蓄水、水库快速降水、土工膜存在缺陷等工况下土工膜下气场的变化规律、验证膜上压重覆土厚及排气盲沟排气阀设计方案的

合理性，为大屯平原水库防渗设计提供依据，同时也为南水北调工程中其他平原水库的防渗设计提供参考。

（三）研究所取得的主要成果

此次研究基于多孔介质非饱和土固结理论，开发了非饱和土渗流与变形耦合弹塑性三维有限元计算程序 TDAD－FBH，建立了大屯水库围坝和地基的三维有限元模型，计算分析了地下水位上升、水库正常蓄水、水库快速降水、土工膜存在缺陷等工况下土工膜下孔隙气体压力产生、变化的规律，比较分析了膜上压重覆土厚及排气盲沟间距的效果。专家委员会于 2010 年 6 月 10 日召开了《非饱和土渗流与变形耦合弹塑性三维有限元分析及在南水北调东线大屯平原水库工程中的应用研究》成果评审会，会后根据评审意见和建议做了补充和完善。

九、南水北调中线工程水力学参数系统辨识关键技术专题研究

（一）研究目的和任务

南水北调中线工程是一项复杂的大型跨流域调水工程，其输水线路长、流量变化大，涉及问题复杂，影响沿程糙率因素较多，沿程糙率系数取值的合理性将直接影响渠道输水能力和工程运行管理。因此，为进一步检验工程设计中糙率系数取值的合理性，在工程试通水过程中需要实测渠道糙率并研究其影响因素，为南水北调中线一期工程的设计和运行管理提供参考依据。

（二）研究的主要内容

本项目主要研究内容为调水工程水力学关键参数辨识理论和方法、水力测量误差对糙率率定误差的影响、南水北调中线工程水力学关键参数辨识（包括渠道、隧洞、渡槽沿程糙率、闸门、阀门特性）等。

（三）研究所取得的主要成果

本项目在综合分析国内外河道、渠道水力学观测和系统辨识理论发展的基础上，研究了渠道糙率和闸门特性的系统参数辨识模型及系统参数辨识的最小二乘法，分析了水力测量误差对渠道糙率率定的影响，并以南水北调中线京石段应急工程原型观测资料为基础，研究比较了不同桥墩雍水及渠道糙率计算公式，沿程糙率与粗糙高度 k_s 和水力半径 R 的函数关系，以及闸门特性的动态系统辨识技术等。通过系统的理论研究，取得了一定的理论创新和重要结论。

十、盾构隧道开舱及维护技术专题研究

（一）研究目的和任务

地下隧道的盾构施工法在我国的应用越来越广泛，在国内修建的过江过河及海底隧道中，大断面泥水加压盾构的频繁使用引人注目。过河越江隧道一般都具有掘进距离长、地下水压大的特点，而且由于其穿越地层的地质条件及水文条件比较复杂，围岩条件变化多端。在这样复

杂的施工环境条件下盾构机经常会出现一些故障，如刀头磨损、刀盘磨损、碎石机故障等，这时必须要对盾构机进行开舱检查、更换部件，严重时要进行较大范围的维修。在地下水压大、地质条件复杂、渗透性高的地层中进行开舱属于高难技术，国内外的相关研究都很少。开舱往往会引起开挖面坍塌，地下水击穿，尤其会引起人身安全，恶劣时甚至会造成整个隧道报废，因此具有极大的工程风险。为了保障盾构机的安全开舱，尽量减少工期的延误以及对隧道的影响，有必要根据已有的盾构机带压进舱的施工经验，较为全面分析施工状况、开舱参数及开舱效果，总结盾构开舱中必须注意的技术要点。弄清楚不同地质条件下、不同施工状态下开舱可能会面临的各种问题，并建立解决这些问题的相关理论和方法，形成盾构开舱及维护的技术体系。这样不仅对工程本身有重要的指导意义，而且对我国盾构技术的应用和发展有很大的推动作用。

为此，专家委员会依托穿黄隧道盾构施工，组织开展了盾构隧道开舱及维护技术专题研究工作。

（二）研究的主要内容

1. 南京长江隧道盾构开舱及维护实例研究

主要对南京长江隧道的开舱原因、开舱时的开挖面稳定维护技术以及开舱后的设备维护技术进行总结。

2. 南水北调中线穿黄隧道盾构开舱及维护实例研究

主要对南水北调中穿黄隧道开舱原因、开舱时的开挖面稳定维护技术以及开舱后的设备维护技术进行总结。包括常压开舱和带压开舱两方面的技术总结。

3. 开挖面稳定的保障技术研究

主要针对在地质条件复杂、地下水压大的高渗透性地层中进行带压开舱时，围绕开挖面稳定的几个主要问题开展研究工作。

（1）泥膜的形成以及在开挖面稳定中的作用研究。

（2）开舱时气压对开挖面的稳定作用以及控制方法研究。

（3）开舱时的围岩加固技术研究。

4. 盾构机开舱维护的技术研究

针对工程中经常遇到的舱内维护、维修工作的内容，研究高压下刀盘、刀具的更换及焊接技术、压力舱内人员安全保障技术、开挖面障碍物排除技术。

5. 形成盾构机开舱及维护技术体系

根据盾构开舱经常遇到的围岩稳定性问题、设备维修维护问题、人员安全问题，将相应的理论、方法、手段、措施进行收集、整理、归纳、分析，形成能够适用于大多数盾构开舱工程的技术体系。

（三）研究所取得的主要成果

根据南水北调中线穿黄隧道盾构开舱及维护等不同实例的研究，对开挖面稳定的保障、盾构机开舱维护等方面的问题进行了深入的探讨，形成了盾构机开舱及维护技术体系，实现了专题研究的目的，提交了《盾构隧道开舱及维护技术研究报告》。

十一、南水北调工程导叶式混流泵模型同台测试专题研究

(一)研究的目的和任务

2004 年有关部门组织实施了南水北调水泵模型同台测试(天津),测试成果为南水北调工程泵型选择提供了主要参考依据,收到了很好的效果,但测试未包括混流泵模型系列。为了更好地为南水北调工程服务,为工程设计提供更为优良的水力模型,同时填补我国在低扬程段混流泵型谱的空白,为此,专家委员会组织开展了南水北调工程导叶式混流泵模型同台测试工作。

(二)研究的主要内容

试验模型征集以参数范围近于南水北调工程洪泽站、睢宁站为主,共征集 8 套水力模型并完成测试工作。8 套水力模型最优工况点比数范围为 413～816r/min,基本覆盖了南水北调工程混流泵站比数范围。

(三)研究所取得的主要成果

该课题的试验在中水北方勘测设计有限责任公司水力模型通用试验台上进行,对 8 个混流泵模型的能量、空化、飞逸特性等性能进行了测试,并提交了测试报告,其结果将为南水北调等工程的应用提供可靠的技术数据。研究成果于 2011 年 5 月通过验收。

十二、南水北调工程东线供水水质保证评价标准研究

(一)研究目的和任务

南水北调东线一期工程建成通水后,输水水质能否实现《南水北调东线治污规划》规定的《地表水环境质量标准》(GB 3838—2002)Ⅲ类水质标准,是南水北调东线工程产生重大效益的评价依据之一。《南水北调东线工程治污规划》中提出水质达《地表水环境质量标准》(GB 3838—2002)Ⅲ类标准,是以原《生活饮用水卫生规范》(2001)为依据制定的,能够保证饮用水水源地二级保护区的水质要求,2006 年《生活饮用水卫生规范》以《生活饮用水卫生标准》(GB 5749—2006)的形式颁布,使饮用水水源地的保护要求仅以《地表水环境质量标准》的Ⅲ类标准项目考核会有所欠缺。南水北调东线工程的用水要求之一,是作为城市、农村生活用水水源地,必须突出保障人体健康的目标,而与《生活饮用水卫生标准》(GB 5749—2006)相衔接的水源地保护指标,又多为《地表水环境质量标准》(GB 3838—2002)Ⅱ类项目和特定项目,要正确评价南水北调东线水质必须基于Ⅲ类标准,又不局限于Ⅲ类标准,增加Ⅱ类项目和特定项目的选择,才能反映南水北调东线工程水源地保护特征。因此,2009 年专家委员会对东线治污工作进行调研时发现,目前的评价指标不能科学合理地评价东线治污工程的效果,建议研究制定南水北调工程东线供水水质保证评价标准。为此,2010 年专家委员会组织开展了南水北调工程东线供水水质保证评价标准研究工作。

(二)研究的主要内容

此项研究根据国务院批复的南水北调东线治污规划要求干流水质达到地表水Ⅲ类水质标

准，提出了南水北调东线工程水质评价的体系与方法，反映有关部门对地表水水质评价的最新要求。同时还结合南水北调东线工程作为城市供水水源的需求，参照世界卫生组织饮用水水质品质规定指标，结合水源地水质保护要求，提出合理的评价项目和评价断面、检测频率作为输水工程分析水质水平的参考。

（三）研究所取得的主要成果

此项研究基于Ⅲ类标准的水质达标评价和高于Ⅲ类标准的水质水平评价。根据水质达标评价和水质水平评价不同的水质评价目的，按照中国饮用水保障系统两个国家标准和一个行业标准统筹协调的原则，以《地表水环境质量标准》（GB 3838—2002）Ⅲ类标准为基点，确定了适用于水质达标评价的 21 个项目、确定了适用于水质水平评价的 124 个项目，以及指标值、检测方法。

在对《南水北调东线治污规划》实施进展评价结论的引导下，优选各部门已有的监测断面，应用数学模型进行输入相应分析，确定了长江三江营断面为背景断面，东平湖断面为终评断面，反映江苏来水水质的韩庄运河断面、反映南四湖下级湖来水水质的二级坝闸上断面和上级湖进入东平湖水质的独山湖独山村断面为参评断面。

南水北调东线工程输水水质，以东平湖水源地每个输水期每月进行一次的 124 个项目的监测评估结果和长江三江营背景值断面每个输水期一次的 124 个项目的监测评估结果共同作为南水北调东线水质水平评估的结论。韩庄运河断面、昭阳湖二级坝闸上断面和独山湖独山村断面作为三个参评断面，每周按 21 个项目做检测评价，东平湖断面与参评断面同时按 21 个项目进行每周一次的检测，共同作为南水北调东线输水水质达标评价的依据。

以上成果可作为输水工程分析水质水平的参考。

十三、南水北调工程铺膜防渗施工技术研究

（一）研究目的和任务

南水北调工程沿线的调蓄水库及输水渠道防渗多采用土工膜防渗处理工艺，而国内目前对平原水库、输水渠道工程土工膜防渗设计、施工及检测技术等尚无指导的标准和规范，为做好南水北调工程的防渗工作，专家委员会针对这一情况，组织开展了南水北调工程铺膜防渗施工技术研究，通过此项目的研究，系统总结南水北调工程铺膜防渗成果、破解关键性施工技术问题，指导南水北调系统后续工程、续建配套工程的铺膜防渗施工工作，达到安全可靠、技术先进、经济合理的目的。

（二）研究的主要内容

针对渠道、渠底、坝坡、库底的铺膜施工技术及质量控制进行综合研究，研究过程中主要从原材料性能与质量控制、施工准备、土工膜摊铺、土工膜焊接、土工膜锚固及土工膜与建筑物等特殊部位连接、土工膜与逆止阀部位的连接、保护层施工及其质量检验与控制、质量评定验收等几个方面进行。

（三）研究所取得的主要成果

对南水北调沿线调蓄水库、输水渠道铺膜防渗施工中，可能采用土工材料的性能指标、选

择要求、生产性试验、驻厂监造、检验与评定及材料的管理等提出了具体要求；提出铺膜施工前的技术准备要求，对基面、材料、场地条件及人员、现场铺设焊接及覆土保护试验、现场要求及规章制度、监测设备埋设、排水排气系统施工等方面进行了详细规定；说明了不同焊接方法、焊接设备及焊接技术的适用条件，确定了土工膜铺设焊接试验要求，提出了适合当地气候的焊接参数，并对复合膜、膜布分置施工焊接质量的控制、检测形成了一套完整规定；针对土工膜锚固及与建筑物连接部位等薄弱部位，提出施工及质量控制办法；提出逆止阀与土工膜连接方法及技术要求，连接强度与防渗检验要求。通过试验研究，首次给出了土工膜与逆止阀连接处抗渗性能及立管与土工膜连接体的密封性进行检测的现场检测试验模具；根据检测试验结果给出了逆止阀、法兰盘、土工膜一体化连接的设计思路；研究还提出了土工膜施工中的上保护层施工、土工膜铺设工程的验收、特殊天气安全措施及注意事项。

在上述研究的基础上，集成提出了《南水北调工程铺膜防渗施工指南》，用于指导铺膜防渗施工各个工序的施工方法、质量控制检测方法，保证工程施工质量。

研究在山东段平原水库防渗施工中得到了应用，有效地促进了三座平原水库的土工膜防渗施工进度，保证了施工质量。

十四、南水北调工程技术标准体系框架研究

（一）研究目的和任务

南水北调工程是一项复杂的工程，涉及渠道、桥梁、泵站、河道等多种工程建筑物，涉及水利、水电、桥梁、建筑等多个专业领域。各专业领域对待同类工程建筑物技术标准存在差异，给工程设计、施工、监理和稽查过程中的标准选择造成困难，急需建立一套适合南水北调工程标准体系框架，为工程管理、设计、施工、监理和稽查提供标准选择依据。

为提高南水北调工程建设质量，使工程建设参与者在工作中运用技术标准更加科学化、规范化，结合南水北调实际情况，专家委员会组织开展了南水北调工程技术标准体系框架研究工作。

（二）研究的主要内容

研究同类工程不同行业标准间的差别和各行业标准的适用范围；研究南水北调工程建设工作中技术标准的选择方法。科学制定南水北调工程技术标准体系框架；为南水北调工程设计、施工、管理提供科学的技术支撑。

（三）研究所取得的主要成果

全面收集了参加南水北调工程建设的设计单位所采用的标准，并收集了有关管理单位采用的标准，建立的调水标准体系涵盖了南水北调工程建设应用的技术标准。通过方案比较，按照四层次划分原则，提出了符合工程建设管理的标准体系框架。通过分析研究，按照工程建设阶段、专业、行业等层次，确定了标准在体系中的位置，提出了调水标准体系。分别按阶段和行业统计了标准项目数量，明确提出了南水北调工程建设中所采用的不同阶段、专业、行业的标准数量。与水利标准体系进行了分析对比，说明了调水标准体系的实用性与可操作性。通过对

有关规定和应用实例的分析，提出了验收的主要依据及验收文件的采用顺序，以及标准发生变化时的处理原则。最终提交了《南水北调工程技术标准体系框架研究报告》，为南水北调工程设计、管理、施工、监理和稽查提供标准选择依据。

十五、南水北调东线工程技术成果分析与研究

（一）研究目的和任务

南水北调东线工程的设计单位和设计人员在东线工程规划、设计过程中，通过长期的艰苦努力，取得了大量的、丰富的技术成果。这些技术成果具有很高的学术价值和参考价值，不仅可为东线工程的建设和运行管理工作提供必要的技术支撑，并可为其他类似工程的规划、设计工作提供参考。因此，亟须对东线工程不同工作阶段的主要技术成果进行回顾、总结和研究。为此，专家委组织开展了南水北调东线工程技术成果分析与研究工作。

（二）研究的主要内容

主要研究内容为调研与基本资料收集，回顾、梳理东线工程的工作过程，概括、总结东线工程不同工作阶段的主要技术成果，分析、研究典型工程主要技术成果等。

（三）研究所取得的主要成果

1. 调研与基本资料收集

对南水北调东线工程进行调研，收集各类基本资料。

2. 回顾、梳理东线工程的工作过程

东线工程的工作过程时间跨度大，在收集、整理相关资料的基础上，对东线工程不同工作阶段的时间，设计单位，报告编制过程，审查、批复情况，工程建设、实施进展情况等进行回顾、梳理。

3. 概括、总结东线工程不同工作阶段的主要技术成果

本次研究在收集、整理、分析《南水北调东线工程规划（2001年修订）》《南水北调东线第一期工程项目建议书》《南水北调东线第一期工程可行性研究总报告》等技术文件的基础上，对东线工程不同工作阶段的主要技术成果进行概括、总结，并对主要技术成果在不同工作阶段的变化情况进行汇总、整编。

4. 东线单项工程分类

东线工程包括的单项工程种类众多，主要有输水河道工程、蓄水工程、抽水泵站工程、水资源控制工程、调度运行管理系统等类别。

本次研究根据东线工程的特点和相关技术文件，对各单项工程进行分类统计，并对各单项工程的主要设计参数进行汇总、整编。

5. 分析、研究典型工程主要技术成果

在对东线工程不同工作阶段的主要技术成果进行概括、总结，以及对各单项工程进行分类统计的基础上，选取具有代表性的典型工程，对典型工程的主要技术成果进行分析和研究。

十六、南水北调中线干线工程渠道衬砌质量与进度控制对策研究

（一）研究目的和任务

2013年是南水北调中线渠道衬砌施工的高峰年，衬砌施工的质量和进度将直接关系到工程质量和按期通水目标的实现。专家委员会适时组织开展了渠道衬砌工程质量与进度控制对策研究项目研究，在如何提高渠道衬砌效率、人员和设备配备、提高施工工艺水平、确保工程质量等方面进行了研究，并提出了相关措施。

（二）研究的主要内容

1. 南水北调中线干线渠道衬砌工程总体进展

调研截至2013年4月底，包括南水北调中线干线渠道衬砌工程进展情况、累计完成量、单项工程完成量等。

2. 分析总结已建渠道衬砌经验

分别从材料管理与控制、渠道衬砌配合比设计及调整、工法管理及控制、黄河北经验配置及工效分析，以及进度保障措施等进行总结归纳分析。

3. 分析研究影响渠道衬砌质量主要因素

从工程建设的特点及难点入手，研究影响衬砌质量及进度的主要因素，并对工序进行优化。

4. 分析渠道衬砌工效及研究渠道衬砌资源优化配置

深入优化单台衬砌机的资源配置，根据研究成果进行进度预测，并在此基础上优化全线在建项目的衬砌机资源配置。

5. 研究并提出保证质量与进度目标实现的措施建议

分别从技术保障、人员保障、组织管理、目标考核及资金保障等方面，提出保证质量与进度目标实现的措施建议。

（三）研究所取得的主要成果

通过研究总结影响渠道衬砌质量与进度的主要因素及保证质量与进度目标实现的措施建议，提出确保渠道衬砌质量和进度的措施，为又好又快实现2013年年底南水北调中线干线主体工程完工目标提供保障，指导建管、监理、施工的单位的质量和进度管理工作，最终提交《南水北调中线干线工程渠道衬砌质量与进度控制对策研究报告》和《南水北调中线干线工程渠道衬砌工法管理指南》。该项目提前进行了验收，研究成果得到充分的肯定，其成果已应用于工程施工一线，对于控制渠道衬砌的施工进度和质量发挥了积极作用。

十七、南水北调东线工程输水沿线煤炭采陷区对工程影响问题研究

（一）研究目的和任务

南水北调东线一期工程输水沿线的徐州、枣庄、济宁等地是华东地区重要的煤炭基地，有的煤矿开采已逾百年。随着开采时间的推移，部分矿区已形成煤炭采陷区（包括沉陷区、采空

区），且有的采陷区就处于工程下部或毗邻工程。南水北调东线工程通水后，将大幅抬高原有水位，基础荷载也将大幅增加，河道（湖泊）下面采陷区的稳定将受到影响，如塌陷将威胁到东线输水安全。为确保东线工程的安全运行，了解和梳理东线干线工程输水沿线采陷区的现状和发展趋势，分析采陷区对东线干线工程安全运行、水环境以及经济社会等方面可能产生的影响，提出东线干线工程沿线采陷区治理方向初步建议，开展输水沿线煤炭采陷区对工程影响问题研究工作是非常必要的。为此，专家委组织开展了南水北调东线工程输水沿线煤炭采陷区对工程影响问题研究。

（二）研究的主要内容

主要研究南水北调东线干线工程输水沿线煤炭采陷区对工程的影响，以及对水环境及其他经济社会方面的影响。调研范围是东线干线输水沿线的徐州、枣庄、济宁段等地区的矿区，兼顾今后拟供水区域内的淮南、淮北等矿区。主要包括以下内容。

1. 沿线煤矿企业生产情况

矿区范围、储量情况，现状（2010年）设计开采和实际开采量，2020年和2030年预计开采能力。

2. 采陷区情况

现状（2010年）采陷区范围、面积、最大深度、平均深度等，初步预测未来发展趋势。

3. 对东线工程的影响

了解东线干线工程输水沿线涉及采陷区工程情况，分析现状煤炭采陷区对南水北调东线干线工程安全运行、水环境以及经济社会等方面产生的影响和未来可能发展趋势，提出东线干线工程输水沿线采陷区治理方向的初步建议。

（三）项目所取得的主要成果

对东线干线工程输水沿线的徐州、枣庄、济宁段等地区的矿区和淮南、淮北矿区进行实地调研并收集相关资料；归类梳理有关采陷区治理研究及淮河流域已开展的调研资料；组织专家研讨分析采陷区对东线干线工程安全运行、水环境以及经济社会等方面已经产生的影响和未来可能产生的影响，提出东线干线工程输水沿线采陷区治理方向的初步建议，最终形成《南水北调东线工程输水沿线煤炭采陷区对工程影响问题研究报告》，为工程运行管理提供参考。

十八、南水北调工程安全监测技术要求研究

（一）研究目的和任务

鉴于南水北调东线和中线工程参与设计和施工单位众多，可能存在工程安全监测设计标准不一、安装埋设质量不等的问题。为满足工程试通水和正式运行期间掌握工程安全性态的需要，有针对性地提出充水试验和正式运行期间的工程安全监测的技术要求。专家委组织开展了南水北调工程安全监测技术要求研究，对水工建筑物安全监测设计标准、工程安全监测施工及监测数据情况等进行了调研及评价，编制《南水北调东、中线一期工程运行安全监测技术要求》。

（二）研究的主要内容

1. 水工建筑物安全监测设计标准调研

针对南水北调东线和中线工程主要水工建筑物，按设计单位选择典型工程进行现场调研工作，收集相关技术施工图，参照国家及南水北调有关设计标准，检查安全监测设计标准是否满足运行安全工作需要。

2. 工程安全监测施工及监测数据情况调研

针对南水北调东线和中线工程主要水工建筑物，按设计单位和施工单位选择典型工程进行现场调研工作，收集相关技术施工图和竣工图，参照国家及南水北调有关施工标准，检查埋设数量、仪器成活率、基准值设定以及数据真实性是否达到已有设计标准。

3. 编制试通水和正式运行期工程安全监测技术要求

对试通水和正式运行期的工程安全监测实施和管理方式进行调研，结合上述监测设计标准、现场实施以监测数据分析的调研结果，参照国家及南水北调有关施工标准，有针对性地提出监测基本要求和各主要建筑物的重点监测项目，以及监测资料管理和分析的基本要求，并对试通水和正式运行期的工程安全监测实施和管理方式提出建议，提出《南水北调东、中线一期工程运行安全监测技术要求》供有关部门参考。

（三）研究所取得的主要成果

该项目在对南水北调东、中线干线工程安全监测设计和施工情况以及国内外工程安全监测技术现状进行大量调研的基础上，参照国家及相关行业的法律、法规和技术规范，编写了《南水北调东、中线一期工程运行安全监测技术要求》。经过两次评审和咨询，不断完善，研究成果得到有关部门的肯定，经征求意见及后续修改完善后已作为规范标准发布，在通水运行中发挥了积极作用。

十九、南水北调中线干线工程输水计量关键技术研究

（一）研究目的和任务

鉴于水量的准确计量是实行计划用水和准确引水、输水、配水的重要手段，也是核定和计收水费的主要依据，对水的科学管理、合理调度及节约用水有着重要意义。随着全线通水目标的实现，专家委组织开展了南水北调中线干线工程输水计量关键技术研究，充分利用实地调研数据资料，科学合理地分析南水北调中线工程输水过程中影响沿程水量损失的主要因素，优选经济合理的水量计量方法，完成南水北调中线工程科学合理的输水计量目标，为南水北调工程水量的准确计量实现提供科学借鉴，为核定和计收水费提供理论依据，为其他南水北调的配套工程提供科学借鉴，对水量合理调度及节约用水具有重要意义。

（二）研究的主要内容

1. 输水计量可靠性分析

对南水北调中线渠道计量设备及方法进行收集和分析，经对比分析给出计量方法优选方

案；为确保南水北调中线工程运行过程中，可调水量和可用水量按照调水计划执行，采用模糊综合评价法建立计量系统可靠性评价模型，并对京石段典型段计量系统进行评价。

2. 渠道水量损失理论分析

通过分析渠道蒸发、降雨及渗漏水量现有计算方法的基础上，改进或选取合适的方法并结合可靠数据进行南水北调中线渠道损失水量计算，并建立南水北调中线渠道水量损失预测模型，开发网格化数据库，为批量进行损失水量预测奠定基础。

3. 水量损失预测模型实证分析

以京石段为例，结合已建立的渠道输水水量损失预测模型，从长期和短期两方面验证模型的准确性和合理性，为南水北调渠道年调度方案、月调度方案的提出和有效实施提供理论依据。

4. 输水水量系统开发设想

利用预测模型和可靠的水量计量数据，拟研发集输水损失量计算、水量查询细化、领导决策的一体化系统，以便用水管理部门进行调度、用户进行水量查询。

（三）研究所取得的主要成果

本课题是在既有研究基础上，采取现场调查、市场调研，数值模拟和理论分析的方法进行研究，在对比了不同的理论方法之后，通过优选和改进的方式，给出了不同损失水量的计算方法，建立了水量损失预测模型并进行实证分析，提出中线输水系统水量平衡预测模型。主要成果如下：

（1）对南水北调中线现有的渠道输水计量设备、方法进行了探讨分析，建议南水北调中线工程在计量过程中结合多种计量设备和方法对比分析后选出可靠的计量数据。针对南水北调中线现有输水计量系统，确定了评价指标，并对指标进行量化，建立了计量系统可靠性模糊评价模型，利用该模型对典型研究段和中线计量系统进行了评价，评价结果为良好。

（2）通过分析渠道蒸发、降雨及渗漏水量现有计算方法基础上，改进或选取合适的方法，结合可靠数据进行南水北调中线渠道损失水量计算，并建立南水北调中线渠道水量损失预测模型，开发网格化数据库，为批量进行损失水量预测提供便利。

（3）依托京石段四次通水过程中的大量实测数据，从短期和长期两个时间区段，在对相关数据分析计算的基础上得到了通水过程的输水损失率。从计算结果可知：除去冬季及人为影响，输水损失率预测值与实测输水损失率之间误差较小，满足一定的精度，证明了预测模型的合理性，同时该模型可为输水水量预测及输水定价提供理论依据。

（4）利用预测模型，研发集损失量计算、水量查询、输水决策的一体化系统。该系统由不同的模块组成，其中预测水量模块可根据所取输水段，计算出蒸发量、降雨补给量及渗漏损失量，水量查询模块可将实测的流量在系统中直观地显示，输水决策模块可根据不同用水单位（暂以地域分类）需水量、年（月）计划调水量和预测的损失水量进行输水平衡分析，给出合理的水量分配措施。

二十、南水北调工程中线渠道运行安全状况研究

（一）研究目标和任务

南水北调中线工程线路长、沿线地质条件复杂多变，因此渠道工程的形式和规模亦多种多

样。针对工程运行情况，选取典型渠段进行深入的工程运行安全状况调查研究和反演分析是必要的，特别是膨胀土、煤炭采空区和高填方等高风险地段。其中，焦作段渠道包含高填方渠段，渠道在运行期安全状况值得关注。禹州段的部分渠道建设在煤矿采空区之上，局部采空区埋藏较深、上覆岩体较厚，短时间内采空区顶板变形很难反映到地表，渠道通水运行期，采空区对渠道安全状态的影响值得分析研究。淅川段的大部分渠道在膨胀土层修建，在该地质条件下建造规模如南水北调中线工程之巨的渠道尚缺少实践经验，设计理论有待完善，需要在实际运行中检验。在南水北调中线干线工程总干渠正式通水已逾一年时，开展这三个典型渠段的安全状态研究，掌握高风险地段工程运行状况，可为工程通水运行评价工作提供基础资料。

（二）研究的主要内容

1. 重点渠段结构安全资料分析

针对南水北调中线工程重点关注的渠段（焦作高填方渠段、禹州采空区渠段、淅川膨胀土渠段），收集相关设计、施工报告和图纸，参照国家及南水北调有关设计指标，分析结构及安全监测设计标准是否满足运行安全工作的需要。结合工程实际，对通水前后的安全监测数据进行比较、分析，对关注的高填方渠段、膨胀土渠段的运行安全状况评价提供数据支撑。

2. 重点渠段运行期状况现场调研

针对南水北调中线工程焦作高填方渠段、禹州采空区渠段、淅川膨胀土渠段，进行现场检查与调研工作，现场检查渠道结构外观、监测系统状况。检查渠道结构、防渗排水、巡检维护等设施的状况；检查监测仪器布置、埋设数量、成活率、基准值设定以及数据真实性是否达到已有设计标准，必要时对关键的监测项目进行抽检、比测，对缺陷或消缺部位进行抽检复核。

3. 重点渠段运行工程安全状况评价

结合上述结构设计指标分析、工程安全监测数据分析、现场检查调研的结果，参照国家及南水北调有关施工标准，对焦作高填方渠段、禹州采空区渠段、淅川膨胀土渠段的运行安全状况进行评价，并对运行期的工程安全监测实施和管理方式提出建议，提出《南水北调工程中线渠道运行安全状况研究报告》供有关部门参考。

（三）研究所取得的主要成果

针对焦作高填方渠段、禹州采空区渠段、淅川深挖方膨胀土渠段三个典型渠段的安全状况，研究提出了工程通水一年多以来运行状态安全、渗流和变形性态基本正常的结论，并针对部分调查研究中发现的问题提出了继续加强观测、持续监测资料分析、定期开展安全状况研究、部分缺陷处理等建议。

二十一、南水北调工程水环境保护技术研究

（一）研究目标和任务

建立南水北调水环境保护的技术体系，分析提出水环境保护技术需求，梳理当前国内外水

环境保护技术，结合南水北调工程水质提升和水环境保护实际提出适用技术。对南水北调工程水环境保护的概念和内涵、现代水处理技术的特点，以及对南水北调工程的意义与作用、基本原则、目标与方向、主要形态与实现形式、基本思路与方针、水环境保护技术手段、切入点和突破口进行阐述，对南水北调工程水环境保护关键技术与问题做了探讨，并进行案例实证研究，提出南水北调工程水环境保护的思路和技术对策。

（二）研究的主要内容

在实地调研、文献查询及技术研讨基础上，应用水环境保护技术原理及方法，开展南水北调工程水环境保护关键技术研究，研究内容主要包括三个方面：

（1）南水北调工程水环境保护现状调研与水环境保护技术需求分析。重点调研工程水环境保护现状、存在问题、当前应对措施等，并提出南水北调工程中线、东线水环境保护技术需求。

（2）国内外水环境保护技术调研与技术适应性分析。梳理当前国内外水环境保护技术，重点调研一批先进实用水环境保护技术及工程案例，分析技术特点及适应性。

（3）南水北调工程水环境保护技术研究。结合南水北调水环境保护技术需求分析，围绕水质提升、蓝藻防治、面源污染治理、提高沿线湿地处理效率、污水处理厂水质提升等方面，分别提出适合于南水北调工程水环境的技术对策与建议。

（三）研究所取得的主要成果

（1）研究了南水北调工程水环境保护技术的内容与方法，制定了水环境保护技术体系。

（2）在分析南水北调工程水环境保护面临的主要问题基础上，确立了南水北调工程水环境保护技术需求。

（3）提出了适合南水北调工程水环境保护的装备与技术，梳理了环保型水处理系统的选型要素。

（4）结合南水北调水环境保护技术需求分析，围绕水质提升、蓝藻防治、面源污染治理、提高沿线湿地处理效率、污水处理厂水质提升等方面，分别提出了适合于南水北调工程水环境的技术对策与建议。

二十二、南水北调工程渠道和建筑物位移变形监测技术研究

（一）研究目标和任务

由于南水北调工程地域跨度大，渠线所经过的地质条件和周围环境复杂多样，虽然在施工中应用了多种新技术、新工艺，加强了质量监督，但受自然沉陷、地下水位和地表降水变化、风化冻融等因素影响，特别对膨胀土和高填方渠段，在这些自然环境作用下，会产生变形、开裂、渗水、塌陷等潜在的风险，而这些危害的主要表现形式之一是渠道或建筑物的变形或位移。为能在危害出现早期采取有效措施及时维护，对南水北调工程渠道及重要的建构筑物变形进行实时监测是最有效的方法，为此针对南水北调工程的特点，对变形监测中涉及的相关技术问题进行研究是十分必要的。南水北调工程渠道和建筑物位移变形安全监测技术研究主要研究

满足南水北调工程安全维护管理要求的渠道和建筑物位移变形监测的技术方法与系统，为工程安全监测实施提供参考。

（二）研究的主要内容

（1）南水北调工程各渠段和重点建筑物特点及可能病害类型。
（2）变形监测参量与极限状态。
（3）重点监测渠段和重要建筑物关键位置、测点布置优化技术。
（4）自动化监测技术、方法和仪器设备。
（5）数据处理分析与评估。
（6）监测控制与管理软件开发。

（三）研究所取得的主要成果

课题针对南水北调中线工程实际运行监测需要，研究了在总干渠工程安全监测系统中引入机器人等监测技术和云服务等数据处理技术的必要性和适用性，提出了重点监测渠段和代表性渠段的建议，推荐了适合渠道和建筑物结构变形监测的监测手段，对于优化和提升南水北调中线的安全监测现代化水平，提供了重要的技术支撑。

二十三、南水北调中线工程丹江口库区移民安置后续问题研究

（一）研究目标和任务

水利工程成败的关键在于移民安置，而移民安置的成败却往往表现在是否真正实现移民"搬得出、稳得住、能发展、可致富"。移民安置是一项复杂的系统工程，涉及面广，时间跨度长，实际操作难度大，必须兼顾国家、集体、个人的利益，权衡长远利益和当前利益。项目研究的目的就是对南水北调中线工程丹江口库区移民的主要特点，分析其面临的主要问题和典型案例，为南水北调中线工程丹江口库区移民后续问题的解决提供切实可行的方案和对策建议，并针对移民后续发展的要求，探讨构建移民安稳发展的长效机制。

（二）研究的主要内容

（1）丹江口库区移民安置现状与主要特点及后续发展面临的问题。
（2）丹江口库区移民安置后续发展的理论依据。
（3）国内外水库移民安置后续发展的经验借鉴。
（4）丹江口库区移民安置后续问题的对策、建议和移民安稳发展的长效机制。
（5）以十堰市郧阳区丹江口库区移民安置后续发展为例，开展案例分析。

（三）研究所取得的主要成果

项目分析研究了南水北调中线工程丹江口库区移民安置的现状、特点与存在的问题；从产权、外部性、发展权和共享发展等四个方面分析论证了移民安稳发展的理论依据；在总结研究现有案例经验基础上结合国内外水库移民安置模式，提出了丹江口库区移民安稳发展的对策

建议。

二十四、南水北调工程可持续性发展的水价研究

（一）研究目标和任务

南水北调工程是合理配置我国水资源、弥补北方地区水资源短缺的重大战略性措施。南水北调工程通水运行后，面临诸多管理运营难题。科学、合理地制定水价就是其中之一，只有合理的水价，才能保证南水北调的正常运行，才能有利于受水区当地水资源和外调水的配置，以及南水北调工程的可持续性发展。2014 年，国务院公布了《南水北调工程供水管理条例》，进一步明确了"两部制"水价原则，但具体水价制定仍待有关部门另行规定。为此专家委员会组织开展了南水北调工程可持续性发展的水价研究，从调查研究工程受水区通水前后的相关情况和问题出发，借鉴国内外有关经验，分析水价内涵、构成要素及相关影响因素，设计供水价格体系模型，提出相应对策措施和相关制度。

（二）研究的主要内容

（1）分析南水北调受水区通水前的水源构成和水价情况。
（2）研究分析南水北调受水区通水后水源构成和水价可能存在的问题。
（3）研究总结国内外调水工程受水区水价体系建设经验。
（4）分析水价的内涵、构成要素和南水北调受水区统筹不同水源的水价体系的影响因素。
（5）研究设计南水北调受水区供水价格体系模型。
（6）提出构建南水北调供水价格体系的对策措施和相关制度。

（三）研究所取得的主要成果

项目运用经济学、管理学、可持续发展的理论和方法，在现状分析的基础上，从需求侧和供给侧管理视角，以可持续发展为目标，遵循帕累托改进原则及社会总剩余最大的思想，构建了拉格朗日非线性多目标的南水北调工程水价模型，运用遗传算法，通过 MATLAB 软件编程，对不同情景下的水价进行了测算分析，提出了相关的水价成果及对策建议。

二十五、大数据技术应用于南水北调工程的技术方案研究

（一）研究目标和任务

探索大数据技术在南水北调工程中应用的领域及其相关技术方案，主要研究大数据在运行维护、调度决策、后续工程规划、运行效益分析以及其他领域中的应用。提出适合南水北调工程并对同类长距离调水工程具有指导作用的大数据应用技术方案，为南水北调工程全面技术和工程创新实践的决策提供支持。

（二）研究的主要内容

1. 南水北调工程大数据资源现状研究

研究南水北调工程大数据资源的类型、分布、数据的多样性。例如，利用在时间与空间上

的冗余性与互补性，从多角度、多层次、多模式的系统精确感知整体态势；实时地通过各种数据库管理系统来安全地访问数据；通过优化存储策略，评估当前的数据采集及存储技术来改进、加强数据存储能力，最大限度地利用现有的存储投资。

2. 大数据在南水北调工程应用领域问题研究

应用大数据技术进行故障诊断，对水利工程设备关键性能的动态评估与基于复杂相关关系识别的故障进行诊断，为解决现有状态下的维修问题提供技术支撑；从大数据技术应用角度，研究完善现有信息采集系统及平台技术；从大数据存储与处理之间相互关系的角度出发，研究大数据的存储及处理模式、数据需求预测等；并进行大数据展示与可视化技术应用研究。

3. 大数据在南水北调工程主要业务应用领域技术方案性问题研究

针对南水北调工程的主要业务领域和大数据技术的特点，研究大数据在南水北调工程调度决策业务领域、工程运行维护管理、调水工程规划及工程评估、南水北调工程运行效益分析等方面的技术应用方案性问题。

（三）研究所取得的主要成果

研究了南水北调工程数据资源现状，阐述了大数据技术在南水北调工程的应用领域，并对大数据技术应用在南水北调工程运行维护、调度决策、运行效益分析、后续工程规划等领域中提出了方案性的建议。

（1）开展了南水北调工程大数据资源现状调研，分系统、分单位、分线路对现有数据资源现状进行了分析，研究了南水北调工程大数据资源的类型、分布、多样性等情况，分析了其存在的问题。

（2）提出了大数据技术在南水北调工程的应用领域，将应用在南水北调工程的大数据技术归纳为基础架构支持、数据采集技术、数据存储技术、数据计算、数据展现与交互等五大类。

（3）初步提出了大数据技术应用于南水北调工程的技术方案。

二十六、中线工程闸门特性辨识及调度运行方式综合评价

（一）研究目标和任务

根据南水北调中线工程已有闸门运行监测和测量资料，开展基于系统辨识的弧形闸门流量特性辨识和基于层次分析法的闸门调度运行方式综合评价，为闸门调度模型的精确控制和闸门安全运行评价、输水调度方式评价提供科学依据。

（二）研究的主要内容

项目围绕中线工程闸门安全高效运行的关键技术如闸门特性辨识、闸门振动及调度方式评价开展研究，重点研究内容如下：
（1）基于系统辨识的弧形闸门流量特性辨识。
（2）基于层次分析法的闸门调度运行方式综合评价。

（三）研究所取得的主要成果

（1）提出了南水北调中线弧形闸门闸孔淹没出流新的流态判别参数和划分方法，即考虑闸

门边界阻力和闸后水跃对过闸水流水头损失的综合影响，提出采用能耗比对闸孔淹没出流的高Fr（或完全水跃）区和低Fr（或非完全水跃）区进行判别的新方法。

（2）采用系统辨识方法分别建立了自由孔流、高Fr淹没孔流和低Fr淹没孔流的流量辨识实用模型，解决了现有经验系数方法和量纲分析方法在低淹没孔流条件下流量计算误差较大的问题，并在中线工程典型闸门蒲阳河节制闸、北易水节制闸得到了验证。

（3）现场调研了中线典型节制闸和退水闸小开度运行过程，以蒲阳河倒虹吸出口节制闸为例开展了闸门振动的原型观测及分析。结果表明：冬季小开度淹没出流条件下，闸后水跃紊动引起的闸门动应力和振动位移均小于评判准则的安全阈值。

（4）在全面考察调研中线现有输水调度运行方式、运行策略、运行状态、运行效果的基础上，采用层次分析法，选取定量指标和定性指标，提出了闸门调度运行方式综合评价方法。

第七章 专用技术标准体系建设

第一节 标 准 编 制 与 执 行

一、标准体系

南水北调工程建设专用技术标准体系分为三个方面的内容：管理技术标准、设计技术标准和施工技术标准。管理技术标准主要内容为南水北调工程相关项目的运行、管理、招标、质量评定和验收工作的程序、要求及标准。设计技术标准主要内容为南水北调工程设计中的原则、方法及安全标准。施工技术标准主要内容为南水北调工程施工中应遵循的施工工艺和技术指标。

二、标准编制的组织管理

南水北调工程技术标准编制的组织管理分三个层次，即：国务院南水北调办审批的设计技术标准，建设管理部门审批的设计及施工技术标准，以及由设计单位提出的施工技术要求。

（1）国务院南水北调办审批的技术标准：是指在南水北调工程设计、建设过程中涉及范围广、关系到建设管理程序、工程及建筑物设计标准、工程技术处理措施的设计及处理准则等相关技术问题。由国务院南水北调办指定某建设管理部门委托或组织相关部门或单位，分专业编制专项技术标准，国务院南水北调办组织审批颁布。

（2）建设管理部门审批的设计及施工技术标准：是指在建设管理部门其建设管理辖区范围内涉及的、具有局部范围特点及通用特性的，以及为规范部分设施设备选型等方面需要，就某种类型建筑物、部分建筑物工程结构、工程设计、建设相关的工程技术处理措施的设计及处理准则等相关技术问题。由项目法人委托或组织相关部门或单位针对涉及面较广的具体问题编制的相关技术规定，由项目法人组织审批颁布。

（3）设计单位提出的施工技术要求：设计单位提出的施工技术要求一般属设计文件的一部分，由设计单位依据相关技术标准、招标文件，针对具体的施工项目提出专用性技术性文件，该部分技术文件由现场建管单位、施工监理审核确认后，作为相应的工程项目实施施工质量控制依据。

三、标准执行

南水北调工程的各参建单位及管理机构根据各自在工程中的工作内容，执行相应的技术标准。由国务院南水北调办颁布的技术标准，标准执行单位为南水北调办各级管理部门、各级调水办、南水北调工程的各项目法人、设计、监理和施工单位；由项目法人组织审批颁布的技术标准，标准执行单位为相应建设管理辖区内的管理部门、设计、监理和施工单位；由设计单位提出并经确认的施工技术要求由相关标段的施工单位执行。各技术标准一般由相应的颁布单位进行解释，或由颁布单位委托编制单位进行解释。

四、修订与完善

由国务院南水北调办组织审批颁布的技术标准在使用过程中，如使用条件发生变化，或有需要修改、补充之处，将意见和资料反馈至国务院南水北调办相关管理部门，由其组织对相应的技术标准进行修改或补充。由项目法人颁布的技术标准在执行过程中需要进行修改和补充的，反馈至项目法人单位，由其组织相关单位进行完善。需要进行修改和补充的设计施工中的技术要求由现场建管单位组织设计进行完善。根据技术标准的执行情况，各标准颁布单位对部分标准进行了更新、修订和补充工作。

第二节 主 要 技 术 标 准

一、《南水北调泵站工程水泵采购、监造、安装、验收指导意见》（NSBD1—2005）

为保证南水北调泵站工程的水泵机组长期稳定、高效运行，在执行国家现行技术标准和有关规定的基础上，对水泵的采购、监造、安装、验收提出如下指导意见。

本指导意见主要适用于南水北调东线泵站工程，针对东线泵站扬程低、流量大、年运行时间长、水质要求高的特点，提出保证水泵产品质量和性能水平的有关要求。南水北调其他泵站工程可参考使用。

南水北调泵站工程的建设程序，参加南水北调泵站工程建设单位的资质（资格）条件，以及项目管理办法等，按照《南水北调工程建设管理的若干意见》和南水北调工程建设管理的有关规定执行。

二、《南水北调中线一期北京 PCCP 管道工程施工质量评定验收标准（试行）》（NSBD3—2006）

根据《国务院办公厅关于加强基础设施工程质量管理的通知》（国办发〔1999〕16 号）第（十一）条规定："必须实行竣工验收制度，项目建成后必须按国家的有关规定进行严格的竣工验收，由验收人员签字负责。项目竣工验收合格后，方可交付使用。对未经验收或验收不合格就交付使用的，要追究项目法定代表人的责任，造成重大损失的，要追究其法律责任"。《建设工程质量管理条例》（国务院令第 279 号）第 16 条规定："……建设工程经验收合格的，方可交付使用。"为了加强南水北调工程施工质量管理，落实质量责任制，规范 PCCP 管道工程的质量评定和验收，结合南水北调中线一期工程北京段 PCCP 管道铺设工程的特点和有关施工规范，制定本标准，自 2006 年 7 月 30 日起施行。

本标准适用于南水北调中线一期工程北京段惠南庄—大宁段 4.0m 直径 PCCP 管道工程施工质量评定，包括各工序的质量标准和单元工程、分部工程、单位工程、工程项目的质量标准。主要内容包括总则、术语、工程项目划分、一般规定、工程质量评定标准、质量评定有关规定、单元工程施工质量评定验收标准等内容。

三、《南水北调中线一期北京西四环暗涵工程施工质量评定验收标准（试行）》（NSBD2—2006）

为加强南水北调工程施工质量管理，落实质量责任制，规范工程质量评定和验收，结合南水北调中线干线工程京石段应急供水工程（北京段）西四环暗涵工程的特点和有关技术标准，制定本标准，自 2006 年 7 月 30 日起施行。

本标准适用于南水北调中线一期工程京石段应急供水工程（北京段）西四环暗涵（简称"西四环暗涵"）工程的施工质量评定和验收，包括各工序的质量标准和单元工程的质量标准。主要内容包括总则、术语、一般规定、施工单元工程施工质量评定标准等内容。

四、《南水北调中线一期穿黄工程输水隧洞施工技术规程》（NSBD4—2006）

穿黄工程是南水北调中线一期工程的关键工程，穿黄隧洞为大型输水隧洞，采用双层衬砌结构，盾构法施工，技术创新、工艺复杂。为统一施工技术要求和质量验收标准，确保工程安全顺利进行，减小施工风险，保证施工进度、达到工程质量，并减少对环境的不良影响，特制定本技术规程，自 2006 年 7 月 30 日起施行。

本规程适用于南水北调中线一期穿黄工程的圆形输水隧洞工程及相关工程的施工。本规程主要内容包括盾构设备、泥浆系统、隧洞灌浆、隧洞防排水、隧洞施工测量、竖井工程施工、盾构掘进施工、混凝土管片制作、外衬拼装式管片施工、预应力混凝土内衬施工、隧洞施工运输、安全施工和安全监测等内容。

五、《渠道混凝土衬砌机械化施工技术规程》（NSBD5—2006）

为规范南水北调工程大型渠道混凝土衬砌机械化施工，保证渠道混凝土衬砌工程的质量，提高施工功效，制定《渠道混凝土衬砌机械化施工技术规程》。国务院南水北调办建管〔2006〕104 号文批准《渠道混凝土衬砌机械化施工技术规程》为南水北调工程建设专用技术标准，并予发布，自 2006 年 10 月 30 日起实行。

本规程适用于南水北调工程采用机械化施工的渠道薄板素混凝土衬砌工程。水库大坝、河道堤防等薄板素混凝土护坡工程可参照执行。南水北调大型渠道混凝土衬砌机械化施工，应结合实际，因地、因时制宜，统筹安排、妥善处理各部位施工。

六、《南水北调中线一期丹江口水利枢纽混凝土坝加高工程施工技术规程》（NSBD6—2006）

为控制丹江口大坝加高工程施工质量，结合大坝加高工程的实际情况，特制定本规程，自2006年11月30日起实施。规程适用于丹江口水利枢纽混凝土坝加高工程的施工，包括左、右岸连接坝段，厂房坝段，表孔溢流坝段，深孔坝段，升船机等建筑物的混凝土工程，基础工程，安全监测工程，金属结构一期埋件等项目的施工。

本规程主要内容包括总则、名词术语、混凝土坝加高工程施工主要项目、工程等级与洪水标准、相关技术标准、临时工程、施工度汛与坝前水位控制、初期工程检查、拆除工程、大坝混凝土裂缝与缺陷处理、新老混凝土结合面处理、连接坝段、厂房坝段、深孔坝段的加高施工、表孔溢流坝的加高施工、大坝加高混凝土浇筑、锚杆施工、接缝灌浆、基础开挖与地质缺陷处理、基础灌浆与排水孔、安全监测、施工期监测、金属结构一期埋件的安装等内容。

七、《南水北调中线一期工程渠道工程施工质量评定验收标准（试行）》（NSBD7—2007）

为加强南水北调中线一期工程渠道工程建设管理，保证施工质量，确保施工质量评定工作的规范化、标准化，统一渠道工程施工质量评定标准，制定本标准。本标准适用于南水北调中线一期工程的明渠渠道土建工程（不含建筑物）的施工质量评定，自2007年5月20日起实施。

本标准中的主控项目是在单元工程中对工程功能起决定作用或对安全、卫生、环境保护有重大影响的检验项目，一般项目是在单元工程中除主控项目外的检验项目。本标准主要内容包括总则、基本规定、单元工程质量标准等内容。

八、《渠道混凝土衬砌机械化施工单元工程质量检验评定标准》（NSBD8—2010）

为加强南水北调中线一期工程渠道工程建设管理，保证施工质量，确保施工质量评定工作的规范化、标准化，统一渠道工程施工质量评定标准、规范南水北调中线一期工程渠道工程施工质量评定验收工作，制定本标准，参照有关技术标准、规程规范，特制定本标准。国务院南水北调办批准《渠道混凝土衬砌机械化施工单元工程质量检验评定标准》为南水北调工程建设专用技术标准，并予发布。标准编号为NSBD8—2010，自2011年1月1日起实行。本标准适用于南水北调中线一期工程的明渠渠道土建工程（不含建筑物）的施工质量评定。

九、《南水北调工程验收安全评估导则》（NSBD9—2007）

为保证南水北调工程验收工作质量，明确安全评估职责，使工程验收安全评估工作规范化、标准化，根据《中华人民共和国防洪法》《南水北调工程建设管理的若干意见》《南水北调工程验收管理规定》等法律法规制定本导则，自2007年12月1日起实施。本导则适用于南水北调东、中线一期主体工程建设验收的安全评估（以下简称"安全评估"）工作。

本导则主要内容包括总则、一般规定、安全评估验收组织以及安全分类评估等10个章节。安全评估的工程项目范围包括：南水北调东、中线一期工程中的水库、干线泵站、重要的控制建筑物及交叉建筑物（含重要跨渠桥梁）、地质条件复杂和技术难度大的渠道工程，以及验收主持单位或项目法人要求评估的其他建筑物等。

十、《南水北调工程验收工作导则》（NSBD10—2007）

为使南水北调工程验收工作规范化，明确验收责任，保证验收工作质量，依据国家有关规定和《南水北调工程验收管理规定》（国务院南水北调办建管〔2006〕13号），特制定本导则。本导则主要内容包括总则、施工合同验收、阶段验收、专项验收与安全评估、设计单元工程完工（竣工）验收、单项（设计单元）工程通水验收、遗留问题及处理与工程移交、附录等8个章节，自2007年12月1日起实施。本导则适用于南水北调工程东、中线一期主体工程竣工验收前的验收活动。南水北调工程验收分为施工合同验收、设计单元工程完工（竣工）验收、单项（设计单元）工程通水验收、国务院南水北调办和国家及行业规定的有关专项验收、南水北调工程竣工验收。

十一、《南水北调工程外观质量评定标准（试行）》（NSBD11—2008）

为规范南水北调工程外观质量评定验收工作，参照有关技术标准、规程规范，特制定本标准。本标准适用于南水北调主体工程的单位工程外观质量评定，配套工程可参照执行，自2008年1月30日实施。

本标准主要内容包括总则、术语解释、评定范围及评定项目、质量评定标准、质量评定管理要求、水工建筑物外观质量检验方法与质量标准、渠道工程外观质量检验方法与质量标准、桥梁工程外观质量检验方法与质量标准、道路工程外观质量检验方法与质量标准、房屋建筑工程外观质量检验方法与质量标准等10个章节。

十二、《南水北调中线一期天津干线箱涵工程施工质量评定验收标准》（NSBD12—2009）

为加强南水北调中线一期天津干线箱涵工程建设质量管理，规范施工质量评定和验收工作，特制定本标准。本标准适用于南水北调中线一期天津干线箱涵工程施工质量评定和验收，其他工程可参照执行，自2009年5月13日起实施。

本标准主要内容包括总则、基本规定、基坑（槽）开挖单元工程、混凝土浇筑单元工程、密封胶安装单元工程、土方回填单元工程、混凝土灌注桩单元工程、浆砌石砌筑单元工程8个章节。

十三、《南水北调工程平原水库技术规程》（NSBD13—2009）

为规范南水北调工程平原水库勘察、设计和施工，达到安全可靠、技术先进、经济合理的目的，参照有关技术标准、规程规范，特制定本规程。国务院南水北调工程建设委员会办公室批准《南水北调工程平原水库技术规程》为南水北调工程建设专用技术标准，并予发布。规程编号为NSBD13—2009，自2009年6月1日起实行。

本规程适用于南水北调工程大中型平原水库的勘察、设计与施工，小型平原水库可参照执行。平原水库设计应重视基础资料的收集，做到准确可靠，满足设计要求。平原水库设计应重视基础资料的收集，因地制宜，广泛吸取已建工程实践经验，积极研究采用新结构、新材料、新技术、新工艺。平原水库除满足长期安全运用、实时调度外还应防止水库周边区域的次生盐渍化、沼泽化，充分发挥其经济效益、社会效益和生态环境效益。

十四、《南水北调中线汉江兴隆水利枢纽工程单元工程质量检验与评定标准》（NSBD14—2010）

为加强南水北调中线兴隆水利枢纽工程建设质量管理，规范施工质量检验与评定工作，特制定本标准。标准自 2010 年 7 月 12 日起实施，适用于南水北调中线工程汉江兴隆水利枢纽主体工程土建部分的单元工程质量检验与评定。

本标准主要内容包括总则、术语、基本规定、土方开挖单元工程、土料填筑单元工程、黏土心墙填筑单元工程、混凝土单元工程、钢筋混凝土预制构件制作单元工程、混凝土预制构件安装单元工程、浆砌石单元工程、干砌石单元工程、疏浚施工单元工程、钻孔灌注桩单元工程、水泥土搅拌桩复合地基单元工程、水泥土搅拌桩防渗墙单元工程、混凝土防渗墙单元工程、模袋混凝土单元工程、碎石垫层单元工程、混凝土预制块护坡单元工程、生态护坡单元工程、土工布铺设单元工程、格宾护坡单元工程、中间产品质量标准 24 个章节。

十五、《南水北调工程渠道运行管理规程》（NSBD15—2012）

为规范南水北调工程渠道运行管理，保障工程安全、可靠、高效运行，充分发挥工程设计功能，特制定本规程，自 2012 年 3 月 20 日起实施。

本规程适用于南水北调工程渠道的运行管理活动，可作为渠道运行管理单位规范渠道运行管理的行为标准，也可以作为对渠道运行管理工作的监督、考核和评价的参考依据。

本规程主要内容包括总则、术语、基本要求、组织机构与职责、渠道输水管理、渠道安全监测与水文、水质监测、渠道维修养护、渠道兼有功能及相邻设施管理、安全管理与应急管理等内容。

十六、《南水北调泵站工程管理规程（试行）》（NSBD16—2012）

为了加强南水北调泵站工程管理，明确管理职责，规范管理行为，充分发挥工程效益，保证工程安全、经济运行，特制定本规程。本规程适用于南水北调大中型泵站及安装有大中型主机组的泵站工程管理，其他泵站可参照执行，自 2012 年 10 月 19 日起实施。

本规程共 12 章 46 节 15 个附录，主要内容有：总则、术语、泵站工程管理原则、要求及内容、泵站技术经济指标、调度管理、设备运行管理、设备维护与检修管理、监控系统管理、建筑物管理、安全管理、水土保持与环境管理以及档案信息管理等。

十七、《南水北调泵站工程自动化系统技术规程》（NSBD17—2013）

随着自动化技术的不断发展，从 20 世纪 90 年代起，自动化技术在我国泵站工程中逐步得到应用。但国家未颁布有关泵站自动化系统设计、验收技术标准，泵站自动化系统的实施技术水平参差不齐，对设计、验收等关键环节没有统一的要求，因此制定了本标准。标准适用于南水北调泵站工程自动化系统的设计、验收工作，自 2013 年 4 月 10 日起实施。

本标准共 8 章 21 节 174 条，主要内容有总则、术语、基本规定、计算机监控系统、视频监视系统、信息管理系统、测试检验与验收、技术文件等。

第八章 技 术 交 流 与 培 训

第一节 技 术 交 流

一、技术交流组织与管理

技术交流的内容包括重大或重要工程技术问题及施工关键技术、工程建设管理、环境移民管理、水资源保护等方面。

技术交流组织分两个层次，分别由国务院南水北调办组织和各项目法人根据所辖区域的具体技术问题进行组织。南水北调工程建设中与外国政府机构、组织及国际组织间的合作与交流由国务院南水北调办来组织与协调。其他交流活动根据技术交流的内容和方式，由国务院南水北调办相关部门或项目法人进行组织。

二、技术交流方式

技术交流有三种方式：

（1）就南水北调工程现场技术问题组织的技术交流。

（2）赴国内大中型水利水电工程建设单位实地考察和交流。

（3）国外大型调水工程进行技术交流。

国务院南水北调办和项目法人就现场关键施工技术、安全与工程质量管理等内容定期组织参建各方进行技术交流活动。同时也组织了赴国内万家寨、公伯峡、引碧入连、景洪等大中型水利水电工程考察学习，选派各类业务骨干赴美、英、日、德、法等国家参加技术交流。每项技术交流活动结束后，各考察团组和个人均撰写了考察报告和学术论文。

三、交流主要成果与作用

技术交流活动的开展，更新了知识，开阔了视野，直接或间接地汲取了国内外水利工程建设的有益经验。

（1）西部公伯峡等工程建设管理考察工作。考察团对青海公伯峡工程现场进行了深入细致的了解，对工程优良的外观质量予以了高度评价，尤其是几个获得鲁班奖的工程部位，考察人员详细咨询了工程建设管理过程。考察团与电站建设管理单位进行了工作座谈会议，公伯峡电站副总经理对大家关注的工程建设管理过程进行了详细介绍，考察人员认真听取工程管理的介绍后，各专业、部门结合南水北调大坝加高工程实际，与电站建设管理的各对应部门交换了工程建设管理经验。由于公伯峡水电站处于竣工验收准备阶段，工程建设管理资料齐全，建设过程的经验与不足对考察团具有较大的借鉴意义，如质量控制、设计管理、监理管理、工程结算控制、工程审计等方面，考察人员进行了细致了解，在汲取设计管理、监理管理之长的同时，也介绍了丹江大坝加高工程质量安全控制、设计优化、移民征地的协调工作等方面的经验。

（2）黄河万家寨水利枢纽工程、尼尔基水利枢纽、吉林省丰满发电厂的考察和技术交流。万家寨水利枢纽以及刚刚投入发电的尼尔基水利枢纽，厂房和大坝从外观上给考察组留下了深刻印象。坝顶平整干净，无突出的建筑物；厂房整洁明亮，秩序井然，运行管理规范。万家寨和尼尔基水利枢纽都在坝体下游面醒目位置书写枢纽名称，在进出万家寨枢纽的道路两侧，每隔一段就立有宣传"晋蒙人民共建万家寨"主题的标语，使外来参观人员一进入坝区就有身临其境之感。另外，这两个枢纽都建有颇具规模的展厅，用文字、图片、声光、模型等介绍枢纽建设历程，展示公司形象。

尼尔基电厂厂房装修施工尚未结束，但现场建筑材料摆放整齐有序，施工部位与已完成部位标记明显，文明施工做得非常好。丰满大坝全面加固的四种方案也给考察组留下了深刻的印象。

（3）湖南皂市工程考察学习和技术交流。考察组主要针对皂市工程的合同财务管理进行了考察学习。

皂市工程的合同财务管理和会计核算完全遵循国家的有关财政法规和规章制度进行，执行财政部制定的《基本建设财务理规定》和公司下发的有关规定。财务上做到有章要循，以规章制度管事。针对工程建设特点，制定并完善了《皂市水利枢纽建设财务管理办法》《皂市水利枢纽工程建设期报销制度》《工程合同价款结算国库集中支付管理办法》《技术咨询、询价采购、验收评审费用管理办法》《会计电算化操作管理制度》《工程价款支付管理制度》等。

皂市工程在工程结算资金支付方面严格依照合同规定和皂市建设部制定的"合同价款结算国库集中支付管理办法"执行，做到所有项目结算必须有监理签证、皂市项目部相关业务处室审核、分管经理签字、经理核准后方可进入财务结算程序。财务部门依据资金到位情况，填制结算书经领导批准，所有手续齐备后办理资金结算支付手续。工程建设实施以来，无挤占挪用建设资金现象。

有效控制工程建设管理费用支出，是控制工程建设投资支出的重要因素之一。皂市工程自开工以来，一直坚持费用报销从严，倡导节约、反对铺张，严格执行费用报销制度。近年来针对工程建设管理任务下达了费用支出控制指标。皂市建设部通过进一步规范完善有关制度，较好地控制了费用的支出。

（4）考察辽宁"引碧入连"工程建设情况。考察组考察的主要内容是工程质量、进度管理、施工现场协调和进度计划管理；合同的价差、结算和变更管理；项目法人管理体制、机构设置、干部人事和劳动工资管理、档案管理；供水成本、水价管理，财务会计成本核算；移民管理、环保工程和水质保护。

引碧入连工程（Water Diversion Project from Biliu River to Dalian City）是以大连城市供水为主，兼顾沿途农业用水、中小城镇用水的跨流域调水工程。工程建设管理体制是建立工程建设领导小组及项目法人负责制。为加强对工程建设的领导，大连市政府成立了引碧供水工程领导小组、引碧北段工程指挥部，并相应组建了工程建设管理机构——引碧供水工程项目办公室、引碧供水工程财务办公室及引碧北段工程指挥部办公室。

领导小组负责代表大连市政府进行对外贷款谈判，向国家有关部委汇报工作，对引碧工程总体方案、计划、工期、安排、资金运筹等进行研究并作出决策，交有关方面实施；项目办公室及财务办公室则为领导小组的参谋及党设办事机构；北段工程指挥部办公室是代表大连市政府对工程实施领导的指挥机构。领导小组的建立，有效地提高了办事效率，及时解决了工程建设中征地移民问题，加快了项目审批等各项工作程序，确保了工程按计划顺利实施。项目法人负责制强化了责任，提高了工程建设水平、管理水平。

（5）紫坪铺、景洪、百色三个水利枢纽的考察学习和技术交流。考察组主要针对移民工作进行了考察学习。比较典型的是景洪电站。该项目预算总投资 100.4 亿元，工期为 6 年零 9 个月，是云南实施西部大开发的重点项目。云南西双版纳州对景洪电站的建设十分重视，承诺全部完成电站建设前期的征地、拆迁、移民、林地占用和砍伐、道路、通信、通电、通水等各项基础设施建设工作。

华能集团公司具备了与时俱进的征地移民理念。澜沧江流域水电项目每万千瓦移民人数约50 人，其中仅小湾、糯扎渡两个电站移民总数就达 9 万人。虽然单位千瓦移民数低于三峡、龙滩、瀑布沟等同类工程，但绝对数仍然非常庞大。移民问题关系到广大人民群众的切身利益，关系到华能集团"三色公司"（红色：服务社会；蓝色：科技创新；绿色：环保、和谐发展）形象，关系到电站投产后的安全稳定发电。因此，要充分认识做好征地移民工作的特殊重要性，坚决避免过去水电工程建设中存在一定程度的"重工程、轻移民"现象，切实做好移民工作。

移民工作涉及多个利益主体，既包括项目业主和数以万计的移民，也包括各级政府和各有关部门，其中最直接的利益相关者是移民群众和项目业主。广大移民希望能够安居乐业，项目业主希望有一个长期稳定的建设及经营环境，移民工作的成败和好坏对二者的关系最为直接。各级政府部门特别是基层政府，其最主要的任务是完成移民搬迁安置工作，在移民工作中容易受地方利益、局部利益的影响，加之相应的约束机制不完善，不可避免会出现短期行为。如果项目业主只是被动参与，过多强调移民工作由政府负责包干实施，项目业主只需提出工作计划、及时足额拨付移民资金就可以了，而不加强过程参与和控制，就难以把移民工作开展好。最后是钱没少花，事却没有办好，不仅影响广大移民群众的利益，影响电站建设和生产经营，国家利益也会受到损失。因此，在坚持政府主导的前提下，必须不断改进和完善工作方式，加强过程控制，及时掌握情况，及时纠正偏差，确保移民工作顺利推进。

（6）大型工程监督管理技术交流。大型工程项目监督后评价考察团赴英国就航道工程监督管理和后评价情况进行了技术交流。

通过对福斯河大桥和福尔柯克轮工程的实地考察，与英国航道局商务开发部经理以及其他成员就工程监督管理和监测评价工作进行了座谈交流，圆满完成了技术交流任务，向国务院南水北调建设委员会办公室提出了要进一步重视工程建设后的评价工作，有关部门要对该项工作的组织方式、工作内容、实施步骤、资金来源等进行研究，并适时对满足条件的工程项目开展试点后的评价工作。

（7）法国、荷兰"企业经营管理培训团"学习考察。考察团赴法国、荷兰进行了为期7天的学习考察。通过实地参观、查阅资料、与当地水资源管理部门官员座谈，对法国水资源权属管理、水法规建设、流域水资源综合管理、运用市场手段进行水资源优化配置等情况有了一定的了解，并结合我国水资源调配与管理的实际进行了认真的思考，形成了《法国水资源管理模式及其启示》和《荷兰水资源管理途径与启示》两个考察报告。

第二节　技　术　培　训

一、技术培训的组织与管理

由国务院南水北调办和各项目法人分别组织参建各方参加技术培训，培训紧紧围绕南水北调工程迫切需要推广的重大技术成果和需要深刻认识的安全与质量管理要求而展开。

二、技术培训的方式

培训的方式主要为：定期组织集中学习、自主举办各类培训班、参加上级主管部门和行业组织的培训、出国培训、学历教育、专业技术人员继续教育、执业资格培训取证等。

三、技术培训的作用与效果

（一）赴澳大利亚水利工程安全风险管理培训

2009年11月20日至12月10日，国务院南水北调办组织赴澳大利亚进行了水利工程安全风险管理培训学习。在澳大利亚期间，培训团通过课堂教学、案例分析、专题研讨、实地考察和参观访问等多种形式，较系统地学习了澳大利亚的工程项目管理以及风险管理方面的法律法规、管理经验，感受了其先进的管理理念。

1. 主要收获和体会

（1）企业化管理提高运作效率。雪山调水工程是世界上最复杂的大型水电工程之一，是澳大利亚跨州界、跨流域水力发电和农业灌溉相互补偿调节的水库群和水电站群工程。由于雪山工程供水对象在墨累—达令河流域，跨越几个州，因此，澳大利亚国会和各州议会于2002年6月立法通过将雪山水电工程管理局改制为股份有限公司，由联邦及各州政府控股，实行股份制运作、企业化管理，实现了所有权和经营权分离，提高了企业和资本的运作效率，理顺了投资各方的产权关系。

（2）发挥市场作用优化配置水资源。澳大利亚对水资源建立了按水权管理的水资源管理制度体系，将水权制度作为水资源管理和水资源开发的基础，从而避免了水资源开发、管理以及利用等方面的矛盾冲突。水资源优化配置的原则是保障全面用水公平，提高用水效率，充分发挥水资源效益。《维多利亚水法》对水体的所有权、使用权、水使用权类型、水权的分配、转让做出了明确规定。2007年的《维多利亚水法》，州政府将部分管理权移交给联邦政府。

水权的合理界定与交易给调水工程运营管理创造条件，除了调走根据分水协议所规定的水量外，也把水资源用户节约的水调给受水区的需水用户，水源区用户通过水权交易获得经济效益。这些水源区用户节约的水是那些水源区高消耗水低产值的产业纷纷采取有效措施，通过停业或应用先进技术节约下来的水。

（3）鼓励社会广泛参与。澳大利亚十分重视河流水资源的综合规划，逐条河流进行规划，而且十分强调"规划过程透明"，重视自然、资源、环境、社会、经济协调，成立咨询委员会，咨询感兴趣的团体或用户，建立起广泛的社会联系渠道，并经过一定的审批程序使规划具有法律地位。这样的规划有较好的社会基础，后期能较顺利地实施。

（4）注重企业文化建设。澳大利亚崇尚人性化管理，坚持以人为本。风险管理除制定相应预案外，重要的是对人员的培训和企业文化的建设，营造一个好的企业文化环境，极大地提高职工的集体荣誉感、归属感和责任感。

2. 建议

（1）多措并举，进一步加强南水北调在建工程安全风险管理，确保工程安全、资金安全和干部安全。工程建设过程中的安全风险管理是工程建设管理的重要组成部分，是一项复杂的系统性工作，安全风险涉及工程的质量、进度、施工、技术、资金等多个方面的管理。加强工程安全风险管理，确保工程安全、资金安全和干部安全，既需要有健全的法律法规制度体系进行强制性规范，又要有深入细致的职业教育和培训提高素质和风险意识；既要充分重视和发挥单一措施的作用，更要统筹并举多项措施，整体发挥效力。结合南水北调工程全面开工建设的实际，应重点在进一步完善已有制度措施、进一步加大现有制度的执行力度、进一步落实责任制度和安全风险管理措施、进一步加强教育培训等方面加大力度，确保后续大规模工程建设中，安全风险管理责任落到实处。

（2）加强对工程安全运行的风险管理研究，确保工程运行安全和综合效益发挥。按照建委会确定的工程建设目标，东线工程2013年年底、中线工程2014年汛前具备通水条件。特别是中线京石段工程和东线济平干渠工程、三阳河潼河宝应站工程及苏鲁省际泵站工程建成和投入运行，抓紧研究加强对工程安全运行的风险管理已十分迫切和必要。要对工程安全运行、综合调度、环境保护，以及全球气候变化及极端气候可能对南水北调工程安全运行造成的影响，进行风险管理研究，未雨绸缪，提前研究应对措施，化解风险，确保工程安全及综合效益的发挥。

（二）赴美国合同管理培训

为强化合同管理意识和理念，提高合同管理能力，学习和借鉴美国工程建设项目合同管理的理论和经验，促进南水北调工程建设，以实现项目的安全、质量、进度、投资等目标。由国务院南水北调办建设管理司组织的合同管理培训班于2006年10月14日至11月3日赴美国进行了为期20天的培训和考察。

本次培训采取了调查问卷、课堂教学、研讨交流、案例分析、实地考察、参观访问等多种形式。在美国期间，培训班学习了解了美国（联邦和州）政府投资工程建设合同管理的政策法规构架和工程合同管理的经验与做法，与外方专家和代表进行了工程合同管理业务工作的讨论和分析。访问了洛杉矶、华盛顿和旧金山等地，访问中央河谷区管理处、加州水资源管理局、圣路易斯水库管理处，实地考察了科罗拉多调水工程、加州北水南调工程，收集了合同管理文本、加州水工程管理的相关资料。

1. 收获和体会

（1）合同管理的重要性。工程建设合同指导与管理工程项目建设的执行，约束承建商的绩效，检查与核实工程建设和服务质量，落实财务支付，是工程建设业主与承建商之间存在的法律依据，在工程实施过程中是双方的最高行为准则，也是双方争执判定的法律依据。合同管理是实现工程进度、质量、安全和投资4大控制目标的基础，是合同双方良好合作关系、保证合法利益、促进工程建设顺利进行的法律保障。工程建设者必须高度重视对合同的管理，包括合同订立、合同执行、合同变更、索赔和合同结束。

（2）诚信为本。美国国内社会法律意识强，通过法律的严格执行和社会中介的培育，建立了社会诚信的约束监督机制，有专门的信用调查机构和完备的电子信息。要求企业和个人必须严格守法、认真守信，否则就无法在市场和社会立足，甚至会受到法律的严惩。

（3）行胜于言。法律和合同，是美国政府、企业和社会自觉遵守的行为规范。合同管理不是单纯重视签订时的字斟句酌和聘用律师，而是十分重视合同的执行、合同变更和合同管理信息及项目信息的收集整理和分析。包括监督合同双方承诺的落实、工程建设管理的责任心、日常文件的确认等。

（4）职责落实，措施到位。美国合同管理者得到的授权非常充分，既是招标文件的编制者、合同的签订者，又是日常的合同执行者。因此，权利与责任对等，权利到位，责任落实。政府对工程的顺利实施设定了周密的措施，如工程保证担保规定、工程保险要求和对委托代理人的考核等。

（5）发挥专业人员作用。美国社会分工非常细，合同管理因为涉及众多的法律问题，所以在合同管理的过程中，往往聘用专门的律师参加谈判和决策分析。

（6）效用最大。美国工程的前期论证和设计工作非常细致，对工程的综合效益的发挥安排较好。如在加州北水南调工程的圣路易斯等水库设置抽水蓄能电站，利用电力使用的峰电、谷电价格差异抽水和发电并储蓄水量，每年产生约1亿美元的效益。又如科罗拉多供水工程的地下水回灌等。

另外，合同前期研究充分，工作扎实，合同变更较少；高度重视工程建设和文化建设的同步性，既建设了优质工程，又宣传了工程优质；坚持地下水回灌；工程筹资多样化等也给大家留下了深刻的印象。

2. 建议

（1）落实责任，严格考核。南水北调工程各项目法人均由政府组建，履行政府投资工程的建设管理。项目法人应当自觉强化工程项目管理，为工程建设的质量、进度、安全和投资控制负责。国务院南水北调办应当借鉴美国对项目管理者管理的要求和做法，加强对项目法人的管理和绩效考核，确保责任落实，管理到位。

（2）制定合同管理制度。制定完善全面的合同管理制度，明确合同管理办法和实施细则，包括合同签订与履行制度、变更管理制度、争议处理制度、执行情况定期评估制度等。

（3）加强招标文件编制。招标文件是合同文本的重要和基础组织部分，项目法人应当加强对项目实施条件的分析，落实设计条件，强化招标文件的编制和审查，选择能够满足技术要求、法律要求和有工程经验的招标代理机构，编制高质量的招标文件，按照技术、经济、管理、法律等的要求对招标文件进行评审，避免风险。

（4）严格合同的执行。加强对监理、施工等承包单位承诺落实的监督检查工作，是确保承建单位履行合同与承诺的保证。要避免承建单位投标时，随意承诺而不兑现的现象，建立"黑名单"制度，强化承建商的信用意识。严格约束现场管理人员的行为，避免随意指示、破坏合同、造成大额索赔等现象。

（5）配备专业人员。根据合同管理的要求，配备熟悉法律法规、工程技术、财务管理、工程造价等方面的专业人员。

（6）合同资料管理信息化。利用现代信息技术的最新成果，开发专门的项目管理软件和合同管理软件及相应的信息系统，强化日常工程信息、合同信息的收集、分析和管理工作，增强合同变更的前瞻性。

（7）严格合同变更。合同变更是合同管理的重要内容，有关单位应当谨慎对待，严格界定合同变更条件，强化技术管理，严格控制合同变更，避免失控。

此外，培训班成员还建议政府尽快推行工程保证担保，强化对工程承建商的约束，保证工程的顺利实施。建议国务院南水北调办对接待方的合同加强管理，落实细节，强化对培训教师选择、培训讲义编写等的审查，更大地增强培训的效果。

（三）赴澳大利亚工程质量管理培训

2012年11月26日至12月16日，国务院南水北调办组织相关司、直属事业单位、省南水北调办、项目法人等质量管理人员赴澳大利亚开展工程质量管理培训，培训团由18人组成。

培训团分别赴悉尼大学基础工程研究院、澳大利亚工程师协会悉尼分处、新南威尔士州大学土木与环境工程学院、墨尔本皇家理工大学、墨尔本大学环境与水资源研究院及土木工程研究院以及维多利亚省政府进行了培训，与学校教授及相关官员进行了座谈和讨论；赴悉尼沃勒甘巴坝、凯恩斯Copperlode大坝进行参观考察，与工程管理和施工的官员进行了座谈及技术讨论，召开了培训总结座谈会。

体会和建议如下：

（1）水资源节约和保护已成为各国高度重视的大问题。节约和保护水资源是全世界人们重视的大问题，也是全人类的责任，澳大利亚也不例外。澳大利亚政府采取了一系列节水环保措施，有关州政府达成共识，不再签发新的农牧业取水许可证，并准备大幅度提高水价，严格控制农牧业用水增长，以避免排出的水体把农药、化肥和有机物、盐分带往下游水体。联邦政府将雪山调水工程部的水源区辟为国家公园，禁止陡于18°的坡地耕种，除供游人观光外，不发展其他产业，以减少水土流失；沿河岸修筑拦截板，防止落叶、枯草被卷入水中，游览者只能在特定的通道上行走，严格禁止未经处置的污水排入河道。澳大利亚的污水排放费用要比供用水费高，所有污水必须经过处理才允许排放。

（2）科学的规划设计是工程建设和运行管理的重要基础和保障。澳大利亚雪山调水工程从1949年开始修建，始终按照统一的规划逐步实施，中间虽有局部设计方案的调整，但工程布局、大的方案始终未变。工程设计时，充分体现了工程建设到运行管理的有效衔接、建设管理一体化思想。在保证工程质量和安全的前提下，工程设计力求简洁、精巧，极具创新精神，隧洞、电站、输水管道设计经验值得借鉴。澳大利亚在水利工程管理上均采用了自动化和信息化管理手段。雪山工程全部工程系统实现现场无人值守，通过在调水工程中广泛应用 SCADA (Supervisory Control And Data Acquisition) 水资源信息监测系统与数据采集计算机自动化技术，把现场实测信息传达到监控中心，根据调度管理模型控制电站、泵站、大坝的运行状态，并把电力市场运作系统与工程监控管理系统相连接，对全部工程实行计算机监控与运行管理。

（3）重视节水治污和水源保护，发挥南水北调工程最大效益。水资源保护直接关系到受水地区供水的保证率和供水安全，事关整个南水北调中线工程的成败。因此要深入贯彻"三先三后"指导原则，进一步加强节水、治污与环境保护。加大资金投入，加强政策引导，尽快实施丹江口库区及上游经济社会发展规划，促进水源区的经济社会发展，保护水源区生态环境。编制丹江口库区及上游水质监测规划，强化库区水环境的监测和保护措施。加快南水北调输水干线水源保护区划定工作，防止沿线水污染。加强水资源保护相关基础研究与规划工作；创新水资源管理体制和水价形成机制；建立主要水源区水资源保护专项资金，并给予政策扶持；建立生态与水资源保护补偿机制，切实保护南水北调工程水源，防止水污染，确保一泓清水永续北送，造福人民。

（4）增强质量危机感，切实提高质量意识。通过培训学习，深刻体会了澳大利亚高效的政府服务职能。澳大利亚政府为了突出各政府部门的主要职能，将原来隶属于州政府的公共工程部、商业服务集团和资产服务集团进行重组，合并成立了现在的公共工程与服务部（DPWS）。政府服务成为建设工程质量监督管理的核心职能，为建设工程质量监督管理营造良好的市场环境。政府依法实施工程质量监督管理是有效发挥服务职能的关键，澳大利亚工程的短期和长期质量都得到了保证。

"靠质量树信誉，靠信誉拓市场，靠市场增效益，靠效益求发展"，是企业生存和发展的生命链。对于建筑施工企业来说，把质量视为企业的生命，把质量管理作为企业管理的重中之重。"内抓现场质量领先，外抓市场名优取胜"，走质量效益型道路的经营战略已被广泛采用，建筑市场的竞争已转化为工程质量的竞争。工程质量形成于施工项目，是公司形象的窗口，因此抓工程质量必须从施工项目抓起。项目质量管理是公司质量管理的基础，也是公司深化管理的一项重要内容。建设部提出抓工程质量要实行"两个覆盖"（即要覆盖所有的工程项目和覆盖每一个工程建设的全过程），也是着重强调了抓项目质量管理的重要性。

（5）健全的法规制度和高度的社会诚信，是工程质量安全的重要保证。澳大利亚政府对工程项目立项审查程序十分严格，要求详细完备的项目可行性研究报告和完整的项目预算，在执行时严格按预算申请支付资金，在项目完工时提交项目经费使用报告，政府对预算执行情况进行检查，雪山调水工程严格按照政府批准的预算和工期完成。澳大利亚建立起了比较完善的社会信用体系，凡是有不良信用记录的设计、施工单位都会被排除出所从事的业务领域；凡是有不良信用记录的个人，都会在就业或从事相关工作时受到严格的限制。如果施工企业偷工减料，将会受到主管部门的严厉制裁。

可见，法规制度和诚信建设是建设质量优良工程的核心和关键，也是基础。完善的法律法规，对于解决工程建设中的问题，提高工程质量管理水平起到重要作用。国务院南水北调办以责任制管理为核心，以发现问题、认证问题、责任追究为工作重点，建立完善了工程质量监督管理体系，进一步健全质量监管规章制度，构建了南水北调工程质量监督管理体系，对质量监管保持和巩固高压态势，增强全体参建人员的质量意识，确保工程质量，都起到十分重要的作用。

（6）切实加强南水北调工程质量管理，确保工程质量。澳大利亚良好的工程质量和先进的运行管理对加强南水北调工程质量管理工作有重要启示。南水北调工程是一项复杂的系统工程，是由多项目组成的庞大项目集群，是缓解我国北方水资源严重短缺、优化水资源配置、改善生态环境的重大战略性基础设施，对于解决区域生态环境以及宏观经济、社会发展等问题起着至关重要的作用。其成败关系着沿线众多城市的供水安全和群众的生命财产安全，因此工程质量是南水北调工程的生命，容不得一丝疏忽。要始终把质量作为工程建设的核心任务，按照国务院南水北调建委会的统一部署和要求，紧密结合工程质量管理的形势和任务，统一思想，提高认识，加强领导，加大力度，落实措施，切实强化质量监管，全面加强质量管理，努力把南水北调工程建设成为一流工程、精品工程、人民群众放心满意的工程。

（四）赴法国水利工程资金管理培训

为了解法国水资源和工程项目管理等方面的情况，借鉴工程资金管理方面的经验，提高南水北调系统经济财务管理人员的业务素质和拓宽视野，提升南水北调工程建设资金管理水平，经国家外专局和国务院南水北调办批准，南水北调系统各单位经济财务管理人员组成"赴法国水利工程资金管理培训团"，共19人，于2013年11月24日至12月14日，在法国进行了为期20天的培训学习和业务交流活动。法国德莫斯（DEMOS）培训集团负责本次境外培训的具体培训事务和组织安排工作。

法国德莫斯（DEMOS）培训集团聘请了相关专业人员，在巴黎本部和里昂分部分别进行了集中讲解，介绍了法国水资源管理体制、政府预算管理、项目特别是水利项目管理、水利工程投融资管理、水价管理等方面。经法国德莫斯培训集团安排，分别与国际大坝委员会（ICOLD）、法国流域领土公共机构联盟会及塞纳河流域管理机构、国际水资源办公室（IWRA）、罗纳河阿尔卑斯大区河流协会、法国堤坝协会、马赛地中海及欧洲城市改造局、普罗旺斯运河公司等机构进行了交流。实地考察了法国电力公司（EDF）下属阿尔蒙水坝（Vouglans）和圣埃格伏水电站、马赛洛克法沃水道桥（Roquefavour）等。

体会与建议如下：

（1）以流域为基本单元的水资源管理体制，有利于流域内水资源的统一管理。通过流域委员会和流域水务公司的合作，充分顾及了中央、地方及用水户的利益，水务公司能够提供更符合各方利益的服务，相对矛盾较少。在南水北调工程东、中线管理体制制定过程中，可借鉴法国流域管理模式，东、中线全线实行统一管理，组建由中央、地方及相关利益方共同参与组建董事会等方式来表达各自的利益诉求，使工程的运行管理更透明、更有效。

（2）"以水养水"的理念有利于工程良性运营。"以水养水"的理念强调所有的供水成本（包括污水处理）都要由用水户来承担，运营单位通过收取的水费提供服务、实现盈利，政府通过水费中收取的税费给贫困人口和公用事业予以援助，过程透明。这种理念有利于运营单位为用水户提供更好的供水服务，政府也不会背上巨额的债务负担，而且增强了企业与个人节约用水和保护水源的意识。在南水北调工程水价政策制定过程中，从成本与投资回收的角度来看，采用全成本水价比较合理，这样有利于工程今后的良性运营。

（3）民主的价格制定过程、灵活的价格水平，充分顾及了各方利益。法国水价的制定过程相当民主，供水工程财务透明度也较高。共同参与、对话方式和听证会制度是法国制定水价标准和顺利征收水费的重要保证和有力措施。在水价估算上因地制宜，价格水平考虑了多种因素，尽管工作繁琐，但更有利于体现价格的真实水平，有利于平衡各方利益。南水北调工程在水价制定过程中，应尽可能考虑各种价格因素，制定相对公平合理的水价，价格要反映成本、体现优质优价。同时价格制定过程中要公开透明、协商、共同参与，保证水价制定、水费征收顺利进行。

（4）注重绿色能源的开发利用与保护。法国在绿色能源的开发利用上在欧盟国家都是领先的，以 2012 年为例，法国全年发电量为 5415 万 kW·h，核电占 74.8%，火电占 8.9%，水电占 11.7%，其他新能源占 4.6%，其中水电的年增长率达 25.8%。欧盟制定政策，要求不断提高新能源的比重，不断降低二氧化碳的排放。对法国来说，接下来水力发电是重点。在圣埃格伏水电站所在的河流上开发了 20 多个梯级水力发电站，在开发的同时，对河流的生态并没有造成大的影响。在水资源配置过程中农业、生活、休闲用水往往优先得到保障。国内水电站的建设通常都是通过高坝修建大水库的方式实现，虽然发电能力较强，但对周边环境、河流生态也造成了较大影响。另外在水的管理调度上，发电企业过多强调发电效益，强调调水对发电造成的损失等，而忽视了水是公有资源这一主要属性。

（5）重视生态环境保护，提供优质的供水服务。法国公众环境意识较高，大部分法国民众都参与对重大水利工程生态环保影响方面的讨论与论证。法国政府充分调动公众的积极性，鼓励公众参与水资源的管理，通过听证、咨询、让公众推选的水代表参加水事务的投票表决，一方面可以反映各方面的意见，尊重各方面的利益，体现科学民主的决策和管理；另一方面通过社会民众的积极参与，加强国家对水资源利用知识的宣传普及，保障了相关水资源管理和水污染防治政策的顺利实施。法国的污水处理设施较为完备，各类污水必须经过处理达标后才能排入河道，现场考察的水坝及河流水质较好。南水北调工程调水主要是为城市供水，水质安全尤为重要，在今后的运营管理过程中，应通过技术、生态等多种手段，做好水源区和输水沿线的水质保护工作。

（6）工程现场管理精细、高效。通过对法国相关水坝和发电站的实地考察，法国工程现场管理标准规范，管理人员对细节要求严格，均从工程安全运行角度出发；在管理方式精细高效，管理人员精简；在管理设施建设上简朴、实用，并不追求高标准。而国内的水利工程建设，从经济合理性角度来看，过度追求工程建设高标准及高现代化的调度运行方式，造成了较大浪费。在管理上应强调工程安全运行是第一位的，加强精细化管理。

（五）赴美国长距离调水工程运行管理及自动化系统建设培训

为学习美国在长距离调水工程运行管理及自动化调度方面的先进经验和做法，提高南水北调中线干线工程运行管理和自动化调度水平，应北卡罗来纳州立大学的邀请，经国务院南水北调办批准，中线建管局培训团一行 19 人，于 2013 年 11 月 3—22 日赴美国进行了专题培训交流。

本次培训采取了课堂教学、研讨交流、实地讲解等多种形式。北卡罗来纳全球培训中心为培训团精心设计了课程，同时为更好更直观地学习国外水利工程先进管理经验，达到理论联系实际的目的，培训中心安排培训团赴加利福尼亚州调水工程进行实地培训。培训团先后赴加利福尼亚水资源部、加州调水总调度中心、加州防汛指挥中心进行了培训，与水资源部相关官员及教授进行了座谈和探讨；赴奥罗维尔湖和奥罗维尔大坝、输水干渠等工程进行实地观摩，与工程管理人员进行了座谈及技术讨论；赴北卡罗来纳州立大学进行了水资源供给及需求、水利立法等专项培训；召开了培训总结座谈会。

收获与体会如下：

（1）实行调水工程的统一管理。加州调水工程由加州政府兴建，归州政府所有，加州水资源部代表州政府负责工程的建设、运行和维护。

南水北调中线干线工程由国家兴建，归国家所有，中线建管局作为国家成立的工程管理单位，代表国家负责工程的建设管理与运行管理。南水北调中线干线工程是一个有机的整体，绝不能分割肢解，各自为政，各行其是。对工程实行统一管理，是国家权益的根本体现，同时有利于实现全线自动化调度，便于水量统一调节分配；有利于减少机构的重叠，提高工程管理效能；有利于突发事件的应急管理，确保工程安全、水质安全。

从加州调水工程的工程建设看，从 20 世纪 50 年代到本世纪初持续了 40 多年，有个逐步完善的过程，对于南水北调中线工程同样存在如何适应国民经济发展需要，进行逐步完善工程体系的要求。由中线建管局进行全线统一运行管理，有利于后续的工程建设及利用开发工作。

（2）明确供水合同的受水方。加州调水工程向用水地区的供水是通过与 29 个合同商签订供水合同实现的，这些合同商都是公共机构，不是县（市、区）政府，就是其授权的部门。

南水北调中线工程建成投入运行以后，也面临着签订供水合同的问题。从已多次向北京输水的京石段工程的实际来看，供水合同的供水方是工程管理单位中线建管局，受水方是北京市南水北调办（由北京市政府授权）。这与加州调水工程的做法基本相符，受水合同方都是公共机构，实践证明都是行之有效的。在下一阶段全线通水运行以后，中线建管局与其他省（直辖市）分别签订供水合同，由其他省（直辖市）政府授权的部门或单位作为供水合同的受水方是恰当、适宜的。虽然合同商数量没有加州调水工程那么多，但更加符合中国国情，能够有效降低用水管理成本。

（3）合理制定供水水价。从加州调水工程的建设与运行成本来看，96％都是由 29 个合同商支付的水费来偿还的。

南水北调中线工程虽然是公益性工程，但要考虑它运行管理的可持续性，在工程建完国家停止建设资金拨款后，不能难以为继、负债累累。从加州调水工程的经验来看，收取的水费应当基本能够偿还工程的建设与运行成本。因此，在研究制定南水北调中线工程供水水价时，应当充分考虑工程的建设与运行成本因素，满足能够偿还银行贷款本金和利息、能够支付运行维护成本的要求。加州调水工程的运行成本和还本付息的比例基本相当，可供计算时参考。此外，还应考虑距离因素，输水距离越远，水价应当越高，加州调水工程也是如此。

（4）充分利用资本市场。加州调水工程建设政府拨款极少，约 80％的建设资金是通过资本市场筹集，包括发行一般义务债券和收益债券。工程的后续建设和运行维护，也是通过发行短期商业票据和收益债券来实现的。利用市场手段，有效解决了工程建设与运行的融资问题。

南水北调中线工程同样面临后续工程开发投入的问题。中线建管局改制转型后，国家不可能再继续大规模投入，更多地要依靠企业自身的经营管理。为了解决后续工程开发投入资金不足的问题，应当学习加州调水工程经验，充分发挥资本市场的作用。将来可以考虑发行企业债券甚至上市，积极有效利用社会资本，促进企业的发展和南水北调事业的发展。

（5）建立工程应急反应机制。加州调水工程通水运行50多年来，在工程安全、供水安全、人身安全上都或多或少发生过一些事故。比如在工程安全上，由于自然灾害的发生出现过溢坝事故，由于鼹鼠打洞发生过渠道渗漏事故；在水质安全上，由于石油管线泄漏发生过石油污染水质的事故；在人身安全上，也多次发生人员溺亡的事故。虽然各种事故难以完全避免，但是由于建立了一套反应迅速、措施得力的应急机制，事故的不利影响能够被有效控制。

南水北调中线工程也同样面临各类事故风险，比如防洪风险、渗漏风险、桥梁垮塌风险、石油天然气管道泄漏风险、人员溺亡风险等。为了应对各类突发事故，建立反应迅速有效的应急机制十分必要。一是要建立风险评估体系；二是要成立相应的应急抢险队伍；三是要做好抢险物资储备；四是建立前后方联系紧密、协调顺畅的信息联络系统；五是要加强应急演练，提高实战能力。

（6）提高自动化调度水平。加州调水工程虽然建筑类型及规模与南水北调中线工程有所不同，但二者调度管理模式基本一致，均为"统一调度，集中控制，分级管理"，调度中心为决策层，现场闸站为执行层。由于加州调水工程联合调度中心保密规定严格，控制室不许入内参观，也不提供相关技术资料，培训团对其自动化调度工作了解十分有限。但联邦政府与州政府调度人员的默契配合、高效调度，联合调度中心实行远程监控、远程下达操作指令、现场闸站基本无人值守的场景仍然给人留下了深刻印象。

考虑到加州调水工程建设较早，所用机电及自动化系统设备基本为早期产品，虽也在后续的运维过程中不断进行小的更新换代，但硬件设备性能整体较差、兼容性较低，相比之下南水北调中线工程所采用的机电及自动化所选用的设备均为近年新型产品，且经统一建设，硬件设备性能优越、兼容性良好，应比加州调水工程更具优势，特别是引入了物联网等新兴技术，使南水北调中线进入水利工程新技术应用的前列。但同时也应看到，加州调水工程经多年运行，积累了丰富的调度经验，相关软硬件系统已过达效期，进入正常运行阶段。而南水北调中线工程在通水初期，将有一个较长的达效过程，需要对软硬件系统进行全面调试，并根据调度过程和数据对软件系统逐步修改和完善。

通过科学设计、严格实施、规范管理、精益完善，南水北调中线工程的自动化调度系统将能够达到更加先进的管理水平。

另外，为了进一步加深对自动化调度系统的理解和运用，中线建管局还应努力参与到系统的开发设计工作中，将核心技术掌握在自己手中。

（7）开发建设水电站和调蓄水库。利用沿途地理条件，加州调水工程因地制宜开发建设了很多水电站，并建成了很多湖泊和水库。这些电站几乎提供了工程自身所需电力的一半，节省了可观的电力成本。沿线的湖泊和水库也发挥了很好的调蓄作用，提高了工程的调节能力和调度能力。

与加州调水工程相比，南水北调中线干线工程除了陶岔渠首电站外，沿线几乎没有一座水电站、一座调节水库。从提高工程用电保障水平、提高工程调节能力来讲，没有水电站和调节水库无疑是个短板。因此,在一期工程建成完工后,应尽早开工建设具备开发条件的西黑山电站和瀑河水库。后续如果启动二期工程建设,可以因地制宜进一步开发建设新的水电站和调节水库,包括抽水蓄能电站。这样在提高工程调节能力的同时,也能创造经济效益,降低工程运行成本。

(8)加强工程巡视看护。美国水利工程大多成立有专门的保安队伍,工程设施限制无关人员进入,每天 24 小时不间断进行地面、空中巡逻,保安措施十分严密,对保安人员的要求十分规范,确保了工程安全。

南水北调中线工程作为重大战略性基础设施,加强工程安全保卫是十分必要的。对重要建筑物的安全保卫,已在考虑委托武警值守或者与地方公安部门合作的方式。但对渠道和其他工程设施的巡视看护,还是必须要有一支专门的保安队伍来负责,并要有规范的工作要求和标准。参考美国水利工程的做法,如果条件允许,对于人口密集区和重点部位,可以采取地面与空中相结合的方式,每天 24 小时进行巡逻,实行全方位立体监控。

(9)开发建设旅游文化设施。美国注重发挥水利工程的休闲娱乐功能,会在水利工程大型建筑物,如水库、大坝周边建设风景旅游区,并结合高速公路设置访客中心或观景平台。在为公众提供休闲娱乐之余,潜移默化地对水利工程进行了介绍宣传,增进了公众对工程的了解和认同,促使公众更好地爱惜水资源,保护水利工程。

南水北调中线工程自陶岔渠首至北京团城湖,全长 1432km,建筑物型式多样,规模巨大,气势恢宏,可谓水工建筑的博物馆。加之中线工程流经华夏文明的核心地带,沿线风景名胜、历史古迹和文化遗存等旅游资源十分丰富,可以将南水北调工程景观与沿线的自然、文化、生态景观融为一体,打造成为一条国家级精品旅游线路。在全线可以选取若干试点位置,比如陶岔渠首、沙河渡槽、穿黄工程、惠南庄泵站等处建设访客中心,还可结合沿线高速公路选取合适地点,设置观景平台。在为公众提供休闲娱乐的同时,进一步宣传南水北调、提升工程形象和社会影响力,并可持续创造经济效益。

(10)加强水质保护和水污染防治。美国对水质保护非常重视,对水处理的标准要求很高。以北卡罗来纳州为例,水质监测指标达到 88 个,监测频次根据不同指标的重要程度区别对待,分别采取不同的措施保证水质达标。广泛采用零污染无公害的先进技术,经过处理的自来水普遍可以达到直接饮用的程度。

工程水质事关南水北调中线工程的成败。在下一步的工作中,要切实加强中线工程水质保护,在水质监测时可以考虑多一些监测指标,进一步提高水质标准。要特别注意加强水污染防治,对影响水源水质的污染河流、沟渠要抓紧进行治理。在北卡罗来纳州立大学培训期间,美国环能技术公司两位专家介绍的生物处理方法,分别利用生物酶、水藻处理污水的方法很值得借鉴。

(11)完善工程管理法律体系。南水北调中线工程作为长距离调水工程,跨越多个行政区域,利益主体多元化,涉及的法律关系复杂,而我国在调水管理方面的法律法规还存在空白。为了规范水量调度、用水管理、水质保障、工程设施的管理与保护等方面的程序、责任、权利和义务,需要尽快颁布实施《南水北调工程供用水管理条例》。在该行政法规之下,还应就干线工程与配套工程的衔接管理、工程设施安全保护等方面制定更加具体、可操作性强的部门规章或地方性法规,从而形成一套比较完善的规范南水北调工程管理的法律体系。

(12)注重节约和保护水资源。在进一步开发利用水资源已受到生态和环境强力制约的今天，美国选择了节水和保护水资源。尽管美国人均水资源量远高于我国，但其管理者及民众的节水意识明显强于我国。在日常生活中采用了大量节水措施，比如限制最大用水量、农业生产采用滴灌方法、园林用水采用循环水等。

美国作为一个水资源条件较好的国家，又有多年来水利设施开发建设的基础，仍然高度重视节约和保护水资源，值得借鉴。下一步将把完善和实施最严格的水资源管理制度作为重要抓手，加快向现代水利、可持续发展水利转变，实现从供水管理向需水管理转变，从水资源开发利用为主向开发保护并重转变，大力建设生态文明。

（六）荷兰自动化调度与运行管理决策支持系统培训

国务院南水北调办和有关省（直辖市）的南水北调工程管理部门、项目法人单位等组成的自动化调度与运行管理决策支持系统培训团，于2007年9月10—29日，在荷兰进行了为期20天的培训和考察。本次培训的主要任务是通过实地学习、考察荷兰水利工程建设管理情况，了解荷兰在水资源管理和工程自动化运行调度系统方面的技术和经验，为提高南水北调工程建设管理和自动化调度能力，实现工程的高效运行、可靠监控、科学调度和安全管理，提供参考和借鉴。

本次荷兰培训采取了课堂教学、研讨交流、实地考察、参观访问等多种形式。培训期间，荷兰交通水利部为培训团先后邀请了28个不同领域的著名专家上课，就荷兰水管理、荷兰决策支持系统、水利项目的设计及建设、水泵设计和实践等进行了专题教学。为了更加全面地了解荷兰的水管理、决策支持系统（包括设计思想、设计理论、建设内容和使用特点）以及水利工程建设和管理等方面经验和成果，荷兰交通水利部安排培训团实地考察了Ijmuiden泵站、Gaaspermolen风车泵站、马斯兰特（Maeslant）阻浪闸、Nederrijn过水堰、三角洲工程（The Delta Works）等10项工程，参观访问了Waternet水董事会、Delfland水董事会、代尔伏特水力学研究所、Flowserve泵业集团、Norit泵业集团等5家机构和单位。培训团利用这次培训机会，与荷兰有关机构、组织和专家进行了深入的交流，其中与荷兰代尔伏特水力学研究所就有关水利项目设计建设进行专门交流讨论。

学习培训的主要启示和建议如下：

（1）荷兰水利管理体制的启示。荷兰的水利管理体制经过几个阶段的发展完善，为荷兰的水资源综合利用和管理提供了良好的保障。水利管理体制及其法律体系对水资源合理调配使用起到了重要的作用，保证了公正性，是协调处理各种利益关系的重要手段。

水董事会在荷兰水利管理中发挥着重要的角色，尤其是在水资源综合管理协调中起到独特的作用。水董事会是建立在广泛的公众参与基础上的民主团体，参与者来自各个关注水管理的团体，包括土地主、租赁人、房屋所有者、公司甚至是当地所有的居民。其组成原则为"利益—付费—授权"，参与团体的重要性和出资的大小决定了他们在水董事会中所占席位的多少，受益方必须为所获得的服务和收益付出一定的费用。水董事会是自负盈亏的机构，一般靠收税来为董事会的工作筹措资金。利益越大的团体，纳税越多，在水董事会中的发言权和权利越多。水董事会采用代表大会、董事会、主席的民主管理模式，"利益—付费—授权"的原则较好地协调了不同利益团体之间的矛盾和责、权、利的关系。

从南水北调建管体制和运营机制看，荷兰水董事会的管理模式对今后工程的运营具有借鉴。南水北调工程准市场运作在协调不同团体利益层面上可吸收荷兰水董事会的经验，同时，确保南水北调工程运营管理顺利进行，其中的关键点是要充分考虑制定调水管理法规、健全部门管理职能，建立多方矛盾协调机制这三个方面的工作，为水资源综合利用和管理提供保障。

（2）决策支持系统（DSS）建设应用的启示。DSS系统建设是这次赴荷兰学习培训的重点，应该说我国水资源管理DSS系统经过近20年来的发展，目前在总体建设思路和技术发展上已基本能够满足工程在运行管理上的要求，但问题是在工程的实际应用上仍然停留在信息采集和初步处理的初级阶段并未能实现"决策支持"的功能。在今后南水北调工程运行调度上建议充分考虑以下几点：

1）科学合理的需求分析为可靠运行DSS系统功能创造条件。由于我国水管理涉及不同的利益主体和多行业、多部门的协调，在以往DSS系统需求分析中往往贪大求全，功能设计要兼顾面广，控制目标设置复杂，导致技术设计难以抓住主要矛盾，系统在实际应用中障碍较多，反而难以充分发挥系统的决策支持作用。

就南水北调东线江苏境内工程而言，工程涉及不同管理体制的双线输水，在功能上不仅是调水，而且涉及防洪、排涝、航运等，在系统设计上如何处理好多目标控制，实现好水量、水位等主要控制功能，对比借鉴荷兰的经验需重点进行研究。

2）在线运行仿真和预警预报是DSS系统的技术重点。目前，国内水资源管理DSS系统应用较多，但大多还只实现信息资源采集和数据存储、统计等功能。这次在荷兰培训中发现荷兰在DSS系统设计中善于对采集的数据进行运行仿真，直观地表现调度过程，进行预案分析和预警、预报，虽然在技术手段上不一定复杂，但对系统功能的发挥显得非常重要，特别是对调水线路长、建筑物繁多的南水北调工程，在线运行仿真和预警预报，对于实时了解各分水口门运行状况，科学采取调度方案具有重要意义。

3）完善的工程基础是DSS系统良好应用的基础。荷兰四分之一的国土面积低于海平面，且雨量较为丰沛，进行河道和地下水位的实时控制显得尤为重要。为实现工程运行实时监控，同时尽量降低管理成本，现在荷兰水利工程基本采用"无人值守"，主要依靠DSS系统进行工作，这对工程运行的可靠性提出很高的要求，特别是泵站工程对水泵、电气、辅助设备等可靠性方面，因此工程的建设质量是DSS系统能否充分发挥作用的基础条件。

4）管理模式是实现DSS系统功能的关键。水资源的调度管理是一项复杂的系统工程，特别是我国水资源管理历史上形成的水管体制层级较多，各个管理层面职责交叉，条块分割，一定程度上影响了效率职能的发挥。DSS系统作为管理信息系统之一，在应用条件上有其固有的特点，荷兰水资源管理DSS系统得到良好的应用，关键是荷兰水利管理模式上职能清晰、分工明确，信息资源进行较好的整合、交换，实现互联互通、资源共享。在南水北调调度运行管理模式上应该逐步适应DSS系统特点的要求，而不是简单地要求DSS系统建设适应现有管理模式的要求。关于南水北调工程建设及自动化调度与决策支持系统项目，建议：一是要全面规划，抓紧建设，尽早开工，适应主体工程的需要；二是要采取分期建设，逐步到位，现在的建设要为将来的不断更新和升级提供条件；三是要加强设备的维护和管理，为精确、快速、高效运行决策提供条件。

（3）水利工程项目建设管理方面的启示。荷兰国土面积虽然仅有4.15万km²，不足江苏省的一半，但却建造了Delta三角洲工程、Maeslant挡潮闸、Ijmuiden泵站等诸多举世瞩目的工程，许多工程构思巧妙、设计新颖、技术高超、气魄宏伟，确实令人赞叹，在项目建设管理上有很多启示：

1）在工程规划设计方面，敢于思考，规划周密、详尽，设计独到，一项工程即是一个作品，充分体现了设计者的思想、智慧和创新意识。南水北调工程规划设计中需要学习和借鉴。

2）在项目建设管理方面，对于工程建设中政府职能部门和设计、建设单位的职责非常明确，工程建设采用项目总承包的方式，充分发挥市场机制的调控作用，对工程建设各阶段特别是合同管理采取评估的方法值得借鉴，项目总承包在我国市场经济日趋完善的今天，是工程建设管理的发展方向，值得积极探索和实践。

3）在工程运行管理方面，荷兰水利工程主要是由各级水董事会派员管理，由于完善的工程基础、社会化的养护机制及 DSS 系统的良好应用，工程运行管理达到了精简高效。南水北调工程采用准市场的运营管理机制，应探索建立精简高效的管理模式，形成适合南水北调工程特色的管理运营机制。

（4）荷兰水利工程的技术创新的启示。荷兰水利工程创新之处很多，一些巧妙的设计让人叹为观止。如马斯兰特（Maeslant）阻浪闸、三角洲工程等都是荷兰水利工程甚至世界水利工程中的绝妙手笔。我国南水北调工程中应强化创新意识，鼓励创新设计，促进设计、施工各环节的改革创新工作。

第九章 科技创新

第一节 科技管理创新

南水北调线路长，各种建筑物众多，为充分发挥科技管理工作的作用，切实加强项目组织实施，确保项目研究任务全面完成，南水北调工程开展科技管理创新工作，主要有以下几点。

一、加强科技项目管理

为充分发挥产学研的紧密结合，保证科技研究成果的及时转换和应用，采用分级管理制度，明确各单位的职责、权利和义务。

确定课题牵头单位主要职责为：督促各课题单位研究计划执行情况、有关报表等材料按时、保质、保量提交；汇总、报告项目年度执行情况及有关信息报表等；组织做好项目验收的有关文件资料准备工作，进行成果登记并对项目所形成的资料（包括技术报告、论文、数据、评价报告等）进行审查、汇总、归档；开展课题执行情况检查；负责组织做好课题研究和有关验收准备工作；完成项目组织单位交办的其他事项。

确定课题负责人主要职责为：负责项目研究组织和课题牵头单位管理工作；负责对项目研究过程重大技术问题的把关和技术指导、协调；负责项目重大技术报告编写、审核把关工作；完成项目组织单位交办的其他事项。

根据项目研究内容，确定项目的研究协助单位为东线公司、中线建管局等，负责东、中线工程项目研究成果转化、应用、推广工作的协助落实。主要职责为：协助落实课题研究过程中出现的有关问题；对课题任务书执行情况、研究成果推广应用情况、有关信息报表等进行审核，提出意见，督促落实；协助做好检查、验收等相关工作；完成项目组织单位交办的其他事项。

二、加强监督检查

国务院南水北调办适时组织专家对课题承担单位的课题研究进展和经费使用情况进行检

查，检查内容包括课题任务书、组织方案审查，以及课题年度、中期目标计划检查，后期成果初验，对检查发现的主要问题下发整改通知并适时组织复查，对课题计划执行差的单位实行督办。

三、加强项目法人在科技工作中的责任

法人单位作为国家科技计划项目（课题）管理的重要环节，在了解项目研发信息、把握项目进度、加强资源整合、组织协调和服务于项目实施等方面具有优势。加强国家科技计划的组织管理，要进一步推进国家科技计划项目（课题）过程管理重心下移，增强项目法人责任，明晰项目研究和管理各方的权责关系，保障项目任务顺利完成。

进一步加强项目法人在科技工作中的责任的根本目的，就是要充分调动项目研究和管理各方积极性。通过加强项目法人责任，进一步改进科研活动的氛围和环境，优化科研力量布局和科技资源配置，充分调动和发挥课题承担单位和科研人员的积极性、主动性和创造性；进一步建立和完善国家科技计划责任机制，强化计划过程管理，提升财政资金使用效益；进一步促进计划统筹和成果集成，推动科技成果向现实生产力转化。

四、加强经费执行监管

课题承担单位高度重视自身经费使用管理和对参与单位经费使用情况的监督管理。

承担单位根据国家科技计划经费管理办法，建立健全经费管理制度，完善内部控制和监督制约机制，明确课题经费监管责任人，制定相关的经费使用管理细则，认真行使经费管理、审核和监督权，对本单位使用、外拨项目（课题）经费情况实行有效监管。

承担单位根据国家科技计划经费管理办法，按照项目（课题）预算中核定的金额，与合作单位共同安排好费用支出。组织参与单位认真学习有关科研项目管理的规章制度，增强预算管理和财务监督意识，严格执行批复预算，自觉接受监督检查。

五、加强考核

项目实施执行严格的考核管理制度。项目组织单位和课题牵头单位将按照各课题任务书确定的工作计划和目标，加强对课题的检查考核，提出整改意见，并适时将有关情况报送科技部。

针对课题任务书已确定的工作计划、目标和责任，提出以下要求：

（1）一次未按期保质、保量报送有关资料和未将整改要求按时落实的，项目组织单位将对该课题承担单位进行口头警告。

（2）累计两次未按期保质、保量报送有关资料和未将整改要求按时落实的，项目组织单位将对该课题承担单位进行约谈。

（3）累计三次未按期保质、保量报送有关资料和未将整改要求按时落实的，项目组织单位将对该课题承担单位进行网上公示。

（4）累计四次未按期保质、保量报送有关资料和未将整改要求按时落实的，项目组织单位将对课题承担单位和负责人进行通报批评并在网上公示。

课题牵头单位和课题承担单位可结合工作实际，制定相关考核措施进行考核。项目组织单

位适时考核并提出处理意见。

六、加强科技成果交流

建立规范、健全的项目科学数据和科技报告档案，建立项目科技资源的汇交和共享机制。项目组织单位和课题承担单位按照国家有关科学数据共享的规定，按时上报项目（课题）有关数据和成果。建立健全支撑计划项目数据和成果库，实现信息公开、资源共享。

课题承担单位要强化为南水北调工程运行管理工作的服务意识，要对南水北调工程运行管理工作进行深入调研，与工程管理单位密切配合，及时将取得的成果与其他课题单位进行交流。要加强研究成果总结，认真做好证明材料的整理。研究成果要紧密围绕研究内容，不得弄虚作假，不得将其他研究成果纳入其中。要加强研究成果检验，保证研究效果。课题牵头单位要加强课题间的交流，分析总结，整合研究成果，更好地促进研究成果的转化和应用。

第二节　科技成果创新

一、南水北调中线工程科技成果创新

南水北调中线工程总干渠输水线路长，沿线水文地质条件复杂，膨胀土、高填方、煤矿采空区等建设重点难点渠段多，沿线布置的大型渡槽、隧洞、管涵等输水建筑物设计和施工技术难度高。为解决中线工程建设面临的关键技术问题，组织开展了包括"十一五"国家科技支撑计划课题"复杂地质条件下中线穿黄隧洞工程关键技术研究""膨胀土地段渠道破坏机理及处理技术研究""大流量预应力渡槽设计和施工技术研究""超大口径 PCCP 结构安全与质量控制研究""中线工程输水能力与冰害防治技术研究""工程建设与调度管理决策支持技术研究"，以及"十二五"国家科技支撑计划应急启动项目"南水北调中线工程膨胀土和高填方渠道建设关键技术研究与示范"在内的数十项科技项目研究工作，取得了丰富的科技创新成果，并在工程设计和施工中推广应用，保证了工程建设进度和质量，顺利完成工程建设任务，同时，有力促进了国内大型调水工程设计、施工和建设管理技术水平的提高。

1. 复杂地质条件下中线穿黄隧洞工程关键技术研究

中线穿黄工程是中线总干渠穿越黄河的关键性工程，也是中线工程中投资较大、施工难度最高、立交规模最大的控制性建筑物，在国内采用盾构方式穿越大江大河尚属首次，且穿黄河段为典型的游荡性河段，地质条件复杂，位于地震区。穿黄隧洞为大型有压水工隧洞，采用泥水平衡盾构施工，隧洞内径 7m，外径 8.7m，除外部作用水、土荷载外，洞内尚作用大于 0.5MPa 的内水压力，并需考虑地震的不利影响。经多方案比较，提出双层衬砌结构型式：外衬为钢筋混凝土管片拼装结构，内衬为预应力混凝土结构。此种复合结构型式在水工隧洞中属首次应用，结构创新、工艺复杂。此外隧洞埋藏深，还需为盾构机始发与到达修建大型超深竖井。为做好穿黄隧洞的设计和施工，国家"十一五"科技支撑计划课题"复杂地质条件下中线穿黄隧洞工程关键技术研究"开展了一系列研究工作，对 4.25km 的穿黄隧洞、大型超深竖井的工作性态、抗震特性进行深入研究，并通过穿黄隧洞衬砌 1∶1 仿真试验研究，较真实地模拟隧洞水土环境和受力条件，验证设计方案、提出优化措施，为技术创新，整体提升技术理论水平提供试验依据。为按预定目标优质、高效完成穿黄隧洞工程建设、节省工程投资、提升施工技术水平，确保工程安全顺利实施，提供技术保障。通过穿黄隧洞符合衬砌结构型式的研究，以及 1∶1 仿真试验研究验证，完成了穿黄隧洞钢筋混凝土外衬管片和预应力混凝土内衬的新型预应力复合衬砌结构型式研究，解决了复杂地质条件下在穿越黄河游荡性河段采用泥水平衡法盾构施工难题。完成了软土地层水底水工隧洞抗震理论及应用的研究。研究解决了超深大型竖井设计与施工中遇到的一些技术难题。单洞掘进长达 4.25km 的穿黄隧洞全线贯通，贯通误差仅为 2.5cm，开创了我国水利水电工程水底隧洞长距离软土施工新纪录。该课题于 2011 年 2 月通过国务院南水北调办验收。

2. 膨胀土地段渠道破坏机理及处理技术研究及南水北调中线工程膨胀土和高填方渠道建设关键技术研究与示范项目研究

膨胀性土岩主要是由强亲水性黏土矿物组成，是具有膨胀结构、多裂隙性、强胀缩性和强度衰减性的高塑性黏土。相关研究表明，它的重要特征包括由膨胀性黏土矿物组成、膨胀结构性（包括晶格膨胀）、多裂隙性及其各种形态裂隙组合、较强烈的胀缩性且膨胀时产生膨胀压力、强度衰减性、超固结性、对气候和水文因素的敏感性、对工程建筑物的成群破坏性等，膨胀土（岩）的工程问题是岩土工程和工程地质领域中的世界级技术难题之一。与其他工程相比，在水利工程中遇到的膨胀土（岩）问题更多、更难对付，南水北调中线总干渠膨胀土渠道运行的地质环境、施工环境、土体状态及其与水相互作用等，对于边坡稳定更为不利。膨胀土（岩）对于渠道工程的影响主要体现在两个方面：①影响渠坡稳定，在大气影响深度范围内，极易形成牵引式的浅层滑坡，或者形成由结构面控制的深层滑坡，这种危害具有反复性；②膨胀土（岩）胀缩变形对渠道衬砌和其他结构物的破坏，造成渠道漏水，并进一步导致渠坡稳定状态的恶化。南水北调中线一期工程总干渠承担自丹江口向河南、河北、北京、天津四省（直辖市）常年输水任务，具有常年高水头运行、沿线膨胀土岩地区工程地质和水文地质条件复杂、过水断面尺寸大及膨胀土岩处理范围广、工程量巨大等特点，这些特点决定了中线膨胀土（岩）边坡稳定和处理问题不同于一般公路、铁路、机场等工程，其膨胀土（岩）渠道边坡的处理更加复杂困难。

南水北调中线工程总干渠明渠渠段涉及膨胀土（岩）地层累计长度约 360km。膨胀土（岩）因其具有特殊的工程特性，易造成渠坡失稳，对工程的安全运行影响很大，而且其处理难度、处理的工程量和投资也较大，因此，膨胀土（岩）的处理是南水北调中线工程的主要技术问题之一。国家"十一五"科技支撑计划课题"膨胀土地段渠道破坏机理及处理技术研究"结合南水北调中线总干渠工程建设需要，首次对膨胀土地段渠道破坏机理和渠道处理关键技术进行了系统而深入的研究。通过广泛调研、地质勘察、室内基本特性试验、模型试验以及数值分析工作，系统研究了膨胀土（岩）的分层、分带特性以及地下水赋存特性，提出了膨胀土（岩）渠坡破坏模式、机理和稳定分析方法。为了找到经济可行的膨胀土（岩）处理措施，指导和优化膨胀土（岩）渠段设计，南水北调中线干线工程建设管理局组织开展了国内外规模最大的膨胀土（岩）处理现场原型试验研究，以总干渠渠线上南阳膨胀土渠道和新乡膨胀岩渠道为实体工程，各选择 2.05km 和 1.5km 的渠段，按照初步设计要求进行开挖，优选若干种渠道处理措施进行施工，分区研究不同处理措施在实际渠道运行工况（包括蓄水、排水、降雨等）下的稳定状态和破坏模式，验证和比较了优选的若干膨胀土（岩）渠坡处理方案的合理性和可行性，并提出具体的优选处理方案。

在中线工程膨胀土渠道设计与施工中，处理方案设计及施工技术还有待进一步优化完善，仍有一些问题需在"十一五"课题研究成果基础上作进一步研究。河南南阳膨胀土试验段在试验过程中发生较严重的渠坡变形破坏及膨胀土渠坡施工开挖过程中揭示的问题，表明了中线工程膨胀土渠道处理问题的复杂性，膨胀土边坡需要从坡面保护、工程抗滑、防渗排水等方面进行综合治理才能稳定渠坡。为此，科技部应急启动了"十二五"国家科技支撑计划项目"南水北调中线工程膨胀土和高填方渠道建设关键技术研究与示范"。该项目立足于中线工程施工过程中面临的亟须解决的技术难题，为工程顺利建设提供技术支撑，重点是结合不同地段的地质条件、施工特点，以及工程施工进展情况，围绕"十一五"课题未进行深入研究的膨胀土渠坡抗滑处理、防渗排水技术、强膨胀土处理技术、开挖边坡稳定性预测技术，以及水泥改性土处理施工技术、膨胀土渠道安全监测预警技术等问题，开展有针对性的技术攻关，提出解决问题的具体技术措施和方案，保证工程顺利建设，确保按期完成通水目标。

"十一五"国家科技支撑计划项目课题在充分研究并认识膨胀土（岩）边坡失稳机理的基础上，按照膨胀土（岩）边坡失稳的力学机制将膨胀土（岩）渠坡失稳分为两种模式，针对不同的破坏模式提出了相应的处理措施，特别是裂隙强度控制下的渠坡深层滑动处理，提高了膨胀土边坡工程的安全性。通过系统研究了土工格栅加筋、土工袋、纤维土、土工膜封闭覆盖、水泥改性土、粉煤灰改性等处理方法的作用机理和适用性，提出了土工格栅加筋、土工袋、土工膜封闭覆盖、水泥改性土等四种处理方法的优化参数，相关成果应用于工程设计优化，采用了水泥改性土换填等处理方案。"十二五"国家科技支撑计划项目相关课题结合南水北调中线工程施工建设，研究成果直接用于工程设计、方案优化、施工和质量控制，编制完成了《南水北调中线一期工程总干渠膨胀土（岩）渠段施工地质技术规定》和《南水北调中线一期工程总干渠渠道水泥改性土施工技术规定》，并已经在膨胀土大面积施工过程中推广应用。膨胀土快速鉴别技术和开挖边坡稳定性预测技术在渠道建设过程中得到全面推广应用，成为渠道处理方案优化调整的主要依据。强膨胀土渠道及深挖方膨胀土渠道处理技术和防渗排水技术研究成果已经在工程设计方案优化中得到体现。

在课题取得初步研究成果之前，膨胀土（岩）渠段设计一般采用换填非膨胀黏性土的处理措施。根据相关课题研究成果，经多方面技术咨询和评审，膨胀土（岩）渠段最终的工程设计方案和施工技术进行了比较大的优化和调整，保证了膨胀土（岩）渠段处理后的工程安全，同时有效地减少了非膨胀土料的使用，减少了征地与移民，最大限度节约土地资源和降低工程成本，取得了明显的经济效益、社会效益和环境效益。中线膨胀土（岩）渠道处理施工主要采用以下方案：

（1）为了阻断膨胀土（岩）开挖面与自然环境接触，使膨胀土（岩）失水干缩、遇水膨胀，设计主要采用了水泥改性土填筑保护层保证渠坡稳定。对于弱膨胀土（岩）渠段的一级马道以下及中、强膨胀土（岩）渠段的全部开挖面采用水泥改性土保护；对采用弱膨胀土料填筑的渠堤外表面采用水泥改性土保护（"金包银"）；对于有非膨胀黏性土料源的渠段，直接采用自由膨胀率相对较小（小于20%）的黏性土保护膨胀土开挖面。保护层填筑厚度一般为垂直开挖面（或渠堤填筑坡面）1～2.5m。

（2）为防止渠坡因膨胀土（岩）内部的潜在滑动裂隙而出现深层滑塌，在渠坡一级马道或下部坡面位置依据实际地层揭露情况，设置抗滑桩提高渠坡稳定性。

（3）为了防止一些膨胀土（岩）开挖坡面局部可能产生的浅表面滑动，对部分膨胀土（岩）渠段采用土锚杆＋框格梁的加固处理方案。部分设置抗滑桩的渠段，也设有与抗滑桩相连接的框格梁。

总干渠膨胀土试验段工程（南阳段）和膨胀岩试验段工程（潞王坟段）现场试验单位及参建各方开展了大量试验研究工作，在总干渠渠道膨胀土（岩）处理施工技术、施工工法、施工质量控制及施工监理等方面取得了丰富的技术资料和研究成果，为满足总干渠膨胀岩土渠段大面积施工的要求，组织相关单位根据南阳膨胀土和潞王坟膨胀岩试验段现场试验研究成果，结合现行规程、规范和相关技术规定，编制了《南水北调中线一期工程总干渠渠道膨胀土处理施工技术要求》《南水北调中线一期工程总干渠渠道膨胀岩处理施工技术要求》《南水北调中线一期工程总干渠渠道膨胀土处理施工工法》和《南水北调中线一期工程总干渠渠道膨胀土处理施工监理细则》，通过专家评审后及时印发各有关单位，并组织相关单位认真学习贯彻，指导膨胀土（岩）渠段渠道设计和施工，为顺利完成总干渠膨胀岩土渠道工程建设提供了技术保障。

3. 大流量预应力渡槽设计和施工技术研究

南水北调中线工程输水流量大、输水保证率要求高，使得输水渡槽具有跨度大、流量大、体型大、自重大、荷载大、结构复杂等特点，是技术最复杂、工程建设管理难度最大的项目之一。南水北调中线总干渠梁式输水渡槽18座、涵洞式渡槽9座，共计27座。按上部结构型式划分，矩形渡槽24座、U型槽2座、梯形渡槽1座；按跨度划分，40m跨渡槽6座、30m跨渡槽13座、30m以下渡槽8座。渡槽是中线工程的重要交叉建筑物之一，其结构与质量直接影响到工程效益。国家"十一五"科技支撑计划课题"大流量预应力渡槽设计和施工技术研究"通过开展高承载大跨度渡槽结构新型式及优化设计、大型渡槽新材料新结构、抗震性能与减震措施、施工技术及施工工艺、耐久性及可靠性、破坏模式与机理及相应的预防及补救措施等内容研究，提出了适用于南水北调大流量渡槽的新型多厢梁式渡槽优化结构及设计方法，给出了温度荷载计算方法，揭示了渡槽结构的自振特性和动力结构响应的规律，提出了大型渡槽桩基-土相互作用计算分析方法和减震措施，制定了渡槽施工期混凝土养护与温控措施和控制要求，提出了混凝土早期裂缝的控制方法，完成了具有较高科技水平的大流量渡槽造槽机和架槽机施工方案，并在建筑材料强度、温控、养护、预应力张拉等方面提出了质量控制指标和控制方法，研制了大型渡槽伸缩缝止水材料和结构型式，提出了渡槽减震支座型式等。课题的研究成果已应用到中线干线工程大型渡槽的设计和施工中，在课题成果基础上编制了《南水北调中线大型梁式渡槽结构设计和施工指南》，为大型渡槽工程提供了新的结构型式、新的设计理论和新的施工技术、方法，节省了工程投资，并提高渡槽的设计和施工质量，增加渡槽结构的可靠性。该课题于2010年12月通过国务院南水北调办验收。

为全面检验南水北调中线干线输水渡槽槽身结构安全、实体混凝土质量和槽身止水安装质量，验证设计，确保顺利实现南水北调中线工程通水目标，对所有输水渡槽（包括闸室及渐变段）组织开展了充水试验。充水试验期间主要开展了结构挠度、垂直位移监测、水平位移监测、开合度监测、应力应变监测、人工巡视检查等工作，渡槽安全监测成果分析表明所有输水渡槽槽身结构是安全的。

4. 中线工程输水能力与冰害防治技术研究

南水北调中线一期工程采用以明渠为主、局部管涵的方案，单线基本自流向北京、天津、河北、河南供水，总水头差不足100m。为确保中线工程输水稳定性和可靠性，急需对总干渠系统输水过程稳定性和可靠性、总干渠（含建筑物）水面线和超高问题，各控制闸工作时的相互影响，闸前常水位输水模式的实现方式，以及冬季冰期的输水能力和冰害防治等问题开展深入研究。国家"十一五"科技支撑计划课题"中线工程输水能力与冰害防治技术研究"采用理论分析、数值模拟和试验研究相结合的手段深入分析了中线工程的水力特性、运行控制模式和控制算法、冰期输水能力、冰期输水模式及冰害防治技术等关键技术难题。利用面向对象和模块化建模思想实现了复杂输水系统的自适应建模，开发了中线工程输水模拟平台；提出闸前常水位和闸前变水位分布式集中控制模式和控制算法；开发了长距离输水渠道控制模型；提出了大型渠道超高设计方法；利用神经网络理论开发了气温稳定转负日期预报模型；开发了中线工程冰期输水模型，研究了中线工程冰期输水能力，提出中线工程冰期运行控制方式和控制算法；采用真冰试验研究了冰盖力学特性，分析了拦冰索的拦冰性能，优化了拦冰索结构型式。课题研究成果为中线工程运行、调度和管理提供了技术支持，采用课题提出的集散式控制方式，可提高中线工程运行调度管理水平，同时保障工程运行安全。该课题于2010年12月通过国务院南水北调办验收。

5. 超大口径PCCP结构安全与质量控制研究

南水北调北京段工程在我国首次采用了4m超大口径PCCP，工程的结构安全和建设质量要求高，超大口径管道的使用对制造、运输、安装、吊装的难度加大，我国没有相关设计、施工规范。为了南水北调工程建设需要，同时为我国PCCP的设计、制造和安装标准的制定与完善提供技术支持，开展了国家"十一五"科技支撑计划课题"超大口径PCCP结构安全与质量控制研究"。通过室内原材料及混凝土、砂浆试验研究、结构计算方法研究与程序开发、大型管道现场试验、安装工艺及质量控制标准研究、管道水力特性研究、管道防护、防腐蚀及安全性研究，提出了PCCP考虑预应力钢丝缠丝过程和刚度贡献的数值缠丝模型，建立了PCCP预应力损失模拟分析的断丝模型；提出了可模拟PCCP承载能力全过程的数值分析方法；研发了预应力钢筒混凝土管设计和仿真分析软件；在国内首次进行了4m超大口径PCCP制造工艺试验、管道结构原型试验、现场运输安装试验、管道防腐试验等；首次提出了PCCP管道糙率测算的新方法，克服了超大口径PCCP管道无法利用水力实验直接获取糙率系数的困难；首次提出了新建PCCP工程阴极保护的保护电位和电流密度的范围以及保护电位分布的数值计算方法，提出了能检测断电瞬时保护电位的计算机检测系统，保证了大口径PCCP管阴极防护实施的有效性和安全性。通过课题研究攻关，成功解决了超大口径PCCP结构安全与质量控制的关键技术问题。自2007年起研究成果陆续运用在南水北调PCCP工程建设中，对确保工程质量和建设工期起到支撑作用，PCCP工程已于2008年4月建设完成。4m超大口径PCCP在南水北调工程中的成功运用标志着我国PCCP的研制和应用技术等取得了历史性突破，研究成果对加快行业技术进步、推动我国PCCP的应用发展、节约南水北调工程投资、缩短建设周期、提高建设质量和安全保障水平等方面做出了创造性贡献，取得了重大的经济效益和社会效益。该课题于 2010 年 11 月通过国务院南水北调办验收。

6. 工程建设与调度管理决策支持技术研究

南水北调工程不同于三峡等大型工程，三峡工程属于点状项目，南水北调工程属于带状项目。南水北调工程多线路调水，多项目同时施工的现实，面临众多社会关系需要协调，建设管理和调度十分复杂。因此，结合超大型工程项目管理面临的重大技术问题和南水北调工程直管、代建和委托管理的特点，从工程项目管理、工程信息采集和分类、管理决策支持和项目应急处置等方面进行专题研究，研制出一套较完善的、适合中国大型工程项目的管理理论、管理技术和技术标准，结合南水北调工程的特点，建立起南水北调工程建设和调度管理决策支持系统框架，提高系统的运作效率和管理水平，是保障南水北调工程建设顺利进行的保证，也是调度管理的重要基础。课题从项目群管理角度为南水北调工程建设与调度管理提出了新的研究思路，并且完善了多项目管理和项目群管理理论；提出了南水北调工程项目群划分标准，提出建立项目群规划的一般方法；提出了南水北调运营初期的决策框架，并初步建立适用大规模调水工程的初期运营理论；从信息系统建设、决策管理、优化与控制、风险分析和应急处置管理四个角度构建了南水北调工程建设与调度管理的管理技术系统；构建支持工程建设与调度管理的多主体群决策支持系统的体系结构模型、设计多主体群决策环境下工程建设与调度管理海量空间信息的共享系统和仿真大型结构物的施工进度实时动态的建模方法；提出了工程建设与调度管理数据挖掘、数据建模、分析算法和知识挖掘方面的创新理论与方法和基于时间序列的调水工程建设与调度管理数据挖掘算法。课题研究成果可为提高南水北调建设效率和管理效率、节省人力资金等资源提供技术支撑，可在理论上为南水北调工程建设和运行管理提供支持，指导工程建设和运营中遇到的问题，并为今后大型项目提供参考和借鉴。该课题于 2011 年 2 月通过国务院南水北调办验收。

7. 南水北调中线一期工程总干渠全线供水调度方案研究及编制

输水工程运行调度直接影响着长距离输水工程的运行安全和运行效率，对输水工程建设目标的实现具有决定性影响，是输水工程的中枢神经。要全面发挥中线工程的效益，达到中线工程的建设目标，保障总干渠的运行安全，首先需要从合理利用水资源角度出发，制定切实可行的水资源调配方案，将水源区有限的水资源进行合理分配，发挥尽可能大的效益。中线总干渠输水距离长达 1400 余 km，控制节点多，沿线均无调节水库，只能利用有限的渠道调蓄能力，水力条件非常复杂，且运行过程中的水位壅高对工程安全存在潜在的风险，也需要制定切实可行的运行控制策略和规则。中线工程安阳以北渠段，存在冬季渠道结冰的问题，冬季输水时间长达两个月。总干渠冰期输水，如运行控制不当，可能造成冰塞、冰坝事故，威胁总干渠的安全。因此，中线工程必须进行冰期输水运行调度方案及控制策略研究，减小冰期输水对供水计划的影响，并保证总干渠运行安全。由于总干渠输水系统的复杂性，需要考虑中线工程输水过程中可能出现的各种事故或紧急情况。此外，在发生事故时，如何做到首先防止事故段的扩展，其次保证上游段的正常输水，再次尽量延长事故下游段的供水，尽量将事故影响降到最低，是必须要解决的问题。能否解决好上述问题，直接关系到中线工程运行的成败。考虑到运行调度对南水北调中线工程的重要性，《南水北调中线一期工程可行性研究总报告》将中线工程运行调度列为下阶段要开展的重点研究课题。南水北调中线一期工程总干渠全线供水调度方案研究及编制项目的主要工作内容为针对中线工程运行期间可能出现的各种情况，提出一套实用的水资源分配方法，并在满足总干渠安全运行前提下实现供水计划的总干渠调度运行方案，研究内容总体上分为供水方案、输水调度、应急预案等。2008年8月，项目承担单位以《供水调度方案研究》项目初步研究成果为基础，将开发的水力学模拟模型等应用于京石段的实际运行中，直接参与了水量调度、充水、试运行、正常调度、紧急情况调度的全过程控制，并对关键的软件、参数进行了大量的修订与率定。2012—2013年临时通水期间，项目开发的水力学模型、调度控制模型以及京石段水量调度系统分别参与了京石段临时供水调度，极大提高了京石段临时供水调度期间的渠道运行安全和运行调度的灵活性、准确性。在京石段水量调度系统的基础上，已完成了南水北调中线水量调度系统的搭建工作，并进行系统内部调试和与其他系统进行联合调试。南水北调中线水量调度系统是中线自动控制系统的核心，对中线工程运行安全和运行效率，对中线工程建设目标的实现具有决定性影响。

8. 总干渠穿越煤矿采空区问题研究

南水北调中线一期总干渠工程涉及河南禹州、焦作及河北邯郸等大型煤矿采空区，仅河南、河北两省就涉及10多座煤矿。这些地段新老采空区交替并存，地质条件复杂，不确定因素较多，类似工程技术研究成果少，缺乏成熟的技术处理手段和相关经验，工程建设具有挑战性。中线干线工程在禹州新峰山段穿煤矿采空区最为典型和复杂，总干渠穿新峰矿务局二矿采空区、禹州市梁北镇郭村煤矿采空区、梁北镇工贸公司煤矿采空区、梁北镇福利煤矿采空区4个采空区，累计长度3.11km，为保证总干渠安全运行，需对采空区地基进行必要处理。禹州煤矿采空区地质情况极为复杂，采空区处理长度长、范围广、工程难度大，为了准确评价总干渠沿线下伏采空区的稳定性，判断采空区对总干渠渠道及建筑物的影响，在选定的线路通过采空区的渠段布设高精度变形观测网，对穿越采空区渠段进行了连续变形监测。采空区地基处理方案有井下和地面两种充填措施，在禹州采空区设计及处理过程中，进行了现场试验和室内试验等相关方面的研究，结合禹州矿区的实际情况设计选用高性能封闭注浆材料和充填注浆材料，采用注浆法对采空区进行加固处理，取得了良好的效果。根据现场灌浆试验结果，帷幕孔间距为2.5m，充填孔间距为18m，充填灌浆水固比为0.8∶1，灌浆压力为1.0MPa；采空区灌浆处理工程累计钻孔75.18万延米，灌浆深度最大达343m。鉴于国内外也没有水利行业相关规范规程作为确定禹州煤矿采空区注浆处理验收标准的依据，结合禹州采空区变形监测及灌浆处理试验研究成果，并参考其他行业的研究资料，编制了《南水北调中线一期工程总干渠禹州长葛段煤矿采空区注浆处理验收标准》。同时，采空区渠段也采取了加强措施，混凝土衬砌厚度渠坡为12cm，渠底为10cm，分缝间距2m；防渗采用800g/m²的复合土工膜。一级马道以下全断面超挖2m，采用土工格栅加筋土回填，填方渠道渠堤采用土工格栅加筋土填筑；格栅层距均为50cm。为保证采空区渠道安全，在SH（3）74+902.2处设置1座事故闸，并利用颍河退水闸退水。

9. 高填方渠道加强安全措施及高填方碾压施工质量实时监控技术研究

南水北调中线1432km长的总干渠中，填方高度大于6m的渠段超过137km，全填方渠段长约70.6km。中国水利水电科学研究院对南水北调中线总干渠全线高填方段溃决洪水的淹没特征及产生的影响进行了分析评价，并编制了《南水北调中线干线工程填方渠段洪水影响评价报告》。根据国务院南水北调办主任专题会精神，设计单位对洪水影响评价报告中溃决洪水产生综合影响等级为"高"和"较高"的渠段，结合高填方渠段建设的现状和地质条件，提出了高填方渠段加强安全措施。采取加强安全措施的渠道长度总计为 321.62km，主要采取水泥搅拌桩防渗墙、加厚钢筋混凝土衬砌、ECC 纤维混凝土衬砌、加厚纤维混凝土衬砌、加厚复合土工膜、渠堤外坡增设水泥搅拌桩及桩间设置排水体、防浪墙加大超高、坡脚设反滤排水、增加安全监测断面、渠坡培厚加固、水泥土铺盖贴坡截渗、河渠交叉建筑物闸门改造、塑性混凝土防渗墙等加强措施。

中线工程填方渠道土石方填筑工程量巨大，工程的质量一直受到广泛的关注，一旦出现渗水等质量问题，将直接影响沿线居民的生命财产安全，有效地控制高填方碾压施工质量是确保工程安全的关键。如何对高填方碾压施工过程的质量进行精细化、全天候的实时监控，同时，如何把高填方工程建设过程中的质量监测、安全监测与地质、进度等信息，进行动态高效地集成管理和分析，以辅助工程高质量施工、安全运行与管理决策是工程建设管理需要考虑的重要问题。高填方碾压施工质量实时监控技术及工程应用项目结合淅川段工程实际，研制开发了淅川段高填方碾压施工质量实时监控系统。系统通过在碾压机械上安装碾压机械施工信息采集仪器，对渠道填筑碾压施工过程进行实时自动监测，以达到监控渠道填筑碾压施工参数的目的。系统自启动运行以来，淅川段高填方碾压施工质量实时监控系统实现了对渠道填筑碾压施工质量进行实时监测和反馈控制，为保证渠道填筑施工过程始终处于受控状态提供了技术支持，实现了业主和监理对工程建设质量的深度参与、精细管理。通过系统的自动化监控，不仅使业主放心工程质量，而且可实现对工程建设质量控制的快速反应。同时，系统的使用有效地提升了工程建设的管理水平，实现工程建设的创新化管理，为打造优质精品工程提供强有力的技术保障。

10. 高地下水位渠段渠道结构优化设计研究

中线总干渠沿线穿越高地下水渠段（即地下水高于渠底高程）约有 470km，其中地下水位高于设计水位的渠段约 160km。高地下水位影响是总干渠设计面临的重要技术问题之一。由于地下水位对渠道的边坡、衬砌和排水结构设计影响较大，如何把握高地下水位渠段的设计原则、标准和措施，对工程安全、工程量和投资影响较大，措施不当会给渠道安全带来隐患或造成投资浪费。通过开展高地下水位渠段渠道结构优化设计研究，收集高地下水位渠段工程地质资料和地下水位分布情况，分析地下水位选取的合理性；收集沿线各设计院初步设计阶段高下水位渠段排水设计成果，包括设计原则、排水措施、衬砌结构设计等；收集国内高地下水位渠道工程实例和相关规范资料，分析高地下水对渠道的破坏类型和一般对策措施。结合南水北调工程的实际情况和国内外工程实例，提出了高地下水位条件下工程处理的设计标准、设计原则和安全控制措施，为总干渠技施设计提供技术依据，并对总干渠高地下水位渠段的工程处理措施提出了优化建议。

11. 邯邢渠段泥砾开挖料填筑利用试验研究

南水北调一期工程总干渠邯邢段广泛分布第四系下更新统（Q1）及中更新统（Q2）泥砾层，涉及渠线长度约 36km，主要分布在磁县段和临城段，开挖量大，而同时又需要大量开采回填渠堤土料，两者均需占压较多的土地和农田。如使用开挖泥砾渣料回填渠堤，少占土地，既符合国家土地政策，又节约投资和工期，社会和经济效益显著。为此，中线建管局组织开展了邯邢渠段泥砾开挖料填筑利用试验研究，针对磁县段和临城段泥砾料的不同情况，选取典型地段，取样进行实验室物理力学性质试验，以及现场碾压试验、大型直剪试验、渗透及渗透变形试验、级配试验及击实试验等，并建议了泥砾料处理和使用的不同方案。总干渠邢渠段根据试验成果充分利用泥砾开挖料筑堤，保证了工程质量和进度，节省了工程投资和占地。

12.混凝土衬砌裂缝预防控制研究

南水北调中线一期工程总干渠除北京、天津段外，以明渠输水为主，渠道一般采用素混凝土衬砌，属于大面积薄板素混凝土结构，混凝土浇筑在野外露天采用机械化施工，施工环境及地质条件复杂、多变，衬砌混凝土在硬化过程及后期使用中受混凝土特性、切缝时机、养护方法、地基变形以至天气变化等多方面因素的影响，易产生裂缝。为指导大规模衬砌混凝土施工，减少新施工混凝土衬砌板裂缝的发生，对建设期间出现的裂缝提出合适的修补措施，组织开展了渠道混凝土衬砌裂缝预防措施研究，通过收集京石应急段等已施工渠段及其他典型输水工程的混凝土衬砌发生裂缝的相关资料，分析总结渠道混凝土衬砌裂缝成因，利用室内和现场试验及数值仿真计算，研究了减少产生衬砌裂缝的预防措施及修补技术，并根据项目研究成果编制并印发了《南水北调中线干线工程渠道混凝土衬砌施工防裂技术规定》。

二、南水北调东线工程科技成果创新

南水北调东线工程建设与工程技术研究密切配合，边试验研究、边验证分析、边示范推广。紧密结合南水北调工程设计与施工实践，在对工程地质、水文地质和输蓄水工程运行特点、施工条件等进行综合分析的基础上，通过对工程现场详细勘查，进行有针对性的试验研究。对相关设备的研制以自主研发和引进、消化、再创新相结合，以自主创新为主。以国内著名科研、设计单位为技术依托，以设备生产厂家为研发基地，实行产学研结合，取得了丰硕的成果。

通过技术创新研究，最终推出了整套南水北调工程及长距离大型渠道、泵站、平原水库等工程设计与施工、管理新技术，为我国南水北调工程的设计优化与现代化施工提供系统的技术支撑，提高南水北调工程及长距离调水渠道工程设计、施工技术水平，对南水北调东线和中线工程等长距离调水工程建设，以及我国大型渠道现代化施工设备国产化和产业化都具有重大的现实意义。

1.渠道边坡稳定与优化技术

结合大型渠道边坡的特点，形成了完整的大型渠道边坡稳定与控制技术体系。建立了系统、完整的土质边坡稳定评价及边坡变形监测与预警体系。

2.高水头侧渗深挖方渠段的边坡稳定及安全技术

高水头侧渗深挖方渠道边坡稳定分析方法和渗透变形控制技术，采用渗控技术有效降低渠道边坡渗透压力，降低渠床地下水位，避免发生渗透变形破坏及冻胀破坏，填补了渠道边坡侧向渗流控制技术的空白。

3.渠道防渗漏、防冻胀、防扬压的新型材料和结构型式

在已有渠道防渗衬砌结构型式和新材料、新工艺研究基础上，采用自行研究开发的新型防渗材料作为混凝土添加剂，提高了渠道混凝土抗冻、抗渗性能。采用挤塑聚苯乙烯保温板（XPS）作为渠道保温材料，提高了渠道防冻胀能力。提出了多种能够适应不同地形、地质条件下机械化衬砌施工、连续作业、经济、耐久的渠道防渗衬砌新结构型式。

4.大型渠道生态环境修复技术

基于大型渠道非过水边坡不同植物配置、不同边界条件及水力与生态稳定研究，提出了南

水北调工程生态修复原则、治理模式及主要技术参数等成果；研发了具有自主知识产权的多功能非过水断面截渗防污系统。

5. 基于虚拟现实的长距离渠线优化与土石方平衡系统

首次建立了三维渠道信息模型，完成了渠道三维土石方优化交互设计，可快速、准确地进行多方案多因素长距离渠道设计，实时优化选线、最大限度节省了占地；提出了基于双层规则化的渠道地面网格模型表示方法和土石方相临段优先的优化策略，加快地形数据处理。该系统采用独立开发的设计图形平台，属国内外首创。

6. 大型渠道机械化衬砌施工技术

在以往机械化衬砌设备研制的基础上，通过机械化衬砌设备引进、消化、创新、试验、施工实践，以及斜坡混凝土振动密实成型技术的开发研究，完成了具有自主知识产权的长斜坡振捣滑模和振动碾压衬砌成型机及其配套设备的研制，提出了大型渠道机械化衬砌的施工工艺，提高了渠道的施工效率与质量，填补了我国在大型渠道机械化成型技术装备的设计制造及施工工艺方面的空白。编制并由国务院南水北调办正式颁布了《渠道混凝土衬砌机械化施工技术规程》（NSBD5—2006）、《渠道混凝土衬砌机械化施工单元工程质量检验评定标准》（NSBD8—2010）。

7. 混凝土衬砌无损检测技术及设备

研制开发了大型渠道机械化衬砌质量快速无损检测专用探测设备，研制了渠道混凝土衬砌质量快速无损检测处理分析系统。编制了涵盖探地雷达、超声波两种无损检测技术的渠道混凝土衬砌质量无损检测规程。

8. 高性能混凝土技术

对新型混凝土耐久性机理及施工工艺进行了研究，提出了满足抗裂、抗渗、耐久性要求的补偿收缩混凝土和微膨胀混凝土的系列配合比。研制了可控温度、湿度和风速条件下的混凝土抗裂试验装置。

9. 大型渠道清污技术

提出了大型渠道高效清污技术，研制了大型渠道智能化回转式、往复式和移动抓斗式清污系列设备，开发了大跨度往复式清污机，形成了大型渠道高效清污系列产品和技术体系。

10. 调水干线调蓄工程关键技术

调水干线调蓄工程关键技术主要结合南水北调平原水库工程建设，从平原水库的调蓄水深优化、坝体填筑质量检测、坝体护坡及防渗技术等方面开展了研究。取得的主要研究成果包含以下几个方面：

（1）综合围坝工程投资和占地投资两大因素，确定最优水库蓄水深度。通过对水库围坝形体设计、渗流稳定指标、围坝长度、占地面积、占地费用、工程造价、同类工程经验、工程潜在风险和社会影响等因素进行比较分析，综合考虑土方平衡、施工工期、运行管护、蒸发渗漏、提水能耗等因素，在确保工程安全、减少投资的前提下，确定水库最大蓄水深。

（2）结合南水北调山东段平原水库的围坝填筑与压实施工过程中的实践经验，针对围坝填筑压实度快速检测做了大量的"三点击实"和标准击实试验。分析了"三点击实"试验过程中减水情况及加、减水情况下试验方法的可行性及其数据合理性，并与标准击实试验方法进行了比较，验证了减水情况及加、减水情况下试验方法是可行的，同时用"三点击实"试验方法得到的土体压实度所需时间比标准击实试验的方法省6～8小时，同时，运用"三点击实"试验方法得到的填筑土体压实度，在土体特性差别较大的工程中适用性比较强。

建立起筑坝质量检测方法和评价体系，为高填方工程施工提供理论基础和实践控制方法，为类似工程施工质量控制提供参考，编写了《南水北调山东段平原水库围坝填筑施工指南（试行）》（SDNSBD01—2011）并颁发执行。

（3）开孔垂直连锁预制块护坡是南水北调山东段平原水库的一种新型护坡型式，混凝土预制块要求性能指标为C25、F150，进行了混凝土配合比的试验研究，取得了新的研究成果。预制块采用的是干硬性混凝土振动挤压成型生产工艺，为适应这种新型混凝土预制块的生产工艺，对所选用的振动挤压成型设备进行了大量的试验和调试，优化了预制块的生产工艺，有效消减波浪爬高，降低坝顶高程，节省工程投资。制定了《南水北调山东段平原水库振动挤压成型护坡预制块生产与质量控制指南（试行）》（SDNSBD07—2012），作为山东省南水北调平原水库开孔垂直连锁预制块护坡质量控制、评定及生产管理的指导性文件。

（4）结合南水北调山东段平原水库工程实例对塑性混凝土防渗墙防渗技术进行了研究。首先对塑性混凝土防渗墙防渗及安全稳定进行了分析研究，结果表明，成墙防渗效果好，并安全稳定；着重对塑性混凝土的原材料控制与检验、固壁泥浆配制，塑性混凝土配制进行了探讨研究；针对施工过程中出现的特殊情况处理，以及对成墙质量的无损和有损检测的经验，进行了总结探讨。编制了《南水北调山东段平原水库防渗墙施工指南（试行）》（SDNSBD02—2011）作为施工管理的指导性文件。

（5）全库盘水平铺设土工膜截渗技术的研究，根据现场试验的研究成果，验证了膜下气场问题的发生机理，揭示了影响膜下气场分布和发展的相关因素和影响规律。并基于非饱和土固结理论提出了膜下气场问题简化计算分析方法，给出了计算参数的确定方法。根据膜下排气措施的数值模拟计算，确定综合考虑库水位快速下降、地下水位上升的影响和水库运行调度等条件。为膜下排水排气系统设计、施工、运行管理提供了很好的理论与实践经验。结合大屯水库全库盘铺膜施工，开展了"南水北调工程铺膜防渗施工技术研究"，解决了逆止阀传统胶粘方法可靠性差的问题。首次提出了逆止阀与土工膜连接部检测方法，研制了便携式检测设备，并就关键施工环节编制了《南水北调山东段平原水库库底铺膜施工指南（试行）》（SDNSBD01—2012），作为施工管理的指导性文件。

11. 穿黄河工程技术

依托南水北调一期东线穿黄河隧洞工程，通过理论分析、试验研究及数值分析等手段，深入研究隧洞在高水头及复杂地质条件下水流、孔隙水、岩溶水及围岩与隧洞相互作用的力学特点及机理，建立深埋隧洞衬砌结构的力学模型，提出抑制、解决不利作用效应的方法，给出判断隧洞结构安全性判别标准，并对穿黄隧洞进行安全评价，提出工程施工及运行管护对策，保证输水工程运行经济安全，为今后建造同类工程提供有价值的参考。

12. 大型泵站工程技术

山东省境内的泵站工程具有单座泵站规模大、扬程低、型式新、水文地质条件复杂、运行时间长等特点。针对大型泵站工程技术难点，组织了科研单位及高校，紧紧围绕泵站工程建设需要，开展了水泵装置、水工结构、机电设备、施工等方面的技术研究工作，破解工程技术难题，并在工程建设中进行推广应用，取得明显效果。

13. 其他工程技术

通过开展"南水北调南四湖二维水流水质数值模拟与应用"，研究调水前后南四湖水流水质特性变化、南四湖人工湿地的作用规律、合理布局及湖滨带水质安全防控技术等，形成比较系统、有效、可靠和经济的水质综合保障体系，解决了南水北调东线山东段水质污染，以及南四湖输水工程设计中的一系列问题，将南水北调跨流域调水与南四湖水生态特性紧密联系起来。

长距离输水系统结构物冰害分析及防护技术结合南水北调工程山东段输水系统工程实际，解决了山东地处北方地区，冬季冰盖下输水引发冰塞、冰坝等极端冰害等技术难题。

附录 A 南水北调工程主要科研成果目录

1. 低扬程泵站水泵选型方法的试验研究。
2. 泵站进、出水流道的水力优化研究。
3. 灯泡贯流泵机组应用永磁电动机技术。
4. 超低扬程泵站立式水泵装置应用技术研究。
5. 南水北调东线一期淮阴三站贯流泵装置优化及流道模型试验。
6. 大型水泵液压调节关键技术研究与应用。
7. 灯泡贯流泵站结构受力分析及机组振动响应研究。
8. 低扬程泵站原、模型水力特性换算研究。
9. 灯泡贯流泵站结构振动成因分析及对策研究。
10. 低扬程立式泵装置水力性能优化及与灯泡贯流式泵装置比较研究。
11. 大型灯泡贯流泵关键技术研究与应用。
12. 南水北调东线一期泗阳泵站模型装置试验研究。
13. 皂河一站混流泵模型试验报告。
14. 南水北调东线一期淮安二站改造工程沙庄引江闸物模试验研究。
15. 南水北调工程东线工程刘老涧二站水泵装置模型试验研究报告。
16. 南水北调东线工程江苏段泵站自动化系统技术要求研究。
17. 南水北调东线一期泗阳泵站进、出流道优化水力设计研究。
18. 邳州泵站研究。
19. 高比转速斜流泵装置开发研究。
20. 低扬程大流量水泵装置水力特性模型开发及试验研究。
21. 高地震烈度区泵站地基抗液化和防渗措施研究。
22. 南水北调淮安四站泵送混凝土防裂措施研究。
23. 泵站混凝土配合比研究与应用。
24. 南水北调一期淮阴三站混凝土防裂方法及施工反馈应用研究。
25. 蔺家坝泵站大型齿联灯泡贯流泵的研制与应用。
26. 台儿庄泵站直管式出水流道优化设计及模型试验研究。
27. 南水北调中线一期工程总干渠供水调度方案研究及编制。
28. 天津干线水力仿真与控制优化研究。

29. 穿黄工程南岸渠道高边坡渗控措施及边坡稳定性研究。

30. 补偿收缩混凝土在超长大体积混凝土结构中的应用。

31. 京石段应急供水工程漕河渡槽槽身动态仿真及结构性态研究。

32. 京石段应急供水工程漕河渡槽高性能泵送混凝土裂缝机理和施工防裂方法研究。

33. 漕河渡槽段槽身混凝土温控防裂计算分析。

34. 总干渠跨渠建筑物桩基与渠坡的非协调变形特性对渠坡的影响及其防治措施研究。

35. 南水北调中线干线工程供水成本及供水价格形成机制专题研究。

36. 南水北调中线一期穿黄工程穿黄隧洞钢板内衬方案设计研究。

37. 穿黄隧洞无黏结预应力衬砌试验研究。

38. 南水北调中线一期穿黄工程穿黄隧洞衬砌 1：1 仿真试验研究。

39. 新型直剪试验法在南水北调中线渠道工程中的应用研究。

40. 南水北调中线总干渠衬砌分缝及嵌缝材料选择研究。

41. 南水北调中线高地下水位渠段渠道结构优化设计研究。

42. 南水北调中线典型水污染事故特征及对策措施研究。

43. 南水北调中线干线穿黄工程盾构掘进关键技术研究。

44. U 型渡槽模型试验及抗裂设计研究。

45. 南水北调中线一期工程总干渠邯邢渠段泥砾开挖料填筑利用试验研究。

46. 南水北调中线冰凌观测预报及应急措施关键技术研究。

47. 南水北调高填方渠道工程填筑碾压质量实时监控试验研究。

48. 南水北调中线一期工程总干渠河南省境内矿区渠段变形监测与稳定性研究明。

49. 邵明煤田采空区变形对南水北调中线总干渠影响监测研究。

50. 南水北调中线工程典型渠段和建筑物冰期输水物理模型试验研究。

51. 大掺量磨细矿渣技术在南水北调中线天津干线工程中的研究与应用。

52. 南水北调中线一期天津干线箱涵工程施工质量评定验收标准。

53. 南水北调中线西四环暗涵通气孔水工模型试验研究。

54. 南水北调中线工程总干渠黄羑段砂卵石地基渠道衬砌抗浮稳定分析研究。

55. 混凝土渠道衬砌厚度检测雷达一体机的研制和应用。

56. 南水北调中线一期工程湍河渡槽 1：1 仿真试验研究。

57. 南水北调渠道混凝土衬砌裂缝预防控制研究。

58. 等能量等变形夯扩挤密碎石桩在南水北调工程中的应用研究。

59. 南水北调中线干线工程总干渠填方渠段沉降问题研究。

60. 大跨度薄壁 U 型渡槽造槽机在混凝土浇筑过程中的内外模变形问题的研究。

61. 南水北调白河倒虹吸工程裂缝形成机理及控制。

62. 南水北调中线总干渠高填方渠段洪水影响评价。

63. 结合施工开展的大型预应力 U 型预制槽 1：1 原型试验和预应力张拉试验研究。

64. 南水北调中线一期工程全线水面线复核。

65. 丹江口大坝加高工程初期大坝混凝土缺陷检查与处理专题研究。

66. 丹江口大坝加高工程混凝土坝后续施工进度专题研究。

67. 丹江口大坝加高工程老混凝土碳化深度检测研究。

68. 丹江口大坝加高工程裂缝碳化深度检测。

69. 丹江口大坝加高工程混凝土坝贴坡混凝土浇筑层厚专题研究。

70. 丹江口初期大坝上游面防护材料比选试验研究。

71. 丹江口大坝加高工程新老混凝土结合面界面剂性能试验研究。

72. 丹江口大坝加高工程土石坝反滤料研究优化及体型调整研究。

73. 丹江口大坝加高工程闸门及埋件检查和缺陷处理问题研究。

74. 工程进度控制管理信息系统研究与开发。

75. 工程施工阶段进度控制实时优化研究。

76. 暗涵混凝土施工防裂方法技术研究。

77. 工程建设安全评估技术研究。

78. 投资计划决策与合同管理信息系统研发。

79. 箱涵工程水压试验与安全监测技术研究。

80. 南水北调工程水工混凝土回弹专用测强曲线试验研究。

81. 高性能混凝土配合比优化技术研究。

82. 超长距离大流量混凝土输水箱涵施工集成关键技术研究。

附录 B　南水北调工程重大技术成果目录

1. 膨胀土地段渠道破坏机理及处理技术研究。
2. 丹江口大坝加高工程关键技术研究。
3. 复杂地质条件下穿黄隧洞工程关键技术研究。
4. 中线工程输水能力与冰害防治技术研究。
5. 大型渠道设计与施工新技术研究。
6. 大型贯流泵关键技术与泵站联合调度优化。
7. 超大口径 PCCP 管道结构安全与质量控制研究。
8. 大流量预应力渡槽设计和施工技术研究。
9. 西线超长隧洞 TBM 施工关键技术问题研究。
10. 工程建设与调度管理决策支持技术研究。
11. 东、中线一期工程对区域经济社会可持续发展影响研究。
12. 南水北调水资源综合配置技术研究。
13. 南水北调中线水资源调度关键技术研究。
14. 西线工程对调水区生态环境影响评估及综合调控技术。
15. 南水北调运行风险管理关键技术问题研究。
16. 丹江口水源区黄姜加工新工艺关键技术研究。
17. 施工期膨胀土开挖渠坡稳定性预测技术。
18. 强膨胀土（岩）渠道处理技术。
19. 深挖方膨胀土渠道渠坡抗滑及渠基抗变形技术。
20. 膨胀土渠道防渗排水技术。
21. 膨胀土水泥改性处理施工技术。
22. 高填方渠道建设关键技术。
23. 膨胀土渠道及高填方渠道安全监测预警技术。

附录 C 南水北调工程专项技术标准目录

一、管理技术标准

1.《南水北调泵站工程水泵采购、监造、安装、验收指导意见》(NSBD1—2005)。

2.《南水北调中线一期北京西四环暗涵工程施工质量评定验收标准（试行）》(NSBD2—2006)。

3.《南水北调中线一期北京 PCCP 管道工程施工质量评定验收标准（试行）》(NSBD3—2006)。

4.《南水北调中线一期工程渠道工程施工质量评定验收标准（试行）》(NSBD7—2007)。

5.《渠道混凝土衬砌机械化施工单元工程质量检验评定标准》(NSBD8—2010)。［替代《渠道混凝土衬砌机械化施工质量评定验收标准（试行）》(NSBD8—2007)］

6.《南水北调工程验收安全评估导则》(NSBD9—2007)。

7.《南水北调工程验收工作导则》(NSBD10—2007)。

8.《南水北调工程外观质量评定标准（试行）》(NSBD11—2008)。

9.《南水北调中线一期天津干线箱涵工程施工质量评定验收标准》(NSBD12—2009)。

10.《南水北调中线汉江兴隆水利枢纽工程单元工程质量检验与评定标准》(NSBD14—2010)。

11.《南水北调工程渠道运行管理规程》(NSBD15—2012)。

12.《南水北调泵站工程管理规程（试行）》(NSBD16—2012)。

13.《南水北调中线一期工程总干渠渠道膨胀土处理施工监理实施细则》(NSBD-ZXJ-4-2)。

14.《南水北调工程基础信息代码编制规则（试行）》(NSBD18—2015)。

15.《南水北调工程业务内网 IP 地址分配规则（试行）》(NSBD19—2015)。

16.《南水北调工程基础信息资源目录编制规则（试行）》(NSBD20—2015)。

17.《南水北调东、中线一期工程运行安全监测技术要求（试行）》(NSBD21—2015)。

二、设计技术标准

18.《南水北调工程平原水库技术规程》(NSBD13—2009)。

19.《南水北调泵站工程自动化系统技术规程》(NSBD17—2013)。

20.《南水北调中线一期工程总干渠初步设计工程勘察技术规定（试行）》(NSBD-ZGJ-1-1)。

21. 《南水北调中线一期工程总干渠初步设计工程测量技术规定（试行）》（NSBD－ZGJ－1－2）。

22. 《南水北调中线一期工程总干渠初步设计物探技术规定（试行）》（NSBD－ZGJ－1－3）。

23. 《南水北调中线一期工程总干渠初步设计水文分析计算技术规定（试行）》（NSBD－ZGJ－1－4）。

24. 《南水北调中线一期工程总干渠初步设计安全监测技术规定（试行）》（NSBD－ZGJ－1－5）。

25. 《南水北调中线一期工程总干渠初步设计河道倒虹吸技术规定（试行）》（NSBD－ZGJ－1－6）。

26. 《南水北调中线一期工程总干渠初步设计渠道倒虹吸技术规定（试行）》（NSBD－ZGJ－1－7）。

27. 《南水北调中线一期工程总干渠初步设计跨渠公路桥设计技术规定（试行）》（NSBD－ZGJ－1－8）。

28. 《南水北调中线一期工程总干渠初步设计压力管道工程设计技术规定（试行）》（NSBD－ZGJ－1－9）。

29. 《南水北调中线一期工程总干渠初步设计供电设计技术规定（试行）》（NSBD－ZGJ－1－10）。

30. 《南水北调中线一期工程总干渠初步设计经济评价技术规定（试行）》（NSBD－ZGJ－1－11）。

31. 《南水北调中线一期工程总干渠初步设计消防设计技术规定（试行）》（NSBD－ZGJ－1－12）。

32. 《南水北调中线一期工程总干渠初步设计通信系统设计技术规定（试行）》（NSBD－ZGJ－1－13）。

33. 《南水北调中线一期工程总干渠初步设计计算机监控系统设计技术规定（试行）》（NSBD－ZGJ－1－14）。

34. 《南水北调中线一期工程总干渠初步设计分水口门土建工程设计技术规定（试行）》（NSBD－ZGJ－1－15）。

35. 《南水北调中线一期工程总干渠初步设计工程地质勘察技术要求（试行）》（NSBD－ZGJ－1－16）。

36. 《南水北调中线一期工程总干渠初步设计钻探技术规定（试行）》（NSBD－ZGJ－1－17）。

37. 《南水北调中线一期工程总干渠初步设计无压隧洞土建工程设计技术规定（试行）》（NSBD－ZGJ－1－18）。

38. 《南水北调中线一期工程总干渠初步设计暗渠土建工程设计技术规定（试行）》（NSBD－ZGJ－1－19）。

39. 《南水北调中线一期工程总干渠初步设计渠渠交叉建筑物土建工程设计技术规定（试行）》（NSBD－ZGJ－1－20）。

40. 《南水北调中线一期工程总干渠初步设计明渠土建工程设计技术规定（试行）》（NSBD－ZGJ－1－21）。

41. 《南水北调中线一期工程总干渠初步设计金属结构设计技术规定（试行）》（NSBD－ZGJ－1－22）。

42.《南水北调中线一期工程总干渠初步设计涵洞式渡槽土建工程设计技术规定（试行）》（NSBD－ZGJ－1－23）。

43.《南水北调中线一期工程总干渠初步设计节制闸、退水闸、排冰闸土建工程设计技术规定（试行）》（NSBD－ZGJ－1－24）。

44.《南水北调中线一期工程总干渠初步设计梁式渡槽土建工程设计技术规定（试行）》（NSBD－ZGJ－1－25）。

45.《南水北调中线一期工程总干渠初步设计水土保持设计技术规定（试行）》（NSBD－ZGJ－1－26）。

46.《南水北调中线一期工程总干渠初步设计环境保护设计技术规定（试行）》（NSBD－ZGJ－1－27）。

47.《南水北调中线一期工程总干渠初步设计左岸排水建筑物土建工程设计技术规定（试行）》（NSBD－ZGJ－1－28）。

48.《南水北调中线一期工程总干渠初步设计工程管理范围和土建设施设计技术规定（试行）》（NSBD－ZGJ－1－29）。

49.《南水北调中线一期工程总干渠初步设计施工组织技术规定（试行）》（NSBD－ZGJ－1－30）。

50.《南水北调中线一期工程总干渠初步设计概算编制技术规定（试行）（NSBD－ZGJ－1－32）。

51.《南水北调中线一期工程总干渠初步设计建设征地实物指标调查技术规定（试行）》（NSBD－ZGJ－1－33）。

52.《南水北调中线一期工程总干渠初步设计建设征地拆迁安置规划设计及补偿投资概算编制技术规定（试行）》（NSBD－ZGJ－1－34）。

53.《南水北调中线工程丹江口大坝加高钢闸门及埋件加固修复技术规定》（NSBD－ZXSY—2013）。

三、施工技术标准

54.《南水北调中线一期穿黄工程输水隧洞施工技术规程》（NSBD4—2006）。

55.《渠道混凝土衬砌机械化施工技术规程》（NSBD5—2006）。

56.《南水北调中线一期丹江口水利枢纽混凝土坝加高工程施工技术规程》（NSBD6—2006）。

57.《南水北调中线一期工程总干渠渠道膨胀土处理施工技术要求》（NSBD－ZXJ－2－1）。

58.《南水北调中线一期工程总干渠渠道膨胀土处理施工工法》（NSBD－ZXJ－4－1）。

59.《南水北调中线一期工程总干渠渠道膨胀岩处理施工技术要求》（NSBD－ZXJ－2－2）。

60.《南水北调山东段平原水库围坝填筑施工指南（试行）》（SDNSBD01—2011）。

61.《南水北调山东段平原水库防渗墙施工指南（试行）》（SDNSBD02—2011）。

62.《南水北调山东段渠道混凝土机械化衬砌施工指南（试行）》（SDNSBD03—2011）。

63.《南水北调东线山东段平原水库围坝迎水坡护砌（开孔垂直联锁混凝土砌块）施工指南（试行）》（SDNSBD04—2011）。

64.《南水北调东线山东段输水河道模袋混凝土护砌施工指南（试行）》（SDNSBD05—

2011)。

　　65.《南水北调山东段平原水库库底铺膜施工指南（试行）》（SDNSBD01—2012）。

　　66.《南水北调东线山东段泵站大型立式轴流泵主机组安装指南（试行）》（SDNSBD02—2012）。

　　67.《南水北调山东段平原水库振动挤压成型护坡预制块生产与质量控制指南（试行）》（SDNSBD07—2012）。

附录 D　南水北调工程技术研究成果汇总表

序号	单位/项目名称	研究项目/项		已颁布的规定/标准/项		知识产权数（实用新型、发明、软件著作权）/项	省部级以上科技奖励奖励/项
		国家级研究项目	直属单位、项目法人研究项目	国务院南水北调办已颁布的规定/标准	直属单位、项目法人已颁布的规定/标准		
1	政研中心		11				
2	监管中心		28		2		
3	设管中心						
4	东线公司				1		
5	中线建管局		31		50		
6	中线水源公司		6		1		2
7	江苏水源公司		86			2	7
8	山东干线公司		33		11	32	10
9	湖北省南水北调管理局		1			5	2
10	淮委建设局						
11	安徽省南水北调项目办						
12	淮委沂沭泗管理局						
13	"十一五"国家科技支撑计划"南水北调工程若干关键技术研究与应用"重大项目	1			8	52	7
14	"十二五"国家科技支撑计划"南水北调中线工程膨胀土和高填方渠道建设关键技术研究与示范"项目	1				18	
15	国家科技支撑计划"南水北调中东线工程运行管理关键技术及应用"项目	1				45	
16	国务院南水北调办			21			
	合计	3	196	21	73	154	28

《中国南水北调工程　工程技术卷》
编辑出版人员名单

总责任编辑：胡昌支

副总责任编辑：王　丽

责任编辑：吴　娟　郝　英　任书杰

审稿编辑：方　平　王　勤　吴　娟　郝　英

封面设计：芦　博

版式设计：芦　博

责任排版：吴建军　郭会东　孙　静　丁英玲　聂彦环

责任校对：梁晓静　黄　梅

责任印制：崔志强　焦　岩　王　凌　冯　强